界本论

通向一种元理论

士尔 著

商务印书馆
The Commercial Press
创于1897

图书在版编目(CIP)数据

界本论：通向一种元理论 / 士尔著. — 北京：
商务印书馆，2024. — ISBN 978-7-100-24244-8

Ⅰ. B815

中国国家版本馆 CIP 数据核字第 2024G3Z315 号

界本论

通向一种元理论

士尔 著

商 务 印 书 馆 出 版
（北京王府井大街 36 号　邮政编码 100710）
商 务 印 书 馆 发 行
艺堂印刷（天津）有限公司印刷
ISBN　978-7-100-24244-8

2024 年 8 月第 1 版　　　　开本 710×1000　1/16
2024 年 8 月第 1 次印刷　　　印张 47

定价：268.00 元

内容提要

没有界的界分，世上就只有混沌；没有界的义界，一切认知都无从建立——在有与无、阴与阳、动与静、一与多、同与异、质与量、善与恶等基本范畴之前，界是真正居先的元范畴。

界本论从界的第一范畴出发，以东方与西方的思想融通、哲学与文学的知识共构，发掘界论的根基原理和基准工具意义，建构通向知识元理论的思想路径，以中国式知识体系、世界化知识话语，对宇宙、存在、结构、过程、价值、目的等本体与知识论的基本问题作出新诠释，回应世界变革的新问题，展示文明演化新路向。

《两界书》简称表

卷一《创世》：创

卷二《造人》：造

卷三《生死》：生

卷四《分族》：分

卷五《立教》：立

卷六《争战》：争

卷七《承续》：承

卷八《盟约》：盟

卷九《工事》：工

卷十《教化》：教

卷十一《命数》：命

卷十二《问道》：问

说明：

1.《两界书》版本：

士尔:《两界书》，北京，商务印书馆，2017 年；

士尔:《两界书》，香港，中华书局（香港）有限公司，

2019 年。

2. 引文标注：

凡文中引用皆以简称、简注于文中标明，如《两界书》卷一"创世"第一章第二节，标为"创 1：2"；《两界书》卷三"生死"第二章第三节至第四节，标为"生 2：3—4"。

目　录

引言 开端与本原：一个根本之问

世界的开端何在？万物的本原为何？

这个根本之问，既是东西方哲学的亘古命题，也是人类思想史上历久弥新的未解难题。

1. 混沌：关于前世界的原始性假定

对于世界的开端、万物的本原这一根本问题，不同文明和哲学思想呈显了一个相似的原始性假定，即在世界万物出现之前，是一种无以区分的混沌——在这个混沌状态中，没有事物，没有类性，没有一切的"有"，也无相应的"无"——世界万物就是从这种混沌中诞生出来的。

中国哲学多有对混沌及其性状的表述，《道德经》曰：

> 有物混成，先天地生，寂兮寥兮，独立不改，周行而不殆，可以为天下母。①

《道德经》以寂寥的"混成"指谓先天地的存在，以及它对天下万物的孕生。《列子》以"浑沦"来指谓，并以太易、太初、太始、太素细分了浑沦前的状态，这个状态虽然已有气、形、质的端

---

① 王弼注、楼宇烈校释：《老子道德经注校释》，中华书局，2016年，第62—63页。

始，然"气形质具而未相离，故曰浑沦"①。徐整《三五历纪》则谓："天地浑沌如鸡子，盘古生其中。"②是说盘古由浑沌中诞生，而后开天辟地。

至于与混沌的意涵相类似的表述，中国古籍中不一而足，诸如《庄子》《淮南子》之"鸿濛"："云将东游，过扶摇之枝而适遭鸿濛"③，"西穷窅冥之党，东开鸿濛之光"④。以及《淮南子》之"虚霩"："道始于虚霩，虚霩生宇宙，宇宙生气。"⑤此外还有"气""太极""道""一"等。中国少数民族创世传说中亦不乏混沌说，彝族《创世志》开篇即谓"金锁开混沌"⑥。

近东苏美尔创世史诗这样表述混沌对创生的作用：

> 天之高兮，既未有名。
>
> 厚地之庳兮，亦未赋之以名。
>
> 始有滺虚（Apsu），是其所出。
>
> 漠母（Mummū）彻墨（Tiamat），皆由孳生。
>
> 大浸一体，混然和同。⑦

希腊神话将混沌神化和人格化，称卡俄斯（英语：Chaos；希腊

---

① 《列子·天瑞》，杨伯峻撰：《列子集释》，中华书局，2018年，第5—7页。

② 李昉等撰：《太平御览·卷二》，中华书局，1960年，第8页。

③ 《庄子·在宥》，郭庆藩撰，王孝鱼点校：《庄子集释》，中华书局，2018年，第397页。

④ 《淮南子·道应训》，陈广忠译注：《淮南子》，中华书局，2012年，第690页。

⑤ 《淮南子·天文训》，陈广忠译注：《淮南子》，第102页。

⑥ 《西南彝志选》，饶宗颐编译：《近东开辟史诗》，台北新文丰出版公司，1991年，第18页。

⑦ 饶宗颐编译：《近东开辟史诗》，第21页。

语：Χάος）为混沌天神，是希腊诸神谱系中最早的一代，也是创造世界万物的开端；赫希俄德提出"原始的混沌"："万物之先有混沌，然后才产生了宽胸的大地。"①希伯来圣经以神学思维讲述世界的"起初"（The Beginning），起初也是无形虚空的混沌："起初神创造天地。地是空虚混沌，渊面黑暗；神的灵运行在水面上。"（《圣经·创世记》1：1）

2. 开端：从差异与秩序的生成开始

混沌的原始性假定显然只是为世界提供了一个超自然预设，问题的关键是如何将混沌导入清晰可辨的世界，从寂寥的虚空中导出丰盈的万物。如同对混沌的超自然预设采以了诸多不同的命名假定，人类各种思想对混沌的突破——也就是世界开端的生成，也采以了繁复多样的表述。

《列子》对浑沦演生万物的机理进程是这样演绎的：

> 夫有形者生于无形，则天地安从生？故曰：有太易，有太初，有太始，有太素。太易者，未见气也；太初者，气之始也；太始者，形之始也；太素者，质之始也。

《列子》首先设置了太易、太初、太始、太素四个形上范畴，并以气、形、质三个形下的基质性范畴与之对应，既对浑沦的原始预设施以进阶式铺陈，也在前世界预设与真实世界之间建立起必要的过渡。但过渡只是一个媒介性的过程，还不是万物的真正诞生：

---

① 亚里士多德：《物理学》，张竹明译，商务印书馆，2009 年，第 82 页。

气形质具而未相离，故曰浑沦。浑沦者，言万物相浑沦而未相离也。[①]

这里道出了浑沦的关键是：气形质虽然具备了形下的基质属性，但三者"未相离"，仍然处于混沌不分的无序状态。显然，从浑沦过渡到万物的关键是"离"，只有对浑沦及气形质施以"离"的作用，才能走出浑沦，才能将气形质的媒介转化为实在的万物。"离"者分离，通"变"，《列子》续以"离"与"变"为工具，推演出世界万物的最初生成：

易无形垺，易变而为一，一变而为七，七变而为九。九变者，究也；乃复变而为一。一者，形变之始也。清轻者上为天，浊重者下为地，冲和气者为人；故天地含精，万物化生。[②]

在这里，《列子》以典型的中国哲学思维呈现了一个完整而缜密的宇宙发生论，这在世界古代宇宙发生学说中可谓独树一帜，惜未得到重视。

《淮南子》用另一种形式表述了与《列子》类同的宇宙发生观：

古未有天地之时，惟像无形。窈窈冥冥，芒芠漠闵；澒蒙鸿洞，莫知其门。有二神混生，经天营地，孔乎莫知其所终极，滔乎莫知其所止息。于是乃别为阴、阳，离为八极；刚柔相成，

---

① 《列子·天瑞》，杨伯峻撰：《列子集释》，第6—7页。
② 《列子·天瑞》，杨伯峻撰：《列子集释》，第7—8页。

万物乃形。①

此处以"窈窈冥冥""芒芠漠闵""澒濛鸿洞"形容前世界的混沌无形之状，以二神混生为基原，以"别为阴阳""离为八极"为工具路径，实现从"澒濛鸿洞，莫知其门"的混沌到"刚柔相成，万物乃形"的世界创造。显然，阴阳之"别"与八极之"离"是万物创生的关键。

《庄子》以寓言的方式讲述了一个"七窍出，浑沌死"的故事：

> 南海之帝为儵，北海之帝为忽，中央之帝为浑沌。儵与忽时相与遇于浑沌之地，浑沌待之甚善。儵与忽谋报浑沌之德，曰："人皆有七窍以视听食息，此独无有，尝试凿之。"日凿一窍，七日而浑沌死。②

《庄子》将浑沌人格化，称其为中央的帝王，南海儵帝、北海忽帝欲使浑沌成为"常人"而为其日凿一窍，结果是七窍琢出，浑沌即死。《庄子》的寓意很清晰：七窍的出现意味着浑沌的死亡，也就是说，世物的差异性是破坏混沌的关键，也是告别混沌、开启多样化世界的起点。

至于徐整《三五历纪》所谓盘古开天地，也是于浑沌中首先界分出阴阳，再由阴阳生出天地："阳清为天，阴浊为地"，而后一日九变，衍生万物。值得注意的是，盘古开天地之说引入了数的概念，并以数的变化喻说世界之变："数起于一，立于三，成于五，盛于

---

① 《淮南子·精神训》，陈广忠译注：《淮南子》，第 337 页。
② 《庄子·应帝王》，郭庆藩撰，王孝鱼点校：《庄子集释》，第 317 页。

七，处于九，故天去地九万里。"①这与古希腊毕达哥拉斯学派以数理逻辑的演变喻说万物生成不无底层逻辑上的类通。毕达哥拉斯学派认为万物是从"完满的一"与"不定的二"中产生出各种数目，由数目产生出点、线、面、体和一切形体，产生出水、火、土、气四种基本元素，再由这四种元素相互转化而产生出世界万物。②在毕达哥拉斯学派由数而导入点、线、面、体的推演中，也是分离与变化起到了关键作用。哲学家阿那克西曼德（Anaximander，约前610—前546）、恩培多克勒（Empedocles，约前495—约前435）等人更是明确地认为"万物是借分离而从混沌中产生出来的"③。

中外哲学以混沌说对前世界采以了类同的原始性假定，虽然用不同的话语表述，但十分有意味的是，在各种原始性超自然预设与真实世界连接的逻辑底层，在开启世界的逻辑起点，一种超然于思想文化差异的逻辑一致性呈显出来，这就是：均以界分为工具，通过对混沌的否定判断启动创世的逻辑程序，以差异的生成打破混沌的虚空，促成世界万物的诞生。

《列子》所言"离"与"变"，《淮南子》所言"别阴阳""离八极"，《庄子》所谓"凿七窍"，以及希腊哲学由一分二，由二至复杂数变，由数变至点、线、面、体，由点、线、面、体及至天、地、人等，都不约而同地表明了这样一个事实：界分差异是走出混沌的逻辑起点，差异的出现及其秩序的生成是世界万物建立的真正

---

① 李昉等撰：《太平御览·卷二》，第8页。

② 参见北京大学哲学系外国哲学史教研室编译：《西方哲学原著选读》上卷，商务印书馆，1981年，第9页。

③ 北京大学哲学系外国哲学史教研室编译：《古希腊罗马哲学》，商务印书馆，1961年，第7页；亚里士多德：《物理学》，张竹明译，商务印书馆，2009年，第12—13页。

开端。

古希腊人将宇宙认知为 kóσμος（kósmos），其本意即为秩序——与混沌相对；现代西方哲学沿袭希腊哲学的这一思想，将前宇宙（precosmic）的混沌认知为"原始混沌的混乱"（the aboriginal chaotic disorder），明确将混沌视为混乱和无序，是超凡的上帝从无到有地创造出一个偶然的宇宙。[①] 在这里，秩序显然是世界和万物生成的开端，也是意义产生的根据，而在秩序的生成中，差异及其关联构制了秩序的原因和机制。秩序以差异为基础并对差异加以关联，反言之，差异从一开始就不是孤立的差异，而是关联中的差异和秩序中的差异。差异与秩序虽有序列之分，但更是有机联合的一体两面，差异是秩序的前提，秩序是差异的方式，秩序有其程度、形制的不同，在此条件下，无序也可被视作为秩序的一种构制。

如果说所有关于混沌的预设均是建基于超自然的原始性假定，那么差异与秩序则回到了自然和逻辑，在自然与理性的原则下实现了对混沌的突破，也是实现了对超自然和偶然性的突破，由此开启了多样化的世界和世界意义。

3. 本原：有形、无形还是其他

那么，万物的本原又究竟为何？

大致来说，东西方哲学对本原的各种追问，或归结为形下物类，或归结为形上理念，或归结为神圣意志，抑或兼而有之。

将世界万物的本原（希腊人常称之为始基，origin）归结为形下物类者，诸如古希腊哲学家泰勒斯（Thalēs，约前 624—约前 547）

---

① 见 Jakub Dziadkowiec and Lukasz Lamza, *Beyond Whitehead: Recent Advances in Process Thought*. Lexington Books, 2017, pp. 51–52.

的水原说，阿那克西米尼（Anaximenes，约前588—前525）与第欧根尼（Diogenēs，约前404—前323）的气原说，赫拉克利特（Heraclitus，约前540—前480与前470之间）的火原说，恩培多克勒（Empedocles，约前495—前435）的水、火、气、土四元素说等。在中国古代，亦有气说、元气说、气化说，以及金、木、水、火、土五行说等等。

赫拉克利特还将火的燃烧上升为原则，提出逻各司（logos）本原说，毕达哥拉斯（Pythagoras，约前580至前570之间—前500）学派则把万物的本原归结为数，阿那克萨哥拉（Anaxagoras，约前500—前428）提出种子说，留基伯（Leucippus，约前500—前440）和德谟克利特（Democritus，约前460—前370）提出原子说，明确把万物的本原从具象的形下元素转换为形上概念，而早前的阿那克西曼德（Anaximander，约前610—前546）则提出了"无定（无限）"说，认为万物的本原是无限者，无限者是没有固定本原的。

以《道德经》为代表的中国哲学则把道作为万物本原，有谓"道生万物"。东西方思想中还见以"无""理""心""意""性"等等作为世界本原的学说，也都超然于形下物类而聚焦于形上范畴，各有其意，其中"心""意""性"等概念范畴则又从外在原因转往人的内在体认，将本原建基于人类自身的基石上。

至于希伯来传统下的犹太－基督教则把神作为宇宙原理的出发点，把世界的本原归结为神的意志、神的创造，是一种典型的神学本原论，在这种神学本原论中，神拥有对宇宙的唯一创造权和支配权。[①]印度《摩奴法典》显示，世界万物来源于自存神（也称无上神、

---

① Malka Z.Simkovich, *The Making of Jewish Universalism: From Exile to Alexandria.* Lexington Books, 2017, p. 16.

无上主），自存神使万物从自体中流出，地、水、火、风、空与感觉相结合形成的六大微粒是世界一切物类的基原，而在万物的生成演化中，梵天、慧根（Mahat）、三德（喜德、忧德、暗德）等发挥了重要作用。[①] 印度的这一创世思想包含了形下元素、形上概念和神学要素的综合，显示出一种混合性的世界本原论。

中外思想对世界本原的追问体现了一个相似的思维习规，即冀望通过某类某物——无论是形下元素还是形上理念、神圣意志，来对应和解说万物的本原本质。现代科学将认知视野拓展到能量、信息等范畴领域，试图探寻发现万物本原的新路径。问题的复杂性和纠结处在于，现世界作为多元、有机、动变的世界，其本原本质难于以某种具象物质、抽象概念作设定，而更应聚焦于世界万物的构制原理和逻辑规则——以此为路径，或许更能接近世界万物的本原与本质。

那么，跳出以有形之物（水、火、气、土、五行等）或无形之意（数、道、理、无、灵魂、神、上帝、梵等）作为世界本原本质的思想习规，在自然与理性的原则下，贯通东西方不同的思想范式，贯通形下与形上、神圣与世俗、一与多、有限与无限、物理与心理等的范畴领域，从世界端点、万物根基、逻辑起点出发，去发现与世俱在、普遍普适的万物本原和世界原理——从聚焦元素走向发现原理，就成为思想王国极具诱惑力和挑战性的一个险峰领地。

界的发现，或许提供了这样一种思想探险的可能路径。

---

① 迭朗善译：《摩奴法典》，马香雪转译，商务印书馆，2009 年，第 7—9 页。

第一章　界与界本论

世有两界：天界地界，时界空界；阳界阴界，明界暗界；物界意界，实界虚界；生界死界，灵界肉界；喜界悲界，善界恶界；神界凡界，本界异界……

——《两界书》引言

第一节　界的本义

界：汉字从田从介，畍或界，汉语中本指田地之边界。

界在中国古代文化中的基本语义有：

一是地界、边界，《孟子·公孙丑下》："域民不以封疆之界，固国不以山溪之险，威天下不以兵革之利"[①]；

二是毗连、接界，《荀子·强国》："东在楚者乃界于齐"[②]，班固《西都赋》："右界褒斜、陇首之险"[③]；

三是分界、分划，孙绰《游天台山赋》："赤城霞起而建标，瀑

[①] 焦循撰，沈文倬点校：《孟子正义》，中华书局，2018年，第274页。
[②] 王先谦撰，沈啸寰、王星贤点校：《荀子集解》，中华书局，1988年，第301页。
[③] 萧统：《昭明文选》，华夏出版社，2000年，第6页。

布飞流以界道"①；

四是界限、限度，《荀子·礼论》："求而无度量分界，则不能不争"②，《后汉书·马融传》："奢俭之中，以礼为界"③；

五是境域、范围等，尤指佛家之欲界、色界、无色界等。

至于颜师古注《汉书·扬雄传下》所谓"界，间其兄弟使疏"之离间意④，应为界之引申语义。

界的初始本义是一个空间概念，是对空间的范围、阈值、限度等的标识界定，蕴含了空间的多与少、大与小、有限与无限等基本含义。

基于界的这一基本语义属性，界的内涵多有延伸转化，比如界分、义界、界定、界限、连接、媒介等意义的生成。实际上，在东西方文化哲学的思想认知中，界不仅是一般的界限尺度，还具有一种普遍的范畴意义和逻辑工具价值。

第二节　东西方思想与界

1. 儒释道与界

深入地看，中国古代哲学的核心概念，无不建立在界的基础上，界是中国古代道儒释诸家学说的思维基石和思想基础。

① 萧统：《昭明文选》，第 312 页。
② 王先谦撰，沈啸寰、王星贤点校：《荀子集解》，第 346 页。
③ 范晔著，李贤等注：《后汉书》，中华书局，2011 年，第 1954 页。
④ 班固撰，颜师古注：《汉书》，中华书局，2011 年，第 3573 页。

《易》之阳爻"—"与阴爻"- -"是易经思想的核心，被黑格尔称为"那些图形的意义是极抽象的范畴，是最纯粹的理智规定"①。这个"最纯粹的理智规定"即以界为分、因界而立，生成了阴与阳、乾与坤等相对范畴，并以此为基础，演绎出易经繁复的思想逻辑图谱。

《道德经》有谓"道生一，一生二，二生三，三生万物"（第42章），道为《道德经》之核心。那么何为道？《周易·系辞》称"一阴一阳之谓道"②，《道德经》称"万物负阴而抱阳"（第42章），故《道德经》的全部思想亦是建立在阴、阳界分的思维基础之上。

《黄帝内经》以阴阳离合论为基础，演绎出虚实、表里、顺逆、邪正、左右、彼我、过与不及等思想概念和施治方法，很明显也是在界的思维基础上，对天地之间的人给予辩证综观："夫人生于地，悬命于天，天地合气，命之曰人。人能应四时者，天地为之父母；知万物者，谓之天子。天有阴阳，人有十二节；天有寒暑，人有虚实。能经天地阴阳之化者，不失四时。"③

《周易参同契》成书于东汉中末期，融汇易、老、儒、阴阳五行及炼丹术，它不只是道教金丹、气功理论之圭臬，亦是汇综中国古代各家学说之集成。《周易参同契》开篇即言："乾坤者，易之门户，众卦之父母。坎离匡郭，运毂正轴"④，即谓乾坤在坎离等

---

① 黑格尔：《哲学史讲演录》第一卷，贺麟、王太庆译，商务印书馆，2009年，第131页。
② 《系辞上传》，李鼎祚撰，王丰先点校：《周易集解》，中华书局，2016年，第401页。
③ 姚春鹏译：《黄帝内经》，中华书局，2012年，第231页。
④ 《乾坤易之门户章第一》，刘国樑注译，黄沛荣校阅：《新译周易参同契》，台北三民书局，2014年，第2页。

六十四卦之中的核心地位。《周易参同契》全书以阴阳、乾坤学说为基轴，以刚柔、寒暑、魂魄、往来、清浊、邪正、雌雄、喜怒、有无等概念的关系及其转换为核心，不仅始终以相应范畴之界为运思基础，突出事物界分之属性，更强调了事物界分之"度"，诸如期度、校度、推度、配位、轨、揆等，"阴阳为度，魂魄所居"①，"五行守界，不妄盈缩"②，以此推导、演绎天、地、人的相互关系与内在机理。不仅如此，《周易参同契》在丹经学术里还加入了天干地支、四季时辰诸因素，对度的重视实为对界的强调，"土游于四季，守界定规矩"③。

至于儒家思想，以仁、义、礼、智、信为要义，尤以仁为核心。与易道学说更多关注天地自然之形上属性不同，儒家思想多关注人、人与人际的关系，仁及相关概念实则是一个有关"我"及"我与他"的问题，是人自身如何提升仁德修养，以及如何处理个人与他人关系的问题，其本质亦是界的问题，只不过向内转地聚焦了人的内性问题。孔子说仁，谓曰"克己复礼为仁"，"己所不欲，勿施于人"（《论语·颜渊》）；孟子称"老吾老，以及人之老；幼吾幼，以及人之幼"④，谈论的本质均是个人仁德修养之界以及与他人相互之界的处置调适。不仅仁、义、礼、智、信诸概念如此，恕、忠、孝、悌等也莫例外，共同特点都是以人与人际的界分为思想建构的内在逻辑。黑格尔称孔子"只是一个实际的世间智者，在他那里思辨的哲学是一点也没有的——只是一些善良的、老练的、道德的教训，从里面

---

① 刘国樑注译，黄沛荣校阅：《新译周易参同契》，第116页。
② 刘国樑注译，黄沛荣校阅：《新译周易参同契》，第93页。
③ 刘国樑注译，黄沛荣校阅：《新译周易参同契》，第63页。
④ 《孟子·梁惠王上》，焦循撰，沈文倬点校：《孟子正义》，第94页。

我们不能获得什么特殊的东西"①，这一说法显然是武断的，他对《周
易·系辞》等通篇"子曰：乾坤，其〈易〉之门邪"之类的思辨陈
述并无深入了解。

佛学思想对界的概念有更为充分的运用和演化。所谓地狱法界、
饿鬼法界、畜生法界、阿修罗法界、人法界、天法界、声闻法界、
缘觉法界、菩萨法界、佛法界等十法界，以及生、住、异、灭四相
说等，全部佛学思想体系可以说都是建立在有与无、色与空、圣与
凡、常与无常等界的概念范畴之上，以此为运思的逻辑起点，推演
出佛学的系统思想。

《坛经》论佛，谈及"蕴之与界，凡夫见二，智者了达其性无
二，无二之性即是佛性"②，蕴指色蕴、受蕴、想蕴、行蕴、识蕴之五
蕴；界指十八界，亦作"十八持"，分六尘、六门、六识，即生六
识、出六门、见六尘③。此处正是以蕴的差别、界的不同，来论及佛
性可达的通融，以及佛性对差别的超越。惠能论及"二道相因，生
中道义"时，明确告曰："设有人问：何名为暗？答云：明是因，暗
是缘，明没即暗。以明显暗，以暗显明，来去相因，成中道义。余
问悉皆如此。汝等于后传法，依此转相教授，勿失宗旨。"④惠能此处
论说"中道义"，亦是建立在明与暗、因与缘之"界对"之上。完
全可以说，离开了有与无、色与空、圣与凡、因与缘、来与去、明
与暗、常与无常等界的范畴基点，佛学的框架和体系便无以成立。

---

①　黑格尔：《哲学史讲演录》第一卷，第130页。
②　尚荣译注：《坛经》，中华书局，2010年，第31页。
③　尚荣译注：《坛经》，第172页。
④　尚荣译注：《坛经》，第176页。

2. 希腊哲学与界

古希腊哲学表现出了与中国道儒释哲学不尽相同的概念范畴和认知方式,但同样体现了界在其认知逻辑和思想体系中的关键作用。

伊奥尼亚学派的泰勒斯、阿那克西曼德、阿那克西米尼在对世界本原的追问中,已经显示了关于"界分"的思想端倪,而毕达哥拉斯学派的认知中则有了十分典型的体现。毕达哥拉斯学派认为数是万物的本原,以数理为万物构成的原则,提出了有限与无限、奇与偶、一与多、左与右、男与女(阳与阴)、静与动、直与曲、明与暗、善与恶、正与斜等十个相互关联又相互对立的范畴,以此建立毕达哥拉斯学派对世界的认知体系。这十对范畴中,有限与无限、一与多的范畴是最基本的范畴,在此基础上延伸了左与右、善与恶、直与曲等相对范畴,这与中国道儒思想显然有别,但其学说建构的思维逻辑同样建立在界的运思上。

在亚里士多德(Aristotle,约前384—前322)的自然哲学和形而上学中,从空间位移到时间量值,从有限设定到无限推演,界(πέρας,中文亦译"限")的概念范畴具有关键作用:"限(定限)的命意(一)是每一事物的末点,在这一点之外,再不能找到这事物的任何部分,在这一点以内,能找到这事物的每一部分;(二)是占有空间量度各物的外形;(三)是每一事物之终极(极是事物活动之所指向,不是活动之所出发;但有时也可包括两者,〈以始点为初限,终点为末限〉);(四)是每一事物的本体与其怎是;因为这是认识之定限,既是认识之定限,亦即事物之定限。所以,明显地,'限'有'始'的各义而更有其他含义;'始'是'限'的一端,而每个'限'并不都是'始'。"①亚里士多德在这里对界的命意作了十分详尽的论述，甚至扩展到了对宇宙范围的认知，"宇宙的上部各方面都有界限"②。

到了欧几里得（Euclid，约前330—前275）那里，希腊哲学的界理运思得到了系统化的生发，他的《几何原本》（Στοιχεῖα）既是数学名著也是哲学巨著，该书第一卷之首便强调界对事物生成的关键："界者，一物之始终"，并进而指出："点为线之界，线为面之界，面为体之界。体不可为界。"③欧几里得的数论及在其数论基础上建立的哲学，其逻辑运思完全建立在界的基点与关系之上，只不过欧几里得所称"体不可为界"显然存有空间认知的局限——这样对欧几里得质疑，可能有违徐光启"不必疑，不必揣，不必试，不必改"的"四不必"之译训④。"几何"的原文geometria在希腊语中原为丈量土地、衡量大小之意，"几何学"可以说本质上就是一门关于大与小、多与少的"界之学"。

希腊哲学的一个重要特点是，它从一开始就注重通过点、线、面、体等的数理系统，以尺度、界限为工具创立一系列范畴概念，进而对世界万物加以逻辑规定和界说，就像黑格尔所说："希腊精神就是尺度、明晰、目的，就在于给予各种形形色色的材料以限制，就在于把不可度量者与无限华美丰富者化为规定性和个体性。"⑤黑格

---

① 亚里士多德：《形而上学》，吴寿彭译，商务印书馆，2009年，第121页。

② 亚里士多德：《天象论 宇宙论》，吴寿彭译，商务印书馆，2009年，第276页。

③ 利玛窦述，徐光启译，王红霞点校：《几何原本》，上海古籍出版社，2011年，第26页。

④ 徐光启：《几何原本杂译》，利玛窦述，徐光启译，王红霞点校：《几何原本》，第13页。

⑤ 黑格尔：《哲学史讲演录》第一卷，第178页。

尔对希腊哲学这一重要特征的概括是贴切的，但他同时妄评"东方无尺度的实体的力量，通过了希腊精神，才达到了有尺度有限度的阶段"[①]，显然是一种错误的认知，黑格尔这里论及的"东方"是指中国哲学和印度哲学。

3. 希伯来－基督教与界

希伯来－犹太思想及基督教文化彰显了突出的神学性，其显著特征是在世界与人的两个基点之上，创设了至高无上的神——上帝，并以上帝为统纳，设立了上帝与世界之间的创世（Creation）关系、上帝与人之间的天启（Revelation）关系，以及上帝主导下的人与世界间的救赎（Redemption）关系，这样就形成了一个完整的形上与形下结合、经验与超验结合、基于现世又超越现世的神学性思想体系。

在这一思想体系的建构中，上帝与人的关系是犹太－基督教思想的核心问题，而上帝与人之间的界的设立与连接，蕴藏了犹太－基督教思想建构的关键奥秘。与人不同，上帝是自在永在（I AM WHO I AM）和无所不能的，因此对人而言，上帝的绝对性和超然神性毋庸置疑；人与上帝相对，欲达致与上帝的连接，就必须"逾越"人与上帝之间的界限，逾越的唯一纽带来自上帝，来自上帝与人之间所订立的"约"（Covenant）。约在希伯来－犹太生活中极其重要，无论是现世的世俗存在还是精神观念的神圣存在，都离不开同上帝的契约，约是希伯来－犹太生活的不变基础。

"界与约"的思想演绎无疑成为希伯来思想和犹太－基督教的基

---

① 黑格尔:《哲学史讲演录》第一卷，第 177—178 页。

轴。在这个超凡思想体系的逻辑构制中，上帝的言辞（Words）以神谕（oracles）的方式和力量发挥了叙事的主导作用，并通过系列性的步骤完成了"界与约"的根本关联。首先是挪亚之约（God's Covenant with Noah），发生在上帝以洪水对创世后的万事万物进行了惩罚性洗礼之后，上帝与挪亚及其后裔订约："我与你们和你们的后裔立约，并与你们这里的一切活物，就是飞鸟、牲畜、走兽，凡从方舟里出来的活物立约。我与你们立约，凡有血肉的，不再被洪水灭绝，也不再有洪水毁灭地了。"是次立约的记号是云中的彩虹："我把虹放在云彩中，这就可作我与地立约的记号了。我使云彩盖地的时候，必有虹现在云彩中，我便记念我与你们和各样有血肉的活物所立的约，水就再不泛滥毁坏一切有血肉的物了。"① 挪亚是洪水灭世后存留人类的共同祖先，因而挪亚之约是上帝与人类的普世之约。

亚伯拉罕之约（God's Covenant with Abraham）针对亚伯拉罕族裔，不仅体现出强烈的民族界限，而且有了实质性的功利内涵："亚伯兰年九十九岁的时候，耶和华向他显现，上帝对他说：'我是全能的神，你当在我面前作完全人，我就与你立约，使你的后裔极其繁多。'亚伯兰俯伏在地，神又对他说：'我与你立约，你要作多国的父。从此以后，你的名不再叫亚伯兰，要叫亚伯拉罕，因我已立你作多国的父。我必使你的后裔极其繁多，国度从你而立，君王从你而出。我要与你并你世世代代的后裔坚立我的约，作永远的约，是要作你和你后裔的神。我要将你现在寄居的地，就是迦南全地，赐给你和你的后裔，永远为业。我也必作他们的神。'"这次立约的证据是割礼，亚伯拉罕后裔的男子都要在生下来第八日受割礼，以此

---

① 《圣经·创世记》9：8—17。

为与上帝立约的证据。①

　　而后的摩西之约（God's Covenant with Moses，亦称西奈之约）则通过上帝对摩西晓谕十诫（The Ten Commandments）更加系统化和制度化，它以律法的形式对犹太教及其世俗生活加以严格规制。② 到了《撒母耳记》，先知拿单（Nathan）将上帝的信息是传达给大卫，表达了上帝对大卫族人的眷顾，形成了大卫之约（God's Covenant with David），大卫感恩在心："这约凡事坚稳，关乎我的一切救恩，和我一切所想望的，他岂不为我成就吗？"③

　　上帝与挪亚的普世之约建构在上帝与人的界分之上，而亚伯拉罕之约、摩西之约、大卫之约作为上帝与希伯来–以色列的民族之约，则建基于双重的界分：上帝与人的界分、希伯来–以色列与异族的界分，两种界分的叠加演绎是全部以色列思想的主轴。约的概念最早源于近中东地区的贸易交换，在希伯来圣经中被运用转化为上帝与人之间的订约，先知（prophet）在连接上帝与人、向人传达上帝的意旨方面发挥了重要作用。犹太教作为典型的民族性宗教，与上帝所订之约被严格限制在本民族之内，故希伯来圣经中充斥着强烈的民族意识，希伯来–以色列与异族之间的界限格外明显，包括以戒律的形式规定不可崇拜异神、不可与外族人通婚等。希伯来圣经还特别强调界址（landmark）的意义，摩西律法禁止迁徙界址④，显然与以色列人的历史处境以及与异邦的冲突相关。

　　基督教作为普世宗教，在上帝与人的界分基轴之上，与犹太教

①《圣经·创世记》17：1—14。

②《圣经·出埃及记》24：1—8。

③《圣经·撒母耳记下》7：8—17，23：5。

④《圣经·申命记》19：14。

分离另立新约（New Covenant），它消解了犹太教格外注重的族群界限，强调的是"虔诚者"与"伪信者"的意识形态界限，强调以上帝为标尺，以对上帝的信仰为根本界分，形成的是一种与犹太民族教完全不同的普世宗教思想体系。但无论怎样都可以看出，在犹太－基督教的神学思想体系中，上帝与人、人与人（本族与异族、虔诚者与伪信者）之间的关系，是以界分的思维设立并连接起来，界成为犹太教、基督教全部学说建构和推演的钤键。

　　道、儒、释和希腊哲学、希伯来－基督教文化在思想体系的建构中呈现了完全不同的概念范畴、结构形态、推演方式和价值指向，大致说来，易道哲学采以阴阳为核心、形上与形下结合、思辨与感悟结合的天地人通观推演，儒家思想更多地集中于以仁为核心的人伦道德演化，佛学以有无、色空等为核心推演法界学说及其生命观，希腊哲学以数理为核心构建理性逻辑系统，犹太－基督教思想则以超验上帝为核心，建构神圣与世俗、超验与经验结合的神人一统世界。这些不同的思想体系表征了从思辨到感悟、从数理推导到神学演绎等人类精神史上有代表性的思想方式和思想体系，但在思维认知的逻辑底层，出乎意料地展现了相同的逻辑原理和运演原则，即均以界为其认知起点和基本范畴，再以不同的概念形式和表述方式建构起各自的思想体系。

第三节　世界与意义的开启

1. 界：范畴中的范畴

界作为思维认知与存在（being）之间相结合的第一个交点，再集中不过地体现了"是"（being）的判断（define）意义，从而也体现了逻辑启始的范畴（category）本义。范畴的原意即为种类、等级，是对世物类性与数量的界分定义，界的本质正是以对世界万物的初始性界分、基原性界定，呈显出世界万物的差异性存在，并由此开启对世界万物的逻辑认知和秩序建构。

界作为逻辑认知的初始起点，既是最初的也是最普遍的工具，是一个大无可大、小无可小的逻辑工具，它在万物存有——包括经验世界与超验观念世界中，扮演了一个无处不在、无处藏身的角色功能，"在每一存在的场合，除非我们的思维二分成表明完全相互否定的两个假想部分，否则无法进行思维活动"[1]。不管是东方还是西方，在人类对世界的认知活动中，其思维深层均显示了一个普遍性原则："限制和界限属于本质之物"，"界限本身是活动的动力"。[2]可以说，界开启了认知世界的第一步和关键一步，界是世界万物的接生婆，是属性之父、量度之母——换句话说，因为有了界，才真正实现了世界与意义的开启。

---

① 舍尔巴茨基：《佛教逻辑》，宋立道、舒晓炜译，商务印书馆，2009年，第492页。

② 费尔巴哈：《对莱布尼茨哲学的叙述、分析和批判》，涂纪亮译，商务印书馆，2009年，第113页。

显然，界的范畴不同于一般范畴，不同于有与无、存在与非存在、阴与阳、变与不变、一与多、有限与无限、质与量、时与空、名与实、质料与形式、同一与差别、善与恶、色与空、圣与凡、因与缘、常与无常等东西方哲学的那些基本范畴。在认知的逻辑序列上，界总比那些范畴早了一步，成为各类范畴的催生者、叫醒者，呈显了一种范畴中的范畴——元范畴的意义。

具体而言，界的元范畴意义首先体现于它在人类认知序列中扮演的逻辑启始功能。作为始基性的认知范畴，界在对世界万物的性与数、质与量作出最初的界分之后，世界万物的差异性和多样性才有了认知前提，人类不同思想的逻辑序列才有了序列的生发端点。

早在两百多年前，时任德国纽伦堡新教文理中学校长的黑格尔在他的《逻辑学》中就曾写道："要找出哲学中的开端，是一桩困难的事：——这种意识是近来才发生的，而且困难的理由和解决困难的可能，也有过多方面的讨论。哲学的开端，必定或者是间接的东西，或者是直接的东西，而它之既不能是前者，也不能是后者，又是易于指明的；所以，开端的方式，无论是这一个或那一个，都会遇到反驳。"[1]尽管如此，黑格尔还是知难而上地去回答"必须用什么作哲学的开端"这个出力不讨好的问题。沿着《精神现象学》的逻辑轨迹，他认为"本原应当也就是开端，那对于思维是首要的东西，对于思维过程也应当是最初的东西。……开端是逻辑的，因为它应当是在自由地、自为地有的思维原素中，在纯粹的知中造成的"[2]。在回答如何"在纯粹的知中造成"的问题时，黑格尔的辩证观值得称

---

[1] 黑格尔：《逻辑学》上卷，杨一之译，商务印书馆，2009年，第51页。

[2] 黑格尔：《逻辑学》上卷，第52—53页。

道，他认为开端并不是纯无，而是包含了有与无两者，是有与无两者无区别的统一。黑格尔很满意他的这一发现，因而同时没忘记反驳性地论及了"以自我为开端"的费希特哲学。①

相较于亚里士多德的形式范畴理论，黑格尔显然更进了一步，他的贡献尤其在于把有与无的统一作为哲学的逻辑开端，既从存在的源头去发现哲学开端，又将认识论与辩证法紧密结合起来。但从哲学的认知秩序而言，世界的有无显然已是哲学的认知规定，既不是逻辑序列的启点，更不是逻辑工具。有与无及两者的统一可被视为世界的最初存在和存在形式，但最初的存在和存在形式不是最初的逻辑和逻辑工具，而是逻辑的运用，以及逻辑的对象与结果。况且，最初的存在与存在形式也不符合黑格尔自己所说开端"不以任何东西为前提、不以任何东西为中介"的绝对性特征。故把逻辑的对象、结果当作逻辑本身，把哲学开端的对象等同于哲学开端，显然是一个混淆。但黑格尔把对世界有与无的区分及其统一作为哲学认知的开端形式和表现，其思维底层显示了哲学逻辑开端的位置所在，以及开端最初发生的情形怎么样。

怀特海的过程哲学是现代西方哲学的一个新里程，它既不同于逻辑实证主义、自然主义或语言哲学的分析传统，也不同于现象学、存在主义或解构主义的大陆传统，有人甚至预言 21 世纪西方哲学将是"怀特海的世纪"。② 怀特海在讨论世界的"终极性范畴"（the category of the ultimate）时引入了"共在"与"创造性""多""一""同""异"几个概念，认为"'共在'是对任何一个

①　黑格尔：《逻辑学》上卷，第 59 页、61 页。

②　Jakub Dziadkowiec and Lukasz Lamza, *Beyond Whitehead: Recent Advances in Process Thought*, pp. ix–xii.

现实机缘中各种实有以各种特殊方式结合'在一起'的通称。因此，'共在'要以'创造性''多''一''同''异'这些概念为前提。终极的形而上学原则就是从分到合的进展，创造出一个与那些以析取方式出现的实有不同的新颖的实有。新颖的实有是它在'共在'中发现的'多'，同时也是它在析取的'多'中留下的一，它是一个新颖的实有，它综合了以析取方式存在的多个实有。'多'生成了'一'，'一'又增进了'多'。按其本性这些实有是由析取之'多'走向合取的同一过程。这个终极性范畴代替了亚里士多德的'第一实体'范畴"[①]。怀特海在"产生新颖的共在"这一动态的过程逻辑中去发现终极性范畴，较古典形而上学的形式推演和黑格尔的经典辩证法都是一个进步，但他认为"'创造性''多''一'是包含在'事物''存在''实有'这三个同义词的意义中的终极性概念。这三个概念构成终极性范畴，是其他更具体的范畴所依据的范畴"[②]，还是出现了一些逻辑偏差。

　　怀特海在认知"产生新颖的共在"时已经发现了终极范畴的"所在处"，他的谬误在于误将终极范畴的"所在处"当成了终极范畴——这个"所在处"就是怀特海所言的"创造性""多""一""同""异"诸概念的"在一起"。按怀特海自己的定义，"'创造性'是表征终极事实普遍性中的普遍性"，是一种新颖性原则，[③] 显然并非终极范畴本体；"多"与"一"、"同"与"异"倒是具有了终极范畴的潜质和构因，但还不是终极范畴本身，准确地讲是终极范畴的制造要件和通向终极范畴的台阶，或者讲是终

---

①　怀特海:《过程与实在》，李步楼译，商务印书馆，2012 年，第 36 页。

②　怀特海:《过程与实在》，第 35 页。

③　怀特海:《过程与实在》，第 36 页。

极范畴的载体和实现方式，而真正具有终极范畴意义的，是能够创生多与少、同与异的界分工具——界，界才是多少之母、同异之父——没有界的创生，既无多少亦无同异。在这里，界与多少、同异的逻辑辈分是再清晰不过的了。

显然，界作为元范畴的逻辑启始作用是无以替代的，与有无、多少、同异等其他范畴相比，界这个逻辑端点和起点显示了特有的初始性与唯一性、单一性与不可分性。

其次，界的元范畴意义还体现于以界为始源基质，对一般范畴的构制和对自然秩序与人事认知的贯通发挥了关键的机理作用。

范畴作为人类思维对世界存在的认知联结，核心在于对万物之属性、质量、状态、关系等作出基本判断。作为逻辑的启始，界的基质禀赋着明晰边界、划定场域、界分类性、度量多少、建构关联、构制动变、调适平衡等机制功能，人类认知的一般范畴——从对混沌界分出最初的差异和秩序开始，诸如有与无、一与多、时与空、变与不变、动与静、阴与阳、乾与坤、名与实等本体存在范畴，原因与结果、同一与多样、物质与精神、主体与客体、有限与无限、思维与存在、内容与形式等物质论、概念论、知识论、实践论范畴，无论从感悟、神学、超验还是从理性、科学、经验等不同的立场和方法出发，无论建立于何样的认知基点和认知界面，其构制与运作的逻辑底层都离不开界的根据、界的坐标和界的机制原理。

特别值得重视的是，界的秉性机理在自然秩序与人事认知的贯通联结及其人文建构中，发挥了根本性的作用。

人在宇宙自然中的位置始终是人类思想的基本命题，人受自然统纳，但又不是一般的自然元素和自然形式，"人是自成一个等级、一个体系、一个类的"[①]。早在古希腊时期就已明确界分了物理学、天体学、算学等自然哲学与伦理学、心理学、政治学等人文研究的区隔；到了近现代，自然主义（或科学主义）与人文主义一直是两种基本的哲学思潮和方法倾向，且伴随着学科制度化的作用，分隔的倾向日益明显。[②] 当然，古希腊哲学家从一开始就有消除这种间隔的努力，柏拉图在他的宇宙论中以神及其儿子们对不朽与可朽的创造，将自然与生灵统纳在一个"模型"之内："造物主首先使这些元素有序，然后用这些元素建构这个宇宙，使之成为一个包含所有可朽的与不朽的生灵于其自身之中的生灵。造物主自己创造了神圣事物，但把创造可朽事物的使命交给了他的儿子们。"[③] 以神的超凡性调适自然与人的关联，不仅是希腊传统，更是希伯来传统；而以二希为基石的西方文化更是一以贯之地将这一传统发扬光大，在科学日益主导世界和人类生活的当代，如何超越科学主义和宗教主义，在科学、人文与宗教三者之间建构起综合的世界观念，以分享不同的价值；[④] 如何"跨越自然主义与人文主义的边界"[⑤]，都成为西方思想界近年来关注的热点。

---

① 霍尔巴赫：《自然体系》第一章《论自然》，北京大学哲学系外国哲学史教研室编译：《十八世纪法国哲学》，商务印书馆，1963 年，第 575 页。

② Robert Frodeman 等曾发文"When Philosophy Lost Its Way"，指出 19 世纪后期由于大学的制度化安排而导致了西方哲学对人文研究与自然研究的分离，并视之为哲学的迷失，参见 Scott Soames, *The World Philosophy Made: From Plato to the Digital Age*. Princeton University Press, 2019, p. ix.

③ 柏拉图：《蒂迈欧篇》，《柏拉图全集》（增订版）中卷，王晓朝译，人民出版社，2018 年，第 804 页。

④ Matthias Jung, *Science, Humanism, and Religion: The Quest for Orientation*. Springer Nature Switzerland AG, 2019, pp. 203–215.

⑤ Carles Salazar and Joan Bestard, ed., *Religion and Science as Forms of Life: Anthropological Insights into Reason and Unreason*. Berghahn Books, 2015, pp. 1–2.

消弭人与自然的间隔，在自然秩序与人事认知之间建立起贯通联结，既是哲学的题旨本义，也是人文建构的关键。作为逻辑认知的启始，界处于自然秩序的最前端，以界的否定－肯定方式使混沌走向万物共在的宇宙，其本质是走向秩序，而界对自然秩序的始基性开启及其机制原理，则呈现了它的第一秩序或本根秩序的功能，并对联通自然与人文世界发挥了关键作用。

宇宙的古希腊语 kósmos 的核心意涵就是秩序（order），这也表征了西方哲学的一个重要传统是将宇宙视为一个内在统一的系统，世界万物因秩序而获得联结与和谐，宇宙本身就是一条生生不已的原因与结果构成的链条。[①] 而且，秩序是全宇宙的秩序，既充斥自然，又运行于人间；既致自然和谐，也使人事有序。有了宇宙自然秩序的开启，人文建构才有了再创造的条件；有了自然秩序与人事认知的联通，才使哲学从天上来到人间，并从人间仰望星空。在这里，秩序是宇宙的经络，也是万物的纽带；是界的形制，也是界的逻辑——归根结底，界的秉性机理从宇宙基原上构制了秩序，并通过秩序将自然与人事联结起来。

中国哲学中宇宙的概念内涵不同于希腊哲学："往古来今谓之宙，四方上下谓之宇，道在其间，而莫知其所。"[②] 这里的"宇"与"宙"分别指的是空间与时间，是一个典型的界域概念，未上升为形上秩序，具有形上法则意涵的是运行其间的道。道的概念隐藏了中国哲学的核心奥秘，但道的上端和背后还存有一个更大的关键，这

---

① 霍尔巴赫：《自然体系》第四章《论自然界一切存在物的共同运动法则；论吸引力和排斥力；论惯性力；论必然性》，北京大学哲学系外国哲学史教研室编译：《十八世纪法国哲学》，第 595 页。

② 《淮南子·齐俗训》，陈广忠译注：《淮南子》，中华书局，2012年，第 599—600 页。

就是"自然",《道德经》曰:"人法地,地法天,天法道,道法自然。"(第 25 章)自然在人、地、天、道四者相法的逻辑链接中处于序列的终端,呈显了逻辑运演的终极性;在以天、地、人为基本框架,以道为运行规则的结构中,自然对这一结构的要素和规则实施了统纳涵盖,显示出绝对的统摄性;同时,自然既是人、地、天、道的遵循对象、终极原则,又是人、地、天、道的凭依、域限和实现路径,它无所不在、无始无终,呈现出弥散往复的随在性、循环性。在这里,自然与道的概念存有重叠:"自然,盖道之绝称";但又不尽同,相较而言道的概念更具人文建构,且属"有物混成",而自然更具基质本原意义:"不知而然,亦非不然,万物皆然,不得不然。"①自然以其终极性、统摄性、循环性实施了对天、地、人与道的全然统纳,在此统纳下,自然秩序与人文设置成为一个浑然的整体,两者的贯通也就成为必然。通常情形下,中国古典文献多以道的辩证来论析自然的本质,特别是有无相生、阴阳互化的道原机理,更是精辟地揭示了自然的逻辑根本:

> 道通,其分也,其成也毁也。……有乎生,有乎死,有乎出,有乎入,入出而无见其形,是谓天门。天门者,无有也,万物出乎无有。有不能以有为有,必出乎无有,而无有一无有。②

这里讲述了道对成毁的界分合成,特别讲述了有无相生的基本原理,不仅揭示了自然之根本,更昭显了界在逻辑底层的关键运思。

---

①　王利器撰:《文子疏义》,中华书局,2000 年,第 433 页。
②　《庄子·庚桑楚》,郭庆藩撰,王孝鱼点校:《庄子集释》,第 799—801 页。

除了有无、阴阳等形上的界分，中国哲学最具人文建构的操作要数对天与人的界分，"明于天人之分，则可谓至人矣"①。天人（或天地人）之分作为中国哲学人文建构的逻辑主轴，既演绎了"无为""天地不仁"②等素朴价值，也生发了"天地与我并生，而万物与我为一"③"万物皆一"④等天人合一思想，通过天、地、人的分合转化，推衍出中国哲学丰富的内涵。天人之际的界分与连合是中国哲学人文建构的关键，也是自然秩序与人事认知联结的机枢。

整体地看，自然秩序与人事认知的贯通联结，既是人文构建的本质基础，也是哲学完成的关键一步，它以对自然状态和社会状态（契约状态）的整体通观而使哲学的根本价值得以实现。哲学的基本命题和范畴，无论是有与无、一与多、时与空、阴与阳、动与静、虚与实，还是真与假、美与丑、善与恶、灵与肉、生与死等，都因自然秩序与人事认知的联结而获得内涵的充足、意义的完满，而界作为逻辑启始的元范畴及其禀赋的始基属性，无论对一般范畴的构制还是对自然秩序与人事认知的贯通，都在逻辑底层发挥了关键的机理作用。

再者，从逻辑认知的发生论看，界的元范畴意义还体现于在存在与意义的最初生成中，界发挥了关键的创造作用。界的创造本质是在混沌虚空中以界的否定实现创生的肯定，并以否定与肯定的统一实现存在与意义的生成。在存在与意义生成之前，各种学说——包括东西方神话、传说、哲学、神学、科学、玄学、神秘主义等等，

① 《荀子·天论》，方勇、李波译注：《荀子》，中华书局，2011年，第265页。
② 《道德经》第5章。
③ 《庄子·齐物论》，郭庆藩撰，王孝鱼点校：《庄子集释》，第86页。
④ 《庄子·德充符》，郭庆藩撰，王孝鱼点校：《庄子集释》，第198页。

本质上都是通过假设、寄托、缅想、推理等方式，预设出超自然、前逻辑的造物者，预设宇宙本原与万物肇因，诸如上帝、神、德穆革、太一、道、无、虚空等，现代科学则预设了宇宙爆炸奇点——通过各种超自然预设来开启万物存在与意义的诞生。问题的关键在于，这种对创造本原的终极预设本质上都是建立在超自然、前逻辑基础上的原始性假定，尽管后续的演绎充满了来自神学、哲学、科学等方面的缜密论证，并使原始性假定获得相应的逻辑自洽。

　　然而，这类逻辑自洽一旦走入理性与自然，无论如何就只能是相对的、暂时的自洽；即使在封闭的神学体系内，稍加理性的审视，就不难预见这种预设所包含着的种种矛盾。比如犹太卡巴拉（Kabbalah）神秘主义思想传统就曾发出过对"至善""全善"上帝的尖锐质疑："至善""全善"的上帝为何会创造邪恶？卡巴拉不仅发出这样的质疑，甚至还推导出上帝也是善恶矛盾的结合体。类似这种对上帝的质疑以及针对上帝发出的思想论辩，在历史上被认为是一个悠久的犹太传统："犹太文献充满了悲伤和哀歌、怨诉与争辩，所有的异议都针对上帝对祂的人民采以了不公平的待遇。"[①] 那么，要消除神学预设与理性认知间的矛盾抵牾，修复前逻辑假定与理性逻辑间的裂痕，就只能以重新设定上帝的初始完满来实现——这样至善的上帝便有了对反综合的矛盾属性，上帝也才得以合逻辑地发挥创造世界、启始开端的作用——在这里，上帝的伟岸委屈地服从了理性，或更确切地讲，是服从了理性原则下的界。

　　不难看出，在形形色色的超自然、前逻辑预设的逻辑底层，本质上都离不开界的机制操作，因为在宇宙自然与逻辑理性的原则基

---

① Anson Layther, *Arguing with God: A Jewish Tradition*. Jason Aronson, 1990, p. xv.

础上，只有界通过对混沌的介入才创造了存在的边界和意义的阈值，伴随着初始性边界阈值的出现，才真正确立了存在与意义。因此，不管各种学说采以何样的概念预设、施以何样的逻辑论证、获得怎样的体系自洽，在万物存在与世界意义的最初生成中，界的初始性、创造性的逻辑起点和机制作用是共通的，界是世界存在与意义诞生的第一创造工具。

这里潜存着一个尖锐的问题：界从何来？"界主"为何？这似乎不得不重新回到前述神话、传说、哲学、神学、科学、神秘主义等的种种假托与预设，因为通过对上帝、神、德穆革、太一、道、空、无、奇点等超自然、前逻辑的原始性假定，宇宙本原与万物肇因的问题似乎就一蹴而就地解决了。界的逻辑显然不是这样，界属自然之物，禀赋理性本质，不关前世界的超自然预设。

因而在自然与逻辑理性的原则下，界与自然、理性共在，界是自然与理性的同体，既表现出界与自然、理性的共在性、共造性、共主性，也在与自然和理性的同体共在中表现出界的自在性、自造性、自主性，可以说界物一体、界物同在，人界一体、人界同在。换句话说，只要自然与理性存在，界就是自在永在的——这与自然的必然性、永恒性相一致，也是界作为认知逻辑的元范畴最具普遍性和生命力之所在。至于界的有限性和宇宙的无限性问题，诸如笛卡尔把"无定限"（indefinitum）归结为人的理智无法认识的界限[①]，本质上也离不开界的坐标参照，无限也是界限的特定标识和量度；而《淮南子·齐俗训》《文子·自然》等所谓"朴至大者无形状，道至眇者无度量"，显然是将朴、道归入了超验范畴。当然，人们有

---

① 斯宾诺莎：《笛卡尔哲学原理》，王荫庭、洪汉鼎译，商务印书馆，2009年，第88页。

理由保留这样一个玄想疑问：如果说界被推到了前台，通过界找到了自然与理性条件下的逻辑起点与秩序开端，那么离超自然、前逻辑的终极本原究竟还有多远呢？

2. 以界为本：从工具到原理

因而，界不仅呈显出认知世界、开启意义的元范畴和基本工具意义，还内含着以界为本的普遍原理——界本原理，这一原理贯通于世界与意义的发生、构制、演变的全过程。在哲学与文化的认知体系中，界呈现了全方位的哲学语义，大致可区分为：

本体存在方面，界 1：界限、限度、限制（bounds, limit），界 2：差异（difference），界 3：界域（realm），界 4：境界（state），界 5：界别、领域（field, kingdom），界 6：端点、极（extremity, extreme），界 7：界对，他异，两仪，阴阳（polarities, alterity, twins, yin and yang）；

知识认知方面，界 8：界分、区分（distinguish），界 9：界定、界说、义界（define, definition），界 10：边界（boundary, frontier），界 11：界线（dividing line），界 12：范围（range），界 13：维度、向度（dimension）；

工具实践方面，界 14：限定（restrict），界 15：界尺、尺度、标准（rule, scale, standard），界 16：界面（interface），界 17：视界（visual field, horizon），界 18：界隔、离间（separate, alienate），界 19：关联、媒介（correlation, medium），界 20：接界（border, interlinking）；

其他方面，如界 21：权界（power circles），界 22：世界（world），等等。

一个界字，蕴含了本体存在的属性与现象、观念与概念、结构与质量、关联与变化，也包含了认知与实践的方法与工具、维度与尺度等，涵盖了哲学和思想知识的全部范畴内容，在西方语言中很难找到一个对应的词汇与其直接转换，只能依据语境作出相应区分。这不是偶然的，一方面体现了汉语言文字的特殊张力，另一方面根源还是在于界所禀赋的元范畴基质及其原理属性，没有对本体论、认识论、工具论、实践论等哲学范畴的整合统纳，界的元范畴及其工具与原理价值就无以实现，以界为本的原则原理也就无从建立。

如此对界的发现，对于厘清知识的逻辑原理、秩序、方法、工具等哲学的基本问题，自然有了毋庸置疑的意义。《两界书》开篇有谓：

> 世有两界：天界地界，时界空界；阳界阴界，明界暗界；物界意界，实界虚界；生界死界，灵界肉界；喜界悲界，善界恶界；神界凡界，本界异界……
>
> 两界叠叠，依稀对应；有界无界，化异辅成。
>
> 芸芸众生，魑魅魍魉；往来游走，昼夜未停。
>
> （《两界书》引言）

《两界书》以文学叙事呈现哲学逻辑，围绕界的问题，"以界为经，以人为纬，以人之心用为结，以中华文化为钤键，以人类思想融会升华为合解，析世界之本，辨人性之实，探文明之向，问凡人正道"（《两界书》提要），从文化哲学的视野发现界对解析世界本原、人性本质的"密钥"意义和价值，对界的本义及界的机理进行系统发掘和形象化呈现。第三代新儒家代表人物之一成中英先生认为：界在本体上可以与英文的 reality（真实）相对，这直指界的本质；

《两界书》的学术资源导向、生发、升华出一种对存在、认知与价值选择的基本认知之学、界限之学——两界学，简称"界学"，"从界的概念的分析到两界之学的界定与两界之学的建立是非常自然的，因为两者都是任何一个学科必须涉及到的基本区分与差异化的原则。所以界学或两界学，是基本的哲学学问，存在于本体学、认识论、伦理学和美学等理论体系之中"①。

　　显然，界的意义并不止于哲学的范畴和一般工具，而是蕴含着基原性的认知机理和原则，在宇宙论、存在论、结构论、过程论、价值论、目的论的各个方面，以界为本的界本论原理不仅普遍贯通，而且相互构制、相辅相成。

　　以界为逻辑起点和基本范畴，界本论导向系统的界理知识研究，对宇宙与世界存在、结构与过程、价值与目的等哲学和知识的一般命题作出整体的界说，提出了宇宙论元根律、存在论界本律、结构论对成律、过程论化异律、价值论优选律、目的论合正律等系统性的界理律则，同时，这一界理律则并不局限于本体论或认知论的哲学范畴，而是指向了一种广义知识论，指向一种知识学的元理论。

---

　　①　成中英:《两界学的问题、范式和界域:从〈两界书〉论起》,《中国社会科学院研究生院学报》,2018 年第 6 期,第 5—13 页。

第二章　宇宙论：元根律

太初太始，世界虚空，混沌一片。

天帝生意念，云气弥漫，氤氲升腾。

天帝挥意杖，从混沌中划过。

天雷骤起，天光闪电，混沌立开。

——《两界书》创 1：1

第一节　宇宙论问题

宇宙是什么？宇宙从何而来？宇宙有多大？宇宙可以被认知吗？

古往今来，这是一个始终困扰人类的大问题，或许世界上再也没有比这个问题更复杂、更让人感到无奈的了。放眼地球，人类比蝼蚁大，比狮虎聪明；而在宇宙的广袤与深远面前，在宇宙的缘起与归宿面前，人类恐怕连蝼蚁都算不上，人类的认知永远也到不了宇宙的边缘。

1. 关于宇宙的假说

宇宙论（Cosmology）的概念虽然到了 18 世纪才由德国哲学家、逻辑学家沃尔夫（Christian Wolff，1679—1754，著有《关于上帝、宇宙和灵魂的合理思想》《第一哲学本体论》《宇宙通论》《关于人类理解能力的合理思想》等）首次提出，但对宇宙的起源、本质、性状、归宿之类问题的思想，在古代各民族早期神话，尤其在轴心时代多发性的重要思想体系中，都有程度不同的体现。

特别是古希腊哲学，从泰勒斯、阿拉克西曼德、阿拉克西米尼、毕达哥拉斯、赫拉克利特、巴门尼德，到德谟克利特、柏拉图、亚里士多德等，都试图对宇宙的起源、本原作出解说。亚里士多德在综合各类学说的基础上对宇宙问题进行了系统推演，他的《论天》《天象论》《宇宙论》乃至《物理学》《形而上学》等，实现了对宇宙论自然哲学的系统化，并构建了"一种有哲学根据的"、以地球为中心的总体世界图景："地球静止于宇宙中心，天绕着穿过宇宙中心的轴不停地旋转。"[①] 亚里士多德的"静止地心说"在喜帕恰斯（Hipparchus of Nicaea）和托勒密（Claudius Ptolemaeus，约公元90—168 年）的偏心圆（eccentrics）与本轮（epicycles）理论那里获得了修正和完善[②]，托勒密在《天文学大成》（*Almagest*）、《行星假说》（*Hypotheses Planetarum*）、《占星四书》（*Tetrabiblos*）等重要著作中进一步演发了一整套相当完整的数理天文学体系，这些都对后世西方宇宙论的发展产生深刻影响。

其后，西方的天文学宇宙论发展蔚为壮观，文艺复兴时代欧洲科学思想大勃发，波兰天文学家尼古拉·哥白尼的巨著《天体运行论》（*The Revolutions of Nicolaus Copernicus*）及其日心说，一举突破传统地心说和中世纪神学的双重桎梏，彻底改变了人类的宇

---

① 爱德华·扬·戴克斯特豪斯:《世界图景的机械化》，张卜天译，商务印书馆，2017 年，第 44—45 页。

② 爱德华·扬·戴克斯特豪斯:《世界图景的机械化》，第 76—91 页。

宙观。意大利人伽利略在其《关于托勒密和哥白尼两大世界体系的对话》中为哥白尼日心说进行了论证，并因精当地运用以伽利略望远镜为代表的科学工具和观测方法而对后世天文学研究产生重大影响，牛顿的《论宇宙的体系》（《自然哲学的数学原理》*Philosophiae Naturalis Principia Mathematica* 第三卷原稿）及牛顿第一、第二运动定律均从他那里获得了某些启示。至于德国哲学家康德及法国数学家拉普拉斯（Pierre-Simon de Laplace，1749—1827）提出"康德-拉普拉斯星云说"（Kant-Laplace nebular theory），则综合了哲学、数学、力学的理论方法，对太阳系的构成及原理作出全新的假说。到了 20 世纪 20 年代现代宇宙学诞生，爱因斯坦在提出广义相对论后于 1917 年提出了静态宇宙模型（static model）理论，美国天文学家爱德文·哈勃（Edwin Powell Hubble，1889—1953）以实证观测发现星系的红移现象并提出哈勃定律，向世人展示了一个动变的宇宙。从 20 世纪四五十年代开始，俄裔美籍天文学家和物理学家乔治·伽莫夫（George Gamow，1904—1968）等在比利时天文学家和宇宙学家勒梅特（Georges Henri Joseph Éduard Lemaître，1894—1966）的宇宙爆炸假说基础上，提出并逐步完善了大爆炸宇宙模型（Big-bang model），将现代宇宙科学推向新高峰。

尽管宇宙论的思想成果林林总总，但迄今为止一切宇宙论都还是停留在假说的理论阶段。一个新发现往往是推翻了一个旧假说，一个新假说也只是等待着下一个新假说来推翻。

2. 论证的努力

上述只是作了一个极为简略的勾画，实际的情形要复杂得多。概括地讲，一方面宇宙论发展到当代无论在理论还是观测方面都取得了前所未有的突破；另一方面各种科学发现不是使人类获得了对宇宙的清晰感和亲近感，而是带来了更多的疑惑、歧解和疏远。历史地看，一个基本的事实是，人类关于宇宙的思想知识仿佛是由巨量知识碎片堆砌而成的一座通天云梯，既高耸又松散，既不牢固也不可靠。

这与人类认知宇宙的基本观念和思想方法有密切关联。西方学者总结了在各种关于自然的科学思想中，影响最深刻、最深远的"莫过于所谓机械（mechanical）世界观或机械论（mechanistic）世界观的出现"。这一观念及其研究方法的特点是："以实验为知识来源，以数学公式为描述语言，以数学演绎为指导原则，寻求可由实验确证的新现象；其次，正是这一观念的节节胜利使技术发展成为可能，从而使工业化迅猛发展，否则现代社会生活根本无从设想；最后，正是这一观念所蕴含的思想方式深入到了关于人及其在宇宙中位置的哲学思想，渗透到了初看起来与自然研究无涉的众多专门学科之中。鉴于所有这些因素，物理科学的机械化已经不单单是一个关于自然科学方法的内部问题，而是影响了整个文化史，因此，它很值得科学界以外的学者关注。"[1]毋庸置疑，所谓机械论世界观及其方法论对科技进步发挥了不可替代的作用，有人甚至认为这是"能在一切知识领域获得可靠结果的唯一方法"；但与此同时，相反的观点认为这一思想"对于哲学科学思想以及社会的一般影响几乎是灾难性的。……思想受制于机械论观念是世界在 20 世纪（尽管有各种技术进步）陷入精神纷乱和困顿的主要原因"[2]。

这里的分歧只是一个缩影，如果再加上上帝、德谟革、太一等

---

① 爱德华·扬·戴克斯特豪斯：《世界图景的机械化》，第 3—4 页。
② 爱德华·扬·戴克斯特豪斯：《世界图景的机械化》，第 4 页。

神性因素对世界和人类生活的介入，那么情形又要复杂得多。当德谟克利特"将其唯物论宇宙观贯彻到底"，认为人的灵魂甚至诸神也都是由暂时的原子复合体构成，并"有一种协调性的指导原则在支配着宇宙"时①，另一边厢的柏拉图则以其理念（idea）、形式（form）为蓝本，借助造物主的作用——把火、水、气、土四种元素都用上，制造了宇宙这个"活物"，并使之成为善和有序："神想要万物皆善，尽可能没有恶，所以他取来一切可见的事物——不是静止的，而是出于混乱无序的运动之中的——将它从无序状态变为有序状态。"② 这种思想在当代的西方哲学中仍然占据重要地位，在原始的混乱无序的宇宙之前，是超凡的神从无到有创造了一个偶然的宇宙（accidental Universe）。在新柏拉图主义那里，柏罗丁（Plotinus，205—270 年）虽然试图弥合柏拉图与亚里士多德的鸿沟，但他的太一（the One）说及太一流溢出的世界理智（奴斯）、世界灵魂及理性概念等，显然与神的三大本体（Trias of divine hypostases）寸步不离，甚至走入神秘之境。③ 后世西方哲学不仅因袭了希腊传统中丰富的矛盾因子，更由于宗教分化、科技进步以及语言逻辑科学等因素的综合影响而形成了斑驳陆离的哲学流派和思想景观。但不管怎样，在以希腊哲学和希伯来–基督教为基石的西方文化中，造物者、自然与人是世界构制的三个基本要素，三者的相互关系和整体关系是所有思想的根本和基轴：

---

① 爱德华·扬·戴克斯特豪斯：《世界图景的机械化》，第 15 页。

② 柏拉图：《蒂迈欧篇》，《柏拉图全集》（增订版）中卷，第 766 页。

③ 参见爱德华·扬·戴克斯特豪斯：《世界图景的机械化》，第 64—68 页。

在造物者、自然和人之间，立足于三者何方，从何种角度出发，以何种逻辑运思和使用何种路径工具，不仅得出不同的结论，而且形成了差异巨大的思想体系，包括唯物与唯心、唯神与唯理之类的各种纠纷。事实上，从对造物者、自然与人三大要素的存在本身及其属性意义的最初认知，思想和世界观的分野便已开始，以致行之愈远分歧就愈大。

这是造成"丰富思想碎片"的基本根源。其实，古希腊的思想家从一开始就意识到了纯粹思想的局限，柏拉图在周密推演造物主以理念为模型创造宇宙万物时，特别引入了比例、平面、中项、二倍数、三倍数等数学概念和数学运算，以使被造者能够形式完满，"一旦整个灵魂获得令神愉悦的形式，神就在它内部构造全部有身体的东西，并使二者匹配，中心对中心。灵魂与身体交织在一起，从宇宙中心朝着各个方向扩散，直抵宇宙边缘，又从宇宙的外缘包裹宇宙。灵魂自身不断运转，一个神圣的开端就从这里开始，这种有理性的生命永不休止，永世长存"[1]。柏拉图试图将理念、理性、模型、神、造物者、世界灵魂（the world-soul）以及火、水、气、土四元素和数学、物理等机械论要素相融合，从而按照永恒不变的模型构制出宇宙这一活物，"使之成为一个包含所有可朽的与不朽的生灵于其自身之中的生灵"[2]。在浩瀚如烟的哲学世界，亚里士多德

---

① 柏拉图:《蒂迈欧篇》,《柏拉图全集》（增订版）中卷，第771页。

② 柏拉图:《蒂迈欧篇》,《柏拉图全集》（增订版）中卷，第764—768、804页。

是一位坚定的独立思考者和百科全书式的集大成者，他不仅在逻辑学（《范畴篇》等）、自然科学（《物理学》《天文学》《论生成和消灭》《天象学》《动物志》《论动物》《论植物》《机械学》）、形而上学（《形而上学》）等方面构筑了庞大的体系，而且在伦理学（《尼各马科伦理学》《大伦理学》《论善与恶》）、政治学（《政治学》《雅典政制》）、美学（《论诗》）、修辞学（《修辞术》《亚历山大修辞学》）等领域均有系统的论说，他试图对世界作出全景性立体化的描绘，而不仅仅提供物理性机械化的图景。但在对后世两千多年的影响中，亚里士多德的整合性优长没有得到应有的光大，而是多被有选择地接受和运用，这和很难找到像他那样全能型的思想家有关，也和学科细化尤其是近代以来学科的制度化分工有密切关系。

克服认知偏斜一直是有识之士的工作方向，比如生活在 17 世纪的英国浪漫诗人、科幻作家、自然哲学家玛格丽特·卡文迪什（Margaret Lucas Cavendish，1623—1673）就是一个显例，这位以特立独行而闻名的公爵夫人在 17 世纪机械论哲学和笛卡尔二元论思想大行其道的时候，在其《自然哲学的基础》（*Grounds of Natural Philosophy*）等著述中提出了活力论唯物主义（vitalist materialism）自然哲学①，试图克服机械论哲学和二元论思想对自然有机体的割裂。这在当时遭到了正统哲学家的不屑甚至嘲笑，直到三百多年后，西方哲学界才重新发现了她的价值，近几十年来还形成一个不小的玛格丽特热。怀特海虽然对柏拉图、洛克和康德哲学钟爱有加，但他也批评柏拉图描绘的世界是一个"纯粹戏剧性的模仿"，他的过程哲学甚至被认为"与任何哲学或科学传统都没有真正的联系"，但

----

① Deborah Boyle, *The Well-Ordered Universe: The Philosophy of Margaret Cavendish*. Oxford University Press, 2018, p. 7.

在宇宙学等方面"有能力解决我们这个时代的哲学矛盾",这位"七张面孔的思想家"(日本学者田中裕语)以过程本体论(process ontology)突破既有的学科习规,影响波及到生物学、物理学、文学、哲学、教育、跨文化研究等多个领域。[①]在如今的思想界,人们越来越多地意识到整体世界观和方法论对于认识宇宙自然和人类自身是何其重要。

第二节　界本宇宙论

界本宇宙论试图转换认知的视角,以新的知识框架和逻辑体系,从宇宙发生的整体观和底层基理出发,揭示界本宇宙论的内在机理。

1. 寻求综合世界观

首先,界本宇宙论力图规避单一认知的狭隘和偏斜,寻求建立一种综合世界观(Comprehensive worldview)。抛开具体的学科分际与思想流派,从思想史与精神史演进的大尺度看,人类对宇宙的认知大致出现了早期原始思维以及哲学思辨、神学演绎、科学推理等几种基本的思想认知和思维方式,每种认知方式又因时因地涌现出众多错综复杂甚至矛盾抵牾的分支流派。

界本宇宙论对既有思维认知的贯通整合,建基于对不同认知方式共通性逻辑工具和逻辑原理的发现,这就是无论原始思维还是哲学思维、宗教思维、科学思维,尽管对宇宙的认知系统、方式路径

---

① Jakub Dziadkowiec and Lukasz Lamza, *Beyond Whitehead: Recent Advances in Process Thought*, 2017, pp. 1–6.

不同，但其基本的认知原理都是以宇宙万物的界分差异为基点，发挥界作为元范畴和基本工具的界分、义界功用，从而对宇宙万物的位属、关系、性质、状况作出相应界说。

原始思维对宇宙的认知尽管显得简陋天真，但其实质是在人与宇宙的界分之间建立起直接本真的联系，本质上是以特定的方式和工具去定义宇宙与人的属性、造物者与宇宙和人的关系以及人在世界中的位置，这在列维－布留尔那里也被称为幼稚简陋的、原始的"自然哲学"[1]，其时人们往往以万物有灵的纯真感应，通过占卜、巫术、神话、祭祀、图腾、习俗等方式，表达对宇宙自然的一种神秘、象征和综合性的认知。在原始思维的世界观里，"看得见的世界和看不见的世界是统一的，在任何时刻里，看得见的世界的事件都取决于看不见的力量。用这一点也可以解释梦、兆头、上千种形形色色的占卜、祭祀、咒语、宗教仪式和巫术在原始人的生活中所占的地位"[2]。以各民族普遍存在的巫术为例，即是早期人类试图测定世界、联结世界的一种努力。"巫"字的甲骨文为十，一说由两个工字交叉构成，释解为古人的度量工具；一说"巫"的甲骨文由两个"壬"字构成，意思同"壬"，上下两横代表天地，中间一竖代表贯通天地，竖边阴阳两人，合为"巫"，巫者乃沟通天地之人，从巫字的汉字构造中不难窥见原始思维的内在指向。

宗教思维虽然也借助了神秘力量的操作，但它主要是在经验世界和世俗生活之上，系统地设置一个完整、神圣的超验世界，在这个神圣超验世界里，既以神、上帝等造物主的设置对宇宙起源、世界万物的来源予以回答，又通过系统化的教义教规对宇宙万物与人

---

① 列维－布留尔：《原始思维》，丁由译，商务印书馆，2009年，第12页。

② 列维－布留尔：《原始思维》，第480页。

类生命加以统纳。在神学的视野里，宇宙万物的复杂性相较人的灵魂问题常常显得简单易解，神学宇宙论作为神学体系的推演工具，更多的是作为演绎神学教义的背景平台，而不是神学认知的直接目的，无论是基督教、天主教、巴哈伊教这类普世宗教，还是犹太教、锡克教等民族宗教，其中的宇宙论思想都紧密地服务其教义学说。但这并不意味着神学宇宙论是浅显简易的，也不意味着神学宇宙论在与科学宇宙论的角力中完全不堪一击——虽然近代以来宗教在与科学的冲突中总以科学占上风而告终，但事实上，宗教宇宙论不仅以其特定的方式在发掘宇宙的"为什么"问题，而且自古以来常常是与理性和科学思维纠缠在一起，并对科学思维产生影响。

在哲学家罗素看来，"科学的神学家和具有宗教思想的科学家"可能可以回答宇宙中的"为什么"的问题——恒星为什么形成？太阳为什么产生行星？地球为什么冷却产生生命？他认为"这个学说有三种形式：有神论的形式、泛神论的形式和可称之为'突生的'形式。第一种形式是最简单，然而却又是最正统的，它认为，上帝创造了世界并颁布了自然法则，因为他已预见最终会演化出某种善。根据这一观点，造物主是完全有目的的，他存在于他的创造物之外。在泛神论的形式中，上帝并非存在于宇宙之外，而不过是被当作整体的宇宙而已。因此不可能有一种创造的活动，但是，在宇宙中有一种创造力，这种创造力使宇宙按照它在整个过程中可以说一直是牢记着的那个计划来发展。在'突生'的形式中，目的则更是不存在的。在较早的阶段里，宇宙中没有任何东西能预见较晚的阶段，但是，一种盲目的推动力却导致那些使各种更发展了的形式得以出现的变化，因此在某种相当含糊的意义上来说，终局寓于开端之中"①。事实上，长期以来在宇宙的创造、宇宙秩序及宇宙目的等重大根本问题上，宗教学说一直以各种方式嵌入到科学逻辑的探讨当中。宗教思维对形上世界和形下世界、超验世界和经验世界的贯通认知表现出一种整体性的宇宙观和较为完整的逻辑自洽，这也可以解释为什么那么多的哲学家、科学家在其探索和理论建构中常常与神学结伴而行。宗教思维的奥秘正是在于充分运用了对超验与经验、神圣与世俗两个对反世界的界分与连接，借助这种界分与连接的操作，对宇宙万物和人类的位属、性质、价值乃至终极意义作出了某些"有凭依"的界说定义。

哲学思维与科学思维均以理性逻辑认知世界。哲学思维更注重通过有与无、存在与非存在、阴与阳、时与空、一与多、有限与无限、质与量、变与不变、动与静、善与恶、名与实、必然与偶然、现象与本质、同一与差异、原因与结果、物质与精神、自由与必然等对反范畴的建立来推演和思辨宇宙自然和人的属性、关系以及世界和人类的各种终极问题，体现出认知的思辨性、整体性。相较而言，"科学是依靠观测和基于观测的推理，试图首先发现关于世界的各种特殊事实，然后发现把各种事实相互联系起来的规律，这种规律（在幸运的情况下）使人们能够预言将来发生的事物"②。科学思维更多地以分科的形式，通过观测、实验、假设、推理、验证、计算等方式，对宇宙自然和人的存在、属性、关系、存在状态等进行过程性的证明与证伪，体现出认知的逻辑性、推测性、阶段性、局域性特征。无论是哲学思维还是科学思维，在其认知机制中，均以界

---

① 罗素：《宗教与科学》，徐奕春、林国夫译，商务印书馆，2009年，第111—112页。

② 罗素：《宗教与科学》，第1页。

为基本工具，以界的界分和义界为基本方式，对宇宙自然、世界万物及人的本体、属性、结构、状况、关系等进行一种理性逻辑的认知判断。

大致说来，人类对宇宙发展出了早期原始思维、哲学思辨、神学演绎、科学推理等几种基本的认知方式，它们虽有阶段性的发展特征，但往往是并存地纠缠在一起，特别是哲学、神学与科学的三大认知方式，不仅长期并存、长期缠斗，也长期性地相互促发。

界本宇宙论贯通原始思维、宗教思维、哲学思维和科学思维的认知机制，既不局限于本真初始性的神秘感知、象征表达，更不桎梏于神学思维对超验与经验世界的统纳界定，同时也不固执于哲学思维与科学思维的既有逻辑，面对宇宙这一"由天宇和地球以及充塞其间的自然诸物体（诸元素）的一个合成体系"[1]，界本宇宙论建构的是一种根基性、整体性、综合性的逻辑体系，这种逻辑体系不仅拆除了原始思维、宗教思维、哲学思维、科学思维的运思藩篱，而且力图统合天上物理学与地上物理学，统合自然物理与人类心理、经验认知与超验感悟、理性逻辑与形象想象，以实现范畴、方法、思维与逻辑秩序的融会互补。在此方面，自古而来人类的艺术思维明显地潜含了一定的综合认知特征——包括对神秘感悟、形象表达、宗教理解和理性逻辑等的综合，然而艺术思维的深刻性和精准性常常被其表达方式（例如文学、美术、音乐等）的形象性、模糊性和多解性给冲淡了——尽管如此，艺术思维仍不失为人类认知世界的一种重要的方式方法，尤其是那些伟大的艺术作品——包括作为意象和概念的甲骨文、象形文字等，都蕴含了十分丰富的思想语义。

---

[1] 亚里士多德:《天象论 宇宙论》，第 275 页。

2. 从秩序开端处出发

界本宇宙论以界的元范畴为认知基点、基本工具，建立一种基于逻辑底层的本根性认知标尺、贯通性认知机制，在逻辑与秩序的开端处从头计算，力求排除不同思维方式、思想范式可能带来的盲人摸象式的歧解偏斜。

面对不知从何处来、将到何处去的广袤宇宙，人类如何才能以有限的思想工具去测量这个无际的神秘对象？这个问题让人无奈但又充满诱惑。这里首先涉及测什么、用什么量和怎么测量的问题，因此确定测量的出发基点、聚焦测量的目标焦点、择取有效的通适工具、厘清测量的逻辑路径，对于这项充满挑战性、未知性和假设性的工作，就显得尤为重要。

界本宇宙论在自然与理性的原则下，以宇宙万物的根本界分为逻辑基点，因为宇宙万物无论大小与形态——大到太阳系、银河系，小到分子、原子、原子核、质子、中子、电子、中微子、夸克、细胞、神经元，从形下的物质具象到形上的观念意识，世事万物的存在皆以界分为根据、以界限为依存、以界域为依托，界分差异是万物之间永恒、普遍和根本的属性；以界作为认知世界的元范畴和普适工具，因为界从根基出发，它既是万物的统一衡尺，也是宇宙的普遍恒尺，对于时空、质量的界定是这样，对于善恶、是非、因果乃至对物质与暗物质、能量与暗能量的界定也是这样。因此，界或许是迄今为止所能找到的最有效、最具普适性的宇宙标尺和逻辑路径，这个标尺不仅与人的标尺相通，而且与万物具象、精神意识、世界维度的标尺相通，与宇宙自然法则相通。

界本宇宙论远离各种超自然预设，聚焦宇宙自然的秩序机制，超越对宇宙之性状、质量、大小的纠缠，设立以宇宙秩序、根基原理为核心指向的逻辑框架和认知目标，力图获得对宇宙自然和世界万物构制秩序和基本原理的认知推演。宇宙之大小、性状、能级、未来等固然重要，但一切重中之重者，首先在于贯通宇宙并使之运行的基理秩序和基础原则，因而界本宇宙论以宇宙万物发生与存在的根本方式——界分差异的关联与动变——为基本着眼点和逻辑路径，以各类知识资源为基础，重在发掘宇宙万物的秩序机制及其功能意义。

"宇宙"希腊文词源的本义表明，宇宙的本质在于秩序（order），它与混沌（chaos）相对。在对宇宙秩序的追究上，人类一直在不懈努力，比如亚里士多德《宇宙论》甚至以"钥石"来譬喻宇宙秩序的中心："我们不妨把构成宇宙的秩序比之于构筑拱门的安排，配置于拱门圈内的钥石，恰正在两边象限的交点，这就保证了全构造的平衡与稳定，那个维系宇宙的中心，恰就类似这一钥石。"[1]亚里士多德的钥石秩序论显然具有素朴的想象性。宇宙构成之复杂，无论是以时间、空间、物质、质量、结构、关系还是以信息、能量、意识等各种方式和维度交织存在——包括在科学界提出但尚未真正认识的暗物质、暗能量等领域，只要是一种差异化存在而不是无差异的混沌，那么，它的发生存在就无法撇开界理的逻辑规制，也离不开以界理为基础的秩序机制。

因此，界本宇宙论以综合世界观在逻辑底层从头计算，聚焦宇宙的秩序机制，揭示宇宙论的根本律则是元根律（the meta-roots of cosmology），即宇宙万物缘起于共同的秩序根源，本质上是差异化

---

① 亚里士多德：《天象论 宇宙论》，第 305 页。

的一元系统整体，宇宙万物有着内在的统一性、多样性和关联动变性，并由此生发出相应的属性功能。界本宇宙论的特定内涵主要包括：元者启始，根者分枝，元根合一而分。

第三节 元者启始

元者启始，是谓宇宙万物肇始于同一根源、同一缘因，揭示宇宙万物基于共同起源和秩序原点的本质统一性。关于宇宙的创生论（Cosmogony）思想，在东西方不同思想语境中有不尽相同的表述，其中中国的一源论、希腊的本原论以及以希伯来-犹太教为代表的一神论思想都是有代表性的宇宙创生论思想。

1. 中国的一源论

中国古代对世界起源的论说，首以道家思想为典型，以道为万物根源和缘因的道原说，是中国古代最有代表性的宇宙创生思想。

《道德经》认为，在天地生成之前，是一种"混成"的混沌形态，"寂兮寥兮，独立而不改，周行而不殆。可以为天下母，吾不知其名。字之曰道，强为之名曰大"（25章）。《道德经》把万物之肇始"天下母"归结为道、大道，并由道生出万物：

> 道生一,一生二,二生三,三生万物。万物负阴而抱阳,冲气以为和。（第42章）

至于道与大道的意义和作用,《道德经》更是有曰:"大道泛兮,其可左右。万物恃之而生,而不辞,功成不名有。"(第 34 章)马王堆汉墓出土帛书《黄帝四经》之《道原》篇专章论述道的本原意义与功用:

> 恒无之处,迵同大(太)虚。虚同为一,恒一而止。湿湿梦梦,未有明晦,神微周盈,精静不熙。故未有以,万物莫以。故无有刑(形),大迵无名。天弗能覆,地弗能载。……万物得之以生,百事得之以成。人皆以之,莫知其名,人皆用之,莫见其刑(形)。①

《黄帝四经》之《经法》篇以"道法"专章论述道不仅是"万物之所从生",更对世事万物具有法度意义,万物存生与人事运行皆离不开道法的规制:"道生法。法者,引得失以绳,而明曲直者也。故执道者,生法而弗敢犯也,法立而弗敢废也。故能自引以绳,然后见知天下而不惑矣。"②

《淮南子》以《原道训》为开篇卷首,以道对宇宙自然的开启统纳,推演《淮南子》通篇的思想体系,《原道训》开篇曰:

> 夫道者,覆天载地,廓四方,析八极,高不可际,深不可测,包裹天地,禀授无形。原流泉浡,冲而徐盈,混混滑滑,浊而徐清。故植之而塞于天地,横之而弥于四海,施之无穷而

---

① 《道原》,陈鼓应注译:《黄帝四经今注今译——马王堆汉墓出土帛书》,商务印书馆,2016 年,第 399 页。

② 《经法》,陈鼓应注译:《黄帝四经今注今译——马王堆汉墓出土帛书》,第 2 页。

无所朝夕，舒之幎于六合，卷之不盈于一握。约而能张，幽而能明，弱而能强，柔而能刚。横四维而含阴阳，纮宇宙而章三光。[①]

以道解说万物缘因、万物所恃和万物纲领，是中国古代哲学对世界本原问题的一种典型认知，此道原说不仅影响深远，且直接成为中国古代关于宇宙生成之气原说的基础。

气是中国古代哲学的另一重要概念，以气为本原的宇宙气化说、气本说，亦是中国哲学极为重要的宇宙论。《道德经》以道为核心，以阴阳为基轴，但是气在道的实现、阴阳的运转中发挥重要作用，"道生一、一生二、二生三"作为《道德经》宇宙创生之纲领，它的实现机制和路径则是"万物负阴而抱阳，冲气以为和"，即通过"冲气"弥补了阴阳的断分，从而实现万物的和成。《庄子》对气的概念作了延伸，如《逍遥游》的"六气"概念："若夫乘天地之正，而御六气之辩，以游无穷者，彼且恶乎待哉！"[②]六气之中除了阴、阳二气，另增风、雨、晦、明四气，六气运行则气化万物、宇宙构成。

《淮南子》对道、气二观的创世演绎极为系统周密：

所谓有始者，繁愤，未发萌兆牙蘖，未有形埒垠堮，无无蠕蠕，将欲生兴而未成物类。有未始有有始者，天气始下，地气始上，阴阳错合，相与优游竞畅于宇宙之间，被德含和，缤纷茏苁，欲与物接而未成兆朕。有未始有夫未始有有始者，天含和而未降，地怀气而未扬，虚无寂寞，萧条霄霏，无有仿佛，

---

① 《淮南子·原道训》，何宁撰：《淮南子集释》，中华书局，2018年，第2—4页。
② 《庄子·逍遥游》，方勇译注：《庄子》，中华书局，2010年，第3页。

气遂而大通冥冥者也。……有未始有夫未始有有无者，天地未剖，阴阳未判，四时未分，万物未生，汪然平静，寂然清澄，莫见其形，若光耀之间于无有，退而自失也，曰："予能有无，而未能无无也。及其为无无，至妙何从及此哉！"[①]

《俶真训》专论万物之俶始原理，以有无辨证为基轴，对"有始者""有未有有始者""有未始有夫未始有有始者""有有者""有无者""有未始有有无者""有未始有夫未始有有者"加以析辨，显示出宇宙构制的基本机理建立在阴阳、有无的道理之上，而天气与地气的阴阳错合运转，则创制了宇宙万物形成和生机。

《天文训》则在阴阳、有无的道原根本上，增添了九野、五星、八风、二十八宿、五官、六俯、二十四节气等数理几何运算，对元气的宇宙创生作用有了更加明晰的义界：

天地未形，冯冯翼翼，洞洞灟灟，故曰太昭。道始于虚霩，虚霩生宇宙，宇宙生气，气有涯垠。清阳者薄靡而为天，重浊者凝滞而为地。清妙之合专易，重浊之凝竭难。故天先成而地后定。天地之袭精为阴阳，阴阳之专精为四时，四时之散精为万物。积阳之热气生火，火气之精者为日；积阴之寒气为水，水气之精者为月。[②]

这里虽然以太昭生虚霩、虚霩生宇宙、宇宙生元气的顺序表述宇宙创生的最初过程，但实质性开启宇宙万物者显然是元气，元气

---

① 《淮南子·俶真训》，何宁撰：《淮南子集释》，第91—96页。
② 《淮南子·天文训》，何宁撰：《淮南子集释》，第165—167页。

不仅是万物开启的原素原因，而且禀赋了开启万物的功能机制，这就是"气有涯垠"，气又分清阳、重浊，清阳者为天、重浊者为地，而天地之袭精合为阴阳，阴阳合气造就四时，四时弥散气化为万物。

《天文训》中的元气，上承太昭（太始）之原道，禀赋创生之原素，运行化生之机能，故此宇宙创生之气原说不是单一的气化论，亦非单一的气本论，而是气化论与气本论的结合。中国古代宇宙气原说的一个重要特点是对天、地、人三者的贯通，尤其注重气对生命的充斥维护，《精神训》将气分为烦气、精气，"烦气为虫，精气为人"[1]，而精神则支配和主宰着有形生命的运行。中国古代关于世界和生命的气论学说十分丰富，《黄帝内经》基于阴阳五行理论建立了独特的中国医学及生命学说，实质上也是气本论哲学的延伸演绎，它不仅认为天地万物皆由一气所化，还将元气归为宇宙和生命的本原。

中国古代哲学还有以"性""理"等概念统纳宇宙与生命之本原。明末理学家刘蕺山（名宗周，字起东，号念台，1578—1645）视"理""气"为同物："盈天地间，一气也。气即理也。天得之以为天，地得之以为地，人物得之以为人物，一也。"[2]有清一代道学继续，亦有试图将"性""理"与"气"兼容者，颜元（1635—1704）在其《存性编卷二》有云："万物之性，此理之赋也。万物之气质，此气之凝也。正者，此理此气也。间者，亦此理此气也。交杂者，莫非此理此气也。"[3]此处重在强调气理相融。

气的概念影响深远而广泛，亦被认为是东亚文化圈中最有普遍

---

①　陈广忠译注：《淮南子》，中华书局，2012年，第337页。

②　刘宗周：《刘子全书（二）》，台北华文书局，1984年，第640页。

③　颜元：《存学编（及其他一种）》，中华书局，1985年，第23页。

意义的哲学观念，它渗透于东亚社会的各个知识领域和文化传统；同时，也认为气的内涵不能停留于元素实体，而更具形上属性，弥散于物质、心理、道德、社会等各个不同范畴，西方学者如本杰明·施瓦茨（Benjamin Schwarz）则认为，应该把气理解为类似于不确定的、无定限的阿派朗（apeiron）。[1] 实际上，在中国哲学的辨证中，气的范畴与含义是开放性的而非封闭的，它禀赋了元素性、形上性、不定性乃至混沌性等本性，体现了鲜明的东方色彩，在对宇宙创生的本原认知上，气原论与道原论一样，或将宇宙本原归为道，或归为气，都体现了宇宙创生论的整一观。

与道原论和气原论以形上范畴解说世界本原不同，中国古代神话是以形象化、人格化方式解说世界起源，其中最著名者莫过于盘古开天地之说：

> 天地浑沌如鸡子，盘古生其中。万八千岁，天地开辟，阳清为天，阴浊为地。盘古在其中，一日九变，神于天，圣于地。天日高一丈，地日厚一丈，盘古日长一丈，如此万八千岁。[2]

《列子·汤问》《淮南子·览冥训》《山海经》等有关女娲补天、女娲造人的传说等，在中国民间亦有广泛影响。诸如此类的神话传说，一方面有别于哲学的抽象推演而以艺术思维和文学叙事来呈现，另一方面又如同中国哲学之道、气、理、性诸说一样，体现了关于宇宙创生的一源论思想，在宇宙起源的逻辑秩序上，神话叙事与哲

---

[1]　Suk Gabriel Choi and Jung-Yeup Kim, ed., *The Idea of Qi/Gi: East Asian and Comparative Philosophical Perspectives.* Lexington Books, 2019, pp. 1–3.

[2]　徐整：《三五历纪》，李昉等撰：《太平御览·卷二》，第 8 页。

学认知具有内在逻辑的一致性。

2. 希腊的本原论

希腊哲学从一开始就对世界本原问题表现出极大的兴致。一种情况是将万物本原聚焦于某些物性元素上，早期代表性人物首推泰勒斯（传说有希伯来人和腓尼基人的血统），他是第一个获得"贤者"称号的"七贤"之一，[①] 他虽然并未明确本原（arche）这个希腊哲学中的第一个重要范畴，但相关记载确切地表明他把水作为万物之原，他认为大地都是安置在水上的。阿那克西米尼与阿波洛尼亚的第欧根尼（著有《论自然》）两位并不生活在同一时期，但都认为气是万物的本原："阿那克西米尼与第欧根尼论为气先于水，气实万物的基体。"[②] 希巴索和赫拉克利特则认为火是万物的本原："这个世界对一切存在物都是同一的，它不是任何神所创造的，也不是任何人所创造的；它过去、现在和未来永远是一团永恒的活火，在一定的分寸上燃烧，在一定分寸上熄灭。"[③] 到了恩培多克勒那里，则对元素加以综合提出了四根说，主张水、火、气三者之外加上土，四元素同为万物之原，四元素的聚散增减形成了形形色色的万物世界，"它们本身则出于一，入于一，古今一如，常存不变"[④]。阿那克萨哥拉（Anaxagoras）较恩培多克勒更进了一步，他认为无限的种子是万物的本原："万物都混合在一起，数量无限多，体积无限小。因为

---

① 第欧根尼·拉尔修：《古希腊名哲言行录》，王晓丽译，中国华侨出版社，2021年，第 3 页。

② 亚里士多德：《形而上学》，第 9 页。

③ 北京大学哲学系外国哲学史教研室编译：《古希腊罗马哲学》，商务印书馆，2021 年，第 22—23 页。

④ 亚里士多德：《形而上学》，第 9 页。

小是无限的。正是由于小，当万物混合在一起时，没有一个是清楚的。……情形既然如此，那就必须假定在合成的东西中有着一切种类的成分以及万物的种子，这些种子有着各各不同的形状、颜色和味道。"① 阿那克萨哥拉的种子说既关联物性元素（形状、颜色、味道），又延伸到形上属性（种子、无限），是在本原问题上对物性元素与形上属性的嫁接联通。

另一种情况是远离物性元素，将目光放在抽象概念与形上属性上。阿那克西曼德是一位在科学方面极有天赋的哲学家，他被认为第一个发明了日晷指针（亦说是他第一个从巴比伦引进），第一个绘制了世界地图。在哲学上，他完全不认同他的老师泰勒斯关于水是万物本原的说法，而是提出了万物的本原和元素是"无定"："他说万物的本原和元素是'无定'。他最先使用'本原'这个名称。……他说它既不是水也不是另外那些被认为是元素的东西，而是另一类无定的本性或自然。从这里生成了全部的事物及其中包含的各个世界。"他所谓"无定"亦即阿派朗（apeiron，由前缀 a 加上中性词 peras 边界合成）②，中文亦译为"无限""无定限""无定形""无限者"等，英文亦有 unbounded、boundless、infinite、unlimited 等不同译法。阿那克西曼德的本原观不是指向物性元素，而是描述了本原的无定限属性，因为在他看来只有本原具有了这样的属性，才能生成一切、包容一切、支配一切，它自己才能不生不灭。阿那克西曼德把世界本原从他老师泰勒斯的元素论提升为无定限的形上属性，是一个了不起的创造，但阿派朗呈现的是一种属性状况，还不是本原本体。

---

① 苗力田主编：《古希腊哲学》，中国人民大学出版社，1984年，第142—143页。
② 苗力田主编：《古希腊哲学》，第24、22页。

毕达哥拉斯学派的情形显然不一样。毕达哥拉斯学派把万物的本原归为抽象的数，"他们认为'数'乃万物之原。在自然诸原理中第一是'数'理，他们见到许多事物的生成与存在，与其归之于火，或土或水，毋宁归之于数。数值之变可以成'道义'，可以成'灵魂'，可以成'理性'，可以成'机会'——相似地，万物皆可以数来说明"[①]。一切自然物体的构成和形式，甚至是理性、灵魂等，也都是由数的数量形状及其数值变化所决定，而在一切的数中，一最重要，"万物的本原是一"[②]。德谟克利特也不是从物性元素出发论说世界本原，而是从物质结构与抽象概念提出万物的本原是原子和虚空，它们分别是存在和不存在，他认为原子是不可分割的最小的物质微粒，原子永远运动于无限的虚空之中，原子的互相运动与结合产生了世界万物，甚至人的灵魂也由原子运动结合构成。至于柏拉图关于"理念是事物的原因"、亚里士多德关于"自然是运动和变化的本原"等论说[③]，也各有其意，不一而足。

希腊哲学关于世界本原的宇宙论思想极其丰富复杂，并非大致类分可以精准表达，但就其整体情形而言还是呈现了某些一般性特征。

首先，从希腊哲学早期的米利都学派开始，就存在着物性元素与形上属性交织变换的两种倾向，泰勒斯聚焦于水，他的学生和继承者阿那克西曼德则指向"无定"，阿那克西曼德的学生阿那克西米尼则又倾向于气，但他的气已非具体的物性之气，而是无限的气、有神性的气；到了赫拉克利特那里，他一方面认为世界是一团永恒

---

① 亚里士多德：《形而上学》，第14页。

② 北京大学哲学系外国哲学史教研室编译：《西方哲学原著选读》上卷，第9页。

③ 参见北京大学哲学系外国哲学史教研室编译：《西方哲学原著选读》上卷，第72—75、145—146页。

的活生生的火，"万物都等换为火，火又等换为万物"，一方面又主张万物都根据逻各斯（Logos）生成；[①] 毕达哥拉斯学派以数为万物本原，埃利亚学派的奠基者巴门尼德则以存在与非存在为基轴推演万物的本原本质，而恩培多克勒四根说、阿那克萨哥拉无限种子说、留基伯和德谟克利特的原子虚空论等，都显示了希腊哲学在对宇宙万物的本原认知中呈现的一个基本特点：物性元素与形上属性交织并存，并从素朴具体的物性元素走向形上属性和抽象概念，以达致对宇宙本原的理性归纳和对万物存在的抽象概括。

其次，在对万物本原的认知中，有限与无限、确定与无定、一与多以及静与动的问题是贯通其中的关键问题，情形也十分复杂。从泰勒斯确定的、单一的水，到阿那克西曼德无定的阿派朗；从阿那克西米尼无限的气，到赫拉克利特的一团火和永恒的共同的逻各斯；从毕达哥拉斯学派的数及十种本原排列，到巴门尼德的存在与非存在；从恩培多克勒对火、气、水、土四种基本元素的"友爱"混合与"争斗"分离，到阿那克萨哥拉用无限的种子对一与多的调和、用奴斯（nous）使万物秩序井然；[②] 从留基伯、德谟克利特通过原子与虚空的关联来解释一与多、静与动的矛盾，到柏拉图通过造物主德穆革摹仿理念而创造世界，等等，尽管不同哲学家的逻辑基点、思想维度、范畴内涵多有不同甚至相互抵牾、自我矛盾，但对世界本原认知的一个整体趋势是，伴随着从物性元素到形上属性的转换，在多元论与一元论的交织纠缠中，世界本原的一元论逐渐成为基本和主导性的认知，不管是无定、无限的气、逻各斯、数，还是存在与非存在、四根混合、无限种子、奴斯、原子与虚空、理念、

---

① 苗力田主编：《古希腊哲学》，第 37—38 页。
② 第欧根尼·拉尔修：《古希腊名哲言行录》，第 47 页。

德穆革，以及时隐时现而又无生无灭的神，都直接或间接地表明着一个基本事实："宇宙中的自然，由无限和有限构成和谐，宇宙是全体，一切都存在于其中"；万物"在一个统一宇宙秩序里，事物不能彼此分离"。[①]从这个意义上来看，希腊哲学的概念范畴虽然与中国哲学的道、气、理差异极大，但都体现了对世界本原认知的整一性思维，都试图从根源性的一演发世界的多。至于亚里士多德批评包括他的老师柏拉图在内的一些人在认知世界本原时，只注重物因而缺乏对动因的关切，所关涉的问题已经不仅仅是宇宙的起源问题了。[②]

亚里士多德在《论宇宙》中曾说："宇宙是一个系统，由天、地和被包含在它们之中的自然事物构成。在另一个意义上，宇宙是神所保护的、并经由神的整体的次序和排列。"[③]用神的超自然、大一统来解说复杂的宇宙自然，在希腊哲学中时有表现，但这其实是希伯来–犹太思想的专长和特长。

3. 希伯来一神教的世界创造

希伯来–犹太文化发端于两河流域，其文化底层嵌入了两河文明的因子，有学者梳理出希伯来圣经《创世记》与《吉尔伽美什史诗》之间至少有十七处以上的记述显示了非常类同的特征[④]，如关于宇宙起源、大洪水、巴别塔等。但希伯来文化对两河资源进行了实

---

①　苗力田主编：《古希腊哲学》，第 78、143 页。

②　亚里士多德：《形而上学》，第 7—20 页。

③　亚里士多德：《论宇宙》，徐开来译，苗力田主编：《亚里士多德全集》第二卷，中国人民大学出版社，2016 年，第 606 页。

④　沃顿：《古希伯来文明：起源和发展》，李丽书译，华东师范大学出版社，2017 年，第 19 页。

质性的转化和改造，其中最突出的就是把古代两河神话史诗关于宇宙创造的多神谱系，改造为严格的一神（monotheism）体系。

苏美尔文的《埃利都创世记》(*Eridu Genesis*)、《恩奇和世界的秩序》(*Enki and the Ordering of the World*)，亚甲文的《创造史诗/以鲁玛·以利斯史诗》(*Epic of Creation/Enuma Elish*)等[①]，都是以神话史诗的形式揭示宇宙与人类的起源，这些早期神话史诗的一个共同特点是呈现了多神谱系，饶宗颐先生《近东开辟史诗》第一版开篇道："天之高兮，既未有名。厚地之厍兮，亦未赋之以名……于时众神，渺焉无形。名号不立，命运靡定。"据载，初时漠母（Mummū）、彻墨（Tiamat）、安撒（An-Šar）、基撒（Ki-Šar）、安拏（Annu）、努知穆（Nudimmud）等诸神并立，关系错综复杂；后"能干非常，智慧驾于众神之上的"马独克（Marduk）生出，经与彻墨诸神的连番恶战，终获"马独克之胜"，并如"蚌蛎之甲，分为两半"一样地"造分天地"。[②]类似的多神谱系在埃及神话、希腊神话中也有典型表现。

希伯来圣经对近东神话的多神谱系进行彻底改造，它严格恪守一神崇拜，把对唯一神的绝对忠诚作为"摩西十诫"之首："我是耶和华你的上帝……除了我以外，你不可有别的神"；不仅排斥其他任何异神，而且连表征神的形象、形式、偶像之类的行为也在严格禁止之列，于是就有了"摩西十诫"的第二条："不可为自己雕刻偶像；也不可作什么形象仿佛上天、下地和地底下、水中的百物。"[③]

在希伯来-犹太教的宇宙论中，上帝创造了世界万物，上帝是

---

① 沃顿：《古希伯来文明：起源和发展》，第32—33页。
② 饶宗颐编译：《近东开辟史诗》，第21—46页。
③ 《圣经·出埃及记》20：2—4。

万物创造的唯一来源。希伯来圣经开篇用极简的文字叙述了世界创造的全过程：

起初，上帝创造天地。地是空虚混沌，渊面黑暗；上帝的灵运行在水面上。上帝说："要有光"，就有了光。上帝看光是好的，就把光暗分开了。上帝称光为昼，称暗为夜。有晚上，有早晨，这是头一日。

上帝说："诸水之间要有空气，将水分为上下。"上帝就造出空气，将空气以下的水、空气以上的水分开了。事就这样成了。上帝称空气为天。有晚上，有早晨，是第二日。

上帝说："天上的水要聚在一处，使旱地露出来。"事就这样成了。上帝称旱地为地，称水的聚处为海。上帝看着是好的。上帝说："地要发生青草和结种子的菜蔬，并结果子的树木，各从其类，果子都包着核。"事就这样成了。于是地发生了青草和结种子的菜蔬，各从其类；并结果子的树木，各从其类，果子都包着核。上帝看着是好的。有晚上，有早晨，是第三日。

上帝说："天上要有光体，可以分昼夜，作记号，定节令、日子、年岁，并要发光在天空，普照在地上。"事就这样成了。于是上帝造了两个大光，大的管昼，小的管夜，又造众星，就把这些光摆列在天空，普照在地上，管理昼夜，分别明暗。上帝看着是好的。有晚上，有早晨，是第四日。

上帝说："水要多多滋生有生命的物，要有雀鸟飞在地面以上，天空之中。"上帝就造出大鱼和水中所滋生各样有生命的动物，各从其类；又造出各样飞鸟，各从其类。上帝看着是好的。上帝就赐福给这一切，说："滋生繁多，充满海中的水，雀鸟也要多生在地上。"有晚上，有早晨，是第五日。

上帝说："地要生出活物来，各从其类；牲畜、昆虫、野兽，各从其类。"事就这样成了，于是上帝造出野兽，各从其类；牲畜，各从其类；地上一切昆虫，各从其类。上帝看着是好的。

上帝说："我们要照着我们的形象，按着我们的样式造人，使他们管理海里的鱼、空中的鸟、地上的牲畜和全地，并地上所爬的一切昆虫。"上帝就照着自己的形象造人，乃是照着他的形象造男造女。……是第六日。①

这里，上帝对世界的创造是系统和周密的，从混沌之中创造了空间、时间、自然、动物和人，其中隐含并运行了最初的世界秩序，特别是上帝与人的特殊联系。希伯来圣经原文使用"巴拉"（bara）这个词来表述创造，这个创造谓词的对象不只是物性自然，也包括了生命，尤其是包括了属灵的创造。②人类的繁衍以此为开端，经由最初的男女亚当、夏娃及其后裔的分族发展逐步壮大，但无论分族多么庞杂、人数多么众多，人类源于同一祖先的单种论思想是贯通《圣经》始终的人类学思想，而人类源于上帝这个共同的天父，则是希伯来世界一切秩序建立的基础。

上帝不仅以言词（道）创造了世界，更为世界制定了运行的规则和秩序，这些规制与秩序借助契约、律法、戒规、先知、神谕、神迹奇事、异象、末日预言等的神学操作，最终都统一到对上帝唯一神的信仰上来，从而形成了一个严密完整的一神世界。同时，这

---

① 《圣经·创世记》1：1—31。

② 德维逊等编：《圣经新解》（合订本），中国基督教协会，1999年，第31页。

种一神世界并不止于精神生活，还浸蕴和统纳了物质世界与人的世俗生活，并为生命树立了统一的终极意义。了悟了这一点就不难理解，为什么犹太教作为一个典型的民族教，一方面在其教规教义中充斥着强烈、狭隘的民族意识，另一方面从一开始又在希伯来－犹太文化的骨髓里嵌含着浓郁的普世主义（universalism）——包括第二圣殿时期形成的普世崇拜模式（universalized worship model），以及伦理普世主义（ethical universalism）思想等，这种普世主义的背后与上帝对宇宙拥有唯一统治权的一神论紧密相关。① 从这一神学逻辑起点出发，希伯来－犹太传统乃至基督教文化，贯彻始终的是一神教思想，以及一神教支配下的世界同源、人类同根的思想，即使犹太人自认为是上帝的"选民"（chosen people），其思想坐标和参照系依然是世界同源理论。

希伯来神学与希腊思想是西方文明的两大基石，代表了神学信仰与理性逻辑两种不同的思想方式。但两者并不截然断开，不仅从一开始在其思维底层就存有深刻的互嵌互包，而且在后世西方世界的思想演变中，两种思想方式的密切融合更进一步激发了思想的创造力。在这一过程中，理性逻辑与神学感悟的结合把世界同源的思想论述得更加系统、缜密了。

在古代埃及宗教、印度锡克教等方面，一神论的思想也都有不同形式的体现。历史地看，一神论常常是与多神论、泛神论甚至无神论思想交会碰撞发展的，在有神论与无神论的碰撞中，往往有神论占得上风；在一神论与多神论的碰撞中，又常以一神论胜出为多。有神与无神、一神与多神的争斗纠缠还将继续，其实这并不那么重

① Malka Z. Simkovich, *The Making of Jewish Universalism: From Exile to Alexandria*, 2017, pp. 16–96.

要，重要的是无论中国古代哲学、希腊哲学或者犹太－基督教思想传统，包括宇宙大爆炸理论以及生物进化学说等，在对宇宙起源和宇宙本原的认知中，尽管认知的逻辑起点、思想维度、价值指向呈现诸多不同，但都以特定的方式体现出对世界一元的整体性认知，而且这种整体性认知对人类在不同语境下的思想发展都发挥了重要影响。近现代以来，尤其是关于人类一体性（Oneness of Mankind）的思想有了越来越多样化的表现[1]，"地球不过是一个国家，人类都是它的公民"[2]，这类思想在世界范围内产生着越来越广泛的影响。

4. 创世起源的秩序原点

综观东西方神话、哲学、宗教乃至近现代科学技术的最新发展，人类对宇宙起点、万物源头的认知采以了繁复多样且差异巨大的认知方式、认知路径，但又不约而同地体现了一个相似相通的逻辑指向，即都将宇宙万物的起源指向某一特定的起点，指向某一特定的元因，尽管对这个起点或元因的解说形成了风马牛不相及的理论学说。

就人类现有的认知维度、认知限度而言，有关宇宙起源和元因问题的探究要么是猜测演绎、假设推理，要么是直接归结到超自然的神力，常见的情形是把宇宙秩序看作上帝的神功显现，就像亚里士多德在其《宇宙论》中所断言的那样，宇宙的一切秩序都是由神安排、由神保护维持。[3] 前苏格拉底学派的代表性哲学家巴门尼德强调世界终极性的"一"，这个一在现代物理学家薛定谔那里被称为

---

[1] Hushmand Fatheazam, *The New Garden*. Bahá'í Publishing Trust，1999, p. 51.

[2] John Huddleston, *The Earth Is But One Country*. Bahá'í Publishing Trust, 2013. p. 43.

[3] 亚里士多德:《天象论 宇宙论》，第 275 页。

"至一"（the Great Unity），也同样将其归结到上帝的名下："我们是'至一'的一部分，属于'至一'。在我们这个时代，它最流行的名称就是'上帝'。"[1]而在无神论哲学家布鲁诺那里，他强调"万物皆一"，强调宇宙有其第一本原："有一个第一宇宙本原，它同样应该理解为这样的：在它之中已经不再有物质本原与形式本原之分，从它跟上面所说的类似这一点，可以断定它是绝对的可能性和现实。从这里不难得出结论：按照实体说，万物皆一，这也许正像巴门尼德所了解的那样，但亚里士多德没有以公正的态度对待他。"布鲁诺明确把宇宙第一本原归为太一："宙斯充满万物，居于宇宙的所有部分之中，是具有存在的东西的中心，是一切之中的太一，对于它来说，太一就是一切。既然它是万物，并在自身中包含着全部存在，这就造成这样一种情况：在任何一个事物中都有任何一个事物。……变化所寻求的，不是另一个存在，而是另一种存在样式。"[2]布鲁诺的太一说疏离并触犯了上帝，因此受到宗教法庭的拷问审讯，以致在他五十二岁之际被以火刑处死在罗马花卉广场。

　　一方面，人类不同类型不同层面的思想认知都将宇宙的开启指向某个同一源头，另一方面，某个同一源头究竟为何，又是何种原因和力量所发动，则众说纷纭。通常的情形是求助于某种超自然预设——这既由人类认知限度所致，也反映了人在宇宙面前的真实状况。界本宇宙论抛却单一化的思想认知，亦不纠缠宇宙本原的名分与所指，而是在自然与理性的原则下从世界万物由混沌无序诞生的

---

[1] 埃尔温·薛定谔：《自然与希腊人 科学与人文主义》，张卜天译，商务印书馆，2015年，第77页。

[2] 布鲁诺：《论原因、本原与太一》，汤侠声译，商务印书馆，2009年，第97、131页。

逻辑端点和秩序起点入手，明晰宇宙论元根律之元者启始的内涵，揭示万物肇始于同一根源、同一因缘，万物基于共同起源和秩序原点的本质统一性。

这个万物的同一根源、同一因缘和秩序原点，显然就是界，是界在世界万物的最初生成和世界秩序的开启中发挥了初始的关键作用。面对无序虚空的混沌——可视之为前宇宙与前逻辑的一般预设，界的出现成为万物诞生的共同根源、共同因缘，也成为开启世界秩序的共同起点和共同原点。所谓元者启始，是讲界的出现及其构制的万物生成机理与秩序发生机制，在最初原点上是相同和统一的。

这里，界既是本体，也是属性、关联和工具，是一种多维度、多要素、多功能的集合。作为本体，界是差异的基原存在，差异的基原存在是世界的本质存在；作为属性，界是万物差异对反的根源，差异性是万物的本质属性；作为关联，界是万物差异的对反构制，是万物差异化对立统一的机理媒介；作为工具，界对混沌这个整体的一进行了最初的界分，促生了差异、构制了万物，使混沌生出了秩序，所谓"自然万物全无生成，只有被混合物的混合与分离"[①]。概言之，界为宇宙万物构制了一个共同的逻辑原点和秩序开端，以理性原则消解了宇宙万物最初的偶然性；由此逻辑原点和秩序开端出发，宇宙万物既是差异的又是统一的，既是自然的又是有秩序的，万物的差异统一和自然秩序建基于界的本体属性和逻辑规定之上。

《两界书》开篇《创世》对宇宙起源的表述是一个简短的文学叙事：

---

① 恩培多克勒语，亚里士多德《论生成与消灭》，苗力田主编:《亚里士多德全集》第二卷，第 396 页。

　　太初太始，世界虚空，混沌一片。

　　天帝生意念，云气弥漫，氤氲升腾。

　　天帝挥意杖，从混沌中划过。

　　天雷骤起，天光闪电，混沌立开。

（创1：1）

　　这里将世界的太初太始归为混沌一体的状况，从混沌一体中因由一个超自然天帝的作用而将混沌界分开来，由此开启万物生成的第一步。万物生成有其序列，首先是天地，即空间维度；其次是昼夜，即时间维度："空时两维，纵横交错，成世界所凭，万物所依。时空交转，世界成立。"（创3：1）这里实现了"神话的奇妙与理性的推理在此浑然一体，密不可分"①。当然这只是对世界构成所作的至简化勾勒，世界的复杂性和多样化远不止于此：

　　天地为骨肉，昼夜为气血。骨肉气血相依相存，世界而有生息，成大千生息世界。

　　然天帝之灵，世界之妙，乃立于时空，超于两维。时空两维之上，天帝灵道运行，实生万维。

（创4：1）

　　于是，万物万维的活灵世界就这样产生了。关于世界之肇始，《两界书》融会东西文化资源，以中国古代道儒思想中的老天爷、昊天、上帝等意象为基础，集中塑造了一个发挥关键作用的

---

　　① 埃德加·莫兰：《方法：天然之天性》，吴泓缈、冯学俊译，北京大学出版社，2002年，第21页。

"天帝"——天帝既有人格化特点，又有超凡神性；既有天地自然属性，又有超自然形上特征；既有静止的本体位格，又有运动工具功能，被视为世界起源的唯一动因和最初施动者，是对宇宙起源、万物差异统一之本质属性的象征性概括，也是哲学概念的文学表述、哲学逻辑的神话呈现。以此为元根开端，《两界书》聚焦繁复混杂的多维动变世界，以超越历史、神话、宗教、哲学、文学等传统学科范式的综合叙事，演绎并揭示关于世界与人事的界本原理。

当然，面对浩瀚无垠的宇宙，人的一切认知都是有限认知和相对的认知，这在《两界书》中借助神话叙事而被表述为人的"能限"问题：

> 天帝为人设能限，所造之人，以目观物，可知远近，可明大小，然不可尽观尽知尽明。以耳闻声，可穿黑暗，可越墙磊，然不可尽闻尽穿尽越。以心游意，可往来时世，可逾空界，然不可尽游意尽往来尽逾界。
>
> 现界中人，有能而无致，有生而无恒。

（生 3：3）

因此，在无限的宇宙与有限的人类认知之间，任何单一的思想方式都难以对接广袤动变的世界。立足于自然与理性的基石，以综合思维的艺术叙事（神话、寓言、史诗、绘画等）去接近宇宙自然的本原本质，也许不失为爱智慧的一个有效路径，尤其是在一个趋向混沌螺旋的时代。当巴门尼德两千多年前用稀薄和稠密制成的

"两个相互缠绕着的圆环"来探究宇宙的生成时，[①] 它所表述的就绝不是两个圆圈的童话故事；当毕加索用《格尔尼卡》（Guerrica）来表达西班牙内战的恐怖时，人们发现它的认知方式是任何科学描述都无法比拟的。[②] 现时代比以往任何时期都更加需要哲学、文学、科学乃至神学等不同知识门类联合起来，以便回应世界和知识发展的最新要求，一如既往地学科分庭、知识抗争，必定导致更加深刻的知识分裂和知识体系的坍塌。

第四节　根者分枝

根者分枝，是谓宇宙万物一根多枝，世界分枝生蔓而绵延万千，揭示宇宙万物在本原统一条件下差异存在的多样性。万物肇始于同一根源、同一因缘和同一秩序起点，但并不否认万物多样化的差异存在，恰恰相反，宇宙万物的本原一致性建立在一根多枝的差异存在上，万物的差异性与多样化是世界元根一致的载体和实现。

1. 一与多

首先是一与多的基本关系问题。古希腊哲学擅从数理出发界说世界从一到多的发展，以及从元一到多样的分化。毕达哥拉斯学派的一个著名观点是：

---

① 苗力田主编：《古希腊哲学》，第 98 页。

② Carles Salazar and Joan Bestard, ed., *Religion and Science as Forms of Life: Anthropological Insights into Reason and Unreason*. Berghahn Books, 2015, p. 14.

万物的本原是一。从一产生出二，二是从属于一的不定的质料，一则是原因。从完满的一与不定的二中产生出各种数目；从数产生出点；从点产生出线；从线产生出面；从面产生出体；从体产生出感觉及一切的形体，产生出四种元素：水、火、土、气。这四种元素以各种不同的方式互相转化，于是创造出生命的、精神的、球形的世界……①

毕达哥拉斯学派把数认知为万物的本原时，认为一是数的起点和最重要的数，故一是万物的始基本原。在从一到多的发展中，二起到关键作用。这里的二被判定为"不定的质料"，因其不定的属性才有了生多的功能。毕达哥拉斯学派"将'二'和意见看作是同一的，因为它能朝着两个方向移动，他们也将'二'叫作运动或相加（即1+1）"②。在这里，二"能朝着两个方向移动"是关键，揭示了二的不定性在本质上是蕴含了大与小的对反，这种对反建立在一之上，同时又摆脱了一，因而具备了生出多的可能和条件——产生多的动因机制。

有了二的生多机制，使多得以实现的是三，三被视为位列本原的一、不定的二之后，是最初代表了万物生成的重要数字。为何是三？亚里士多德在他的《论天》中作了详细分析，他从自然的构成维度论析了毕达哥拉斯学派为何把三看作一切事物的规定：

有关自然的知识，都明显地几乎是关于物体和大小以及它

① 北京大学哲学系外国哲学史教研室编译：《西方哲学原著选读》上卷，第9页。
② 《亚里士多德残篇选》，引自汪子嵩等：《希腊哲学史》（修订本）第一卷，人民出版社，2014年，第238页。

们的性质与运动的，此外，也是关于这类实体的本原的。……连续乃是可以分成部分的东西能够永远再分，而物体就是在一切方面都可分的东西。大小如在一个方面可分就是线，在两个方面可分乃为面，在三个方面可分则是体。除了这些之外，再无其他大小，因为三维就是全部，三个方面就是一切方面。诚如毕达哥拉斯学派的人们所言，宇宙及其中的一切事物都由三所规定；因为终点、中间和开端具有着一切数目，而它们的数是三者合一的。所以，由于从自然中得到了犹如它的一个规律的三，我们就甚至在对于神灵的膜拜中使用这个数目。

毕达哥拉斯学派不仅认为三是继本原的一、不定的二之后的第一个确定的数目，而且代表了全，"因为对于两个事物或两个人，我们称之为'两者都'，而不说'全部都'，三才是适于我们所谓'全部'这种称呼的第一个数目"①。

亚里士多德还分析了物体的运动形式分为直线的、圆周的、两者结合的三种形式，以说明三的普遍规定意义。

关于三在世界万物生成中的重要作用，中国的哲学思想表述为"道生一，一生二，二生三，三生万物"（《道德经》42章），三是万物的直接化因。这是一个高度凝练的表述，没有希腊哲学系统繁复的数理论证，亦未对一、二、三作出本原、不定、全部之类的属性界定，但蕴含了与希腊哲学十分类通的世界原理。道作为中国宇宙论的本原是超然和唯一的，是开启性的一；二则是对一的界分，伏羲一画开天地，打破了混沌，生成了阴阳二极，阴阳二极相互结合导

---

① 亚里士多德：《论天》，苗力田主编：《亚里士多德全集》第二卷，第265—266页。

致了三的出现，即所谓三生万物，所谓"万物负阴而抱阳，冲气以为和"。希腊哲学与中国哲学不约而同地以三来表述万物的开启，其底层逻辑中嵌含着相同的逻辑机理，即在本原一的基础上，中国的阴阳二极与希腊不定的二，都蕴含了一个对反对成的创生机制，这个创生机制由二（阴阳、不定）构制，在这一创生机制的作用下，三得以生成，万物得以实现。

从本原的一到万物的多，一方面二在其中起到创生、过渡和衔接的关键作用，另一方面，一与多在二的作用下，双方又是关联的互制，一是多的元根，多是一的实现，一根多枝是世界的本质规定。设若深究，这一本质规定即使在一神教的底层亦能发掘出它的端倪，希伯来信仰中的上帝埃洛希姆（Elohim）被以复数的形式表述，并非是为了表达对上帝的敬意，而是反映了早期多神教向一神教的过渡，尤其是反映了上帝埃洛希姆对多神创造性的统一和创造世界万物的大能，"这个既是单数又是复数的懿罗汗（Elohim）表达了众神的多样性统一，众神的集合在旋风中形成大写的生殖神"①。

2. 多的含义

多的含义极其丰富和重要。一与多的问题从一开始就不仅是数量的问题，还蕴含了属性、关联、状态等万物构制的不同维度，多是生机、动变、不定的多，是与一相对相伴的多，不是纯量的、个别的多。按照毕达哥拉斯学派的数理推演，是从数中首先产生出点、线、面、体及一切的形体，产生出水、火、土、气四种基本元素，由这四种元素的相互转化而创造了有形的、精神的、生命的

---

① 埃德加·莫兰：《方法：天然之天性》，第 237 页。

世界。毕达哥拉斯学派一方面强调一是本原，同时又设置了由十个对反范畴构制的本原，包括有限和无限、奇和偶、右和左、阳和阴、静和动、直和曲、明和暗、善和恶、正方和长方等涉及了世界构制的各个方面，有物理几何的也有运动变化的，以及抽象属性、特征的，至于希腊哲学对宇宙灵魂、神性等方面的演绎，更是不一而足。

古代印度在表述世界的创造时，既有一定的数理推演，又渗入了元素论的思想，更浸蕴了印度特有的神论和种姓思想。著名的法经法论《摩奴法典》记载了"神通广大的摩奴"讲述自存神（无上神、无上主）的作为：

　　他在思想中既已决定使万物从自体流出，于是首先创造出水来，在水内放入一粒种子。

　　此种子变作一个光辉如金的鸡卵，像万道光芒的太阳一样耀眼，至高无上的神本身托万有之祖梵天的形相生于其中。……

　　他在这个鸡卵内住满了一个梵天年之后，经过个人思考，将卵一分为二。

　　他以此二者，造成天地；天地之间，布置了大气，八天区，以及永久的水库。……

　　他又在意识和感觉以前产生慧根（Mahat），一切具有三德的东西，认识外界对象的五知根，五作根，和五大的微粒（Tanmatras）。……

　　藉具有伟力的七原（Pourouchas）（智慧、感觉和五元素的微粒）的有形微粒，不灭的渊源的流出物——可泯灭的万有乃形成。[①]

印度的这一创世思想既与希腊哲学提出的气、水、火、土四元素构成万物本原的原始类分有一定相似之处，又存有明显不同，它一方面同样隐含了从一到二的数理变化及地、水、火、风、空等基质元素，同时又植入了印度哲学特有的慧根（Mahat）、三德（喜德、忧德、暗德）、五知根、五作根等概念，特别是把地、水、火、风、空等五元素微粒与智慧、感觉相结合形成了七原，并由七原而生发出差异性、多样化的世界。

从古希腊的一为本原到中国的三生万物、印度的七原流出，世界创生的要素构成及其复杂的构制机理，都表明世界的多既是本体的也是属性的，在界本的原理秩序中，多的本质是一的对反和实现，即多源于一，借助二对一施以否定——这种否定破坏了一，却也是以多的类分和形式对一的根源、根据加以肯定，也就是说，一与多构制了一个动变的逻辑秩序，呈现了宇宙要素的多样化。以数理推演来演绎宇宙构制及其原理是希腊哲学中尤其是毕达哥拉斯学派的重要特征，中国古代哲学思想（包括创世神话）也有一些类似的数理演绎，比如《黄帝内经》有所谓"一天、二地、三人、四时、五育、六律、七星、八风、九野"之说[②]，将数字序列与天地自然和对人的生命认知相结合，体现了东方式的数理哲学，只不过其逻辑性、系统性尚不能与希腊哲学相提并论。《两界书》以一、二、三、四、五、六为基，"终悟万古而来，大千世界，实乃无生有一，一分二维，二合生三，三衍万物，万物四象，根于五行，行于六说，六说合正，

①　迭朗善译：《摩奴法典》，第7—9页。
②　姚春鹏译：《黄帝内经》，第292页。

成七归一"（教 11：5）。六数为基是因为六合为大，会东西南北上下六方；六合成七，七乃六合之中，合而为一，周而复始，七为终亦为始，其中亦化用了两河文明关于七的安息（Sabbath）意象，此一化用不仅内涵了多的丰富性，也是通过多对一的复归隐含了多与一的分离与统一。

关于世界的的一根多枝问题，深究下去自然会涉及一个纠缠已久且悖论无解的问题——有限与无限。阿那克西曼德最早提出了无限："一切都生自无限者，一切都灭入无限者。"[①] 并以此解释万物生成的多样性、可能性。阿那克西曼德的"无限"建基于对水等元素的对立比较上，他说本原"既不是水也不是另外那些被认为是元素的东西，而是另一类无定的本性或自然"[②]。因此阿那克西曼德的无限显然隐含了对立面的有限，是把有限与无限作为一对哲学范畴提出并加以论证的。在毕达哥拉斯学派的数本学说体系中，有限与无限是其著名的十对范畴之一，毕达哥拉斯学派将有限与无限同奇数与偶数两对范畴相联结，"认为无限就是偶数；因为偶数在被奇数所封闭和限定时，它在本质上仍然是不确定的无限性"。如同每种思想都不难找到它的对反观点一样，对有限与无限这对范畴的区分、含义的理解从一开始就引起希腊哲学家的不同见解："自然哲学家们则把无限规定了另外的某种本性，他们全把无限假定为水、气或它们的居间者等所谓元素的属性。认为元素有限的人们并不主张它们在总数上是无限的；而认为元素数目为无限的人们（例如阿那克萨哥拉和德谟克利特，前者主张无限由同质的部分构成，后者主张无限由不同形状的原子混合而成），则断言无限是通过接触而相

---

① 北京大学哲学系外国哲学史教研室编译：《西方哲学原著选读》上卷，第5页。
② 苗力田主编：《古希腊哲学》，第24页。

连续的。"①

有限与无限的问题是西方哲学的千年命题。康德在其《纯粹理性批判》中对宇宙的有限与无限这个著名的二律背反（antinomy）进行了有范式意义的讨论，他首先提出正面主张"世界有时间上之起始，就空间而言，亦有限界"；然后提出反面主张"世界并无起始，亦无空间中之限界，就时空二者而言，世界乃无限的"②。在从正反两面的分别证明注释中，康德表达了对有限与无限这个经典悖论的纯粹理性思辨；接下来他在"先验理念之第二种矛盾"中讨论了世界万物的复合性与单纯性问题，也可视作为是对无限与有限问题的进一步推演。爱因斯坦从广义相对论出发提出"一个有限无界宇宙的可能性"问题，并以扁平生物在扁平工具平面上的自由走动为例，指出"这些生物的宇宙是有限的，但又没有边界"③，维也纳学派和逻辑实证主义的创始人莫里茨·石里克（Friedrich Albert Moritz Schlick，1882—1936）等十分推崇爱因斯坦的结论，认为"这在逻辑上既是完善的，于事实也是符合的。这儿不再有什么形象化模型。我们已到达了一个旧的研究自然的方法所无法逾越的界限"④。

这里用"无界"代替无限，对解决或缓解有限与无限的悖论难题有特别的意义，但似乎又过多地受到了经验判断的阈限。在爱因斯坦有关扁平生物与扁平工具的例证中，"有限"显然是基于经验的量值判断，"无界"则是基于经验对事物循环性的认知。在界本理论看来，"宇宙的有界无限"更能将宇宙的有限性与无限性统纳起来：

① 亚里士多德：《物理学》，苗力田主编：《亚里士多德全集》第二卷，第65页。

② 康德：《纯粹理性批判》，蓝公武译，商务印书馆，2009年，第362页。

③ 阿尔伯特·爱因斯坦：《狭义与广义相对论浅说》，张卜天译，商务印书馆，2013年，第67—68页。

④ 莫里茨·石里克：《自然哲学》，陈维杭译，商务印书馆，2009年，第13页。

在自然秩序的条件下，"有界"强调了世界万物在宇宙秩序中的显性差异和本质差异，强调的是宇宙秩序下万物属性的差异本质和多样化存在；"无限"则强调了宇宙万物在量值与属性上的不确定，特别是宇宙作为生机宇宙、有生命的宇宙，万物动变演化的循环往复和无限可能、不确定前景。至于超自然、超逻辑或超验神性条件下的无限问题则另当别论。

在这里，即使康德有关宇宙有限与无限的纯粹理性证明依然未能跳出二律背反的形上悖论，爱因斯坦关于"一个有限无界宇宙的可能性"的推演有明显的科学经验阈限，但都不背离而是进一步证明了宇宙万物的有界无限性，也就是宇宙万物的多样化本质。这一本质被《两界书》以神话的方式表述为：世界之神妙，在于时空两维之上，有"天帝灵道"运行其间，并导致世界实生万维，世界的多样化是一种"世维有数无限"的存在，故曰"一生无限，万维归一"。（创4：2）

界本宇宙论元根律所谓根者分枝，揭示了宇宙万物基于差异存在的要素多样化，其关键含义有三：一是一生多的逻辑顺序，即一为根源，一是多的根基和种因，多为一生，多是一的否定，也是一的肯定和延伸，两者相辅相成；二是揭示事物多样化的存在本质，即宇宙万物不是混沌虚空，而是源于一、成于多；三是万物互存共在的关系秩序，即万物由种生成、由类衍生，有数不尽数、形不尽形、类不尽类、生不尽生的存在特性。如此，一与多、多与多之间的性数关系、结构关系及其构制的万千维度，就充满了动变和纠缠，这种动变和纠缠不仅体现在古希腊哲学家曾论及的事物之形状、秩序、位置三个方面的物因差异，更体现在万物自变、他变与互变叠加的整体关联性系统之中。

第五节　元根合一而分

元根合一而分，是谓万物合一与万物多分的动变统一，揭示宇宙万物同源分处的关联动变性，以及宇宙万物作为生命有机体的生机秩序。

1. 多分动变统一于整体

万物的多分动变统一于某种宇宙秩序，是希腊哲学中有代表性的思想。毕达哥拉斯学派始终以数为出发点，认为宇宙万物通过有限物与无限物的合适结合而达致和谐："很显然，宇宙及其存在于其中的事物既从有限物又从无限物构成和谐，在事实中所表明的情况也明显地说明了这一点。因为有一些是来自有限物，是有限的，另外一些既来自有限物又来自无限物，因而既有限又无限，还有一些来自无限物，这些显然是无限的。"① 在毕达哥拉斯学派的认知中，有限物与无限物之间的作用本质上是数的关联，数的比例决定了宇宙的和谐，数的动变关联着宇宙秩序。中国哲学则多是以阴阳乾坤为基点表述宇宙万物的关联动变："是故阖户谓之坤，辟户谓之乾，一阖一辟谓之变，往来不穷谓之通。"② 在这里，乾坤之辟阖在宇宙秩序的建构中类通于有限与无限的联结作用，虽然表述不同，但"天下之动，贞夫一者也"③，宇宙的秩序是根本一致的。

---

① 苗力田主编：《古希腊哲学》，第 79 页。

② 《系辞上》，陈鼓应、赵建伟注译：《周易今注今译》，中华书局，2016 年，第 627 页。

③ 《系辞下》，陈鼓应、赵建伟注译：《周易今注今译》，第 646 页。

"一出于一切，一切出于一。"① 无论是西方哲学的数理逻辑推演还是中国哲学之阴阳互抱转换，万物统一于宇宙法则且动变关联的思想认知都是明确的、相通的，这种关联不仅表现在有限与无限之间的数目比例，更体现在阴阳乾坤的性属变转上；不仅表现在中西哲学的早期认知，也贯通于后世不同哲学思潮的思想演绎。早期希腊哲学的表述是："在一个统一宇宙秩序里，事物不能彼此分离，不能用斧头把它们砍开。热不能从冷中分离，冷也不能从热中分离。"②到了玛格丽特·卡文迪什那里，她在《哲学书信》中提出了"自然只有一法则"（Nature hath but One Law），"自然在找寻'良序宇宙'（well-ordered Universe），当自然界的各个部分按照自然的规定，以特定的方式运作时，秩序就实现了，因为物质的各个部分都是一个整体的一部分，一个系统被认为是根据这个整体运行的"③。显然，整体观不仅是中西哲学的共同特征，而且深刻地镶嵌于不同的动变论，共同显示出宇宙秩序的构制与运行是统一关联的，整体的各部分——一与多、有限与无限、阴与阳、乾与坤——之间存有一种自变、互变、叠变相互关联的动变系统。

对于驱动、统摄和掌控万物关联运动的元因问题，虽众说纷纭，但主要的观念特征不外是预设出超自然的概念、理念、力量，以此启动并统摄万物的关联运动，其中自在永在、无生无灭的神是最容易被首先想到的，"神就像一个抓着缰绳的驭手，或像一名把着舵的

---

① 亚里士多德：《论宇宙》，苗力田主编：《亚里士多德全集》第二卷，第618页。

② 苗力田主编：《古希腊哲学》，第143页。

③ Deborah Boyle, *The Well-Ordered Universe: The Philosophy of Margaret Cavendish*. 2018, p. 8.

舵手，把万物指引到他所喜悦的方向上去"①，当然不同的神有不同的名分、含义和主张，在渗入了人的世俗因素之后，神及其子民间的斗争又为世物间的关联增添了许多复杂的内容。至于将理性、情欲、理念、太一以及道、理、心、性等作为统摄万物的原因与动因，都是各有其意，各洽其说。

抛开万物关联运动的超自然前因，从界本认知的逻辑起点出发，聚焦宇宙的秩序机制，可以发现，由宇宙万物从混沌中破壳而出的那一刻起，万物由一而多的创造、存在、演化、生息既是被动的也是自动的；既是被创造的——它的结构、韵律、系统很难归结为偶然，也是自造的——宇宙万物本身蕴含了一个自造机制，这个机制使得万物自被创生之后，自造性的生灭运动就成为恒常，"大自然使每一件事都是好的，如果它被正确地放置"②。

宇宙万物的自造机制成因于宇宙万物的差异化存在，成因于万物由一而多、由分而合的系统化生机，换句话说，世界动变的根源在于差异化的万物自身，在于世界万物差异统一的系统关联，宇宙万物差异化的关联存在本质上就是一个自造机制和自造系统。在这一自造机制和自造系统中，源源不断的动因和动力生成出来，每一个存在都成为相互的共同存在，成为相互的动因和动力。

万物关联的自造机制在中国古代哲学中被以多种方式表现出来，《庄子》论道，表达了道的"自本自根"，道的自本自根的真实存在成就了天地万物："夫道，有情有信，无为无形；可传而不可

---

① 斐洛：《论〈创世记〉——寓意的解释》，王晓朝、戴伟清译，汉语基督教文化研究所，1998 年，第 31 页。

② Deborah Boyle, *The Well-Ordered Universe: The Philosophy of Margaret Cavendish.* p. 9.

受，可得而不可见；自本自根，未有天地，自古以固存。"① 这里显示，万物关联的自造机制被统纳于道下。屈原《天问》有问："阴阳三合，何本何化?"② 以"一阴一阳之谓道"的逻辑规制看，阴阳两合化育万物，"阴阳三合"之"三"为何意？《穀梁传·庄公三年》以为阴、阳、天："独阴不生，独阳不生，独天不生，三合然后生。"③ 王逸《天问章句》以为天、地、人："天地人三合成德"，等等。既有诸说释义各有所取，但不必拘于"三"的特定物指，此处之"三"可指阴阳及阴阳交合生成，包含阴阳之本及阴阳之化，即包含了一阴、一阳、一阴阳，"阴阳三合"表喻本化一体以致难分"何本何化"。若将《天问》疑问句式置换为肯定句式，"阴阳三合，何本何化?"则可表述为"阴阳三合，亦本亦化"，这一解说契合《天问》之文章理气，亦合《天问》以问表理的文语逻辑。

西方哲学则是另一种话语表述，古希腊米利都学派认为灵魂弥漫在整个宇宙中，"泰利士说，神就是宇宙的心灵或理智（nous），万物都是有生命的并且充满了各种精灵（daimona），正是通过这种无所不在的潮气，一种神圣的力量贯穿了宇宙并使它运动"④。这里是通过灵魂与神赋予宇宙以心灵、理智和生命；同时，"在总说万物全都由神创生"的时代，一种聚焦宇宙本体的创生思想在希腊哲学中有明确呈现："这宇宙所以能历久不坏的原因，在于诸元素的和合……万物既全出于宇宙，宇宙实万物之尊亲，也是一切美善的总归，实唯'平等'保持了万物间的'谐和'，恰也是'谐和'保持

---

① 《大宗师》，方勇译注：《庄子》，第 102 页。
② 屈原：《天问》，林家骊译注：《楚辞》，中华书局，2010 年，第 80 页。
③ 范宁注，杨士勋疏：《春秋穀梁传注疏》，上海古籍出版社，1990 年，第 44 页。
④ 苗力田主编：《古希腊哲学》，第 22 页。

了这宇宙的'存在'。一切创成的存在哪有比宇宙更超胜的。"① 近现代哲学家则认为:"这个宇宙的各个部分和它邻近的部分在多重方向里紧密交叉,因而这些部分之间无论哪里都没有明显的分界。"② 怀特海的思想显然更具现代性:"应当把宇宙看作是对它自身的各种对立的积极的自我表达——它自身的自由和必然,它自身的多样性和统一性,它自身的欠缺和完善。所有这些'对立'都是事物本性中的要素,是不可更改的存在着的要素。"③

东西方哲学的论说基点、方式、指向各有不同,但均以特定的方式显示了宇宙万物关联动变的本质,而且这种关联动变有其内在的生机秩序,而非纯然的机械秩序;这种生机秩序消解了超验神性因素与经验自然因素的界限,蕴含了对宇宙万物发生演变之偶然性与必然性、确定性与未定性、他发性与自发性等的统合,因而我们身处的宇宙是一个充满生机的、有生命的宇宙,而非一个僵死的、机械的宇宙。《两界书》对宇宙生命的表述引入了天帝、道、气的灵性作用:"天帝随意杖点,天尘化育一片。得化育者,气脉生成,灵雾布散。其上灵道运行,万物充灵,不致死寂。万物有序,不致浮乱。"(创1:2)

在对宇宙论之元根律的整体揭示中,《两界书》的叙事是这样的:

> 天帝吹播元卵,元卵布散大地,万物从中孕生。元卵至微,数不尽数,形不尽形,类不尽类,生不尽生。

---

① 亚里士多德《天象论 宇宙论》,第295页。
② 威廉·詹姆士:《多元的宇宙》,吴棠译,商务印书馆,2009年,第141页。
③ 怀特海:《过程与实在》,第531页。

　　万物由类衍生，根须有分而连，枝蔓有连而分。

　　……

　　天帝使无成有，使有各一，一成万有之元。故使有各一者，为造有之工。

　　混沌分天地，由一为二，一分二维，二成万物成式。故由一为二者，为世界之工。

　　二维相对，合分化生，使二成三，三生异变，三成万物化因。故使二成三者，为化异之工。化异之工既成，万有各得其生，各显其貌，各呈其性，各适其所，各作其为，世界而为活灵化异世界。

　　故一为有，二为世界，三为化异，始成活灵世界。

（创 3：2—3）

　　这里先对万物孕生的缘由、方式、数量、性状、类别、关系等方面的基本属性作出界说，然后将世界的创造细分为"创世三工"，即造有之工、世界之工、化异之工，用"创世三工"概括了世界起源与演变的逻辑机制与生机秩序，艺术化地揭示了界本宇宙论元根律的全部内涵：元者启始，根者分枝，元根合一而分。以此为基原，《两界书》在"造人"和"分族"部分细述了人类源于一而分于多的单种体系，并由此演绎了立教、争战、承续等人事文明的演进流变。

2. 创世中的命名叙事

　　谈到宇宙创世的问题，不得不提到命名叙事这一重要命题。在古典学的资源和知识视野中，命名（naming）是一个极其重要的创世工具。希伯来创世学说表明，最初的世界是通过上帝之道

的命名而被创造出来的，上帝说要有光就有了光，并将光暗分开
（separated），称（called）光为昼，称暗为夜。上帝创世的关键是对
混沌的"分开"，并对分开物加以命名（称，called），分开与命名
的合作才真正完成了创世的基本程序。在苏美尔文献和埃及神话中，
关于世界创造的叙述也是突出了分开与命名这两个关键环节，分开
是基础性工作，而命名则对分开物的属性、定位、功能及其运动演
化做出了逻辑的规制和指引，命名被视为"创造叙事的典型部分"，
"埃及的孟斐特神学认为造物主是万物的命名者"，命名是其创造的
重要组成部分。①

　　命名的本质是初始性的界分，是以界为基点、起点和工具，对
世界实施的最初的存在认知。命名叙事（Naming Narrative）是世界
创造的初始操作系统和逻辑程序，它首先表述了对混沌的界分、对
差异的促生，是对世界差异化存在的本质性、始基性的实现。印度
《奥义书》将梵视为至高的创造者，"那时，世上一切缺少区分，于
是以名和色加以区分，说道：'这个有这个名，有这种色。'因此，
直到今天，世上仍沿用名和色加以区分，说道：'这个有这个名，有
这种色。'"梵的创造在命名（nāma）的同时增加了色（rūpa）的内
容，以色来表达事物的形态②。在世界的三重创造中，命名是神圣的
语言，居于最前端："这个世界有三重：名称（'名'）、形态（'色'）
和行动（'业'）。"名、色、业的三重结合构制了"真实掩盖的永生
者"③。《奥义书》对"名"的演绎有其独特表述，但创世的逻辑基理

---

　　①　John H. Walton, *The Lost World of Genesis One: Ancient Cosmology and the Origins Debate*. Inter Varsity Press, 2009, p. 29.

　　②　《奥义书》，黄宝生译，商务印书馆，2017年，第28页。

　　③　《奥义书》，第37—38页。

与命名叙事的基本原则是完全一致的。同时，命名叙事在创世的逻辑建构中并非仅仅是名称赋予问题，而是一个名实结合的生存制造，名称之下是差异存在的性数实质，并将差异存在的定性、定位和关联规划出来，从而生成出一个差异共存、关联统一的世界共同体及其秩序系统。《墨子》所谓"以名举实""名实合也"（《墨子·经说上》）等思想对名的含义有着相当深入的辨析，而在各类创世学说中，尤其像希伯来创世论这种体系性的创世学说，其命名的意涵不仅是一般物类的名实指谓，而更深入到善恶、伦理、价值、信仰等形上层面，成为建构意识形态体系的重要工具。

总之，界本宇宙论提出元者启始、根者分枝、元根合一而分的元根律，旨在揭示宇宙万物基于共同起源的本质统一性、基于差异存在的要素多样性、基于同源分处的关联动变性，本质统一性、要素多样性、关联动变性作为宇宙万物生成和存有的根本属性，体现了界理逻辑的自洽（self-consistent）与自足（self-contained）。宇宙秩序是贯通宇宙的整体秩序和普遍法则，宇宙论元根律作为宇宙秩序的起始性内容，与界本论的逻辑体系——包括存在论界本律、结构论对成律、过程论化异律、价值优选律、目的论合正律等互为关联，并互为构制。

第三章 存在论：界本律

两界叠叠，依稀对应；

有界无界，化异辅成。

芸芸众生，魑魅魍魉；

往来游走，昼夜未停。

——《两界书》引言

第一节 从本原到存在

1. 本原的歧解

本原的问题一直是西方哲学特别是早期希腊哲学关注的焦点和核心，但从一开始人们就对"什么是本原"产生了极大的分歧。早期的希腊思想家提出诸多不同的本原观，这些思想直到今天看来依然有着重要的思想基质、观念萌芽的意义：从泰勒斯把水视为本原到阿那克西曼德提出"无定""无限"是万物本原；从阿那克西米尼提出本原是无限的气，到赫拉克利特关于世界是一团永恒的火、万物都是根据逻各斯生成；从毕达哥拉斯学派认为数是万物本原，到恩培多克勒提出水、火、气、土的四根说；从阿那克萨哥拉认为无限的种子（微分）是万物本原，到留基伯、德谟克利特提出原子与虚空是万物本原，再到柏拉图提出造物主摹仿理念创造世界，等等，对本原的认知既有物性元素也有抽象概念、精神本原，本原始终处于不停的变换之中。

这并不奇怪，设若放眼希腊之外，从中国古代的道、气、元气说，金、木、水、火、土五行说，以及无、理、心、意、性说，到希伯来–基督教的神创说、印度的自存神、无上神说等，都明白无误地表明本原问题没有统一答案，思想问题没有统一标准。

甚至，即使在希腊的哲学话语体系中，对于本原（arche）本身的理解也被赋予了诸多不同的含义。亚里士多德对本原进行过总结性概括，指出了本原的六个方面的意义：

> 本原的意思或者是事物中运动由之开始之点，例如一段线、一条路都在一端有一个起点，而在另一端有另一个起点；或者是某一事情最佳的生成点，例如学习有时并不必定从最初开始，从事情的开端开始，而要从最容易的地方学习起；或者是内在于事物，事物由之生成的初始之点，例如船只的龙骨，房屋的基石，所以有的人把心脏、有的人把脑髓、有的把类似的其他什么东西当作动物的本原；或者是由之生成、但并不内在于事物的东西，运动和变化自然而然从它开始，例如婴儿是由父母产生，战争是由争吵产生；或者是按照其意图能运动的东西运动，可变化的东西变化，例如城邦的首脑、当权者、君主或僭主们；而技术也被称为"本原"，尤其是各种建筑术。其次，事物最初由之认识的东西也被称为此事物的本原，例如前提是证明的本原。原因的意思和本原一样多，因为一切原因都是本原。

全部本原的共同之点就是存在或生成或认识由之开始之点。它们既可以内在于事物也可以外在于事物。正因为这样，自然是本原，而元素、思想、意图、实体和何所为或目的都是本原或始点。在很多情况下善和美是认识和运动的本原。[①]

这里，与其说是亚里士多德对本原的概括，不如说是亚里士多德基于他的四因说对本原所作的演绎，他对本原的定义显然超过了先前希腊哲学家对本原的个别定义和特定运用。亚里士多德的超越性在于，他不再把本原聚焦于某项具体的元素（stoicheion，element）或特定的概念，而是将全部本原的共同特点界定在"存在或生成或认识由之开始之点"，聚焦了本原在世界生成、存在、运动、变化中的本原始基意义，这种本原始基具有了明显的原则（principle）性（arche 有时即被翻译为 principle），这种原则不同于毕达哥拉斯学派提出的数本原则、柏拉图的理念原则，而更是一种建基于存在整体的逻辑原则，这对后世哲学的发展产生了方向性影响。

当然，亚里士多德的所有工作都是建立在对前人学说的综合之上的，其中包括爱利亚学派和巴门尼德对存在问题的关注。

2. 存在的出场

巴门尼德不同于其他哲学家对元素本原的执迷，作为爱利亚学派的代表，巴门尼德跳出了前辈的思想圈子，独辟蹊径地发现了存在，发现了存在对世界的普遍性、本质性，把世界的一切都归结于存在与不存在：

---

① 亚里士多德:《形而上学》，苗力田主编:《亚里士多德全集》第七卷，第110—111 页。

它无始无终，因为生成和消灭已被真信念所逐，

消失得无影无踪。

它保持着自身同一，

居留在同一个地方，

被在它所在的地方固定，

强大的必然把它禁锢在这锁链中，

这界限从四面八方包围着它，

存在是不允许没有终极的；

它完满自足无所需求，

若不然它就会一无所有。

……

现在和将来都没有任何东西异于存在，

因为命运之神禁锢得它完整、不动。

生成和灭亡，存在和不在，

位置的转移，色彩的变化，

这些常人信以为真的东西，不过是人为的名称。[①]

    巴门尼德留存的残篇及相关载述并不完整，思想内容也不完全一致，这是早期希腊思想家的共同特点，但这并不影响巴门尼德对于存在的真见。巴门尼德对存在的发现和义界从一开始就是建立在存在与不存在这对对立的范畴之上，这不仅使他的存在论有别于先前单一性的本原论，也在其存在论中体现了奠基性的辩证观，为存在成为世界的本质存在奠定了内在的逻辑基础。

---

① 苗力田主编:《古希腊哲学》，第94—95页。

不仅如此，他还强调存在是一，是连续不可分的整一："在我看来存在者是一个共同体，我就从这里开始；因为我将重新回到这里。"[1] 存在者是作为一个共同的整体而存在，巴门尼德的存在论中呈显了突出的存在整体观，揭示存在不是个别的、孤立的存在，而是相互的、连接的存在。在巴门尼德留存不多的残篇中，他还揭示了存在的有界性问题，尽管他的论析在今天看来既不完整也不那么统一：

> 但有一条最后的边界，
>
> 它在所有方面都封闭着，
>
> 有如一个滚圆的球体，
>
> 从中心到每一边都距离相等，
>
> 它不应当在任何地方多一些或少一些。
>
> 既没有什么非存在妨害存在的东西相联结，
>
> 也不会这里大一些那里小一些，
>
> 它完全没有任何差别，从所有方面到中心的距离都相等。
>
> 在这个界限内保持一致。[2]

存在的辩证性、整体性和有界性是巴门尼德对存在本质的重要发现。此外，值得重视的是巴门尼德还将思想与存在相等同，提出了思与在同一的命题，这不仅丰富了存在的内涵，也将存在论与知识论相连接，在西方哲学史上有重要意义。

在对存在的认知中，巴门尼德提出了真理之路和意见之路两条

---

① 北京大学哲学系外国哲学史教研室编译:《西方哲学原著选读》上卷，第22页。

② 苗力田主编:《古希腊哲学》，第95页。

对立的路线，通往真理和意见的分别是思想和感觉："来吧，我将告诉你，请你倾听并牢记心底，只有哪些研究路径是可以思想的：一条是存在而不能不在，这是确信的途径，与真理同行；另一条是非存在而决不是存在，我要告诉你，此路不通。非存在你不认识也说不出，因为这是不可能的，作为思想和作为存在是一回事情。"[①]巴门尼德在思想与感觉之间对思想的推崇重视是与他对真理和确信的追求分不开的，归根到底是同思想与存在"是一回事情"的论断分不开。这一思想不仅对后世形形色色的存在论产生深刻影响，也对知识论乃至知识与真理的定义问题产生影响。

当然，巴门尼德对存在的发现，尤其是他对存在的辩证性、整体性、有界性以及思在同一性的创见，经由柏拉图、亚里士多德等的吸纳消化和转换演发，对存在论成为哲学的核心起到了关键作用，可以说，从巴门尼德的存在论开始，西方哲学研究"存在"的学问 Ontology 就真正诞生了。包括柏拉图在《巴门尼德篇》对一与多、整体与部分、有限与无限、同与异等存在范畴的讨论，以及亚里士多德对存在范畴的深化及其形而上学归纳，特别是亚里士多德对第一哲学问题的讨论，毫无疑问地将存在问题确立为哲学的中心问题。亚里士多德在《形而上学》中明确地指出第一哲学的任务是研究"作为存在的存在"（Being as Being）："存在着一种考察作为存在的存在，以及就自身而言依存于它们的东西的科学。它不同于一种各部类的科学，因为没有任何别的科学普遍地研究作为存在的存在，而是从存在中切取某一部分，研究这一部分的偶性，例如数学科学。"亚里士多德还进一步指出哲学是要在存在中找出本原和原

---

① 苗力田主编:《古希腊哲学》，第91—92页。

因："我们寻求的是存在物的本原和原因，很显然这些事物是作为存在"①，进一步明确了存在与本原和原因的本质统一。

以巴门尼德为肇始的存在论是西方哲学史上一次重大的思想定向，存在不仅含括了先前哲学家所热衷的本原，更重要的是存在作为世界的本质存在，贯通了本原与实在、存在与不存在、个别与整体、有界与无界（差别与无差别）、思与在同一等存在和知识的关键要素，确立了世界存在的本质构件、构建原则及思在逻辑，为存在论、知识论奠定了基础框架。在其后的整个西方哲学史中，存在（Being）问题不仅成为哲学认知的核心，也是各种分科知识的基础，以存在与非存在为基点，以本质和真理为目标，围绕着在与不在、一与多、变与不变、质与量、一般与个别、实体与属性、质料与形式、动与静、时与空乃至潜能与现实、必然与偶然、名与实等存在领域的核心范畴，不仅形成了错综复杂的存在论（诸如现象学本体论、过程本体论等），还对整个哲学体系的建构及相关知识的分序发展产生深刻影响。

存在的出场为存在者找到了凭依，也为世界万物找到了共同的归宿。而存在论的奠基与其说是哲学史上的第一次转向，不如说是哲学史的一次基本定向，它与苏格拉底将哲学从天上拉回人间的伦理学一起，共同确立了哲学演绎的两条基脉——形而上学存在论基脉和伦理学基脉，这两条基脉成为西方哲学发展演绎的两个主轴，至于逻辑学、认识论、语言学及语言学之后等的所谓"转向"问题，其实质主要还是以何种方式、工具、路径去接近存在和伦理两条基脉的本质与真理的问题。

---

① 亚里士多德：《形而上学》，苗力田主编：《亚里士多德全集》第七卷，第84、145页。

但从另一方面看，将存在确立为第一哲学的根本内容也为哲学埋下了一个永恒的难题。这不仅与存在本体有关，也与存在论自身的含义及其对存在的歧解义界有关，这令思想界争吵缠斗了两千多年。当然，存在论的确立为西方哲学提供了思想演绎的稳固基础和发挥框架，无论唯理论、唯实论、经验论、先验论、超验论抑或语言逻辑分析等，都这样那样、或多或少地利用了存在和存在论的基座去演绎各自的思想主张，有的形成了蔚为壮观的哲学大厦，尤其是近代以来，从笛卡尔、斯宾诺莎、洛克、康德、黑格尔到基尔凯郭尔、胡塞尔、怀特海、海德格尔等，无论其思想大厦被冠以何样的命名，其逻辑底层都离不开存在、在与思之类的存在论命题。当然，究其根源，就是无论是存在本体还是存在论及其延伸的理论建构，其终极根据无不建基在差异界分的世界本质之上，就像海德格尔对存在所作的存在与存在者的区分、存在与时间的逻辑关联，以及他所建构的整个存在主义大厦，"通过我们对于差异之为差异的思索努力，我们并没有使差异消失，而是追踪着差异的本质来源。在通向这一本质来源的途中，我们思考袭来与到达的分解。这就迈出了一个返回步伐，更实事求是地思考思想的实事：根据差异来思存在"①。近年来元存在论（Metaontology）概念开始突出地出现在西方学界的视野中，"也许 21 世纪早期存在论研究中新颖性的主要因素是许多实践者越来越关注元存在论问题"②。这表达了存在论研究的新趋势，以及存在论研究者对存在、思想与存在诸问题的更深层次探究。

① 海德格尔：《同一与差异》，孙周兴、陈小文、余明锋译，商务印书馆，2014年，第 77—78 页。

② Metaontology 是彼得·范·因瓦根在 1998 年发表的一篇论文中提出，这被认为是元存在论一词正式进入哲学界，Francesco Berto and Matteo Plebani, *Ontology and Metaontology: A Contemporary Guide.* Bloomsbury Publishing Plc, 2015, p. 1.

第二节 界本存在论

1. 存在三要素：是、有、在

存在在不同语境中有多重交织的词性语义和使用方法，诸如
to be、being、Existenz、sein 等，分别有"是""存在""有"等
不同意义。这不仅给各类西语的运用转换带来困难，更给汉语翻
译带来了困扰和混乱，即使存在论（Ontology）本身，在汉语学
术语境中也有本体论、存在论、是论、存有论等多种译法。结合
汉语语义及界本论的理论设置，西语 Ontology 译为存在论而非本
体论比较贴切。

这是因为，界本存在论以万物从混沌中走出为始基，以万物存
在的界本属性及存在秩序的初始生成为基点，旨在从存在开端处和
存在底层发现存在的差异本质、存在原理、存在状态，以及世界万
物差异存在的一般机理，存在是世界本体的基质和基石，但还不是
世界万物发生、成长、构建、动变、价值、目的等有机整体的全部。
在界本论的理论框架内，存在论是界本论的重要部分，除此之外界
的本体论还含括了宇宙论、结构论、过程论、价值论、目的论乃至
知识论等系统内容，这一系统内容的整体共同构制了界理逻辑下的
界本论，也就是界的本体论。

以界理逻辑认知存在，首先要表述对存在属性的界定和义界
（define，definition），即表述存在之"是"——"是不是""是什
么"的属性定义，以"是"的差异界分规定存在的不同属性；其次

要对存在之发生及其域值作出界限和限制（bounds，limit），通过界限和阈值的限制否定而生成出存在的肯定，即对"有"——"有没有""有什么""有多少"的边界（boundary，frontier）和量度进行划定，表述出存在的有无、一多等内容；同时，还要对存在之差异（difference）、关联（correlation）等的存在关联状态、结构方式加以界分（distinguish）、接界（interlinking）和建构，即对存在之"在"——"在不在""怎么在"的动变关联进行关系界定，也是对"怎么是"和"怎么有"的存在机理、存在状态加以揭示。也就是说，界理逻辑下的界本存在论要对存在之是的属性、存在之有的量度、存在之在的关联状态及其有机整体的存在要素加以综合，从而发掘和义界存在的本质、存在的秩序和存在的原理机制。这也显示，存在（eimi，being）包含着三项核心的存在要素——是、有、在，存在之是、存在之有、存在之在三者的合成才实现了存在，只不过这种合成在不同的存在境界中有不同的实现方式。关于存在的历史纷争，绝大多数的情形是由于只看到了三者的其一、其二，或把三者断裂地来看待。

显然，界本存在论不同于元素本原论、原则本原论，也不同于一般存在论的既有原理，而是一种综合了存在之是、存在之有、存在之在，以界分差异为根基的有机存在论。其实，在海德格尔对存在者与存在的论证中，也显示了他对差异这一存在根基问题的关注："只要存在现身为存在者之存在，现身为差异，现身为分解，那么，奠基（Gründen）和论证（Begründen）的相互分离和相互并存就会持续下去，存在就为存在者奠基，存在者之为存在者就论证着存在。"① 海德格尔对存在论的一大贡献是他明确区分了存在与存在者，存在是由无数的存在者构制，而存在者的存在逻辑是必须"现身为差异""现身为分解"。海德格尔以存在者的"差异"和"分解"指向了存在的逻辑底基，尽管不是那么聚焦和鲜明。

2. 从存在的源头出发

在巴门尼德对存在的全部论述中，最具关键意义的是他对存在与不存在的界分："关于这个存在者，我们要判断的是：它存在还是不存在？"② 存在与不存在是从存在的基原上指出了存在的对反辩证性，这奠定了巴门尼德存在论的逻辑基点，并影响了古典时期的智者高尔吉亚（Gorgias，约前 483—前 375）对"自然或不存在"问题的演绎。巴门尼德在对宇宙生成和万物普遍性的义界中，也特别强调了对反辩证的原则意义：

> 万物被赋予光明与黑暗之名，
>
> 根据其能力而获得这般的名称，
>
> 顷刻间一切为光明与黑暗的朦胧所充满，
>
> 两者势均力敌，分有虚无却未曾。③

可以看出，在巴门尼德的存在论中——尽管他没有明说，对反差异的辩证互构是存在的基础和存在的基本形制，他对存在本质的推演是建立在存在与不存在的界分逻辑上。因此，单纯地把"存

---

① 海德格尔：《同一与差异》，第 82 页。
② 北京大学哲学系外国哲学史教研室编译：《西方哲学原著选读》上卷，第 24 页。
③ 苗力田主编：《古希腊哲学》，第 98 页。

在"作为巴门尼德存在论的最早范畴是不够的，它只描述了存在的表象，而未揭示存在的钤键：巴门尼德的存在离开了不存在也就不能存在。当然，巴门尼德只是显示了存在与不存在的对反辩证性，相较于海德格尔关于存在者的差异现身、分解现身，都还显得十分质朴。

海德格尔是对存在问题作出深刻洞察的存在论大师。他发现"当人们想从历史上流传下来的存在论以及诸如此类的尝试那里讨教的时候，存在论的方法却还始终颇成问题。由于对这部探索来说，存在论这个术语是在很广的形式上的含义下使用的，所以，循着存在论历史来澄清存在论方法这样一条道路本身就走不通"①。因而他试图独辟蹊径地以存在与时间、存在与存在者的区分和关联去发现存在的本质逻辑，对存在论乃至20世纪哲学产生深刻影响。其他如胡塞尔现象学则从对现象的本原回归去建立一种整体性的宇宙论——其实也是试图建立起一种揭示本质的存在论。

界本存在论无意沿袭任何一种存在论的形制和方法，它从万物差异的存在源头、存在根基出发，力图发掘存在的始基原理和本质秩序。相较于存在与不存在、存在者与存在等诸如此类的界分，界本存在论面向存在本身，跳出以有形之物或无形概念作为存在本质的思维模式，从万物差异界分的存在根基、思想与存在关联的认知根基出发，以宇宙论元根律为基础，在万物根于一元、有无变转、一多动变的逻辑序列下，聚焦世界万物生成与存在的机制原理，提出以界为本的存在论思想，一方面把界及其界分差异属性作为世界整体和万物构成的本质属性、形上原则，另一方面强调界分差异在

---

① 海德格尔：《存在与时间》（中文修订第二版），陈嘉映、王庆节译，熊伟校，陈嘉映修订，商务印书馆，2018年，第38—39页。

存在中的秩序功能和创造意义，在这里，界的功能性不仅体现在存在的本体和本体结构，也体现在思想与存在的关联。因而，界本存在论视域下的存在不是静止的、纯形而上的存在，而是功能的、生机的存在，显示了"存在就是力量"[1]，存在是活的存在，彻底将存在从形而上的牢笼中解放出来。当然，这种解放不仅依赖于对界本宇宙论的逻辑延伸，也依赖于与界本结构论、过程论、价值论、目的论的关联贯通，也就是说，对存在的问题不能仅作孤立的存在论辨析，而应是一种综合辩证的系统性认知。

界本存在论揭示的基本律则是界本律，即界者为分，本者为基，界本有分而恒。存在论界本律揭示世界以界为本、无界则无世界的本质特征，揭示无界分则无万物，无差异则无世界，界分差异是世界万物的存在属性、存在根据、存在状态和存续机理。

第三节 界者为分

界者为分，是谓万物由界而生，有界即有分，有物即有差异，界分差异是万物存在的本质规定和根本属性。此处重点是要回答存在之"是""是不是""是什么"的问题，回答存在的属性与本质规定问题。

1. 世上找不到两片相同的树叶

西语有谓"世界上找不到两片相同的树叶"。据说莱布尼茨在

---

[1] Jakub Dziadkowiec and Lukasz Lamza, *Beyond Whitehead: Recent Advances in Process Thought.* p. xiii.

宫廷里提出"天底下找不到相同之物"的相异律时，宫廷卫士和宫女们纷纷走入御园，四处寻找两片没有差异的树叶，以便推翻这位哲学家的论断。结果是可想而知的，就像黑格尔所说，"一切事物都是有差异的，或者说：没有两个彼此等同的事物"[①]。

问题的关键在于，世界万物的差异性是如何成为世界存在的本质规定性和最初本性的？什么是决定这一本性的最初和根本的原因？抛开各种超自然的存在预设及其推演，在理性认知的逻辑秩序里，界及其界分差异不仅成为世界万物生成创造的最初原因、万物存在由一生多的根本原因，也内涵了万物差异存在及其属性规定的根本依据。

2. 存在的本质是界分差异

追溯世界存在的最初开端，我们发现了界，也只见到了界。如果说在它之前的前存在（pre-being）还有什么，你可能会说有"无"，即什么都没有，但是比起"无"来，界还是早前了一步，因为没有界作为参照，也就无从知道"无"的存在。

在世界的诸多创世神话和创世学说中，常常都把前世界的元初归为混沌，如前所述，要打破混沌的寂寥虚空就必须依仗界的介入——没有界的逻辑界分，就不可能产生差异和秩序，不可能产生万物存在；甚至可以说，就连混沌的预设如果没有"非混沌"作参照，混沌亦无从而来，也就是说，虽然混沌是以前世界的超自然形态呈现，但在人文认知的逻辑序列中，它已打上了自然与理性的色彩，只不过它是扮演着进入自然与理性的前逻辑铺垫。无论如何，

---

① 黑格尔:《逻辑学》下卷，第43页。

界是启动世界的铃键，是世界从无到有、从少到多的关键，也是世界最初的基原本性——没有界，世界什么都不存在，既没有形下物象，也没有形上性状，没有类属，当然没有秩序。

中国哲学对存在的最早表述可以追溯到伏羲一画开天地，即伏羲揲蓍画卦，创造出乾、坤、坎、离、艮、震、巽、兑八卦符号，以此对应天、地、水、火、山、雷、风、泽等八种自然现象，这也可以说是中国哲学对世界存在作出的最初界分。伏羲一画于混沌中划分出乾坤，奠基了易卦体系的最初基础，陆游有诗《读易》谓："无端凿破乾坤秘，祸始羲皇一画时。"[1]《道德经》把道作为世界万物的源头，有谓"道生一"，从一到二则是"道生万物"的关键，而界则是从一到二的关键——界使一分二，使二而为三，由三而生万物。道作为万物创生的形上根源，它的奥秘何在？中国哲学对道的意涵作了如是精辟的概括：

一阴一阳之谓道。[2]

也就是说，道是世界的根本，道的根本在阴阳，阴阳的根本在于界——在于界的阴阳界分。阴阳学说在中国古代哲学思想中占有支配地位，全部《易经》内容均以阳爻、阴爻为基原，演绎出复杂的思想图谱。五行说虽以金、木、水、火、土五行为基本元素，但充斥五行、贯通五行的运演规则，也是五行之间相生相克的界分关联。《黄帝内经》以阴阳二气为基础，推演关于天、地、人的相辅

---

① 陆游：《读易》，钱仲联校注：《陆游全集校注4》，浙江教育出版社，2011年，第212页。

② 《系辞上传》，李鼎祚撰，王丰先点校：《周易集解》，第401页。

辩证学说；而盘古开天辟地神话也是以最初的阳清与阴浊气化出天地万物。中国古代哲学思想惯以不同形式，把阴阳的界分与统一作为统纳世界万物的至高原则，并将其视为万物存在的本质和基本原则。

　　在哲学的故乡古希腊，存在的问题"曾使柏拉图和亚里士多德为之思殚力竭"，两千多年前"巨人们关于存在问题的争论"，迄今也未得到真正的明晰和解决。在海德格尔看来，"'存在'这个概念毋宁说是最晦暗的概念"，"存在问题不仅尚无答案，甚至这个问题本身还是晦暗而茫无头绪的"。[①] 在被海德格尔视为一定限度内可以规定存在者但并不适用于规定存在的那些传统逻辑的定义方法中，希腊哲学家呈现了各种错综复杂甚至充满矛盾的思想和方法，但概括起来看，借助有与无、有限与无限、一与多、种与属的辩证关系来论说存在，论说存在的原理与本质，是希腊哲学家的一种基本方法和一般逻辑。苏格拉底曾把宇宙中现存的一切事物划分为四类：无限的、有限的、无限与有限混合的、无限与有限混合的原因，并把前三类作为条件："让我们首先取这四类中的前三类，因为我们观察了其中前两类，看它们各自如何分裂和分离为多，让我们努力再把它们汇集在一起，让它们重新成为一，以此明了它们各自如何实际上既是一又是多。"[②] 在柏拉图的存在论中，"分有"的思想极其重要："如果一个加一个成为两个，或者将一个分为两个，你也会避免说'加'或'分'是两个的原因嘛？你就会大声疾呼地说，一个东西之所以能够存在，只是由于'分有'它所'分有'的那个实体，别无其他办法；因此你认为两个之所以存在，并

---

① 海德格尔：《存在与时间》（中文修订第二版），第3—7页。

② 柏拉图：《斐莱布篇》，《柏拉图全集》（增订版）中卷，第689页。

没有什么别的原因，只是由于分有了'二'，事物要成为两个，就必须分有'二'，要成为一个，就必须分有'一'。"①吉尔·德勒兹（Gilles Louis René Deleuze，1925—1995）明白指出，柏拉图"分有的意思就是得到一个部分，且是'之后'得到（avoir après）一个部分，第二个得到一个部分。第一个具有的是根据自身"②。当然，柏拉图关于一与多的分有论说显然离不开他的理念，理念的意涵极其复杂，中文译为型相、相、意式、观念、通式、原型、理式、范型、模型、式样、概念等，是柏拉图思想的核心，他的分有说是与他的理念（型相）纠缠在一起的，在《巴门尼德篇》中，柏拉图借巴门尼德与苏格拉底的对话详细讨论了分有与理念（型相）的各种关系。

到了亚里士多德那里，特别是在《范畴篇》和《形而上学》中，他以万物存在的主体－实体、性质、种属、数量、关系等为着眼点，通过各种范畴的设置来区分存在，其中一与多、存在与非存在是一系列范畴中最基础和普遍的。在亚里士多德的范畴推演中，"分离"是重要的逻辑手段："就数目来说，在它们的各部分之中不可能存在着一个共同的边界，它们总是分离的"，语言和音节也是如此，"因为并不存在一个使语言的各个部分联结起来的共同边界，因为并不存在一个使各个音节联结起来的共同边界，它的每一个音节与其他音节都是分离的"③。其实在"分离"的背后，隐含着更为关键的逻辑机理，这就是亚里士多德在《范畴篇》一开始讨论如何述说事物

---

① 北京大学哲学系外国哲学史教研室编译：《西方哲学原著选读》上卷，第75页。
② 吉尔·德勒兹：《差异与重复》，安靖、张子岳译，华东师范大学出版社，2019年，第116页。
③ 亚里士多德：《范畴篇》，苗力田主编：《亚里士多德全集》第一卷，第13页。

的主体时，对实体、数量、性质、关系、何地、何时、所处、动作、承受这类非复合词意涵生成的揭示："这些词自身并不能产生任何肯定或否定，只有把这样的词结合起来时，才能产生肯定和否定。"①这里，"肯定与否定"不仅揭示了词义命题的关键，也揭示了存在及其属性生成的关键。

从苏格拉底关于有限与无限的分裂和分离而生成多的存在，到柏拉图对实体的分有、对型相本身的区分和分有这些型相的事物，再到亚里士多德对数目、音节、词义的分离和结合而产生肯定与否定的意义规定，希腊哲学传统中隐含了一种重要的差异辩证法（dialectique de la différence），而差异辩证法"拥有一种自己特有的方法——划分（division）"②，也就是说，差异辩证法通过界分而产生差异，通过差异的辩证而实现对存在的肯定与否定，从而也是实现存在及其意义的创造生成。

德勒兹在《差异与重复》中系统地分析了柏拉图差异逻辑学、亚里士多德差异逻辑学以及黑格尔差异逻辑学、莱布尼茨差异逻辑学，对笛卡尔式的我思与康德式的我思在未规定者、规定、可规定者中对差异的运思和运思的差异也进行了系统辨析，对差异以否定与肯定的方式之于存在的创造意义进行了分析："否定虽然是差异，但它只是颠倒的差异，只是从底部向上看到的差异。与此相反，从高处向低处看去的话，差异即肯定。但这一命题具有多重意义：差异是肯定的对象；肯定本身是复多的；肯定是创造，但它自身亦应当是被创造的东西，它要作为肯定差异的东西，要作为自在之差异

---

① 亚里士多德：《范畴篇》，苗力田主编：《亚里士多德全集》第一卷，第5页。
② 吉尔·德勒兹：《差异与重复》，第111页。

而存在。"①德勒兹对差异哲学的论析在当代西方哲学中是独树一帜的，从他对存在者的微分比（差异关系）与存在本质的论述可以看出海德格尔存在主义的一些影子，但他显然更加系统地聚焦了差异的关键意义，他所总结的差异逻辑学——无论是柏拉图、亚里士多德还是黑格尔、莱布尼茨等，都在差异逻辑学的底层显示了一个共通的逻辑基理，这就是对存在与存在者具有本质规定性的界分对反原则，这一原则蕴含着肯定与否定互对互成的创生机理，在东西方思想中以不同的话语形式表述出来。

　　无论东西方思想对存在或存在者进行何样的细分演绎，都显示了这样一个基本原理：界分差异表述了存在的本质。"存在在唯一的、相同的意义上述说它所述说的一切，但被它述说的东西却包含着差异；它述说着差异本身。"②差异（difference）因对存在的界限、限制而生成，通过对存在者的界域、边界的界分（distinguish）而使得存在者获得特定的领域，从而使得存在从混沌无序中生出，有了最初和最基本的属性规定。从根本上讲，界分差异不是一般的工具手段，而是一种质性功能和生成机理，德勒兹所谓差异是"一种'依据本质'的质，一种本质自身的质"③，表述的也是这个意思。

3. 界述说着"是"

　　显然，界对存在差异的创造和对存在者领域的划定，不仅是差异量度的界分，更是属性与根据的规定，界借助对存在的界限与限制（bounds，limit）、对存在者界域（realm）、边界（boundary）、

---

①　吉尔·德勒兹：《差异与重复》，第104页。
②　吉尔·德勒兹：《差异与重复》，第72页。
③　吉尔·德勒兹：《差异与重复》，第62页。

领域（kingdom）的界分（distinguish），从本质属性上对差异存在加以义界（define），赋予存在以定义（definition）——在这里，存在（being）之"是""是不是""是什么"的问题得到回答，存在借助界分差异首先得到了质性的存在肯定。

这里的"是"是界的功能实现，是界对存在（being）的是与非的确认，即通过界的界分、义界，对存在做出初始的质性定义——是，还是不是（to be, or not to be），以及是什么的定义。界对"是"的述说蕴含着界对是与非、肯定与否定的运作，这里的"是"是存在（being）的质性，不是存在（being）是什么的系词词性，自巴门尼德、柏拉图、亚里士多德等希腊哲学家开始，两千多年来，对being的系词、谓词意义、功能的讨论汗牛充栋，且引发诸多理解、翻译的争论，本处所论界对"是"的述说显然不在这个论阈内。此处的"是"是界的功能和对存在的生成实现，如果非要归属它的词性，它既不是系词也不是一般谓词，而是界的功能延伸——"是"同界一样，同时兼具了词的动名双性：界既是界分也是义界，在界分的同时也实现了质性的命名；"是"既是判别也是确认，在是否的判别中确认是什么和不是什么的存在属性。

这里首先面临着存在论的一个基本问题，就是界是自为的还是人为的，因为这关联到"是"的质性是自在的还是因人而在的。这个问题从早期希腊哲学的开端处就显露了复杂混淆的端倪，以致在后世哲学的演变中不仅剪不断理还乱，而且常常成为各类分歧的根源。在巴门尼德提出存在与不存在这个基本命题时，他就同时提出了思想与存在是同一件事情的命题，这样，存在从一开始就与人的思想结合在一起，存在成为思想的存在、人的存在，这为存在论进行了一种初始性的奠基，以致思与在的结合成为两千多年存在论乃至整个西方哲学的基轴。

实际上，即使在巴门尼德那里也是呈显了两个存在，一个是存在与不存在的存在，一个是与思想同一回事的存在，只不过是把存在与思想当成同一回事之后，前一个存在就被忽略省去了，造就了没有思想就没有存在的人类中心主义存在论，甚至不仅是人和思想成了存在的主人，连人的语言都可以成为存在的主宰。海德格尔认为，"思想与存在的关系推动着全部西方的沉思"①，思想与存在的关系，以及思想与存在哪个在先、哪个在后的问题，始终是笛卡尔、贝克莱、康德、黑格尔、海德格尔、怀特海等哲学思辨的主要论题，也是他们论辩的基础。

回到界本存在论，界既是自为的，也是人为的，即界的本身首先体现出自然性——界自然而然，从宇宙创生、万物差异形成之初界就自然存在；同时，界又是人为的，界被人所化用，生成出属人的界、区分于自然自在的界。这样，界对存在之"是"的述说，实际上是述说了两个"是"，一个是自在之是，一个是思在之是。前者不因人而在，是天长地久的自然所在、自在之是，人在它的面前不是主人，只是蝼蚁过客；后者因人而在，因思而"是"，但又因人而异，故在何为存在、何为存在之"是"的思在问题上，众说纷纭。

对自在之是与思在之是区分的逻辑底层，暗含着对存在之是如何义界和义界的基准根据问题，界本存在论对存在之"是"的表述有别于希腊传统下的存在论。自巴门尼德将存在与思想视为同一回事开始，存在的存在及其属性——对存在之"是"的寻找和义界就

---

① 海德格尔:《演讲与论文集》(修订译本)，孙周兴译，商务印书馆，2018年，第258页。

与思想、理智、理性等结下不解之缘，其中早期希腊哲学的"努斯说"是特别值得关注的。

努斯是 nous 的音译，阿那克萨哥拉是"第一个将努斯列在质料前面的人"，他将努斯视作万物和秩序的原因："他的一篇论文是以大气磅礴的语言风格写成的，他在开篇处说道：'本来，所有东西都是同一的；后来，努斯出现了，它们才变得秩序井然。'这让他本人也获得了一个别名，那就是'努斯'。"[1]努斯一词原意含有心灵、感觉等意，源于动词思维、思想（noein），表达了心灵与思想的觉知，在中文中有心灵、理性、理智、心智、努斯等多种译法，恩培多克勒、柏拉图、亚里士多德等都曾使用过这个词，但所赋予的意义不尽相同。阿那克萨哥拉的最大贡献在于他最早把努斯这个心灵与思想之物视作万物秩序的原因，它决定了存在："理智知晓一切被混合的东西、被分开的东西和被区别的东西。一切将要存在的、一切过去存在但现在已不复存在的，以及一切现在存在而且将来也要存在的东西，都为理智所安排。"[2]

努斯在希腊哲学家及后世的理解中均被赋予了极为复杂的含义。在努斯的精神性含义背后，努斯的生成机制建基在它所蕴含的界的界分功能上，在阿那克萨哥拉的论述中努斯本身是无限的、自主的："其他东西都分有每一事物的一部分，只有努斯[3]是无限的、自主的，它不与任何东西相混合，而是单一的、独立自为的。……在万物之中，它是最精粹和最纯洁的。它有对万物的一切知识和最大力量。努斯还主宰着一切有灵魂的东西，不论是较大的还是较小的。努斯

---

[1]　第欧根尼·拉尔修：《古希腊名哲言行录》，第 47 页。

[2]　苗力田主编：《古希腊哲学》，第 147 页。

[3]　此处引文均将原译"理智"改译为中性的努斯。

也主宰着整个旋涡运动，使这种旋转开始。它最初使旋涡运动从一小点开始。……现在正在旋转着的旋转运动，日、月、星辰、被分离开来的火和以太，正是这个旋转运动造成了分离。浓和淡分离，热和冷分离，明和暗分离，干和湿分离，众多事物具有众多部分。但是，除非有努斯，它们彼此就不能分离区别。不论较大还是较小，努斯都是相似的。……当努斯推动运动时，运动中的一切事物就分开了。努斯推动到什么程度，万物就相应地分离到什么程度。由于事物的这种运动和分离，旋转运动就极大地造成了分离的加剧。"①可以看出，努斯的属性和功用已经远远超越了人的理智和精神性范畴，恩培多克勒甚至把努斯视为神圣。因此，不宜以物性与精神的二元论将努斯简单地归为精神，虽然它的意涵常常体现为理智，但它并非完全属人的，而且这个理智的底层功用也不能与通常意义上的理智画等号，在亚里士多德那里它被视为事物产生的根源和动因："因为不仅在每一个事物，而且所有事物都有分离的开始。既然产生的事物都是由相似体中产生出来的，并且所有事物都有产生（虽然不是同时），因此必然有一个产生的根源。这个根源是一个，就是阿那克萨哥拉称之为'努斯'的那个东西。"②

　　努斯的这一根源机理一旦被它的"理智"的精神性所统纳，就势必含混了存在的自在之是与思在之是的区分，而将两者混淆为同一。界本存在论强调存在的层分，强调存在的自然存在与属人存在的不同，强调自在之是与思在之是既有重叠联通，又不尽相同。界对存在之是的述说，是从界的自在基维出发，以贯通形上与形下的基原界尺为标准，通过对差异的初始界分生成出存在的质性——是

　　①　苗力田主编：《古希腊哲学》，第146—147页。
　　②　亚里士多德：《物理学》，第65页。

什么和不是什么。界的标尺是基准性标尺，它不仅判定自在之是，也是思在之是的基础。但人的理智、思想、心性在对存在及存在之是的判定中，虽以界的标尺为基准，但在这个基准之上又附着了人的主观，因而属人的思在之是就必定与存在的自在之是不同，且有无限多的存在定义，产生出纷杂的存在知识命题。这就是为什么在传统的存在论、知识论中，存在之"是"历来是一个是非之事，当代哲学范畴多元主义（categorial pluralism）对传统二元论进行的反思也表明：谓词（Predication）是一个混乱的概念。①

　　界对存在之是的述说融通了自在之是与思在之是，融通了自然物性与人的精神性，也就是说界的基理在万物存在的自在之是与人的思在之是之间实现了逻辑统一。但这种逻辑统一不等于存在层序的同一，不能否定存在的分层存在，更不能否定存在的自在本质与人对存在判断的差异，就像本然性与应然性、现实性并不一致一样。这背后关涉了许多东西方存在论的一些基本问题，比如心物一元论强调了心物一体、心对物的思在，但忽略了物的自在，故心物一元论并不能体现世界的本原和全部；心物二元论则强调了心物的分离，但忽略了心物之间的逻辑统一，实际上也是模糊了心物的存在分序。再比如惯以二元论、一元论分别概称西方哲学、中国哲学，这种做法过于简单化且不符合实际，其实西方的思在同一论与中国的心物一元论之间存有不少的类通之处。界本存在论在对存在的表述既不是简单的二元论也不是传统的一元论，而更可以称之为界分整一论，即以界分为基理的整体一元论，它强调了存在的不同分层与存在共同体的逻辑整一，它不同于传统一元论、二元论的关键处在于：界

---

① Fraser MacBride, *On the Genealogy of Universals: The Metaphysical Origins of Analytic Philosophy*. Oxford University Press, 2018, pp. 107–128.

不仅关注存在的层序差异，更关注存在的共同根据和不同存在层序的不同根据。

界对存在之是的述说是从存在论的底基出发，也就是从混沌初开的界分始基出发，对存在生成的最初质性加以义界和确认，揭示界分差异是万物存在的本质属性，以此为根据，存在的有与无、一与多的质量变转和关联状态，共同演绎了存在的本质原理和运行秩序。

第四节　本者为基

本者为基，是谓界分差异作为世界存在的本质规定，构制了万物差异存在的基原根据与生成机制，以及万物差异存在的实现路径与方式，这里重点是要回答存在之"有"和"有没有""怎么有"的问题，这个问题本质上也是存在之"是"的一部分，是存在之"是"和"何以是"的延伸，因为存在之是的质性须以存在之有来实现，须有可衡量、可定量的有与无、一与多的互构，存在才可能成为既可定性亦可定量的质量存在。

1. 界的生"有"机制

相较于存在之"是"的属性规定，存在之"有"实现了有与无、一与多的质量演变，因而存在之"有"的问题，首先是一个以界分差异为基原根据，从无到有、从一到多的生有问题，关涉到有与无、一与多、生成与毁灭、有限与无限等的生成动变机制。

黑格尔曾关注了物与特质由"是"（Sein）的关系进而转变为

"有"（Haben）的关系问题，这与黑格尔对存在范畴的三阶段界说不无关系，他认为"存在"的范畴内包含了质、量、尺度三个阶段。[①]黑格尔虽然未对从存在之"是"到存在之"有"的转换作出详尽的逻辑论析，但存在的质、量、尺度的存在三阶段问题显然是其存在论的要点，并得到逻辑学的推演。

从存在之是到存在之有，有着存在生成与规定的共同根据，这就是界的界分，也就是从界分的否定开始。"一切规定的基础都是否定。"[②]黑格尔在论及差异的产生及本质时认为，"同一本身分裂为差异，因为它作为自身的绝对区别，把自己建立为它自己的否定物，并且因为它本身及自己的否定物这两个环节是自身反思、与自身同一的；或者还因为同一本身直接扬弃其否定，并且在其规定中是自身反思的"[③]。在界分差异的存在规定中，内含着界对存在者的否定性限制（bounds）与界分（distinguish）——这是差异生成与存在实现的机理原则，它的底层逻辑是通过界对混沌无序的否定而实现对存在的肯定和秩序生成，也就是说，通过界的逻辑运作——否定与肯定的统一，实现存在之是和存在之有的创生。否定-肯定相统一的界分逻辑，不仅是万物差异存在的质性根据，也是有与无、一与多、生成与毁灭的生有量化机制。

以此为基原根据和机制原理，存在之有的发生与演变又有了更进一步的逻辑秩序与方式路线。在这里，界与界分作为存在生成和一生多的最初原因，二在其中发挥了重要作用：二是界对存有的最初运动形式，也是由一生多的必然程序。

---

① 黑格尔：《小逻辑》，贺麟译，商务印书馆，2009年，第270、188页。
② 黑格尔：《小逻辑》，第203页。
③ 黑格尔：《逻辑学》下卷，第38页。

　　毕达哥拉斯学派从数理出发，把由一到二的原因关系概括为：一是万物的本原，属性是"原因"；二是由一分出的质料，属性是"不定"，通过二这个"不定的质料"产出各种数目，再经各种数目及元素的作用衍生出世界万物。[①]这里，一是原因前提，但光有完满的一作为原因前提而没有不定的二，就不可能产生存在的多。显然，二因为禀赋了不定性而对多的产生起到了关键作用。从界本原理看，二的出现意味着界对一的实际作用，或者说由于界对一的出现才产生了二，并由二生出多。因而，从一到二的衍生逻辑应是：一是基质原因；二是存有的界分形式——也是关键过程，是万物存有的生成动力和基本工具。这也就是说，在一的本基之上因为有了界，才有了二的形式和存有，并由二的过渡和作用产生出万物之多——显然，这里的界既是动因也是工具，既是机理也是路径。

　　《道德经》以道为核心，把道视为万物生成的最初原因，从道到万物生成的完整序列被表述为：道生一，一生二，二生三，三生万物。这里没有毕达哥拉斯学派对原因与不定性的分析，但在底层的逻辑运思中嵌含了相通的秩序原理，即在道生一、一生二、二生三、三生万物的整个序列中，"一生二、二生三"是从"道生一"到"三生万物"的过渡和关键，而在"一生二、二生三"这个关键过渡中，二又是关键中的关键。这里的二在由一而多的过程中把道的道生原理和作用充分显示出来，这就是二的差异性和界分功能——毕达哥拉斯学派表述为不定性。那么，二的差异属性和界分功能又是如何与道的原因、属性和功能相连通的呢？《周易·系辞》对道的定义

---

　　① 北京大学哲学系外国哲学史教研室编译：《西方哲学原著选读》上卷，第20页。

作出了根本性的揭示："一阴一阳之谓道。"《系辞》以阴阳相对讲明了道的本质，而阴阳相对的本质显然在于界，在于界的界分功能与差异属性。在中国哲学的传统话语中，阴阳的对立与统一是万物生灭、存有、变化的最高原则。

值得注意的是，二在中国古代文字中隐含着的哲学意涵，它从一个独特角度表征了界分差异在万物存有及其生灭动变中的基原根据和机制作用。《系辞上》有"天一，地二"：二被认知为是与天相对的地；又谓："是故《易》有太极，是生两仪，两仪生四象，四象生八卦，八卦定吉凶，吉凶生大业。"[①]两（二）被认知为从太极到四象八卦的关键。《说文解字》对二、亟、恒、凡等以二为意符的汉字作如是解读："二，地之数也。从偶一。凡二之属皆从二。""亟，敏疾也，从人，从口，从又，从二。二，天地也。""恒，常也。从心，从舟，在二之间上下。心以舟施，恒也。""凡，最括也，从二，二，偶也。"[②]从中国汉字会意造字的原理中可以看出，二蕴含了与一（天、阳）相对的意涵（地、阴），并与一相互涵纳、对辅互抱，从而共同构制出万物生成的机制原理。这里明白地揭示了"二从偶一"，即二由成对的两个一构成，二是由一而分才成为二，从而形成天地、孕生万有。二在这里所蕴含的差异属性与界分功用是不言而喻的。

在世界从一到多的生灭动变中，二或者说界发挥了无以替代的作用，界的差异界分，界的否定与肯定，以及界对存有的界分循环，是万物生灭、存在的内在机制和根本原理，从这个角度或可概曰：一为数之父——阳，二为数之母——阴，界为数之因——阴阳生成

---

①　陈鼓应、赵建伟注译：《周易今注今译》，第627页。

②　许慎：《说文解字》，凤凰出版社，2012年，第785—786页。

及其交合，在界的机制作用下，"道生一、一生二、二生三、三生万物"的数变逻辑取得了必然的秩序贯通，世界存有的生灭动变获得了不竭的动力，因此可以说：界为万有之因，亦为万有之本。柏拉图曾试图以通式的概念解说世界存有的构制原理，在柏拉图看来，"通式既为其它一切事物之因，他因而认为通式之要素即一切事物之要素。……照上述各节，显然他只取两因，本因与物因。通式为其它一切事物所由成其为事物之怎是，而元一则为通式所由成其为通式之怎是（本因）；这也明白了，通式之于可感觉事物以及元一之于通式，其所涵拟的底层物质（物因）是什么，这就是'大与小'这个'两'"[①]。亚里士多德对柏拉图通式问题的解析，其实也是在讲"大与小"之间"两"的界分功能和关键意义。

2."有"的层级演化与复多

以二的界分差异为基原根据，"二生三，三生万物"体现为存在之有以种属分类的层级演化来实现有的复多与发展，实现由一到多、由简到繁的世界存在。

世界何以存在？从柏拉图两个世界的区分，到斯宾诺莎《形而上学思想》中对本质的存在（esse essentiae）、实存的存在（esse existentiae）、观念的存在（esse ideae）和潜能的存在（esse potentiae）四种存在的论析[②]，再到怀特海的现实存在和永恒客体的两种基本存在类型[③]，通过对存在的类分来界说存在，界说存在之有

---

① 亚里士多德：《形而上学》，第 19—20 页。

② 斯宾诺莎：《笛卡尔哲学原理》，第 147 页。

③ 怀特海：《过程与实在——宇宙论研究（修订版）》，杨富斌译，中国人民大学出版社，2013 年，第 31 页。

与存在何有，不仅是西方哲学的传统，也是不同思想演绎的基础性方式。

"柏拉图的世界图景是以在感性世界和理智世界之间、现象世界和理念世界之间所进行的尖锐划分为特征的。"① 柏拉图将世界界分为理念世界与感性世界（事物世界），这种界分集中演发了柏拉图哲学思想的核心：理念是世界的本原，感性世界的个别事物是自在自为的理念模型的复制品，复制品是繁多的、不完善的，"但一类事物永远只有一个理念"，而"理念或原型虽然无数，但并非乱成一团，没有秩序。它们构成很有条理的宇宙，或者是有理性的宇宙。其理想的秩序形成一个彼此有关系、有联系的有机的整体，各种理念按逻辑次序排列，位于最高的理念，即善的理念之下；善的理念是一切理念的源泉。这个理念是至高无上的，在它之外没有其他同样的理念。真正的实在和真正的善是同一的；善的理念是逻各斯，即宇宙的目的"②。斯宾诺莎则把本质的存在、观念的存在和潜能的存在归结到神的属性、观念和力量之中，只有实存的存在"离开了神，单独就事物自身来考察的事物的本质，也就是说，实存的存在是在神创造事物之后归属于事物自身的东西。……这四种存在只有在被创造的事物之中才互相区别，在神中就根本区别不出来"③。斯宾诺莎对存在的四种类分以及对神的引入，实际上是表达了一种对中世纪经院哲学和笛卡尔人格神论的批判，他把神与自然等同，"违反自然就

---

① 恩斯特·卡西尔：《文艺复兴哲学中的个体和宇宙》，李华译，商务印书馆，2021 年，第 22 页。

② 梯利：《西方哲学史》（增补修订版），葛力译，商务印书馆，2015 年，第 66 页。

③ 斯宾诺莎：《笛卡尔哲学原理》，第 148—149 页。

是违反神"①，这为近代西方哲学开辟了一条新源流，以致有所谓人们是透过斯宾诺莎的眼镜观看世界。怀特海把现实存在和永恒客体作为存在的两种基本类型，或两种终极性的存在范畴，其他存在性范畴，比如摄入、聚合体、主体性形式、命题、多样性、对比等，都是中间的存在性范畴，"其他类型的存在则只是表达了所有这两种基本类型的存在在现实世界中是如何彼此共处于一个共同体之中的"，可以看出，怀特海的中心思绪还是演绎"把世界描述为个体的现实存在的生成过程"的有机学说和思辨哲学。②

　　存在之有是以分有的形式体现和存在的，因为只有一个有不是有，不是存在。真正对存在之有进行系统的范畴分类，并对存在与实体进行种属、类性、数量、关系等体系性逻辑构制的，还是亚里士多德。亚里士多德不是像他的前辈柏拉图那样走纯粹的形而上学推演之路，而是将经验分析、词项分析与逻辑推理相结合，提出了系统性的存在范畴体系。亚里士多德在《范畴篇》首先从词项分析入手提出十个非复合词的概念，这十个非复合词也是十个存在范畴，包括：实体（ousia）、数量（poson）、性质（poion）、关系（pros ti）、地点（pou）、时间（pote）、所处（keisthai）、所有（ekhein）、活动（poiein）、承受（paskhein），③尽管今天看来这十个范畴的区分未必严谨，甚至在康德看来"亚里士多德拼凑了十个像这样的纯粹基础概念，名之为范畴。……不过这种拼凑只能启发后来的研究者，

---

① 《斯宾诺莎全集》，德文版，柏林，1874，第一卷，第29页，转引自《译序：关于斯宾诺莎〈笛卡尔哲学原理〉》，见斯宾诺莎：《笛卡尔哲学原理》，第29页。

② 怀特海：《过程与实在——宇宙论研究（修订版）》，第31、76页。

③ 苗力田主编：《古希腊哲学》，第406页。

不能算为一种正规阐发了的思想，不值得赞扬"①。但相较于他的前辈，亚里士多德还是对本体、质量、性状、时空、关联、动变等存有的基本要素进行了比较全面系统的概括。亚里士多德还提出了第一实体与第二实体的区分，并将种属的问题与此连接："属（eidos）比种（genos）更加称得上是第二实体，因为它更接近于第一实体，如果要说明第一实体是什么，用属说明就比用种更易明白、更为恰当。……而且，第一实体之所以比其他事物更是实体，就在于第一实体乃是支撑着其他一切事物的载体，其他事物或被用来表述它们，或依存于它们。属和种的关系，就如第一实体和其他事物的关系一样。"②

在《形而上学》中，亚里士多德对范畴、第一实体与第二实体以及种属的问题都有了进一步的阐发，既拓展了范畴的外延，更对范畴与存在的关联作出明晰界定："就自身而言的存在的意义如范畴表所表示的那样，范畴表示多少种，存在就有多少种意义。在各种范畴的表示之中，有的表示是什么，有的表示质，有的表示量，有的表示关系，有的表示动作与承受，有的表示地点，有的表示时间，每一范畴都表示一种与之相同的存在。"关于第一实体与第二实体的意指问题，《形而上学》出现了与《范畴篇》矛盾抵牾的论述，亚里士多德甚至认为"灵魂是第一实体"③，这与《范畴篇》把第一实体看作"是支撑着其他一切事物的载体"④，已经有了很大的不同。

---

① 康德：《任何一种能够作为科学出现的未来形而上学导论》，庞景仁译，商务印书馆，2009年，96—97页。

② 苗力田主编：《古希腊哲学》，第408页。

③ 亚里士多德：《形而上学》，苗力田主编：《亚里士多德全集》第七卷，第121—122、175页。

④ 亚里士多德：《范畴篇》，苗力田主编：《亚里士多德全集》第一卷，第7页。

不管《形而上学》对《范畴篇》的范畴、实体、种属等概念的相关意涵有何演发与改变，在亚里士多德对存在的认知体系中，其逻辑底层不外于通过范畴、实体、种属等的层级分类与系统关联来表达对存在之有的构建，这种构建既是基于经验判断与逻辑推演，也是对存在之有何以为有的机理揭示。在亚里士多德的逻辑运思中，范畴、实体、种属都是"划分"和"定义"的工具，以此为基轴架构起繁复的存在体系和认知体系，它对存在之有的属性、数量、时位、状态、动静、质料、形式、关联等进行了系统性的关涉。"定义就是由属差构成的原理"，亚里士多德不停地运用界分差异的原理工具，对存有用属差的属差进一步加以分解，"如若属差的属差不断生成，最后一个属差将是形式和实体"[1]。在这里，亚里士多德对范畴、种属、实体所赋予的意涵、秩序其实并不重要，重要的是其逻辑底层的对有的界分原理。与此相类似，康德对柏拉图、亚里士多德范畴问题的整理和新造，以及康德"在研究人类知识的纯粹的（不含有丝毫经验的东西在内的）元素时，经过长时期深思熟虑以后，第一次成功地把感性的纯粹基础概念（空间和时间）确实可靠地从理智的纯粹基础概念区别开来并且分出来"。也都是在运思根基和逻辑底层运用着相同的界分原则和分有逻辑，就像康德对范畴体系的知识判断所说："分类就是一种全面理解。"[2]

"分类问题始终是要赋予各种差异以秩序。"[3]对存在之有的种属分类与层级演化，揭示了存在之有"有没有""何以有""怎么

---

[1] 亚里士多德:《形而上学》，苗力田主编:《亚里士多德全集》第七卷，第178页。

[2] 康德:《任何一种能够作为科学出现的未来形而上学导论》，第97、96页。

[3] 吉尔·德勒兹:《差异与重复》，第418页。

有"的逻辑图谱和逻辑机理，也就是无论存在之有的构制多么繁复，均以界分差异为基原根据，在此基础上，存在不仅繁衍演化成万物之有，而且形成既有差异又有序列的存在者，即形成一种"存在谱系"："存在总是某种存在者的存在。存在者全体可以按照其种种不同的存在畿域分解为界定为一些特定的事质领域。"① 界分差异作为存在之有的发生机理和根据原理，体现在存在者存有的不同层级、不同属性和不同功能的动态关联上，在这个问题上，吉尔·德勒兹的"差异运送说"虽然有些曲折晦涩，倒也一定程度上显示了差异对整体的构制作用："差异使属和所有居间的差异随着它被运送（transporte）。作为差异之运送，diaphora（差异）之 diaphora（运送），特殊化使差异与差异在划分的各个相继层面上连接在了一起，直到最后一个差异，亦即 species infima（拉：最低的种）的差异那里，它在选定的方向上凝缩了本质及其连续的质的整体，将这一整体聚集在一个直观的概念之中，并将这一整体与须要界定的项融合在了一起。"德勒兹还以"种的逻各斯"与"属的逻各斯"对存在的多义性与概念的多样性等问题进行了独特的演绎论析，② 连同他的"差异运送说"，其逻辑推演的底层很大程度地嵌含了界分差异对存在之有的根据原理。

海德格尔在讨论世界的存在论规定时引入了上帝的力量，在讨论具体存在者时则认为，"一切存在者，只要不是上帝，就需要最广泛意义上的制作，需要维持"③。这种制作与维持均来自于界分差异这一存在之有的根据原理，海德格尔对两种存在、三种实体、存在

---

① 海德格尔:《存在与时间》（中文修订第二版），第 13 页。
② 吉尔·德勒兹:《差异与重复》，第 63 页、第 65—66 页。
③ 海德格尔:《存在与时间》（中文修订第二版），第 132 页。

者层次以及存在论层次等的分析都比较深刻地显现了这一思想。怀特海面对现实存在则提出了"摄入"（prehension）的概念："把现实存在分析为'摄入'，就是要揭示现实存在的性质中最具体的要素的分析方式。这种分析方式可叫作对相关现实存在的'区分'。每一种现实存在都可用无数的不同方法来'区分'，而每一种'区分'方法都会产生一定数量的摄入。"①怀特海的摄入概念是其过程哲学的关键思想。怀特海在对贝克莱"存在就是被感知"等思想进行创造性解读的基础上，演绎了现实存在作为摄入者是如何对材料施以物理摄入与概念摄入、肯定性摄入与否定性摄入的，这些摄入及其关联转化是如何呈现出实有的合生过程的。在怀特海关于摄入学说的一系列理论推演中，如其所言，对现实存在的无数"区分"是产生摄入种类和数量的关键。

以层级分类的逻辑原理演化存在之有其实并非西方哲学的专利。早在华夏文化重要源头的《河图》《洛书》中，就已隐含了以数理与物性相结合而推演存在之有的逻辑运思。黄宗羲撰《易学象数论》有谓：《河图》《洛书》，"其一六居下之图，杨雄曰：'三八为木，为东方'；'四九为金，为西方'；'二七为火，为南方'；'一六为水，为北方'。又曰：'一与六共宗，二与七共明，三与八成友，四与九同道，五与十相守。'"此处以数的关联推演物性元素，又以数与物性元素的关联推演方位，实则是以数、物性元素、方位三者的关联为基准推演出世界的存有，其间又因数与数的特殊联结——共宗、共明、成友、同道、相守，而建立起存有之间的关系图谱。当然，世界存有的一切图谱，还是以数、天地、物性等的基本界分为

---

① 怀特海：《过程与实在——宇宙论研究（修订版）》，第 23 页。

基原根据，就像《乾坤凿度》所谓："天本一而立，一为数原，地配生六，成天地之数，合而成水性。天三地八木，天七地二火，天五地十土，天九地四金。"①这里以天地界分为基轴，以数与五行及其数理关系为要件构制出世界的基本存有，其间隐含了存有的发生机理与内在关联，底层的基原根据与层级演化的推演方式与希腊哲学传统并无原则上的不同。

显然，在存在之有和怎么有的发生机制、构制机理、路径方式的逻辑底层，固存着界分差异作为世界存在的本质性规定，以此为存在之有的基原根据，实现存在之有从无到有、从一到多的生成。同时，以种属分类的层级演化为逻辑路径，实现有的属性、数量等的边界划分与阈值保障，从而实现有的复多发展，也是实现存在之有的存在。这种复多发展与有的存在不是杂乱无序的，而是按照种属范畴的层级逻辑实现由简到繁的演变。因而，万物之有虽然繁复斑驳甚至神秘莫测，但在万千世界的基质底层，从发生基原到演化路径，都隐存着一种不可或缺的秩序原则。

《两界书》以时空两维为基，以天帝灵道为万维之本，制作了一个万物存有的文学世界及其秩序原则：

> 天地空维，构世界之广大。昼夜时维，构世界之深远。
>
> 天地为骨肉，昼夜为气血。骨肉气血相依相存，世界而有生息，成大千生息世界。
>
> 然天帝之灵，世界之妙，乃立于时空，超于两维。时空两维之上，天帝灵道运行，实生万维。

---

① 黄宗羲撰：《易学象数论（外二种）》，郑万耕点校，中华书局，2010年，第15页。

　　时空两维为基，成万物凭依。灵道万维为本，成世界纲目。意念情悟，思觉幻空，可感而不知，可受而不识，乃世界本维。

　　本维有道无痕，存于有无之间。无中生有，有后复无。世维有数无限，乃数数之变，数定本元。

（创 4：1—2）

　　这里的文学叙事蕴含了哲学思考，尤其是形象化地揭示了世界万维的存有底基，将万维之本、世界纲目归结为天帝灵道，呈现了一个神话寓言。同时又引入了佛学的某些概念——意、念、情、悟、思、觉、幻、空等，以及“可感而不知，可受而不识”的认识论，隐含了对暗物质、暗能量、世界未知存有的知识表述。至于有无之变、有无之间的数变思想，都以叙事的方式对中西哲学思想施以了文学的化用。

第五节　界本有分而恒

　　界本有分而恒，是谓世界以界为本，万物本界、界生万物，界无所不在、无时不在、无在不在，界态（bounds state）相对于混沌，是世界存在的基本性态，揭示世界万物界分差异与关联动变的互在性、普遍性和恒定性，回答存在之在的“在不在”“怎么在”的存续方式和内在机理。

1. 界态是存在的根本性态

　　存在之是的本质规定与存在之有的实在构制，以存在之在的状态方式呈现为现实存在、共同存在和持续存在，无论是现实存在的各种居间状态，还是共同存在、持续存在的底层逻辑、秩序原则，都显示为界态是存在的根本性态。海德格尔在论述"存在者之存在就把自身显示为根据"时，将根据的显示归结为在场状态（Anwesenheit）①，这种在场状态（亦译"在场性"）的描述显得平淡含糊，本质上就是以差异为根据的界分状态。

界态首先揭示存在及存在者是以关联的方式共同存在，存在是普遍关联，而非孤独个体。巴门尼德从发现存在的一开始就提出，"在我看来存在者是一个共同体，我就从这里开始；因为我将重新回到这里"②。亚里士多德在《范畴篇》中论述了关系范畴对建立和区分事物本体属性的意义，指出存在者是通过相互间的关系联结来表述其存在属性和存在状况："所有的关系，都有与它们相关的事物，如若对它们加以正确地规定的话。"③亚里士多德对关系范畴的分析虽然还是初表性的，但把关系对事物相互规定的本质意义揭示出来了。关系的范畴本质上蕴含了差异、差异的关联及差异的相互界定，也就是说，关系通过对差异的发现和联结表达了对存在者的规定，而且这种规定存在于属性与数量、质料与形式的不同层级，是一种相互规定和完全规定。关系的这一属性经由莱布尼茨等对微分学的应用，被吉尔·德勒兹表述为一种"微分比"的差异关系："微分比（差异关系）是在一种表示了可变系数的相互依存的相互规定（détermination réciproque）过程中被领会的。不过，相互规定仍然只

① 海德格尔：《面向思的事情》，陈小文、孙周兴译，商务印书馆，2009年，第67—68页。
② 巴门尼德：《论自然》，北京大学哲学系外国哲学史教研室编译：《西方哲学原著选读》上卷，第22页。
③ 亚里士多德：《范畴篇》，苗力田主编：《亚里士多德全集》第一卷，第21页。

是表现了一种真正的理由律的第一个方面；第二个方面是完全规定（détermination complète）。因为每一个被领会为函数之普遍的程度或比（关系）都规定了相应曲线的特异点的实存与分派。"[1]

西方哲学家对微分比的演绎其实也是表明了在存在关系的底层，差异性关联及其相互规定是存在与存在者的基本性态，是世界呈现的基本形式。在怀特海的过程存在论中，"每一种事实都不只是自己的形式，而每一种形式却都'分有'着整个事实世界。事实的确定性取决于自己的形式，但是个体事实却是一种创造物"[2]。怀特海还进一步演用了"合生"这个在其过程存在论起到重要作用的概念，认为"现实发生不外是可归之于合生的具体实例的统一体而已。因而这种合生无非是所讨论的该现实发生的'实在的内在构成'"[3]。在怀特海通过合生、转化等概念向其过程目标的进发中，呈现的是一种独特的流动性差异关联。

从存在的基本范畴出发，在有与无、一与多、有限与无限、静与动等存在范畴的极端之间，存在和存在者以居间者（intermediates）的身份呈现出居间状态，这种居间者身份和居间状态在希腊哲学中虽被讨论，但未得到足够揭示。应该指出的是，居间者及居间态的本质是界态，是以差异的变化与联结为铃键的界态存在，内涵了存在者在数量与类性、质料与形式等的界分关联与相互规定，也是存在与存在者的本质实现。柏拉图曾批评那些能干的人对居间者的忽略："据说一切事物都由一与多组成，其本性既是有限的又是无限的。由于这就是事物的结构，我们不得不假定每一事

---

[1]　吉尔·德勒兹：《差异与重复》，第 89 页。
[2]　怀特海：《过程与实在——宇宙论研究（修订版）》，第 25 页。
[3]　怀特海：《过程与实在——宇宙论研究（修订版）》，第 270 页。

例总有一个型相，我们必须寻找它，就在那里发现它。一旦我们掌握了一，我们必须寻找二，如这个事例要求我们的那样，再接着找三或其他的数目。我们必须以同样的方式对待每一个后续的一，直到不仅明白最初的统一体，亦即一、多和无限，而且明白它有多少种类。……我们中间的这些能干的人，在造出一或者多的时候，不是太快，就是太慢；他们直接从一抵达无限，省略了那些居间者。"①亚里士多德也曾论及"居间者就是变化的东西在变化中最初要达到的东西"，并且认为"所有的居间者都是某种对立物的居间者，因为只有从对立中才能有就自身而言的变化"。当然亚里士多德在讨论居间者的问题时常是以种属范畴为坐标，而把居间者作为种内的居间，因而有谓"居间者全都在同一个种之内，是相反者的居间者，全部都由相反者组成"。其实在亚里士多德的《形而上学》中，他的居间者时有突破他自己限定的种内居间，并提出"必须探索那些不是一个种内的相反，找出它们的居间者是由什么构成的"②。

　　存在者以居间者的居间状态实现，不仅是存在者在"过度与不足之间的中庸"③调和，更是内涵了存在之在的存续方式和实现机理，这就是在存在与非存在、是与非是、有与非有这个根基问题上，以界分差异为本质规定和秩序原理的界态机制发挥了关键作用，并对是与非是、有与非有、在与非在的问题作出根本的、整体的回答。这里，界态不是一般意义的状态，而是存在的系统，也是存在的方式和存在的机制，它不仅对存在加以持续的确立，而且赋予存在以

---

① 柏拉图：《斐莱布篇》，《柏拉图全集》（增订版）中卷，第 680—681 页。

② 亚里士多德：《形而上学》，苗力田主编：《亚里士多德全集》第七卷，第 234—236 页。

③ 撒穆尔·伊诺克·斯通普夫、詹姆斯·菲泽：《西方哲学史》（第七版），丁三东等译，邓晓芒校，中华书局，2005 年，第 132 页。

内生的动力。

　　界态作为存在系统，蕴含了存在者差异化的矛盾统一与关联交流，并生发出存在者的相互制约、相互促生及其动态叠变，德勒兹所谓"内在共振""强制运动"即包含了这层意思："一个系统应当在两个或者多个系列的基础（base）上被构成。其中，每一个系列都有组成它的诸项间的差异所界定。如果我们假定诸系列在任意某种力的作用下进入了交流状态，这一交流显然将一些差异与另一些差异关联在了一起，或者在系统中构成了差异之差异：这些二阶差异扮演着'行分化者'的角色，也就是说，它们使一阶差异相互关联了起来。这种事态在某些物理概念中得到了充分表达：异质系列间的耦合（couplage）；从中派生出了一种系统之中的内共振（résonance interne）；从中又派生出了一种强制运动（mouvement forcé）。该运动的幅度超出了基础系列的范围。"[①] 在界态系统中，"差异之差异"或"二阶差异"规定的不仅是自在，而且是他在和彼此共在，是系统的整体，是一种类似被怀特海所描述的连续性及其过程有机体。

　　界态不仅是存在系统和存在的一般原则，也是存在者的生机系统和存在者的生成机制。也就是说，界态原则不仅存在于存在整体和存在者相互间，也内涵于存在者本体，任何一个存在实体都是界态原则的实现者和表现者，即存在者以界态原则为遵循，以类性、数量、质料、形式等要素的界分差异及其结合凝聚为始基、程序和路径，从而生成为存在者实体。任何一个存在实体之所以存在，就在于区别于他者的差异要素构成，这种差异化要素构制了名与实的

---

　　① 　吉尔·德勒兹：《差异与重复》，第 208 页。

独立存在——因此可以说，无差异的存在不存在，无差异的实体也不存在，即使是高度机械化的同类切割，只要被切割区分了，这个存在就不是那个存在，这一个就必然不是那一个。

因此，从界态对存在与存在者的原理规制而言，存在者的存在根据就在于它内含的差异性，"差异从本质上说是被内含的，差异之存在即内含（l'être de la différence est l'implication）……无论是质还是广延，它们都是差异的造物"[①]。存在无论以何样的形式成为最终的现实存在（actual occasions），它的存在本质都取决于它所内含着的差异——形式、质料、类性、数量等的复合物，亚里士多德在《形而上学》的相关讨论中就已发现，形式及形式与质料的复合体比质料更接近本体。

聚焦构成世界的现实存在，每一存在者都是内含差异的复合物——由形式、质料、类性、数量、位置、运动等存在要素综合构制的复合物，这一复合物确立了自在，也确立了与他在的关系和在世界中的位置；在对自在的确立和与他在的关联比较中，存在者的类属、程度、质料、形式等的综合特指——或者说存在者"是什么""有什么"的问题得到明晰。有学者发现，亚里士多德在《形而上学》中曾提出普遍复合物（Universales Konkretum）这一重要而又有些费解的概念，"这'普遍的复合物'一概念，无可讳言的，和亚里士多德的思想中通常为人所知道的，关于种、类、质料和个体的学说不能协调。依照那个学说，类由种差逐渐分化以成为种，种和当前的质料共同构成个体。但是这个普遍的复合物（1）不是类，因为种并非由它分化而成。（2）它不是种差，因为它并不分化类。

---

① 吉尔·德勒兹：《差异与重复》，第 384 页。

（3）它不是种，因为它并非类的分化。（4）它不是种下更低级的种，因为亚里士多德认为种是分化至于极端，不能再分化的。（5）它不是一个个体，因为个体里所含的质料是当前的质料，普遍的复合物里所含的质料是普遍的感性质料。（6）它不是当前质料，因为它是普遍的。（7）它不是当前质料的类，因为它里面包含着相为另一成分。（8）它不能和种对立，因为和种对立的是当前的质料。如若亚里士多德的通常为人所知的种、类、质料和个体的学说是一个系统，那么这个普遍的复合物和这一系统格格不入；这个系统里无一处可以容纳它"[1]。陈康先生发现亚里士多德思想中的这一困难并给予了关注，其实也是提出了存在者在类性、质料、形式等方面的复合构制问题，若从存在的界态原则来看，每一存在者都是内涵差异的复合物，普遍复合物只不过是界态原则在存在实体的实现。德勒兹的差异哲学引入"理念的综合"来解说"繁复体"，他把理念与繁复体画等号："每个事物都是一个繁复体，因为每个事物都体现了理念。甚至连'多'和'一'都是繁复体。……无论在哪里，繁复体之差异和繁复体之中的差异都替代了那些过分简单的粗劣对立。存在的不是'一'与'多'的宏大对立，而只是繁复体之变异性，亦即差异。"[2]这可以说是当代西方哲学中对差异存在的复合构制问题所作的一种有代表性的论述。

界态作为世界存在之根本性态和普遍原则，揭示了存在及存在者是普遍关联的关系存在，是与非是、有与非有、一与多、有限与无限、在与非在等范畴间的一切居间者（intermediates）和居间态的存在本质都是界态的存在。界态作为万物存在的系统规制与机制原

---

[1]　陈康:《陈康: 论希腊哲学》，商务印书馆，2011 年，第 374—375 页。
[2]　吉尔·德勒兹:《差异与重复》，第 311—312 页。

理，内涵了存在者在数量与类性、质料与形式等的差异界分与相互规定，不仅赋予存在以存在根据，而且也是存在的内在动力和生成机制，每一个存在都是界态原则的实现，每一个存在者都以差异复合物的形式出现。

2. 界态机理与思

不仅如此，在界态原理的作用下，存在之是的本质规定、存在之有的存有生成、存在之在的状态方式得到有机构制和系统贯通，万物存在以界态的界分差异与关联动变的秩序原理，呈现为普遍、生机和恒久的存在，界态表述了一切存在。这里，存在之是的本质规定、存在之有的存有生成、存在之在的状态方式是存在的相互构制和有机实现，也是存在演化的复合叠变。存在的这一存在属性既是存在的自在属性，也因人的存在而在其自在属性上被赋予了思的属性，因而在哲学认知中，存在之是、存在之有、存在之在的自在性不仅常被思性因素所规制，甚被思性因素所决定。

自巴门尼德把思想和存在看作是同一回事情，柏拉图把事物的原因归结为理念，西方思想的土壤其实就已深埋了以人观物的思想种子，并且由于神性因素的强力介入，更使得这一思脉成为西方哲学的一条主脉。新柏拉图派的传承自不用说，到了托马斯·阿奎那那里，存在者的意义更被赋予人的主观感受性，"首先被感觉到的就是存在者，它的概念包含在人人感觉到的一切事物之中"，阿奎那还以亚里士多德《形而上学》第四卷为引证，强调"存在者是第一个无条件地被感觉到的东西"[1]。到了笛卡尔那里，他把存在分成本

---

[1] 北京大学哲学系外国哲学史教研室编译：《西方哲学原著》上卷，第296页。

质的存在、实存的存在、观念的存在和潜能的存在，并以神来加以统纳，当他把"我思想，所以我存在"当作"哲学的第一条原理"[1]时，对存在的思性强调达到了一个新高峰，但也并非终点。有学者比较了"笛卡尔式我思与康德式我思"的区别，指出康德由于添加了"可规定者"这个第三逻辑值就"足以使逻辑学成为先验逻辑"，这也构成了对差异的新发现："差异不再是两种规定间的经验性差异，而是规定（la détermination）与它所规定之物间的先验差异——不再是施行分割的外部差异，而是使存在与思想得以先天地相互关联的内部差异。"[2] 海德格尔曾深入分析了从巴门尼德到黑格尔关于"思想与存在是同一的"思想[3]，他自己明确认为认识可以先行于存在："如果现在追问，在认识本身的现象实情中自行显现出来的是什么，那么就可以确定：认识本身先行地奠基于'已经寓于世界的存在'中——而这一存在方式就在本质上组建着此在的存在。"[4]

　　显然，从存在的认识论角度言，无论是存在之是、存在之有还是存在之在，在界态机理的构制中，始终是与人的思性因素——无论以何种方式——密切关联的，存在与存在者包含了是、有、在、思的四性要素，甚至可以说，没有思性的存在，就没有存在的存在。但从存在本体的自在自然属性来看，存在与思性的先后应是明晰的，就像亚里士多德所言，"取消了感觉对象，也就取消了感觉。但取消了感觉却不会取消感觉对象。……所以我们认为，感觉对象似乎是先于感觉的"[5]。从存在的自在自然性与人的认知思性的对应关联看，

---

[1]　北京大学哲学系外国哲学史教研室编译：《西方哲学原著》上卷，第410页。

[2]　吉尔·德勒兹：《差异与重复》，第154—155页。

[3]　海德格尔：《演讲与论文集》，第258—289页。

[4]　海德格尔：《存在与时间》（中文修订第二版），第87页。

[5]　亚里士多德：《范畴论》，苗力田主编：《亚里士多德全集》第一卷，第23页。

两者之间显然存在着严重的不对称，思性的个体性、主观性、变移性、差异性特征及其认知限度决定了思性因素永远不可能与存在的自在自然因素对等重叠，人的思性永远达不到宇宙与自然存在的边缘，只能在"天机"的门外往里看。因而，在界本存在论的知识框架里，所谓哲学的传统三问——我是谁？我从哪里来？我到哪里去？显然会被新的知识三问所替代——世界是什么？我在世界是什么？我要做什么？在这里，界态机理不仅是思性演绎的基理，也是一切人事、伦理演绎的基理，尤其是为价值世界的构制奠定了运行、发展的根本基理。

当然，在界本存在论的认知中，界态的存在与发生是综合的、辩证的，存在的自在自然性与人的思性既有区分又有关联，这对界本论的结构论、过程论、价值论、目的论的构制，都有着极重要的作用。

3. 界的生机存在论

界本存在论以万物从混沌中走出为原点，以界分差异对存在的生成为基点，对存在的质、量、态内涵及其构制机理进行一种综合性的原理认知，揭示世界以界为本、无界分差异则无世界的存在本质，揭示界分差异是世界万物的存在属性、存在根据、存在状态和生存机理。

与既有存在论不同，界的存在论提出的是一种生机存在论，它将质性、量度、在态作为存在的结构要件，力图对存在的定性、定量、定态（定位）问题加以整体厘清，以克服对于存在之是、存在之有、存在之在的偏知和混淆，也力图将存在从形而上学中解放出来，还存在以生机存在的本质面目。存在自从本原的范畴中走出，存在及存在者就是一个质量和关联的存在，也是一个生机演化的存在。黑格尔重视存在的不同构制，将存在的范围划分为质、量、尺度三个阶段："质首先就具有与存在相同一的性质，两者的性质相同到这样程度，如果某物失掉它的质，则这物便失其所以为这物的存在。反之，量的性质便与存在相外在，量之多少并不影响到存在。……尺度第三阶段的存在，是前两个阶段的统一，是有质的量。"① 黑格尔强调了质、量、尺度对存在构制（他称之为范围、阶段）的极端重要，也强调了尺度是对质、量的统一，但他将尺度从质、量中剥离开来而视之为存在的独立阶段或范围，显然是不妥的，因为尺度始终与质、量并在，离开了尺度的界分，也就无从谈起质、量；同时，很明显，黑格尔是在逻辑、理念的范畴下讨论存在，就像他自己说的，存在的三个形式划分不免显得贫乏和抽象。

界的存在论始终以界理的界分为基准，不仅关注存在的质、量问题，同时强调质、量的存在态问题，也就是强调存在的质、量始终建基于存在的相互界分、相互关联的叠构状态上，没有存在的关联，存在就是静止的、形上的存在，而不是本真的、生机的存在。界的存在论直面存在的整体，从存在之是、存在之有、存在之在的存在根基出发，强调质、量、态是存在的关键要件、不可或缺的共同要件，尤其是指明了界态是世界存在的本质状态，也是一切存在的本质规定，从而将存在置于存在共同体的生态中，存在的质、量不是孤立的质、量，而是相互的质、量，存在不仅是"是"，也是"有"，还是"在"，存在之是、存在之有、存在之在的结合才是存在的本质，也才是本质的存在和生机的存在。

---

① 黑格尔:《小逻辑》，第 188 页。

　　界的存在论之所以是一种生机存在论还在于，界的界分差异不是一般的差异区分，也不是一般意义上的分有，而是一种自生性的存在差异，即界分差异与一切存在同体共在，有界即有存在，有存在即有界，界与存在互涵共在，界从存在的构制基因上决定了存在生成和生机原理。界对存在的互涵共生源于界的界分不是一般的差异区分，而是一种否定与肯定相统一的分成功能，界分即为合成，合成亦为界分，界分为一切存在奠基了正反互构、阴阳互成的双基螺旋，这从本质上决定了存在的生机性。

　　西方哲学对差异与存在的关联问题给予了高度关注，德勒兹论析了柏拉图的差异逻辑学和差异存在论，认为柏拉图的差异辩证法（dialectique de la différence）是以一种特有的划分（divion）方法来运行，不依靠中介、中项或理性，而是依靠理念的灵感来启发[1]，而且，"柏拉图已然将辩证法的最高目标指定为制造差异"[2]；亚里士多德的差异逻辑学与其种差与属差的范畴论密不可分，嵌含着种的逻各司和属的逻各司[3]；至于莱布尼茨的差异逻辑学和差异存在论、黑格尔的差异逻辑学与差异存在论则各有理据、各分其义，情形不尽同。在德勒兹看来，海德格尔代表了时代氛围中的一些迹象："海德格尔越来越强调一种存在论差异之哲学（philosophie de la Différence ontologique）的取向"[4]，德勒兹对海德格尔《存在与时间》中关于存在与差异的关联进行深入发掘，以致有人甚至认为《差异与重复》就是德勒兹版的《存在与时间》。德勒兹显然不是第一个发现

----

① 吉尔·德勒兹：《差异与重复》，第110—111页。
② 吉尔·德勒兹：《差异与重复》，第125页。
③ 吉尔·德勒兹：《差异与重复》，第63—66页。
④ 吉尔·德勒兹：《差异与重复》，第1页。

差异重要性的哲学家，但可能是第一位集中梳理西方哲学史上重要差异论的哲学家，并对差异存在论问题进行了集中讨论。但是，德勒兹虽然发现了差异在柏拉图、亚里士多德以及莱布尼茨、黑格尔、海德格尔等的哲学体系中的重要性及其与存在问题的密切关联，但对差异与存在的根本关联问题并未真正上升到存在论的整体原则，他认为"差异不是现象（phénomène），而是最接近现象的本体（noumène）"，对差异能否成为自然法则并无确认，甚至认为"只要差异还服从于表象的制约，它本身就没有得到思考，而且也不可能得到思考"[①]。西方哲学中的差异哲学与差异辩证法从不同角度显示了差异对存在认知的重要性，但与以界分差异为本质的界的生机存在论还不是一回事。

界本逻辑下的界分差异不同于一般差异，它是一种一分为二成三生多的差异，即一个界分的出现会造就三个以上的不同存在：一是原本的 A，二和三分别是由 A 界分出的 B 和 C，而实际上 B 和 C 必须配对才能实现，即 B 与 C 的配对又生成了 A1，这个 A1 其实已经是 D，并由 D 延伸出 Dn。因此，界的界分差异是一种"一元双基成三生多"的差异生成功能和存在机理，这一功能机理不仅存在于不同的差异存在，也运行于存在质、量、态的不同维度，使得不同的存在之间和存在的质、量、态之间在界理功能的作用下，发挥出关联性的叠构作用，中国哲学所谓"道生一、一生二、二生三、三生万物"，其底层的界理逻辑即在于此。

界分差异的生多机能关键在于以界为本的一元双基对成机理，即从界的本元天然地界分出正反对成的互构双基，由此生发出世

---

① 吉尔·德勒兹:《差异与重复》，第 374、439 页。

界的差异万物，希腊哲学中曾有一种关于"对立作为本原"的思想，与界本存在论的一元双基对成机理有某些相通，但又明显不尽然。

亚里士多德发现古希腊"所有的学者都提出了对立作为本原"，他在《物理学》中梳理了包括巴门尼德、麦里梭、阿那克萨哥拉、阿那克西米尼、苏格拉底、毕达哥拉斯、赫拉克利特等哲学家提出的"对立作为元素（即他们所称为的本原）"的论述，比如巴门尼德的冷与热（或土与火），阿那克西米尼的稀和密，毕达哥拉斯的奇与偶（有限与无限等），恩培多克勒的爱与憎，甚至还有干与湿，等等，并分析他们提出的本原既有一致又有差异，且有先有后、有宽有窄、有优有劣等。从对希腊哲学家各种"对立本原论"的分析中，亚里士多德得出的结论是："这是很有道理的，因为既是本原就应该不是相互产生的，也不是由别的事物产生的，而是应该万物皆由它产生。在'原初对立'这个名称里包含了这些条件。——因为它们是'原初'的，就不是由别的事物产生，因为它们是对立的，就不是彼此互相产生。但是还必须研究一下这个结论的含义以及它是如何根据逻辑论证得到的。"[①]亚里士多德进而讨论了"本原是两个、三个还是更多"的问题，认为"不能是一个，因为一个不能对立；也不能为数无限，若是无限的，存在就会是不可知的。……既然本原为数应是有限的，就有理由假定不止两个"[②]。

从亚里士多德的相关分析中看出，古希腊哲学家在对世界本原的认知上，一方面对立论的思想相当普遍，蕴含着典型的对立辩证

---

① 亚里士多德:《物理学》，第 15—17 页。
② 亚里士多德:《物理学》，第 18 页。

思维，这是一种宝贵的思想资源；另一方面，古希腊哲学的种种对立本原观又是分散地建立在各种不同和具体的物质或抽象概念之上，主要还是元素对立的本原论，即使是毕达哥拉斯学派明白地把有限和无限、奇和偶、一和多、右和左、阳和阴、静和动、直和曲、明和暗、善和恶、正方和长方十对平行的序列，依然是"数目上的对立"，而不是整体的原则原理。同时，各种元素性、数目性对立显示出典型的二元论特征，凸显的不是互构互生的一元整体观；而且，亚里士多德提出的"本原不应是一个，也不应是无限"的判断，表明古希腊哲学有关对立、原初对立的各种论述，本质上都还是建立于元素与数目之上的本原论，还不是关于世界存在的本体属性及其生成秩序的原理界定。

界分差异的生多机能为界的生机存在论提供了原理性根据，这一根据不仅是黑格尔所定义的根据（grund）："根据是同一与差别的统一，是同一与差别得出来的真理——自身反映正同样反映对方，反过来说，反映对方也同样反映自身。根据就是被设定为全体的本质。"[1] 而且，它还与存在互涵，蕴含了界与存在的自生和共生机制，从而使得界本存在论摆脱了形而上学的逻辑规制而成为活的生机存在论。界分差异的生机功能以其对存在质、量、态的机理运行，不仅制造了差异存在的机制动能、结构形制、逻辑程序、过程方向、因果关联，还制造了差异存在的绝对性、相对性、特定性、不定性。因而，界的生机存在论是一种贯通了本来、往来和未来的发展存在论，也是一种超越了所谓一元论、二元论的整体存在论。

界的生机存在论强调了界理原则下存在的生机性，这既是对界

---

[1]　黑格尔:《小逻辑》，第 260 页。

理秉性的强化，也为界本结构论、过程论、价值论、目的论奠定了重要的生机原则，从而使得界本逻辑下的一切存在都是界分差异原则下的辩证存在和生机存在，就像《两界书》开篇引言所谓：

> 两界叠叠，依稀对应；有界无界，化异辅成。
> 芸芸众生，魑魅魍魉；往来游走，昼夜未停。
>
> （《两界书》引言）

界分差异对于世界存在的本质性、辩证性、生机性也体现在人事、伦理的各个方面，比如在人的本质属性上，《两界书》称曰："人之初，性本合；恶有善，善有恶；善恶共，生亦克。"（教1：2）《两界书》的其他篇章还以双面人、绿齿人、尾人国、独目人等寓言叙事，昭示人类本性中的善恶固存及其界本原则。《两界书》的核心思想可以说就是发现界对世界存在的本质意义，发现界在人类社会中所构成的经纬结构：以界为经、以人为纬、以人之心用为结，界经人纬，仿如天地互存。

界本存在论提出的界者为分、本者为基、界本有分而恒的界本律，是整个界本论的核心和关键。相较于既往之存在论，界本存在论从万物存在的构制根基出发，聚焦存在质、量、态的整体存在，超越以单一的形下物象（水、火、气、土、五行等）或形上概念（数、道、理、无、灵魂、神、上帝等）为存在本原的元素范式，消弭形上与形下、神圣与世俗、理性与感悟之界限，统纳物与意、实与虚、自然与人事等存在范畴，以界本原理揭示世界以界为本、无界则无世界的本质特征，揭示界存在于一切，一切皆是界的存在，揭示界分差异是世界的本质和存在根据。

　　界本存在论是界理逻辑的基础和基本原则，与界本宇宙论、结构论、过程论、价值论、目的论有着不可分割的互在、互为的同理关联，因而界本存在论也是一种综合的系统论，并在结构论、过程论、价值论、目的论中得到相应的深化和演发。

第四章　结构论：对成律

混沌分天地，由一为二，一分二维，二成万物成式。故由一为二者，为世界之工。

二维相对，合分化生，使二成三，三生异变，三成万物化因。故使二成三者，为化异之工。化异之工既成，万有各得其生，各显其貌，各呈其性，各适其所，各作其为，世界而为活灵化异世界。

——《两界书》创3：3

第一节　世界结构观

世界是如何构成的？世界的结构方式是什么？古代有代表性的认知可归结为两种主要的思想：一是元素论，即通过某种本原性元素来解释世界的构成与结构；二是模型论，即试图以某种特定的模型形制来概括宇宙世界的结构方式。

1.世界结构的元素论与模型论

元素论如前所述，往往把元素本原等同于宇宙构成与宇宙结构，一种情况是把世界的构成归结为具体物项，如希腊哲学家泰勒斯把世界万物之本归结为水，赫拉克利特把万物之原归为火，世界的一切皆由水的生发或火的燃烧而构制；另一种情况是把世界的构成归结为抽象概念，如德谟克利特认为原子和虚空构成了物质和世界结构的基本形式，中国古代哲学则有气、元气、道生万物、道为万物之奥等等。元素说无论是聚焦具体物项还是聚焦抽象概念，共同特征是以某种元素为基原推演世界的构成，进而演绎世界的结构。

模型论是对世界和宇宙结构的专门探讨，见仁见智，有些只是古人的朴素感悟。中国古代比较有代表性的是盖天说、浑天说等。盖天说约源于殷末周初，认为天似盖笠，罩于大地之上，万物置于其间："其言天似盖笠，地法覆槃，天地各中高外下。"[①]浑天说实际上也是中国古代的地心说，时间晚于盖天说，张衡《浑仪注》曰："浑天如鸡子，天体圆如弹丸，地如鸡子中黄，孤居于内。天大而地小，天表里有水，天之包地，犹壳之裹黄。"[②]徐整《三五历纪》记载盘古开天地，以朴素的神话概言天地开辟及其结构形成："天地浑沌如鸡子，盘古生于其中，使天地开辟，阳清为天，阴浊为地，其后盘古一日九变，陆续生出天地、雷电、风雨和万物。"[③]关于盘古之说，《绎史》有载："首生盘古，垂死化身，气成风云，声为雷霆，左眼为日，右眼为月，四肢五体为四极五岳，血液为江河，筋脉为地里，肌肉为田土，发髭为星辰，皮毛为草木，齿骨为金石，精髓为珠玉，汗流为雨泽，身之诸虫，因风所感，化为黎甿。"[④]详述了盘古构制天地万物的过程。庄子曾对宇宙之广袤提出疑问："天之苍

---

① 房玄龄等撰：《晋书》卷十一，中华书局，1974年，第278页。
② 瞿昙悉达撰，常秉义点校：《开元占经》卷一，中央编译出版社，2006年，第2页。
③ 欧阳询撰：《艺文类聚》卷一，中华书局，1965年，第2页。
④ 马骕撰，王利器整理：《绎史》卷一，中华书局，2002年，第2页。

苍，其正色邪，其远而无所至极邪？"[1]列子则用"气说"来概括宇宙："日月星宿，亦积气中之有光耀者。"[2]

中国古代另一值得关注的宇宙结构论是宣夜说，即认为宇宙高远无极，天地浮生于虚空之中："宣夜之书亡，惟汉秘书郎郄萌记先师相传云：'天了无质，仰而瞻之，高远无极，眼瞀精绝，故苍苍然也。譬之旁望远道之黄山而皆青，俯察千仞之深谷而窈黑，夫青非真色，而黑非有体也。日月众星，自然浮生虚空之中，其行其止皆须气焉'。"[3]此说甚具文学色彩，却也有些接近今人对宇宙的认知。

古希腊哲学对宇宙结构的认知与对宇宙本原的认知密不可分，最有代表性的是毕达哥拉斯学派，它既有元素论的特点，又从元素论出发，演化出一定的模型论意义。毕达哥拉斯学派以数为基原，认为由数产生出点、线、面、体，由水、火、土、气四种关键元素转化出生命、精神和万物，形成了以地为中心的世界："这四种元素以各种不同的方式互相转化，于是创造出有生命的、精神的、球形的世界，以地为中心，地也是球形的，在地面上住着人。还有'对地'，在我们这里是下面的，在'对地'上就是上面。"[4]这里对点、线、面、体的形制要素，特别是以地为中心的球形世界，以及"对地"的世界形制进行了相当明晰的描述。不仅如此，毕达哥拉斯学派关于有限和无限、奇和偶、一和多、右和左、阳和阴、静和动、直和曲、明和暗、善和恶、正方和长方十个平行排列的本原范畴之说，则对世界的外在形制与内在性态进行了有系统的建制，对世界

---

[1] 庄子：《逍遥游》，方勇译注：《庄子》，第2页。

[2] 张长法注译：《列子》，中州古籍出版社，2018年，第39页。

[3] 房玄龄等撰：《晋书》卷十一，第279页。

[4] 北京大学哲学系外国哲学史教研室编译：《西方哲学原著选读》上卷，第9页。

的结构原理有了进一步昭示，这与同时代哲学家对世界结构的认知有很大不同。但它还不是关于世界的完整结构论，本质上讲还是宇宙本原论的一种延伸。

至于亚里士多德的多层水晶球说、托勒密的地球中心说以及后世哥白尼的日心说、牛顿经典宇宙模型、爱因斯坦相对论宇宙模型、大爆炸理论模型、弦理论宇宙模型等，也都是试图从特定的逻辑维度解释世界和宇宙的基本结构、模式形态。

希伯来–基督教思想关于世界结构的认知完全建立在其神学体系之上，弗朗茨·罗森茨维格（Franz Rosenzweig，1886—1929）的《救赎之星》显示，它以上帝为中心，以世界和人为基点，以上帝对世界的创造、对人的启示和人在世界上的救赎为主轴，形成一个神学意识形态主导的世界结构：

希伯来 – 犹太教的世界

这个世界结构显然已不是一般自然与理性原则下的世界结构。

佛教的世界相当繁复。《楞严经》曰：

　　世为迁流，界为方位。汝今当知，东、西、南、北、东南、西南、东北、西北、上、下为界；过去、未来、现在为世。方位有十，流数有三。[1]

在这样的时空世界上，"三千大千世界"才是佛教的真正世界，三千大千世界又蕴含了欲界、色界和无色界等内容。三界之中，有欲界二十，包括地狱、傍生、鬼、人、天等；色界十七，包括第一静虑、第二静虑、第三静虑、第四静虑等；无色界四，包括空无边处、识无边处、无所有处、非想非非想处等。[2]佛教的世界体系显然与犹太–基督教的世界体系不同，但亦属意识形态主导的信仰世界，它对世界结构和宇宙模型的建构完全服从于佛教原则，其中显示的佛教逻辑虽然包含了因果律、矛盾律、辩证法等哲学要素，但本质上还是一个信仰的世界，是一个有哲学意味、统纳了形上与形下、由意识形态主导的世界。

对宇宙与世界结构形制的认知，无论是元素说还是模型说，要么固执于具体的结构要素，要么专注于某种具体的结构形制，或者是作为意识形态的推演平台，形形色色，驳杂繁复。

2. 对结构的理论演化

值得注意的是，现代西方知识界对结构理论（Structure Theory）的研究出现了两个重要倾向，一是将存有系统的结构模型研究、组织建构研究与数理逻辑推演、学科分类研究密切结合，探讨存有结构的逻辑学基础、相关学科内在的结构演变等，在生物学、遗传学、地学等有机和无机领域都有突出进展，这一传统的渊源可以上溯到古希腊毕

---

① 刘鹿鸣译注：《楞严经》，中华书局，2012年，第188页。
② 见世亲菩萨造，圆晖法师疏，智敏上师编：《俱舍论颂疏表释》，上海古籍出版社，2016年，第90页。

达哥拉斯学派的数论，尤其是欧几里得几何学以点、线、面、体为基准，推演事物结构原理的数理逻辑思想和哲学传统。二是将结构研究转换发展为一种方法论，成为针对不同领域研究的思想工具和逻辑模型，形成了影响广泛的结构主义（structuralism）。结构主义自 19 世纪由瑞士语言学家索绪尔（Ferdinand de Saussure，1857—1913）首先在语言学领域开创，经过维特根斯坦（Ludwig Josef Johann Wittgenstein，1889—1951）、让·皮亚杰（Jean Piaget，1896—1980）、雅克·拉康（Jacques Lacan，1901—1981）、克劳德·列维–施特劳斯（Claude Levi-Strauss）、罗兰·巴特（Roland Barthes，1915—1980）、阿尔都塞（Louis Pierre Althusser，1918—1990）、福柯（Michel Foucault，1926—1984）、乔姆斯基（Noam Chomsky，1928—）、德里达（Jacques Derrida，1930—2004）等人在哲学、心理学、精神分析学、文化人类学、社会学、语言学、文学等领域的发展、演变，成为自 19 世纪以来至今仍然发挥着重要影响的世界性思潮，其中瑞士儿童心理学家让·皮亚杰从儿童心理学出发，经由发生认识论的创造，对结构主义及结构的一般特点进行了基础性的综合阐发。

皮亚杰对数学结构和逻辑结构、物理学结构和生物学结构、心理学结构、语言学结构和结构主义等的特点进行了归纳梳理，强调运算的第一性以及数理公式表达转换在结构主义中的关键作用，他特别对结构的特点进行了概括，认为"结构是一个由种种转换规律组成的体系"，具有整体性、转换性、自身调整性的特点，而且，"结构应该是可以形式化的"[①]。皮亚杰的思想比较典型地反映了结构主义对结构问题的一般认知，呈现了一种以数理逻辑及其运算推演

---

① 皮亚杰:《结构主义》，倪连生、王琳译，商务印书馆，2009年，第2—3页。

为主要特点的认识论，并且特别强调综合的作用："如果人们要着手建立一个有关各种结构的普遍理论，这个普遍理论必须符合跨学科的科学认识论的要求。"①同时，皮亚杰对数学、物理学、生物学、心理学、语言学结构以及结构的整体性、转换性、自身调整性的发掘，对探究结构的原则与规律都不无创造性启发意义。当然，皮亚杰关于结构的整体性、转换性、自身调整性的概括主要是描述了结构呈现的一般属性，不完全专注于对结构的构制原则与内在机理的揭示；在关于结构自身调整性的问题上，皮亚杰以"加法群"的运算规则来说明结构的守恒性与某种封闭性，并得出"一个结构所固有的各种转换不会越出结构的边界之外，只会产生总是属于这个结构并保存该结构的规律的成分"②的结论，不免有简单机械之嫌。总体上看，结构主义对作为存在的结构问题的认知，体现出学科性强、整体性弱和方法论强、本体性弱的基本特点，就像皮亚杰所说："结构主义真的是一种方法而不是一种学说。"③

结构的问题错综复杂，成为不同哲学思想各说各话、各演其理的重要领域，比如卡尔纳普（Paul Rudolf Carnap，1891—1970）在提出他的构造系统（constructional system）原则时，所依仗的材料与方法都离不开"逻辑构造"，也就是"把一个'构造系统'理解为这样一种有等级的对象序列（a step-by-step ordering of object），其中每一等级的对象都是由较低等级的对象构造出来的"④。而在过程

① 皮亚杰：《结构主义》，第9页。
② 皮亚杰：《结构主义》，第10页。
③ 皮亚杰：《结构主义》，第123页。
④ 卡尔纳普：《世界的逻辑构造》，陈启伟译，商务印书馆，2022年，第22页；Rudolf Carnap. *The Logical Structure of the World And Pseudoproblems in Philosophy*. Open Court, 2003, p. 6.

哲学看来，过程的本质建立在结构的转换，"一个自然的过程就其本质而言是将过去的材料制成的结构传递到未来"[①]。诸如此类的论述表明，结构的问题不仅仅是元素、模型的形制问题，更关涉了存在的属性、动变功能乃至过程、价值、因果目的的演化机理等系统性基本问题。

第二节 界本结构论

界本结构论对世界结构的认知既不同于传统元素论和模型论的理论规制，也不同于数学结构、语言学结构、物理学结构、生物学结构、心理学结构等数理模型理论及其分科操作，当然更有别于结构主义的方法论移用，而是从界本原理出发，以世界万物界分差异的本质属性为基点，以差异的组织原则、关联方式为机枢，发掘结构的构制原则、底层逻辑及其生成机理。与元素论、模型论、工具论最大的不同在于，界本结构不是一般的差异关联，而是功能性的生成机理，是建立在差异存在本质规定性上的内在功能及其生成机制。

1. 结构的本质：界分差异的存在关联

结构的问题本质上是存在的问题，是存在的延伸存在。以界本论的观点看，结构的本质就是界分差异的存在关联——差异的存在如何关联，以及关联的机理和功能意义何在。

万物的存在离不开存在者如何存在，"对这种存在者来说，关键

① Nicholas Rescher. *Process Philosophy: A Survey of Basic Issues*. University of Pittsburgh Press, 2000, p. 22.

全在于（怎样去）存在。……这种存在者的'本质'在于它去存在〔zu-sein〕"。在海德格尔看来，"我们的任务是追问'世界'的存在论结构和规定世界之为世界这一观念"。海德格尔还认为"'世界之为世界'是一个存在论概念，指的是'在世界之中存在'的一个组建环节的结构"①。海德格尔在认知结构与存在的关系上有其独到之处，就像德勒兹所说，他还出现了越来越强调一种存在论差异哲学的取向，这种取向在存在主义的认知中也有类似的表现，"结构主义的活动则建立在共存空间中差异性特征的分配之上"②。可以说，无论是海德格尔还是其他一些结构主义思想家，在对差异之于结构与存在的重要意义上都有所发现，并有所强调，虽然都还未上升到系统的差异结构论。

对存在问题进行区域化是当代哲学的一个重要概念，包括建立人类区域存在论（regional ontology of the human）及其价值理论坐标③，但界本结构论的设定原则不是建立在分区的规划上，而是建立在以界为本的差异存在和差异存在的关联构制上。界本存在论之界本律提出世界以界为本，界分差异是万物存在的终极原则，并以存在之是、存在之有、存在之在而呈现，在此基础上，作为界本存在论的逻辑延伸，界本结构论着重揭示以界为本的世界存在是如何构制的——在存在的逻辑底层，界分差异是以何样的构制原理、结构逻辑和秩序形式实现。在这里，界不仅是差异存在的起点，也是存在发展的源代码，作为存在的源程序，它蕴含了万物生成的基原性

---

① 海德格尔：《存在与时间》（中文修订第二版），第 59、76、92 页。

② 吉尔·德勒兹：《差异与重复》，第 1 页。

③ Cornelia Grünberg & Laura Grünberg. ed, *The Mystery of Values: Studies in Axiology*. Rodopi, 1994, p. 107.

结构原理和根基逻辑，也就是说，界本结构论揭示的是万物存在的结构基原，是界本存在意义上的本原结构。

对存在论意义上本原结构的关注是中西古典思想的重要传统，常以不同的思想方式来表述。柏拉图从型相出发，推演世界统一体的生成："据说一切事物都由一与多组成，其本性既是有限的又是无限的。由于这就是事物的结构，我们不得不假定每一事例总有一个型相，我们必须寻找它，就在那里发现它。"① 这一思想传统虽然在近现代常常被分科发展的结构理论冲淡了，但其影响始终存在。海德格尔论及的"先天结构"就包含了这层意蕴，他认为"'先天结构'绝不是拼凑到一起的一种规定性，它源始地始终地就是一整体结构"②。以"分层"理论解析世界存在与结构是怀特海哲学的特别贡献，怀特海展现了一种分层论的过程版本（processual version of stratalism），在层次结构的问题上提供了许多可能的答案：线性层次结构（linear hierarchy）、分支层次结构（branched hierarchy）、平面层次结构（flat hierarchy）和重叠层次结构（overlapping hierarchy），这些概念丰富了对存在分层结构的揭示；以分层论的过程版本审视新颖性问题时，不难发现"自然界中本质上没有真正、绝对的新事物。所有的类别都描述了每个实际的实体，并且已经存在于最基本的存在层次。本质上的新颖性仅仅是在越来越复杂的事物中对已经知道的类别和特征进行新的配置"③。这里最基本的存在层次，即为最基本的底基结构。

---

① 柏拉图:《斐莱布篇》,《柏拉图全集》(增订版)中卷，第680页。

② 海德格尔:《存在与时间》(中文修订第二版)，第57页。

③ Jakub Dziadkowiec and Lukasz Lamza. *Beyond Whitehead: Recent Advances in Process Thought*. p. 114.

金岳霖先生综合了中西方思想元素，也对结构的问题提出了一些独到见解，他认为"道是式—能"，"道有'有'，曰式曰能"[1]。他把"式"与"能"作为"有"的存在，也是道的实现；同时，他又把凡是有具体表现而又不是各个体所分别表现的情形称之为"实在的共相"，实在的共相"是有'能'塞入的'架子'或'样式'，它既是有'能'的'架子'或'样式'，当然是可以有'能'的'架子'或'样式'。那就是说共相是可能"[2]。式的概念在金岳霖先生的认知中有丰富的意涵，比较重要的是，"这里的式就是逻辑底泉源，可是它不限于任何一逻辑系统"[3]。在式与能的关系上，"无无能的式，无无式的能"，"'式'之外没有可以有'能'的架子或样式，那么'能'只能在式之中"。[4] 金岳霖先生试图融通中国之道与希腊之相，并以式与能的概念加以论析，在他对"实在的共相"这一概念的建构中，既包含了式与能密不可分的逻辑关联，也揭示了式与"实在共相"及其"架子""样式"的逻辑一致，且式是逻辑的泉源，而不限于任何一逻辑系统。相较于柏拉图的型相论、海德格尔的先天结构和怀特海的基本存在层次说，金岳霖先生颇有东方哲学的新见地，但还是比较明显地依附于西方存在论对结构问题的逻辑规制。

2. 结构让存在活起来

从混沌的打破开始，存在生成了，但并不是散乱无序的存在，

---

[1] 金岳霖：《论道》，商务印书馆，2017 年，第 20 页。
[2] 金岳霖：《论道》，第 22—23 页。
[3] 金岳霖：《论道》，第 25 页。
[4] 金岳霖：《论道》，第 26 页。

否则"世界就会变成一个没有结构的团块"①。

那么结构何来？结构来自界的源代码和源程序，来自界所蕴含的结构基原。界的源程序对存在之是、存在之有、存在之在的各种要素给予关联，通过界理的组织化创制出相应的秩序规则，并应用到差异存在的共同体中，不仅让存在活起来，也让差异存在的共同体活起来。

在这里，结构是秩序的载体和实现，它将差异组织起来，建立起存在的秩序化形制，所谓"元素是存在，给定是基础，构造函数是基础关系"②。不仅如此，结构的函数同时还是一种基本的操作程序，它对差异的存在进行界理化的配置、联结，不仅赋予差异存在以秩序，也为差异存在注入生机。

结构对差异的配置和对秩序的联结，形成的不仅是量化结构，更是一种逻辑结构，内含着差异存在的组织法则、构制原则，内含着差异存在的构制功能及其存在底层的基本算法——存在结构的建筑原理。

显然，界本结构论的思想关注的不是存在与存在者的元素、模型、形制、分区、分层之类的问题，而是对差异秩序的创制、存在的本质构建问题，是万物的诞生、意义的生成和生命的活力问题。结构不仅制造要素、类别、量度，更制造属性、关系、运动与生命，既是万物的温床，也是万物存续的生命场。

界本结构论提出的基本律则是对成律，即对者为反，成者两合，

---

① David Chalmers, David Manley and Ryan Wasserman, ed. *Metametaphysics: New Essays on the Foundations of Ontology*. Oxford University Press, 2009, p. 398.

② David Chalmers, David Manley and Ryan Wasserman, ed. *Metametaphysics: New Essays on the Foundations of Ontology*. p. 354.

对成反合而构。界本结构论建基于界分差异的存在论上，所谓结构论对成律本质上是存在意义上的差异对成论，既贯通于自然物理世界，也贯通于人类社会和人类精神生活；既体现于已知世界，亦延伸于未知世界，因为在界本结构论对成律的认知逻辑下，未知世界与已知世界也是一个对反而成的统一性存在，且未知世界只要是一种差异化的存在而非混沌无序的存在，那么差异对成论亦将普适有效。

第三节　对者为反

界本结构论所言对者为反，是谓世界结构的基本要素是以成对的方式出现，其基本关联以对反互成的方式构制。对者，两也，孪生（twins）也；反者，反向也，极反（polarities）也，即谓两个成对相反者（bipolar）相互依存、对反共生。对反是世界结构要素的基本关联和关联方式，也是万物之成式、结构之基原。

1. 二成万物成式

《两界书》有谓："混沌分天地，由一为二，一分二维，二成万物成式。故由一为二者，为世界之工。"（创3：3）此处道出，在世界生成、构制、演变的逻辑序列中，二维的"二进制"是世界构制的基本方式和结构原则，故曰"二成万物成式"。也就是说，无论是宇宙自然还是人类社会、人类自身，依界本原理看，其整体的一是由不同的二界分构成，不同的二相对而成，才造就了既界分差异又完整统一的一，对反相成是万物构制的基本方式。

　　当然，这里所言对者为反的"对"——也就是二，不是单纯数量的二，而是由一而分的二，具有两者辅对的内在本一性；两者缺一不可，不能隔绝孤立，具有互为共在的孪生性；同时，两者又不是同质同性的共处，还具有相互对反的互补性。本一性、孪生性、对反互补性是"二成万物成式"的关键，也是此处的二（bipolar，alterity）与一般数量和序数的二（两）的根本不同，这就好像两只鞋子与一双鞋子不是一回事的情形一样。

　　自伏羲一画开天地，形成最初的阴爻 – –、阳爻—，中国阴阳理论就以东方哲学特有的方式精妙地揭示出世界万物对反相成的结构特征。《道德经》讲万物负阴而抱阳（第42章），是讲阴阳不仅是万物存在的基本所依，也是万物构制的基本方式，世界万物以阴阳两仪为基质形制，以负抱对成的方式相互生存。值得重视的是，这种阴阳对反的基本形制并不仅存于形下物象，而是弥散于世界万物、贯通于形下与形上的通则。"一阴一阳之谓道"其实蕴含了多方面的深意，一方面是讲道的普遍意义贯通于自然与人事、物象与义理的普遍性，另一方面也揭示道的实现又是以阴阳对反的方式进行，明显包括了道的载体及世界原则的双重含义。易道学说还表明，以阴阳对反相成为机理，可以推演万物化育的神妙规律："子曰：'乾坤，其《易》之门邪？'乾，阳物也；坤，阴物也。阴阳合德而刚柔有体，以体天地之撰，以通神明之德。"[①]这里已经关涉到阴阳合德的功效意义了。

　　以阴阳对反相成思想为基点，中国古代生发演绎了丰富的对成学说。《黄帝内经》无论是《灵枢》还是《素问》，虽以医书形式传

---

　　① 《系辞下传》，李鼎祚撰，王丰先点校：《周易集解》，第477—478页。

世，但其脉象说、藏象说、经络说、运气说等，无不以阴阳离合论为理论根基，所推演的虚实、表里、顺逆、邪正、左右、彼我、过与不及等概念与方法，均建立在阴阳界分的运思之上，并将人置于天地之间予以辩证地综观和施治："夫人生于地，悬命于天，天地合气，命之曰人。……天有阴阳，人有十二节；天有寒暑，人有虚实。能经天地阴阳之化者，不失四时。"[①] 东汉魏伯阳《周易参同契》融易、老、儒、阴阳五行及炼丹术，汇综古代各家之学说，开篇"乾坤易之门户章第一"即言："乾坤者，易之门户，众卦之父母。坎离匡郭，运毂正轴。"[②] 即是讲明阴阳、乾坤在坎离等六十四卦中的核心地位，以此为基原基轴，《周易参同契》提出的刚柔、寒暑、魂魄、往来、清浊、邪正、雌雄、喜怒、有无等概念，显然也都是阴阳学说的延伸。无论是《黄帝内经》还是《周易参同契》提出的各类概念范畴，均以对反的方式构制，显示了"物无阴阳，违天背无"是万物存在的根本规制，"雄不独处，雌不孤居"[③] 是万物之本性、生存之大道。

　　中国古代哲学关于世界对反相成的结构学说，从始至终表现出两个突出特点，一是阴阳界分是其不变的思想基原和逻辑原点，无论以何样的话语形态来表述；二是阴阳界分始终是对反相成的统一体，不是分离存在的对立现象，是互制互构的结构原理和秩序逻辑。中国哲学的这一思想特征具有典型的思想原则和逻辑规制意义，在后世中国思想多样化演变中，天人、性行、善恶、动静、生灭等概念范畴的逻辑底层，无不嵌含着这一原则。

---

① 姚春鹏译：《黄帝内经》，第 154 页。
② 刘国樑注译，黄沛荣校阅：《新译周易参同契》，第 2 页。
③ 刘国樑注译，黄沛荣校阅：《新译周易参同契》，第 139、150 页。

在本原及存在方式问题上，西方哲学的演绎方式不同，且情形更为复杂。巴门尼德提出冷和热（土和火）作为本原，阿那克西曼德主张是稀和密，德谟克利特则"主张实和空是本原，他把前者作为存在后者作为非存在；他还认为原子的位置、形状、次序、这些类的种也有对立：位置有上和下，前和后，形状有角、直、曲"[1]。赫拉克利特将对立面视为同一："善与恶是同一的"；"向上的路和朝下的路是同一条"；"这个神是昼也是夜，是冬也是夏，是战也是和，是饱也是饥"，希波吕特还特别为此句加注："一切相对立，这就是思想。"[2] 将对立的问题进行最细致系统归纳的当然是毕达哥拉斯学派，他们将十种本原分类排列成有限与无限、奇和偶、一与多、右与左、阳与阴、静与动、直与曲、明与暗、善与恶、正与斜十个对立的范畴，[3] 这一思想对后世产生极大影响。柏拉图在《斐多篇》中借苏格拉底之口，讨论了生与死、美与丑、好与坏、正义与不义、睡与醒、冷却与加热、分离与结合等，认为一切事物均以相反相成的方式产生。[4] 亚里士多德对其前辈有关对立论的思想进行过系统梳理，在其自然哲学的宇宙论中，亚里士多德通过对物质四元素土、水、气、火，以及万物四属性干、湿、冷、热的辨析，总结出宇宙万物相互协和的共同特征，即"各内涵有互相对反的秉性。大自然爱好诸对反；于诸别异，一视同仁。同性不能合婚，必须阴阳（雌雄）剖分，而后能成蕃孽。'相反'正以'相成'，宇宙整体涵融万物纷纭，而终使归于协和"[5]。亚里士多德在论及宇宙的形制时甚至

---

① 亚里士多德:《物理学》，第15页。
② 苗力田主编:《古希腊哲学》，第41页、42页。
③ 亚里士多德:《物理学》，第17页；苗力田主编:《古希腊哲学》，第70—71页。
④ 柏拉图:《斐多篇》，《柏拉图全集》（增订版）上卷，第62—63页。
⑤ 《〈宇宙论〉章节分析》，亚里士多德:《天象论 宇宙论》，第271页。

提出，全宇宙是一个球形的运行体，要维系宇宙的运行"就必须具有两个恰相反的不动点"作为宇宙的"两极"。① 亚里士多德的"对反""相反""两极"之说，实质上也是在讲世界构制的基本要素和方式是以对反相成的关系出现的。

希腊古典哲学家的思想对后世西方哲学产生深远影响，布鲁诺在《论原因、本原与太一》中反复论证对立面的一致性原则，认为所有的对立面无不互为本原。他在做了种种数与图形的验证分析之后反问道："难道说从这里不应得出：一个对立面是另一个对立面的本原，变化之带有循环性质，只是因为存在着一个基质、一个本原、一个界限、一个持续和一个两极吻合？难道说最小的热和最小的冷不是同一个东西么？难道向着冷的方向的运动不是从最大的热的界限得到其本原的么？"② 到了怀特海那里，虽然他与古典哲学家相比已经有了创造性的发展，但他依然"努力用类似柏拉图－毕达哥拉斯的方式建立宇宙的形而上学结构"，包括他对"经验两轴"的极性表述："窄"与"宽"的极性和"琐碎"与"深奥"的极性。他甚至明确宣称："每个实际的实体都是双极的。"③

相较于中国哲学，西方哲学并未形成一个类似"阴与阳"这种具有绝对基原性的对反范畴，而是或从质料元素，或从形式概念，或从关系原理等不同层面，试图找出或穷尽世界的"原初对立"；而且，对于"对立"的意涵，也呈显了不尽相同甚至矛盾的论述，既有视对立为同一，也有视对立为孤立，即使像亚里士多德这样的

① 亚里士多德：《天象论 宇宙论》，第 276 页。
② 布鲁诺：《论原因、本原与太一》，第 146—147 页。
③ Jakub Dziadkowiec and Lukasz Lamza. *Beyond Whitehead: Recent Advances in Process Thought*. pp. 46–47, p. 19, p. 114.

辩证法大师也曾认为原初的对立"因为它们是'原初'的，就不是由别的事物产生，因为它们是对立的，就不是彼此互相产生"①。但不管如何，西方哲学关于"本原为对立"的思想都是极富价值的，尽管从哲学史的角度看不免有些杂乱。

2. 一体双性的结构基原

界本结构论从世界差异存在的根基出发，揭示万物差异诞生及其结构生成的根本原因在于：界是一体双性的，界的本性禀赋着正负双向的对反基因，界在促生差异万物的同时，并非不负责任地放任万物成为随意漂浮的团块，而是提供了基质性的本原结构和结构原则，也就是提供了结构的基因模型，为万物存在、生发、演化奠定了基本的结构基原。这种结构基原为差异万物制定基础性的逻辑规制、组织原则，仿佛万物的 DNA 镶嵌于每一个机体系统，既是结构的生命源泉，也是结构的生机原理。

界本一体双性揭示了万物的生机原理在于对反双性的相互构制，每一次有效的生成都是对反双性的生成。从最初对混沌的界分开始，界理逻辑的每次界分都是对原一的界分，界分的每一种差异都是成对的差异和对反统一的差异，也就是说，界本的两极对反规制了逻辑的基本算法，作为结构的初始胚胎，也规制了结构的基原和基轴。《两界书》的主题显示：一切都是从界开始的，"东西方哲学的基本范畴都呈显为'对成'的特点，都以成双成对、相辅相成的方式构制出来，阴与阳、乾与坤、有与无、一与多、动与静、曲与直、变与不变，等等，彼此之间是一种对生（pair creation）与对灭（pair

---

① 亚里士多德:《物理学》，第 15 页。

annihilation）的关系，一个生出自然带出另一个，一个湮灭另一个也不存在了"。士尔强调这一切都取决于"有一个内在的机制在起作用，这就是界的先行作用"①。这里所谓界的先行作用和内在机制，就是界的一体双性，界的这一天然本性对存在及其认知都起到了重要的基理作用。这也容易引起人们发出这样的思考，就是对于以对反对成双螺旋为本原的基因结构，人为的基因编辑是否可行、如何可行？在以善恶、灵肉、生死为基轴的人事世界里，人的作为可以怎样、能够怎样？有差异论学者注意到了差异的无限二分性问题："我们将这种差异被无限地一分为二、无限地共振的状态称为龃龉（disparité）。龃龉，亦即差异或强度（强度差异），是现象的充足理由，是显现之物的条件。"②但这并非是从差异的内在对成角度而言的，倒是一些宗教性的研究发现了上帝是双性的，上帝"亦阴亦阳，亦父亦母"，"上帝像人一样是合二为一"的。③怀特海在对过程哲学作出终极说明时也发现了上帝的双极性，而启蒙时期的自由思想家约翰·托兰德（John Toland，1670—1722）在其《泛神论要义》中就曾颇为神秘地介绍了泛神论者关于"两极相合"（Coincidence of Extremes）的学说，这些学说主要是建基于亚里士塔尔库斯、托勒密、哥白尼等古代天文学的基础之上的。④

在存在的最初构制中，一体双性、两极对反的结构基原发挥的

---

① 《界：回归本原的叙事——士尔谈书论界》，刘洪一编：《界的叙事》，生活·读书·新知三联书店，2023年，第7—8页。

② 吉尔·德勒兹：《差异与重复》，第376页。

③ 荣格、卫礼贤：《金花的秘密——中国的生命之书》，张卜天译，商务印书馆，2016年，第36页。

④ 约翰·托兰德：《泛神论要义》，陈启伟译，商务印书馆，2009年，第16—17页。

是基础性的模型作用，尤其是对存在属性的诞生、存在种类的生成发挥着初始性的关键构制。它首先确立存在之"是""是什么"，在对反的基原结构模型下，有多少个对反，就有多少个存在之"是"；有多少个存在之"是"，就有多少个存在种类、存在差异，而每一种存在差异最初都源自于自身，都是一种"兄弟阋墙"。当然，界本的一体双性及其两极对反的结构基原和模型机制并不止于物性元素层面，而是贯通于物性、人事、观念、运动等一切方面。当哲学家寻求对世界万物进行终极性分类时，在数、元素、点、线、角度、形状、圆、球、周长、面积、尺寸、空间、体积、物质、密度、物体、速度、运动、方向、比例、因果、变化、持久性等相关概念和属性的逻辑部署中，实际上都已直接、间接地运用了对反界分的基原结构及其普遍的自然法则。海德格尔在分析人们常以"一切皆流"来陈述赫拉克利特哲学的主要观点时，指出这句话的本质意义应该是："在者整体总是在其在中从一番对立到另一番对立被抛来抛去，这个在就是这种相反着的不平静之集中境界。"①

《两界书》有谓世界的密钥为"两界"，亦即揭示世界结构的关键是"世有两界"的对反机理，诸如天与地、时与空、阴与阳、明与暗、实与虚、生与死、灵与肉、喜与悲、善与恶、神与凡、本与异等，是由于众多不同维度上的成对相反要素及其关系的建立，才编织了世界之经纬，构制了世界之辐辏。在这个以对反对成为基理的世界里，芸芸众生、魑魅魍魉，踟蹰于善与恶、灵与肉、生与死、喜与悲之间，"往来游走，昼夜未停"。（《两界书》引言）面对大千世界的两极性结构和结构程式，人类始终立于两极的跷跷板中间，

---

① 海德格尔：《形而上学导论》，熊伟、王庆节译，商务印书馆，2009年，第137页。

既要选择又要平衡，是何其之难的事情！

脚立两界（《两界书》问 7：14）

第四节　成者两合

　　界本结构论所谓成者两合，是谓世界结构成立的内在要求和实现方式，必须建立在对反要素的相互结合、相互构制上，对反为取向，两合为构成，对反两合是构制世界结构的基本逻辑规制和秩序方式。如果说最初的界分对反生成了存在的差异和差异性的存在，生成了存在的属性——存在之"是""是什么"，那么对反两合则构制了存在之"有"，使"是"为"有"，使差异的属性成为差异的存有，回答"有没有""有什么""怎么有""有多少"的问题，也就是着重揭示"有"的原则、"有"的方式和"有"的多样化。

1. 对反共制原则

成者两合首先意味着结构的对反共制原则，即各种对反要素的生成是一种相互的生成，结构的基本构制是对反要素的相互构制，对反要素不可或缺，所谓独一不生、孤一不成，对反两合成一，彼此是一种阴阳互需和"举东以合西，魂魄自相拘"[①]的存在，《道德经》所言"知其白，守其黑，为天下式"（第28章），讲的也是这个道理。这里嵌含着一个从对反到对成的逻辑秩序，对反是逻辑开启、秩序始基，对成是逻辑秩序的构制合成，亦即结构的实现。若与存在论的逻辑序列贯通地看，对反是差异属性的生成，对成则是差异存有的实现。

对反作为结构的固有基理，对反者是彼此的互有，对反的所有差异与矛盾本质上都来自原本的自己，都是自己的属性、自己存有的复合构成，对反两极的对冲交合不仅完成了自己，也完成了世界结构的基本构制，也就是说，对反共制是世界结构的基制原则。中国哲学强调阴阳界分既是世界万物的根本界分，也是世界结构的根本构制：阴阳闭塞，万物不生，将阴阳互通互构作为万物生成的前提条件。《周易·系辞上》在谓一阴一阳之谓道之后，特别强调"继之者善也，成之者性也"[②]，是说阴阳对反互成的后继之善及其秉性的完成之功；《周易·系辞上》又曰："乾道成男，坤道成女；乾知大始，坤作成物，乾以易知，坤以简能。"[③]是讲阴阳生成万物的过程，类似于男女孕生的机理和过程。《周易·系辞下》续论有曰："阳卦多阴，阴卦多阳。其何故也。阳卦奇，阴卦耦（偶）。其德行何

---

① 刘国樑注译，黄沛荣校阅：《新译周易参同契》，第56页。
② 陈鼓应、赵建伟注译：《周易今注今译》，第598页。
③ 陈鼓应、赵建伟注译：《周易今注今译》，第582页。

也。"①是以阴阳卦象的奇偶互包与多寡辨证，解说阴阳对反两合的德行。中国古代有关"中和"的思想本质上也隐含了有关对反要素的调和，所谓"致中和，天地位焉，万物育焉"②。不仅如此，阴阳对反还规制了自然之更替、人事之生死，董仲舒曾以阳为"天之德"，以阴为"天之刑"："天地之常，一阴一阳。阳者，天之德也；阴者，天之刑也。……是故天之道以三时成生，以一时丧死。死之者，谓百物枯落也；丧之者，谓阴气悲哀也。天亦有喜怒之气、哀乐之心，与人相副。以类合之，天人一也。"③

柏拉图也把对反两合视为事物共制的过程，《斐多篇》认为，"分离与结合、冷却与加热，以及所有这样的事情，哪怕我们有时候没有这个过程的名称，但实际上这个过程必定无处不在，事物在相互之间生成"④。亚里士多德的自然哲学有着更为细致充分的论述，他认为单一的协和秩序是由对反的本原混合而成：

> 于是，就这么一个协和，凭以调洽最相对反的诸本性（原理），而使天与地，以至于全宇宙，组成为有秩序的一个整体（完全）。干燥的混合于润湿的，灼热的混合于寒冷的，轻的混于重的，直的混于曲的，所有大地、海洋、以太、太阳、月亮，以及整个天宇，全都顺从于一个单独的权能，这权能统涵分离而各不相同的诸元素——气、地、火与水——在一个个球面上

---

① 陈鼓应、赵建伟注译：《周易今注今译》，第 658 页。

② 《中庸》，陈晓芬、徐儒宗译注：《论语 大学 中庸》，中华书局，2011 年，第289 页。

③ 董仲舒：《阴阳义第四十九》，张世亮、钟肇鹏、周桂钿译注：《春秋繁露》，中华书局，2012 年，第 445 页。

④ 柏拉图：《斐多篇》，《柏拉图全集》（增订版）上卷，第 63 页。

创造了全宇宙，它展施其权能，直透到所有一切，约束最相对反的素质，相互谐和，以共同生存于这个宇宙之间；于是，它毕竟使这个整体（宇宙）继垂于永久。①

亚里士多德明确地强调了"最相对反的诸本性"的协和，是宇宙"继垂于永久"的根本，当然他把这归结于"权能"的作用。他还深入地论及了"最相对反的"诸要素的"和合""比例""平衡""平等"的问题："肇始这和合者，则在于各得其平的比例，它们之间，谁也没克胜其他任何一个势力，重的与轻的是平衡了的，热的与冷的是平衡了的。这样，自然教给了我们，这世界的大道理就在平等；万物既全出于宇宙，宇宙实万物之尊亲，也是一切美善的总归，实唯'平等'保持了万物间的'谐和'，恰也是'谐和'保持了这宇宙的'存在'。"②亚里士多德关于宇宙存在的"谐和"观，背后透露的是关于对反要素在世界构成中的共制逻辑原则及其关系状态。在这个问题上，康德则是另一种表述："一个有机的自然产物乃是一个产物，其中所有一切部分都是交互为目的与手段的。"③也就是说世界构成的对反要素是互为手段和互为目的的。

2. 对辅递变原则

其次，成者两合还意味着结构的对辅递变原则，即在对反要素的相互生成和结构基原的基本构制中，对反建立起基本的结构基轴，在此基轴上递变衍生出各以对反为属性，以对反的相互采纳和相互

---

① 亚里士多德：《天象论 宇宙论》，第 295 页。
② 亚里士多德：《天象论 宇宙论》，第 295 页。
③ 康德：《判断力批判》下卷，韦卓民译，商务印书馆，2009 年，第 25 页。

衔接为己任的辅成过渡，从而形成了本质对反、形质丰富、进阶递变的结构机制，这一结构机制不仅制造了对反的缓冲和差异的多样，也制造了差异存在的关联生机和发展潜因。如果说最初的对反实现了从一到二（这个二其实还是一），那么结构的对辅递变则构制了从少到多、从单一到丰裕，就像同一宗祖衍生出的众多兄弟，众多兄弟又不断衍生出他们的子孙后代；也像世界的斑斓灿烂一样，既有黑白二色的原初对比，也要有赤橙黄绿青蓝紫的五颜六色。

在对反的两极之间，两极张力（bipolar tensions）的作用不仅极端重要，也极其复杂。[①]一方面对反的两极对结构的构制发挥着决定性的根本规制的作用，并以对反的否定和冲突相联结；另一方面，两极对结构的实际张力亦非简单的"最相对反"，而是"两界叠叠，依稀对应；有界无界，化异辅成"（《两界书》引言），是一种含混交织、过渡缓冲的复杂关系，用中国哲学的传统话语讲，不仅阴阳互根，而且阴阳互藏、阴阳互生、阴阳互需、阴阳互补、阴阳互损、阴阳互抱、阴阳互济，多种多样的阴阳互用在世界的运行之中发挥着复杂、奇妙的作用。

阴阳互用是对反两合的基本存在和实现方式，在对反的形上端极之间，常态且有本质意义的存在是一种介于两极之间的含混与动变。"在两个极端之间有一个中间者是必要的，它是自然万物的真正的作用因，这作用因不仅具有外部的、而且具有内部的性质。"[②]西方学者对"实在"的有关论述与这种本质状态有类通之处："实在永远是一种渗透，或者是同和异的合流：同和异相互渗透而叠嵌在一

---

① Jakub Dziadkowiec and Lukasz Lamza. *Beyond Whitehead: Recent Advances in Process Thought*. p. 113.

② 布鲁诺：《论原因、本原与太一》，第 48 页。

起。"①以《老子》与《易传》为代表的中国古代哲学，对阴阳之合及其"执两用中"的辨证论析是极为突出的，对于两者所论的相似与不同，冯友兰先生曾有此说："盖《老子》注重'合'，而《易传》注重'中'。'合者'，两极端所生之新事情；而'中'者，则两极端中间之一境界也。如《老子》言：'大巧若拙。'大巧非巧与拙中间之一境界，而实乃巧与拙之合也。《易传》似只持'执两用中'之义；此其所以为儒家之典籍也。"②

　　无论是中间者、居间态或者实在之同与异的相互渗透，在两极的对冲与调和中，在含混的随机渐变中，对辅递变的结构原则潜含着分层进阶的逻辑秩序，也就是说，世界万物的整体存在是由不同属性、不同层阶的结构原则和逻辑序列所构成，形成了一种属性界分、层阶有别、缓冲过渡、相互构制的结构世界，也就是说形成了一个差异化的结构层级和交织递变的逻辑系统。这一逻辑系统也表述了这样一个事实，即世界的存在结构是由无数维度上的对反两合所构制，成者两合首先是指万物构制的基本通则和结构公理，在此通则公理之上，不仅种属内的对反之间存有对冲与缓冲的递变，不同种属之间也存有相应的对冲和缓冲的递变。金岳霖先生在讨论"式"的通则特性时，曾提出"一理""逻辑无二""式无二"等观点："逻辑无二，而逻辑系统不一；前者是说'式'无二，后者是说表示'式'的方法不一。"③这也是从一个特别的角度说明了成者两合的结构通则所内含的对辅递变原则。在现代西方哲学中，怀特海等关注本体论层论（ontological stratalism）问题，建构了一种过程分层

---

　　① 威廉·詹姆士：《多元的宇宙》，第 140 页。
　　② 冯友兰：《中国哲学史》上册，商务印书馆，2019 年，第 413 页。
　　③ 金岳霖：《论道》，第 36 页。

论的概念机制（conceptual mechanisms of processual stratalism），并把这一过程层论机制的思想视为具有普遍性的形而上学原则，以此解释现实的结构层次和"世界的分层图景"[1]。怀特海的过程分层论机制是过渡性、联系性、有机性的过程动态分层，绝不是断层。

结构的对辅递变原则是就两极对冲与缓冲的一般状况而言，在较为极端的区域内，缓冲的递变会遭受破坏，甚至发生关联的坍塌而演变为失控和混乱，但结构的两极对成性及其基本原则不会改变。局部的混乱可能促发结构的变革，"异常、紊乱、耗散等现象也会产生'结构'，也就是说它们能够同时生成组织和秩序"。甚至有一种更为极端的观点认为，"宇宙的秩序和组织正是在紊乱、不定、异常、不可能和能量耗散中发展起来的"[2]。但这并不否定世界结构的对辅递变原则。

当然，界本结构论对成律不仅揭示对者为反的结构基原、对反共制的结构基轴、对辅递变的结构原则，更重要的是揭示一个活的结构——一个充满生机的结构，一个在结构论上不仅揭示差异的存在是以何样的属性（存在之是）和何样的存有（存在之有）构制出来，更要在结构论的层面揭示差异的存在是以何样的方式和机制而充满活力，使存在的结构是一种生机的结构，这就涉及到世界结构中各种对反关联的复杂叠变及其内在的机制功能问题了。

---

[1]　Jakub Dziadkowiec and Lukasz Lamza. *Beyond Whitehead: Recent Advances in Process Thought*. pp. 109–120.

[2]　埃德加·莫兰:《方法：天然之天性》，第19页。

第五节　对成反合而构

对成反合而构是谓世界结构的总体原则与逻辑机理，它贯通于结构的不同层序与整体系统，不仅揭示结构的对反基轴与辅成实现的关联转换、内在机制，更揭示结构的总体原则——叠变原则，即由结构的对成反合相互作用而形成的结构叠变机制及其逻辑机理，以及结构由此而形成的自主性与开放性、稳定性与动变性、自洽性与互恰性的生机特征。界本结构论之对成反合而构，亦是揭示世界差异化存在是如何形成、如何构筑起来的，或者说在存在之"是"、存在之"有"的基础上，存在之"在"的状态是如何建构、存续和发展的。

1. 结构叠变与差异共同体

结构的叠变原则以结构要素的直接对反为基轴，以结构要素的过渡对反为辅成，以结构要素的混合对反为总则，通过不同性属、不同形质、不同维度、不同层序系统的结构要素交错叠加、相互作用，不仅构制出性状各异的个别存在，也构制出既独立又关联的整体存在，不仅揭示万物存在的基本构制方式、创造方式和一般原理，也揭示差异共同体的生成机理。在这里，不同结构要素与不同结构层序的相互作用、交错叠变，孕生了世界作为差异共同体的存在，并使世界的差异存在成为一种秩序化的共同体存在。结构的叠变包含着存在者的自在叠变、存在者的共在叠变两个不同的逻辑层面。

（1）自在叠变

首先是存在者的自在叠变。存在者不仅存在于两极对反的结构基轴和过渡对反的辅成结构上，其存在自身通常亦包含了不同要素、维度、质料、形式等方面的交错作用和动变叠加，从而使得存在者成为丰满、矛盾的存在而不是线性、单薄的存在。存在者的构制要素无论是单一本原说、希腊四元素说抑或中国五行说，在界本结构论看来这些其实并不重要，重要的是存在者的构制要素都是在界分差异的存在原则下，不同要素的离散与聚合、交错与叠变的关联决定了万物的不同存在，也就是结构决定了存在。在这里，存在者无论以何样的性状出现，在其建构的逻辑底层都是借助了各种对反基轴的交互作用，有了这些底层基轴的支撑，各类存在者才有了要素构制的基础和自在叠变的可能，万物由此不仅获得了类属的差异区分，也获得了类属内不同存在的差异区分，从而使得同属内的这一个不同于那一个。

《易·乾》有曰："大哉乾元，万物资始，乃统天。云行雨施，品物流行；大明终始，六位时成；时乘六龙以御天。乾道变化，各正性命。"[1] 这里，以乾元之气为肇始，万物之品物流行既靠"云行雨施"，也要依仗"六位时成"，根本上是在"乾道变化"的作用下万物才能"各正性命。"此处的"云行雨施""六位时成"表述了万物构制（各正性命）的根本基质条件，既包括物性的，也有时空的。在中国哲学对宇宙万物的整体建构中，以阴阳、五行为代表的形上属性与形下要素交织互构，为万物差异化、多样化的存在提供了统一的机制原则和基质条件。西汉董仲舒虽以儒学为核心，但对阴阳

———————————

① 陈鼓应、赵建伟注译：《周易今注今译》，第6页。

五行学说多有杂糅，且论说颇为精到：

> 天地之气，合二为一，分为阴阳，判为四时，列为五行。
> 行者，行也。其行不同，故谓之五行。五行者，五官也，比相
> 生而间相胜也。①

不仅如此，董仲舒还论述了五行与四时、四方的错综关联："五
行之随，各如其序；五行之官，各致其能。是故木居东方而主春气，
火居南方而主夏气，金居西方而主秋气，水居北方而主冬气。……
使人必以其序，官人必以其能，天之数也。"②在中国哲学的基本逻辑
框架中，阴阳是万物构制最基本的对反基轴，五行是衍生万物的基
本要素，且五行的意涵不仅仅是物性元素，而是带有形上属性与动
变机能，这与古希腊的四元素本原说有根本的不同。董仲舒所论五
行特别强调阴阳、四时、四方与五行之叠加动变：行者行也、动变
也，五行之关联为"比相生""间相胜"的关系，这在《五行相生第
五十八》《五行相胜第五十九》《五行顺逆第六十》诸篇有翔实论演，
都表述了中国哲学对结构叠变原则的认知。《洪范》对五行的界说具
有某种奠基性的意义，它以五行为九畴之基："初一曰五行，次二曰
敬用五事，次三曰农用八政，次四曰协用五纪，次五曰建用皇极，
次六曰乂用三德，次七曰明用稽疑，次八曰念用庶征，次九曰向用
五福，威用六极。"③九畴内容关涉了自然、社会、超自然（天）的重

---

① 董仲舒：《五行相生第五十八》，张世亮、钟肇鹏、周桂钿译注：《春秋繁露》，
中华书局，2012年，第487页。

② 董仲舒：《五行之义第四十二》，张世亮、钟肇鹏、周桂钿译注：《春秋繁露》，
第408页。

③ 《周书·洪范》，王世舜、王翠叶译注：《尚书》，中华书局，2012年，第145页。

要方面，一方面显示了五行观念对中国古代思想的基质性嵌入，另一方面也深刻隐含了中国哲学天、地、人思想的结构整合。

在中国哲学的整体建构中，阴阳、五行、四时、四方等基本要素相互关联、交叉构制，成为万物结构的基原框架和根基逻辑，在阴阳、五行、四时、四方等基本要素中，既包含了两极对反的结构基轴，也包含了种类属性、基质物性以及时维空维等的条件和界分，可以说，中国哲学从一开始就以辩证、动变的思维简约而透彻地揭示了阴阳、五行、四时、四方等的交叉叠变。中国哲学在强调"刚柔相推，变在其中矣"①，强调"天地合而万物生，阴阳接而变化起"②这一基本的世界演化模式时，特别强调了在阴阳两极之间，法、度、节等重要范畴所具有的合适价值。《易·节》所谓"说以行险，当位以节，中正以通。天地节而四时成，节以制度，不伤财，不害民"③；《周易参同契》所言"不寒不暑，进退合时。各得其和，俱吐证符"④。既强调阴阳对反的辨证动变，又对节、度、时、和等的重要性予以格外关注，昭示出在两界对反的基轴之上，各种要素共在互用的结构机理和原则要求。万物的生成与结构离不开这一结构机理的根本作用，而每一个存在都是这一机理原则的实现，换句话说，也都是存在者在结构的机理原则下对各种要素的交织作用，是存在者的自在叠变，这种自在叠变实现了要素的结构化，要素的结构化则决定了事物的存在与性状，也就是说，存在者的自在叠变不仅是形质的问题，也是性状的问题，或者可以说，结构决定

① 《周易·系辞下》，陈鼓应、赵建伟注译：《周易今注今译》，第646页。
② 《荀子·礼论》，方勇、李波译注：《荀子》，第313页。
③ 陈鼓应、赵建伟注译：《周易今注今译》，第539页。
④ 刘国樑注译，黄沛荣校阅：《新译周易参同契》，第143页。

存在者的本质。

自在叠变机理也决定了每一个存在者本质上都是一个能动的结构系统，它的质料、形式、时维、空维或者其他类似亚里士多德所谓实体的载体（hupokeimenon，基质）①等的每一个变动都是一次自在叠变，每一个自在叠变又都是影响关联结构的整体动变，从这个意义上可以讲，每一个存在者都是一个生机体，它既可自变、自我生长和自我毁灭，又必然关联着相关结构和结构系统的动变，并参与结构系统的共在叠变。

（2）共在叠变

结构系统的共在叠变不仅将差异化的万物联系起来，而且实现差异存在的相互构制，就像海德格尔说过的那样，"世界之为世界"指的是"在世界之中存在"的一个组建环节的结构，它实质上是一个生存论的环节。这个对世界的组建环节是不同结构间的相互联结，存在的结构单元既相对独立又不完全隔绝，不同等级和次序的结构分层嵌套、协同运作，在相互叠变和共在叠变中建构起一个组织化的结构王国，这个结构王国也是一个差异共同体，在一定的秩序条件下动变发展。

特别要指出的是，结构的共在叠变不仅是相互影响，而且是实质性的相互构制。关于结构的关联性问题，结构主义者皮亚杰是从结构内在的转换性来认识的："事实上，一切已知的结构，从最初级的数学'群'结构，到规定亲属关系的结构等，都是一些转换体系。"②皮亚杰还从结构的自身调整性来进一步解说结构的转换特征，但皮亚杰在对结构的自身调整性的论述中，显然又将结构的转换赋

---

① 亚里士多德：《形而上学》，苗力田主编：《亚里士多德全集》第七卷，第154页。
② 皮亚杰：《结构主义》，第8页。

予了"结构的守恒性和某些封闭性"："一个结构所固有的各种转换不会越出结构的边界之外，只会产生是总属于这个结构并保持该结构的规律的成分。……这些守恒的特性，以及虽然新成分在无限地构成而结构边界仍然具有稳定性质，是以结构的自身调整性为前提的。"[1] 皮亚杰还从"群与子群""同型拓扑群""嵌套接合关系""母结构"[2] 等概念和范畴来论析结构的转换和结构的演变，但他似乎始终在坚守着"结构的守恒性"和"封闭性"原则，而忽略了结构的共在叠变对存在者的本质性影响———一种叠变互制的机理作用。

从界本结构论的对成反合而构原则出发，结构的共在叠变显示了结构不仅是自足的，而且是开放的；不仅是有类属的，而且是变化的；不仅是自在的，而且是互制的——也就是说，存在者的结构是一种叠变共振的结构，不仅关涉到存在者的形质，也关涉到存在者的性态；不仅关涉到个别存在者，也关涉到关联存在者。不同存在者的结构边界在结构要素的相互作用下产生着质与量的叠加变化，每一个要素的变化——哪怕是微量的变化，都可能对共在的结构产生深刻影响，这并不否定结构的相对稳定性，而是揭示存在者始终在少与多、质与量、同与异、变与不变的结构框架、结构关联和机理机制中游动，寻找它的结构支点。

在结构的共在叠变中，存在及其结构要素是开放的、交织的，叠变的共振超越了存在者的结构界限——这里要强调，万物的关联本质上是结构的关联，或以结构方式相关联；结构的叠变共振既包括结构的共在叠变，又与结构的自在叠变交互在一起，形成了一种内在性与整体性相结合的运动节奏和韵律。皮亚杰在论述结构自身

---

[1]　皮亚杰：《结构主义》，第 10 页。

[2]　皮亚杰：《结构主义》，第 16—17 页。

的调整性时，强调节奏、调节和运算"是结构的自身调整或自身守
恒作用的三个主要程序"[①]，设若这一程序存在，那么它也始终贯通于
存在结构的自在叠变与共在叠变的整体过程中。

　　结构系统的共在叠变构制了差异化的万物共存，又将差异的万
物编织成一个生机动变的整体系统，并统纳于界本结构论对成律的
逻辑秩序，也可以说是遵守和服从于界本论的"结构边界游戏"。
皮亚杰在论及结构自身的调整性时曾强调结构的各种转换不会越出
结构的边界，但在论及结构的构造过程和结构的"调节"作用时又
认为，"有一些调节作用，仍然留在已经构成或差不多构造完成了的
结构的内部，成为在平衡状态下完成导致结构自身调整的自身调节
作用。另一些调节作用，却参与构造新的结构，把早先的一个或多
个结构合并构成新结构，并把这些结构以在更大结构里的子结构的
形式，整合在新结构里面"[②]。皮亚杰未对新结构的意涵作出详细论
述，但从与"结构自身调整"的对应表述来看，皮亚杰的新结构显
然超出了他关于结构自身调整性的边界。

　　在共在整体叠变的结构系统中，任一结构要素、结构维度、结
构层阶的变动，本质上都是牵一发而动全身的系统变动，只不过由
于变动量度的关系而有程度不同的呈显，并导致结构的相互制约，
影响系统的整体平衡。亚里士多德这样论及宇宙间的万物协和："宇
宙间一切遭遇，虽那些若不可测的变异，揆其究竟，实还是循行于
一个整秩的顺序的——各个方向的大风相激荡，疾雷从上空下击，
或骤然的暴雨严冰，这些似若无常的变更，自其久远以视之，都
还是有常的。……这样，万物间相互的制约（平衡）恰似合谋（协

---

① 皮亚杰:《结构主义》，第 12 页。
② 皮亚杰:《结构主义》，第 12 页。

力）——有时一物制约着另物，有时这物又被制约于另一物——以作相互的护持，由是而这总体（宇宙）得以保存而能延续至于永恒。"[1] 在这里，亚里士多德以"制约""平衡""合谋""协力""护持"等来表述世界结构的整体构制与万物间的相互关联。世界万物的差异化本质及其关联性存在，本质上都是在结构的逻辑形制上实现的，结构不仅决定了差异的个体化存在，也决定了差异共同体的存在，差异和共存应是差异共同体的价值目标。

2. 结构的生成机理

相较于关于世界结构的古典元素论和模型论，以及现代分科结构理论、分层结构论、结构主义等学说，界本结构论以界分差异的存在本质为立足点和出发点，以差异要素的相互关联、相互构制为着眼点，着重揭示界本存在论意义上的结构原则，特别是结构的功能性及其生成机理。

界本结构以界为出发点，对存在进行全面的功能述说——这种述说是对存在的实现，作为存在实现的载体，结构同时也孕育了存在的生机。结构以对差异的确立及其秩序化为方式，首先确定了存在之"是""是不是""是什么"的属性，以对反差异两极的合成互制为路径，通过两极的对辅递变而达致结构的一般实现，确定存在之"有""有没有""怎么有"，以各种对反要素的整体叠变为原则，确定存在之"在""在不在""怎么在"，揭示结构的整体存在及其机制功能。界本结构对存在之是、存在之有、存在之在的整体配置和实现，不仅克服了从元素、模型、质料、形式等层面肢解结构的

---

[1]　亚里士多德：《天象论 宇宙论》，第296—297页。

分析习规，也将亚里士多德式所谓物质因（material cause）、形式因（formal cause）、动力因（efficient cause）、目的因（final cause）等要素进行了一次全新的综合，并在这种综合中揭示结构的生机功能和内在原理。

（1）结构的发展：双性繁殖

界的一体双性最初孕育了存在的生命基因，开启了存在的生机，这是结构生成机能之根本所在。界的双性对反合成奠定了结构的生命种子，对反双性的互用共制、对冲螺旋，则决定了结构的存在是一种生机的存在，结构的发展是一种双性繁殖的发展。这也是结构生成和存在多样化的机制，它避免了单性延伸和同性化分裂，克服了存在的单一性。

中国古籍擅以阴阳、乾坤、天地、男女等基本的对反范畴及其相互结合来推演万物的生命演化："天尊地卑，乾坤定矣；……在天成象，在地成形，变化见矣。……乾道成男，坤道成女；乾知大始，坤作成物。……易简而天下之理得矣，天下之理得而成位乎其中矣。"[1]《系辞》又曰："天地絪缊，万物化醇；男女构精，万物化生"[2]；"广大配天地，变通配四时，阴阳之义配日月，易简之善配至德"[3]。《易·泰》明确将天地之交视为吉泰之象："象曰：天地交，泰。后以财成天地之道，辅相天地之宜，以左右民。"[4] 西方哲学则以更加明晰的逻辑推演，表述界与界限的对反机理在世界结构中的作用：

---

① 《系辞上》，陈鼓应、赵建伟注译：《周易今注今译》，第582页。
② 《系辞下》，陈鼓应、赵建伟注译：《周易今注今译》，第661页。
③ 《系辞上》，陈鼓应、赵建伟注译：《周易今注今译》，第602页。
④ 《易·泰》，陈鼓应、赵建伟注译：《周易今注今译》，第124页。

　　界限本身是一个有双重含义的概念；它既表示肯定，又表示否定；它是存在和非存在之间的中介物……界限是宇宙的主要助手，是智人之石，是自然界的秘密的绝招，是创造力的活动场所，是生命的泉源，是个体性的原则。……因此，界限表示某种否定的东西。可是，有限的存在物正是通过界限也成为"存在着的东西"。……界限本身是活动的动力。①

　　这是费尔巴哈在讨论莱布尼茨关于"宇宙的普遍联系以及有机生命的无限性和差异性""界限以及派生的单子和原始的、初始的单子的关系"时所言，可以看出，其中也显示了以"界"为介的辩证认知及其本质性、动因性意义。维特根斯坦的观点有相通之处："用永恒观点来观察世界，就是把它看作一个整体———一个有界限的整体。把世界作为一个有限整体的感觉是神秘的。"②界与界限的成对相反、对反而成的机理秉性决定了界为世界之本，对成为结构之根，结构为世界之基，界决定万物存在，界的结构基原决定万物如何存在，并为万物的分形叠变奠定不朽的基础。

　　界的一体双性不仅孕育了存在的生命基因，也奠基并生发了存在的结构功能。这一结构功能以界为基轴，以界分的对反两极及其关联为机制，通过两极的对冲、交流、互补、偏斜、平衡、钟摆、循环等运动，对结构自身、结构系统的相关要素、能量进行接受和处理，从而生成新要素、新能量。界本结构的这一生成功能体现了"界本胼胝体"的结构机制和效能，在这里，界本结构呈现了类同于

---

　　① 费尔巴哈：《对莱布尼茨哲学的叙述、分析和批判》，涂纪亮译，商务印书馆，2009 年，第 113 页。

　　② 维特根斯坦：《逻辑哲学论》，贺绍甲译，商务印书馆，2009 年，第 103 页。

哺乳类真兽亚纲的特有结构——胼胝体（corpus callosum）的结构功能。作为哺乳动物脑内连接左右大脑半球的神经纤维束，胼胝体负责大脑两半球间的信息传递和功能整合，关于胼胝体的功能作用，一种观点是抑制模型（inhibtory model）论，认为胼胝体的作用是保持脑半球各自的独立性；另一种观点是兴奋模型（excitatory model）论，认为胼胝体主要对半球间的交流起促进作用，两种观点完全对立，一种新的观点认为"胼胝体的抑制与兴奋的协同可能是两半球动态相互作用的基本机制"[1]，这个观点是完全符合界本结构的基本原理和功能意义的。在界本结构论的生成机理中，界本胼胝体的结构机制承担的不仅是对信息信号的"空间与时间的多通道计算"，而且还有要素、能量的结构对冲、综合叠变，并由此生发出新的生机和生命，可以说，界本胼胝体实际上蕴含了一个双性繁殖的生成机理。

（2）结构的编程算法：界进制

同时，界本结构不仅构制了结构的基本功能，也制定了结构功能的编程算法。界本结构的编程算法是"界的对进制"，即以界的正反互对为演进逻辑和基本工具，按界对进制的程序进行结构系统的运行演算。界的对进制——简称界进制或对进制——表明，界本对成律是一切结构的逻辑基理，结构的运行从根本上是以对反对成共进的规制运行的。界进制贯通于结构的不同层序，在不同的层序、区域体现出不同的工具效能，既有硬件质料也有软件操作系统，在界进制算法的作用下，结构系统通过自在叠变和共在整体叠变的系统运动，不断制造出发展的动能和力量。这种动能和力量也构制了

---

① 　参见高飞、蔡厚德：《胼胝体调节大脑两半球相互作用的机制》，《心理科学进展》，2013 年第 7 期。

差异共同体的关联引力，就像人的机体一样通过各种能量的吸收而生成出生命的力量，并不断更新迭代、生灭循环。在这里，结构扮演了世界差异化生机存在的组织架构，以及差异共同体运行的机枢功用。

结构的机枢功用和可持续机制离不开结构的自主性与开放性、稳定性与动变性、自洽性与互恰性等基本特点。结构的自主性与开放性显示，结构单元是相对独立的存在，是存在的有效载体、生成机体，具有自在的属性与质量，显示出独有的差异本性；同时它又是开放的、群居的，生存于差异化的邻邦之间，并以一定的方式与邻邦交往。结构的稳定性与动变性是说，结构的存在属性与质量既有恒常的秩序和固守的本能，同时又在不断调整和随机变动，这种调整变动充满着多样化的可能和发展的不确定性，或被迫、或自愿，或得到、或失去、或成长变强、或削弱死亡。结构的自洽性与互恰性是说，结构自身能够依据结构的环境自我生存、自我调整、自我修复，同时结构又始终关联地存在、分阶的存在，在结构王国里分处特定的位置，扮演着不同的角色，既自主生存又相互依存，从而维系着差异共同体的迭代发展。结构有分层，功用有大小，但每个结构都完成着它的一个独特使命，结构功用不同，但每个结构都承载着本质的必然和动变的偶然。

结构的生成机理还体现在结构的媒介性，它为存在的生机发展提供了一个选择机制，赋予其自主发展的权利和空间。从这个意义上讲，结构制造的是机制，而不仅是框架；结构提供的是组织化系统，而不仅是组织成员。结构的媒介性以中立的立场出现，把正与反、曲与直、善与恶、美与丑等集合在一起，成为生长的种子和潜因，提供出多样化选择和发展的可能。这也可以被视为是结构的待构性，它在伺机选择，等待出发，依照界本结构律和界本原则的分派，向相关的价值因果进发。从这个角度讲，结构本身无所谓正反、曲直、善恶、美丑，它只是正反、曲直、善恶、美丑的孕育温床，其成长的方向交由价值指令和指令的主人。在人事系统内，人对结构的利用空间极其巨大，可以建构向善的结构而使结构向善，也可以建构利己的结构让结构服务于私欲。当然，结构作为秩序的基础，也是体制的基础、僵化的根据，问题的关键在于如何处置结构的适用性，如何在差异对反对成的辩证逻辑中化用结构的生成资源和机能，而不是机械地把结构看成僵死的模子。

界本结构论对成律所显示的机制原理、逻辑秩序显然具有普遍的通式意义，显示出一种"居式由能莫不为道"[1]的形上规则，和"一切事物'由'通式演化"的普遍规律。[2]反映到哲学的认知范畴，从自然到人事，从意识到实践，尽管不同哲学体系的理论基石不同、思维方式有异，但在哲学的范畴形态和范畴结构上却显示了相通的原理规则，这就是以对反对成的方式达致对存在对象的逻辑判断。古希腊哲学的存在本体论大致形成了存在与非存在、一和多、质和量、质料和形式、变与不变、一般和个别、实体和属性、时间和空间、潜能和现实、必然性和偶然性以及名与实等范畴；近代西方哲学从古希腊的存在本体论进一步转向认识论，提出了感觉与实验、对象和映像、外部经验和内部经验、先天和后天、经验和理智、实体和性质、归纳和演绎等观念论范畴，统一性与多样性、能动性和感受性、原因和结果、自然和人、物质和精神等物质论范畴，现象和本质、知性和理性、同一和差别、主体和客体、理论和实践、个

---

[1] 金岳霖:《论道》，第43页。
[2] 亚里士多德:《形而上学》，第28页。

体和族类、必然和自由等概念论范畴，以及人与实践、自然关系与社会关系、社会存在与社会意识、思维和存在、生产力与生产关系等实践论范畴。至于中国哲学关于阴阳、太极、天人、性道、形名、善恶、知行等概念，以及佛教关于有无、色空、因缘、常与无常等，其范畴建构的深层都隐含着类似的对成结构原则。哲学范畴作为思维的基本工具，既是认知世界的关键钥匙，也是映照世界的本真之镜，东西方哲学各类范畴的设置与建立体现出巨大的认知差异，但在范畴的基本构制上所显现的对反对成特征，是从哲学范畴的认知层面表述了对成的结构基原意义，也从根本上表征了界本结构论及其对成律的基本原理。

界本结构论对成律揭示的是基于界本原理关于世界结构的形上规制、逻辑秩序及其内在功能，既是界本宇宙论、存在论的逻辑延伸，也是界本过程论、价值论、目的论的条件和基础，是界本论整体的逻辑共制，若要回答关于世界的最终结构（the ultimate structure of the world）是什么的问题，还要从界本六律的整体运演中去寻找答案，因为界本结构不是所谓量化结构（quantificational structure）或现实的客观结构（reality's objective structure），[①] 也不是单一的形式逻辑结构，而是基于存在基原和动变整体的界理结构。

---

① David Chalmers, David Manley and Ryan Wasserman. ed., *Metametaphysics: New Essays on the Foundations of Ontology*. p. 419.

第五章　过程论：化异律

万物有对，相辅相成。

生中有克，克中有生。

本化相转，恒异互变。

——《两界书》教 11：4

第一节　世界过程论

亚里士多德曾说，自然是运动和变化的本原。其实这话也可以反过来讲：运动和变化是自然的本质。从界本论的思想逻辑看，世界的存在不是静止的、纯空间的、单维度的差异存在，而是动变的、历时的、混合的差异存在，世界的本质是差异存在的相互联结、生灭动变的序列过程，差异叠变的序列过程是世界存在的基本形式。因此，从世界的宇宙论、存在论、结构论导入世界的过程论（theory of process），不仅是宇宙论、存在论、结构论的动态延伸，也是界本论不可或缺的有机构成和本质构制。

1. 古典思想中的动变与过程

过程的本质是运动和变化。古典知识虽然没有明确提出现代意义上的过程论，但有关世界运动、万物变化的思想源远流长，且丰富而复杂。尤其是中国古代易道哲学，相较于儒学关注人性人伦、佛学关注于生命意义，易道思想对世界原理及其动变规律给予了格外的重视，从《易经》到《道德经》等，以中国哲学的话语方式相当完整地阐释了世界变化的内在机理。《易经》对世界万物动静变化的过程原则进行了繁复推演，形成了一套关于世界动变的符号体系和形上逻辑。在易道学说的相关演绎中，道的概念是核心和基石，《道德经》开篇即曰：

> 道可道，非常道；名可名，非常名。无名天地之始，有名万物之母。故常无欲，以观其妙；常有欲，以观其徼。此两者同出而异名，同谓之玄，玄之又玄，众妙之门。[1]

此处所谓道，既为《道德经》之思想纲要，亦为世界之本要；无与有既为世界之初始，亦为变化之基质；"无之妙"空渺无际难以断定，"有之徼"有形有界万物交接，两者同出而异名，对反相成交互变化，这便构成了世界动变的最初动因和关键奥秘。《道德经》开篇以道与名、无与有、妙与徼之配对，对反对成合而为玄，提纲挈领地讲出了《道德经》有关世界的本体、结构、变化，其"玄"的概念既道出了道的玄妙，更道出世界变化之玄妙。《道德经》还进一步论及道生万物、万物存有与变化之玄德：

> 道生之，德畜之，物形之，势成之。是以万物莫不尊道而

---

① 王弼注、楼宇烈校释：《老子道德经注校释》，第1页。

贵德。道之尊，德之贵，夫莫之命而常自然。故道生之，德畜
之，长之育之，成之熟之，养之覆之。生而不有，为而不恃，
长而不宰，是谓玄德。①

玄德者，变化之德也，此处概述了道与德对于万物生长、形成、
变化的关键作用。

《周易·系辞》引道入易、以道演易，在一阴一阳之谓道的前
提下，"生生之谓易，成象之谓乾，效法之谓坤"②。在这里，万物变
化之生生易理，皆以道之乾坤为门径："子曰：乾坤，其《易》之门
邪。乾，阳物也；坤，阴物也。阴阳合德而刚柔有体，以体天地之
撰，以通神明之德。"③在阴阳之道的基础上，乾坤成为《易》之经
纬，统领易之卦爻："乾坤，其《易》之缊邪。乾坤成列，而《易》
立乎其中矣；乾坤毁则无以见《易》。《易》不可见，则乾坤或几乎
息矣。"④可见乾坤之于易、易之于乾坤，唇齿相依，不可断分。有
了阴阳之纲要、乾坤之经纬，《易》也就有了推演的纲领卦目，并以
数序的组合化变生发爻辞，以"蓍圆卦方"为手段，推演世事易变，
预测万物趋向，探究天地人事，所谓"蓍之德圆而神，卦之德方以
知，六爻之义易之贡"⑤，就是讲通过蓍数的运动变化、卦体的静动排
列，两者相互参照，既可蕴储既往经验，亦可预测未来取势。

《周易》以八经卦重叠为六十四别卦，阴爻阳爻错综排列，形成
丰富的卦象和爻象，以卦象爻象之变化流通来表征世界的变化易理：

① 朱谦之撰：《老子校释》，中华书局，2018年，第211—213页。
② 《系辞上》，陈鼓应、赵建伟注译：《周易今注今译》，第598页。
③ 《系辞下》，陈鼓应、赵建伟注译：《周易今注今译》，第670页。
④ 《系辞上》，陈鼓应、赵建伟注译：《周易今注今译》，第639页。
⑤ 《系辞上》，陈鼓应、赵建伟注译：《周易今注今译》，第627页。

八卦成列，象在其中矣。因而重之，爻在其中矣。刚柔相推，变在其中矣……刚柔者，立本者也。变通者，趣时者也。吉凶者，贞胜者也；天地之道，贞观者也；日月之道，贞明者也；天下之动，贞夫一者也。……爻象动乎内，吉凶见乎外；功业见乎变，圣人之情见乎辞。①

《周易》这一运行机理显示的重要价值在于，它立于阴阳乾坤之道，以辩证互化为方法，融通形上观念与形下物象，并与民事人德相沟通，从而对现世民生发挥作用。《系辞上》曰："是故形而上者谓之道，形而下者谓之器，化而裁之谓之变，推而行之谓之通，举而错之天下之民谓之事业。……极天下之赜者存乎卦，鼓天下之动者存乎辞，化而裁之存乎变，推而行之存乎通，神而明之存乎其人，默而成之、不言而信，存乎德行。"②《周易》关于世界的变动观在中国古代哲学中是有代表性的，它的哲学根基、运思原理、推演路径、表征方式以及目标指向，无不凸显出东方思想的特质。

在古希腊哲学中，变是最早最核心的哲学范畴之一，黑格尔把变视为第一个具体的哲学概念："变易既是第一个具体的思想范畴，同时也是第一个真正的思想范畴。"③赫拉克利特有句名言："我们踏进又踏不进同一条河，我们存在又不存在。"④赫拉克利特的思想就像恩格斯曾概括的那样："一切都存在而又不存在，因为一切都在流

---

① 《系辞下》，陈鼓应、赵建伟注译：《周易今注今译》，第646页。
② 《系辞上》，陈鼓应、赵建伟注译：《周易今注今译》，第639页。
③ 黑格尔：《小逻辑》，第199页。
④ 北京大学哲学系外国哲学史教研室编译：《西方哲学原著选读》上卷，第13页。

动，都在不断地变化，不断地生成和消逝。"①希腊哲学的变动观与希腊哲学对世界本原的存在论认知密切相关，无论是米利都学派把水、气等作为世界始基，还是毕达哥拉斯学派把数看作世界本原，在存在论的存在与不存在、一与多、质与量、动与静等范畴体系内，无不通过变与不变的转换（实质上是界的转换）来实现对世界的认知，特别是对世界变化和世界过程的认知。

在亚里士多德集大成的学说体系中，他的运动论不仅对动变的"连续"与"无限"问题给予格外关注，还体现了重要的综合观："既然自然是运动和变化的本原，而我们所进行的又正是关于自然的研究，那么，就必须了解运动是什么。……运动被认为是一种连续的东西，而最先出现在连续性中的是无限这个概念。因此，在连续性事物的原理中，就多次地出现这个无限的概念，例如，连续性就是可以被分割到无限的东西。除此之外，如若没有地点、虚空和时间，运动也不能够存在。显然，由于这些原因，也由于所有这些概念都是普遍的，为一切东西所共有，所以，必须预先对它们逐一地加以研究。"②亚里士多德对空间、虚空、潜能、现实、第一推动者等各种运动要素进行综观辨析，而不是原则性地讨论动变的一般存在；特别是对时间之于运动的特别意义，进行了比较深入的论说。关于时间的属性，亚里士多德认为"时间乃是就先与后而言的运动的数目，并且是连续的（因为运动是属于连续性的东西）"③。时间与运动的关系是密不可分的相互构制、相互规定："我们不仅通过时间来度

---

① 恩格斯:《社会主义从空想到科学的发展》，中共中央编译局:《马克思恩格斯选集》第三卷，人民出版社，2012年，第790页。

② 亚里士多德:《物理学》，苗力田主编:《亚里士多德全集》第二卷，第57页。

③ 亚里士多德:《物理学》，苗力田主编:《亚里士多德全集》第二卷，第120页。

量运动，而且也通过运动来度量时间，因为它们是相互被规定的。"①
这种不可分割的相互规定既存在于现实也存在于潜能之中："一切变
化和所有运动都在时间之中。……时间作为运动的数目，它是运动
的属性或状况，而所有的这些事物都能被运动（因为它们全都在地
点中），所以，时间和运动不论在潜能方面还是在实现方面都是同
时并存的。"②对于时间在运动中的作用，亚里士多德认为"时间更是
一种毁灭性原因；既然它是运动的数目，而运动就是要脱离现状"③。

　　亚里士多德明确把时间作为运动的尺度，而且认为时间不仅度
量运动，也度量运动的存在："因为它同时既度量运动又度量运动的
存在，并且，运动存在于时间中的含义也正是这样，即它的存在要
被时间所度量——那么很明显，对于其他东西而言，它们存在于时
间中的意思也是这样，即它们的存在也要用时间来度量。"④亚里士多
德把时间作为存在度量工具的思想极其重要。同时，亚里士多德还
强调了运动的复合性问题，这体现在他对运动的三个分类理论："可
见，如果把范畴区分为实体、性质、何处、何时、关系、数量、动
作和承受的话，那么，运动就必然地有三类——性质的运动、数量
的运动和地点上的运动。"⑤亚里士多德对运动的分类虽然未必完全
自洽于范畴的逻辑统一，但对运动多样化的复合类性有了基本区分，
尽管这种区分存有简单断分之虞。再者，亚里士多德还具体分析了
运动的"阶段"与"连续"问题："在本性方面能连续变化的变化
物，在它还没有被移动着变化到那个最后的目标之前所自然地达到

　　①　亚里士多德:《物理学》，苗力田主编:《亚里士多德全集》第二卷，第121页。
　　②　亚里士多德:《物理学》，苗力田主编:《亚里士多德全集》第二卷，第128页。
　　③　亚里士多德:《物理学》，苗力田主编:《亚里士多德全集》第二卷，第123页。
　　④　亚里士多德:《物理学》，苗力田主编:《亚里士多德全集》第二卷，第122页。
　　⑤　亚里士多德:《物理学》，苗力田主编:《亚里士多德全集》第二卷，第136页。

的那个阶段，就是居间。所谓居间，至少也会有三个方面存在；因为相反者是变化的终点；如果在事物的运动过程中没有间断，或者只有最小的间断，那么，它就是在连续地被运动着。"① 在这个问题上，亚里士多德还对运动中的接续、停顿、快慢、接触、距离、分界、质变、偶性等问题进行了逐一讨论。可以说，亚里士多德的运动论以时间为基轴、以动变为核心，以实体、性质、何处、关系、数量、动作和承受等范畴的整体辨析为内容，呈现了一种时间存在论的理论特征，这对后世有关时间哲学、过程论、过程本体论等思想的演变，都有重要的前导意义。

2. 过程的本质

过程不仅是事物发生、发展、灭亡、再生的阶段和程序，而且是世界存在的本质方式，也是世界存在的本质属性。因此，必须以动变、关联和过程的观点看世界，才能接近世界的存在和存在的本质。

恩格斯在《路德维希·费尔巴哈和德国古典哲学的终结》中曾深入分析了关于世界的过程性思想："世界不是既成事物的集合体，而是过程的集合体，其中各个似乎稳定的事物同它们在我们头脑中的思想映像即概念一样都处在生成和灭亡的不断变化中，在这种变化中，尽管有种种表面的偶然性，尽管有种种暂时的倒退，前进的发展终究会实现。"恩格斯还列举当自然科学研究"可以过渡到系统地研究这些事物在自然界本身中所发生的变化的时候，在哲学领域

---

① 亚里士多德:《物理学》，苗力田主编:《亚里士多德全集》第二卷，第140页。

内也就响起了旧形而上学的丧钟"①。近现代以来，对时间和过程的关注成为西方哲学最新进展的一个重要现象，这其中不能不提到的是影响深远的过程哲学家怀特海。

英国数学家、逻辑学家 A.N. 怀特海创立了过程哲学，他提出"事物的流变是我们必须围绕它建构我们的哲学体系的一个终极性概括"②，他把"创造性""多""一"作为终极性范畴，并引入新颖性原则和"共在"的概念："'共在'是对任何一个现实机缘中各种实有以各种特殊方式结合'在一起'的通称。因此，'共在'要以'创造性''多''一''同''异'这些概念为前提。终极的形而上学原则就是从分到合的进展，创造出一个与那些以析取方式出现的实有不同的新颖的实有。……按其本性这些实有是由析取之'多'走向合取的统一过程。"③ 怀特海以其终极性范畴以及创造性、新颖性原则、共在、合生等概念的演绎为基础，另辟蹊径地设立了 8 个存在范畴、27 个解释性范畴，构制了一个以过程为基点的存在本体论。他把"过程"当作 27 个解释性范畴的第一个，认为"现实世界是一个过程，过程就是现实实有的生成。因此，现实实有是创造物；它们也叫作'现实机缘'"④。在怀特海的那些解释性范畴中，他还对"过程原则"（解释性范畴 9）、生成过程的条件原因（解释性范畴 18）等作了层层深入的论析；在带有总结性的解释性范畴中，他提出"（25）构成一个现实实有的合生过程的最后阶段，是一个复合的、充分确定的感觉过程"，"（26）在一个现实实有的发生过程中

①　恩格斯：《路德维希·费尔巴哈和德国古典哲学的终结》，中共中央编译局：《马克思恩格斯选集》第四卷，人民出版社，2012 年，第 250—251 页。

②　怀特海：《过程与实在》，第 323 页。

③　怀特海：《过程与实在》，第 36 页。

④　怀特海：《过程与实在》，第 38 页。

每一要素不管多么复杂都在最后的满足中具有自洽的功能”，“（27）
在合生过程的前后相继的阶段中新的包容通过整合以前阶段的包容
而产生”。① 怀特海还提出了 9 个范畴性要求，以完善他的有机哲学
特别是对“过程与实在”这一中心论题的阐述。

怀特海的过程哲学在底层运思上不可能与古典运动论完全切割，
但它关于过程与存在的本质关联、规定意义及其系统性的推演，相
较于旧形而上学有了更多的发展观和整体观，在西方哲学的流变中
产生广泛影响。直至今日，过程哲学先后引起了生态学、生物学、
物理学、教育学、经济学、心理学、工商管理、组织理论等各个领
域的科学家的关注，澳大利亚、比利时、保加利亚、法国、德国、
匈牙利、日本、韩国、波兰和美国都相继建立过相关研究社团。过
程思想在中国也得到了很大的扩展，学者们试图将传统的道教、佛
教和儒家思想与怀特海的建设性后现代主义相结合。② 当然，怀特
海的过程哲学致力于“宇宙论研究”，许多重要论题虽经烦琐晦涩
的推演，依然未能作出清晰严谨的论证；同时，也像过程神学的代
表性人物小约翰·B.科布和大卫·R.格里芬所说的那样，“怀特海
的哲学既是一种宇宙论哲学，也是一种有神论哲学”③。这里值得一
提的是，小约翰·B.科布和大卫·R.格里芬深受怀特海的影响，其
《过程神学》是对怀特海过程哲学所作的“引导性说明”，他们刻
意糅合过程哲学与神学，把过程的观点引入到对上帝的关联性、进
化过程的原因、人类存在的结构、人类与自然、生态学的感受等问

---

① 　怀特海：《过程与实在》，第 43 页。

② 　Jakub Dziadkowiec and Lukasz Lamza, *Beyond Whitehead: Recent Advances in Process Thought*. p. ix.

③ 　小约翰·B.科布、大卫·R.格里芬：《过程神学》，曲跃厚译，中央编译出版社，1999 年，第 173 页。

题的阐释中，从五个方面拒斥了传统的上帝观。该书开篇即言"现实的就是过程的，这种直率的主张本身就具有宗教的意义"①。在这里，过程神学由于对过程论的引入而大大拓展了哲学神学的思维界域。

第二节　界本过程论

界本过程论建基于界本宇宙论、存在论和结构论，也是界本宇宙论、存在论、结构论的有机延伸，是活的宇宙论、生机的存在论、动变的结构论。它以界为基原核心，承续了界本宇宙论一元为根、存在论界分为本、结构论对反相成的逻辑秩序，并以差异叠变的过程认知，不仅揭示蕴藏在界本宇宙论、存在论、结构论的动变机理，也揭示世界与存在的生机运动和生命实现——这里，界本过程论不是静止、封闭、机械的逻辑体系，而是动态、开放和生机性存在的本体构制。

1. 过程与时间

首先，界本过程论从世界界分为本的认知逻辑中确定时间的属性，厘定时间在差异化世界构制中具有的特定意义。

时间贯通存在、规定存在的作用在古典运动论中已有清晰表述。亚里士多德把时间称为"任何一种运动的数目"："因为不仅任何事物的生成在时间中，而且它的消灭、增长、质变以及移动都是在时

---

① 小约翰·B.科布、大卫·R.格里芬：《过程神学》，第2页。

间中；所以，时间就是作为运动的这每一类运动的数目。由此可见，时间毫无疑问地是连续运动的数目，而不只是某一种特定运动的数目。"[1]基于时间对一切运动的不可或缺性——其实也是对存在与自然的不可或缺性，无论何种运动论、过程论都离不开时间这个存在的基轴，这样的存在才是自然的、生机的存在，才能避免柏格森批评过的人类理智"使世界空间化"的倾向。[2]海德格尔哲学对时间的存在论意义作了进一步演发，他在《存在与时间》中对"时间性之为操心的存在论意义"进行论析，认为"前此整理出来的此在的一切基础结构，就它们可能的整体性、统一和铺展来看，归根到底都被理解为'时间性的'，理解为时间性到时的诸样式。于是，生存论分析工作在剖析时间性之时便又承担起把进行过的此在分析工作重演一番的任务，其意义则在于就其时间性来阐释诸本质结构"[3]。海德格尔围绕着"存在与时间"提出了诸多时间存在论的概念范畴，但其本质不外乎"就其时间性来阐释诸本质结构"。

在界本过程论中，时间的本原来自界分，时间是界分的产物，是界分差异的动态载体和连续性实现，因而也可以说，时间的本质是界分，时间的本性是差异的序列化。在世界的多样化构制中，时间建立了一个流动的、有序列的存在维度，并成为生机世界不可缺少的要素组成。同时，时间区分了差异并把差异连接起来，呈现出存有的连续性（continuity of Being）——离开了时间这一基本维度及其作用，世界就不是存有的活的世界。有观点称时间并不存在——这在理论的假定上是可能的，但在现世界的体系中不能成立，

---

① 亚里士多德：《物理学》，苗力田主编：《亚里士多德全集》第二卷，第129页。

② 见怀特海：《过程与实在》，第 325 页。

③ 海德格尔：《存在与时间》（中文修订第二版），第 418—419 页。

除非是为时间转换了概念的内涵。不仅如此，在人类存活的现行世界中，时间还是界分差异的基本标识和重要刻度，它不仅序列性地体现出万物存在的差异区分，还承载了万物动变的生机动源。时间在界本过程论中的基本属性与意义，有别于经典运动论和一般过程论的时间观。

2. 过程与创造

其次，界本过程论基于时间的流动性、秩序性，揭示过程在万物存在和世界运行中的创造机制和功用原理。

这里有必要首先清理一下时间的秩序性问题，因为传统的时间论对时间的流动性给予较多的强调，但对时间的秩序性强调得还不够。在世界构制的基本要素中，时间最明确地呈显出严格的秩序性，时间的秩序性与其流动性紧密结合，展示了一种固定向度的逻辑延展，不可逆向，也不能省略。过程作为时间流动的结构化，不仅嵌含了时间的秉性，还构制了万物依存的动变程序，这个动变程序既是过程对万物存在的规制，也是过程对万物演化的创造，蕴含了过程在世界存续与运行中不可替代的创造作用。

在界本过程论的认知中，过程是差异的运动联合，是对差异存在的秩序化滚动，其间既借助了时间结构的流动性、秩序性，又自制和发挥了过程对存在的创造。过程建立在差异的界分、关联及其动变、演化上，是界分的活化和差异的生机化；过程的底层逻辑是对反差异的互构互制，是界分为本、对反对成的存在本体、存在结构的流变性、秩序性呈现。经典运动论曾对运动的机制与动因作过类似的描述，亚里士多德的《物理学》较为细致地揭示"运动则不过是差异"① 的本性，他的这种揭示源于对变化及其连续性的认知：
"我所谓的连续，是指事物彼此接触的每一个限界便成为同一个，而
且（正如这个词本身所表明的）相互包容；如果终端是两个，连续
性就不可能存在。"② 亚里士多德还对时间中的对立面问题乃至时间蕴
涵的生成与消灭等问题进行了初步的梳理。在界本过程论的视野下，
过程蕴涵了存在及其结构的差异本质，这种差异以对成的形式构制，
即以"界的对进制"演进，界的差异双方既相互对生（pair creation）
又相互对灭（pair annihilation），在过程中博弈、纠缠、共生、共进。
也就是说，过程的底层逻辑离不开界分为本的存在本质及其对反对
成的结构原则，受此原理的内在驱动，过程以时间性的流动秩序对
万物存在发挥着运行和创造的机制作用。

　　同时还要看到，过程对存在的创造运行呈现的是一种多重叠变
机制，这一机制把界分为本的世界存在和对反对成的世界结构进一
步强化和深化了。首先是过程构制要素的复合性，以及过程要素的
合力作用。过程是要素复合的运动，在过程的运动流变中，所有参
与过程的要素——不管维度、性数、质量，都是共同参与、共同发
挥作用的；所有要素的合力作用，既是过程的动源，也是决定过程
方向、力度、状态乃至生灭的集合要素，每一要素的角色与作用不
尽相同，但有法理的平等地位，任一作用都不可忽视，都可能牵一
发而可动全身。在这里，过程成为一个统一的复合体，是在"多"
中形成的"一"，是差异的关联和统一。怀特海曾用他的"合生"
理论来表述："'合生'是一种过程的名称，在这种过程中，多种事
物构成的世界获得一种个体的统一性，使'多'中的每一项确定地

---

① 亚里士多德：《物理学》，苗力田主编：《亚里士多德全集》第二卷，第137页。
② 亚里士多德：《物理学》，苗力田主编：《亚里士多德全集》第二卷，第141页。

属于构成新颖的'一'的成分。"这种"合生"其实并非某一种过程的情形，而是所有过程的共性，这一点怀特海也是有所论述的："当我们对新颖的事物进行分析时，便会发现除了这个合生过程之外，没有任何别的东西。"①过程构制要素的合力作用，应该不止于"新颖性事物"的过程，而是充满所有的过程。

这样，就不得不面对一个更为深入的问题，这就是过程本身的类层、结构、序列、节奏、节律等问题，也就是过程的内在差异或差异化过程相互联结的叠变机制。过程作为一个动变的、结构性的运动序列，无论是量度、状态还是属性、潜能，都存有整体合力下的差异关联，这种关联不是单一单向的，而是对反双向、综合叠加的，包括连续与间断、有序与无序、可预与不可预、确定与不确定等，在诸如此类的差异性叠加中，所谓时间弯曲、时空扭曲都不足为奇。仅从基本的类属角度而言，过程即可区分为整体过程与个别过程、存在过程与实体过程、前序过程与后序过程、自然过程与人事过程、社会过程与个体过程、动力过程与惯性过程等，因为过程的概念就像存在一样，既可极大也可极小，怀特海将过程简分为宏观过程与微观过程，是一种最基本的过程区分。但不管怎样分层分类，过程的差异化是过程的基本属性，差异的对反对成原则是过程差异的基本原则，不同过程类层内部及类层之间形成了对反对成的多重叠变，决定了过程的生灭和过程的全部奥秘。亚里士多德对同一主体的运动存有对反两向的现象作过论析："同一主体的运动也会是与它相反运动（以及静止）的主体，生成和消灭也是这样，所以，

---

① 怀特海：《过程与实在》，第327—328页。

生成的东西在某时已经生成时，它在那时也会消灭。"[①] 但亚里士多德的论析还是从生成与消灭的基本原理出发，尽管他已发现了运动对反的多向性问题："运动不仅被认为与运动相反，而且也与静止相反"[②]，但这显然还不是对过程叠变机理的揭示。

相较于经典运动论与过往的一般过程论，界本过程论更加强调了过程的界分差异本原及其存在本性，强调了过程作为差异存在的流动秩序，强调了过程对差异存在的流动性重构，以及它所蕴含的多重叠变机制——这种多重叠变机制既为存在演进提供了动源动力，也使万物存在成为生机发展的生命存在。

界本过程论揭示过程的本质就是差异存在、界分对成的生息动变，是世界化生异变的日新创造。界本过程论用活的眼光、整体的眼光看世界，关注过程的动因机制与基本秩序、过程的必然与偶然，以及过程的整体原则和机理程式，提出过程论的基本律则是化异律，即化者生新，异者为常，化异常新有恒。简言之，过程论化异律是在界本原理下揭示世界有界即有合、合生化异、异化万物的一般过程律则。

第三节　化者生新

化者生新，是谓界分为合，合者生化，化而生新。此处是讲过程的发生动因，以及过程的基本秩序。

---

① 亚里士多德:《物理学》，苗力田主编:《亚里士多德全集》第二卷，第137—138页。

② 亚里士多德:《物理学》，苗力田主编:《亚里士多德全集》第二卷，第150页。

1. 过程的动因：界分联合

在界本存在论的认知中，有界即有分，界分差异是万物存在的本质规定和根本属性；在界本过程论的视野里，界分既是分的过程亦是合的过程，没有合的配对配合，就没有分的条件和实现。在这里，合不仅是界分的坐标，更是界分的基原，显示了分合同体的过程必然。但过程的同体必然不仅是形制的必然，而且是机理的必然、创造的必然，一切生机与创造皆源自界分的联合。如果说界分是存在，那么联合才是生机，界分联合构制了过程的发生动因、发生机制，也是过程驱动的根据和动能所在。

界分联合揭示的是差异结构和差异属性的连接，包含了形式、质料等方面的内容，但不止于具体的形式、质料。中国哲学擅以阴阳对反对成为基础，推演不同层级的界分联合，既包括形式、质料，也包括形上、属性，包括宇宙乾坤、天地人事的各个方面，所谓"阳禀阴受，雄雌相须""乾坤刚柔，配合相包"。[1]《周易》说卦的逻辑系统把阴阳的界分联合作为"顺性命之理"的核心：

> 是以立天之道曰阳与阴，立地之道曰柔与刚，立人之道曰仁与义。兼三才而两之，故《易》六画而成卦；分阳分阴，迭用刚柔，故《易》六位而成章。[2]

这里以阴阳、柔刚、仁义三才的对成连接，道出《易》六十四别卦的关键机理。在《周易》的杂卦部分，更道出了易卦"非覆即

---

[1] 刘国樑注译，黄沛荣校阅：《新译周易参同契》，第85页。

[2] 《系辞下》，陈鼓应、赵建伟注译：《周易今注今译》，第704页。

变”的秩序原则：

> 《乾》刚《坤》柔。《比》乐《师》忧。《临》《观》之义，
> 或与或求。《屯》见而不失其居，《蒙》杂而著。《震》起也，
> 《艮》止也。《损》《益》，盛衰之始也。《大畜》，时也；《无妄》，
> 灾也……[1]

此处所谓"非覆即变"，实质上即是两两界分、对反对成，既分又合、相辅相成的构造原则，正是这种结构序列和构造原理决定了万事万物的衍生、变化。在中国最为古老的创生图符中，伏羲女娲图以阴阳同体的结合对此作出了至为深刻的寓说。《两界书》所述人之初人为两性一体，雌雄不分，但此种初人既不能胜任治理世界的责任，也不能完成创造生命、繁衍后嗣的任务，故天帝需将初人断分为中人，男女分处，"两体相吸，凸凹相合"，才能孕育新生。（造3：1—3）从根本上讲，差异两性的结合是差异存在的秩序基础，并决定了万物的存续与演进。现代进化论提出有性繁殖是多样化个体差异不断生产的原则，这在差异哲学看来，还是差异的本质起到了关键性作用："是种的分化、有机体各部分的分化、两性分化这三大生物学分化围绕着个体差异旋转，而不是个体差异围绕着三大生物学分化旋转。"[2]

---

① 《杂卦》，陈鼓应、赵建伟注译：《周易今注今译》，第755页。

② 吉尔·德勒兹：《差异与重复》，第419页。

初人图（《两界书》造 2：1）

西方哲学的相关认知甚为繁复，早在古希腊时代赫拉克利特就曾说过："一切都是通过斗争而产生的。自然也追求对立的东西，它是用对立的东西制造出和谐，而不是用相同的东西。"[1]亚里士多德还从形式与质料的关联及潜在性出发，表述对运动的定义："运动是潜在存在者的'现实性'，换言之，它是那些先前以潜在方式存在的东西转变成实在的过程，是形式对于质料的规定，也是从潜在性向现实性的转化。"[2]近现代的哲学家在古希腊哲学的基轴上作了大量的伸发演绎，怀特海在对他的过程哲学作终极说明时，把上帝与世界作为一对相比较的对立，通过这一根本性的对立，"上帝的创造性活动完成了它的最高任务，把具有对立差异的分离的多样性转变成具有比较性差异的合生的统一性"。在这一对立关系中，上帝和世界发挥各自不同的作用，"上帝是一切精神活动的无限根据，是追求物理多样性的想象力的统一。世界是追求完满统一性的有限的、现实事物的多样性结合体"。在这样的基本原则下，一切相反的要素

---

① 北京大学哲学系外国哲学史教研室编译：《西方哲学原著》上卷，第 13 页。

② 爱德华·策勒：《古希腊哲学史》第四卷（上），曹青云译，人民出版社，2020 年，第 251 页。

既相互对立又彼此需要，它们统一在彼此间的相互约束之中，因此"应当把宇宙看作是对它自身的各种对立的积极的自我表达……所有这些'对立'都是事物本性中的要素，是不可更改的存在着的要素"[①]。怀特海把"上帝"和"上帝的后继性"作为理解宇宙多样性与统一性、万物前进过程的终极方式，这在西方哲学的传统下是有代表性的。

显然，差异的界分联合构制了过程的基本动因，从这个角度讲，世上最可怕的不是同一性的破坏，而是差异性的丧失，差异的丧失意味着界分的失效与联合的缺位，也就意味着进程的停滞和生机的衰亡。

2. 过程系统的基本秩序

以此为基点，在万物存续发展的普遍进程中，界分是进程的机枢，差异是过程的旋转命门，差异之性数、边界、比例、结构、关系的联合叠加、流动重构，构制了一个复杂的过程系统——在这个过程系统中，过程呈现的基本秩序表现为重复、变异、生灭、循环，重复、变异、生灭、循环的交互综合是界本视野下过程演进的基本特征。

重复是过程的一项基本方式，所谓种瓜得瓜、种豆得豆，其中不仅嵌含了因果论，也是过程论的一个普遍原则。从界本论的逻辑基点出发，重复的本质是对万物界分及其差异秩序的重复，从这个角度而言，过程的本质也是重复，"一切都是时间系列中的重复"。这当然是从存在的界本根基看问题，世界的实际过程则充满了变化

---

① 怀特海：《过程与实在》，第 528、529、531 页。

和创造，也就是说，过程在重复世界的差异本质时，也是在制造新的差异、新的重复，从这个角度就不难理解德勒兹的重复理论提出了三种重复："一次是以那构成了过去的方式重复，另一次是在变形的当前中重复。而这被造成的东西——绝对的新——本身只会是重复，是第三种重复。这一次是过剩重复，是作为永恒回归的将来的重复。"德勒兹的重复论含括了重复的一般情形，但他并不是对重复的简单泛化，他对"历史条件"的强调是其重复理论的重要贡献："重复乃是历史条件（condition historique），某种崭新的东西能够在这种条件下切实地产生出来。"① 他还引用马克思的历史重复理论来论说历史条件对历史重复的意义："马克思的历史重复理论，特别是《雾月十八日》（Dix-huit Brumaire）中的那些著名论述，是围绕着下面这条似乎没有被历史学家们充分理解的原则展开的：历史中的重复既非简单的类比，亦非历史学家的反思概念，它首先是历史行动本身的条件。"②

在界本过程论的秩序系列中，重复与变异、生灭和循环被界定为不同的过程秩序。重复在对差异本质的整体呈现中，强调质的属性固守和量的程度变化，它重复了事物的属性，但不突破属性的边界，而是变动了量的增减。重复属于差异的内部行动，是属性不变的变动，在过程的重复中，本性记忆与属性基因得到惯性遴选与亲和性延续，因此重复作为过程的秩序链条，强调的是差异的连续性、过程的类似性，而不是强调差异的断裂，当然也不是强调过程的相等。重复作为过程的秩序基底，它使世界过程成为一个连续的、有韵律的整体过程，而不是一个支离破碎的过程，尽管难免会有过山

① 吉尔·德勒兹：《差异与重复》，第 163 页。
② 吉尔·德勒兹：《差异与重复》，第 165 页。

车那样的起伏。

　　重复虽然强调差异的连续性，但因重复的时空条件、外在环境不同，即使重复的属性不变、数量微变，也将导致属性与数量的结构重组，并制造出新的过程形貌、新的事物形状——从这个角度讲，没有相等的重复，找不到两片相同的树叶。重复构制了不同的过程序列，从时序上讲有序列的先后，就像父辈与子辈的区别一样，子辈传承了父辈的质性，并与父辈保持着质性粘连；同时，在父与子的藕断丝连中，实际上已经孕育了分裂的种子和摆脱的欲望，所以父与子是一个固定的亲和性矛盾，以此为基轴，它的直系分支或族亲分支，都蕴含着这种亲和性矛盾。凡此种种，在过程的重复中，一代又一代、一类又一类的新生事物繁殖出来，无论是物质性重复还是精神性重复，过程得以有序的演化——当然，这种演化不是单向性的，而是可进可退的，并且在重复和演化的过程中也被赋予了一定的自主性和目的性。

　　重复显然不是复制，重复是一个差异相对性的过程概念和秩序原则，重复的不可重复性是重复的本质，重复是自己捕捉不到的影子，是差异的拟像和镜像，在似与不似之间，是比较适宜用诗和戏剧的形式去表述的内容。

　　过程的重复是制造差异的重复，它保守连续也破坏连续，规避变异却又生成变异，也就是说它反对法则又创新法则，反对变异又孕育变异，变异与重复是过程序列的一对差异对反，变异体现了过程的另一秩序原则，即使是个体本性的重复亦可能导致本性的变异——就像白茶的茶性可以从绿茶转变为红茶一样，质底未变而属性变了。更何况过程中的差异是自由流动、多重叠变的差异重复，因此差异重复通向本性变异，不仅是对反对成的界本存在，也是过程的内驱必然。

相较于重复对差异的移位、修饰，变异则是在过程中反对移位、反对修饰，并通过过程制造更大的差异，破坏循规蹈矩的重复。变异的过程本质是否定，是对前序差异秩序的颠覆，是对差异质量、结构、程度的增强和重新分派，无论以变速、变形、变性等的不同形式出现，变异的底层都蕴含了对本原的反动，对传统的反动。卡夫卡的《变形记》是一个现代寓言的典范，推销员格里高尔·萨姆沙清晨一觉醒来变成了一只甲虫，是以外形之变隐喻人的异化。《两界书》对人与社会的文明过程作了整体性叙事，其中《造人》《分族》《立教》《争战》诸篇以人类的单种论起源为开端，所述人分七族，经由天风吹散而散布各地，到异族纷争、划界立国，以及物争、意争，分合合分，其中既有对本原、传统的背离，也有同宗同类的兄弟阋墙。在希伯来–犹太文化中，反传统成为一个突出的传统，[①]在各民族的历史上，兄弟阋墙往往成为一种恒定性的背离模式，即以不同形式与其本原传统分道扬镳。

从界本过程论的原则看，无论是自然过程的变异还是人事社会的变异，都是过程的必然秩序，也是过程的内在动力。在变异秩序的作用下，万物的差异存在从简单走向复杂，当差异增量达到一定的边界限度，则会重新从复杂回归简单。这与变异秩序的对反取向有关，即任何一种过程变异——包括社会变革、科技革命等，在世界的整体过程中都蕴含了正反两种不同取向，也就是说，变革与革命是过程中的一种必然，但变革与革命自有其进步与反动之分，换以熵增理论的观点看，变异的演进整体上也是体现了秩序的耗散和

---

① 参见 Anson Layther, *Arguing with God: A Jewish Tradition*. pp. xiii–xx.

衰减。

这就引出了过程的另一重要秩序原理——生灭。生灭不同于重复与变异，但笼罩了重复与变异，并在秩序机理上贯通、叠加了重复与变异。过程的生灭秩序关涉了存在的根基，直抵存在原初的有无和有无的变化。从世界界分存在的本质来讲，界出则生，界没则灭，生灭就是界的终极化，是对差异边界、存在端点的秩序表述，它关注的是"To be or not to be"的终极问题，所有的存在与过程都不过是生灭两极间的差异变化，不过是通往生灭的过程过渡，只不过变异显得离生灭更亲近一些。在这个意义上，过程的重复与变异都是过程生灭的一部分，是生灭秩序的有机构制，自有其机理机制，但又不可独善其身，不能逍遥于界本原则之外。当然，生灭是一种基本的辩证存在，黑格尔认为发生与消灭"不是相互扬弃，不是一个在外面将另一个扬弃，而是每一个在自身中扬弃自己，每一个在自身中就是自己的对立物"[1]。这其实也是在讲发生与消灭的内在性问题。

存在实体的质性变异及其通往生灭之路，是容易显现并被观测的，就像果实腐烂种子发芽，动物生老病死、繁衍后代。宇宙论、存在论、过程论意义上的变异生灭，一定发生在质性的根基维度上，《两界书》对世界的基础维度进行了文学化的变形叙事，显然是关于过程的变异秩序、生灭秩序的隐喻，所述"昼夜失序"不啻是变异，也是迈上了消灭的台阶：

　　　　白昼瞬变黑夜，伸手难见五指。白昼点灯，夜晚光亮，昼

---

① 黑格尔:《逻辑学》上卷，第97页。

夜颠倒，交替失序。

日中有黑鸟，忽进忽出。黑鸟似啄食，日头出缺失。圆日不圆，豁口烂边。

白昼高悬月亮，黑夜冒出太阳。

月亮忽东忽西，太阳忽下忽上。

太阳被缚，月亮被绑。或高悬静止，或不升不落。

（命 7：2）

所述变乱的天象还有日头变异（命 7：1）、冬夏失衡（命 7：3）、怪象迭出（命 7：4），地象变易的情形包括地势变换（命 8：1）、怪虫涌出（命 8：2）、多日并出（命 11：3）等，物象化异的种种情形以差异种属的混乱表述过程秩序的颠覆：

母牛生出绵羊，绵羊生出花狗。

硕鼠大过黑猫，公鼠哺乳幼猫。

……

公鸡生蛋，母鸡啼鸣。

鸡不分公母，鸭不会游泳。

……

（命 9：1—2）

《两界书·命数》第十章集中叙述人象迷乱，包括男女性变、人自生变、食无原食、生息悖序、人为器奴、人无定性、心无神明等等。其中男女性变的情形表现为：

多日并出（《两界书》命 11：3）

那日将来之际，女人多生怪胎。

有三头六臂，有缺头少臂。

有男婴貌似牛娃，有女婴身如鲵鳗。

有眼睛长在头后，有嘴巴竖在额前。

男人不喜女人，多喜男人。

女人不喜男人，多喜女人。

男人与男人一起，如同男人与女人一起。

女人与女人一起，如同女人与男人一起。

女人生子不用男人，男人生子不用女人。

生出幼子身如蛆虫，生出幼女貌似果蝇。

人与牲畜家禽媾合，生出非人非畜之物。

人与自己婚配，自己作夫作妻。

男婴女婴不生，以此为好。

有人宁与尸骨交欢，不与活人交合。

有人宁与死皮交欢，不与活人交合。

女人长胡须，男人大乳房。

女人声如洪钟音如闷雷，男人声如黄莺细如雏鸟。

（命10：1）

这是从阴阳互构的基原变异上颠覆既有的重复秩序。与人事秩序的毁坏相适应，自然秩序亦会步入毁坏，时空不维，世界将呈现出灭而再生的复始循环：

四季颠倒，春后为冬，冬后即夏。

春日万物凋零，冬日老树发芽。

腊月不穿衣，酷暑披大袄。

三更出日头，日升匆急落。

日子短暂，忽如落石。

一年短似一日，百年逝如一月。

时灯急燃，光油急耗。

时光将耗尽，万物即静止。

不见时序延展，归于死寂默息。

远空急聚，间离混乱。

咫尺远过千里，天涯近在眼前。

时序不维，空序不再。

高山不高，深渊不深。

万有归无，无蕴万有。

有无无间，复归一元。

（命11：1—2）

这里所谓"复归一元"，是一种"旧生新，新生旧。延绵不息，复始循环"（命 12：2）的过程，不是近现代西方哲学（如尼采、德勒兹等）所谓"永恒的回归"，当然也不同于古代东西方哲学（如埃及、印度、中国、希腊、巴比伦等）的一般循环论。

从过程的秩序逻辑来讲，界本循环是对重复、变异和生灭的整合性循环，它包含了重复、变异和生灭，但不等同于重复、变异和生灭的分解性相加，而是蕴含了重复、变异、生灭、循环之间对反对成的龃龉叠加，它是过程秩序的共存共制，表述的是过程整体和过程整体的一般秩序。

同时，在界本过程的秩序底层，界分差异的质变量化、消长生灭、对反对成是过程的关键，也就是说，以存在的性数边界为标识，或者说以界的有无、界的边界为标志，构制了过程的重复、变异、生灭、循环的整体序列。这个整体序列建基于存在的界本属性，在这里，存在之界既是属性，也是本体；既是动源，也是法则——一切过程只不过是界本存在之属性、本体、动源和法则的焕发、运动、经历和实现。即使是趋向边界消失的自然混沌，作为差异的极小化必定也是对差异极大化的对反，因为差异的极大化将因秩序的繁复而导致秩序的混乱和丧失，但只要有界的存在，界分的差异秩序就会重新建立起来。

再者，界在过程秩序中的一切功能源自界分的综合与差异的混合，过程就是把存在之是、存在之有、存在之在，也就是把存在之属性、实在、数量、关系等各种维度的差异放在一起不断搅拌，使之翻滚涌现，在差异的对反合成叠变螺旋中实现化者生新。亚里士多德曾描述运动与过程的自发性："涡动以及把混沌区分为万物并安排成现有秩序的那种运动是自发的"①，但这种表述显然还是初步的原理描述，德勒兹对谢林哲学的相关分析则进了一步，他看到谢林存在着一种与辩证法对应的微分学，特别是"宙斯层叠"现象和微分学的辩证法激活，与界本过程论揭示的过程秩序及其原理不乏类通之处："它根据穷竭法和乘方展开法而将一个又一个的宙斯层叠、接合在一起：宙斯、宙斯2、宙斯3……划分正是在此发现了自身的全部意义——它并非在宽度上着眼于同一个属的诸种，而是在深度中着眼于衍生与强势化，着眼于一种既成的微分化（差异化）。因此，一种聚集与聚拢的差异（óσuvóurxas）的乘方（强力）在一种系列的辩证法（dialectique sérielle）中被激活了。这一差异随怒而变为泰坦式的，随爱而变为德穆革式的，而且它还可以变为阿波罗式的、阿瑞斯式的、雅典娜式的。"② 当然，谢林及新柏拉图主义的立足点源自其"绝对理念"，与界本论是完全不同的思想范畴和认知体系。

第四节 异者为常

异者为常，是谓界分化异，异变生新，无常亦常。此处讲过程中的偶然和偶然的必然，以及过程的无常与恒常发展。

过程是存在的运动实现，世界以界为本，存在即为异在，过程的本质从根本上讲就是存在的界分化异，是万物异在的边界划分、差异连接，所以异变成为过程的基轴，是存在本性和过程属性使然。

① 亚里士多德：《物理学》，第42页。
② 吉尔·德勒兹：《差异与重复》，第325—326页。

异变内涵于存在本体和过程自身，异变不仅是过程的自在属性，从过程的大尺度来看，异变的无常也是过程的恒常。

1. 过程的异变与偶然

异变的自在性是过程偶然性的基质，不仅为过程的偶发异变给出了原发的规定，也存蓄了异变的潜势潜能。孔子有谓："上下无常，非为邪也；进退无恒，非离群也。"[①]就是讲上下进退的无常无恒没有什么特别奇怪的，它们并不隔离于现实世界。关于异变的性状与属性，《系辞》有曰："精气为物，游魂为变，是故知鬼神之情状。与天地相似，故不违。"[②]这里以"精气"为物本，以"游魂""鬼神之状"表述与之相对的异变，并谓这种情状与天地相似，也是在申明异变无常并不违背天地之本。《庄子·至乐》则更进了一步，以寓言方式夸张地表述了物性的本变：

> 乌足之根为蛴螬，其叶为胡蝶。胡蝶胥也化而为虫，生于灶下，其状若脱，其名为鸲掇。鸲掇千日为鸟，其名为乾馀骨。乾馀骨之沫为斯弥。斯弥为食醯。颐辂生乎食醯，黄軦生乎九猷，瞀芮生乎腐蠸，羊奚比乎不筝。久竹生青宁，青宁生程，程生马，马生人，人又反入于机。万物皆出于机，皆入于机。[③]

这里讲述了植物（乌足）如何变为动物（蛴螬、胡蝶），胡蝶如何变为虫（鸲掇），虫如何变为鸟（乾馀骨），鸟的口液如何复变为

---

① 陈鼓应、赵建伟注译：《周易今注今译》，第 13 页。

② 《系辞上》，陈鼓应、赵建伟注译：《周易今注今译》，第 593 页。

③ 《庄子·至乐》，方勇译注：《庄子》，第 291—292 页。

虫（斯弥），斯弥虫再变为新的虫（食醯），等等。更重要的是，久竹（老竹）这样的植物生出了青宁这样的虫子，青宁又生出了豹子，豹子生马，马生人，人又返归于机。这里有两个关键点值得注意：一是植物–动物–人的异变序列，这个序列完全突破了种属的界限，改变了事物的发展路线，也就是颠覆了过程的重复秩序；二是这个异变序列的终结指向是"机"，机者：缘由，机理，自然。庄子谓万物皆出于机、皆入于机，道明万物异变的缘由根据，万物的异变不仅有其造化机理，也有其异变的必然，皆因自然本性使然。

在过程的秩序系列中，变异是对重复秩序的突破，从这个角度讲变异是过程的偶性事件，但过程的偶性因素又深埋于存在根基及过程机理之内。亚里士多德是古希腊哲学家中较多关注偶然性问题的，他认为现存的有些事物"并非必然，也非经常，却也随时可得而见其出现，这就是偶然属性的原理与原因。这些不是常在也非经常的，我们称之为偶然"①。亚里士多德一方面重视偶性因素的作用，他把事物运动及推动因素分为两类："一类是因偶性推动的，因偶性运动的；一类是因本性推动的，因本性运动的。"②在他看来，偶性因素是事物运动的推动因素之一，对事物的发展运动极其重要；另一方面，亚里士多德又认为"反乎常轨"的偶然性和偶性事件发生的原因必然是不确定的："偶然性被认为属于不确定的事物之列，并且是人所无法捉摸的。"③他把偶然归于碰巧、遭遇、偶遇之类的情形，认为"研究'偶然'这一门学术是明显地没有的"④。令人有些费解的

①　亚里士多德：《形而上学》，第 137 页。
②　亚里士多德：《物理学》，第 221 页。
③　亚里士多德：《物理学》，第 44 页。
④　亚里士多德：《形而上学》，第 138 页。

是，亚里士多德对事物的产生作了自发和偶然的区分，又断然认为"自发的原因是外在的，偶然性的原因是内在的"。同时，亚里士多德还把偶然属性安排在本质之外或本质之后："既然没有什么因偶然属性的东西先于因本质的原因，显然也就没有什么因偶然属性的原因能先于因本质的原因。"①

黑格尔的认知与亚里士多德明显不同，他从可能与现实的关系出发，认为偶然是可能与现实的统一，"偶然的东西，因为它是偶然的，所以没有根据；同样也因为它是偶然的，所以有一个根据"；同时，他又从必然与偶然的辩证关联看问题，认为"必然的规定性在于：它在自身中具有其否定，即偶然"。他认为偶然与必然是一种自在性的统一体："这里当前就自在地有了必然和偶然的统一；这个统一必须叫做绝对的必然。"②黑格尔把必然与偶然的统一称之为"绝对的必然"，体现了对必然的自在性、本质性的强调，这与亚里士多德对本质与偶然的内外之分、先后之分相比，无疑是一个重大进步。

通常的观点往往从动变发生的不确定性或发生的频率来界说偶然性，来看待过程的重复或异变。这显然未能触及问题的根基。不确定的概率与动变的频率只是过程之常与无常的表征，而非过程的本质性标识，比如死亡在人的一生中只有一次，但却是绝对的必然；设若因意外原因死亡，则可以视为偶然，但也是以必然为提前，因为人的生灭是自在的、本质的必然。《两界书》在讨论"何为人？"的问题时，六位先知从不同角度对人的本性作出解说，其中异先给出了"异为人本"的思想：

---

① 亚里士多德：《物理学》，第 47 页。
② 黑格尔：《逻辑学》下卷，第 197、204 页。

人之为人，在其性变。

其性不一，阴阳杂合。善恶相融，欲制相交。序而无则，定而无常。恒为世表，异为人本。

（问4：7）

显然，这里是把异变作为人的本质属性看待的，它远离性本善或性本恶的两分法，在阴阳杂合、善恶相融的基质上，以"异"的一元论表述了"序而无则，定而无常"的人本特质。基于这样的人本规定，人的生命过程不是机械的，而是布满了可能性、不确定性，人的异化是一个内外交互的生命过程。

那么异变的偶性动因和过程的偶发根据究竟何在呢？按亚里士多德的观点，"于其他事物总可以找到产生这事物的机能，但对于偶然事物是找不着这样相应的决定性机能或其制造技术的；因为凡是'偶然'属性所由存在或产生的事物，其原因也是偶然的"①。亚里士多德还从"世间大部分的事物只是大多数"的概率论反推偶然的存在理由，显然欠缺说服力。

回到界本过程论的存在根基，界的界分从混沌一体中创造了万物的差异，也由此构制了差异间的秩序，这种创造和构制建立在界分与混沌的矛盾对反、差异之"多"与无差异之"一"的对反对成，建立在有差异的秩序与无差异的无序之间的角力搏争，万物创造和秩序构制的这一根本机制决定了过程的性状，包括产生异变和偶然的机能。一方面，混沌对界分的抗拒、一对多的不甘、无序对有序（多序）的抵触，都会为存在及其过程提供一种与"单向进化"相对

---

① 亚里士多德：《形而上学》，第137页。

的逆反力，其动力指向是混沌、同一和无序，因此，过程的对反两力相互对冲，既为动变发展提供动源，也是制造异变、突变、生灭的根源。另一方面，以界分差异为机理的多样化世界——无论是形下物质还是形上精神，无论是物理原则还是伦理、心理及其他抽象原则，其原理建构的底层都有一个对反成立的基底，这个基底就是混沌，它是同一的，又是无序的，但对差异化的万物存在而言，它不仅是不可缺少的，而且蕴含了巨大、隐秘的根本能量，以致它可以掀翻任何一种存在——你可以把它称之为魔力，称之为神，称之为无意识，称之为黑洞，或称之为自然、超自然等等。

所以，混沌性是世界的基底、万物的子宫、宇宙的浮力，世界万物因此而获得孕育和承载。同时，为了支持世界万物的差异化存在和演化成长，混沌性彰显了巨大的内旋力和内旋机理，这种混沌性内旋既提供差异存在的生长机能，又掌控差异生长的幅度，使其存活在合宜的限度，处于有节制的过程。混沌性内旋指向与现世界的差异存在和逻辑秩序相反的方向，指向混沌、同一和无序，过程的异变与偶然是破坏既有秩序、反对既成差异关联的力量，也是对差异膨胀的制约，是通向无序、消减差异、调整边界的张力作用。当然，混沌性内旋对既有差异存在和过程秩序的反对，并非对差异质量的简单调整，应是有其内在的逻辑原理，这个原理既与现世相关，又超出了一般的现世经验和人的知性能力。

中国哲学以素朴的认知发现在秩序化的世界背后，存有一种本体性的恍惚属性。一方面，万物的运行遵循"阴阳交接，小往大来"，"变易更盛，消息相因"的秩序规则；另一方面，当阴阳失序、法度失衡之时，就会异变自生："端绪无因缘，度量失操持"，"杂性不同类，安有合体居"。①《黄帝内经》常以阴阳失衡喻解人的寒热病变："阴盛则阳病，阳盛则阴病。阳盛则热，阴盛则寒。"②对于界分失序与阴阳失衡的终极根源，中国哲学发现了世界自生有来的惚恍性，这种惚恍从根本上蕴含了世界的游离含混、不稳定和不确定。《道德经》以"渊"喻指世界之根源："渊兮，似万物之宗。吾不知谁之子，象帝之先"（第 4 章）；以惚恍喻指世界之难以名状，且将其视为道纪：

> 视之不见名曰夷，听之不闻名曰希，抟之不得名曰微。此三者不可致诘，故混而为一。其上不皦，其下不昧，绳绳不可名，复归于无物，是谓无状之状，无物之象。是谓惚恍。迎之不见其首，随之不见其后。执古之道，以御今之有，能知古始，是谓道纪。③

《道德经》还申言"道之为物，唯恍唯惚"（第 21 章）。道之为物的惚恍属性决定了万物存在与演化过程必定存有的含混性、不定性，这种含混的不定性、偶发性与过程运行的秩序化、必然性一样，具有同等的本质规定意义："往来既不定，上下亦无常。幽潜沦匿，变化于中。包囊万物，为道纪纲。"④混沌惚恍作为世界的基底模型，它的含混、无形、粘连、丝滑的基质特征也给存在过程的异变、偶发提供了便利和鼓励。

---

① 《仰以成泰章五十一》、《玄幽远渺章第六十一》、《世间多学士章第三十四》，刘国樑注译，黄沛荣校阅：《新译周易参同契》，第 102、112、67 页。
② 《阴阳应象大论篇第五》，姚春鹏译：《黄帝内经》，第 38 页。
③ 王弼注、楼宇烈校释：《老子道德经注校释》，第 31—32 页。
④ 《天地设位章第七》，刘国樑注译，黄沛荣校阅：《新译周易参同契》，第 12 页。

2. 过程的无常与恒常

在差异化存在的过程演变中，差异的界分是绝对必然的，而差异的联合却是龃龉、偶然的，特别是界分差异的无限细分、过度膨胀和叠加对冲，对传统和秩序的破坏、颠覆——各种异变与偶然的发生，都是必然的。而且，随着差异的层级增长、秩序复杂和差异比率的加大与加速，都增强了过程异变、偶发的频率节奏，无常亦常不再仅仅是形上的原则认知，更是形下的现实性实践，这种现实性实践与其说是完全偶然的，不如说是内在自发（spontaneity）的，具有必然的恒常性。

罗志希先生在其《科学与玄学》中曾以生物进化论的突变说（Mutation theory）为例，分析了几种有代表性的生物学实验，其中"米勒（Muller）研究的结果，以为德弗里斯所谓 Oenothera 的突变，并不成为突变，只是'内部含潜性的异种合体（Heterozgous stock）由于交架（Crossing over）而突入同种合体（Homozygosis）的地步。'……于是更经摩根、贝特森（Bateson）等一般著名发生学者的苦工，知道此种突变之起，不是由于外面有新的东西加进来，只是由于已有的分子之交架、裂化或丧失。正如化学中镭 Radium 解体以后，而得氦（Helium）与镭射气（Radium emanation）两种新分子"[1]。当然，这里所谓突变是"内部含潜性的异种合体由于交架而突入同种合体"、"由于已有的分子之交架、裂化或丧失"，只是强调了突变的一种情形，强调了异变的本体自发性因素，而不能代表异变的全部动因。

异变或动变的偶然性还以开放的姿态，吸纳本体自发因素与外

---

[1] 罗志希:《科学与玄学》，商务印书馆，2010 年，第 133 页。

在他发性因素的联姻及联姻的果实，自发本因与他发外因综合构制了异变的基础和动因。这种综合事实上构成了一种与本体的自发因素对反对成的强制性因素，并形成一种综合强制推动。综合强制推动是开放的、变动的、整合的，它不断吸纳内在与外在的滋养、刺激，就像吸纳太阳的能源一样，将新的动能不断注入世界动变的机体，并与世界的混沌基质和自在自发的生命运动融会交合，从而也实现了动变的必然性与偶然性、自发性与强制性的综合，这也是构制世界过程的持续机制。

亚里士多德曾提出："既然运动永远存在而无中断，那么必然有一个或多个永恒的不动的第一推动者。"界本过程论认为，能够扮演永恒推动者的，不是某种特定的质料原因，也不是亚里士多德所认为的"第一推动者是自身不动的"①，而是上述必然性因素与偶发性因素、自发性因素与他发性因素和强制性因素的综合作用。亚里士多德曾对"永动事物"这样论述："假如所谓永恒运动这类事物是有的，这些也不会是潜在；这里若有一永动事物，它的运动当非出于潜能，只在'何处来'与'何处去'的问题上又当别论（若说它具备有各方向动能的物质，这也未尝不可）。"②这里谈到了永动事物不可能局限于潜能，而可能集合于"各方向动能的物质"，可惜这里未见亚里士多德的进一步说明。可以说，世界过程的诸种动因中，必然性因素与偶发性因素、自发性因素与他发性因素和强制性因素的融通与综合，既包含了内在潜能，也包含了动变实现，特别是开放性地包含了各方向的动能。

所以，过程的异变本质上源自本体的自发与差异关联的他发，

---

① 亚里士多德：《物理学》，第 235、257 页。
② 亚里士多德：《形而上学》，第 206 页。

源自自发与他发的综合强制，从根本上也可以讲，源自万物界分差异的必然、差异联合的龃龉，以及差异存在的不断重复、变异、生灭、循环的综合叠加。在差异的综合叠加过程中，"偶然性是宇宙中的一个绝对因素"[①]，它镶嵌于过程的自发性、连续性、普遍性之中，过程的偶然也就成了过程的必然，过程的无常也是过程的恒常，所谓异者为常，无常亦常。

亚里士多德说过，"动变渊源有些存于无灵魂事物，有些则存在于有灵魂事物"[②]。设若集中于人事系统，由于人对差异叠层的无限细分、对秩序关联的繁复叠加，特别是其间无时不在地充斥着难以抑制的私欲、游移不定的灵魂、灵魂走失后的行尸走肉，人事社会中的变异与无常则会变得更为平常和恒常。《两界书》从男、女界分的造人根本上揭示了从人的差异诞生那一刻起，人的同一性就在根基底层遭受了无以弥补的破坏：

> 天帝将初人从中分开，由一为二，一半为男，一半为女。平日男女分处，惟男女复合方成完人。故男女须分处，独自爬行，独自饮食，独有心念。……
>
> 男人女人互为骨肉，互补气血。气通血合者，互视如己，可一见倾心，如胶似漆。气血不合者，会排斥争斗，纵体合而心难合。然气通血合者，亦为分而复合，故难至一体如初。况人分异地，散离各方，能气通血合者，盖数珍少。
>
> （造 3：1—2）

[①]　Jakub Dziadkowiec and Lukasz Lamza, *Beyond Whitehead: Recent Advances in Process Thought*. p. 136.

[②]　亚里士多德:《形而上学》，第 194 页。

中人图（《两界书》造 3：1）

如果考虑到人存自然之中，人与自然本性共契，人的差异与自然差异叠加互用，人不断地将变异的人事秩序（超级科技、气候环境破坏等）强加给自然，对自然秩序施以强力的干扰破坏，那么，人事与自然的差异对反也将进一步加剧世界过程的变异性、偶发性和不确定性。当卢梭在《爱弥儿》中告诫人们："人啊！把你的生活限制于你的能力，你就不会再痛苦了。紧紧地占据着大自然在万物的秩序中给你安排的位置，没有任何力量能够使你脱离那个位置；不要反抗那严格的必然的法则，不要为了反抗这个法则而耗尽了你的体力，因为上天所赋予你的体力，不是用来扩充或延长你的存在，而只是用来按照它喜欢的样子和它所许可的范围而生活。"[1]他不曾料到两百多年后，人的傲慢、自大、虚荣和无畏都到了登峰造极的地步，人的不安分已经远远超过了他能想象的限度。

①　卢梭：《爱弥儿 论教育》，李平沤译，商务印书馆，1978 年，第 79 页。

第五节　化异常新有恒

化异常新有恒，是谓化生异变、异变为常，世界日新、循环永恒。此处是讲过程的整体原理和秩序规制，提出了过程的界本程式，即在界本过程论的整体视野下，世界的过程呈现了元启界分、对反叠变、偏斜螺旋的整体规制，这也可以说是过程呈现的程序方式。一方面，元启界分对反叠变偏斜螺旋所体现的界本程式是对过程的重复、变异、生灭、循环等基本秩序的整合归纳，另一方面，过程的界本程式又是对界本宇宙论、存在论、结构论的过程实现，换句话说，是以过程的方式活化、演绎和联通了界本宇宙论、存在论、结构论的内在机理，并使过程成为存在的有机过程。

1. 过程的逻辑起点：元启界分

元启界分揭示了过程的启始方式和始基原则，是过程界本程式的逻辑起点，也是过程程序的初始算法。过程由不同的秩序系列构制，过程中的重复、变异、生灭、循环作为构制过程的不同秩序和秩序形式，既有相对独立的单元性，又有相互联合的整体性，不同秩序的交互作用构制了过程的程序方式与系统整体。元启界分作为过程程序的逻辑起点和初始算法，奠基于且演用了界本宇宙论之元根律、存在论之界本律的机理机制。

过程的起点与世界的起点同位。万物肇始于前世界的混沌，是从对混沌的界分中产生了差异，产生了差异化的万物及其关联，这不仅是宇宙万物的共同起点，也是万物过程的共同起点，因为没有万物的创生与存在，任何属性、数量、空间、时间的位移、运动和过程都不会存在。不仅如此，过程的开启方式与世界的开启方式同理，这就是面对混沌的无序，以界分打破混沌，在制造差异的同时，也制造了差异间的关联——秩序，同时这秩序不是静止的配位，而是动变的关联，这为过程构制了开启和发展的逻辑起点，也为过程的程序构制了初始的算法基理。

过程的元启界分，意味着过程在宇宙论之元根律、存在论之界本律的基本规制下，过程发端于对混沌的打破——也就是对无序的打破、对同一性的打破和对死寂的打破，以此为逻辑起点和秩序基理，过程不仅成为宇宙论、存在论的活化，也把宇宙论、存在论的内涵机理进行了过程演化。重要的是，过程以对混沌的界分为逻辑启始，以世界的差异存在为基质，以有无、性数、多少、时空等为要素，以差异的对反、离合为基本原则，以差异的关联、动变为基轴，在界分差异的生灭运动中开启了过程的程序方式和算法原理，也就是说，世界一元为根之宇宙元启，以及对混沌无序之存在界分，从宇宙发生和万物存在的根基底层为世界过程制定了初始的逻辑秩序和秩序开端。

2. 过程的程序机制：对反叠变

以元启界分为过程的逻辑起点，对反叠变揭示了过程演进的程序机理和逻辑机制。在这一程序机理和逻辑机制的构制中，界本结构论之对成律起到关键作用。界本结构论从世界构制的底层逻辑、根基原理上揭示出万物差异存在及其构制的基本方式为对成律，即对者为反，成者两合，对成反合而构——过程运动及其演进本质上是界本结构的一种"对冲抽动"，通过这一对冲抽动结构被活化了，结构的活化也就是实现了过程化。在结构活化和过程化的对冲抽动中，对反叠变是构制过程之程序机制的关键。

对反是谓世界结构的基本要素及其关系是以成对相反的方式构成，包含了孪生成对（twins）和两极相反（polarities）的统一关系，是一种两界对反共在（bipolar），按界本宇宙论、存在论、结构论之原理，是万物差异之始基、一切结构之基轴。在过程的演进中，对反的离合对冲成为过程演进的机枢。

这里要特别强调的是，对反在过程演进中的离合对冲并不局限于质料、要素范畴，也不局限于物理时空范畴，而是以对反叠变构制出过程演进的一般程序，以此为机枢来实现过程的重复、变异、生灭和循环的系统运行。亚里士多德在论及运动事物不同范畴的属性特征时曾说："这些范畴中的每一个在属于任何主体时都可以有两种方式：如实体，一为形式，一为形式的缺失；性质如一为白，一为黑；数量如一为完全，一为不完全；同样还有位移里的，如一为向上，一为向下，或者说一为轻，一为重。因此，存在有多少个种，也就有多少种的运动和变化。"[①]亚里士多德这里指出了对反性范畴对构制运动种类的作用和意义，主要强调的还是运动与变化的种类问题。怀特海把上帝与世界的相互对置作为一个最终的形而上学真理，把上帝和世界作为一对既互相对立又互相需要的基本关系，把物理性的"享有"与概念性的"欲望"作为现实中实现合生的两个基轴，物理性的极"从无限的欲望中分有无限"，概念性的极"从独特性的享有中分有有限"，包括上帝与世界在内的各种相反要素既对立又相互需要，两者对反叠加、相互作用，"依从终极的形而上学的根

---

① 亚里士多德：《物理学》，第 57 页。

据，即产生新颖性的创造性进展"[1]。怀特海以其惯常的概念体系，在论及新颖性的创造性进展的机制原理时，将上帝与世界、物理性与概念性、"享有"与"欲望"的对反叠变关系表述得还是相当清晰，揭示了对反叠变对过程——新颖性创造——的机制意义。

《六祖坛经》所提"三十六对法"，以佛教的话语体系对三十六对相互对反的范畴进行了排列分类，包括外境无情五对：天与地，日与月，明与暗，阴与阳，水与火；法相语言十二对：语与法，有与无，有色与无色，有相与无相，有漏与无漏，色与空，动与静，清与浊，凡与圣，僧与俗，老与少，大与小；自性起用十九对：长与短，邪与正，痴与慧，愚与智，乱与定，慈与毒，戒与非，直与曲，实与虚，险与平，烦恼与菩提，常与无常，悲与害，喜与嗔，舍与悭，进与退，生与灭，法身与色身，化身与报身。佛法三十六对范畴中的每对范畴皆以对反的形式出现，三十六对法被归为外境无情、法相语言、自性启用三大类，包含了天地自然、认知工具、主体体验等不同方面，一定程度上呈现了一个对反叠变的修法机理，且具有贯通普遍的原则性、原理性："此三十六对法，若解用，即道贯一切经法，出入即离两边。"[2] 当然三十六对法之说（《坛经校释》有三十八对法之说）另有佛学奥义，但也不失为一种世界的过程论，它对过程对反叠变机制的揭示不仅典型，也相当深刻。

无论是何种话语体系、以何种概念范畴演绎，在对反叠变的过程程序和原理方式上，其算法原则与逻辑机理是相通不变的，只不过具体路径和表达方式有不同。对反界分的差异叠变始终是程序构制的机枢关键，像德勒兹反复论及的差异关系（微分比）及其"由

---

[1]　怀特海：《过程与实在》，第 528—529 页。

[2]　徐文明注译：《六祖坛经》，中州古籍出版社，2004 年，第 103 页。

不对称元素之间的比构成的'复杂体'"、"交错"、"内含"、"外展"等问题，以及达尔克（Dalcq）提出的"形态发生之潜势"、"场域–级度–阈限"等[①]，都可被认为是有关对反叠变之程序机理和逻辑机制的特定表述。

3. 过程的整体形制：偏斜螺旋

如果说元启界分制定了过程的逻辑起点，对反叠变构制了过程演进的程序机制，那么偏斜螺旋则揭示了过程的整体形制，揭示出过程整体是以偏斜螺旋的形式规制运行发展。

宇宙的进程与形制也是古希腊哲学关注的一个核心问题，其中关于世界进程的循环论思想是最有代表性的一种观念。在希腊的哲人们看来，"在万物回归它原初统一和世界进程结束的之后，一个新世界的产生立即开始了，这个新世界完全对应于先前的世界，以至于每一个具体的事物、每一个个体的人以及每一件发生的事物都会在它那里再次发生，完全跟它们在前一个世界中一样。因此，神和世界的历史——事实上，永恒的质料和主动之力的历史也必然如此——就是完全相同阶段的永恒循环"[②]。希腊早期哲学的循环论一方面试图接近宇宙的普遍法则，另一方面也显示了素朴的机械论特征。亚里士多德是从"位移的空间运动"入手来看循环运动原则，他认为世界有三种基本的运动："有量的运动，质的运动以及我们称之为位移的空间运动，在这三种运动中，空间运动必然是先于一切的。"而在空间运动中，只有"圆周位移"具有无限性："有某种无限的，单一的和连续的运动存在是可能的，这个运动就是圆周旋转。"他在

---

① 见吉尔·德勒兹：《差异与重复》，第 412—423 页。

② 爱德华·策勒：《古希腊哲学史》第五卷，第 98—99 页。

对圆周位移与直线位移进行深入比较分析后认为，只有圆周运动能够连续而无限，因而"循环运动是一切运动的尺度，所以它必然是第一运动"[①]。亚里士多德关于圆周位移和循环运动的思想与其天体结构论密切相关，是经典性的自然哲学和形而上学循环论。

循环论思想在后世西方哲学中得到多样性的演化，比如尼采的"永恒回归"思想："尼采将'他的'假设与循环假设对立起来，将'他的'深度与固定之物的圆域中的深度之缺席对立起来。永恒回归既不是质的，也不是外延的，而是内强的，它是纯粹内强的。这就是说：它述说着差异。这便是永恒回归和强力意志的基本关联。永恒回归只可述说强力意志，强力意志只可述说永恒回归。"尼采的永恒回归思想有其特定话语内涵，德勒兹将永恒回归置于差异哲学的论析中，提出"差异是第一肯定，永恒回归是第二肯定，是'存在之永恒肯定'或述说第一个肯定的 N 次方"。并且提出一切尽皆回归或一切皆不回归的思想："正因为没有任何东西是均等的，正因为一切都浸没在了自身的差异之中，浸没在了其自身的不相似与不等性之中，一切才尽皆回归。或者不如说一切皆不回归。"[②]德勒兹还进一步地明确认为："永恒回归不是同一给一个变为相似的世界造成的结果，不是一个被强加在世界之混沌上的外在秩序，而是世界与混沌的内部统一性——混沌宇宙（Chaosmos）。"[③]德勒兹所谓混沌宇宙显然已非前世界的混沌，而是揭示了世界运动中的混沌。

东方哲学的循环论思想极为丰富，《道德经》所谓"万物并作，吾以观复；夫物芸芸，各复归其根。"（第 16 章），以及"大曰逝，

---

① 亚里士多德：《物理学》，第 240—244、256 页。
② 吉尔·德勒兹：《差异与重复》，第 409—411 页。
③ 吉尔·德勒兹：《差异与重复》，492 页。

逝曰远，远曰反"（第25章）等，都可被视为一种高度概括的宇宙循环论。《庄子》表达了类似的思想："万物皆种也，以不同形相禅，始卒若环，莫得其伦，是谓天均。"[1]强调万物启始与终结是一个循环过程。《化书·道化》之"死生"篇论及人的生死，始终是一个不由自主的循环过程："虚化神，神化气，气化血，血化形，形化婴，婴化童，童化少，少化壮，壮化老，老化死。死复化为虚，虚复化为神，神复化为气，气复化为万物。化化不间，犹环之无穷。"[2]古代印度婆罗门教、耆那教、佛教等对生命轮回的问题有着十分系统深入的论说，埃及及两河文明的演绎亦各具体系，影响深广。

界本过程论以偏斜螺旋揭示过程的演进规制和整体形制，不是机械的循环论，也不是简单的螺旋式上升，而是一种基于元启界分、对反叠变的偏斜螺旋。偏斜螺旋有三个基本要义：非匀整、双向性、新阶维，即在过程螺旋演进的整体形制内，嵌含着非匀整、双向性、新阶维的规制特征。

首先是过程演进的非匀整问题。过程作为差异关联的动变，其动变势能的作用通常保持一种惯常的演进方向，并顺势延伸，但这种演进延伸虽然是顺向性的，却不是匀整（evenly）的。这是因为，差异的联合——无论是斗争还是亲和，都注定不会是完美的联合，破镜难以重圆，重圆也是有裂缝的重圆，况且差异的联合大多以非对称的龃龉方式进行，"不同的东西相互关联在了一起，偏移、龃龉、分离成为肯定的对象"[3]。差异联合在本质上是一种差异关系比的

---

① 《庄子·寓言》，方勇译注：《庄子》，第472页。

② 《化书·道化》，李似珍、金玉博译注：《化书 无能子》，中华书局，2020年，第40页。

③ 吉尔·德勒兹：《差异与重复》，第476页。

不对称结构，这种不对称结构使得差异关联及其存在始终处于亚稳定状态。如果考虑到差异秩序及秩序层维的叠变共振，那么过程演进的力量偏斜与方向偏斜不仅是必然的，而且是永久性的。

亚里士多德有言："无论是性质变化还是增长与生成，都不是匀整的，只有移动匀整。"[①]过程的演进并非简单的位移，而是属性、数量、能量、结构等差异关联的综合演进，过程演进的螺旋律式不是亚里士多德所说的"匀整的圆周运动"，其螺旋演进的动能、速度、方向深刻地受到差异的龃龉联合与差异的秩序叠变的制约规定。在过程演进的偏斜螺旋中，一切差异和一切力量都相互作用和相互依赖着，而依赖本身无疑就是一个变数，作为对反对成之物，它同时意味着既可靠又不可靠。

偏斜螺旋的另一含义是过程演进的双向性。在过程的螺旋演进中，顺向虽为经常态，但经常态只是阶段而不等于永恒，演进的底层取向始终是双向并存的，且双向之间可逆可转。过程的双向性或可逆性本质上取决于界分差异之对反叠变机理，过程的这一机理决定了过程整体也由不同的对反过程所构制，不同的过程秩序始终处于对反对成的联合状态，处于不断搏争与妥协、失衡与平衡的过程之中。因此，在过程的演进中，差异力量的翻转与方向的改变，从过程的整体看不仅是必然的，也是无时无处不在的，存在于过程整体的不同层级、不同维度。柏拉图在《政治家篇》中讲述了宇宙可以逆转、太阳可能从西边升起的神话，在这个故事寓言里，万物皆有逆转的潜能，宇宙的"反向运动是内生的，必然的"，"宇宙可以自主运动，它凭着内力走自己的路，在其被释放的瞬间积聚了巨大

---

① 亚里士多德：《物理学》，苗力田主编：《亚里士多德全集》第二卷，第130页。

的力量，可以无数次朝着相反方向旋转，尽管体积极其庞大，但却能保持圆满的平衡，而其旋转的支点很小"。[1] 柏拉图讲到了神对秩序的创造，而将秩序的逆转主要归结于宇宙的内生力量，以此来平衡运动的双向性。

中国古籍中，《黄帝阴符经》与《道德经》有道学双璧之称，《黄帝阴符经》篇幅不长，但其逻辑理路和认知指向值得特别重视。《阴符经》"天有五贼"之说暗含了关于宇宙运行双向对反、顺逆互胜的思想，且以十分独特的运思呈现："观天之道，执天之行，尽矣。天有五贼，见之者昌。五贼在心，施行于天。宇宙在乎手，万物生乎身。"[2] 古来关于"五贼"的理解多有歧义，托名伊尹、太公、范蠡、鬼谷子、诸葛亮、张良、李荃所注《黄帝阴符经集注》不仅出现较早，也为后人释解《阴符经》奠立了基础："太公曰：其一贼命，其次贼物，其次贼时，其次贼功，其次贼神。"此处之"贼"，并非凡人之谓，而是出自圣人之口："圣人谓之五贼，天下谓之五德。"所谓贼命、贼物、贼时、贼功、贼神均非指一般凡人所为，然延伸到"天下五德""人食五味"，"五贼"就有了普适与凡俗的意义："人食五味而生，食五味而死。"李荃曰："人因五味而生，五味而死。五味各有所主，顺之则相生，逆之则相胜，久之则积炁，熏蒸人，腐五脏，殆至灭亡。"[3]

其后各家注疏，或与此密切关联，或各作演绎释解，既有类通，亦有异见，相当繁复。概其要者，李荃《黄帝阴符经疏》是一种有代表性的疏解："天生五行，谓之五贼。……所言贼者，害也。逆之

---

① 柏拉图：《政治家篇》，《柏拉图全集》（增订版）中卷，第 615 页。

② 王宗昱集校：《阴符经集成》上，中华书局，2019 年，第 29—30 页。

③ 王宗昱集校：《阴符经集成》上，第 2—3 页。

不顺，则与人生害，故曰贼也。此言阴阳之中包含五气，故云'天有五贼'。此者在天为五星，在地为五岳，在位为五方，在物为五色，在声为五音，在食为五味，在人为五脏，在道为五德。不善用之则为贼。又贼者，五行更相制伏，递为生杀，昼夜不停，亦能盗窃人之生死、万物成败，故言贼也。"①与李荃不同，另有张果的《黄帝阴符经注》也颇有影响："五贼者，命、物、时、功、神也。……故反经合道之谋，其名有五。圣人禅之，乃谓之贼。天下赖之，则谓之德。故贼天之命，人知其天而不知其贼，黄帝所以代炎帝也。贼天之物，人知其天而不知其贼，帝尧所以代帝挚也……"②李荃、张果之说在各家解说中最有代表性和影响力。此外，宋、明、清各代均见《阴符经》不同注疏，对"五贼"所解多以前述集释为基底。

"五贼"之说各家所解歧义甚多，与注疏者背景不同、悟觉有别有关，也与经中"五贼""贼"等概念的内涵交叉、范畴转换有关。因此，释解《阴符经》及其"天有五贼"思想，还需从《阴符经》的整体逻辑建构入手，明晰了《阴符经》建构的逻辑基底，具体的概念含义也就易解了。

首先，《阴符经》的逻辑运演离不开阴阳互根、对反对成的思想基原，解读《阴符经》均应以此为基础。李荃题释《阴符经·卷上神仙抱一演道章》有谓："阴，暗也。符，合也。天机暗合于行事之机，故曰阴符。"③李荃的"暗合说"成为影响最广的《阴符经》题释，北宋任照一《黄帝阴符经注解》④等均以此解为参照。张果则持

---

① 李荃：《黄帝阴符经疏》，王宗昱集校：《阴符经集成》上，第30—31页。
② 张果：《黄帝阴符经注》，王宗昱集校：《阴符经集成》上，第16—17页。
③ 李荃：《黄帝阴符经疏》，王宗昱集校：《阴符经集成》上，第29页。
④ 王宗昱集校：《阴符经集成》上，第82页。

有完全不同的观点："观自然之道，无所观也。不观之以目，而观之以心。心深微而无所不见，故能照自然之性。性惟深微而能照，其斯谓之阴。执自然之行，无所执也。故不执之以手，而执之以机。机变通而无所系，故能契自然之理。夫惟变通而能契，斯谓之符。照之以心，契之以机，而阴符之义尽矣。李荃以阴为暗，符为合，以此文为序首，何昧之至也！"[①] 李荃、张果对《阴符经》的标题之解最具代表性，显著特点是以主观悟觉推演释义，各有其理，然其义相去甚远，弊在均远离了"阴符"的本义。

《阴符经》之"阴"，本义应为阴阳之"阴"，"暗""性惟深微"诸说均为对"阴"的属性特征的表述，并非"阴"的本体本性，李荃之说明显有以末代本之嫌；"合""契"两说意通，然因移除了"阴"的本体本义，"合""契"的次阶演绎特征及其局限也就十分明显了。《阴符经》之"阴"即为阴阳之"阴"，因阴阳互根互对，说"阴"亦是说"阳"、说"阴阳"，但《阴符经》重在说"阴"；"符"者与符箓有关，符箓以道学为原理并隐含道法秘机，"符"之本义应在于此。因此，"阴符"之本义似应释解为"阴之玄机"，或可称之为"阴隐玄机"，"阴符"就是"阴机"，是阴（其实也是阴阳）所蕴含的对反辩证之"天机"，故有以《天机经》为名而解《阴符》者，《崇文总目》《通志》均著录有《阴符天机经》[②]。此解亦符合中国典籍之命题原则，"阴符"为主词，《阴符经》即为关于"阴符"之经，而"暗合""深契"诸说主词缺失，不合经书命名规范。

以此为基础，《阴符经》所谓"天有五贼"便有了清晰的逻辑义理，即"天有五贼"是"阴符"天机的核心内容，而"贼"的属性

---

①　张果：《黄帝阴符经注》，王宗昱集校：《阴符经集成》上，第16页。

②　见王宗昱集校：《阴符经集成》上，第133页。

与意义则成为理解《阴符经》的关键。"贼"在《阴符经》的逻辑建构中扮演了多重性的意义作用：

一是本体意义，主要包括两种类分，一类为命、物、时、功、神之天、地、人、神的总括；一类为金、木、水、火、土之五行元素或五行之气——无论怎样类分，它们构制了世界万物的本体性基底。

二是属性意义，即"贼"是命、物、时、功、神与金、木、水、火、土在本体范畴之上所禀赋和焕发出的一种属性，由于命、物、时、功、神与金、木、水、火、土含括了天地人神、形上行下，因而"贼"的属性也是万物具有的普遍性，它以"五"为路径媒介，贯通于天之五星、地之五岳、位之五方、物之五色、声之五音、食之五味、人之五脏等等。

三是功能意义，主要为负向功能，如害、逆之不顺、与人为害、毁之为贼等，亦可作中性解，无负向贬义，如贼者取也、五贼之术[①]等。

四是逻辑意义，《阴符经》开篇即谓："观天之道，执天之行，尽矣。故天有五贼，见之者昌。""贼"是《阴符经》逻辑建构、天道观执之钤键，"贼"作为阴的载体，其基本的逻辑意义其一是负载阴的要素与属性，包括暗隐、逆反、废败、衰亡等，参与阴阳逻辑运演；其二是具有阴的结构功能，即与阳互根互抱，共同构制对反对成之阴阳道本，道之阴为"天有五贼"，道之阳则为"道为五德"，阴与阳对，贼与德对；其三是推行以阴阳互用为机理，以阴贼演用、逆顺变转为主导的逻辑秩序，在这一秩序原理下，不仅"阴符""阴

---

① 见王宗昱集校：《阴符经集成》上，第57、98、144页。

机"之天机得以揭示和执用，也从一个独特的、有别于《道德经》的角度实施了"神仙抱一演道"。

"贼"存在于《阴符经》的不同维度，扮演着不同的逻辑功能和意义，既不能割裂开来看，也不能固守一隅地看，就像《道德经》中十数处的"一"并非同一个含义一样。"一阴一阳之谓道"是中国哲学的根本原理，相较于《道德经》侧重于"道德"演绎，以及阴阳家视五行为五德，《阴符经》进行的主要是"道贼"演绎，并视五行为五贼，因"专就相克而言，是以名之五贼"；也就是说，《阴符经》与通常道学演绎取法相逆，它集中演绎道之反用，从道之反用来强调五行"盖生克相仍，乃流转之道"[1]的阴阳大道，也正是在这个意义上，《阴符经》作为可与《道德经》相提并论的道学双璧，从阴阳对反对成的不同方面，更深入、完整地演绎了道原之本。

《阴符经》的意义是多重的，"天有五贼"之说是以中国哲学的特有方式与话语，从宇宙演运的逻辑底层集中揭示了过程演进的双向性、可逆性是万物运行的根本规制，阴阳五行底层潜存着顺逆双向的制符关联，所谓"今阴符之用，妙在天机"[2]。当然，《阴符经》在演用"五行相贼相生"的辩证机理时，不乏道学的神秘操作，所谓"五行颠倒，大道生焉，顺则成人，逆为丹用"[3]等，均为道学话语的思想表述。

约成书于唐末的《化书》以"道化"为题，对大道演化提出了"道之委"与"道之用"两种不同的方向程式。"道之委"是从形上至形下的道顺过程："道之委也，虚化神，神化气，气化形，形生而

---

① 杨文会:《阴符经发隐》，王宗昱集校:《阴符经集成》下，第664页。

② 蹇昌辰:《黄帝阴符经解》，王宗昱集校:《阴符经集成》上，第142页。

③ 夏元鼎:《黄帝阴符经讲义》，王宗昱集校:《阴符经集成》上，第170页。

万物所以塞也。""道之用"是有形万物在道的作用下，从形下返回形上的"逆用"过程："道之用也，形化气，气化神，神化虚，虚明而万物所以通也。"道之顺化与逆用两向结合，万物与道的演化运行才能有源有端、虚实大同："是以古圣人穷通塞之端，得造化之源，忘形以养气，忘气以养神，忘神以养虚。虚实相通，是谓大同。"①《化书》所谓"道之委"与"道之用"揭示的是道化的一般原则，与《道德经》所谓"反者，道之动。弱者，道之用。天下万物生于有，有生于无"（第40章）有内在关联，但《化书》关于道化顺逆两向共通共在的演说，可谓是以中国哲学的话语方式揭示了过程演进双向性、可逆性的底层逻辑。

《两界书·命数》一方面描述了天象变异（命7：14）、地象变异（命8：1—5）、物象化异（命9：1—2）、人象迷乱（命10：1—8）、时空不维（命：1—2）等诸多异象与毁坏路向，另一方面又呈显了良善布满人间的喜乐图景（命14：1—2），乌托邦与反乌托邦两向并存，并借来好鸟之口告谕裒德：

> 　　裒德莫怕。道统天下，天地二分。天水同源，多有流变。大河分流去，路途有南北，怎可一路道尽？
> 　　裒德莫弃。道化所成，人以载道。修德树仁，苦亦为乐。天帝播灵道，万众有承接，不枉喜乐来好！
>
> （命13：3）

《两界书》此处所述"命数"，一方面具有明显的现世警示性，

---

① 《化书·道化》，李似珍、金玉博译注：《化书 无能子》，第21—22页。

另一方面具有过程的预示性，预示世界过程经由正反两向的剧烈对反，必将偏斜性地走向新纪元。

过程演进经由非匀整、双向性之偏斜螺旋，所要达到的是一种新的层阶维度，而不是原有阶维的重复。阶者，层阶，性数之分；维者，维度，方向方式；新者，新旧之分，而非高下之分、进退之分。过程偏斜螺旋之新阶维，亦即差异存在经由重复、叠变、生灭、循环的过程秩序而生成了新差异，新差异重新结合而实现了过程的新界域，这一新的过程界域不仅是差异关联的层阶嬗变（permutation），也是差异构制之方向方式嬗变，是过程演进的层阶差异、维度差异的综合叠变。新阶维作为过程偏斜螺旋的新界域，一方面与既有过程形成差异对反，彼此对反对成；另一方面，又与非匀整、双向性的过程规制相互构制，成为过程偏斜螺旋的内生动力。

第六节　有机过程与德化过程

世界的一切存在都可被视为过程，遵循着过程的律则。但过程的律则不是宿命的铁轨，而是开放的原则和生机的指引，因为过程是生命有机过程，不是物理机械过程。过程具有复杂的层序，它对应了世界差异共同体的复杂性，而人事过程既归属于宇宙自然过程，又非自然过程、物理过程的简单外化，尤其是人的德化作为人性人文进化，显示出了不同凡常的过程复杂和过程意义。

1. 过程是有机过程

界本过程论之化异律表明，世界的过程不是孤立的秩序系统，也非机械的、物理性的秩序体系，而是一个自发与共发、自足与开放、自主与共进的有机系统，过程的秩序充满了生机，过程是有机过程。

过程的自发性源自宇宙创生的元启界分，自混沌被界分的那一刻起，差异的关联、冲突、纠缠就构制了一个不再沉寂的、自发永动的世界。过程的自足性在于差异存在与差异关联的对反叠变机制，它为世界的过程自造提供着不竭的动力源泉。过程的自主性在于，建基于差异存在及其流变关联的界本程式，以元启界分对反叠变偏斜螺旋构制了过程秩序的总原则、总规制，自主地驱动着过程的程序演进。设若把过程的元启界分对反叠变偏斜螺旋视作为一种永恒回归，那么，它的永恒性源自于界分差异的世界本质，以及界分差异所蕴含的否定与肯定的有机基原，"永恒回归肯定了差异，肯定了不似与龃龉、偶然、复多与生成"[①]。反过来也可以说，是界分差异的生机性肯定了过程，肯定了永恒回归。

过程的有机性显然同过程的关联性、环境条件等等密切相关，但说到底，过程化异律之核心还是在于"化"与"异"，化异是生机之根、有机之源，是对界本宇宙论、存在论、结构论的活化，通过这种活化实现存在的过程化和过程的秩序化。过程化异律之"化"与"异"在元启界分对反叠变偏斜螺旋的有机过程中发挥了关键作用，体现了过程有机性的基底原理。

"化"的思想在《易经》《道德经》《庄子》《列子》《韩非子》《黄帝内经》《化书》等中国古籍中有深入广泛的论证，提出过"变化""自化""物化""造化""形化""道化""术化""德化""仁

---

① 吉尔·德勒兹：《差异与重复》，第493页。

化""食化""俭化"等诸多概念范畴，其意并不尽同，有指数量、程度之变，有指类属、性质之变，有指演用、演化之功，但均包含了"变化"之意，包含了有别于原本之意。这里要强调的是，"化"的根本机理不是一般的增减或改变，而是一种对反变转。"化"的甲骨文为{}，指二人一正一反，寓意为对反两向，"化"不仅具有正反两向的取势和属性，而且本质上是一种对反作用，其底层机理蕴含的是界分差异的对反对成。

"异"的甲骨文{}，为面具之人，手舞足蹈，寓有不常、异怪、异类等，意指异变为他物、非类，是本性的改变，而非同性的延伸、程度的改变，如《庄子·逍遥游》鲲鱼化鹏等。"异"的底层是一种完全的对反，蕴含了有与无、生与灭的界分逻辑和差异关联。中国古代多以"易"统称变化，如孔颖达《周易正义》："夫易者，变化之总名。"生生之谓易，故易又常指化生之易，指阴阳合化生息万物。值得注意的是，易亦通"场"，含边界、界的意义，《易·大壮》："六五。丧羊于易，无悔。"[1]《荀子·富国》曰："观国之治乱臧否，至于疆易而端已见矣。"[2] 可以看出，无论是"易"还是"化""异"，皆以界分为工具、以边界为标尺，本质上皆以否定与肯定、对反与对成的方式构制万物存在的生命机理和世界过程的动变机制。

"异"较"易"具有更多的本原、本体、本质意义。"易"侧重于变易、改变、交易，含括性数、形制、位置，程度可轻可重；"异"侧重于本体本性之异变，是对本体本原的逆反、背叛，且常以内生的动因为主因，是本体的自我否定和创造，是过程发展中重要

① 《易·大壮》，陈鼓应、赵建伟注译：《周易今注今译》，第309页。
② 《荀子·富国》，方勇、李波译注：《荀子》，第155页。

的有机机制，典型地体现了过程论的界本特质。《两界书》之异先始终以异为本，坚信"道魔相争，终以异终"：

> 宇宙乾坤，星转斗移。芸芸众生，善恶辅成。魑魅魍魉，道魔相争。巫信智悟，终以异终。异终为始，新纪开启。

（问 6：11）

这里不仅强调了"异"的过程终极，还强调了"异"的过程循环，通过"异"赋予过程以全过程的有机动因。

2. 德化作为过程

世界的过程充满了前进与后退、清晰与模糊、韵律与跌宕、顺畅与吊诡、确定与不定、有常与无常、平衡与失衡等生机性运动，其中既有自然选择的规制，也离不开人与自然的互在互为，而人事社会作为相对独立的过程系统，亦运行着不同层序的过程运动。强调天人相合的人伦教化是中国古代哲学的重要特点，它提出的德化思想强调人不仅要领悟天道自然，还要以"唯变所适"的态度顺应自然。这一认知联通了自然与人事、天道与人德，也进一步演绎了世界过程化生异变的本质特点。

关于《易》的功用目的，《周易·说卦》有言："昔者圣人之作《易》也，幽赞于神明而生蓍，参天两地而倚数，观变于阴阳而立卦，发挥于刚柔而生爻，和顺于道德而理于义，穷理尽性以至于命。"[1]可以看出，和顺道德、通达义理、尽性于命，是《易》的指归

---

[1] 《周易·说卦》，陈鼓应、赵建伟注译：《周易今注今译》，第 702 页。

所在。易老哲学鼎力倡导道以致用，将天道与人德密切配合，这是易老哲学的重要特点和重大价值，所谓"精义入神，以致用也；利用安身，以崇德也，过此以往，未之或知也；穷神知化，德之盛也"①。上问天道，下躬行之，可谓易老哲学之要义，难怪《周易·系辞下》有问："作《易》者其有忧患乎？是故《履》，德之基也。《谦》，德之柄也。……"②可以说，《易》者说易，落脚点在德，在人。易老哲学的德化意义与儒学教化功用有不尽相同的表达方式和话语体系，其深刻性值得发掘。

　　《易》的德化作用不以道德训诫方式进行，而是强调人于天地自然间的通变，强调唯变所适。《易》之创兴历经伏羲氏"仰则观象于天，俯则观象于地"，神农氏"斫木为耜，揉木为耒，耒耨之利，以教天下"，黄帝、尧、舜氏"通其变，使民不倦，神而化之，使民宜之"诸过程，而能通神明之德、类万物之情，始成会通天地大道之宝典。③然《系辞》却明确告谕："《易》之为书也不可远，为道也屡迁。变动不居，周流六虚，上下无常，刚柔相易；不可为典要，唯变所适。"④此处是谓即使是《易》，也不应以其为定则，而应唯变所适，这才符合道之屡迁、《易》之真谛。特别值得注意的是，《易》在盛中忧患的"辞危"表达："《易》之兴也，其当殷之末世，周之盛德邪，当文王与纣之事邪。是故其辞危。危者使平，易者使倾。其道甚大，百物不废。惧以终始，其要无咎，此之谓《易》之道也。"⑤这里是讲在周族德业盛大之际，易卦爻辞多呈危惧之言，当

---

① 《系辞下》，陈鼓应、赵建伟注译：《周易今注今译》，第660页。
② 《周易·系辞下》，陈鼓应、赵建伟注译：《周易今注今译》，第675页。
③ 《周易·系辞下》，陈鼓应、赵建伟注译：《周易今注今译》，第650页。
④ 《周易·系辞下》，陈鼓应、赵建伟注译：《周易今注今译》，第682页。
⑤ 《周易·系辞下》，陈鼓应、赵建伟注译：《周易今注今译》，第692页。

会起到惕惧无咎的作用。

易老哲学的精髓在辩证，在对天地人三才的通变。因此，在"无物有恒，恒皆为表，异则为本"的变化世界（《两界书》问3：6），在化异常新有恒的世界过程中，万物的生息传递、异生动变、有秩无序、随遇无预、惚恍自然，均是天地人三才之常势。人贵在敬天地、法自然中知乎进退，"与天地合其德，与日月合其明，与四时合其序，与鬼神合其吉凶"[①]。所谓"依天道修德修为，依时运谋事行事"（问5：9），是界本过程论的德化指归。

双面人（《两界书》教2：1）

德化是人与自然共处的过程，也是人性的进化过程。德化作为过程离不开界本过程论化异律的原则规制，特别是元启界分对反叠变偏斜螺旋的界本程式和程序原则，奠定了德化过程基本的秩序逻辑。当然德化的过程具有更为复杂的叠变化异，且一直处于不稳定

---

①　《文言》，陈鼓应、赵建伟注译：《周易今注今译》，第14页。

的状况中。《两界书·教化》叙述了一个双面人国："人有双面，盖因内有双心。一心向善，一心向恶。善心以善面向人，恶心以恶面向人。"（教2：1—5）对人性之差异对反予以了寓言式的描述，类似的寓言还有绿齿人（教3：1—3）、尾人国（教4：1—5）、独目人（教5：1—4）等。王入歧道（教7：1—8）、菩度行道（教10）、士耕尔织（教11）以及卷十一《命数》诸篇，也都从不同的人事层序，演绎了人心的德化过程。卷十二《问道》是有总结性的，在回答"何为人""何为人主"的根本问题时，道先作了如是的解答：

> 人在现世，立于道、欲之间。道者，天之大道，人之灵道。欲者，人之本欲，食色地欲。故人以道为天，以欲为地，道欲相辅，天地而成。以灵道为天，以食色为地，天地相辅，男女而成。
>
> 天道在上，人依道而行，有伦有序。地欲在下，人依地而立，双脚不空。故人有双目，心有两鹜。一目识道，一目视欲，道欲遇于心，轻重翻转，浮沉有变。食色利欲人性之本，无本则无生。天道化灵人之为人，失道何以成人？
>
> 万千世界斑驳陆离，实乃道、欲、人三维而织，三纲而张。故人处天地之间，脚立道欲两界。或以道为主，或以欲为先，或道欲共主先，实为人之恒惑，古今难解，解亦未解。
>
> （问7：13—14）

《两界书》从界本论的基本原则出发，将人置于道、欲之间，人的过程就是德化的过程，德化的过程就是道、欲、人三维而织、三纲而张的过程，在这个过程中，从人性善恶本合开启，经由善恶的对反叠变而发生偏斜的螺旋，或向善、或向恶，《两界书》呈现的不是单一的指向，而是人在善与恶、道与欲之间的叠变、搏争、选择和平衡的过程，呈现的是一种界本原理下的德化过程和德化秩序，其思辨之理和叙事修辞都与既有的伦理教化及其逻辑路径有所不同。当然，过程尤其是德化过程蕴含着重要的价值论乃至目的论问题，在界本原则下由过程论导向价值论、目的论，不仅有过程论的内在要求，也是界本论的逻辑必然。

第六章　价值论：优选律

一棵元树三只果，

甘辛未知各一颗。

两甘一辛好运气，

一甘两辛尤常可。

——《两界书》教 11：2

第一节　万物皆有价值

从界本宇宙论、存在论、结构论和过程论的系统观点看，世界由界分对反的要素关联和秩序原则构制和演化，世界的多样性与生命力亦建基于差异万物的对反叠变上。从界本存在的这一根本原理出发，我们完全可以说，世界无无用之物，万物皆有其用，万物皆有价值；或者说，存在就是价值，价值无处不在。这样说也是因为，存在大小有其因，万物善恶有其缘，无大亦无小，无恶亦无善，万物大小善恶皆有因缘，皆有价值。

1. 价值的不同价值观

但是价值问题或许也是最易歧解、最多歧解的一个哲学命题和知识命题了，一百个人眼中有一百种价值。迄今为止，学界还是惯以在伦理学的范畴视域讨论价值问题，比如中国古代哲学之真假、美丑、善恶、义利、理欲、群己、公私、君子小人等等，以诸如此类的道德判断作为价值论析的核心。希腊哲学的情形有所不同，"希腊人习惯于通过价值对立来思考，总想决定两种可比较的活动、特征或性质中哪种更高、更好、更高贵或更完美。我们已经看到，毕达哥拉斯派认为有限高于无限，奇高于偶，正方形高于长方形，雄高于雌。柏拉图总是不失时机地指出，理型不知要比现象高多少；亚里士多德则将地界的不完美与天界的完美对立起来。此外，匀速运动要优于非匀速运动，正多面体也比任何其他多面体具有更大的价值，但本身又比不上球体。这种价值区分的倾向所产生的后果对于科学十分重要（这种倾向是如此极端，我们甚至可以说它是一种唯价值论［axiologism］）"。这似乎与希腊哲学的审美意识和目的论思想有关，"一种事物被看得比另一种事物更高，是因为它更美或更合目的"①。

但这些古典的价值认知要么将价值一般等同于某些伦理范畴或者具体价值，要么以审美、目的论的主观评价衡量价值优劣，并未真正揭秘价值的存在论本质。在文德尔班看来，到了欧洲启蒙运动时期，哲学对文化问题的关注实际上形成了一场"对一切价值进行重新估价"②的运动，这也启示了哲学对人生价值问题的关注和兴趣，"哲学虽然走过一条极其崎岖不平的弯路，但终于能够回到康德关于

---

① 爱德华·扬·戴克斯特豪斯：《世界图景的机械化》，第 103—104 页。
② 文德尔班：《哲学史教程》下卷，罗达仁译，商务印书馆，2009 年，第 456—457 页。

普遍有效的价值的基本问题上来"[1]。价值本质和价值内容问题得到格外的关注，"'价值有效性高于一切'的价值观点"显示为哲学的重要方向，文德尔班甚至认为"哲学只有作为普遍有效的价值的科学才能继续存在"[2]。

自此，价值的哲学研究伴随着西方现代哲学发展而进入了一个繁复驳杂的新时期，有学者将自19世纪40年代新康德主义运动开始后的百余年时间称之为西方价值哲学学科的奠基阶段[3]，并将价值哲学区分为以洛采、文德尔班、李凯尔特、闵斯特伯格、舍勒、哈特曼、尼采等为代表的先验主义路向，以杜威、乌尔班、培里、刘易斯等为代表的经验主义路向，以布伦塔诺、迈农、艾伦菲尔斯、伽达默尔等为代表的心灵主义路向，以及以摩尔、莱尔德、罗斯、石里克、艾伦尔、史蒂文森等为代表的语言分析路向。[4]诸如此类的路向区分当然是相对而言的，但也大致描述了价值研究的一些基本特征：一方面，它们始终与哲学家基本的哲学思想体系密切关联，另一方面，它们的价值定义和价值论逻辑又相去甚远，尤其在价值本质和价值标准上，究竟是指向经验还是指向超验，是指向个人还是指向整体这类的基本问题上，形成了一道道难以逾越的鸿沟，呈现出自说自唱、鸡同鸭讲的理论景观。

2. 对人类中心主义的突破

二次世界大战以来，源起于对生态伦理的关注在西方思想界诱

---

① 文德尔班：《哲学史教程》下卷，第405页。

② 文德尔班：《哲学史教程》下卷，第471页。

③ 参见江畅主编：《现代西方价值哲学》，湖北人民出版社，2003年。

④ 参见冯平：《序言》，冯平主编：《现代西方价值哲学经典》，北京师范大学出版社，2009年。

发了一场出乎意料的哲学转向，并对价值哲学产生深刻影响。被称为"生态伦理之父"的美国科学家、思想家奥尔多·利奥波德（Aldo Leopold，1887—1948）曾为威斯康星大学农业管理系教授，并与一些自然科学家创建"荒野学会"，致力于自然保护和荒野生命保护。基于他的这一特殊身份与思想视野，他对道德、伦理等一般哲学问题的思考不同于科班出身的哲学家，他未陷入哲学道统内的各种缠斗——这不是他的长项，更非他的志趣，他以一个身处其中而又能超然其外的观察者、思想者，对人与自然的共同体关系作出新定义。他的生态整体主义弥补了自然科学与哲学的学科分野，也超越了古希腊哲学以来始终占绝对统治地位的价值人类中心主义，从哲学史的大尺度看，这一突破和贡献是有划时代意义的，超过了许许多多的职业哲学家。事实上，利奥波德1949年出版的《沙乡年鉴》（A Sand County Almanac）在很长一段时期都被划归为自然文学（nature writing），这本书肯定不是一本哲学专著，更像一部自然随笔，但其关于人与土地的生态关系、土地伦理、共同体概念等思想，又是同时期的哲学论著无法比拟的。他认为，"一种伦理，从生态学的角度来看，是对生存竞争中行动自由的限制；从哲学观点来看，则是对社会的和反社会的行为的鉴别。这是一个事物的两种定义。……但是，迄今还没有一种处理人与土地，以及人与在土地上生长的动物和植物之间的伦理观"①。他的土地伦理思想最大的要义在于"是要把人类在共同体中以征服者的面目出现的角色，变成这个共同体中的平等的一员和公民。它暗含着对每个成员的尊敬，也包括对这个共同体本身的尊敬"。他的土地伦理思想其实体现了突出

————————

① 奥尔多·利奥波德：《沙乡年鉴》，侯文蕙译，商务印书馆，2019年，第223页。

的人类情怀，因为"在人类历史上，我们已经知道（我希望我们已经知道），征服者最终都将祸及自身"[①]。利奥波德不是人类中心主义者，但他比许多人类中心主义者更懂得如何爱人类。

被奥尔多·利奥波德的土地伦理深深打动的霍尔姆斯·罗尔斯顿（Holmes Rolston Ⅲ，1932—）也是一位跨界型的思想家，他最初的专业领域也是自然科学，他将物理学、生物学等方面对自然本质、自然价值的认识整合到神学和哲学的思考中去，站在奥尔多·利奥波德的肩膀上提出了关于环境伦理、生态哲学、自然价值等方面更为系统的生态哲学思想。《哲学走向荒野》（*Philosophy Gone Wild*，1986）体现了霍尔姆斯·罗尔斯顿上世纪60—80年代对生态伦理问题的系统思考，他首先旗帜鲜明地提出并回答了"生态伦理是否存在？"这个根本性问题，认为"人类一切的价值都是基于其与环境的联系，这种联系是一切人类价值的依据和支柱。人类构建价值无疑是在环境的规定之外还要做很多事情，但我们的价值仍有着一种与环境的相互印证，与一个有着动态平衡的世界成互补关系。人类的评价，如同人类的感觉和认识一样，是互动性的，是在人与自然的互动中发生的，而不是预先形成了再加给自然的。在人类同环境的遭遇中，人类发现动态平衡是一切价值的关键。当然可以说动态平衡仅是价值的前提条件，但这一前提条件使人类其他的价值显得具有关系性、集群性和与环境的相关性，从而影响了这些价值的构建和改造。"[②] 罗尔斯顿不仅认为存在着自然内在价值，还将自然价值与人类价值看作互补、关联和集群性的动态平衡系

---

① 奥尔多·利奥波德：《沙乡的年鉴》，第 226 页。

② 霍尔姆斯·罗尔斯顿：《哲学走向荒野》，刘耳、叶平译，吉林人民出版社，2000 年，第 16 页。

统，这与人类中心主义的生态伦理学完全不同；他还将自然中的价值细分为经济价值、生命支撑价值、消遣价值、科学价值、审美价值、生命价值、多样性与统一性价值、稳定性与自发性价值、辩证的（矛盾斗争的）价值、宗教象征价值等，对自然价值的类型、功能、判断等作出研析。尤其引人注目的是，罗尔斯顿从人的高贵性来看人与自然的共同体关系，倡导具有实践意义的环境哲学：

> 能不能说，当我们将人类与地球上的生物共同体间看作相互补充关系的时候，当我们对自然的控制与对它的服从相互渗透的时候，人类的存在才最能显出其高贵？人类可以而且必须节制和管理他们的世界，然而，我们对自然的操纵越是纯熟和有效，我们就越迫切地需要尊重我们管辖的这个帝国的价值。如果我们亵渎了自然，也就亵渎了我们自己。最基本的一点是很明显的：我们应将自己所统治的世界看作一个共和国，要促成它的所有成员的完整性；我们应该以爱来管理这个共和国。①

罗尔斯顿在《环境伦理学：大自然的价值以及人对大自然的义务 》(Enviromental Ethics：Duties to and Value in the Natural World, 1988) 中对大自然承载的价值以及关于公共土地伦理的环境政策、关于商业伦理的环境事务等问题作了进一步的阐发，特别是对栖息于自然和文化中的个人面临复合价值的伦理适应问题，以及自然与文化的伦理优先性问题作出前瞻性探讨，并明确提出，"从现在起，地球将进入后进化阶段。目前，文化是比自然更重要的影响地球未

---

① 霍尔姆斯·罗尔斯顿：《哲学走向荒野》，第 93 页。

来的决定性因素"①。罗尔斯顿在这里明显地是在寻找文化与自然协调发展的可能，这也可谓是其环境伦理学的核心价值指向。

从奥尔多·利奥波德的土地伦理到霍尔姆斯·罗尔斯顿的环境伦理，完全动摇和突破了人类中心主义（anthropocentrism）对传统价值和伦理思想的统治地位，其生态共同体和生态中心论（ecocentrism）不仅将人的道德义务拓展到人类赖以生存的生态系统，更是将自然价值对世界与人类的意义空前凸显出来——尽管人对自然的责任问题并非一个完全崭新的哲学命题。当然，利奥波德和罗尔斯顿的相关论说虽然已经触及了自然与人类存在的基本问题，但终究主要还是基于土地伦理与环境伦理的范畴来演说自然与人的共同体思想和整体生态学说，对价值的分类、功能等的分析主要也是基于伦理的意义，而非存在的本体意义。但无论如何，随着哲学的荒野转向（wild turn），价值的含义变了，评判价值的视域和工具也发生了变化，它所显示的重要意义在于：价值弥散在世界的各个角落，万物存在即有价值存在，价值不再局限于人的单一主体世界，也不再仅仅是主客观之间的一种关系。

其实，把价值的概念赋予人以外的世界，并非是当代思想的创见。早在古希腊时期，诸如善恶、爱恨之类属人的价值范畴，就已被广泛地赋予到非人的存在上，比如恩培多克勒在寻找运动的原因时，他在土、水、空气、火的四元素之外，指定了爱与恨作为运动之因，"在恩培多克勒那里，爱和恨不仅是这些元素的性质、功能或关系，而且更是与之对立的独立的力量。……这是第一次迹象，它

---

① 霍尔姆斯·罗尔斯顿:《中文版前言》，霍尔姆斯·罗尔斯顿:《环境伦理学》，杨通进译，中国社会科学出版社，2000年，第5页。

表明'价值'的规定开始引进了自然界的理论"①。这也可以说价值的问题在古希腊时期就已显示出一定的存在论意义，只不过被后世的伦理学分科给遮蔽和限定了。这种情形在分科之学的发展史上并不少见。当代自然科学对生物秩序的研究也发现，生物系统中存在着目的和目标导向的秩序，其间也蕴涵着明确的价值观。②

界本价值论完全摆脱人对价值的规限，试图从存在本原和价值一般的属性上来探析价值的本质与意义。

第二节　界本价值论

本原与价值常被视为哲学的两个基本问题：向后看追溯本原；向前看追问价值、意义、作用、目的。这两个方面常被割裂了来看，或者强调其一忽略另一，或者所谓由其一转向另一，诸如从本体论转向认识论，从本原探究转向价值追问，等等。这种做法过于分科化、机械化了，学科的专精难免造成某些偏斜。

1. 价值的本质

界本价值论基于世界以界为本的界本原理，以界分差异为存在的底基逻辑，确立价值在世界差异化存在中的意义、功用和秩序原则。

从界本论的整体系列讲，界本宇宙论揭示差异存在的缘起，存

---

①　文德尔班：《哲学史教程》上卷，第 59 页。

②　参见 Paul Weingartner, *Nature's Teleological Order and God's Providence: Are they compatible with chance, free will, and evil?*. Walter de Gruyter, 2015, pp. 62–72.

在论揭示差异存在的对反对成本性，结构论揭示差异存在的关联方式，过程论揭示差异存在的叠变演化，目的论揭示差异的终极走向和目标可能，界本价值论则对差异存在的质量、性状、作用、意义等加以衡量和计算，以定义边界、划分界域、确认有无多少的方式，对差异存在进行特定的调适和运算推演，并对差异存在进行递进再分配——进阶性分配和选择性分配，而在这种分配中，人事因素在世界中的权重大大增加了，分配的工具、算法也大大丰富了，并为世界差异存在的目的取向作了趋势引导。

从另一个角度说，界本价值论是对界本宇宙论、存在论、结构论、过程论、目的论在价值阈的秩序演化，既包括自然秩序，也包括人事秩序，它弥合了自然与人事的鸿沟，克服了主客观的分离，呈现的是存在本体的价值论，一种建基于存在本体，整合了宇宙发生、存在本性、存在结构、动变过程、功用意义乃至目标走向的整体价值论和有机价值论，力图揭示价值存在的一般原理。

在界本价值论的逻辑维度上，价值是万物差异存在的形上态，是以功能和意义的形式对差异存在的本质化、量度化，换句话说，价值是质量的本质，是在功能、意义的逻辑维度对差异存在的义界和关联，并以特定原则分配差异、支配差异、调适差异。因此，价值作为存在质量的本质规定，既是存在的意义、存在的神经、存在的特殊存在，也是存在差异的助推器和差异黏合剂——有裂缝的黏合剂，是差异存在的联通媒介和联通系统——这一切反过来也可以讲，差异是价值的中枢，界是价值的根源，也是一切价值的价值。

在既有的价值认知中，"有些人以一己之心理体验得出有关价值的观点，也有些人从非心理的因素得出价值观点；一些人认为价值是主观的，另一些人却认为价值是客观的；一部分人确认所有价值都具有相对性，另一部分人则坚持说确有绝对价值；一部分人说价值是关系，另一部分人则说价值是品格；一部分人认为价值是理想的东西，另一部分人又认为价值是实在的东西，还有人认为价值既不是理想的东西，也不是实在的东西（例如海德）"[1]。界本价值论显然不是这样，界本价值论将价值视为差异存在的本质意义，价值伴随着存在的差异存在而存在，既是存在的本质实现，也是存在的存在理由；价值不是存在的某一属性，而是差异的整体意义，是差异存在之属性、关联、功能、意义的综合体，汇聚了差异存在的全部理由。马克斯·舍勒谈到价值与应然的本质联系时，提出的第一个定律就是——"一切应然都必须奠基于价值之中，即：唯有价值才应当存在和不应当存在"。当然，舍勒从应然律的角度还强调"正价值应当存在，负价值不应当存在"[2]，这是舍勒的视域问题，但他对价值之于存在的普遍性、规定性意义，还是作了特定的阐释。

基于价值与存在的本质一致性和自主能动性，界本价值论认为，价值构制了差异存在的另一种形式，一种建基于存在而又贯通、运行于差异存在的价值界（realm of values），这个价值界构制了以界本原则为机枢的价值结构和逻辑秩序，对万物的差异存在及差异之关联、功能、意义进行价值层序的义界、界分和调适。世界万物的差异化存在作为一般存在，其间实际运行着一个自主性的界本价值系统，界本价值系统对一般存在实施了活化、激化和驱动，在这里，价值是界本差异的生机性实现，也是界本差异的有机性叠变；价值

---

[1] 尼古拉·洛斯基：《存在与价值》，张维平译，华东师范大学出版社，2015年，第13页。

[2] 马克斯·舍勒：《伦理学中的形式主义与质料的价值伦理学》，倪梁康译，商务印书馆，2018年，第138页。

是差异化的复合构成，一身兼具了多属性、多维度的意义功能。从这个意义上可以说，价值是对差异的再差异，既是差异存在的新的划界工具，也是差异存在的形上秩序、组织原则。显然，界本价值论的价值设定并不局限于惯有的伦理范畴设定，不同于尼古拉·哈特曼（Nicolai Hartmann，1882—1950）所提出的价值诸原则：价值作为观念伦理领域的原则、价值作为现实伦理领域的原则、价值作为实在伦理领域的原则等，[①] 而更是一种存在原则；尼古拉·哈特曼曾从价值的先验性、相对性与绝对性以及"价值的观念的独立实存"等角度去发掘"价值作为本质"，可惜他更多的还是"有意识地重拾了早前的传统"[②]，包括柏拉图、亚里士多德的传统。

界本价值论也是一种存在论，如果说界本存在论是侧重于本原的存在论，那么界本价值论则是一种有机存在论，是对存在差异以价值方式所进行的差异活化、差异叠加、差异的再差异和再创造。价值突破了存在差异的种属界限，将各类差异以意义和功能的方式联合起来，同时又通过这种联合进行了新的差异界分，从而制造了更多维度、更高级序的差异，创制了更复杂的差异种属、差异存在和差异系统，这种创制还将时间、空间、环境、条件等综合因素吸收进来，尤其是人的因素。

界本价值论揭示了这样一个事实，一切价值都是建立在万物界分差异基础上的价值，是对差异存在的功能实现和意义创造；界本价值建基于万物的差异化存在，以此为基质构制了特定的功能逻辑

---

① 哈特曼：《价值作为原则》，见冯平主编：《现代西方价值哲学经典：先验主义路向》下册，北京师范大学出版社，2009年，第739—742页。

② 哈特曼：《价值作为本质》，见冯平主编：《现代西方价值哲学经典：先验主义路向》下册，第699—714页。

和意义秩序；界本价值的逻辑秩序不仅为万物的差异存在建立了联结纽带和神经系统，也为世界万物的差异动变注入了能源活力，建构了运行的机理机制。

首先是价值的逻辑分层对差异存在实施了功能、意义的界阈区分。价值分类或者说价值的等级秩序问题是价值论的基础性工作，但往往也是不同价值论的首要分歧和最大分歧。这不奇怪，反倒是显示了价值的丰富价值，诸如自然价值与人事价值、历史价值与自然价值，普遍价值与个别价值、绝对价值与相对价值，内在价值与外在价值、主观价值与客观价值，正价值与负价值、有效价值与无效价值，一般价值与特殊价值、系统价值与个体价值，自身价值与派生价值、辐射价值与辅助价值，工具价值与目的价值、显性价值与隐性价值，表象价值与终极价值，精神价值与物化价值、灵性价值与物性价值，主要价值与次要价值、实存价值与联系价值，本己价值与异己价值、自身价值与后继价值、个体价值与群体价值，行为价值与功能价值、意向价值与状况价值，志向价值与行动价值、行为价值与成效价值，基础价值与形式价值、关系价值，以及逻辑价值、伦理价值、道德价值、生态价值、经济价值、审美价值、宗教价值、永恒价值等等。价值的等级层序不仅表征了差异存在的复杂构制，也反映了价值论在认知维度上的巨大差异。

不仅如此，每一个价值范畴下的细分演化，都是一项充满诱惑的价值寻找，比如闵斯特伯格（Hugo Munsterberg，1863—1916）提出的三重纯粹价值，包括保守价值、一致价值、实现价值[①]，他还把那些为了获得绝对价值的有目的的努力称之为"文明的劳动"：

---

① 闵斯特伯格：《价值的含义》，冯平主编：《现代西方价值哲学经典：先验主义路向》下册，第 579 页。

"因此，我们必须把朴素生活所断定的价值与文明有意断定的价值区分开来。在生活价值和文化价值这两者中，我们都冠以四种价值头衔，即保守价值、一致价值、实现价值和完满价值。因此，我们就有了八种价值类型，而每一种又必须一分为三，因为就体验要肯定自身而言，他们属于三个不同的领域，要么是对外面世界的体验，要么是对人的世界的体验，要么是对内心世界的体验。因此，我们就拥有一个具有三乘八的价值类型组成的价值体系，而所有这二十四种价值仅仅只是实现我们意志的某个价值的支脉，而我们的体验属于一个自我依存、自我肯定的世界。"[1]闵斯特伯格的二十四种价值类型及价值体系之说，显然如其所说只是"某个价值的支脉"，但这也再次表明，价值世界是一个极端复杂甚至混乱的世界，价值的混乱甚于世界的混乱，或者说世界的混乱很大程度上源于价值混乱。约翰·莱尔德（John Laird，1887—1946）从语言分析的角度将"价值"归为"一个含混的术语"："由于在很多民族的流行语言中，'价值'一词具有公认的含混性，所以，如果我们试图将精确性带入价值理念，但最后却是以一种涵盖性更弱但含混性却更强的概念而告终的话，也是不足为怪的。"[2]这是不是可以说是由于哲学的语言转向而对价值论的一个独特发现和贡献。

这里显示了价值存在与价值认知的一个关键，这就是价值一方面是有层序的存在，另一方面价值层序可以无限区分，就像世界万物一方面以种属、质量的差异区分而存在，另一方面种属、质量的

---

① 闵斯特伯格：《价值的含义》，冯平主编：《现代西方价值哲学经典：先验主义路向》下册，第580—581页。

② 莱尔德：《选择论、欣赏论和荣誉论》，冯平主编：《现代西方价值哲学经典：语言分析路向》上册，北京师范大学出版社，2009年，第251页。

差异区分又错综复杂、难以穷尽。价值论的难题不仅在于实在价值是多维的、动变的，也在于实在价值并不孤立存在，而是在联系价值的相互作用下存在和发展。同时，无论是实在价值抑或联系价值，价值本身禀赋着根深蒂固的任性基因，它始终成为混乱的制造者、分离的始作俑者。在这个意义上，这样说也是不无道理的："我们找不到一个相互联系的价值系统，而只是发现混作一团的分离的价值。任何想要寻求一种统一世界观的人，最终必定要求各种价值可以被理解为某个整体中具有内在关联并且相互联系的各个部分；我们必须能够从同一原则中推演出它们。"①

2. 价值的逻辑秩序

因此，要建立不同价值及价值系统的统一原则，绝非一件易事。界本价值论从万物以界为本的存在本质出发，以价值对差异存在的内在意义为着眼点，建构了以价值的差异性、对构性、叠变性和工具性为核心的价值逻辑秩序，在这里，差异性是价值本性，是价值的基本机理；对构性是价值构成，是价值的结构方式；叠变性是价值运动，是价值的一般存在；工具性是价值实践，是对价值的度量、划界、联结、调适和平衡的尺度与机制。

差异性作为价值本性是指价值的存在规定，即一切价值无不奠基于差异的存在，并以差异存在的方式所呈现。价值起源于世界万物的差异界分与差异关联，价值在差异的相互构制、相互作用下生成，因而可以讲，价值是一种差异关系比，是差异间的比例方式与关联秩序。同时，差异性作为价值本性体现在价值实存上，也赋予

① 闵斯特伯格：《价值的含义》，冯平主编：《现代西方价值哲学经典：先验主义路向》下册，第571页。

了价值以主体的功能和意义，价值的本性和主体性永恒地表现为差异化的存在，也就是说，价值不可能完全同一，无论是价值的维度、层序、质量、功能、意义，无论是自然价值、人事价值抑或自然与人事的整体价值，都难以形成同一的价值意义和固定的价值领地，只要万物的差异动变是恒定的，那么价值就是活的价值、主体能动的价值，而不是僵死之物。而且，差异性作为价值本性建构了一个不同价值间比较、交流、转换、消长、互惠、争斗的参与主体、参数体系和域场系统，价值也由此将差异化的万物联结起来，仿佛为差异的硬物注入了血脉，赋予其神经系统。差异性作为价值本性揭示了价值在一般存在意义上的基本机理，这与价值通约、共同价值、普世价值不是一个逻辑层面的问题，但也有底层的逻辑联系。

对构性是指价值构成与价值结构的基本方式。对构的含义有二：一是在价值的一般构制中，价值的基底是以对反的方式结构，即价值以正反两极的价值指向并构出来，诸如天与地、阴与阳、上与下、方与圆、黑与白、软与硬、好与坏等，这种两极对反是存在意义上的对反，揭示的是价值的存在原则与构制机理，而非伦理范畴的价值意义，虽然伦理的价值与其有相通之处，但不能等同于伦理范畴的正负价值判断；二是价值的构制是一种成对的关联机制，价值是差异存在的关联功用，价值关联体的一方动变和每一动变，都是价值关联体的整体动变，或者是挤兑性的划分地盘，或者是增益性的联手共享。约翰·莱尔德在《价值概念》（ *The Idea of Value*，1929）中试图"给出一些适用于一切价值及其计算的公式化原则"，其路径是找出正价值和负价值的结构定理及附加定理，他对价值的正负性以及介于正负价值间的中性价值作了结构性的推演，指出"大多数价值都有单一对立的负价值，例如，痛苦与快乐、善与恶、爱与恨、美与丑。然而，并不是理所当然地总存在这种一对一的对应秩序。对立面的关系，可能是一与多的关系，或者是在某种价值的存在与价值的不存在之间作唯一选择的关系"[1]。莱尔德对价值原理给出了有意义的结构解析，但似乎含混了价值结构的存在意义与伦理意义，他所提出的快乐与痛苦、爱与恨、美与丑的问题，实际上关涉了价值的伦理判断和人的主观认受问题。这与马克斯·舍勒的正负价值说颇为类同："一切价值（无论它们是伦理学的还是审美学的等）都分为（为简便起见我们要说）正价值和负价值。这一点包含在价值的本质之中，并且并不取决于我们是否刚好能够感受到这些特殊的价值对立（即正价值和负价值），如美-丑、善-恶、适意-不适意等。"马克斯·舍勒显然是从伦理学的范畴判断作价值认定："同一个价值不可能既是正的又是负的，但每一个不是负的价值都是正的价值，每一个不是正的价值都是负的价值。"[2]但界本价值论对价值对构性的认知，显然不是伦理学的判断，而是基于一般存在论的判断，在这一判断中，正负价值标示的是价值的两极结构，彼此互为正负、互为对成，其功能意义互为转换、共同实现，以此构制了价值存在和价值运动的基轴。

叠变性是价值运动的机制特征，也是价值世界的存在状态。首先是不同的价值层序、价值维度与价值系统不仅是多元共存的，而且是有机混成的，包括自然价值、自在价值、派生价值，以及伦理价值、审美价值、经济价值等各种精神性价值和物性价值，这些都是生态共同体的有机合成和价值共制，其混成共制的联系或显而易

---

① 莱尔德：《价值尺度的一般理论》，冯平主编：《现代西方价值哲学经典：语言分析路向》上册，第252—253页。

② 马克斯·舍勒：《伦理学中的形式主义与质料的价值伦理学》，第137—138页。

见、直截了当，或隐秘隐晦、曲折委婉，即使在精神性的价值世界，要把不同的价值系统割裂开来也是完全不可取的。闵斯特伯格曾作出三个价值世界的形而上学界分："第一种逻辑价值由我们的知识所把握，第二种审美价值由我们的热忱而达成，最后的伦理价值则要求我们的评价，将三者混淆必然会导致对这三种价值的破坏。"[1]但在实际的价值存在中，逻辑价值、审美价值、伦理价值不仅无法断开，反而是相互作用、相互构制的价值复合体。其次，价值本质上是差异存在及其价值的相互联结，价值始终是在价值的本体存在与不同的价值对在之间通过复杂的运动而实现，尤其是人的主观性的强烈介入，价值的庞大系统实际上成了一个周密敏感的网络神经系统，就像一位神经质的国际领袖打一个喷嚏，全世界的股票市场就会发生连锁反应一样。再者，如果考虑到价值本身正反对构的构制基轴和矛盾属性，那么价值的叠变性无疑是价值与价值世界最突出的运动属性和存在属性。环境伦理学与生态价值论以其全息性的生态观对价值叠变的揭示，远远超过了伦理价值学或形而上学价值论的理论视野：

> 事物并不拥有自在自为的孤立的生存环境，它们总要面对并适应外部的更大的生存环境。自在价值（value-in-itself）总是变为共在价值（value-in-togetherness）。价值弥漫在系统中，我们根本不可能只把个体视为价值的聚集地。图6.6揭示了处于主要的存在层面的价值之间丰富而复杂的关系。不同存在层面之间的界限不是封闭的，工具价值箭头（↗，↘）在这些界

---

[1]　闵斯特伯格：《形而上学价值》，冯平主编：《现代西方价值哲学经典：先验主义路向》下册，第623页。

限之间随处可见，成为联系个体内在价值（o）的纽带。处于上一层面的价值在相当大的程度上既涵摄了、也需要处于下一层面的价值：上一层面的价值不是独立的或孤立的，而是需要下一层面的价值支持和维护的；这幅图虽然展示了这一点，但却未能具体地向我们说明，较高层面的价值是如何被较低层面的价值充实的。①

这是霍尔姆斯·罗尔斯顿在其环境伦理学中对自然的价值层序与结构的描述，在他的系统价值模型中，他对人类主体、自然主体与客体，以及内在价值与整体价值、工具价值与系统价值等的关联与叠变机理，提供了一幅生态共同体视野下价值构制的原理图谱，这也从环境伦理学的特定视野显示了价值存在与价值运动的叠变性。

价值的工具性体现在价值实践与价值实现中。从界本论的逻辑底层看，如果说界及其运动是万物差异的第一制造者，是从混沌无序中创造差异的第一工具，那么价值则是与兹相伴而生的差异黏合剂，它对差异实施了度量，也对差异实施了度量化的连接，从而在差异间建立了最初的差比和参照，也就是在差异间建立了最初的秩序。所以价值的工具性是存在本体意义上的工具性，是建立功能与意义的工具，它对差异进行度量的同时，也对差异进行了再划界、再联结，并以功能、意义和秩序的方式对差异进行调适。价值的工具本质在于它是对差异存在进行度量、划界、联结、调适、平衡的价值尺度和价值生成机制。

价值的实践奥秘掩藏在价值的工具意义及其功能运用上。伦理、

---

① 霍尔姆斯·罗尔斯顿:《环境伦理学》，第295页。

政治、经济、宗教、审美乃至科学等，本质上都是建立了特定的价值工具，这些工具依据存在对象、存在领域的界域特点——或自然或人事，或精神或物性，或逻辑理性或信仰感悟，或个人或群体，设计出不同的工具原理，制定出不同的价值指令，发挥出不同的工具功能，从而建构起不同的价值世界。当然，任何一个价值结果都与"决定评价行为的习俗、偏见、阶级利益以及特权操作"密切相关。[①] 这也是价值世界始终处于动荡状态的重要原因。

不同的价值工具虽然运行原理、运作方式不同，但价值的底层逻辑与一般原则是相通不悖的，特别是价值的差异性、对构性、叠变性、工具性特征呈现了价值存在的一般属性，因而，价值评判（价值估定，valuation；估价，valuing）与价值义界就有了通约可行的认知界面和逻辑维度。界本价值论从万物差异的存在根基出发，将价值视为差异存在的本质呈现，旨在揭示价值对万物差异存在的度量、联结、评价、调适和平衡的功能意义，揭示价值演化的内在机理和发展可能。

界本价值论提出的基本律则是优选律，其特定内涵包括：优者比劣，选者竞存，优选顺道合度。优者比劣是指价值演进的内在取向，以及对差异价值的较比选择机制；选者竞存是指价值演进的基本方式与界域原则；优选顺道合度是指价值演进的整体秩序、逻辑规制和差异价值的分配原则，其中嵌含着价值协和与动态平衡法则。界本价值论之优选律以界本价值为基本工具和标尺算法，通过对价值秩序的揭示，发掘差异价值的演进机理，特别是在自然准则、人文准则和历史准则之间发掘价值意义上的内在联系，同时，也对世

[①]　杜威：《"价值"领域》，冯平编：《批评之批评：杜威价值论与伦理学》，华东师范大学出版社，2017 年，第 29 页。

界演进中的可能性和不确定性问题作出价值逻辑的回答。

第三节　优者比劣

优者比劣，是谓优劣比对，趋利避害，级序进化。此处是讲价值演进的内在取向、取向方式，以及差异价值的选择机制。

1. 价值演进的内在取向

价值的本质是对差异的度量与关联，对差异的义界与评价。无论是价值本体还是价值实在，价值都是一种差异存在和差异关联，价值的演进必然建立在差异的较比联结上，在差异的较比联结中实现价值评价，进而推动价值演进。在差异较比和价值评价的逻辑底层，差异评判与差异价值的选择是决定价值演进方向、演进方式的关键和机枢。

价值的差异性和对构性奠基了价值选择的逻辑基底，也决定了一切价值存在和价值演进都是在对构性的差异价值之间游动选择。所谓正价值与负价值、肯定价值与否定价值的对构性特征在马克斯·舍勒、约翰·莱尔德等人那里都有论及，虽然他们更多的还是从伦理价值论出发来看这个问题，但也一定程度上显示了一般价值的基底结构。马克斯·舍勒对价值差异的描述并不止于正价值、负价值的基本界分，他还对价值的"级序"问题给予了重视："一个对于整个价值王国来说特殊的秩序就在于：价值在相互的关系中具有一个'级序'，根据这个级序，一个价值要比另一个价值'更高'或者说'更低'。就像对'肯定的'和'否定的'价值之区分一样，它包含在价值本身的本质之中并且并不只对那些为我们所'熟悉的价值'有效。"① "更高的"与"更低的"价值级序如同价值的肯定与否定、正与负的两极界分一样，不仅是显示价值的一般性状，更是构制了价值选择的参照系，这个参照系呈现的是一个蕴含了质量本质和普遍性的参照系，蕴含着价值选择的必然逻辑。

尽管一般的价值学家都是从伦理价值论的主体视角对待价值差异及其选择可能，但主体性的感觉、意志对价值的选择也必定在正与负、肯定与否定的两极之间以感觉和意志的方式进行："感觉在象征性地表述价值时的两极分化与价值的两极性密切相关（首先是满足感和痛苦感）。意志对价值的反映也是两极对立的，这种反映表现为愿意或者厌恶。"② 尼古拉·洛斯基虽然主要还是在伦理价值论的话语系统内看价值，但一个难能可贵之处是他强调了价值对主客体关系的超越："价值与主体之间必要的联系恰恰是那么一种情形：任何一种价值无论对于某个主体来说都是价值。但这不等于说，价值是主观的。尽管世界的可知性要以意识为前提，但却不能由此得出结论，似乎可认识的真理全部是由意识决定的；尽管世界的价值性要以有主体在场为前提，但却不能由此得出结论，似乎价值全部是由主体之存在决定的。价值乃是超出主客体对立这一范围之外的某种东西，因为它取决于主体对高于任何主体存在的即存在之绝对完满性的关系。"③ 将价值超然于主客体关联之上，是回归了价值的存在论价值，回归了价值差异对构的存在基底和逻辑规制。

如果说价值的差异对构奠基了价值选择的存在基底和逻辑必然，

---

① 马克斯·舍勒:《伦理学中的形式主义与质料的价值伦理学》，第 146 页。
② 尼古拉·洛斯基:《存在与价值》，第 94 页。
③ 尼古拉·洛斯基:《存在与价值》，第 94—95 页。

那么选择的价值指令就成为选择的关键，也决定了价值演进的方向。差异的关联无论质与量都不是完全对等的关联，价值对差异存在的关联本质上也是一种衡量，在对差异的存在与意义作出价值衡量后作出优劣评判，这也显示了价值评判标准的重要性。"选择论建立在这样一个简单的基础上，即凡与某物关系紧要者或关涉该物者，对该物来说，就是一种价值或负价值；凡与某物无关紧要者，对该物而言，就无价值，就是全然不相干的。既然任何事物都与自己关系紧要，那么自我保存对任何存在之物而言都是一种价值。"[①] 可以说，一切的价值实现都是从价值选择开始的，而对价值优劣的评判则是价值选择的真正开始。

优与劣作为一对较比的范畴，是万物恒定的、相对性的关系存在，本质上取决于世事万物在发生和演进中所体现出的阈值性状及其与相关物的关系状况，也就是事物的界自阈值、界比阈值及其与天地人之关系状况。在这里，事物之界自阈值与界比阈值的状况，即事物在对自身及相关物的界限中所实现的阈值规定，起到了基础作用。要特别指出的是，界自阈值和界比阈值显然都不仅仅是量的问题，而是一个对辅交错、叠加动变的复杂关系，蕴含了质与量的结合，加之与天地人诸要素的纠结，更使得优劣比对成为一个复杂多变的演绎，优与劣也成为一组因时因地因势而变的动态关系，并导致强弱可以互转，弱亦可以胜强。《道德经》讲"水善利万物而不争，处众人之所恶，故几于道"（第8章），是讲水虽柔弱，但更近于道，因而更有生命力，更赋有善优的品质。

价值的优劣作为价值实现的一个基本对构范畴，本质上是对正

---

① 莱尔德：《选择论、欣赏论和荣誉论》，冯平主编：《现代西方价值哲学经典：语言分析路向》上册，第235页。

价值与负价值、肯定价值与否定价值的运动充盈和现实呈现。如果说正价值与负价值、肯定价值与否定价值主要还是基于价值存在的构制逻辑和一般原则，那么价值的优劣界分则以特定的意义坐标将价值纳入选择程序。

首先要强调的是，不能将价值的优劣简单地等同于伦理价值的好坏，价值优劣奠基于价值的一般存在与价值的对构原则，优劣对构蕴含了差异质量的一般关系：优者，优饶强大；劣者，劣缺弱小。价值的选择从优劣比对开始，优劣比对构制了价值选择的基础，而在被选的过程中，优劣既有态势的偏向不等，又有候选的中性平等，就像阴阳互对互抱，也像《道德经》对柔弱的称颂、《阴符经》对五贼的揭示一样。

尽管如此，价值的优劣对构蕴含了差异选择的禀好原则，也就是说在差异存在中，没有质量完全对等的差异——质量无界分则世物无差异，价值选择一定是差异的选择，差异的选择一定是存有倾斜的偏向，不可能永远停留于差异的缝隙中间犹豫不决。通常情况下，价值选择服从偏好原则和从众原则，即在质性上从优从好（此处的优好与喜好之偏好一致），在数量上从众慕强，所谓"势力"一词不仅是指人事常态，也是指自然力的定理。价值（value）的拉丁文词根（valeo）本义即为有力量的、强的。当混沌最初界分出阴阳差异，阴阳的质性界分既是绝对的，而阴阳的差异存在又是相对的，这种差异存在始终处于质量偏斜的动变之中——不可能绝对平衡，就像物理学中的弱力现象——而正是这种偏斜带来了动变的活力和生机。在阴阳的偏斜对构中，动物昼行夜伏，植物趋阳避阴，此乃自然法则使然，也就是说，在阴阳界分的逻辑底层，存有自然而然的法理法则，界分的绝对与质量的不对等法则制造了自然选择的偏向机理。

与价值的一般层阶不同，在价值的伦理层阶——也就是在人事的伦理价值体系内，价值选择的偏好、从众原则不仅愈加明显，也因人的主观因素强烈介入而变得愈加复杂。建构一个伦理性的价值体系，将价值对构的基轴机理——正价值与负价值、肯定价值与否定价值赋予特定的价值内涵，也就是将价值的优劣对反固化为伦理性的善恶、真假、美丑等价值判断与指向，是价值伦理学的共同目标。这里，我们将认识论的真假范畴、美学的美丑范畴与伦理学的善恶范畴相提并论，均是相对于自然价值系统的最基本的人事伦理价值。

伦理学建构起以善恶（好坏）对构为基轴的道德框架体系，在此基轴框架上，东西方各以不同的话语范畴去建制和经营。早在希腊哲学的先苏时期实际上就萌发了有关道德与伦理的思想演发，包括早期神话、荷马史诗、庙堂宗教等形式，以及毕达哥拉斯的数论、赫拉克利特的动变论等，都以特定的方式渗透着对人的德性和生命意义的思考，"德性""美德""好""优秀""至善""幸福""公正""正义""和谐"之类的道德范畴和伦理逻各斯已经得到相当程度的演发。赫拉克利特将人的幸福看作是为正义而斗争："最优秀的人宁愿取一件东西而不要其他的一切，这就是：宁取永恒的光荣而不要变灭的事物。可是多数人却在那里像牲畜一样狼吞虎咽。"[1]原子论者德谟克利特并不仅仅关注大宇宙的原子结构原理，他把人视作为一个小宇宙，虽然这未必意味着他的宇宙论已有伦理学意义，但他在残篇中对人生的意义和价值还是作了明确的阐释："应该做好

---

[1] 北大哲学系外国哲学史教研室编译：《西方哲学原著选读》上卷，第18页。

人，或者向好人学习"，"使人幸福的并不是体力和金钱，而是正直和公允"①。

当然，希腊伦理学和道德哲学的真正建立还是在苏格拉底、柏拉图和亚里士多德那里实现的，"真正的道德哲学的科学叙述肇端于苏格拉底"②。苏格拉底从此前自然哲学对宇宙的关注（他认为那是神的事情而不是人应该操心、能够操心的）转移到人和人的生活，"是苏格拉底第一个将哲学从天空召唤下来，使它立足于城邦，并将它引入家庭之中，促使它研究生活、伦理、善和恶"③。柏拉图把善、正当这类伦理学的核心问题与其理念论的形而上学相结合，对善、美、真、正义（国家正义、个人灵魂正义）、幸福、勇敢、自制等伦理学范畴进行了深刻的哲学演化。亚里士多德是把哲学系统地推向实践哲学——伦理学的真正创建者，他的《尼各马科伦理学》《大伦理学》《优台谟伦理学》《论善与恶》诸篇对伦理学的全部重要论题都作了深入论析，有些论析还是与政治学论析结合在一起，如《大伦理学》。

在苏格拉底、柏拉图和亚里士多德对西方伦理学的原理性奠定中，善与恶、好与坏作为基质性的范畴对构，始终是西方伦理思想演绎的基轴，这在其后的斯多葛派、伊壁鸠鲁及其门徒、神学道德哲学（基督教与天主教）、现代道德哲学（托马斯·霍布斯、斯宾诺莎、休谟、莱布尼茨、康德、歌德等）、思辨哲学（赫伯特、叔本华等）的各种推演中都有充分的呈现，尽管这些理论繁复、概念

① 北大哲学系外国哲学史教研室编译：《西方哲学原著选读》上卷，第47页。

② 弗里德里希·包尔生：《伦理学体系》，何怀宏、廖申白译，商务印书馆，2021年，第46页。

③ 西塞罗：《在图库兰姆的谈话》，引自汪子嵩等：《希腊哲学史》（修订本）第二卷，第306—307页。

选出，但其根基无外乎还是围绕着"好与坏""善与恶"的永恒母题。尼采在他的《论道德的谱系》中在对"善和恶""好和坏"进行了一番论证后，得出了这样的结论：

> "好和坏""善和恶"这两对相互对立的价值，在大地上打了一场可怕的、长达数千年的战斗；尽管后面这一方价值（译注：指："坏"与"恶"）肯定很久以来就处于优势，但直到现在，战斗还在某些方面不分胜负地继续进行。甚至有人可以这样说，这场战斗在此期间已打得越来越高明，并同样打得越来越深刻，越来越精神性了：以至于在今日，"更高等的天性"、更精神性的天性的最具决定性的标志也许就是，它在那样一种意义上是分裂的，它对那样一种对立来说其实就是一个战场。①

尼采对善恶的辨析显然并未到此为止，与其说他看重了"好和坏""善和恶"数千年的对立，不如说他洞悉了"好和坏""善和恶"的统一，或者说他发现了超然于"好和坏"、无关乎"善和恶"的道德哲学的价值级序，这在他的《善恶的彼岸》中有进一步论述，他将其视为"一种未来哲学的序曲"。②

中国古代伦理学思想丰富驳杂，蔡元培先生作《中国伦理学史》有谓：

> 我国以儒家为伦理学之大宗。而儒家，则一切精神界科学，

---

① 尼采：《论道德的谱系》，赵千帆译，孙周兴校，商务印书馆，2018年，第51页。

② 尼采：《善恶的彼岸》，赵千帆译，孙周兴校，商务印书馆，2015年。

悉以伦理为范围。哲学、心理学，本与伦理有密切之关系。我国学者仅以是为伦理学之前提。其他曰为政以德，曰孝治天下，是政治学范围于伦理也；曰国民修其孝悌忠信，可使制梃以挞坚甲利兵，是军学范围于伦理也；攻击异教，恒以无父无君为辞，是宗教学范围于伦理也；评定诗古文辞，恒以载道述德眷怀君父为优点，是美学亦范围于伦理也。我国伦理学之范围，其广如此，则伦理学宜若为我国惟一发达之学术矣。然以范围太广，而我国伦理学者之著述，多杂糅他科学说。其尤甚者为哲学及政治学。欲得一纯粹伦理学之著作，殆不可得。此为述伦理学史者之第一畏途矣。①

蔡元培不惧畏途，对中国伦理思想的发轫与沿革作出概要梳理，尤以对先秦儒家自孔子、孟子开端，经汉唐董仲舒、扬雄、王充传承，至宋明邵康节、周濂溪、张横渠、程明道、程伊川、朱晦庵、陆象山、王阳明之演化凝练，作出了精要归纳。这里特别值得关注的是，自伏羲开启阴阳对构之宇宙天理，道德的问题即潜存其论，并成为后世道家、儒家之共同追究，实难断分。另一方面，善恶之分既为中国伦理思辨之要义，而自古以来又呈显了一种"齐善恶"的思想，这在道家学说中表现尤为明显，体现了道德与哲学的混合思辨。老子以一种正反对构的方式论及仁义忠孝的成立与意义："大道废，有仁义。智惠出，有大伪。六亲不和，有孝慈；国家昏乱，有忠臣。"（第18章）《道德经》又称："天下皆知美之为美，斯恶已；皆知善之为善，斯不善已。"（第2章）美与恶、善与不善混同的关

---

① 蔡元培：《中国伦理学史》，中华书局，2014年，第2页。

联机理在于："道者，万物之奥。善人之宝，不善人之所保。"（第62章）道对善恶的统纳显然已经把善恶的问题超然于一般的伦理问题，成为一个形上的道德哲学问题了。

蔡元培先生在《中国伦理学史》将其归为"齐善恶"不无道理，实际上"齐善恶"的思想不仅受道的统纳，在程明道的性学原理中，还将善恶视为性气的外化，为天命之理："性即气，气即性，生之谓也。人生气禀，理有善恶，然不是性中元有此两物相对而生也。……此理，天命也。顺而循之，则道也。循此而修之，各得其分，则教也。"[①]无论是中国古代的"齐善恶"思想还是尼采超越于善恶彼岸的"未来哲学的序曲"，本质上不外是对善恶对构的一种特定认知，是从善恶的统一性辨析善恶的价值转换。

2. 趋利避害原则

因此，善恶的价值并非固定的存在，亦非存在的固定属性，由此也进一步显示了：价值始终存在于差异的关联选择中，选择的价值指令决定了选择指向。伦理学的一般职能如包尔生所言："一是决定人生的目的或至善；一是指出实现这一目的的方式或手段。"[②]但是，这里存在着一个明显的悖论，一方面伦理学的道德建构特别是将人的德性与人类幸福相结合，指出了一条追求善和通向善的目的可能，另一方面伦理学的成效始终成疑，就像尼采所说在几千年的善恶搏斗中，恶常常占据上风。在对价值的一般估定中，将道德律与自然律混为一谈，或将道德律与自然律截然断分，都将影响对价

---

① 《河南程氏遗书》卷第一，程颢、程颐著，王孝鱼点校：《二程集》，中华书局，1981年，第10—11页。

② 弗里德里希·包尔生：《伦理学体系》，第11页。

值底层逻辑的清理。对于价值的一般构制，道德律与自然律既是对构的，也是联通的。有一种超越了道德律与自然律的选择原则，那就是差异关联中的趋利避害原则，趋利避害体现了自混沌界分之初即自然形成的存在原则，它同时也体现了差异生存的动变原则、选择原则。

趋利避害是对差异关联进行了价值较比、价值计算后形成的选择机制。机制的实际运行是一项复杂的系统工程，这是因为趋利避害所形成的价值指向首先是能动的、利己的，即使在文明社会的道德条件下有道德、法律、良知、羞耻心等对利己私欲的约束和制约，那么个人与他人、个人与群体之间的利己主义与利他主义也是始终处于此消彼长的动态关联之中。价值一旦固化了指向便成为利益，成为利与害的界分，人在利害间的选择是明确的，而平衡却是艰难的。难怪尼采不相信"公益"的存在："挂在邻人嘴边的'好'就不再是好的。怎么可能居然会有一种'公益'呢！这个词是自相矛盾的：凡可共有者，价值皆有限。"①

其次，在价值定量不变的情况下，趋利避害是对价值界域的偏好划分、重新划分，在这种选择性的划分中，价值相关方的挤兑、竞争是不可避免的。因此，节制和自制的价值在价值论中是一个格外重要的价值。自然价值论中它被强调为生态平衡和生态和谐，伦理价值论中各种德性教化、道德律的建构都是对趋利动机的调节，"全部道德文化的主要目的是塑造和培养理性意志使之成为全部行动的调节原则。我们把这样一种德性或美德称为自我控制：这种德性通过独立于短暂易逝的情感之外的理性意志调节着我们的行为。我

---

① 尼采:《善恶的彼岸》，第 69 页。

们也可以把这种德性规定为以目的和理想来调节生活的能力。它是全部道德德性的基本条件，是全部人类价值的基本前提，甚至，是人类本性的基本特征"①。希腊人把自我控制的德性称为"精神健康"，问题的关键是人类在张扬德性、利他主义、公益价值的同时，精神不健康者不仅大量存在，且有普遍化的趋势。

再者，利害的价值属性是一个差异关联的动变存在，因为价值不是孤立的而是关联共构的，不是静止固定的而是变量转化的，"要承认价值是漂泊的和动荡的、是负的和正的，而且具有无穷的不同的性质"②。利与害的价值属性时刻处于质量的调整之中，这种状态实质上也是价值的再赋值，即对价值的未值态（undefined）予以选择确认。但即使进行了新一轮的选择，那也只是暂时的确认，价值依然处于漂泊动荡之中，这取决于价值的本性是自由的，利害的关联是随意的。以人事伦理的角度看，利害的价值界分与确认由于人的主体性介入——人的个体因素（意志、偏好、需求等）或群体因素（经济、政治、意识形态等）的介入，更是处于一个不断调整和适应的过程中："一切的界限、范围、目的，好像政治的个体或国家的界线一样，并没有属于它们自己所有的什么东西，而是在实验性中或动力中不断地被决定着，表现出各种能量系统在它们合作和矛盾的交相作用中连续不断地进行适应。"③ 杜威强调了能量系统中矛盾各方的复杂作用，这明显超越了古典传统对偶然性与规律性的截然断分，但他企望通过一种批评论建立起对好的东西（goods）的鉴别的

① 弗里德里希·包尔生：《伦理学体系》，第494页。

② 杜威：《存在、价值和批评》，冯平编：《批评之批评：杜威价值论与伦理学》，第33页。

③ 杜威：《存在、价值和批评》，冯平编：《批评之批评：杜威价值论与伦理学》，第33页。

方法，并把一切价值理论都纳入到批评的范围，明显透露出他在价值判断这一核心问题上的经验主义的特点和局限。当然，对经验在价值判断中重要性的强调也可被认为是从一个特定的角度说明了价值利害的不定状态。

3. 价值的级序进化

如果说优劣比对是在价值的差异对构中确定了价值演进的倾向性（heading），即在价值的正与负、优与劣、强与弱、善与恶之间以偏好和从众的原则对价值加以判断认知，趋利避害是对差异价值进行了价值较比和价值计算而形成了一套价值指令和优选机制，那么，在此判断和优选机制的作用下，价值的演进则实现了价值的级序进化，并在价值的级序进化中实现了价值的过程价值、引导价值（leading value）和创造价值。

价值的级序进化并非是就所谓价值的高低与类型的比较而言。从柏拉图、亚里士多德到马克斯·舍勒、尼古拉·哈特曼、尼古拉·洛斯基等都进行过不同的价值分层，像柏拉图在《雯莱布篇》中把善区分为尺度、比例适中、理智、知识与技艺、灵魂的纯粹快乐等不同的价值（财富）等级；马克斯·舍勒更是对"更高的"与"更低的"价值进行了较比推演，对人格价值与实事价值、本己价值与异己价值、行为价值与功能价值和反应价值、志向价值与行动价值和成效价值、意向价值与状况价值、基础价值与形式价值和关系价值、个体价值与群体价值、自身价值与后继价值等进行了系统的分类对比，特别提出了"价值样式之间的先天等级关系"，并认为"高贵与粗俗的价值是一个比适意与不适意的价值更高的价值序列；精神的价值是一个比生命价值更高的价值序列；神圣的价值是一个比精神价值更高的价值序列"①。舍勒基于感性、生命、心灵与精神的四个感受层面对四个价值级序的区分，显然打上了鲜明的现象学印痕。尼古拉·洛斯基运用等级学说为价值等级这个概念辩护，他对价值类型作区分的同时，也对价值的等级、优劣作出划分："首先，次要价值显然低于自身价值；其次，自身价值中的绝对价值高于相对价值。此外，每一组价值中也有等级差别：在绝对的自身价值中，无所不包的价值高于部分绝对的价值；在无所不包的价值中，第一性的价值，诸如圣父、圣子、圣灵高于被造物的价值。"② 洛斯基把"对主的喜悦"作为最高的第一性价值，其余的价值依类型不同皆有类型程度的高低之分，显然是以主体意识感受不同存在对生命完满所具有的价值意义，而这种主体意识离不开人的感性与理性的直觉，离不开对神圣造物者的信仰。

上述对价值等级的划分——无论如何界分类型和程度，其共同点均是在主客体关系的框架内，以主体认知为出发点，以客体意义为标尺，对价值的类型、程度作出等级划分。这种价值等级论的共同问题在于：一是价值的意义完全受主体认知及其认知标尺的规限，价值的通约性受到极大破坏；二是价值完全被置于"功用"的不可靠和临时性地位——就功用而言，特定环境下价值的意义既有级序也有大小，比如不同物品有可衡量的不同经济价值，不同的规章规范有不同的制度价值，但是这种价值定义必须依托于环境反馈，离开了环境反馈价值的意义就完全失去了着落；三是诸如此类的价值等级划分是一种静态的价值划分，忽略了价值的能动和转化；四是缺乏对价值功能与意义的整体认知，忽略了价值世界的多维性、互

---

① 马克斯·舍勒：《伦理学中的形式主义与质料的价值伦理学》，第179页。
② 尼古拉·洛斯基：《价值与存在》，第139—140页。

构性、关联性。价值的类型容易区分，但价值的等级与程度难以断言，就像把鸡鸭牛马与稻谷果蔬放在一起一样。

界本价值论关于价值的级序进化，不是在静态的价值系统界分价值类型、比较价值含量、评定价值高低，而是基于价值对差异存在及其关联、意义的本质义界，在优劣比对的价值认知、趋利避害的选择机制作用下，揭示价值演进的内在机理和逻辑秩序。因而价值的级序进化是基于价值的存在论、过程论，而非基于价值的伦理学和人的主体性，它既包括伦理价值，也包括自然价值，是贯通于伦理与自然的一般价值存在及价值存在的演进机理。

价值的级序进化在价值正负对构的基轴上，以偏好和从众为原则，以趋利避害为机制，以优强的肯定性价值为倾向（heading），呈现了一种由少而多、由简而繁、由粗而精的整体演进取向，这也可以视作为由最初的一界分为不定的二时，二的绝对质性差异与相对数量差异的体现，即在绝对质差的基础上相对的量差导致了始基性偏向，这种偏向是一种初始的质量禀好，并由此而形成了后续的运动惯性。这也是说，万物的阴阳界分是绝对的、对称性的界分，但不是平均的、平衡性界分，阴阳界分始终处于不平衡和寻求平衡的调适之中，价值的正负对构及其偏好演进，正是对差异存在的一种本质性、运动性的延伸和揭示。这样，无论在自然界还是在人事领域，价值的层级会不断繁衍增加，价值的类序也会不断地分形繁殖。

但是，价值级序演进的禀好倾向并不是固定和始终如一的，而是在双向对冲的逻辑序列中波浪起伏式地前行。这是因为，一方面价值的正负两极及其优强与劣弱的相互关联是一种对反对成的构制关联，双方的对冲是一种矛盾的角力，角力的偏斜和偏斜度受制于对构的基轴和机理，也就是说对任何一方的偏向都有内在的制约制衡，不可能完全滑向某一方；另一方面，所谓价值的正负对构、优劣对比，与其说是固定的价值指向不如说是动变的价值结构和结构程式，在价值的这一结构程式中，所谓正与负、优与劣甚至好与坏、善与恶、利与害等都是互对互构、相互转化、辩证统一的，它们在特定的环境下被赋予特定的肯定、否定的价值意义，但在价值级序的整体演进中，其价值意义体现为整体的逻辑价值而非个别的个体价值，更非特定的伦理价值——当然，特定的伦理价值在价值的级序进化中也实现了质量进升，善者更纯粹，恶者更精致。价值级序演进的双向对冲、波浪起伏的逻辑序列，也是价值演进的内在动能和生机所在。

　　这也决定了价值的级序进化是价值的系统进化、生机进化、创造进化。价值级序的差异化不仅为价值世界自制了一个复杂的价值对冲与多样化选择的内在机制，而且由于环境条件的综合反馈，更使得价值的级序进化成为一个系统性、生机性的创造进化。在价值级序进化的逻辑序列里，价值系统是一个自组织系统，它以界本价值的基本原则为算法，通过对价值差异的评价、选择、调适，实现价值级序进化，其中既有价值的增值也有价值的消减，既有确定的价值估定、有序的价值交换，也有未定的价值预设、无序的价值虚置——总之，通过偏向的、以趋利避害为选择机制的级序进化，价值实现了差异价值的再创造，这也是实现了差异的再差异，实现了世界存在的新发展。从界本论的综观视野来看，价值演进中的级序进化是从存在意义的特定层维表述了从混沌虚无到界分生有，从元一之少到万物之多的世界过程。价值的级序进化呈现的是价值演进的阶段特征和通向价值终极的目标过程，价值的整体过程亦如宇宙

过程："一生无限，万维归一。少生多，多复少。多多少，少少多。多少少多，少多多少，复归一元。"（创4：2）

在生态伦理学的视野里，"价值是这样一种东西，它能够创造出有利于有机体的差异，使生物系统丰富起来，变得更加美丽、多样化、和谐、复杂"[①]。从另一个角度讲，价值的级序进化也是差异价值在对构竞争中的协同进化（coevolution），在这里，如果说优者比劣确立了价值演进的内在取向、取向方式和差异价值的选择机制，那么选者竞存则揭示了价值演进的基本方式和价值的界域原则。

第四节　选者竞存

选者竞存，是谓万物同在，守界竞择，生灭消长。此处是讲价值演进的基本方式和界域原则。

1. 价值的界域原则

前述优者比劣呈显的价值偏好倾向、趋利避害选择机制，揭示的是价值演进中的级序进化。价值的级序进化意味着价值优劣的进阶发展，整体上呈现出优者更优、劣者更劣，善者更善、恶者更恶的价值状态。这是因为在优劣比对、善恶相搏的对构演进中，优劣、善恶的质与量都得到了同比率的淬炼进化，而不是因为有了演进倾向就会导致演进的绝对倾斜——向优劣、善恶任意一方的绝对倾斜；同时，优劣、善恶的淬炼是交互、转化和重组性的，并非隔离、单

---

① 霍尔姆斯·罗尔斯顿：《环境伦理学》，第303页。

向和简单复制的。这就关涉了价值演进乃至价值存在的更为基本的程序方式和底层原理，即价值存在和价值演进的界域原则。

价值演进的界域原则首先建基于对价值本性及价值界限的认知，即价值是存在的特殊存在——是存在的意义和意义的存在，它深刻地固化和凝练了万物界分的差异性，又广泛地建构并激活了差异万物的通约性——差异万物或直接或间接的通约关联，价值仿佛系统的软件组织一样将世界连接成一个整体，使之按照内在的价值程序运行。每一个价值实在既是个别的，又是关联的，价值同时兼具主体性、客体性和媒介性，同时发挥着主体、客体和媒介的存在意义与功能，并以意义和功能的组织形式存在运行。当然，不同的价值实在兼具并发挥主体性、客体性、媒介性的情形、强度、维度不尽相同，而是处于永不停息的主体需要、客体被要和媒介互要的复合动变之中。价值以形上意义、内嵌功能的隐性形式将万物的差异存在强化和组织化，就像骨骼的筋膜和润滑剂一样把分处的骨骼联系起来、行动起来，而价值本身又处于随机的滑动中。

价值的存在与意义从根本上取决于价值的差异界限，价值依托于界限，界限是价值的存在基础，而界域则是价值的载体和本体实现，是价值"有"的确定性（positiveness）开端。价值的界限确定与万物存在的最初界分不尽相同，因为价值的界限充塞了差异意义的赋予，将对混沌的机械界分演变为对存在的偏好界分，充塞着优劣较比和趋利避害的选择，也就是如前所说是对差异的再差异，或者说是对差异本原进行了二次方的演进。这里，价值的界限及其界域并非仅是一个量度范畴，也不仅仅是属性与量度的结合，而是一个汇聚了差异的质量、关联及其意义和功能，兼具了主体、客体、媒介属性的复合界限。因此，价值界限的运作是复合性运作，万物对价值界域的竞存是一种综合性的竞存，而非简单的领地拓展。

价值演进的界域原则建基于差异价值的共在互构之中，这种共在互构是一种复杂的差异关联，而在所有的差异关联中，固守差异界限、保守差异界域是价值存在的首要任务和必要条件。这是差异价值的生命线，也是差异价值最基本的关联方式。因此，价值的界域成为差异价值协同演进的机枢，实际上形成了价值演进的程序原则——界域原则。价值的界限运作作为一项复合性运作，其界域原则呈现的是一种综合算法，它以界限为标识、以周全为原则，对价值的属性、多少、层序、意义及其差异比进行综合的运算、优选和调适。价值演进的界域原则揭示了价值演进在优者比劣的选择倾向下，选者竞存是价值的恒常关联和一般存在，并在价值演进的一般层面上体现为价值的排他律、纠缠律等方面。

排他律（law of otherness，exclusive law）体现为差异价值的绝对对反，差异价值以一种相互排斥的价值取向和逻辑关联，不仅坚守本己的价值领地，而且消减、侵蚀异己的价值界域，彼此是一种根本的否定，比如阴阳、天地、水火、昼夜、干湿、冷热、好坏、善恶、优劣、多少、高低、强弱等，其价值指向不仅是根本对反的，而且是永续的主体排斥，是肯定价值与否定价值的对反对成结构。价值排他律决定绝对对反的价值之间存有不可消弭的价值界限，无论是肯定价值还是否定价值都会永久保有本己的价值界域，在相互对峙中试图相互占有。通常的情形是可以消减、改变对方的量值，却不能消灭对方的存在、属性和意义、功能。

价值排他律揭示的是价值关联中的根本原则，即一切差异价值均以排他为底层逻辑，以排他为存在基础，制造出相关的派生价值。"按照我们本体论的价值学说，存在，不仅仅是价值的载体；存在，就其重要性而言，本身也是价值，存在自身就是善和恶。"[①]价值的排他律构制了价值存在与衍生的基础机制，实际上是以价值方式呈显了万物竞存的逻辑关系，并以差异价值相互对构的方式为价值的多样化奠定基础。所以，价值排他律属于价值构制的基础律则、底层机制，它是价值存有的基础和根据，离开了价值排他律，价值的多样化就无以存在。价值排他律不仅是界本价值论的核心原则，也对价值世界的构制与价值演进具有至高无上的基本价值。

价值排他律的普遍性奠基于万物存在的差异性，这在佛教逻辑中被称为存在的别他性："别他性（otherness）和对立性被理解为对相同者的否定，因为这正是别他与对立的意义。否定被认为是相同者直接地非存在。别他与对立被认为是相同者的间接不存在。……宇宙间的事物，无论其为实在的抑或纯属想象的，都服从'别他律（the law of otherness）'，一切事物都由于该规律而是其所是，即与世间别的事物相异相区分。"[②]万物的差异存在本质上是一种否定的存在——从彼此的相互否定中获得存在的肯定，这一界本原则被佛学逻辑称之为"抗争性的因果关系"："正相反对的部分不但在逻辑上相否定，而且是对方的抗争对手。正确地说，这根本不属于背反相（Anti-phasis）的逻辑矛盾，它可以称之为抗争性的因果关系（Contrapugnating Causality）。这种情况下，争斗的两方竭力将对方逐出各自的领域。"[③]在这种抗争性的争斗中，双方的目标都是消灭对方，或将其驱逐出自己的领地，尽可能压缩其存在的界域。

以排他律为价值构制的底层原则，当价值指向及其界域完全固

---

① 尼古拉·洛斯基：《价值与存在》，第94页。
② 舍尔巴茨基：《佛教逻辑》，第482页。
③ 舍尔巴茨基：《佛教逻辑》，第485页。

化或划清了本己存在的界线，那么价值存在的一般属性便转换为价值利益的私有属性，或者是以私利的形式将价值意义呈现出来。因而，如果说万物皆有价值的界域底线，那么也可以说万物皆存私利的界线——万物皆有利益归属。这是万物的存在根基和生存之道，人的道德论也就由此而建基。爱尔维修《论精神》曾言："利益支配着我们在道德上和认识上的一切判断"[①]，利益之争是一切争斗的根源，其原理即在于此，并在不同领域有不同的复杂表现。费尔巴哈在谈到"谁是国家的统治者？"这个问题时，明确指出统治国家的不是神，而是利己主义："神灵们仅仅在幻想的天堂中统治着，并不在凡俗的实在地域上统治着。那么是谁呢？只是利己主义，但当然并非质朴的利己主义，而是二元论的利己主义；这利己主义，为自己发明出天堂，为别人却发明出地狱，为自己发明出唯物主义，为别人却发明出唯心主义，为自己发明出自由，为别人却发明出奴役，为自己发明出享受，为别人却发明出制欲；就是这利己主义，使政府把自己所犯的过错推到臣民身上去，使父亲把自己所产生的罪恶归罪于孩子……"[②]费尔巴哈是在谈论宗教的本质时讲这番话的，他指出了神学权威在实利的利己主义面前是何等虚弱，在神圣的旗帜之下，利己主义才是国家运行的真正统治者。

在自然生态系统的深层，也运行着类同的排他利己逻辑。自然生态系统是一个典型的竞争场所，"个体之间的互动完全表现为斗争。每一个体都为了自己而生存，在捕食和竞争中与其他个体相互

[①]　北京大学哲学系外国哲学史教研室编译:《西方哲学原著选读》下卷，第204页。

[②]　费尔巴哈:《宗教本质讲演录》，北京大学哲学系外国哲学史教研室编译:《西方哲学原著选读》下卷，第518页。

为敌。食肉动物杀死食草动物，而后者又吞食青草和树叶。所有的生物都争着生存并攫取资源"[1]。当对一般资源的攫取演化为物种之间的戕害或者同种内的生存竞争时，这种利益冲突就会变成你死我活的争斗，"每一个物种不是极力抗拒成为别的物种的资源，就是尽其所能地把别的物种变成自己的生存资源"[2]。当然，生态系统的价值体系是一个冲突与互补结合的价值系统，价值的极端排他只是利益关联的一种形式，尽管是有本质性的关联形式。人类社会力图以文明秩序建构起不同个人、族群、政党、阶级、国家之间的利益关系，包括宗教信仰、伦理道德以及法律、政治、经济、艺术等不同的人文建构，相较自然领域弱肉强食的丛林法则，人类社会的价值体系及其秩序层级显然有了更高的文明程度。但如前所述，价值级序的提升是善恶对构的级序提升，本质上将会导致出善者愈善、恶者愈恶的新局面，只不过善恶对构常常采以了更为精致的方式；而其固化的利益对反和利己主义争斗，则以更为复杂的方式恒久性地固存、演化。价值的排他律揭示了价值演进中的争斗祸根，同时也揭示了价值演进的存在基础、存有理由。

纠缠律（law of entanglement）揭示了价值构制及其意义虽有不同的逻辑对反与排他否定，但这种逻辑对反和排他否定的建立及其价值实现，有赖于在排他否定之间建立必要的缓冲过渡，也就是说在对反两极之间建立相应的逻辑媒介，使对反的绝对否定呈现为有过渡、可存续的缓冲否定，呈现出恒常性的价值生成、价值存在。比如阴阳之间是互根互抱、互转互化，而不是阴死阳活、阳死阴活；昼夜之间的相互转换，间有黎明、黄昏，而不是瞬日骤夜；水火之

---

① 霍尔姆斯·罗尔斯顿：《环境伦理学》，第 220 页。
② 霍尔姆斯·罗尔斯顿：《环境伦理学》，第 297 页。

间也必有介隔，否则不是水干就是火熄。价值差异性地共存共在，虽然你争我夺、往来不断，但始终处于相互推揉、剪不断理还乱的纠缠之中。在这类纠缠中，若按事物的类性，彼此呈现对反的排他；若按事物的量度与存在，彼此互为过渡、互为媒介，就像在黑白之间既有绝对的界分，其间也有过渡的灰度。世界多样化的根本价值是在万物差异性的共存共处中实现的，世界本质上就是一座舞台广阔的价值纠缠剧场。佛学的认知明确把这种"别他"的现象看作是同一性的表现："不过也存在一些尽管互为'别他'但并不相违的属性和概念，例如蓝色与莲花，或者更准确地说，如'蓝性'与'莲性'。它们并非相违的，而是同时存于一物中而不相冲突。用佛教的话说，它们是同一的。"① 自然界的对反纠缠在自然生态系统中被自然法则有序地统摄着，而人类社会的价值差异及其排他对反、纠缠过渡，既呈现了人类智性的精致造作，也把人性之顽劣表露无遗。这就显示了制度、规则、契约的重要，一方面，文明社会保障公平竞争、私人权利、秩序公正，公共良序的基本原则是"一方的最大利益的获得者必须以对另一方的最小干扰为前提"②。另一方面，建立差异价值间的价值尺度、功能、意义的有效通约，是价值秩序良性运作的基础，也是打通心灵屏障的关键。所谓共同价值、普世价值的要义应在于此。

价值纠缠的律则机理奠基于两种基本的价值界域，一是价值本体的属性界域，二是价值级序的层维界域，价值本体的属性界域与价值级序的层维界域是其他次生价值界域的演化基础，两者之间迭代叠加的相互关联，构制了价值纠缠的原理机制。

---

① 舍尔巴茨基:《佛教逻辑》，第 495 页。
② 霍尔姆斯·罗尔斯顿:《环境伦理学》，第 224 页。

在价值纠缠的竞存演进中，价值本体实际上同时扮演和呈现着三种不同的角色属性，这就是价值的主体性、客体性和媒介性。这三者就其存在论的意义、功能、位置而言自然有其明显界分，但在价值存在的实际构制和实现中，三者的属性意义是密切关联、同时共构的，价值本体通过其主体性、客体性、媒介性的三性混合而实现，缺失了任意一项，这个价值就不是活的价值、有意义的价值。价值的主体性是价值本体的自在秉性、自主需要，它以本己价值和本己利益为出发点和价值指归，以自主、能动、需求为原则，在与异己客体的关联中扩大本己的价值界域，满足本己的价值实现。相对于关联价值，价值本体同时呈现出价值的客体属性，即呈现出价值处于他主、被动、被需要的客体地位，它面临着不同级序、不同强度的价值关联，在被动地纠缠中坚守本己的价值界域，而这种纠缠其实是双向性的，是攻守转换的，即是说其主体性与客体性本身就纠缠为一体。同时，在价值主体与价值客体的相互关联中，价值的媒介性亦是价值存在的基本属性，作为价值本体的重要构成，它以价值半导体的功能运行于价值主体与价值客体之间。一方面，价值主体永远不会是孤立的存在，本体价值的实现离不开媒介及其关联价值的存在；另一方面，价值存在于动变的环境中，价值的媒介性是开放的、不确定的价值预设——向一切价值潜在开放，在价值主体与价值客体的媒介转换中，实现价值的创造。价值本体的存在三性——主体性、客体性、媒介性，使得价值纠缠成为价值禀赋的天然本性，并以生命活力与万物共存。

同时，价值级序多样化的层维界域则对价值纠缠律的构制起到了另一关键性作用。价值级序分处于无限可能的层维界域，这是因为价值的多样性就是存在的多样性，且处于无时不在的动变之中。

所有的价值类分如同对万物存在的类分一样，都是相对的类分、暂时的类分，无论是有机的或无机的、物性的或灵性的均是如此。设若以人的价值感受为标尺，价值级序的情绪化、情感性则把价值层维的复杂性又推向了一个更高和更不确定的境地，"每个序列又通过大量细微的差异而得到进一步的区分。在这些价值谓词（predicate）背后，就像语词所表现的那样，隐藏了一个分级序列，一个有关行为的量上的和质上的分级序列，这些行为赋予价值或拒绝给予价值：表扬与谴责，爱与恨，尊敬与诽谤，赞美与嘲笑，珍惜与轻视。这里明显是一种情感回应即价值反应的双重分级"。哈特曼试图分析价值差异的线性排列、垂直序列以及价值的强度、高度及其关系与结构问题，其意义与其说是对价值级序本身作了准确细分，不如说是验证了"价值体系具有不止一个维度，在众多维度中，高级低级这样的维度只是其中之一"[①]。

价值本体与价值级序作为价值构制的基本维度，两个基础界域的迭代叠加——价值本体的属性界域与价值级序的层维界域复合关联，构制了一个无限可能的价值机制，这个机制由不同属性与不同层维的变量界域迭代叠加而成，价值本体的主体性、客体性、媒介性与价值级序的差异层维交叉联合，各种价值要素在互需中排他、在遴选中争斗，形成了一个分化合变、多维整一的价值魔方——一个纠缠不息的价值机理和秩序。世界万物被置入这样一个有序而分形、对构而非对称的价值迷宫，使之活化，注入生机，赋予意义；人类置身其中，既是施动者也是承载者，既是感受者也是观察者，受价值驱导，为多少纠缠，因得失而悲欢，甚至付出性命。

[①] 哈特曼：《价值等级的标准》，冯平主编：《现代西方价值哲学经典：先验主义路向》下册，第 754—755、748 页。

2. 价值界枢与价值引力

由于价值纠缠由随机动变的价值属性与价值级序迭代叠加而构制，因而价值纠缠的逻辑底层运行的是一种多维综合的算法程序。这种算法程序既非数理逻辑的，亦非法律伦理的，而是一种以信息整全为原则、以随机选择为机制，多维并构、交叉互用的运算程序，具有复合性、动变性、分形非对称等特征，难以用某种既成的学科规尺去衡量。设若去繁就简，可以看出在价值纠缠律的逻辑根基，其多维动变的算法程序始终离不开一个基本的算理结构，这就是以价值属性、量度、层维差异为标尺，以价值界域为支点，形成了一种价值的界枢（bounds pivots）机制，界枢机制蕴含了界分差异的多相维度，是在整合价值感受与价值评价的基础上，对差异价值与价值界域的有机综合测量。在价值纠缠的往返运作中，价值界枢发挥着界域数值的收集、综合、运算、处理、判断的综合程序功能，就像人的大脑，是在人的视觉、听觉、嗅觉、味觉、触觉、知觉、经验、知识、传统、文化以及特定时空环境条件下，对对象物特定意义价值作出的综合评判。价值界域的界枢机制是价值纠缠的基本算理，也是价值演进的核心算法（algorithm），而在实际的价值演进中，具体的价值指令作为程序驱动不断发出，使得价值运算成为价值演进永不停息的行动程序。价值纠缠的界枢机制和行动程序实际上揭示了一种存在论意义上的价值引力现象，这种价值引力支配着差异价值的纠缠关联，也统摄着差异价值的一般存在。

价值引力（value gravity，价值力）奠基于差异性的价值本性和机理能量、对构性的价值构成和结构方式、叠变性的价值运动和一般存在、工具性的价值实践及其划界、联结、调适机制，是万物存在的意义机制和基本功能，显示的是价值世界的整体秩序，它不仅以价值纠缠的界枢机制为底层逻辑，而且以随机的价值指令驱动价值运行，构制了一个有机的价值生态系统。价值指令由价值存在的任一属性、任一需求发出，是价值存在的主体态度、客体处境、媒介作用的综合表现，具有无限可能性；由此而形成的价值场域是一个缜密而敏感的价值神经系统，牵一发而动全身，每个价值仿佛一只只乱舞的蝴蝶，每个指令仿佛一群群采蜜的蜜蜂；在这个价值场域中，价值力就是无形的魔力，将万物有形无形地牵连在一起，完全可以说，价值力是真正的万有引力，尤其是人类社会的万有引力，或者说是万有引力之核心力。

价值指令（value directive）是价值作为价值主体、价值客体、价值媒介在不同价值级序中的综合诉求，其内涵要求千变万化、漂浮不定，但底层的逻辑秩序离不界枢原理的规制，并有多样性的演化。通常而言，价值本体无论以价值主体、客体或媒介的形式出现，均以利己排他、偏好求多为基本指令，筹划和确立价值存在在价值场域中的地位、发展方向。但在实际的价值实践中，价值本体因其所处位置的不同，生成的价值指令并不是单向的，更不是单一的，而是多向度的复合诉求，难以做出断然的区分。包尔生曾深入分析了人的行为动机的交叉性及其对意志形成的影响："根据行为的动机来做出利己主义和利他主义的绝对区分，就像按照行为的效果来区分它们一样是不可能的。的确，这是一个多少让人奇怪的概念——认为每个行为只有一个动机。实际情况并非如此，正像在物理世界有许多原因合力产生一个运动一样，也有许多动机合作决定一个意志。"[1] 在人的行为动机中，利己主义与利他主义是一种复杂的构制，并综合影响了人的意志形成。对于价值的一般存在，价值本体因其地位、属性的漂移而在本己价值与异己价值的纠缠中更是发挥出多向性的价值指令，包括在利己排他的同时，又对异己价值可能出现攀附甚至归化，这种现象充分反映了价值纠缠是一种有机整体的系统性纠缠，也可以说是价值世界的自组织纠缠。在关联的价值世界中，差异价值的级序与强弱并不对等，不同价值间在相互排他的同时，利己原则完全可能又是以攀附和归化异己价值的方式来实现。这种攀附归化有时是双向性的，即在对构的价值关联中，既有对反纠缠，又在对反纠缠中实现双向的价值托升，不仅是价值级序的提升，也可能包含了价值界域的共同拓展，是一种所谓双赢。

价值攀附或价值托升有时是量值的调整，有时则是质值的改变，这便构制了价值纠缠中的极反现象。极反（enantiodromic）表明了价值纠缠中的生灭极端，从价值的存在论而言，它既是价值纠缠的非常态性状，也是价值纠缠的逻辑呈现。差异价值的界域比率受复合价值指令叠加作用，导致纠缠的混乱和极端不仅是可能的，而且有某种必然性。"全则必缺，极则必反，盈则必亏"[2]，又有谓"物极则反，命曰环流"[3]。价值纠缠中的极反现象亦是价值级序演进的重要方式，它不仅导源于差异价值的纠缠竞存，也可能导源于本己价值自身的价值代谢（value metabolic），即在差异价值的纠缠竞存中，价值存在必须做出自我更新和调适，通过排他纠缠、能动与被动的攀附、代谢，淘汰劣值、提升级序。这一方面具有价值本体的自在

---

[1]　弗里德里希·包尔生：《伦理学体系》，第 397 页。

[2]　许维遹撰，梁运华整理：《吕氏春秋集释》，中华书局，2018 年，第 653 页。

[3]　黄怀信撰：《鹖冠子汇校集注》，中华书局，2014 年，第 82 页。

性、内需性，另一方面也是差异价值优选竞存的要求。价值代谢有时体现为一种价值疲劳和价值衰退，价值效能历经耗损——时间、环境、关联因素等的变移影响，使得原有价值逐渐丧失，本己价值与异己价值分别或同时出现了价值的贬值、衰退甚至衰竭，其动因有时是被迫、被动的，有时则是无奈、自动、自然的，比如人在特定条件下亦可能被迫或主动放弃人的应有价值权利，而降维归附到较低层序的价值序列。当然，人的价值权利体现了人的根本价值和文明的根本要求。

总之，在差异价值的纠缠竞存中，价值的界域原则不仅奠基了价值演进的底层逻辑，也构制了价值演进的基本方式，它贯通复杂多维的价值场域，不仅提供了价值纠缠的关键支点、界枢机制，也揭示了价值演进的算法程序和指令原理，揭示了价值引力对价值存在的关键作用。

基于价值作为存在的意义存在、功能存在，价值引力论也从界本存在的基本原理揭示了这样一个事实：差异世界本质上是一个价值引力场，在这个价值引力场中，一切存在和价值均以价值界分为对构的原点原则，通过界的作用产生最初的价值斥力与价值合力——也就是差异存在和差异价值的排他力与互构力、离心力与向心力。在差异存在和差异价值的排他与互构、离心与向心的双向纠缠中，价值是核心牵引力，它统领万有存在。在价值万有引力的牵引制约下，差异存在与差异价值实现了对反对构、迭代叠加、复合互用，差异共同体及其价值王国也成为一个乱而有序、斗而不破的有机王国。

第五节 优选顺道合度

优选顺道合度，是谓顺道为法，合度为则，万物生灭动变，依道适度优选演化。此处是讲价值演进的整体秩序和逻辑规制，也就是差异价值在价值演进中的分配机制和界域配置规则，揭示价值演进的协和原理与动态平衡法则。

1. 价值的配置规则

在差异价值的偏好选择与排他纠缠中，价值的引力场就是一个指令杂多、级序交叉的价值竞技场，其间无论是差异价值在优劣比对中确立了价值演进的偏好从众原则、趋利避害机制、级序进化取向，还是差异价值在选者竞存中呈现出价值的排他与纠缠、极反与代谢，价值演进的整体秩序和逻辑规制从根本上讲都要归结和体现于差异价值的配置规则。这种配置规则也是差异价值的分配制度，它为价值演进立法，规制着价值演进是以界本存在为根本机理的可持续演进，以保证差异化的价值世界是一个动态平衡和生机化的动变世界。

价值份额的多少是价值分配的焦点，但价值份额并非仅存于价值的量度，更包括了价值的质级，价值分配及其界域配置的关键不是差异价值的量度区分，而是差异价值的综合比值问题。价值世界无比丰富，但从价值的基本存在而言，差异价值在价值引力场的协和对构与平衡程度——也就是关联价值的差异协度，不仅决定了差异价值的本体意义，也是构制价值演进整体秩序的关键，也就是说，在价值的整体演进中，差异价值的分配原则和界域配置须以价值的差异协度为指归。

关联价值的差异协度包含四个基本要素：一是差异价值的自在状况，即相关差异价值作为自在主体的阈值状况，简称主体阈值；二是作为差异价值对构客体的阈值状况，简称客体阈值；三是差异价值之间的关联状况，或曰差异价值的媒介阈值；四是影响决定主体阈值、客体阈值、媒介阈值消长变化的综合因素、环境因素，而这些因素本身既是有恒的又是变化的，既是有序的又是随机的，既是差异价值之外的又是差异价值之内的，是差异价值之主体阈值、客体阈值、媒介阈值的组成和协作部分，或可称之为协作阈值——差异价值及其存在的主体阈值、客体阈值、媒介阈值、协作阈值的共同作用，是决定价值存在之差异协度的基本要素。

差异价值及其存在的主体阈值、客体阈值、媒介阈值、协作阈值的相互作用，是一种以价值界域的变转为轴心、以价值的量度级序为内核的阈值叠变运动。在这一叠变运动中，差异价值之主体阈值、客体阈值、媒介阈值及协作阈值既是主动的又是被动的，既是排序的又是争先恐后的，既是自变的又是联变的。通常情形下，差异价值的主体阈值发挥着较为积极的作用，但也并不尽然，每个价值存在都生发出相互的主体性（intersubjectivity），都有争当主角的欲望和权利，价值场内的任一风吹草动，都可能引发群体欲动和整体联动。

尽管差异价值的阈值叠变充满了动变性、随机性和不确定性，但其内在机理始终离不开价值的界域变转这一基本轴心，而这一轴心的关键则奠基于差异价值的界分对构原则，奠基于差异价值的协和平衡要求。关于量阈的变化，黑格尔曾以环节的范畴加以区分：

"量包含连续性和分立性两个环节。它要在作为它的规定的这两个环节里建立起来。"量的环节区分只是一个方面，重要的是量是在界分变化中才被确立的："定量之所以建立起来，就是因为大小规定性必须变化。因为大小规定只是与一个他物同在连续性中才具有它的有，所以它是在它的他有中继续自身；它不是一个有的界限，而是一个变的界限。"①这里强调了界限的变化对他有与自身大小规定的关联和意义，也隐在地揭示了他有与自身的辩证对构。差异价值的阈值叠变本质上是一种复杂的差异对构，是差异存在对反对构的迭代叠加，但根基原则是对反对成的否定统———它要求建立一种可持续的差异界分及其关联统一。

黑格尔还曾以"比率的指数"来描述定量界限及其关系的规定意义："作为单纯的规定性，指数是它所区分的两个定量的否定统一，并且是两定量相互划界的界限。依据这些规定，指数内的两个环节便相互划界限，并互为否定物，因为指数是它们的规定的统一，一个环节大多少，另一个环节便小多少；在这种情况下，每一个环节所具有的大小就像在自身那里具有另一环节的大小那样，就像具有另一个环节所缺少的大小那样。因此，每个大小都用这样否定的方式在另一个大小中延续自身；无论它是多大的数目，在另一个大小中作为数目，它都扬弃了，而它之所以为大小，仅仅是由于否定或界限，这个界限乃是在这个大小那里由另一个大小建立的。"所以黑格尔直言"指数是比率两端的界限"②。在这里，比率指数的概念本质上也是揭示了差异存在的阈值变转建立于差异的对构关联上，且比率的指数标识了差异对构及其消长协调的状况。

---

① 黑格尔：《逻辑学》上卷，第 210、241 页。
② 黑格尔：《逻辑学》上卷，第 345—346 页。

在价值演进中，相较于量阈的比率指数，价值层级的优选规制和应然引导更为重要，它不仅促使价值演进在对反纠缠中向着优好的方向进步，而且促使价值演进以动态平衡的协和原则保持整体秩序的连贯有效。这一秩序原则也是为差异价值的纠缠竞存制定了根本性的分配原则和界域配置规则，为价值演进提供了基本法则和道路方向，具有毋庸置疑的统摄性，其中也自然地包含了有关量阈的比率要求。

因此，在差异价值的阈值划分、界域配置中，法则之道与阈值之度是两个关键，顺道与合度决定了万物价值差异存在的本质要求，顺道合度也从根本上体现了价值演进的整体秩序和逻辑规制。

2. 价值演进的整体秩序

顺道为法是价值演进的根本原则，是差异价值在纠缠竞存中实现优选协和、动态平衡的根本要求。价值存在作为差异万物的意义存在，在其逻辑底层和运动机理中固存着以道为最高原理、以顺道为根本要求的秩序规制，这一秩序规制运行于价值存在及其演进中，它不仅契合万物存在的根基原理，而且构制了价值世界的差异原则及其配置机制，对差异价值的纠缠、协和、演进发挥着根本性的秩序规制和程序引导。

价值之道不仅契合存在之道，且隐匿于世界万物的自然创造之中。在自然世界，"我们面对的是一个创生万物的自然（projective nature），一个永不停息、充满各种创造物——恒星、慧星、行星、卫星、以及岩石、晶体、河流、峡谷和海洋——的自然。这些天文过程和地质过程的登峰造极之作——生命——更是令人钦佩。但是，生命也只是这个创生万物的自然系统中的沧海一粟。所有的事物都是由土、水和星体材料组成的，并由恒星提供能量。人们不可能对生命大加赞叹而对生命的创造母体却不屑一顾，大自然是生命的源泉，这整个源泉——而非只有诞生于其中的生命——都是有价值的，大自然是万物的真正创造者"①。自然律或自然法则被认知为宇宙自然的根本大法，自然大法具有终极性，也是人类追究的永恒命题和根本难题。对这个命题的追究破解，人类借托了诸多超验的预置，既包括理念、理智、逻各斯这类逻辑理性的推演，也包括各种神祇和超自然造物主的营造——这里将神和超自然造物主称为预置，是从逻辑秩序的链条上将其反推为前逻辑的起点。在人类知识史上，自然法则、逻辑推演抑或超自然造物主被视为宇宙大法的归结者、缔造者，同时也被视为价值之道的根本来源，被视为价值序列中的最高价值。比如在有神论的价值观中，神被视为绝对价值、第一性价值，"神乃是善，是善这个词所具有的无所不包的意义，即真、道德的善、美、生命等。因此，神——具体地说是三位一体的每一位格——乃是无所不包的、绝对的价值自身"②。由神的绝对价值创造和派生了包括生命在内的次序价值。对宇宙法则的推演和对造物者的预设，凡此种种，都是对相应价值观念、价值体系、价值世界的奠基，这种基原性的预设奠基既为人类对存在与意义的赋值构制了无限可能，也奠定了人类赋值和价值演化的基本规范。

　　这里显示了价值世界的一个奥秘，即自然法则和超自然造物者既是宇宙自然的创造者，又是价值世界的一部分，且处于价值级序的最高端，不仅开端价值，也启导价值、统摄价值。从另一个角度讲，造物者既是万物的创造者，也是价值秩序的设计者，且以价值

①　霍尔姆斯·罗尔斯顿：《环境伦理学》，第268—269页。
②　尼古拉·洛斯基：《存在与价值》，第103页。

为媒介，将造物者与被造者融为一体，以价值秩序将造物者与被造者纳入同一个世界——这个世界以价值系统为根本运行系统。这里，价值呈现了非同寻常的终极性价值：价值是关联差异万物的纽带，价值之维是世界统一的平台，价值秩序是万物相通的根本秩序。

在界本价值论的视域内，价值之道不仅处于价值级序的最高层，而且作为价值规则的启始者、制定者，始终以界本原则为根基，以界本价值的差异性、对构性、叠变性、工具性为根据，以价值演进的优强偏好倾向、趋利避害机制、排他纠缠与攀附代谢等原则为程序指令，既构制了价值世界的原动力、驱动力和综合引力，也构制了价值世界差异化运行的秩序原则，从根本上奠基了差异价值的配置协和机制。

顺道为法就是要求价值的演进须以道为法，万变不离道的指引和道的原则，从价值演进的历史整体上规制出差异价值的共同进化（coevolution），并使这种进化沿着动态平衡的优选方向前行。动态平衡的发展原则在自然生态系统中得到了历史性的体现，"生态系统的平衡不仅是推力和拉力的平衡，还是各种价值的平衡。不和谐与和谐总是密不可分，那种表面上的对环境的抵抗（从有限的观点来看确实如此），实际上是顺从环境的一个前奏"。霍尔姆斯·罗尔斯顿还用"作弊的灌铅骰子"来比喻生态系统进化的底层逻辑："生态系统是一个用作弊的灌铅骰子进行赌博的赌场，但是，它总是朝着增加生命的方向作弊，而不是随机乱掷骰子。虽然不存在单数形式的自然，但生态系统却拥有这样一种性质，即增加其构成元素的数量，把复数形式的自然（natures）改造成各不相同的自然：自然 1、自然 2、自然 3……自然 n。生态系统通过利用有机体和共同体中的某些偶然因素来实现这一点，这正是其繁殖力的一个秘密，它带来了日益紧密的相互依赖和日益增多的选择机会。生态系统没有脑袋（head），但它却有一种使物种分化、相互支撑和丰富多彩的'想法'（heading）。"① 在这里，罗尔斯顿指出了生态系统是一个有"方向"、有"想法"的秩序系统，当然他所说的"方向"是否是唯一的、不变的则另当别论。

在中国古代哲学的话语概念中，道是统摄差异万物、协和阴阳的关键。《淮南子·原道训》曰："泰古二皇，得道之柄，立于中央，神与化游，以抚四方。是故能天运地滞，轮转而无废，水流而不止，与万物终始。……其德优天地而和阴阳，节四时而调五行。"② 此处是谓泰古二皇领悟了大道的根本，其德可以协和天地阴阳，"故以天为盖则无不覆也，以地为舆则无不载也，四时为马则无不使也，阴阳为御则无不备也"③。这里说出了道之"柄"的关键意义，以及以其德协和天地阴阳的重要。"优天地而和阴阳"之"优"，为协和、协调之意，由此也可以看出，在中国哲学的价值体系中，道及其德对万物差异与阴阳对反的协和是价值判断的根本要求。

宇宙万物与世事人寰虽斑驳陆离、繁复无垠，但至高至上的天地大道恒贯其中，道在万物演进中是根本性的法则依据，顺道为法是世事万物价值演进的根本取向。《黄帝四经》之《十大经》曾谓，道有本原却无边际，用之则显真实存在，不用则显空无，万事万物合于道就会臻美，遵循道便会恒常，"古之贤者，道是之行"④。《黄帝四经》之《经法》特别强调"逆顺是守"的思想："顺则生，理则

---

① 霍尔姆斯·罗尔斯顿：《环境伦理学》，第 238 页。
② 何宁撰：《淮南子集释》，第 4—8 页。
③ 何宁撰：《淮南子集释》，第 22 页。
④ 《十大经·前道》，陈鼓应注译：《黄帝四经今注今译——马王堆汉墓出土帛书》，第 317 页。

成，逆则死，失则无名。"① 运用到治国理政，则更是名言"顺治其
内，逆用于外，功成而伤"②。《周易参同契》表达了类似的观点："逆
之者凶，顺之者吉"③；《黄帝内经》亦有曰："从者生，逆则死"④；《周
易参同契》还提出"顺理"的思想，是顺道思想的延伸："务在顺
理，宜耀精神。神化流通，四海和平"；"刚柔迭兴，更历分部。……
刑德并会，相见欢喜"。⑤ 这里其实都是在讲道的作用，讲只有顺道
顺理，人与万物才可神化流通、迭兴有序。道为统摄万物之天地大
道，《两界书》有谓："天道盖顶，无分家国，超然族群。顺天合道，
家国兴隆，族群强盛。"又曰："道统大千，道可受而不可悖。"（问7：
18，问8：4）强调大道的超然性、绝对性。

　　道虽为形上大律，但须以形下万物为依托，才能具象显现，所
谓道之形象"变而分布，各自独居"⑥。重要的是，天道不空，契于人
德，人在天道之下，并非被动无为，而是可以作为。但人为须顺道
而为，人为应是天道的一部分，是对天道的践行。人为是否顺天道，
这就引出了人德的问题。《道德经》的要义一为道，二为德，三为
道与德之合，即道德，道为天道，德重人德，天道与人德之合，乃
《道德经》之要义所在。

　　天道不空，合于人德，成就为人文道德。道德对人的本质要求
体现为上顺大道，下合事业利用、善恶区分。《道德经》所谓"万物

　　① 《经法·论约》，陈鼓应注译：《黄帝四经今注今译——马王堆汉墓出土帛书》，
第169页。
　　② 《经法·四度》，陈鼓应注译：《黄帝四经今注今译——马王堆汉墓出土帛书》，
第105页。
　　③ 刘国樑注译，黄沛荣校阅：《新译周易参同契》，第90页。
　　④ 《通评虚实论篇第二十八》，姚春鹏译：《黄帝内经》，第174页。
　　⑤ 刘国樑注译，黄沛荣校阅：《新译周易参同契》，第147页、174页。
　　⑥ 刘国樑注译，黄沛荣校阅：《新译周易参同契》，第116页。

莫不尊道而贵德"（第 51 章），是讲万物之实现在于大道生成、大德养育，世界万物没有不尊崇大道珍贵大德的；《系辞》表达了德在安身利用、吉凶成灭中的重要作用："利用安身，以崇德也；过此以往，未之或知也；穷神知化，德之盛也……善不积不足以成名，恶不积不足以灭身。小人以小善为无益而弗为也，以小恶为无伤而弗去也，故恶积而不可掩，罪大而不可解。"此处引入了善恶的价值概念，并把善恶与成灭相联系。《系辞》还引用孔子的话来表达德的重要："子曰：德薄而位尊，知小而谋大，力小而任重，鲜不及矣。"[1] 是说如果居位尊显而德能浅薄的话，很少能够避免灾祸的。

在这里，无论《道德经》还是《周易》，都强调道、德一统，人德顺于天道，才能利用安身、避凶趋吉，才是万物人事的根本价值。《黄帝四经》之《十大经》亦曰："圣人举事也，阖（合）于天地，顺于民。"[2] 是将天地大道与顺民相联结，呈现的是圣人举事的道与德。《两界书》倡导"王之成王，上承天道，下载民意，方成天下民王。王道合天道，顺民意，天、王、民三合有序，方可国盛民生，王道久远"（教 7：4）。强调了上顺天道、下合人德、天地人合的思想。这一思想不仅是治国化民之道，也是人与世界的根基价值："世间万物，不出天地之间。万物相效，不出天道之行。天道人间，大道亘古不变。世不离道，道不远人。"并称："天道人道相统，天下人间无争。"（问 5：8—9）

如果说顺道为法呈显了价值演进的原则要求，为价值演进把控了优选协和、动态平衡的基本方向，那么合度为则则为价值演进制

---

① 《系辞下》，陈鼓应、赵建伟注译：《周易今注今译》，第 660—661 页。

② 《十大经·前道》，陈鼓应注译：《黄帝四经今注今译——马王堆汉墓出土帛书》，第 310 页。

定了差异价值的界域规范。在差异价值的演进历程中，无论以何样的方式排他竞存和界域配置，差异价值的整体都应以合适的尺度和阈值比率进行建构。差异价值的生灭动变是价值场域的内在机理使然，但就价值世界的整体而言，价值差异的适度比率及其动态平衡的整体运行，是价值演进的结构原则。

东西方思想以不同方式对尺度、比率、法度的问题予以重视。柏拉图对尺度的强调在希腊哲学家中是有代表性的："任何不以某种方式拥有尺度或比例的混合，必定会使其成分和自身的大部分毁坏。"他将尺度和比例的意义上升为美和美德的地位："尺度和比例在所有领域将其自身显示为美和美德。"在柏拉图看来，尺度和比例是理智的体现，而美、比例、真理三者的联合则成为"善的混合"[①]。可以看出，柏拉图是从其整体的思想体系来评判尺度与比例的意义。亚里士多德则明确将中庸视为善和美的德性："过度和不及都属于恶，中庸才是德性。德性作为对于我们的中庸之道，它是一种具有选择能力的品质，它受到理性的规定，像一个明智人那样提出要求。中庸在过度和不及之间，在两种恶事之间。在感受和行为中都有不及和超越应有的限度，德性则寻求和选取中间。所以，不论就实体而论，还是就所以是的是的原理而论，德性就是中间性，中庸是最高的善和极端的美。"[②]合适的中庸不仅是善美的德性，同时还具有选择的品质，也是理性的规定——亚里士多德认为这是一种贯通实体与原理的德性和道。

值得重视的是，在希腊哲学和希伯来思想中，尺度的意义不仅

---

① 柏拉图:《斐莱布篇》,《柏拉图全集》(增订版) 中卷，第 745—746 页。
② 亚里士多德:《尼各马科伦理学》, 苗力田主编:《亚里士多德全集》第八卷，第 36 页。

是一个客观的量度，而且还是含有质性甚至神性的存在："尺度是有质的定量，尺度最初作为一个直接性的东西，就是定量，是具有特定存在或质的定量。尺度既是质与量的统一，因而也同时是完成了的存在。当我们最初说到存在时，它显得是完全抽象而无规定性的东西；但存在本质上即在于规定其自己本身，它是在尺度中达到其完成的规定性的。尺度，正如其他各阶段的存在，也可被认作对于'绝对'的一个定义。……上帝是万物之尺度。这种直观也是构成许多古代希伯来颂诗的基调，这些颂诗大体上认为上帝的光荣即在于他能赋予一切事物以尺度——赋予海洋与大陆、河流与山岳，以及各式各样的植物与动物以尺度。在希腊人的宗教意识里，尺度的神圣性，特别是社会伦理方面的神圣性，便被想象为同一个司公正复仇之纳美西斯（Nemesis）女神相联系。在这个观念里包含有一个一般的信念，即举凡一切人世间的事物——财富、荣誉、权力、甚至快乐痛苦等——皆有其一定的尺度，超越这尺度就会招致沉沦和毁灭。即在客观世界里也有尺度可寻。在自然界里我们首先看见许多存在，其主要内容都是尺度构成。"[1]在希腊和希伯来思想中，尺度不仅是质与量的统一，还是一种贯通了自然与人事、神圣与伦理的规制和存在，尺度的合适不仅是自然存续的理想境域，也是人类社会演进的道德要求，甚至被归结到上帝的显能上。罗素在讨论柏拉图的宇宙生成论时曾讲到世界"是由于比例而成为和谐的，这就是使它具有友谊的精神，并且因此是不可解体的，除非是神使它解体"[2]。比例与和谐是贯通西方哲学的两个重要范畴。

---

① 黑格尔：《小逻辑》，第234—235页。

② 罗素：《西方哲学史》上卷，何兆武、李约瑟译，商务印书馆，2009年，第183页。

中国古代多以法、度、道法、法度、稽等概念表达对矛盾和差异的调适，强调法度、合适对万物差异存在、协和共生的重要。马王堆汉墓出土帛书《经法》有谓："道生法。法者，引得失以绳，而明曲直者也。故执道者，生法而弗敢犯也，法立而弗敢废也。故能自引以绳，然后见知天下而不惑矣。"① 这里是说法源于道，作为道的体现，法是衡量决定万物曲直的标尺，若能以合适的绳尺法度引导，就可以认识天下万物的本质而不致迷惑了。《道德经》以"知止""知足"的方式表述法度的意义："知止不殆，可以长久"（第44章）；"祸莫大于不知足，咎莫大于欲得。故知足之足，常足"（第46章）。《经法·四度》集中论述君臣、贤不肖、动静、赏罚珠禁四种矛盾对辅关系，所论"天稽"思想既含括了自然界的普遍现象，也有社会政治伦理，强调一切必须合乎天稽，才能动变有法度、不致失序："周迁动作，天为之稽。"不仅有天稽，还有地稽、人稽，"参于天地，阖于民心"②，才能使天地与人的各种矛盾达致调适合度、和谐顺畅。

度的概念在中国文化的认知中始终突出法度的规则意义，而不仅仅是量值的标识。《说文》曰：度，法制也。《尹文子·大道上》法有四呈："一曰不变之法，君臣、上下是也；二曰齐俗之法，能鄙、同异是也；三曰治众之法，庆赏、刑罚是也；四曰平准之法，律度、权量是也。"③ "法"与"制"有内外双重的含义，在外是需要遵守遵循的规制，在内是与人欲相对的节制，与道（包括德）有密

---

① 《经法·道法》，陈鼓应注译：《黄帝四经今注今译——马王堆汉墓出土帛书》，第2页。

② 《经法·四度》，陈鼓应注译：《黄帝四经今注今译——马王堆汉墓出土帛书》，第100、103页。

③ 《尹文子·大道上》，黄克剑译注：《公孙龙子（外三种）》，第137—138页。

切的内在联通。因此可以说，度与道本质归一，或者说度是道的体现，道的内容，道的一部分。《经法》还称度为理："始于文而卒于武，天地之道也。四时有度，天地之理也。日月星辰有数，天地之纪也。"[①]在《经法·名理》篇，更是将道与度的内在一致性阐发得十分清晰：

> 道者，神明之原也。神明者，处于度之内而见于度之外者也。处于度之内者，不言而信；见于度之外者，言而不可易也。处于度之内者，静而不可移也；见于度之外者，动而不可化也。静而不移，动而不化，故曰神。神明者，见知之稽也。[②]

这里以中国文化的"神明"概念对道与度的内在关联加以名理，指出道与度不仅互为表里，也互为内涵，具有相辅相成的范畴互补和逻辑一致。

《经法·道法》还提出了一个很值得重视的概念"天当"，"天当"类似于古之"天常"，如《荀子》"天行有常"，天常与天当均含有天道、大道之意，然两者又有所不同，天当在"天有常道"的基础上又进了一步，蕴含了天道运行中所必要和至关重要的权衡、度量、称的问题：

> 公者明，至明者有功。至正者静，至静者圣。无私者知

（智），至知（智）者为天下稽。称以权衡，参以天当，天下有事，必有巧验。事如直木，多如仓粟。斗石已具，尺寸已陈，则无所逃其神。故曰：'度量已具，则治而制之矣。'绝而复属，亡而复存，孰知其神。死而复生，以祸为福，孰知其极。反索之无形，故知祸福之所从生。应化之道，平衡而止。轻重不称，是胃（谓）失道。①

　　这里通过对权衡、度量、称等问题的强调，提出了稽、制、平衡等概念和标准，这些都是天当的内涵，是对道的演化和深化。了悟和遵循了稽、制、平衡的道理和律则，则可"安则得本，治则得人，明则得天，强则威行。参于天地，阖于民心"，就可以大道畅通，"以为天下正"②。如此，天当也就得到了实现。

　　法度、尺度的概念在中国古代文化中有广泛的认知价值和应用，《黄帝内经》提出"诊有十度"③；《周易参同契》融易道儒诸说，合天地人综观，提出期度、校度、推度、配位等一系列概念，也是在寻求一个合适合宜之度，以顺应阴阳大道。《两界书》强调数、序、度三者的意义和关联，将度视为作为之本："世本为数，物本数序，为本数度。故识数不迷，知数不殆。数数之在，数序之列，为度之比，乃世义至本"。（教11：3）此处从数为世界之本的论点出发，认为万物的要义在于数序的排列，作为的要义在于掌握好量度，认识并掌握了数度的道理，才能掌握世界的根本，才能不迷失、不危殆。

---

　　①《经法·道法》，陈鼓应注译：《黄帝四经今注今译——马王堆汉墓出土帛书》，第16页。

　　②《经法·四度》，陈鼓应注译：《黄帝四经今注今译——马王堆汉墓出土帛书》，第103、115页。

　　③《方盛衰论篇第八十》，姚春鹏译：《黄帝内经》，第546页。

《两界书》载有"元树"之说，实为一寓言树：

> 元树至奇不在甘辛两果共结，而在凡人采食，无可尽甘尽
> 辛。所采两果必有一甘一辛，第三果者辛甘难定，或辛或甘。
> 故若三果两辛以为常，三果两甘实为幸，三果尽甘无可能。
>
> （教 11：2）

故《两界书》反复论证，"天下世事实皆亦然，十分者为满，满者至反。凡事十之六七即为常，果物诸事如此，人之善恶吉凶亦不例外"（教 11：3）。所谓数度为宜，非大为宜。

亚里士多德论及宇宙的体制时认为："所有诸天体，于各自的层天，循各不同的轨迹，各进其行度"，"诸天体既发踪于同一原始，而各以不同的音响，不同的步调，按同一交响乐谱，协和地唱着，舞着，进向同一个究竟（终极），于是，一致的晋奉以真确的尊号，曰：'秩序优良的整体'（宇宙）。这恰恰像一个合唱队……合成'一个协和的交响'"。[①]亚氏所谓"各进其行度""同一交响乐谱""协和的交响"，是以希腊哲学的话语表述了与中国哲学道度、法度、天当等学说类似的思想。

3. 价值差与动态平衡

价值差异及其差异协度是一个包含了价值级序、阈值、判断与关联等诸多因素相互叠加的动态体系，在顺道为法的方向原则下，合度为则对差异价值的阈值比率和整体结构提出适度、协和的要求，

---

① 亚里士多德：《天象论 宇宙论》，第 303 页。

共同表述了差异价值的一般存在和价值演进的整体规制，对差异价值间的排斥、斗争、纠缠、妥协、攀附、归化等进行调适配置，形成的是差异价值的动态平衡机制。

价值差是差异协度的反映，是构制差异价值动态平衡机制的关键和基础，某种意义上说，价值的一切奥秘都掩藏在价值世界的价值差之中。无论是价值一般还是价值实在，其存在的本质、形式、属性、意义都是以价值差的方式体现的。简言之，价值是活的，价值差是价值的生命存在、存在方式，是价值运行的界域标识。价值差体现在价值的级差、序差、度差、境差、显差、隐差等全方位的维度上，并因自在和他在的关联而始终处于不停的交流运动中。

价值级差表述了价值的层级差异。无论以何样的标准去区分，无论将价值置于何样的坐标系、衡量器，其价值含量——价值的属性、意义、功能等总是分处于不同的层级上；价值序差表述了价值的序列类别，不同的价值分属于不同的序列类型，当然，由于置放和用途的不同存在着跨类序的价值载体，这是另当别论的；价值度差表述了价值的标尺差异，不同的价值在自我评价和相互评价中，其评价标尺总是变化不同的，这也是导致价值多序性的主要原因；价值境差表述价值存在的环境条件，这与价值序差、价值度差等都有密切关系；价值显差表述价值的显在差异，与价值隐差相对，价值隐差是有待呈现的价值潜质，是对价值的预期，它可能成为现实或部分成为现实，也可能落空，但它是价值存在的一种方式。在存在的一切领域，包括自然的、意识的、思想的、审美的等各个不同维度，价值差都是普遍、永恒的存在。价值世界是一个整体系统和有机体，因而每一个价值差及其构建都是关联的、有价值的，尽管关联度不同，关联方式也可能是直接的或者间接的，甚至遥不可及的。

由于价值自身禀赋着主体、客体、媒介的三种基性，因而价值差的每次运动除了关联性的价值差运动，还从其存在底基同时启动了三重基性运动，即作为价值主体、价值客体、价值媒介的价值运动。这样，价值世界形成了一个庞大、复杂、高度敏感的价值神经系统，价值差的每一次运动都是对价值神经系统的触动，都会出现相关的连贯反应，这种连贯反应是价值差在不同维度、不同场域内的叠变反应。

价值差运动与价值基性运动的复合叠加奠基了价值演进动态平衡的自足机制，这一机制决定了价值差在价值演进中形成了一个既冲突动变又相互支持的动态平衡系统。同时，由于价值关联系统的繁复、关联价值差的杂多，以及相关偶性因素的随机发生，又决定了这个动态平衡系统的不稳定性和不确定性，甚至潜存着毁坏、坍塌的可能性。

价值差的合适关联是价值世界的结构原则，也为价值演进提出了基本的界域规范。问题的关键和焦点逐渐显现：在繁复与驳杂、动变与持续、有序与不定的价值世界里，价值演进如何更有效地遵循顺道为法、合度为则的秩序原则，从而降低价值耗损，增加价值效能？这一问题尤为关键的是，自然价值与人事价值是一种何样的价值关联，人类在价值世界的建构中，尤其是在价值演进的预设与不确定领域，能有何样的作为？

价值世界的各种人文构建精致而多样化地体现了人类的追求和努力。

第六节　价值世界的人文构建

存在即有价值。世界的存在不只是人的存在，而是世界万物的共同存在。世界的共同存在是一个级序繁复的价值共同体，既有统一的价值关联，又有不同的价值级序，其中人的价值及价值系统不仅有其特殊意义，而且与自然价值、超自然价值有复杂的价值关联。以人的智性逻辑和灵性禀赋营造出不同文化、不同层序的价值内涵、价值形态，并建立起顺道合度、优选向善的价值秩序，是价值世界人文构建的目标方向。

1. 从自然价值到人文价值

需要再次明晰的是，人的价值不是世界价值的全部，而是其中的一部分，是世界价值的有机组成和重要构成——这要求人在宇宙自然的价值坐标中既要矜守天然的敬畏之心，又要以其独有的灵性禀赋担负起特殊的价值责任。"在大自然中，人们所要赞赏的是：一个生态系统，一个多产的地球，一个创生万物的生机勃勃的系统，在其中（只从生物学而非文化的角度考虑），个体虽然也繁荣兴旺，但它们可以被牺牲掉，以致它们的快乐和痛苦显得无足轻重；个体的福利是重要的，但在引人入胜的自然史中却是过眼烟云。"[①]人在苍茫宇宙中应该也必须有这样的自知之明和坦荡胸怀。作为宇宙价值系统中的一环，人的价值一方面与宇宙自然价值有着根基性的原则关联，不能脱离宇宙秩序和自然价值的根本规制；另一方面，人

---

① 霍尔姆斯·罗尔斯顿:《生态伦理学》，第 306 页。

的价值又自成系统，有其不同于一般自然价值的体系、逻辑和秩序，而且由于不同族群的价值观念建基于不同文化、不同知识谱系、不同生存环境，这都使得人的价值世界是一个极其复杂的价值系统，不同的人事价值系统之间、人事价值与自然生态价值之间，价值的意义和作用都是极其复杂的。

自然生态系统的价值逻辑显然不同于人事社会的伦理价值，"在环境伦理中，人们需要赞赏的不是怜悯、博爱、权利、人格、正义、公平、快乐以及对幸福的追求，这些价值属于人际伦理学，存在于文化中，而非大自然中；要在环境伦理中寻求它们，就要犯范畴误置的错误"[①]。在环境伦理和自然价值中可以被忽略的怜悯、博爱、权利、人格、正义、公平、快乐、幸福等，却是人类宝贵的价值追求，不能被忽略，只能倍加重视；而和谐、相互依存和生命延续，无论对自然系统还是对人类社会，都是同样宝贵的价值指归，且须统一到宇宙自然的根本价值上。

这里回到了一个古老的本原问题上，这就是将人与自然的关系置于价值维度看，它们究竟是一种何样的逻辑关联。自然供养了人类，也为人类付出了牺牲；人类一方面不能自已地攫取和利用自然资源，另一方面也早有意识：自身命运与自然命运不可分离，必须善待自然。天人合一被当作中国哲学的重要精髓不无道理，但忽视"天人之分"在中国哲学中的重要性不仅是对中国哲学的莫大曲解，也是对认知人与自然本质联系的一个巨大妨碍。在价值世界的整体构制中，人的价值与自然价值是一组对反对成的辩证关联，这一论述不是对人的价值的减损，而是对人的价值的肯定和期待。因此可

---

① 霍尔姆斯·罗尔斯顿：《环境伦理学》，第 306 页。

以说，自然价值始终应该是人类价值的构制要素，是价值世界人文构建的组成部分。值得欣慰的是，伦理学及价值论不再被困于人类中心主义的圈子里，不再局限于人类自身，而是放眼于人类的生存家园。

文明演进及人类思想的全部要义，很大程度上可以说就是人类对价值的人文构建，人类以其主体性立场对万物存在进行价值评判，以人与自然、人与人、人与超自然的基本关联为基轴，系统地建立起价值世界的人文逻辑，通过价值系统及其逻辑运行，以秩序化的方式划分价值界域、配置价值质量，从而使得人类的各项社会活动成为一种有契约的文明运作——契约的本质是价值通约。因此，从界本价值论的视野看，不仅是伦理学，人类思想各种建树的底层本质上都是一种价值评判和价值秩序化，只不过不同思想和思想方式运用的评判工具不尽相同，包括宗教、伦理、道德、政治学、诗学、艺术、美学、文学、经济学乃至天文学、物理学等，其思想底层都是以价值评判和价值秩序的建构为逻辑程序展开，都是一种分科分序的价值演绎和价值理论。可以说，价值逻辑是一切人文建构的根基逻辑。

不同的思想逻辑和思想方式针对了价值世界的不同级序和范畴领域。大致说来，从价值一般的存在论角度可以将世界价值区分为自然价值、人事价值、超自然价值三大类，此处的超自然价值表述了超验的、未知的或被视为神性、灵性、造物者的那部分内容。从人事价值的内容类属角度，可以将价值区分为物性价值与精神价值两大类，其中物性价值包括与人的衣、食、住、行等生存需求直接关联的价值内容和价值形态，精神价值包括信仰、伦理、知识、审美、真理、荣誉等形上内容，不仅体现为经典价值论的真、善、美等范畴，也与超自然的灵性部分、未知部分有重叠；从人事价值的对象范畴看，又可将价值区分为个体价值、群体价值和社会价值等，无论是个体价值还是群体价值，又都与物性价值重叠交织着。上述区分显然是相对的区分，相互之间不仅存有交叉重叠，而且其价值构制通常都是以混融纽结的方式生成的。

比如物性价值问题，物性价值不同于价值的物性载体，也不等同于财富本身，其价值构制及价值效用都是多重性的，并被加入社会和政治意义的赋值，或者说是以社会与政治意义的赋值为基础。一方面，物性价值既有直接的生活生产使用价值，也有间接的交换价值，以及潜在的、关联的派生价值；另一方面，价值是社会的神经系统，物性价值一旦进入社会机体，它就不再是单纯的物性存在，而是价值整体的构件和社会系统的神经元，就会自然而然地被赋值于政治范畴及社会运行之中。

2. 价值的政治学构建：亚里士多德的逻辑转换

亚里士多德对政治学的构建是价值论转换的一个典型案例。在古希腊哲学的思想认知中，生活资料和财产的经营与分配不仅是"家政学"的主要内容，因与公民的条件、义务、地位、权利等密切相关，还是政治学和城邦政治共同体的治理核心。亚里士多德《政治学》从家庭（按赫西俄德的说法，家庭最先是房屋、妻子和耕牛）与城邦的组成，家庭与城邦的致富术和财产管理，特别是城邦成员的共同体关系和"人天生是一种政治动物"①的角度，重点关注"最好的政治共同体是什么""怎样才能趋善避恶"等问题，尤其对城邦

---

① 亚里士多德：《政治学》，苗力田主编：《亚里士多德全集》第九卷，第6页。

共同体的财产归属、利益分配等提出了原则性讨论:"对于共同体来说,即便达到最高程度的一致性最佳,也决不可能由所有人在同一时刻说'我的'和'不是我的'而得到证明,这一点,按照苏格拉底的观点,正是城邦完满一致的标志。……所有人都称同一事物为'我的',每个人也在这样的意义上这样说,即使这不是件错的事,但也不可能成为现实。即或人们是在其他意义上使用这些词,这种一致性也并不能导致某种和谐。"①

在亚里士多德的政治学中,城邦成员的阶层、财富、出身等方面的差异是其理论建构的出发点,城邦成员的差异性结构决定了政体的多样化形式:

> 存在多种政体的原因在于,每一个城邦都由为数众多的部分组成。首先我们看到,每一城邦都由若干家庭构成;其次,群众之中必然有人富有,有人贫穷,有人则居于中游;富人拥有重装步兵的武器装备,穷人则没有。在平民之中我们看到,有的是农民,有的是商人,有的是工匠。而且在那些著名人物之间也存在着财富和产业规模方面的差别,比如他们饲养的马匹,不富有的人是难以养马的。……除了财富方面的诸种差别外,还有出身和德性方面的差别,以及我们在讨论贵族政体时曾经列举过的其他某种要素上的差别,我们在那里列举了每一城邦由之构成的各种必要的部分或要素。这些要素或者是全部,或者或多或少地加入政体之中。②

---

① 亚里士多德:《政治学》,苗力田主编:《亚里士多德全集》第九卷,第34页。
② 亚里士多德:《政治学》,苗力田主编:《亚里士多德全集》第九卷,第122页。

这样，依据城邦成员的身份、财产、群属阶层，构筑出合宜的、好的城邦政体是亚里士多德《政治学》讨论的主要内容。

亚里士多德的论析建立在对柏拉图《理想国》《法律篇》及苏格拉底等哲学家的相关讨论之上，并且结合了现实人性和城邦生活。"人类的贪欲永无止境，有时两个奥布罗斯（古希腊小银币——引注）就足够打发，但人们一旦对此习以为常，便会无止境地贪图更多的钱。因为欲望的本性便是无止境的，而大多数人仅仅只是为了满足自己的欲望而活着。"面对因财产不均、荣誉不均而带来的市民争端乃至犯罪的混乱等问题，亚里士多德给出的解决方法是："第一，使财产和所占有之物适中，第二，培养节制的习俗，第三，如果人们所欲望的快乐要依赖自己，那么他们将会发现，唯有哲学才能满足这种欲望，其他所有快乐我们都得依靠别人。事实上，最大的犯罪并非因生活所需而引起，而是由于过度。"亚里士多德对平民政体、寡头政体、共和政体、贵族政体、僭主政体、斯巴达人的政体等政体形制及其优劣特点进行了比较分析，他认同"那种将多种形式结合在一起形成一种政体的思想更接近于事理。因为包含要素愈多的政体便愈优良"①。尽管如此，世界上找不到一种完美的政体。以对城邦内部福利和共同体成员幸福为指归，亚里士多德格外强调法律制定、公民教育、良好习俗与节制德性的养成，并将此作为城邦政治的重要内容。

亚里士多德典范性地以政治学范畴和政治学视野，将生活生产资料的物性价值消融到政治学的话语体系，实现了政治学对物性价值和价值问题的逻辑转换。生产生活资料的财富问题在城邦政治共

---

① 亚里士多德：《政治学》，苗力田主编：《亚里士多德全集》第九卷，第51—52页、50页、47页。

同体运行中显然不是纯粹的物性价值问题，它决定了城邦成员的身份等级（农夫、工匠、商贩、士兵等平民以及贵族、统治者等），以及城邦成员在城邦政治共同体中的地位配置——这种地位配置本质上是一种价值体现、价值配置。以此为基础，城邦成员参与城邦权力的归宿分配，并以特定的方式参与城邦治理——在这里，城邦成员对物性价值及荣誉等其他价值的诉求一旦固化了价值的指向，圈定或力图圈定价值的界域，那么这个价值也就转换为有归属的价值——利益，个人利益和等级群体的利益也就成为城邦共同体的运行焦点。在城邦共同体的治理中，不同阶层对权力的拥有就是对阶层利益的拥有，权力不仅是阶层利益的化身，也是相应阶层成员个人利益和权利的捍卫工具。因此，不同阶层对权力的拥有是政体的关键："在已经提及的各种政体中，谁有权利要求官职是不难判断的，因为各种政体的差别就在于其权力阶层的不同；例如有的政体由富人当权，有的由贤良之人当权，依照同样的方式，其他政体由相应的其他阶层当权。"[①]权力受利益的支配，它可以把国家机器、军队、战争、教育、宣传等一切资源用作获利的工具。个人面对利益的表现则视其道德水准、价值取向而产生巨大分野，谦谦君子自律性强，在获取实利方面总是居于下风；实利小人因不受道德约束往往无所不用其极，欺骗、弄虚作假都是牟利的便捷手段，巨额私利则成为恶行的奖赏。

不同政体各有长短，各有利益倾向，因而建立一个优良的城邦政体就成为城邦治理的关键，也是哲学家–政治家关注的焦点。优良的城邦政体应把城邦成员的共同福利作为追求目标，这一点早在

---

① 亚里士多德：《政治学》，苗力田主编：《亚里士多德全集》第九卷，第100页。

柏拉图《国家篇》中便已强调："我们关注的目标不是使任何一群人特别幸福，而是尽可能使整个城邦幸福。"①城邦政体的这一目标在苏格拉底、柏拉图和亚里士多德等人那里被视为城邦正义，是城邦共同体的至高价值，这样的政体才会有生命力，"因为唯一持久的政体只会是建立在依据价值或才德而定的平等原则之上的政体，人人都享有其应得的那一份权利"②。柏拉图关注不同阶层的适度参与对维护城邦正义的重要性："城邦之正义在于构成城邦的三个阶层各司其职。"③亚里士多德则对人治与法治作出详细比较，认为法治比任何一位君主的统治都更可能实现公平：

　　所谓的全权君主——即凭自己的私意在所有的事情上拥有统治权的君主，在由彼此平等的人组成的城邦中，一人凌驾于全体公民之上，对某些人来说就显得有悖于自然。他们认为，天生平等的人按照其自然本性必然具有同等的权利和同等的价值。因而，在名位方面以同样的方式对待不平等的人，或以不同的方式对待彼此平等的人，就好比是给体质不同的人以同等的衣食，给同等体质的人以不同等的衣食，其结果只会是危害了人们的身体。因此，人们认为统治者并不比被统治者具有更正当的权利，所以应该由大家轮流统治和被统治。由此便涉及法律，因为一种制度或安排就已经属于法律范围了，所以法治比任何一位公民的统治更为可取。根据同样的道理，即使由个

① 柏拉图：《国家篇》，《柏拉图全集》（增订版）中卷，第 115 页。
② 亚里士多德：《政治学》，苗力田主编：《亚里士多德全集》第九卷，第 180 页。
③ 柏拉图：《国家篇》，《柏拉图全集》（增订版）中卷，第 143 页。

人来统治更好，也应该使其成为法律的捍卫者和监护者。[1]

针对城邦内部的财产不公、荣誉不公、教育不公等方面的问题，亚里士多德强调法律的目标是城邦的共同福利，法规"被制订出来主要是为了促进城邦的内部福利"[2]。亚里士多德始终把正义、公正、善、共同利益作为城邦治理的价值目标，这也是一切科学和技术的目标："一切科学和技术都以善为目的，所有之中最主要的科学尤其如此，政治学即是最主要的科学，政治上的善即是公正，也就是全体公民的共同利益。"[3]亚里士多德还在《尼各马科伦理学》第五卷中论证了公正对于普遍价值的意义，但要注意的是，亚里士多德所说的公正并非财产公有，更非柏拉图《国家篇》中苏格拉底讨论的理想城邦共产、共妻、共子的制度，而是在财产私有和"有限分享"之间求得平衡："财产在某种意义上应当公有，但一般而论则是私有的；因为一旦每个人都有着不同的利益，人们就不会相互抱怨，而且由于大家都关心自己的事务，人们的境况就会有更大的进展。然而，为了善，而且在使用方面，正如一句谚语所说的，'朋友将共同拥有一切'。……虽然所有的人都有自己的财产，但他会将有些东西交由其朋友支配，同时他还会和朋友们一起分享其他一些东西。"[4]

亚里士多德作为古希腊承前启后和有集大成性的政治哲学家，他的政治学思想在《政治学》《家政学》《雅典政制》《尼各马科伦理

① 亚里士多德：《政治学》，苗力田主编：《亚里士多德全集》第九卷，第111—112页。

② 亚里士多德：《政治学》，苗力田主编：《亚里士多德全集》第九卷，第50—51页。

③ 亚里士多德：《政治学》，苗力田主编：《亚里士多德全集》第九卷，第97—98页。

④ 亚里士多德：《政治学》，苗力田主编：《亚里士多德全集》第九卷，第39页。

学》《大伦理学》《优台谟伦理学》等著作中有充分系统的表述，在其政治学体系的逻辑底层，潜在运行着一种以价值为核心的秩序原则，或者说是以政治学的话语范畴呈现、演绎了价值在人类生活和政体治理中的本质地位和逻辑原则。

亚里士多德以政治学的概念范畴表述价值的本质内核，城邦共同体的基本差异是城邦成员的等级差异，建基于城邦政治共同体不同等级的价值存在和价值关联，被区分并固化为不同的价值指向——利益，利益也就成为城邦共同体不同阶层的政治偏好和政治指挥棒，利益的分配原则和不同阶层的利益界域便成为城邦政治的核心。在这里，财产、财富的物性价值和声望、地位的荣誉价值被消解和转化到政治资源配置、政体运行方式和城邦成员的身份、权力、义务、权利等的区分划定上，以及在立法、教育、习俗、哲学等方面的政治措施和德性养成。

同时，亚里士多德的政治学明确揭示政治秩序的底层逻辑是价值逻辑，政治的本质是以差异化的社会阶层为基础，以差异化的利益配置为基轴，对不同阶层、群体的利益所进行的制度安排和运行管理，也就是以政治的方式确定不同社会阶层和社会成员的价值地位、价值界域和利益份额。不同政治集团对利益与价值的诉求具有明显的利己强制性，亚里士多德将公平正义视为政治秩序和政体运行的根本要求、目标原则，这也是各类政体声称的旗号。同时他也发现并明确指出：不同政体必然有不同的政治偏好和利益偏斜，"各种政体所制定的有利于自身的一应法律，无一不是为了维持或保全现行的政体"[①]。亚里士多德论证了城邦治理的不同方面，不仅有政体

---

① 亚里士多德:《政治学》，苗力田主编:《亚里士多德全集》第九卷，第188页。

方式、权力归属、权利份额、财产所有制，还包括法规制定、习俗德性、公民教育、妇女儿童等方面，实际上，亚里士多德描述的城邦共同体揭示的是一种不同政治价值的联合体，不同阶层、不同级序的价值配置和利益诉求被演绎为社会维度上的政治价值关联。政治价值是一种综合的社会价值和价值体系，财富是基础，但并不止于财富，还包括荣誉、名位、自由等，况且财富的背后并不只是财产的量值问题，而是一个综合性的社会构件。对于不同的社会阶层，亚里士多德指出了差异化的行动准则："贵族政体的准则即是德性，而寡头政体的准则是财富，平民政体的准则是自由。"[①]这里实际上是指出了不同政体、不同阶层体现出的不同价值排序，价值排序反映了政体和阶层的社会方位及其需求顺序。

因此，社会治理的政治本质是建立一套以价值原则为内在机理的政治秩序及运行体系，政治治理以价值配置、利益调节为主轴，包括政体形制、法规制定、官职选配、市民改良等方面的系统运作。柏拉图《政治家篇》把城邦统治术比喻为国王的编织术，并描绘了一幅完美的织物画面："我们已经完成了这块织物，这是政治家的技艺的产物；用一般的编织方法，把勇敢型的人和节制型的人织在一起——这种织造的行当属于国王，他依靠和谐与友谊使人们生活在一起，完成了这块最辉煌、最优秀的织物，用它覆盖城邦的所有其他居民，无论是奴隶还是自由民，他统治和指导着城邦，而无任何短缺之处，这个城邦是一个幸福之邦。"[②]亚里士多德显然更清醒冷峻，他强调，由于"一个统一体所由以构成的元素在种类上是不同

---

① 亚里士多德：《政治学》，苗力田主编：《亚里士多德全集》第九卷，第136页。
② 柏拉图：《政治家篇》，《柏拉图全集》（增订版）中卷，第670页。

的"，因而必须以互惠原则作为城邦生存的基础；① 基于城邦共同体的阶层差异及其不同的利益诉求，适度合宜的利益配置和价值调节应是城邦政体及其政治秩序的基本准则。因而他特别强调"中庸的德性"，在极富阶层和极穷阶层之间，"适度或中庸是最优越的"②。政体毁坏的根源常常是因为偏离了中庸，所以亚里士多德认为"最优良的政治共同体应由中产阶层执掌政权，凡是中产阶层庞大的城邦，就有可能得到良好的治理；中产阶层最强大时可以强到超过其余两个阶层之和的程度，不然的话，至少也应超过任一其余的阶层。中产阶层参加权力角逐，就可以改变力量的对比，防止政体向任何一个极端演变"③。亚里士多德同时也看到，所谓适度和中庸并非持久不变的平衡，即使共和政体相对稳固平和，但也不会没有倾向，"无论一个共和政体持何种倾向，其所倾向的那一方面的力量就会乘机增长，政体也就随之易向，比如共和政体转向平民政体，而贵族政体转向寡头政体。这种转变也可以在相反的方向上发生，如从贵族政体转向平民政体——发生这种情况是由于穷人觉得蒙受了不公正的对待，就迫使政体向相反的方面转变。同样，共和政体也可以转为寡头政体。因为唯一持久的政体只会是建立在依据价值或才德而定的平等原则之上的政体，人人都享有其应得的那一份权利"④。

亚里士多德讲得很明白了，城邦政体及其政治学本质上就是人的权利配置与利益阈值的调节，最优秀的政体是以公正为原则，以法律、习俗、教育等为治理机制，使城邦共同体的不同阶层、不同

① 亚里士多德：《政治学》，苗力田主编：《亚里士多德全集》第九卷，第33页。
② 亚里士多德：《政治学》，苗力田主编：《亚里士多德全集》第九卷，第141页。
③ 亚里士多德：《政治学》，苗力田主编：《亚里士多德全集》第九卷，第142页。
④ 亚里士多德：《政治学》，苗力田主编：《亚里士多德全集》第九卷，第180页。

成员都能获得应有的利益归属和价值配位，在这样的政体安排和政治秩序下，"人们能够有最善良的行为和最快乐的生活"[①]。亚里士多德没有像柏拉图那样致力于描绘城邦的理想国蓝图，但对如何建立一个优良政体的政治学思考是全方位、体系化的："我们不仅应当研究什么是最优良的政体，而且要研究什么是可能实现的政体，并同时研究什么是所有的城邦都容易实现的政体。"[②]

在亚里士多德政治学的系统性建构中，界本价值论的原则与特征得到充分揭示。在其《政治学》《家政学》《雅典政制》《尼各马科伦理学》《大伦理学》《优台谟伦理学》等政治学、伦理学、家政学著作的思想底层，潜存着明晰的政治价值思维和价值逻辑——以价值的界域配置与协和为核心，并把建立优良的政治价值秩序作为理论建构和政治实践的目标。城邦及城邦政治作为古希腊的社会形态，本质上也是一种特定的界本存在和价值存在，在这里，界本差异在社会结构上首先表现为社会成员的等级差异，价值的界域原则集中体现在不同社会阶层的利益分配和权利配置上，价值的界枢（bounds pivots）机制成为社会运行的内在机理，价值的差异性、对构性、叠变性和工具性也都以特定的社会构制和政治学方式呈现出来。从界本价值论的基本原理讲，城邦政体、律法制度等政治社会形态是界本价值的一种特定存在和表征形态，所承载和运行的政治价值秩序是界本价值秩序的衍生次元秩序。

同时，亚里士多德政治学对价值的社会存在及政治运行的演绎，不仅呈显了政治价值秩序的基本特征，一定程度上也揭示了价值的政治实现及其运行方式，从而在社会政治的存在层面印证了价值的

---

① 亚里士多德:《政治学》，苗力田主编:《亚里士多德全集》第九卷，第233页。
② 亚里士多德:《政治学》，苗力田主编:《亚里士多德全集》第九卷，第119页。

界本内涵和界本价值论的优选法则。价值秩序是连接一切差异存在的基础秩序，也是一切社会运作的基原逻辑，以此为机理，社会政治的各种构件以特有的方式参与其中，在社会政治的价值场域中扮演着价值合力的不同功能。亚里士多德特别强调了人的社会性与人的本性是政治价值秩序构制中居于核心但又不确定的因素，"在一个政治清明的城邦中，公民应有闲暇而不致为生计终日忙碌，但如何享受闲暇则是一个难题"①。不仅统治者与公民的德性不同，公民内部的德性也不尽相同，"既然全部公民不可能彼此完全相同，公民和善良之人的德性就不会是同一种。所有人都应当是善良的公民，这样才能使城邦臻于优良；然而假设在修明的城邦中所有的人并不必然都是善良的公民，那么就不可能让所有人都具有善良之人的德性。此外，既然城邦是不同的成分构成的，就像有生命的东西是由灵魂和身体构成，灵魂是由理性和欲望构成，家庭是由丈夫和妻子构成，领地是由主人和奴隶构成的一样，城邦以与全部上述情形相同的方式由另外一些形式不同的成分构成，故所有的公民必然不可能只有唯一一种德性，犹如合唱队的指挥与站在旁边的那位演员不会具有同一种德性一样"②。

　　因此，社会等级差异并非社会和人的全部差异，更非权利和价值的全部差异；政治价值秩序的建立也绝不是单纯的政体问题，而是一个含括了政治、伦理、经济、教育、习俗等诸多叠加因素的综合问题，政治价值秩序始终是一个动变不息的价值叠变秩序，亚里士多德庞大的政治学、伦理学体系致力于表明这一点。当然，就亚

---

① 亚里士多德：《政治学》，苗力田主编：《亚里士多德全集》第九卷，第57页。
② 亚里士多德：《政治学》，苗力田主编：《亚里士多德全集》第九卷，第79—80页。

里士多德政治学推演的主轴而言，他把建立政治清明的城邦政体、公平正义的政治秩序作为其政治学目标，把"最善良的行为""最快乐的生活""人人享有应得的权利"作为不同阶层共同的政治价值，一方面体现了价值关联的差异协度要求，特别是顺道合度的价值优选和价值演进原则，另一方面也奠基性地呈现了价值人文构建的一种范式——这种范式与其说是规制性和确定性的，不如说是原理性、开放性的，它对后世西方文明乃至人类文明而言无疑是一笔宝贵的精神财富。亚里士多德在构建其政治学时就强调，"如果说政治学也是门技术的话，那么它也必然和其他技术一样需要革新"①。事实上，不仅政治学，一切科学和技术都在不断地革新之中。当然，有些革新可能走得远、走偏了，我们对人文构建底层价值逻辑的强调，也是力图回归人文构建的价值基轴，回归价值的本质和原理。

亚里士多德对价值问题的政治学演绎，只是价值人文构建的一个范例。每种不同学科或同一学科的不同流派、不同发展阶段，都有不尽相同的演绎重点和策略方式。比如经济学，因其研究对象和学科的属性，经济学对价值问题的推演更加直接、细化。马克思对劳动价值和剩余价值理论的系统性阐发，揭示了劳动、商品、资本、权力等社会核心构件对价值生成和价值效用的意义，尽管遭到奥地利学派的即时反对，比如弗里德里希·冯·维塞尔（1851—1926）在其《自然价值》（1889年）中提出的价值多源论、边际效用价值论等②，但马克思劳动价值论和剩余价值论对价值的社会政治属性的独到揭示，可以说是无与伦比的，它也表明这样一个真理，即经济

---

① 亚里士多德：《政治学》，苗力田主编：《亚里士多德全集》第九卷，第56页。
② 参见弗·冯·维塞尔：《自然价值》，陈国庆译，钱荣堃校，商务印书馆，2009年。

和经济学问题不是单纯的财富运演和计算技术问题，无论微观经济学抑或宏观经济学，本质上都是一种政治经济学。同时我们还想强调的是，马克思的价值论是一个开放的思想体系，不应以其片段语句来框定他的思想，也不能以劳动价值和剩余价值论含括马克思价值论的丰富内容，事实上，马克思在《1844年经济学哲学手稿》等著作中虽未直接使用"自然价值"这类概念范畴，但他关于自然生态的自在价值、自然的实践人化价值等思想，都包含着重要的价值论内涵，其思想论阈远远超出了人们的惯常认知。

第七节　价值是生机复合体

价值是万物关联存在的价值，是对存在的差异性、关联性的整体摹制和演化，也是对差异世界以价值方式进行的活化、激化。人类的文化活动本质上都是对差异存在的人文价值化，即所谓价值的人文构建，无论是构建过程还是价值世界本身，都是一个关联的有机系统和生机复合体，它既摹制世界差异，也价值化地再生世界差异，这既是价值体系的自足逻辑，也对应了差异世界的差异价值需求。

1. 艺术审美价值问题

在人类对价值的诸多人文构建中，艺术审美是一个特殊而又重要的部分。它不像政治学、经济学那样直接与可见财富、物性价值有关，与人的社会阶层、等级地位也无直接关联，但却是人类社会生活中极其重要的价值载体和价值存在。在价值世界中，艺术审美针对的是人的精神价值，是人之为人而区别于其他物种所独有的价值体现。当然，人的精神价值既不能脱离物性价值，也与自然价值相关，更与超自然价值密切关联，精神价值、物性价值、自然价值、超自然价值的叠加融通，构制了人类全部的社会关系和价值关系，也蕴藏了人类自身、人类与自然、人类与超自然之间的全部秘密。

　　谈到美的问题，首先还要厘清自然美与艺术美的关联与区隔。自然美是自然的自在属性、自在价值，并不因人的存在而存在、人的缺失而缺失；美是世界的普遍价值，不是人的专利，它贯通于自然和人事的不同领域，甚至存在于超自然领域。从界本价值论的角度言，自然美的价值作为自然价值的一部分，如同自然价值的其他构成一样，是自然价值的一种特定级序；也如同自然价值的其他存在一样，是在自然法则的秩序原则下构制、运行、生灭和创造的。自然美有其自在逻辑和自洽系统，山川河流之壮美，花鸟鱼兽之妙美，所谓自然造化天工至美，绝非人为艺术所能比拟替代。黑格尔《美学》一开始就断言艺术美高于自然美，是极其武断的："因为艺术美是由心灵产生和再生的美，心灵和它的产品比自然和它的现象高多少，艺术美也就比自然美高多少。"[①]他在西方哲学史上最早对自然美给予特别关注，但他还是依据了旧有的习规将美学主要局限于艺术美的范畴："把美学局限于美的艺术也是很自然的，因为尽管人们常谈到各种自然美——古代人比现代人谈得少些——从来却没有人想到要把自然事物的美单提出来看，就它来成立一种科学，或作出有系统的说明。人们倒是单从效用的观点，把某些自然事物提出来研究，成立了一种研究可用来医病的那些自然事物的科学，即药

---

　　① 黑格尔：《美学》第一卷，朱光潜译，商务印书馆，2009年，第4页。

物学，描绘对医疗有用的矿物、化学产品、植物和动物；但是人们从来没有单从美的观点，把自然界事物提出来排在一起加以比较研究。我们感觉到，就自然美来说，概念既不确定，又没有什么标准，因此，这种比较研究就不会有什么意思。"①黑格尔持有这种观点并不奇怪，除了他沿袭既有的美学规制外，更与他理念高于一切的存在论、美学观有根本关联："只有心灵才是真实的，只有心灵才涵盖一切，所以一切美只有在涉及这较高境界而且由这较高境界产生出来时，才真正是美的。就这个意义来说，自然美只是属于心灵的那种美的反映，它所反映的只是一种不完全不完善的形态，而按照它的实体，这种形态原已包含在心灵里。"②黑格尔对自然美与艺术美孰高孰低的较比和他的心灵反映论，对后世有较大影响，但局限与缺陷亦十分明显。当然他也坦诚地承认，对于自然美与艺术美，"目前我们还不能就这些关系加以说明，因为这就是美学本身所要做的事，所以只有待将来再去讨论和证明"③。

　　自然美作为自然价值的一种级序，必定有其内在的价值秩序和构制原理。自然美呈显了精妙绝伦的美的机理、美感形态，不是能用偶然律、偶发性可以解释的，各分科科学——植物学、动物学、地质学、海洋学等，只是以分科的知识工具对相关领域的自然对象进行物理性解释，而对自然美的构制原理、价值机制并未真正作出系统性的价值论揭示。但不管如何，自然美的价值首先为自然界自身所享用，其次也为人类所共享——尽管严格地讲，人是自然美的不速之客，或者也可以说是一类编外赏客。这里涉及了一个重要的

---

① 黑格尔:《美学》第一卷，第5页。
② 黑格尔:《美学》第一卷，第5页。
③ 黑格尔:《美学》第一卷，第6页。

根本性问题，即自然美与艺术美的关系，以及在这种关系背后自然价值与人事价值的关联——这是一个极富诱惑力和值得深入探险的领域。

自然美与艺术美虽然是两个截然不同的价值领域和价值级序，但在艺术美的构制中，自然和自然美又都是艺术审美的重要资源，这也说明了为什么早期希腊哲学家惯以摹仿——人对自然的摹仿——当作艺术的起源和目的。古希腊的自然概念含义相当广泛，不仅包括各类动物和人，有时甚至包括了神，谢林（Schelling，1775—1854）曾说过，"荷马的诗歌中，没有超自然的力量，因为希腊的神是自然的一部分"[①]。亚里士多德《诗学》开篇就诗的摹仿类别作了区分，"史诗的编制，悲剧、喜剧、狄苏朗勃斯的编写以及绝大部分供阿洛斯和竖琴演奏的音乐，这一切总的说来都是摹仿。它们的差别有三点，即摹仿中采用不同的媒介，取用不同的对象，使用不同的，而不是相同的方式。正如有人（有的凭技艺，有的靠实践）用色彩和形态摹仿，展现许多事物的形象，而另一些人则借助声音来达到同样的目的一样，上文提及的艺术都凭借节奏、话语和音调进行摹仿——或用其中的一种，或用一种以上的混合"[②]。当然，这种摹仿不是简单的复制，而是充塞了人的情感、人的偏好的艺术创造——一种基于摹仿对象的审美价值生成。

不管怎样解读艺术的起源和目的，比如黑格尔总结的激发情绪说、更高的实体性的目的说等，一个基本的事实是，艺术和艺术美的创造是基于人性、人的心理、人的智性的一种创造，也就是说，

[①] 鲍桑葵：《美学史》，张今译，商务印书馆，2009年，第18页。

[②] 亚里士多德：《诗学》，陈中梅译注，商务印书馆，2009年，第27页。

虽然有人认为"人和动物是自然用同样的面粉团子捏成的"①，但人这个"面粉团子"不同于一般动物，人是属灵的，他的智力、理智、意志、动机、情绪、心理、感觉、观察、认识、才能、想象、幻想等"心的概念"和"心灵的本性"②，是一般动物所不具备的。因此，人对自然的摹仿就不是一般的复制劳动，而是一种以特殊方式运作、以特殊形式呈现的创作和创造，在这个艺术创造中融入了人的所有要素，并创立了一个艺术和审美的世界。西方美学家是这样看待审美的最初创立的："希腊诗歌和造型艺术的创立可以看做是介乎民间实用宗教和批判性的或哲学的反思之间的一个中间阶段。这一艺术的神话内容并不是诗人或造型艺术家臆造出来的，而是在长期发展过程中逐渐摆脱野蛮状态的民族心理的产物。另一方面，虽然这一艺术的富于想象的形式来源于民族心理，但是，这种民族心理所以能起作用，主要是由于天才诗人发挥个性，使民族思想和情操获得进步意义并得到提高的缘故。因为，虽然我们可以怀疑在整个希腊古代史上是否有过一个词美或美的，用来指称同真或善完全不相混淆的意义，然而，有一点是可以肯定的：艺术不只是自然，观念在美的形状中的明确体现，由于培养了一种不同类型的情趣和意趣，就不能不给明确的审美判断铺平道路。"③

艺术与艺术美对自然（包括物象、生活等）所进行的摹仿和审美创造，本质上是以不同的艺术媒介为工具，以不同的艺术形式——诗歌、绘画、音乐、悲剧、喜剧、雕塑等，以对自然元素进

---

① 参见拉·梅特里：《人是机器》，北京大学哲学系外国哲学史教研室编译：《西方哲学原著选读》下卷，第130—134页。

② 参见吉尔伯特·赖尔：《心的概念》，徐大建译，商务印书馆，2009年。

③ 鲍桑葵：《美学史》，第16页。

行人为加工的艺术化方式，创造出一个基于自然又不同于自然的艺术层界，这个艺术层界融入人的情感、偏好和认知，构制出一个自然与人事结合、主观与客观结合、个人与社会结合、形下与形上结合、幻象与实在结合的特殊复合体。从存在论角度言，这一特殊复合体也是世界结构中的一种特殊存在和特殊存在态，它以艺术审美的形质存在于世界结构的整体中；从存在价值论的角度言，艺术审美价值建基于对自然的摹仿和艺术加工，是对自然物性价值实施的价值级序进化，是从自然物性价值转换攀升为审美价值、精神价值，也就是说，艺术摹仿本质上是一种价值的演进程序——是从自然物性价值演进为审美的精神价值。当然，这里把人的生活纳入摹仿的"自然对象"，显然是就其艺术创造的素材属性而言。

艺术作为价值的一种人文演绎，艺术价值的构制遵循界本价值论的一般原则，只不过运用了艺术的媒介、工具和方式，不管是艺术的哪一个门类——诗歌、戏剧、音乐、绘画、雕塑等，在其价值构制的底层，都是以媒介的差异及差异的特定关联为基本方式。按照希腊人早期对美的认知，往往又都把和谐、比例视为美的标志和本质，同时美又是与善这类美德紧密联系在一起，因此，以不同的媒介运用差异、实施差异关联，从中构制出和谐、秩序并导引出美和善，便是早期希腊人对艺术美的构制逻辑，其实，这也是各类艺术构制的最底层逻辑。

差异的和谐是艺术美的关键，这是艺术美的经典原则。"在古代人中间，美的基本理论是和节奏、对称、各部分的和谐等观念分不开的，一句话，是和多样性的统一这一总公式分不开的。"[1]差异的和

---

① 鲍桑葵:《美学史》，第9页。

谐统一不仅是形式和数量的问题，也包含了内容和质量的问题，即使在较为抽象的、形式化的音乐、美术领域也是这样，在这里，"和谐所牵涉的不复是单纯的量的差异，而基本上是质的差异。这种质的差异不再保持彼此之间的单纯的对立，而是转化到协调一致，才有和谐，例如在音乐里，音阶的基音与第三音和第五音之间的关系并不是单纯的量的关系，它们在音上有本质的分别，而这几个本质上有差别的音却结合成为统一体，它们各自的定性不再在音响上显出尖锐的对立和矛盾。不和谐则不然，它的对立矛盾还有待于消除。颜色的和谐也很类似。艺术也要求颜色在一幅画中不显现为各种颜料的随意排列，也不显现为对立面完全消除，只是清一色，而是几种颜色被调解成为协调一致，产生一种完整而统一的印象。说得更精确一点，和谐须假定一种包含各种差异面的整体，这些差异面按其自然性质是属于某同一范围的：例如颜色之中有同属于一定范围的几种颜色叫做基本颜色，这些颜色一般是由颜色的基本概念而不是由偶然的混合得来的。这种差异面的整体在协调一致时就形成和谐"①。黑格尔这段表述稍显啰唆，但对差异之和谐在音乐、绘画中的基本作用还是作了比较透彻的说明。当然，从艺术审美的历史演进来看，除了差异的和谐，崇高、素朴、变形、含混、抽象等都可能被赋予特定的审美指向，但其基底依然是对差异的关联，只是在关联的质量方式上进行了特征性的改变，从而呈现出特定的艺术表现力。亚里士多德对美的本质的概括，今天看来依然有其原理性的说服力，"他指出美的本质特征是：有时是秩序、对称和限制，有时是恰当的界限和秩序"②。"对称"显然是古典美的特征，"恰当的界限和

① 黑格尔：《美学》第一卷，第 319 页。
② 爱德华·策勒：《古希腊哲学史》第四卷（下），第 518 页。

秩序"不仅更能表述美的普遍可适性，也更契合了界本价值学说的一般原则，并为各类现代艺术奠基了创新的空间。

2. 文学：语言元媒介与任意摹仿

如果说绘画、雕塑这类具象艺术有着显著的形态表征，音乐也以其音符、节奏的差异结构呈显出易觉的情绪效果，那么文学则呈现了艺术世界里最为复杂的审美价值和价值构制。

文学本身也包含了诸多的种类，包括神话、传说、诗歌、史诗、寓言、悲剧、喜剧、小说、散文等，以及赋有不同民族特色的文体演变，如中国的辞赋、印度的梵歌、日本的和歌、早歌等。无论文学的文体形态多么复杂，其共同特征不外是亚里士多德《诗学》中所称那类"没有名称的艺术"："有一种艺术仅以语言摹仿，所用的是无音乐伴奏的话语或格律文（或混用诗格，或单用一种诗格），此种艺术至今没有名称。"[①]当然亚里士多德远未认知到文学形态的丰富性，此处是仅就某些无伴奏话语或混用诗格、单一诗格的格律文、希腊拟剧（mimos）、苏格拉底式对话体作品而言的，但他以摹仿媒介为标识对艺术种类加以区隔，特别是强调"仅以语言摹仿，所用的是无音乐伴奏的话语"，还是把文学不同于其他艺术种类的一个本质特征给明晰出来了。

在文学对价值的人文构建及其价值效用中，语言作为媒介起到了基础性、关键性作用。语言的意义在古希腊哲学中已有强调，近代以来在逻辑哲学、价值哲学、符号学、形式主义批评等不同领域受到了非同寻常的关注，学说论著汗牛充栋，但有的走得有些远了、

---

① 亚里士多德:《诗学》，第 27 页。

偏了。从存在论和界本价值论的维度审视语言对文学的媒介意义、文学对价值的人文构建，对语言的存在本质、文学的审美特质、文学在人文构建中的精神价值、文学在人文版图中的坐标位置，会有不一样的发现。

文学以语言为媒介对世界加以摹仿和创造，使得文学既有艺术审美通性又不同于绘画、音乐、雕塑等艺术形态。相较于色彩、音符、塑形材料等艺术媒介，语言对文学的意义可能是一个被讨论得最彻底、最深入的问题了，但似乎止于表象的多，触及根基的少，因而也是留下最多分歧和问题的领域。

关于语言的起源，无论是神授说、自然说、劳动说、社会说，抑或连续性假说、非连续性假说等，迄今尚未有一种观点得到普遍共识。直到 17 世纪、18 世纪，语言神授论依然占据欧洲学界的主导性地位，德国学者 J·G. 赫尔德（J·G. Herder，1744—1803）1770 年提交给柏林普鲁士皇家科学院的获奖论文《论语言的起源》（1772 年，柏林首版）别出心裁，论文开篇的第一句话"当人还是动物的时候，就已经有了语言"[①]不仅成了语言学界的一句名言，也把赫尔德的主要思想呈现出来，这给其时的欧洲学界带来不小震动。德国学者同时也是著名的社会活动家威廉·冯·洪堡特（Wilhelm von Humboldt，1767—1835）提供的是一种"总体语言研究"，他将对古希腊文化研究、语言研究与"人的研究"相贯通，对语言的本质给予了更为深刻独到的揭示："语言产生自人类的某种内在需要，而不仅仅是出自人类维持共同交往的外部需要，语言发生的真正原因在于人类的本性之中。对于人类精神力量的发展，语言是必

---

① J. G. 赫尔德：《论语言的起源》，姚小平译，商务印书馆，2009年，第3页。

不可缺的；对于世界观（Weltanschauung）的形成，语言也是必不可缺的。"[1] 洪堡特对后世的影响颇大，20 世纪初在德国曾出现了以魏斯格贝尔（Leo Weisgerber，1899—1985）等为代表的"新洪堡特主义派"。美国语言学和人类学家爱德华·萨丕尔（Edward Sapir，1884—1939）有时也被归为新洪堡特主义派的名下，他亦受到同时代意大利哲学家克罗齐（Benedetto Croce，1866—1952）的影响，对语言的研究增加了更多的历史文化视野："语言是纯粹人为的，非本能的，凭借自觉地制造出来的符号系统来传达观念、情欲和欲望的方法。"[2] 在此基础上，萨丕尔还对语言和文学的关系做了特别的阐释："对我们来说，语言不只是思想交流的系统而已。它是一件看不见的外衣，披挂在我们的精神上，预先决定了精神的一切符号表达的形式。当这种表达非常有意思的时候，我们就管它叫文学。"[3] 可以看得出，萨丕尔对语言的定义主要还是强调了语言的交流工具作用和符号系统的功能意义，严格地讲并不严谨，但对后来的语言学研究产生不小的影响。

基于界本存在论和界本价值论的原则，语言的意义不仅体现于功能层面，更体现于语言的本体存在和价值层面，从这个维度上讲，语言的基本意义有：

一、语言的本质是差异，是万物界分的一种差异存在、存在方式和存在形质，它奠基于界、发端于界，是从混沌无序中界分生成的一类存在功能和一类价值级序，它由人类负载演化，演绎万物存

---

[1]　威廉·冯·洪堡特：《论人类语言结构的差异及其对人类精神发展的影响》，姚小平译，商务印书馆，2009 年，第 25 页。

[2]　爱德华·萨丕尔：《语言论——言语研究导论》，陆卓元译，陆志韦校订，商务印书馆，2009 年，第 7—8 页。

[3]　爱德华·萨丕尔：《语言论——言语研究导论》，第 203 页。

在的差异关联及其底层逻辑。中国古代之道、希腊哲学之逻各斯（Logos）、希伯来思想之上帝的言辞（Words），均包含了逻辑原则和语言功能的双重含义，这从根基性的层面揭示了语言的原理意义：道在中国哲学中以对阴阳互构的统纳而呈现出思想认知的基原意义；逻各斯在从赫拉克利特到亚里士多德等诸多希腊哲学家手中更是被赋予极为丰富的内涵，既包括原则、道理、原因、理由、观点、思考、权衡，也包括话语、定义性语言、命名、叙述、说明，甚至包括报告、消息、故事、作品的中心内容等；希伯来圣经中的上帝之道不是一般的言辞，而是神谕（oracles），"上帝说"开启了万物从混沌中的创造，而众先知则以传达上帝神谕的名义发布了一系列希伯来律法，制导希伯来人的精神生活和世俗生活，而对希伯来人的文化母本《圣经》而言，则深刻地影响了圣经叙事的话语、母题、结构、形态、成规，影响了它的整个意识形态价值构建。①

这是一个值得从哲学、文化和思想史、精神史角度深入追究的问题，语言学体制内的技术分析既十分专精但又有些偏窄和捉襟见肘。瑞士语言学家费尔迪南·德·索绪尔（Ferdinand de Saussure，1857—1913）的语言学尤其是其《普通语言学教程》显示了某些独到的深刻性和全面性，他从语言的符号性质和共时语言学、历时语言学、地理语言学的综观分析中，看到了差异对语言构制的本质意义："综上所述，我们可以看到，语言中只有差别。……语言系统是一系列声音差别和一系列观念差别的结合，但是把一定数目的音响符号和同样多的思想片段相配合就会产生一个价值系统，在每个符号里构成声音要素和心理要素间的有效联系的正是这个系统。所指

---

① 参见刘洪一：《圣经叙事研究》，商务印书馆，2011年，第8—18页。

和能指分开来考虑虽然都纯粹是表示差别的和消极的，但它们的结合却是积极的事实；这甚至是语言唯一可能有的一类事实，因为语言制度的特性正是要维持这两类差别的平行。"①索绪尔从"语言制度"的基本特性看到了差异之于语言的重要性，应该说超过了新语法学派对语言结构、系统和功能的一般研究，尽管还不能说他已经真正深入到了语言的存在论根基。

二、语言是对差异的符号化摹仿，是对差异存在的初始性、系统化的心理感应、思想认知和通识性人文构制。语言的艺术被认为是一种"制造符号"（making a sign）的方式，②语言对差异的实现和摹仿是以符号的形制呈现，每个摹仿的语言符号（一些虚词的情况有例外）都是对差异存在的表述——对存在之是（属性）、存在之有（量度）、存在之在（关联、动变、状态）的思想表述，就像洪堡特对语言结构规律与自然界规律的比较那样，"语言结构的规律与自然界的规律相似，语言通过其结构激发人的最高级、最合乎人性的（menschlichste）力量投入活动，从而帮助了人深入认识自然界的形式特征。其实，这类形式特征本身就反映了精神力量不可解释的发展"③。也就是说，在语言的摹仿和语言结构中，人类精神是语言发展的根本力量。

在不同的文化圈中，摹仿以不同的字母、文字、语音等要素构制成不同的语言符号，如象形文字、拼音文字，名词、动词、宾词，以及词法的性、数、格等；语言对差异的摹仿包含了对摹仿对象的

---

① 费尔迪南·德·索绪尔：《普通语言学教程》，高名凯译，商务印书馆，2009年，第 161—162 页。

② Michel Foucault, *The Order of Things*. Random House, 1970, p. 43.

③ 威廉·冯·洪堡特：《论人类语言结构的差异及其对人类精神发展的影响》，第74 页。

界分、定义、关联、动变、性状、量度等的认知描摹，每个语言符号和语言要素扮演着不同的描摹认知功能，比如名词性符号侧重对差异存在的界分、定义、命名，动词性符号侧重差异者的关联、动变、判断，宾词性符号侧重差异者动变的性状、量度、效果等。福柯的动词理论将语词的逻辑功能与存在论分析相结合，认为"存在（être）这个动词作为属性和断言的混合物，作为话语与言语的初始和基本可能性的交织，确定了命题的第一个常量，并且是最基本的常量。在这个动词的旁边，在它的这边和那边，则是种种要素：话语或'词'的组成部分"①。这里所谓对"第一个常量""最基本的常量"的确定，也是表述了语言对存在（être）的同一性和差异性的命名，在福柯看来，古典"话语"的基本任务是赋予事物一个名称，以此命名它们的存在，两个世纪以来，西方话语一直是存在论的发源地（the locus of ontology）。②

按古希腊哲学家的认知，绘画、图像、音乐等也都是对自然的摹仿，但在人文构建中，绘画、音乐发展为专科性艺术，而非通识性的人文构建。语言对差异的摹仿有一个由简至繁、由实至虚的过程，它伴随着人类的认知逐渐演化和深化，摹仿表现的对象既包括自然差异也包括人事差异，既包括形下差异也包括形上差异，既包括人的心理意识也包括超自然的未知领域，这些都是其他摹仿媒介无法比拟的。

将语言视为对差异的摹仿，是在存在论的逻辑维度、基于人文奠基于自然且与自然对构对成的界本范畴而言，这与语言学、符号

---

① 米歇尔·福柯：《词与物：人文科学的考古学》（修订译本），莫伟民译，上海三联书店，2016年，第102页。

② 见 Michel Foucault, *The Order of Things*, p. 120.

学的框架视野完全不同。索绪尔把语言在人文事实中的地位归结为符号学的一部分，是因为他设定了一门研究社会生活中符号生命的科学——符号学，这门科学将构成社会心理学和普通心理学的一部分，因而他把符号学的恰当地位问题交由心理学家来处理，语言学家的任务是在符号事实中发现语言这一特殊系统的地位和规律。其实这也正是索绪尔语言学的重大突破，他把囚禁在传统语言学围墙内的语言解放了出来，但不过是一种有限的解放，还不是彻底的解放。

　　三、在人文构建中，语言是差异摹仿的元媒介，具有基原性、通约性、工具性的特征。在文明演进和人文事实的建构中，语言最贴近存在底层和差异根基，它有时被称为"命名的艺术"（art of naming）[①]，是人文思想联结差异的第一媒介。伏羲一画开天地，阴阳对反、爻卦图符，及至象形文字，真正与自然万物和差异存在实现了直接而系统化人文对接的，显然是语言文字的符号，象形文字如此，字母文字依然。因而，语言也是人类感悟自然、认知差异、表达思想的元工具，语言以其符号的体系化、逻辑化建立起一个复杂有序的表意系统，万物差异及其复杂关联经由语言系统这个特殊处理器和符号程序的加工，将意义和价值构制出来。语言的元工具性是语言自有的秉性，海德格尔所谓新近的语言科学和语言哲学都在致力于"元语言"（metasprache）和"元语言学"（metalinguistik）的制作，其实是发现了语言中的"形而上学"而已。[②]语言的意义不仅在同一语言系统内可以自由交流，也可在不同的语系之间形成对

---

　　① 　Michel Foucault, *The Order of Things*. p. 43.

　　② 　见海德格尔：《在通向语言的途中》，孙周兴译，商务印书馆，2009 年，第146—147 页。

应的通约关联。当然，由于语言构制机理、表意方式、思维习惯等的不同，要实现异质语言间无障碍的意义通约，显然有困难，但这并不影响语言通约性、工具性的成立。

语言作为人文思想及其价值构建的基原性、通约性媒介工具，它所建立的符号系统不受音乐、绘画式的媒介限制，而是形成了一个可以任意表述的意义机制，这体现了语言独有的创造性："语言绝不是产品（Werk［Ergon］），而是一种创造活动（Thätigkeit［Energeia］）。因此，语言的真正定义只能是发生学的定义。语言实际上是精神不断重复的活动，它使分节音得以成为思想的表达。"语言作为人文构建特别是思想建设的元媒介、元工具——洪堡特将语言称作是"构成思想的器官"（das bildende Organ des Gedankens）[1]，本身兼具了感性与理性、逻辑与艺术、形下与形上等不同方面的通适禀赋和表达张力。从这个角度讲，一切以语言为媒介的文本表达，都或多或少、或深或浅地兼具了一定的文学性和哲学性，因为感性与理性、形象与逻辑始终是语言媒介的天然属性，这也解释了人类早期无论是以神话、史诗还是以对话、寓言等形式出现的文本，诸如《伊利亚特》《奥德赛》《吉尔伽美什史诗》《易经》《道德经》《论语》《庄子》《希伯来圣经》等，如果一定以现代式的学科体制和文本体裁去断分，一定会削足适履式地破坏它的意义、价值甚至它的本质。当然，随着思想深化和科学的分科性发展，语言媒介在不同领域的运行方式显然不同，这和语言媒介呈现的学科内容和秩序方式有根本的关联。

了悟了语言媒介的上述基本特性，再来看文学的审美特质、文

---

① 威廉·冯·洪堡特：《论人类语言结构的差异及其对人类精神发展的影响》，第56—57、65 页。

学对价值的人文构建，就有了必要的逻辑基础，也就有可能跳出既成的、狭隘的学科习规，从存在根基与价值底层审视文学本原，测定文学在人文事实中的坐标位置，发现文学不同于其他知识门类的特有价值。

　　语言的差异性本质、对差异存在的初始性、系统性人文构制，以及作为元媒介的基原性、通约性和工具性特征，都决定了以语言为媒介的文学摹仿是一种"任意摹仿"，即文学摹仿不受摹仿媒介的限制，可以对自然、人事、超自然的任何要素加以摹仿——不受形下形上限制，不受虚实限制，亦不受时间空间限制。文学摹仿的任意性根本上取决于语言媒介的秉性和功能，索绪尔指出"语言符号是任意的"[①]，主要还是就语言符号的能指与所指间的联系而言，其实更为重要和关键的是，语言的差异性本质、语言对差异存在的初始性、系统性地符号化，以及语言在人文构建中作为元媒介所具有的基原性、通约性、工具性特征，不仅为文学对差异世界的摹仿提供任意性的工具，更使得文学在媒介的作用下获得了文学事实、语言媒介和摹仿对象之间的内在契合与机理统一，从这个角度讲，语言不是文学的媒介，而是文学的构成，是文学与差异存在之间的有机过渡，存在、语言、文学在差异本质上的内在一致性，决定了文学对差异存在的摹仿是一种不受媒介限制的摹仿，也是一种不受摹仿对象限制的任意摹仿。这种任意摹仿可称之为有机生成摹仿，因为存在、语言和文学在语言的作用下成了一个生成性的有机整体。

　　那么，任意摹仿的要义是什么？文学的任意摹仿对文学特质及

---

　　① 费尔迪南·德·索绪尔：《普通语言学教程》，第 95 页。

其价值构制起到了何样的作用？文学又呈现了一个怎样的价值世界？

摹仿（Mimos，Mimesis）是古希腊哲学和艺术论中的一个重要、常见的概念，有学者认为 Mimos 或与梵语 māyā 有一定的词源关联，词根表意为转化、蒙骗，最早主要用于描述一些拟剧、音乐、舞蹈的摹仿、扮演、装扮等。[①] 其实在技艺领域之外，在古希腊哲学对存在的一般表述中，摹仿说或类似思想亦不少见。毕达哥拉斯学派以数为万物本原，认为事物的形成和本性均离不开数的范式，"他们想到自然间万物似乎莫不可由数范成，数遂为自然间的第一义"[②]，隐含着较为明晰的"数的摹仿论"；柏拉图强调"理念就是诸存在者的永恒的'原型'——所有其他东西都是它们的摹本。……可见的事物只是理念的'影像'"[③]。值得注意的是，柏拉图在其《理想国》《法律篇》《斐德罗》《政治家篇》中多次强调艺术的本质是摹仿，但他对摹仿的教化意义持怀疑态度，甚至认为有可能通过感官的刺激败坏、腐蚀民众。亚里士多德系统地论述了艺术摹仿论，他的《诗学》对诗性作品——包括史诗、悲剧、喜剧、以语言为媒介的摹仿艺术——进行了较为系统的论述，但严格地讲，《诗学》主要还是针对诗艺部分而言。比较值得注意的，一是他在《诗学》中对人的摹仿天性和摹仿快感的强调："作为一个整体，诗艺的产生似乎有两个原因，都与人的天性有关。首先，从孩提时候起人就有摹仿的本能。人和动物的一个区别就在于人最善摹仿并通过摹仿获得了

---

① 参见《附录》，亚里士多德：《诗学》，第 206—214 页。
② 亚里士多德：《形而上学》，第 14 页。
③ 爱德华·策勒：《古希腊哲学史》第三卷，第 175 页。

最初的知识。其次，每个人都能从摹仿的成果中得到快感。"①二是他在《物理学》中对技艺（Tekhne：技术，艺术）摹仿自然的强调："一般地说，技术活动一是完成自然所不能实现的东西，另一是模仿了自然。"②摹仿说在古希腊哲学中并无统一的意义，但在认知人文与自然、艺术与存在的基本关系方面，为后世思想特别是文艺思想的演变奠定了重要基础。

文学的任意摹仿是文学以语言为媒介进行艺术创作的构制程序，表述了文学与世界的认识论关联，以及文学对世界的价值评判和文学对价值的人文演化。

文学对世界的任意摹仿，主要不在于摹仿对象的无限性——无论是自然还是超自然，是人的言行情感还是观念意识，皆可成为文学素材和表达对象；这里主要是讲，文学以语言元媒介对世界的摹仿是一种奠基于世界差异本质的转化性、生成性叙事，这种转化性、生成性叙事不是对世界被动的单向性反映，而是对世界既联结又远离、既肯定又否定的价值参与和价值评判，换句话说，文学不仅根植于世界的差异性本质，而且自主地参与制造、演化世界的差异，并以复杂的价值评判及其文学叙事生成性地表现出来。文学对世界的任意摹仿是文学本体的价值认知和价值实现，它体现的与其说是文学的摹仿方式，不如说是文学的本体性功能，或者说是摹仿方式和本体性功能的结合——这种结合内含着文学的价值机理及其独特的价值观。如果说"价值观是人的本体论地位的决定因素"③，那么文

---

①　亚里士多德：《诗学》，第 47 页。

②　亚里士多德：《物理学》，第 51 页。

③　Cornelia Grünberg & Laura Grünberg. ed., *The Mystery of Values: Studies in Axiology*, p. 107.

学价值观对文学本体地位的确立，是与文学的价值生成机制紧密结合在一起的。

3. 文学的价值机制

因此，在世界的整体结构中，文学本质上是创立了一种特定的人文存在和存在的层态；在诸多人文事实中，文学创立了一种特定的价值级序和价值构制方式，并以特有的价值机制呈现出对世界和人事的价值评判、价值选择。也可以说，作为对价值的人文演化，文学本质上是以语言为媒介、以任意摹仿为程序，构制了一个价值选择的艺术机制。

首先，文学以人为价值构制和价值演绎的中心基点，将世界的差异本质呈现为人性自身、人际之间、人与自然、人与超自然对反对成的界分统一关联，以此为文学主题的基轴，以神话、史诗、戏剧、寓言、小说、诗歌、散文等不同体裁及相应的文学修辞，制造出各种文学事实——包括故事、情节、动作、冲突、人物、心理、意象、隐喻、象征、拟人、抒情、变形等，通过文学的修辞和艺术演绎，对真与假、美与丑、善与恶、正与邪、是与非等道德、伦理的价值构成进行一种艺术化的审美呈现和认知评判。修辞术在希腊最初是被作为政治学的附庸论辩术来看待，但即使在那个时期，修辞术的普适意义已被充分认知，"修辞术是辩证法的对应部分，因为两者关心的对象都是人人皆能有所认识的事情，并且都不属于任何一种科学"[①]。虽然亚里士多德把修辞术的作用主要看作是"以判断为目的"的说理，但他对比喻、寓言、格言、谚语，尤其是主题的多

---

① 亚里士多德：《修辞术》，苗力田主编：《亚里士多德全集》第九卷，第333页。

重性、诗人推动的用语艺术以及辞章等创制性修辞知识的论析，其意义显然不止于政治学。在文学对价值实施艺术呈现和认知判断的逻辑底层，运行的是一种形象化、动变性的文学修辞，这一文学修辞往往借助一些常见的文学主题——爱情、家庭、命运、信仰、忠诚、背叛，以及国家、族群、战争、灾难等，一方面揭示人性之灵肉混合、人际之善恶不定、人与自然之冲突共处等正反对构的价值存在，另一方面又将人的自然属性、个人生活随机地结合进人的社会属性和文化环境（政治、经济、种族、文化、习俗、信仰等）当中去，演绎出"人这个小宇宙"——无论以个体还是以群体形式出现，其本体性的差异本质是如何构制和呈现出来的，人的自然属性与社会属性是如何交织、相互作用、对构对成的。不同的文学构制对道德、伦理的价值倾向显然不尽相同，即使是同一构制的价值指令也未必清晰一致，这在早期奥林匹斯神话体系、荷马史诗、希伯来先知书、智慧文学等中均不少见，中世纪、文艺复兴及至近现代，无论是行吟诗歌、莎士比亚悲剧、歌德《浮士德》，还是加缪式存在主义、卡夫卡式表现主义、贝克特式荒诞剧、约瑟夫·海勒式黑色幽默等，两难纠缠的生存境遇和生命体验始终是一个恒定性的文学主题。在困顿纠缠中希冀找到较好的出路，无论是古典现实主义、近代浪漫主义和现代各文学流派，本质上都是以文学方式表征着价值优选的普遍原则。《两界书》以界为经、以人为纬，析世界之本、辨人性之实，特别是"人立道、欲之间"，"道、欲、人三维而织"，不仅揭示人立道、欲两界的本质，更强调道是人之为人的根本：

　　人因道、欲相辅而为普罗众人，无欲则无生，无道不成人。以道制欲，人别于禽兽而文明。以道疏欲，制疏相宜，则合人律而通天道。欲道断分，人不成人。欲道相制，合而成人。

（问 7：15）

这里不仅是对人的本义和生命本性作出解读，也是揭示人性和人的生命之中，道、欲的差异对反应有的关系方式，本质上也是以极简化的文学表述揭示价值的正反对构，以及价值的优选法则。

由此不难看出，文学对价值的认知演化虽以文学方式述说，但其艺术化秩序的底层潜存着清晰的逻辑理性运思，并伴有相应的价值态度，文学主题往往就是哲学命题——有的较清晰，有的较隐晦。在对世界的人文认知中，哲学代替不了文学，文学也代替不了哲学，但哲学与文学的终极指向是联通一致的。

哲学与文学在认知方式上的严重分野是伴随着人文建构的分科发展逐渐形成的，人类早期的思想文献很难用哲学、文学、宗教学之类的学科概念去界分，像荷马史诗、赫希俄德《神谱》、克塞诺芬尼《讽刺诗》、巴门尼德《论自然》、恩培多克勒《论自然》、希伯来摩西五经、先知书、律法书、智慧书，以及《易经》、《道德经》、《论语》、《庄子》、《列子》、《淮南子》等，若用任何一种现代学科规制或体裁形式去框定，显然都不恰当，就像有人把《道德经》归类为散文，实在不明理据，亦不知意义何在。人文学术的分科发展强调了认知侧重及其方式的不同，有其术业专攻之长，如果说哲学以理性逻辑为工具，试图划清事物的性状边界，明晰差异关联及其运动轨迹，以事物的原理和确定性为目标；那么文学则是以形象叙事为工具，以人性本体与人际之间不同维度上的差异纠缠、边界含混、善恶难断的两难困顿为主要关注点，聚焦人事活动及其价值构制中的含混性、不定性、未知性，这些都是逻辑理性的标尺难以企及的。因此，凡哲学不可说，用文学说。哲学的逻辑理性秩序与文学的艺术感性秩序编程方式不同，但都是针对自然与人事的事实整体，哲学与文学协作配对才能联合互补地接近世界本原，才能将世界的确定性与不定性、清晰性与含混性有效揭示出来。但在世界面前不管采用的是何种认知方式、何种编程秩序，价值是一切秩序的共同驱力，价值逻辑是一切认知形式的底层逻辑。

　　文艺复兴特别是启蒙运动以来，哲学诗化与文学哲化是欧洲思想界的一个重要现象，这不应被看作是哲学或文学领域的个人偏好，而应看作是思想的逻辑偏好和本原回归。金岳霖先生在谈论什么是思想时曾说："我所谓思想包含了思议与想象。"[①]也就是说，思想是思议与想象的结合，包含了逻辑理性和形象感悟。帕斯卡尔（Blaise Pascal，1623—1662）《思想录》、伏尔泰（Voltaire，1694—1778）《哲学通信》《老实人》、狄德罗（Denis Diderot，1713—1784）《哲学沉思录》《怀疑论者漫步》、诺瓦利斯（Novalis，1772—1801）《夜之颂歌》《海因里希·冯·奥夫特丁根》、施莱格尔（Karl Wilhelm Friedrich Schlegel，1772—1829）《路琴德——一个笨拙者的忏悔》、克尔恺郭尔（Søren Aabye Kierkegaard，1813—1855）《非此即彼》《再现》《恐惧与战栗》、叔本华（Arthur Schopenhauer，1788—1860）《作为意志和表象的世界》、尼采（Friedrich Wiheim Nietzsche，1844—1900）《查拉图斯特拉如是说》、狄尔泰（Wilhelm Dilthey，1833—1911）《施莱尔马赫的一生》、瓦莱里（Paul Valéry，1871—1945）《年轻的命运女神》、海德格尔《荷尔德林和诗的本质》《在通向语言的途中》《人诗意地栖居》、萨特（Jean-Paul Sartre，1905—1980）《恶心》《苍

---

　　① 　金岳霖:《论道》，第 2 页。

蝇》、加缪（Albert Camus，1913—1960）《局外人》《鼠疫》、卡夫卡（Franz Kafka，1883—1924）《城堡》《变形记》、马尔库塞（Herbert Marcuse，1898—1979）《畸形人》《爱欲与文明》、奥尔多·利奥波德（Aldo Leopold，1887—1948）《沙乡年鉴》、索尔·贝娄（Saul Bellow，1915—2005）《赫索格》《洪堡的礼物》《挂起来的人》等，或以文学论哲学，或以哲学融文学，哲诗无分，经验与超验结合，甚或不限于哲学与文学，而更融通于宗教、历史、语言、文化和心理学、社会学、自然科学等。历史地看，这种融通是人文思想螺旋发展的自然景观和内在要求，既是对思想根基的回归，也是对存在本原的追问，是人类寻求价值周全的一种精神跃升。当然，这一精神跃升超越了思想界的一般认知，也超越了分科性的价值级序。近年来，学界强调跨学科研究——比较文学较早地走在前面，这与其说是创新，不如说是回归——对思想逻辑本原的回归。

其次，文学以语言为媒介的任意摹仿，实际上是构制了一个开放、动变的价值机制，这个价值机制不仅呈现自有的价值意义，也提供待构的价值预置；不仅制造价值评判的多维参照，也提供价值选择的可能空间；不仅展现自足的艺术秩序，也构制多方互动的价值成长机制。从这个意义讲，文学是一个由语言构制并联结起来的价值共生体，是一种特殊的价值构制程序和价值运行机制，文学演化价值的价值是其他人文方式难以比拟和替代的，或许也是最具艺术性的人文实践价值。

文学显然存有既定的价值指向和价值功用，这在传统的文学解读中被视为文学的教化、审美和认知意义，也被视为文学的愉悦、宣泄、娱乐、消遣作用，它能为人提供教益、快感等不同维度的价值分享。但文学不同于伦理、政治、经济、教育等社会科学的价值构建，它不以理论的推演为主要工具，也不对人性善恶、正反对错等命题作出刚性的逻辑表述。文学呈现出的感性化艺术事实，蕴含着多重性的价值预置，不仅价值级序是多维多层的——道德、审美、愉悦、消遣、宣泄等，甚至价值取向也是多向的——善恶交织、人性纠缠、正负难分，这一切作为文学呈现的价值可能和价值不确定，都是一种待构的价值预置，为价值的实现奠基了多重性、多样化的选择条件。

因此，文学的文本价值只是文学价值实现的条件和基础，或者说只是构制了文学价值的半成品，文学价值的完整实现有赖于文学接受者的介入评判和自主选择。这里，文学文本与文学接受之间形成了一种价值对构的互动关系，在活跃着的文学事实面前——形象、意象、动作、象征、隐喻、异象、对话、双关语、俚语等，面对文学文本呈显的价值信号，接受者依据个人的生命体验、生存经验加以自主、综合地评判和选择，有的予以漠视、拒绝、反对，有的产生共鸣、接受或赞赏，充分行使判断的权利和选择的自由。评判性地拒绝或选择建基于评判者内在的价值标尺，建基于生活化、日常化、喜怒哀乐的生命经验和人性根基。在这里，说教和强制将会失去效力，评判者的阅读过程实际上是一个价值生成的带入过程，是一个与文学文本互动的价值对构过程，这一过程经历了观摩（观众看官）、介入（角色体验）、选择（生命实践）几个不同阶段。价值评判的参与过程及其价值效用因人而异，有的大相径庭，所谓一千个读者会有一千个哈姆雷特。这正是文学的伟大之处，文学表意的多序化、任意摹仿的形象化制造了一个富有张力的价值集合——一个文学隐喻多解性的增值机制，这一增值机制决定了文学叙事是一种生成性叙事，而非艺术成品。当然，特定的文学操作可以强制地输出固定的价值指令，借助艺术的渲染实现价值灌输，但这种文学工具化的操作必然损害文学生成叙事的艺术机理，其生命力不可能长久。

整体地看，文学艺术对价值的人文构建极大地丰富了人事价值的空间和内涵。首先是为人类生命和生活塑造了一种卓尔不凡的价值层界和价值级序，它使人类的存在大大区别并优化于其他生命的存在；其次，相较于物性价值及其价值系统，文学艺术构建的审美价值不仅是人事价值级序的巨大进化，也为人类精神的持续进化创造了增值机制，这种机制由价值的关联成员自主参与，在对真假、美丑、善恶的自主评判中，充裕并优化生命的意义，促发人性向善。人类生存作为价值生存，始终离不开物性价值的基石——物性价值是生存的必需价值，但物性价值一方面是有限的，另一方面主要应对了人的动物性需求，在物性价值和人的动物性需求得到有效实现时，再以物性价值的求多作为幸福源泉和奋斗目标，势必导致丛林法则盛行。从人类精神史和文明进化史的角度看，文学艺术推动了从自然价值、物性价值往审美精神价值的级序进化和价值攀升，其重要意义在于它体现了人的实现，体现了人对动物性的解放。在文学的世界里，财富地位带来的身份差异和人性差异得到消解，精神的自由和平等获得了可能。

当然，诚如马克斯·舍勒所说，包括审美学在内的一切价值都可分为正价值和负价值。文学本体与接受主体在对价值的对构生成中，双方的负向价值或负取向不可能闲置休憩，有时反而会十分活跃，甚至占据上风。这是因为负价值往往更能满足人的欲望，更有诱惑力、更易被激发，特别是当文学成为神学的婢女、强权的工具、物欲的奴隶，向善的价值优选就会让位于向恶的价值劣选，并成为一种普遍性的社会秩序。社会集体的每个成员都是价值相关体，只不过每人的价值份额、坐标位置不尽相同，因而判断选择的立场也会不同。但无论如何，价值优选良序的建立，应是文明社会向"善"螺旋的第一要务。

回到价值的一般存在，文学对自然价值、物性价值及相关人事价值进行艺术演化的同时，它的任意摹仿自然可能关涉到超自然价值的呈现。事实上，各民族早期的创世神话、史诗、传说等，或以口传语言、或以书面文字的叙事形式流传，均包含丰富的超自然价值；至于印度吠陀经、希伯来圣经等古籍文本，更被直接视为超凡神圣或上帝的言辞。超自然价值相对于自然价值、人事价值而言，主要表述人类因认知所限而难以探明的未知界域，诸如世界从何而来？人类从何而来？万物演化是偶然的还是设计的？秩序是自发的还是他发的？自然法则的源头何在？等等。既有的科学用已有的理论做出了部分假设，比如宇宙大爆炸学说，但远不能解说世界的真相。在探讨世界和超自然的未知领域方面，文学的思想作用是科学、哲学及其他知识工具无法比拟的，因为文学的思想体现了思想的完整本义，它既包括理性的逻辑思考，也包括超越逻辑推演的想象，其实想象也是一种特殊的思想逻辑，只不过它跨越了逻辑推理的一般步骤。

4.价值共同体的排序原则

人与世界是由多重价值级序叠加共制的价值共同体，价值排序及其叠变关联是价值秩序构制运行的关键。一个价值良序的建立会使世界处于较佳可能的优选演进中，反之，价值劣序将导致价值秩序的偏斜、失衡甚至坍塌。在对价值的人文构建中，价值排序及其秩序建立遵循需求原则、协和原则和优化原则。

需求原则是讲价值的功用性在价值排序中居于基础地位，也就是说"有用"是价值的基本属性，功用对需求的满足是价值成立的首要条件。需求与功用具有强烈的应景性、偏好性，也就是说需求与功用的价值评判不是固定不变的。应景性强调了价值构制的环境因素，不同的环境条件决定了需求的程度，也决定了有用与否的价值排序，同一价值载体在不同的环境条件下其价值意义完全不同，比如在缺食缺水生死存亡的关头，一块面包一瓶水的价值远远超过了一筐珠宝黄金的价值。偏好性是讲价值的主观评判，面对同样环境下的价值事实，主观偏好便成为价值排序的主导因素，其中蕴含着评价者的个人经验、传统、习俗、文化、教育养成、道德层阶、对他人的态度等各种综合因素。所以需求原则体现了对价值的基础性、综合性评判，在价值排序及价值秩序的运行中发挥基础性、综合性作用。

协和原则是讲人与世界的价值需求是分类并存、差异互补的，不同类分、不同级序的价值须协和互补，才能适应人与世界的多样性存在和多样化需求，才能与人类生存和有机世界相匹配，构制成有生机、可持续的价值共同体。自然价值、人事价值、超自然价值是价值世界的一体三维，人居其中，是世界构制的一部分，所谓万物一体、天人合一，因而不能把人从自然和超自然中剥离开来。人不仅从自然中来，且要回到自然中去；不仅立足于自然，且要面对未知的超自然。换句话说，自然与超自然也是人事价值的一部分，简略地看，自然与物性价值密切关联，超自然与精神价值密切关联，切割了人与自然、人与超自然的价值关联，人就成为孤独的蜉蝣。在人事价值论阈，物性价值亦因时因地因人而异，而物性价值与精神价值之间，精神价值的不同类分级序之间，差异性地协和发展是构制价值良序的关键。

物性价值的混搭是显而易见的。一方面大自然的造化为人类提供了丰富多彩的物质基础，供养人类并保障生物多样性；另一方面人类以智性手段大大促进了物性价值的发展，不仅有生物科技、人工智能这类技术手段，还有金融货币、国际贸易这类衡量交换工具，物性价值的层阶、方式、内涵、多样性和复杂性都有了空前跃升。但是，这里也有两个重要问题日益凸显出来：一是物性价值配置实现的极端不平衡，二是科技手段在某些方面严重导致了物性价值的异化扭曲。这里姑且不论。

比这更为重要的是物性价值与精神价值之间相互对峙、相互构制的对反对成关联，这是人类亘古以来的永恒命题，也演绎了人类存在的各种形态和运动方式。物性价值是人事价值的基础，通常情形下主要应对人类生存的生物学需求，但人对生物学需求的满足是相对的，需求是绝对的、无休止的，因而物性价值永远起着基础性的规制作用。物对灵的控制与灵对物的摆脱，物性对精神的驯化与精神对物性的超越，始终是人类生存的价值方程式，找出方程式螺旋向上的答案，是文明演进的主轴。人类数千年的文明史、精神史演变至今，物性力与精神力大致上并驾齐驱；现代以来，伴随着人类知性的提升，反倒是人被物化、被物奴的迹象越来越明显，并涌现出越来越多的趋势性征象，《两界书·命数》《两界书·问道》等部分有集中表述。

人类的精神世界是对自然、超自然的回应，我们无法说精神的复杂性超过了它的奠基对象，但可以说精神世界以其动变性、不定性、随机性而制造了人类存在的最复杂系统。精神价值的不同类分与不同级序是一种理论的、相对的区分，而精神价值的载体与实现则是实践性、个体性、集合性的，因而无论是理论的还是实践的，精神价值的差异性是保持精神价值系统能够均衡、持续的基本前提，这体现为思想多样性、信仰多样化、价值观差异并存等方面。不同的价值级序在人类精神世界发挥着不同的价值功用，信仰决定着人对世界（包括自然、人类、超自然）的整体观念，是认知世界的基本出发点、整体逻辑框架；道德伦理侧重于人性修为与人际原则，是人立于社会的行为规范；艺术审美是摹仿再造的精神世界，是人类生存的第二现实——也可以视之为一种"经典元宇宙"。不同的价值级序对应人类小宇宙的不同层级和维度，一方面它们与物性价值和族群利益存有错综复杂的关联，关联度越深则边界性越强；另一方面不同类分的不同级序之间又必须联通过渡和互为互用。在消解物性价值和族群利益的界域强制方面，艺术审美更贴近普遍人性，具有更强的超越性、普适性和价值张力；相较于物性价值的有限性，艺术审美的精神价值不仅是无限的，而且是可增值、可持续的。艺术审美能够成为协和不同族群价值差异的重要路径，艺术审美应该成为文明演进的重要方向，并在人类生活中占有更重要的地位。

价值排序的优化原则强调了价值存在作为运动着的生机复合体，在正反差异的价值对构中应以向优向善为方向，在需求与协和的纠缠中保持向优向善的秩序原则，这一原则实际上也在逻辑底层制导着文明演进的过程和目标。

作为贯通整体的共制性复杂系统，价值排序的优化原则首先强调价值的层级、序列、份额、比例等方面的均衡配置，以便为价值这个生机复合体提供健康的营养供给和均衡的价值结构。物性价值与精神价值细分为各种价值事实和价值关联，由于需求原则是价值的基础原则，而需求建基于不同的价值主体及其价值偏好——这不可避免地受到传统、文化、习俗、利益和利己主义方面的线性规制，因而在需求偏好的制导下，价值的偏斜、失序、畸形乃至价值贫瘠都是极易发生并不断发生的情形，社会群体如此，个体成员亦然，这也是造成大至文明冲突、群体冲突、社会病态，小至精神病人格、心理错乱的根源所在。价值排序的优化原则力图对此加以矫正，并以价值均衡为目标——这里的价值均衡是就价值整体的动态结构而言，而非静止的价值存在。

其次，价值排序的优化原则强调在价值系统的复杂运行中，应有合宜的级序主导、级序交替和级序共制，而非固定不变的级序专制和级序强制。从宏观的社会价值演进看，价值系统运行与文明演进相伴相生，在不同的价值环境、不同的演进条件下，存在着主导级序与顺从级序、强势级序与弱势级序之分，犹如群雁南飞中变换领先的头雁，似可称之为价值排序的头雁现象，它随环境而改变，应需求而调整。物性价值作为基础价值级序的属性不会改变，而族群、宗教、信仰、国家、道德、伦理、政治、经济等不同的价值级序在特定环境下均可发挥某种强势的主导作用，在一定时空条件下主导价值系统的运行。但从价值良序的建立来看，任一价值级序的独断专制都会导致价值整体的失序、失衡、僵化，甚至出现价值秩序的抽搐痉挛、社会运行的扭曲变形。价值级序的头雁现象表明，主导级序与强势级序具有阶段性、交替性和共制性特征，本质上是应对了社会环境的价值需求。从个体性的价值存在和价值需求来看，价值头雁现象不仅存在且更为随机多变，物性的生存需求自然是首要的基础性需求，解决了这一基本需求之后，不同价值级序的主次强弱变化便是一个复杂运算的结果，不仅与环境处境相关，也与日积月累的积淀养成有关，还与即时性的心理密切关联。

再者，价值排序的优化原则还体现为价值需求和价值运行的进阶性特征，即在各类价值对反的纠缠互构中，整体呈现出由低维向高维、由物性向精神的进阶趋势。当然，这种进阶发展并不是线性单向的，而是迂回地前进，有时甚至会停滞、倒退。其间物性价值的基础性制约始终顽固地存在并发挥作用，人类几千年文明演化的基本主题和运动程式就是人的物性价值与精神价值的关联纠缠，迄今为止，这种纠缠依然胶着。但要明晰的一个基本原则是，人作为灵性的存在，精神生活是人类生活的主体，只有实现精神生活的健康、丰裕，才能实现人的真正价值。这不仅因为物性价值的有限性会将人类规限到一般动物类属，更因为精神价值的无限性赋予了人类超越物性世界和一般动物的可能，赋予了人类应有的非凡价值。人的天赋与秉性有别于一般动物，《两界书》称之为"天选"："天帝于万物中以人为选，赋人超凡心力，以治理世界。"（造2：2）当然，天帝以人为选的创造之工并非一蹴而就，而是"不断培植，增人灵性"，即便如此，天帝依然是"专注默视，并不袖手旁观"（造6：2）。人格价值是人的价值根本，不能被物性价值替代，但一个值得警醒的现象是，在物性价值及其"密接价值"的作用下，人类生命的价值级序出现了一种明显的低化、单化的趋势，包括人工智能等的作用，人类的被动性、动物性被空前地激发出来，躺平成为一种社会性现象，无脑人生仿佛病毒一样蔓延。

均衡进阶的价值良序是人的全面实现、全面发展和通向自由的基础保障，个人以价值愉悦和价值自由为目标，社会以价值丰裕和价值正义为目标，人类各种人文构建的总目标应该是将自身不断地从价值囚牢中解放出来——包括物性囚牢和精神囚牢，而不是制造更多的价值桎梏和价值束缚。物性的财务自由不是完全的自由，价值的自由才是人的真正自由。这里的价值首先是人的精神价值，因为财富是可朽的、有限的，精神是不朽的、无限的，只有精神价值的自由才能带来真正的价值充盈和生命澄明，才能远离价值的囚牢和生命的低俗。

当然，价值充盈并非是数量上的满足，价值自由亦非需求上的为所欲为，价值自由本质上是价值觉醒，是对价值的正与反、善与恶、利己与利他对构关联的价值评判和优善选择。在价值的双向设置与对反困扰中，只有实现价值的自主评判和优善选择，才能通向真正的价值觉醒和人格自由。

其实无论于个人还是社会群体，这始终是一个对反纠缠、踟蹰前行的价值过程——既要坚持向优向善攀登，又要给负价值留有一定余地，特别是在利己主义和利他主义之间并无绝对的对立，"行为的动机和效果不断地在打破界限，在利己主义和利他主义之间交叉贯通"[1]。从根本上讲，这一过程建基于世界差异界分的界本逻辑上，无论是价值的界域原则还是价值排序原则，界本价值论都是从价值这个特殊的差异存在和存在系统，对世界万物的差异本质和复杂形态——尤其是人文形态——进行特定的呈现和演化。界本论的基本原理显示，正与负、优与劣在存在本质上并非事物固定的品性——万物与生俱来，种有不同，生而有理，存而有据，各适其所，各美其形，各显其性，各具其用，万物各有价值。"历史不是别的，就是价值之实现。"[2]从界本价值论的观点看，世界万物的演进历史，就是以顺道合度为根本要求的优选价值实现，就是不断地争取新的、更好的存在界域。

---

① 弗里德里希·包尔生：《伦理学体系》，第 394 页。
② 海德格尔：《形而上学导论》，第 201 页。

界本价值论之优选律不仅是奠基于界本宇宙论、存在论、结构论、过程论的整体原理，而且是对界本论诸原理的逻辑延伸和意义呈现，其价值演化的动变性、复杂性与不确定性尤其与界本过程论及其化异律密切相关。价值论与过程论并存，优选律与化异律并构，过程是价值的载体，价值是过程的实现，世界万物的盛衰演进既是优选亦是化异。价值优选与过程化异紧密结合，因而在历史的进程中，优选律并非总以持续的节律和不变的方向运行，价值迷乱、价值变异的过程化异完全可能导致优选律的阻滞与偏斜，悦耳的价值名号可能掩藏了极端的邪恶，劣选法则可能代替价值优选并大行其道，甚或导致"所有的高尚者走向灭亡，所有的卑劣者得以延续下去"[①]。这不奇怪，从界本论的整体逻辑而言，它实际上构制了价值优选律与过程化异律的律则叠变，从更深的层次揭示了元启界分、对反叠变、偏斜螺旋的界本逻辑。同时，界本价值论不仅对界本宇宙论、存在论、结构论、过程论的演化，也揭示了差异世界的过程动因，尤其是自然导向了过程发展的未来与去向，也就是世界的目的论问题，因为目的是价值的向往，价值受目的的驱动。

---

① 卡尔·雅斯贝尔斯：《论历史的起源与目标》，李雪涛译，华东师范大学出版社，2018 年，第 293 页。

第七章　目的论：合正律

六合正一，道通天下。

六合而可正，合正而为一，正一而容六，一六而贯通，道归合正。

——《两界书》问 7：19

第一节　目的论的提出

思想的列车驰往目的论，无论如何都有其必然性。因为世界的起源标识了发生的已然，尽管尚有众多根本性的未解，但也大致有了一些阶段性、自以为是的自圆其说；而对未来之可然、或然与能然，则充满了无限的未知和不定——于人而言，往哪里去的目的诱惑，甚于从哪里来的本原迷思。

在某种意义上，目的论可以说是一个哲学的漏斗，因为所有的哲学问题在这里都汇聚在一起，包括本原与未来、自然与人事、客观与主观、物理与人文等等，都无可避免地会最终归入到去向的问题；所有的哲学思想，无论其认知基点与逻辑工具为何，都会深入触及到终极性的目的问题，而目的问题本质上又是与本原问题密不可分的。同时，目的论又是思想的加速器，无论是本原论向后看还是目的论向前看，所有的思想与方法又都聚集在当下的立足点，从当下的自然、科学、伦理、政治、价值的知识立场出发，发出对世界与人类目的的判断认知。由此可以想见，在目的论的哲学漏斗和思想加速器中，观念的驳杂和分化是何等一言难尽，人们甚至对目的论本身的合理性、合法性都存有疑问和分歧。

目的论（Teleology）是一个典型的西方哲学概念。"Teleology"一词被认为是德国哲学家克里斯蒂安·沃尔夫（Christian Wolff，1679—1754）于1728年发明的，借助狄德罗的《百科全书》和康德哲学为传播工具，其影响很快扩展到哲学的各领域。[①] 而关于目的论的思想早在两千多年前的古希腊哲学中就已有充分阐发，一般认为肇始于苏格拉底，其实在前苏时期的自然哲学家如恩培多克勒那里就有了某些目的论的端倪，辛普里丘《物理学》记载："恩培多克勒说，在'友爱'占统治地位的时期，首先生成的是那些乱无目的的动物部分，如头、手、脚，然后，出现了'人头牛'，自然，反过来也有'牛头人'，即牛和人的混合物。与以这种方式结合在一起的部分同样多的许多部分保存着，后来就成了动物，并且存活下来。因为它们满足了相互的共同需要——牙齿咬碎和软化食物，肠胃消化它们，肝脏则将它们转变成血液。当人头遇到人身时，就能使整体保存下来，但是，由于它与牛身不相适应，就导致了'人头牛'的绝迹。一切不按固有的'逻各斯'结合在一起的东西也都毁灭了。"[②] 在这里，恩培多克勒已经分析到了事物的原因、目的、结果，并将原因、目的、结果纳入到逻各斯的秩序框架来认知，虽然

---

① Henning Trüper, Dipesh Chakrabarty and Sanjay Subrahmanyam. ed., *Historical Teleologies in the Modern World*. Bloomsbury Publishing, 2015, p. 3.

② 苗力田主编：《古希腊哲学》，第126页。

这些都还是初步的、浅表性的。

1. 苏格拉底：善的目的论

真正较为系统演发目的论思想的，应该还是苏格拉底。由于苏格拉底并未留下自己完整的著作，他的思想和观点主要还是通过色诺芬、柏拉图、亚里士多德等人的相关记载保留下来。尽管如此，苏格拉底的目的论还是为柏拉图、亚里士多德等后世的目的论奠定了重要基础。

与前苏哲学家相比，苏格拉底的确把他关注的重点从自然转向了人事，苏格拉底甚至认为自然哲学家们研究的对象超过了人类的知识能力，因而研究那样的主题都是愚蠢的行为。但如果依此而断定苏格拉底将他的道德论、伦理学完全与自然哲学断开，并依此看待苏格拉底对目的论的思考，可能并不符合苏格拉底的实际以及他与前苏哲间的历史过渡。一方面，苏格拉底关于"所有知识同一的理念"是他的一个基本观点，"甚至柏拉图见证了这一事实，即苏格拉底完全没有攻击自然哲学，而只是平常待之；色诺芬本人也不能隐藏他关注自然的事实——通过思考目的论的自然研究，希望对于它的理性的合法性理念有所洞悉"[1]。另一方面，苏格拉底对理智（努斯、理性、心灵）给予特别的关注，依然不放过对事物原因的执着，他说："我听到有人从阿那克萨戈拉的一本书中读到，理智是万物的原因和安排者。我对这个原因学说十分赞赏。我觉得理智应当是万物的原因。"[2]同时，苏格拉底将他的知识论和理智的最终目的指向了善："知识使德性产生，是关于善的；但什么是善？它是被

---

① 爱德华·策勒:《古希腊哲学史》第二卷，第 93 页。
② 苗力田主编:《古希腊哲学》，第 203 页。

看作一个目的的东西的概念。"①苏格拉底以此将知识、理智与自然、神、人的复杂关系统合起来，如策勒所言，"我们已经说过，对自然的科学研究并没有构成苏格拉底学说体系的一个部分。然而，他思考的路径使他对自然与其原因有了一种独特的看法。一个像他那样周详地从各个方面对人类生活的问题进行了反复思考的人，不可能没有注意到其与外部世界数不清的关系……因此他的自然观，根本上是目的论的，这种目的论不是一种深入到不同部分去探寻内在的更深层关系，不是根据每一种自然本质探寻存在与构成的自身目的，而是，所有事物表面上都以人类福祉为它们的最高目的，它们服务于这个目的也仅仅被解释为出于理性的命令，并根据造物主的方式，给予每一个对它自己来说是偶然的目的性关系"②。

可以看出，苏格拉底所谓善的目的论，其实蕴含了自然目的论、道德目的论甚至神的目的论的综合要素，尽管他关于目的论的自然研究明显服务于其道德目的论。苏格拉底以理智和善为核心的目的论哲学为柏拉图、亚里士多德的目的论奠定了一个基础性的思想框架，并成为后世目的论的最初萌芽——无论是所谓内在目的论还是外在目的论。

2. 柏拉图和亚里士多德：走向综合

柏拉图和亚里士多德都没有直接使用过希腊语的"目的论"（teleology）一词，但他们对目的论的论述已经相当深入。柏拉图的目的论思想主要体现在《斐多篇》《蒂迈欧篇》，其实在他的《理想国》等篇章也有关联性的体现。柏拉图的目的论思想建基于他的理

---

① 爱德华·策勒：《古希腊哲学史》第二卷，第 100 页。
② 爱德华·策勒：《古希腊哲学史》第二卷，第 116—117 页。

念论和宇宙学,《蒂迈欧篇》是柏拉图唯一专论自然哲学的著作，也被认为是柏拉图关注目的论的高峰。[①]《蒂迈欧篇》将柏拉图的理念论、宇宙论、目的论思想融为一体，通过对宇宙发生的原因、程序、生存、毁灭等问题的论述，呈现出目的论思想的基本轮廓。柏拉图认为，造物者（demiurge）用一种永恒不变的模型创造了美丽的宇宙——这些都要用理性和智慧来把握，"宇宙是按照一个永久的模型生成的，所以它也会尽可能与它的模型相似。这个模型在某些方面是永久的，而另一方面，被造的宇宙过去、现在、将来都是永久的"[②]。造物者以理念模型为根据，通过技艺（craft）创造的宇宙，本质上只能是模型的形象，这就决定了宇宙的生成、现在与将来不是被无意创造的、处于无序状态的，这一思想奠定了柏拉图宇宙论、目的论的基轴。那么，宇宙创造的目的是什么？"这位创造者为什么要塑造整个有生成的宇宙？"借助蒂迈欧的口，柏拉图这样回答："让我们来说一下理由：他是善的，善者不会嫉妒任何事物。……神想要万物皆善，尽可能没有恶，所以他取来一切可见的事物——不是静止的，而是出于紊乱无序的运动之中——将它从无序状态变为有序状态。"[③]这样，由于理念、神、创造者是善的，宇宙的根本目的指向善也就是自然和必然的了，"通过把最高实在界定为'善'与合目的的'理性'，柏拉图把它理解为创造性的本原、在'现象'中体现自身。由于'神'是善的，他构造了宇宙。以这种方式，理念论与宇宙观关联起来了，辩证法与物理学关联起来了"[④]。

---

① Jeffrey K. McDonough. ed., *Teleology: A History*. Oxford University Press, 2020, pp. 14–15.

② 柏拉图:《蒂迈欧篇》,《柏拉图全集》（增订版）中卷，第 773 页。

③ 柏拉图:《蒂迈欧篇》,《柏拉图全集》（增订版）中卷，第 765—766 页。

④ 爱德华·策勒:《古希腊哲学史》第三卷，第 212 页。

在这种关联的同时，柏拉图也把目的论与伦理学甚至政治学关联起来。苏格拉底把"善"作为全部事业的终极目标，柏拉图与其有一致之处，并有进一步发展，他在《理想国》《政治家篇》《法律篇》等著作中，宣扬德性是国家的目标："国家的根本目标就是成就公民的德性，即作为整体的人民的福祉（幸福），因为德性和福祉（幸福）是一致的。"①《理想国》强调善的形式是所有知识的起因和最终目标，可以看出，柏拉图注重秩序化的整体（ordered whole），他的目的论是一种因果整体论（causal holism），而不能简单地将其归为所谓外在目的论的行列。目的论在某种意义上也是柏拉图的新工具，他通过目的论来演化他的理念论、宇宙论、道德论和政治学，演化的逻辑底层潜存着对宇宙整体因果关联的探测，"《蒂迈欧篇》的目的论宇宙学代表了他自己对世界作为一个整体提供真正因果解释的尝试"②。

亚里士多德在其学说中明确把目的因的问题提出来，并在宇宙论、物理学、动物学、形而上学、伦理学、政治学、动变论等话语体系中深入论析，可以说是目的论的真正奠基者。亚里士多德对目的问题的关注本质上可以说是延伸了前期希腊哲学对原因问题的关注，并进行了演化，他在《物理学》中把原因分为："……既然原因有四种，那么自然哲学家就必须对所有这四种原因都加以研究，并且，作为一个自然哲学家，他应当用所有这些原因——质料、形式、动力、目的——来回答'为什么'这个问题。但是后三者常常可以合而为一，因为形式和目的是同一的，而运动变化的根源又和这两

---

① 爱德华·策勒：《古希腊哲学史》第三卷，第 340—341 页。

② Jeffrey K. McDonough. ed., *Teleology: A History*, p. 18, p. 6.

者是同种的（例如人生人）。"① 亚里士多德的目的因与其质料因、形式因、动力因紧密结合，始终在"为什么"的前提与终结的因果论中来考察。他一方面强调"在自然发生着和存在着的事物里是有目的的"，另一方面强调原因与终结的关联普遍性："在凡是有一个终结的连续过程里，前面的一个个阶段都是为了最后的终结。"而且，亚里士多德明确将自然目的论与技艺目的论贯通，认为技艺制作具有目的性，自然产物显然也有目的性，"因为前面的阶段对终结的关系在自然产物里是和在技术产物里一样的"②。

不仅如此，亚里士多德还在他的动物学中，把自然目的论的内涵进一步演化了。他认为动物的每个躯体都是为了某种目的的工具，"作为整体的躯体和躯体的每个组成部分一样，都是为了某种目的而存在"，"如果要实现目的，必然具有某种特定的性质，必然由某种质料构成"。③ 在他对"动物学目的论"的阐发中有两个值得注意的问题，一是对偶然性与必然性的引入——这在《物理学》中也有强调，甚至有对第三种必然"营养"的关注（《论动物部分》）；二是对目的因与逻各斯的等同义界：目的因和本质的逻各斯这两种原因可以看成是相同的，"逻各斯和作为目的因的'为了什么'是同一种原因"④，可以说，亚里士多德的动物目的论已经有了生机目的论的萌芽，并成为现代生物学目的论的先驱。

从物理学的角度看待人，亚里士多德认为动物界发展的目标是

① 亚里士多德：《物理学》，第 48 页。

② 亚里士多德：《物理学》，第 50—51 页。

③ 亚里士多德：《论动物部分》，苗力田主编：《亚里士多德全集》第五卷，第 12 页。

④ 亚里士多德：《论动物生成》，苗力田主编：《亚里士多德全集》第五卷，第 203 页。

人，"人拥有真正的对称结构以及与之相应的直立姿态。左和右的区分在人体中的发展是最完善的。……他的手是所有工具的工具，因此手被自然巧妙地设计为能够实现最广泛的各种目的，以致于它可以代替一切工具。总之，人是一切生物中最高级的和最完善的"①。当然，人在动物界的高贵和优越并不是他的物理属性，而在于他的灵魂和理性，这正是亚里士多德实践哲学的核心内容。在伦理学方面，亚里士多德将人类一切行为的目的定义为善——实践的善："人类一切行为的目的是善，或更准确地说，善是人类行为能够获得的，伦理学并不关心抽象的善的理念。所有行为的最终目标必然是最高的善：换言之，善必然是被追逐的东西，而非达成任何目的的手段，它仅仅是并且唯一地为了自身而存在，它自身足以赋予生命最高价值。"②当然善有丰富的内涵和不同的目的表现，不同的实践在亚里士多德那里有不同的目的表现："一切技术，一切规划以及一切实践和抉择，都以某种善为目标。因为人们都有个美好的想法，即宇宙万物都是向善的（但目的的表现却是各不相同，有时候它就是活动本身，有时候它是活动之外的结果，在目的是活动之外的结果时，其结果自然比活动更有价值）。由于实践是多种多样的，技术和科学是多种多样的，所以目的也有多种多样。"在政治学方面，亚里士多德认为"人自身的善也就是政治科学的目的"③。亚里士多德政治学论题主要建基于城邦治理，而城邦治理的目的就是善："所有城邦都是某种共同体，所有共同体都是为着某种善而建立的（因为人的一切

---

① 爱德华·策勒：《古希腊哲学史》第四卷，第393—394页。
② 爱德华·策勒：《古希腊哲学史》第四卷，第422页。
③ 亚里士多德：《尼各马科伦理学》，苗力田主编：《亚里士多德全集》第八卷，第3—4页。

行为都是为着他们所认为的善），很显然，由于所有的共同体旨在追求某种善，因而，所有共同体中最崇高、最有权威并且包含了一切其他共同体的共同体，所追求的一定是至善。这种共同体就是所谓的城邦或政治共同体。"①

回到亚里士多德形而上学及其第一哲学的基本立场，他从运动的第一原因、运动的主动原则、居于首位的实体、永恒而不运动的实体、天界和自然的本原、以至善为对象的思想等方面，多角度地论证了神作为超自然第一原因的永恒性："神是赋有生命的，生命就是思想的现实活动，神就是实现，就是其自身的实现，他的生命是至善和永恒。我们说，神是有生命的、永恒的至善，由于他永恒不断地生活着，永恒归于神，这就是神。"②同时，亚里士多德又从宇宙中的美、和谐的秩序来反证神的存在和神的意义，"世界的美、各个部分的和谐、事物的秩序中可观察到的目的、星辰的光辉、天体运动的永恒秩序，这些不仅表明存在天体的精神（我们将看到它们之中有一个统治者），而且还有一个在它们之上的神圣存在，它产生了宇宙的运动以及整体和所有部分之间的和谐。因此，尽管像苏格拉底和柏拉图一样，亚里士多德在这些段落中提出的对神之存在的论证是建立在目的论原则上的——也包括他在别处指出的，自然朝一个确定目的运作的能力就是神"③。亚里士多德的神不是高高在上的孤傲的神，而是与自然天性融合在一起，因而尘世自然与神的创造具有相同的目的一致性，"尘世自然世界的美、功能和善与神圣世界

---

① 亚里士多德：《政治学》，苗力田主编：《亚里士多德全集》第九卷，第3页。

② 亚里士多德：《形而上学》，苗力田主编：《亚里士多德全集》第七卷，第279页。

③ 爱德华·策勒：《古希腊哲学史》第四卷，第257页。

的美和秩序一样明显，而宇宙的这些令人敬畏的特征只能通过目的论来解释，特别是在尘世领域，它们只能被解释为以自然天性为目标导向的'手工'（crafting）行为的产物"①。

可以看出，亚里士多德对前苏哲学及苏格拉底、柏拉图的目的论思想进行了一次集成式的综合，呈现出整体性的综合目的论思想，其中既有对苏格拉底、柏拉图学说的继承，但更多的是摆脱，并试图通过调和和超越创造出目的论的新境界。事实上亚里士多德在许多方面做到了，特别是他从质料因、动力因、形式因、目的因的世界整体观念出发，"将目的论置于事物的本质之中"，他对自然的美与善的发现，对动物部分、特点和世代的论述，以及通过工艺本性（crafting natures）、工匠（craftsmen）、建筑指南（guideline for building）等拟人化概念的演绎而对内在自然目的论的系统阐发，②可以说为后世目的论思想奠定了基本原则、路径指向，也提供了方法论的启示。

亚里士多德的目的论是综合目的论，既包含了一般目的论原理，也有分科目的论体系；既有目的论与宇宙之善、神圣存在的关联，更有对自然生机过程、潜能形式的深入论析甚至科学假设，在形而上学目的论、自然目的论、人事道德目的论等方面均有较为广泛深入的涉猎，有些方面还存有明显的交叉矛盾，因而不能简单地以内在目的论或外在目的论的两分法来对待亚里士多德，更不能以两分法简单地对待全部目的论的复杂演变。

---

① Jeffrey K. McDonough. ed., *Teleology: A History*, p. 41.

② Jeffrey K. McDonough. ed., *Teleology: A History*, p. 7, pp. 41–63.

第二节　目的论思想的纠缠与分化

即使在西方哲学系统内，目的论思想也出现了极为复杂的演化，"目的论的概念就像大多数哲学上的有趣概念一样，起初清楚而深思起来却令人困惑"①。如果从更广阔的视野看，目的论思想在哲学、神学、伦理学、科学等领域的纠缠与分化，更是呈现了剪不断理还乱的景象。

1. 神学传统的目的论

希伯来-犹太哲学始终与神学结合在一起，但并不能简单地将其归为所谓神学的外在目的论。在希伯来思想体系中，上帝作为世界的唯一创造者，祂不仅创造了世界，而且安排了世界——包括世界的本来、往来和未来。希伯来思想中的世界与人并不总是两个分割的部分，而常常是浑然一体的，因为希伯来创世说与造人说紧密结合，世界的运行与人的行为密切相关。在世界与人的结合中，以上帝与人的订约为钤键，三个重要的概念贯通了希伯来的形上世界和形下世界，对建构整体的希伯来世界发挥了关键作用，这三个概念就是创世（Creation）、天启（Revelation）、救赎（Redemption），即在上帝的统纳之下，上帝以创世与世界联结，以天启与人联结，人与世界则以救赎相联结——通过这三种关系的联结，一个贯通超验与经验、神圣与世俗的完整的希伯来世界就建构起来了。在这个希伯来世界里，从世界的最初创造到世界的运行，从人的被造到人

---

①　Jeffrey K. McDonough. ed., *Teleology: A History*, p. 4.

的现世生命，通过圣经各篇特别是先知书的预言，以及末世论、末日审判、弥赛亚拯救等神学理论的演绎运作，一个关于世界的完整的神学哲学目的论也就构建起来。

希伯来–犹太哲学目的论的基本特征是：以上帝及其与世界的特殊联结特别是与人的订约为关键，联通神圣与世俗、自然与人类；以神学体系为依托，以人类现世经验为核心，重点落在人的生命救赎；以先知书、末日审判、异象等神学事典和神学运作为媒质，表达对世界未来与人类生命终极目的的揭示。希伯来–犹太神学哲学目的论以神学为主导，兼及了神圣与世俗的双重目的指向，是一种复合性的目的论。

两次犹太战争后，犹太人进入大流散（The Dispersion），无论是撒都该派（Sadducees）、法利赛派（Pharisees）还是艾赛尼派（Essenes），希伯来圣经传统、希腊化思潮（包括希腊哲学、数学、医学、科学）和在地文化因素（巴勒斯坦、罗马、阿拉伯、西班牙等）相结合，对拉比神学哲学、塔木德主义、卡巴拉（Kabbalah）神秘主义乃至近现代各种犹太思想，都产生了重要的综合影响。这里特别要强调的，一是希伯来–犹太传统与异质思想文化的对话，尤其是犹太教与基督教、犹太教与阿拉伯文化、犹太教与科学主义的对话，在冲突与融合中实现了犹太思想的陶冶、固守和发展，尤其是汲取了更多的普世性的知识营养；二是犹太人在异质文化夹缝中的生命实践，这决定了无论何样的犹太思辨都会紧贴人的现世生活，肉体与灵魂的生命经验也导致了犹太思想家不可避免地具有很强的入世和世俗性倾向。这些都决定了犹太思想在目的论上的一个基本特征，这就是既与上帝的根本价值保持一致，又充分重视人生的现世价值。摩西·迈蒙尼德（Moses Maimonides，简称拉姆巴姆 Rambam，1135—1204）力图在这两者之间实现调和，在其《密西拿注释》（*Commentary on the Mishnah*）和《迷途指津》（*Guide of the Perplexed*）中，既表现出某些人类中心目的论（anthropocentric teleology）的思想，认为世界是为人而创造的，又强调十三种神性的目的就是要人们仿效上帝的本性生活，这样才能获得生命的真正完善。[①] 将犹太传统与现世生命相融合始终是犹太宗教思想家的主题，德国犹太宗教思想家利奥·拜克（Leo Baeck，1873—1956）进一步强调了人的自由实践，人"是为自由而被创造，善是意志的实质，人甚至在上帝面前是自由的"，当然，人的道德行为"由我们自负其责。责任使我们在上帝面前获得一个由我们自己选定的特定位置"[②]。从中世纪的所罗门·依本·加布里埃尔（Solomon ibn Gabriol，1020—1057，著有《生命之源》）、犹大·哈列维（Judah Halevi，1085—1140）、摩西·迈蒙尼德（Moses ben Maimon，1135—1204），到现当代的赫尔曼·科恩（Hermann Cohn，1842—1918，创立犹太教新康德哲学，被称为犹太现代理性主义的代表）等，许多犹太宗教哲学家都对犹太传统与异质文化（尤其是希腊、阿拉伯文化）进行了深度的对话与融合，到了弗兰茨·罗森茨维格（Franz Rosenzweig，1886—1929）、马丁·布伯（Martin Buber，1878—1965），更是在犹太传统的根基上走向存在主义，其哲学隐含的目的论思想具有了更多的形上意义。当然，像荷兰犹太人巴鲁赫·斯宾诺莎不仅完全放弃了犹太教传统，而且从神学与伦理学的多重角

---

① Jeffrey K. McDonough. ed., *Teleology: A History*, pp. 127–136.

② 利奥·拜克:《犹太教的本质》，傅永军译，山东大学出版社，2002年，第107页。

度对希伯来传统下的神性目的论进行了彻底拒绝。[①]

亚历山大城的犹太人斐洛（Philo of Alexandria，约前 20 年—公元 54 年）是一位无论在犹太思想史还是西方思想史上都有特殊意义的重要人物，他引入了希腊哲学对希伯来圣经（尤其是《创世记》）作出寓意释经法（allegorical method）的解释，在解释神对人和世界的创造时，可以明显看出柏拉图理念模型说的逻各斯框架。斐洛认为，神创造了第一个人，以及他的灵魂的完美、身体的完美，其后裔的"每个人在他的理智方面与神圣的逻各斯同盟，因为人是被造成神圣大自然的摹本、碎片，或光芒。而人的身体结构与世界同盟，因为他是由土、水、气和火组成的。每种元素都有所贡献，提供自足的质料以备造物主取来塑造这个可见的形象"[②]。斐洛还强调，神是独一无二的统一体，是"单一"的唯一标准，而人是灵魂与肉体、理性与非理性的结合体，"神的形象是摹本的原型，每一个摹本都向慕着它的原型，它的位置在原型旁边"[③]。斐洛以希腊哲学话语解释希伯来创世说，不仅在希伯来神学与希腊哲学之间架构了桥梁，而且将人和世界的原因与目的进行了一种神学与理性逻辑的双重义界，这对后世西方哲学、基督教神学哲学都有重要意义。

欧洲中世纪哲学对目的论的反思促发了神学与伦理学的多方面发掘，西班牙-阿拉伯哲学家、医师和伊斯兰教法学家阿威罗伊（Averroës，1126—1198）认为亚里士多德主义与伊斯兰宗教圣律并不冲突，自然为某种目的而活动的原则在物理学和神学中都是"最

---

① Jeffrey K. McDonough. ed., *Teleology: A History*, pp. 139–149.
② 斐洛：《论〈创世记〉——寓意的解释》，第 61 页。
③ 斐洛：《论〈创世记〉——寓意的解释》，第 111 页。

高的和根本性的"（maximal and fundamental）首要原则。^①

　　意大利哲学家托马斯·阿奎那（Thomas Aquinas，约 1225—1274）在其神学基础中也引入了这样的观点："自然以某种方式显示出目的论的导向性。"^②他在《神学大全》（*Summa Theologiae*）第一部分讨论上帝的本质时，不仅确定了上帝的运筹（providentia）和前定（praedestinatio）对受造事物的意义，而且明确所有存在于事物中的善都由上帝创造，"在事物之中，善被发现不仅同它们的实体有关，而且也同它们的达到目的秩序，尤其是达到它们最后目的秩序有关。这种存在于受造事物之中的秩序的善其本身也是由上帝创造出来的。然而，既然上帝是藉他的理智而成为事物的原因的，从而每一种结果的理据（rationem）也就必定事先存在于上帝之中……因为在上帝本身之中，不可能有什么东西不是用于达到一定目的的，因为上帝就是最后的目的"^③。《神学大全》的第二部分转向人类行为和伦理学，它揭示人类的一切行为都出于特定的目的，每一自然事件都有一个最终原因，而"最终的原因是所有原因中的首要原因"^④。

　　阿威罗伊和托马斯·阿奎那的文化、哲学背景显然不同，但他们做了类似性的架桥与摆渡的工作。阿威罗伊以根本性的自然目的原则把亚里士多德与物理学和神学联结起来，对中世纪的犹太思想也产生了重要影响，而托马斯·阿奎那则以上帝的运筹和前定等论证，把神学目的论和伦理目的论联结起来，当人们普遍接受了"自然界中没有任何东西是无意义的"这句口号时，把中世纪目的论称

----

① Jeffrey K. McDonough. ed., *Teleology: A History*, p. 91.

② Jeffrey K. McDonough. ed., *Teleology: A History*, p. 91.

③ 托马斯·阿奎那：《神学大全》第一集论上帝，第1卷论上帝的本质，段德智译，商务印书馆，2013 年，第 408—410 页。

④ Jeffrey K. McDonough. ed., *Teleology: A History*, p. 91.

作为一种普遍的（universal）目的论[1]，也就不足为奇了。

2. 科学与理性的目的论

西方思想史上，神学与科学既联姻又缠斗的历史由来已久。值得注意的是，一些对自然科学发展作出了奠基性贡献的科学家，从生物学、医学、解剖学、化学、物理学等角度都曾对目的论的学科原则或一般原则作出探讨，这对后世科学和目的论的发展都有重要意义。出生于小亚细亚佩加蒙的希腊解剖学家、医生盖伦（Galen of Pergamum，公元 130—210 年）被认为是古代最著名的医生，也是实验医学的创始人之一，他积累了大量对野猿、长颈鹿、蛇、鸵鸟、海豚、大象等动物的解剖经验，发现"身体部位的完美设计是为了进行有助于整个有机体的活动"，他提倡使用演绎证据来建立经验结论，在柏拉图《蒂迈欧篇》和亚里士多德《动物部分》等的思想基础上，特别是以实证性的解剖学和实验医学方法，证明和揭示了动物身体各部分的和谐合作是源于且是为了一个共同的功能（ergon），即存在着一个有机系统的目的论，他的证明方法和结论也使他获得了"古代伟大的目的论者之一"[2]的评价。

但盖伦式的工作和思想并未得到普遍的接受。是以上帝为中心、宇宙为中心还是以人为中心，是否存在着"最终的原因"——斯宾诺莎将其称之为"人类的虚构"[3]，这种原则上的认知分歧始终贯穿于西方思想的演变之中，科学领域更不例外。近代的科学革命无疑将这一纷争强化了，但目的论思想在一些重要领域却得到了科

---

[1] Jeffrey K. McDonough. ed., *Teleology: A History*, p. 92.

[2] Jeffrey K. McDonough. ed., *Teleology: A History*, pp. 64–70.

[3] Jeffrey K. McDonough. ed., *Teleology: A History*, p. 151.

学领军人物的重视和支持。威廉·哈维（William Harvey，1578—1657）是英国 17 世纪著名的生理学家和医生，他的《心血运动论　》（*Anatomical Exercises Concerning the Motion of the Heart and Blood in Animals*）对动物心脏、肝脏、肺、动脉、静脉等部分的功能、结构、位置和血液循环的规律实现了新的发现，不仅奠定了近代生理科学发展的重要基础，而且"将新科学的全部严谨性与古代对目的和功能的研究结合起来"，奠定了生物学目的论（Biological Teleology）的基础，在哈维的这一工作中，目的论思想与他的血液循环理论相辅相成，得到了共同促发。①英国物理学家、化学家罗伯特·波义耳（Robert Boyle，1627—1691）是化学科学的开山鼻祖，有化学之父之称，科学与神学是他致力奉献的两项事业，他在 1688年发表的《自然事物最终原因的专题研究》（*A Disquisition about the Final Causes of Natural Things*），被认为是科学革命的一位领袖对目的论最重要、最明确的论述，融合了科学、自然和神学，表达出一种神圣目的论（Divine Teleology）的思想，波义耳定律（Boyle's law）以其名字命名，他也被视为新机械哲学（the new mechanical philosophy）的代言人。法国的数学家和物理学家皮埃尔·路易·莫佩尔蒂（Pierre Louis Maupertuis，1698—1759）同时也是一位出色的哲学家，1746年发表《从形而上学原理推导出的运动与静止定律》（*The Laws of Motion and Rest Deduced from a Metaphysical Principle*），他认为他所提出的"最小作用原理"（the principle of least action）为支持神圣目的论提供了一个更好的基础，因为他的这一原理在统一自然法则上，在确定碰撞的精确规则方面超越了笛卡尔，在适用

①　Jeffrey K. McDonough. ed., *Teleology: A History*, pp. 152–161.

于弹性与非弹性物体方面超越了莱布尼茨；但它又有别于波义耳的神圣目的论，呈现了比较典型的形式目的论（formal teleology）特征。[①]

康德哲学是一个雄心勃勃的工程，对于目的论这一哲学传统的重要论题，显然他不是要做一般的阐释，而是要进行一种改造，一种从理性出发对目的论原则与方法的全新建构，形成一种改革目的论（Reformed Teleology）。诚然，经由理论理性（theoretical reason）、纯实践理性（pure practical reason）和自然理性（natural reason）等的演绎联结，以及物理 – 神学的修正方法（The Revised Method of Physico-Theology），[②]康德在理性目的论系统内实现了自然与人的统一，自然目的应该是人的幸福和人的文化，[③]特别是他将目的论的终极目标指向人、人的自由和道德，这些无疑都是对柏拉图以降的目的论学说的"新改造"。但康德目的论王国的底层价值或许并非是对目的论内涵的义界，而是借助判断力的批判对目的论的组织原则、方式路径、目的的普遍能力（faculty of ends in general）等作出思辨。这更像是康德的兴奋点，比如他对自然目的的条件、形式、系统方面的分析："如果一个事物是自然的目的而在这种性格上依然是在其本身而且在其内部的可能性里含有对于目的的关系，也就是说，其成为可能的只是作为自然的目的而并不依靠外部有理性的动因的，那么就包含有这个第二种需要的条件，就是，这个事物的各部分相互为其形式的因果而自行结合成为一个全体的统一。"[④]

---

① 参见 Jeffrey K. McDonough. ed., *Teleology, A History*, pp. 161–179.

② Jeffrey K. McDonough. ed., *Teleology, A History*, pp. 186–218.

③ 康德:《判断力批判》下卷，第95页。

④ 康德:《判断力批判》下卷，第21—22页。

康德强调所与质料杂多的形式及其结合系统的统一性，本质上还是理性的统一（the unity of reason）①。

黑格尔对康德的理性目的论进行了辨识，既有赞赏亦有质疑："康德在哲学上的伟大功绩之一，在于他提出了相对的或外在的与内在的合目的性之区分；在后者中，他启开了生命的概念，理念，从而积极地把哲学提高到形而上学的反思规定和相对世界之上，尽管理性批判对于这一点，仅仅是不完全地，歪曲缴绕地，而又只是消极地作出的。"②黑格尔的目的论完全建基在不同于康德的逻辑学框架上，他把客体的存在区分为机械性、化学性、目的性三种基本形式，关于目的性的论述显然是其逻辑哲学的重要内容。黑格尔对内在目的论与外在目的论的区分格外关注，尤其关注"内在目的论的现实性和优先性"（the reality and priority of immanent teleology），甚至认为"没有内在目的论就没有目的论"③。康德曾明确将其目的论视为理性哲学体系中的一种"能力"和"批判"："目的论作为一种科学来说，并不属于什么学说，而只属于批判，而且是属于特殊一种认识能力，即判断力的批判。可是目的论确是包含有验前的原理，所以它就可以，而且事实上必须、详细陈述得要按照目的原因的原理来进行判定自然的这种方法。"④黑格尔与康德相类似，既把目的论问题作为哲学论题，又将其视作形而上学的论据和工具，目的论的这一特殊角色和功能后来成了西方哲学的一种传统，包括怀特海的上帝

---

①　参见 Courtney D. Fugate, *The Teleology of Reason: A Study of the Structure of Kant's Critical Philosophy*. Walter de Gruyter GmbH, 2014, pp. 20–24.

②　黑格尔:《逻辑学》下卷，第 426 页。

③　Jeffrey K. McDonough. ed., *Teleology: A History*, pp. 219–248.

④　康德:《判断力批判》下卷，第 79 页。

主体性目的论、尼耳斯·波尔父子的有机目的论[①]等，都不同程度地体现了目的论的这一特点。

3. 目的论及工具性的质疑

当代西方的目的论思想林林总总，从语言、逻辑、思维、生物学、生态学、医学和技术等方面，形成了一个庞大的关涉目的论概念的思想景观。当然，这里许许多多与其说是以目的论为指归，不如说是以目的论为工具，或者说是目的论与学科思想的相互促发。尤其是生物学等科学领域的自然哲学研究，比如恩斯特·迈尔（Ernst Mayr，1904—2005，著有《系统动物学的原理与方法》《生物学思想发展的历史》）、大卫·霍尔（David Hull，1935—，著有《生物学哲学》）等的研究，既可以看到盖伦、哈维古典生物学传统的痕迹，又吸收了达尔文学说之后生物学、自然哲学甚至社会认识论、过程论、目的论的某些要素，他们对目的论的关注显然服务于生物学自身的理论发展。

这里要强调的是，自两千多年前阿那克萨哥拉、恩培多克勒表现出初始的目的论思想以来，对目的论的质疑几乎就从未停顿过，有时还形成了比较激烈的争斗，比如希腊化时期"在时间的进程中，目的论的自然概念愈是形成学园派、逍遥派、斯多葛学派所赖以结合的共同基础，伊壁鸠鲁学派就愈是坚持自己孤立的否定观点。从理论上说，伊壁鸠鲁学派本质上是反目的论的，在这点上，这个学派不会产生任何积极的新的东西"[②]。

---

① 尼耳斯·玻尔：《物理科学和生命问题》，N.玻尔：《尼耳斯·玻尔哲学文选》，戈革译，商务印书馆，2009年，第209—218页。

② 文德尔班：《哲学史教程》上卷，第248页。

文艺复兴时期弗朗西斯·培根基于对知识假象的发现而努力寻找新工具，但他对目的论嗤之以鼻，认为"目的因除对涉及人类活动的科学外，只有败坏科学而不会对科学有所推进"[1]。培根甚至把目的论的自然观点"当作危险的种族幻象之一，当作根本的错误，此种错误通过人的本性变成人的梦幻的根源：虽然他不否认，形而上学作为历史上遗留的学科只处理目的因，然而他认为物理学只是机械因（cause efficiente，[动力因]）的独特的科学，并认为'本性'或'形式'的知识是一种中间领域，在这中间领域里形而上学和高级物理学汇合在一起"。培根的学生（也是伽利略的追随者）霍布斯在此方面自然也是将对科学的解释局限于机械论。[2]斯宾诺莎对目的论的攻击和全面拒绝被认为是他"最大胆的哲学举措之一"[3]；法国启蒙思想家狄德罗（Denis Diderot，1713—1784）发出质疑："我们有什么资格说明自然的目的？"并要求人们"不要胡猜自然有什么目的"："这是以人的猜测代替神的作品，是把最重要的真理交给一个假设去摆布。"[4]至于宣判目的论死刑或部分死刑的，思想史上更是出现了多次，尤其是在唯物论、自然主义盛行的时期和区域。当然，自然观本身也有目的论的自然观、反目的论的自然观；目的论的倡导者（如亚里士多德、康德等）自身也是充满了矛盾。从不同的立场出发，对同一件事物则完全可能出现相反的认知，比如达尔文的进化论曾被认为是彻底反目的论的——进化论的兴起对目的论来说的确是一次重大打击，但也有人评论达尔文对自然科学的伟大贡献

---

① 培根：《新工具》，许宝骙译，商务印书馆，2009年，第118页。

② 文德尔班：《哲学史教程》下卷，第87页。

③ Jeffrey K. McDonough. ed., *Teleology: A History*, p. 149.

④ 北京大学哲学系外国哲学史教研室编译：《西方哲学原著选读》下卷，第142页。

在于他"将目的论带回了自然科学"，而达尔文本人似乎认同这一评价，并暗示进化论在某种程度上是目的论的可能。[1]

4. 东方的目的论思域

目的论的问题如果扩展到东方思想史来看，情况就更加复杂。比如阿拉伯著名哲学家、医学家阿维森纳（Avicenna，伊本·西拿，Ibn Sīnā，980—1037）关于"最后原因与善"的目的论思想，他的名著《治疗论》（*The Book of Healing*）曾以阿拉伯文、希伯来文、拉丁文广泛流传，[2]但关于他的哲学遗产的研究却是"一个斗争激烈的领域"[3]。伊本·西拿的学习者、12 世纪波斯伊斯兰教哲学家法赫尔丁·拉齐（Fakhr al-Dīn al-Rāzī，1149—1209）不仅对伊斯兰教凯拉姆（Kalam）、法尔萨法（Falsafa）两个教派进行了综合，而且对希腊哲学（包括几何学等）与伊斯兰教哲学进行了某种综合，通过对人类行动、命运（Destiny）、人类创造等主题的深入论述，拉齐构建了伦理学的两大方面——结果论（consequentialism）、至善论（perfectionism），他的伦理学因而被称为目的论的伦理学（the teleological ethics）。[4]拉齐的目的论的伦理学既非一般的伦理学更非一般的目的论，其教义思想与伦理学、目的论混合，呈现出一种十分特殊的思想景观。

至于中国古代哲学中的目的论思想，呈现形态与希腊哲学不同，

---

[1] David L. Hull & Michael Ruse. ed., *The Cambridge Companion to the Philosophy of Biology*. Cambridge University Press, 2007, p. 173.

[2] Jeffrey K. McDonough. ed., *Teleology: A History*, pp. 71–89.

[3] 伊本·西那：《论灵魂》，王太庆译，商务印书馆，2009 年，第 1 页。

[4] Ayman Shihadeh, *The Teleological Ethics of Fakhr al-Dīn al-Rāzī*. Brill, 2006, pp. 1–181.

但也蕴涵了丰富的内容。《易经》《道德经》《黄帝四经》《文子》《列子》《庄子》《淮南子》《黄帝内经》《周易参同契》等均有不同表现，复命论、天道体圆说、天稽环周说、气血论、因果论等表现出的目的论思想各有侧重，至于董仲舒的阴阳终始说、张载"天序""天秩"说[①]等，多有尚待发掘的巨大空间。

第三节　界本目的论

1. 目的论的困扰

目的论对哲学的诸多问题进行了漏斗式的收缩并加以激化，所呈现的纷扰是罕见的，甚至陷入了一种愈深入就愈加一筹莫展的困境。诸如宇宙目的论、自然目的论、机械目的论、道德目的论、物理目的论、有机目的论、绝对目的论、心灵目的论、人格目的论、客观目的论、主体目的论、外部目的论、内部目的论、形式目的论、功能目的论、上帝目的论、历史目的论、末世目的论、生物学目的论，以及天意设计（providential design）、程序目的性（teleonomy）、内在潜力（internal potentials）、内部模式（moule intérireure）、遗传程序（genetic program）、意志目的、定向进化、骤变进化等形形色色具有目的论属性的理论或目的论理论的分科运用，不仅层出不穷，而且相去甚远、相互抵牾。目的论的杂多反映了目的问题自身的复杂性，也与对目的论的不同认知基点有关；同时，目的论在相关的

---

① 见冯友兰：《中国哲学史》下卷，第 11—50、321—335 页。

思想体系与学科研究中还常常扮演着一定的工具作用，即以目的论为工具实施相应的理论推演，目的论问题与分属的思想体系、学科理论纠缠在一起，也是滋生目的论困扰的重要原因。

事物的目的性问题是当代哲学关注的一个重点，比如在胡塞尔现象学体系中，"每一个事物都有它的规定；每一种生成都是一种有目的的生成"[①]。目的问题成为一个绕不过去的哲学命题。迄今为止，对目的论的定义要么语焉不详泛泛而论，要么各执一端自说自话，或者只是触及了问题的某一方面。《简明不列颠百科全书》的"目的论"词条作如下概括：

按照某种目的或结果来解释事物的学说。目的或结果也称为终极的因果关系，它不同于只以动力因作解释。亚里士多德对目的论的论述是最为著名的。他宣称，对事物的完满解释不仅应考虑到物质、动力因，同时也应该考虑到其终极因，即事物存在和产生的目的。随着16世纪和17世纪现代科学的发展，就有人用自然现象来机械地解释事物，这就只涉及动力因。18世纪，新教徒辩护士帕利为这一类目的论下了经典的定义。康德在《判断力批判》（1790）一书中，对目的论作了详尽论述。康德一方面欣然承认自然界神奇的安排，同时也告诫说，目的论只是一种调整的原则，而不是一种基本的原则，即认为目的论只是一种行为的规范，而不能说明现实的本质。19世纪末，论争集中于：有生命的机体的生长、换代和再生，是否能用纯机械名词来解释。德国生物学家和哲学家杜里希的活力论认为

---

① 埃德蒙德·胡塞尔：《第一哲学》（上卷），王炳文译，商务印书馆，2017年，第395页。

每一种机体必然具有亚里士多德的生命原理或内在力量；但在他死后，这一学说并未获得支持。生物学的进程是否能用纯物理化学的名词来解释，以及结构、功能和组织是否必然涉及某种目的论，这类问题仍未解决。20 世纪中叶，奥地利血统的加拿大籍理论生物学家培塔朗菲所信奉的关于有机体的观念为这类问题开创了新的前景。①

这样零散的、皮毛性的解说显然不能令人满意。近半个多世纪以来，"目的论和生物功能理论在分析哲学中经历了一次令人惊讶的复兴"，查尔斯·泰勒（Charles Taylor）、拉里·赖特（Larry Wright）、安德鲁·伍德菲尔德（Andrew Woodfield）、鲁思·加勒特·密立根（Ruth Garrett Millikan）等从不同角度对目的论的不同功能性质作出新的解说，罗伯特·C.昆斯（Robert C. Koons）将其归纳为三种不同的目的论定义方式，分别是因果论的（th causal）、规范性的（the normative）和达尔文主义的（the Darwinian）。② 罗伯特·C.昆斯对目的论内在功能、模态、结构关联和因果层阶等方面的分析综合，无疑对拓展目的论定义的新思路有启发，但也尚未到达他所期望的"目的论的精确理论"。

20 世纪以来自然科学尤其是生物科学及生物哲学的发展对目的论思想演变起到重要作用，这得益于一批生物学家与哲学的深度沟通。原籍德国后加入美国籍的恩斯特·迈尔是一位具有较深哲学素养和哲学思维的生物学家，他归纳了"目的性"这一术语在生

---

① 《简明不列颠百科全书》6，中国大百科全书出版社，1986 年，第 107 页。

② Robert C. Koons, *Realism Regained: An Exact Theory of Causation, Teleology, and the Mind*. Oxford University Press, 2000, p. 141.

物学领域应用的四种不同类型，一是程序目的性活动（teleonomic activities），即"遗传程序的发现为一类目的性现象提供了机械论解释。某一生理过程或行为之所以有目的性是由于某种程序的运行而引起的就可以称之为程序目的性活动"；二是规律目的性过程（teleomatic processes），认为"任何过程，特别是与无生命物体有关的过程，其目的或结局是严格按照物理定律而活动的结果；这样的过程可以称为规律目的性过程"；三是业已适应的系统（adapted systems）："自然神学家对于与生理功能直接有关的一切结构的设计特别注意：心脏是造来把血液抽送到全身，肾是造来排除蛋白质代谢的副产物，胃肠道执行消化功能使营养物质能被身体利用，等等"；四是宇宙目的论（cosmic teleology）：亚里士多德将他的目的论概念从个体研究运用到宇宙整体，"大自然中有什么，发生了什么，都是有目的的"，世间的大多数事物都反映了其存在似乎都是有目的的。[①] 恩斯特·迈尔将术语"目的论的"笼统概念分解成四个部分，对于消除对目的论的不同理解和争论有一定帮助。它从生物哲学角度对既有目的论的梳理不无启发意义，但显然没有解决目的论的根本问题，就像他自己提出的，对于心理学家讨论目的的行动时使用的"意图""意识"之类的概念"无法作客观性的分析"。其实，"客观性分析"既是自然哲学的优势也是其局限，因为客观性分析并不能解决问题的全部，在现代科学分科发展对整体性问题实施了严重割裂的时代，亟须在思阈与方法上突破既有的学科体制及其限制，以尽可能地接近整体、回归本原。对于目的论这类问题，单学科的工具显然难以胜任。

---

① 恩斯特·迈尔：《生物学思想发展的历史》，涂长晟等译，四川教育出版社，2010 年，第 33—34 页。

2. 界本目的论的基本原则

界本目的论延续界本宇宙论、存在论、结构论、过程论、价值论的逻辑原则，以差异存在的启始本原为起点，以运动变化的终极方向为基点，将目的（telos）定义为万物差异存在与发展的因果逻辑及其秩序原则，定义为万物运行的组织导向和组织系统；界本目的论从界本原理出发，以差异存在的整体观考察目的的动因、秩序、特征及其取向可能，考察在宇宙元根律、存在界本律、结构对成律、过程化异律、价值优化律的综合互构下，目的系统的等级制度（hierarchies）及其组织导向对万物关联的差异配置，以及差异配置的一般机制。与既有目的论的一个显著不同在于，界本目的论是以界本还原发现万物演化的目的路径及其逻辑规制。

要特别强调的是，目的不是静止、独立的个体存在，而是一个系统，一个整体观念下的运动系统。从过程论的维度看，目的系统至少包含了原因与结果以及联结原因与结果的中间秩序，原因、秩序、结果是目的系统的三大要素、三个基本构件，原因经由秩序通向结果是目的系统的基本机理，在这个意义上，目的也是一种有指向的运动过程和过程模式。

首先，界本目的论以界为万物之因，以界分差异为世界本原，建立的是一种差异目的论。目的一启动，必定有原因，原因为何的问题是目的论的首要问题。其实亚里士多德最早提出目的因（final cause），是延续了前苏哲学关于世界本原问题的追问传统，主要关注的是事物发生、存在的原因问题、为什么的问题，与某些目的论中强调因果论的思想不尽相同。

原因的问题既是认知的起点也是分歧的开端。从世界的一般存在而言，它关涉到何为第一原因、终极原因的问题，比如对超自然原因的归属，从古希腊哲学到当代的上帝设计论，从希伯来神学到中国古代哲学，都曾以不同概念对此加以表述。黑格尔自然哲学思想以上帝对自然与精神的双重启示宣示了一种上帝目的论："上帝有两种启示，一为自然，一为精神，上帝的这两个形态是他的庙堂，他充满两者，他呈现在两者之中。上帝作为一种抽象物，并不是真正的上帝，相反地，只有作为设定自己的他方、设定世界的活生生的过程，他才是真正的上帝，而他的地方，就其神圣的形式来看，是上帝之子。"[①] 这样，黑格尔是以上帝对自然与精神的绝对支配来揭示自然与精神的运动原因。西汉思想家董仲舒表述的是中国式的"上天目的论"，他将万物生养的根本原因归为"天"，"天"不是神但却有神一样的超自然的决定能力："天地之生万物也以养人，故其可适者以养身体。"[②] 至于不同的目的系统、不同的认知维度，对原因的认知差异是可想而知的。

在自然与理性的认知条件下，界本目的论将界及其界分差异视为万物生成及其秩序构制的初始原因，由此开启和引发了万物存在、演变、生灭的过程与结果，离开了界的根本原因，万物便无从生灭，世界便无从演化，自然也就无从谈起发展的结果和目的。即使有超自然的前界原因，界亦是构制万物与秩序的基原工具，万物的差异关联是万物因果关联的基础，世界以差异化的原因通往差异化的目的结果，当然，差异的原因与差异的结果之间，经由了差异秩序的复杂联结。

其次，在界本目的论的视野下，世界是由不同维度、不同层

---

① 黑格尔：《自然哲学》，梁志学等译，商务印书馆，2009年，第18页。

② 董仲舒：《服制像》，张世亮、钟肇鹏、周桂钿译注：《春秋繁露》，第171页。

阶、不同级序的目的系统构成，世界作为一个庞大的因果组织体系，集合了多元性、差异化、不同层级、不同级序的目的系统，世界的整体是由众多的目的系统叠构编织而成。世界构制的不同层阶可从不同维度去界分，生物学以物种为基本单位，按物种的阶元（categories，类别、范畴、界分）层次由高至低可分为：界（kingdom）、门（phylum）、纲（class）、目（order）、科（family）、属（genus）、种（species），种以下的阶元为种下阶元（infraspecific categories），种以上的为高级阶元（higher categories）。①生物界如此，且有基质意义，世界的各种构制情况大体亦然。从存在和界的基本界域而言，自然与人类是一对基本的界分，但又并非是绝对的界分，因为人类本质上亦是自然的产物、自然的一部分，区别于自然而又从属于自然；同时，在自然与人之外，尚有超越其上的超自然存在，这一领域超越了人类既有的理性认知，故多以神学、神秘、推测、感悟、假设等不同方式来推演。据此，以万物类属的基本界分而言，世界的三大目的系统是自然目的系统、人事目的系统和超自然目的系统，其他不同种类属性的目的系统均可归属于上述三大系统，比如自然目的论系统的物理目的论、有机目的论、机械目的论、生物学目的论等；人事目的论系统的道德目的论、心灵目的论、人格目的论、伦理目的论等；超自然目的论系统的上帝目的论、末世目的论等。当然，世界存在的目的系统并非只以类属而界分，还可以以人的认知方式、认知对象的设定方式等作界分，而且目的系统之间也并非简单的断分，而是存有内在的交织重叠，比如主体目的论、客观目的论、外部目的论、内部目的论、形式目的论、功能

---

① 恩斯特·迈尔：《生物学思想的发展历史》，第 91 页。

目的论等。若从超自然的神学立场出发，则可把目的论分成以神为中心（Theocentric）和以人为中心（Anthropocentric）的两种目的论，且可以以圣经自然法（Biblical natural law）将两种目的论法则统一起来，并协调自然与人类理性之间的对立，实际运行的是得到神圣法则启示后的自然法。[①]目的论的杂多与思想混乱反映了不同理论对目的系统采以了不同的视角维度，并在目的系统的构制要素上各表其说。

目的论必然指向结果。结果是含有原因的目的指向，因此，在目的系统的实际运作中，原因发出的目的指令如何运行、按何种规则运行，以及预设的目标能否实现、在多大程度上实现等，均须经由相应的目的过程，而支配这个过程的就是目的系统的秩序原则，它将原因与结果联结起来，内含着世界存在的各种因果关系。问题的关键在于，万物存在是复合的存在，用《两界书》的说法即"世维无限"（创4：1—2），世界的维度不仅蕴含了亚里士多德所谓的质料因（material cause）——这里主要强调了万物差异存在的物性质料，还应包括差异存在的形上质料——诸如人类的意识、意志、道德、审美、宗教、价值、情感、情绪、心理等"心性质料"，以及诸多超自然的未知质料，这些都对因果关联的秩序构制起到重要作用。

不仅如此，在构制目的秩序的形式因素上，工具、方式、路径的多样性更是八仙过海各显神通，当物性与灵性、无机与有机、神圣与世俗、逻辑与感悟、政治与审美、道德与功利等因果性因素交织互构，无论是目的秩序的机械论、活力论还是遗传论、进化

[①]　参见 Mathew Levering, *Biblical Natural Law: A Theocentric and Teleological Approach*. Oxford University Press, 2008, pp. 22–214.

论，都显得各有其理又各显逼仄。这揭示了一个基本的目的论事实：差异万物的存在作为因果关联存在，由不同层维的目的系统构制；世界整体作为因果关联和目的系统的复合体，任何单一的因果目的秩序都难以统纳；不同的质料形式、因果关联服从于不同的秩序原则——机械论、活力论、进化论、逻辑论、意志论、道德论等，但无论如何，因果运动的底层无不潜存着种种价值动能、利益动机、目的动因。以生物学的视域为例，恩斯特·迈尔曾把生命系统划分为两个不同的等级结构，一类为组成性等级结构（constitutive hierarchy），一类为集聚性等级结构（aggregational hierarchy），这两类等级结构显示了生物学意义上的且含有目的性关联的生命系统，但这两种结构的运行并非完全以功能和遗传的机械方式进行。他特别强调了突变（emergence）的概念和整体论–机体论（holism-organicism）的思想，这其实也是揭示了生物学目的论的重要原则："系统几乎一直有这样的特点，即整体（总体）的特征不可能（理论上也如此）由构成整体的部分来推断，即使对每一部分或其局部不完全的组合的特性已完全研究清楚也是如此。"[1]

再者，界本目的论不仅明晰不同目的系统的层阶差异及其秩序差异，而且强调世界目的组织的互构性，即世界的整体是由不同的目的系统和目的秩序混合驱动的，世界仿佛一个庞大的有机体，一方面，每一组织构件各有功能，不同目的系统遵循不同的目的秩序、追求相应的目的结果；另一方面，不同的组织构件、目的系统和目的秩序之间交相关联，互构了世界的整体组织，使之成为一个生机性的因果关联体和目的共同体。因此，界本目的论的因果思想既不

---

[1]　恩斯特·迈尔：《生物学思想的发展历史》，第 44—45 页。

同于苏格拉底、柏拉图、亚里士多德式的因果论，也不同于文艺复兴时期经院哲学、伽利略等人的因果学说，"原因是实体或事物，而结果则或是实体的活动或是通过这些活动而产生的另外的实体和事物：这就是柏拉图-亚里士多德的 αιτία［原因，动力］的概念；相反，伽利略回复到古希腊思想家们的概念上去，他们把因果关系只应用在状态（此时称为实体的运动）上，而不应用在实体本身的存在上"[①]。无论是将因果关系聚焦于实体本身还是实体的运动、运动状态或数学关系，其内在的相同之处均是力图在因果之间建立统一、确定的逻辑关系。界本目的论之因果论建立在关于目的系统和目的秩序的差异化、互构性的整体组织结构上，这个整体的组织结构是由多重叠变性的目的系统联合构制、混合驱动，因而界本目的论之因果论不是单维度的线性因果论，而是以界为本的差异因果论、整体因果论，它非但不寻求目的系统和目的秩序的统一，反而强调目的因果关联的差异性、整体性及其复合叠变性。

界本目的论将目的秩序中的因果关联分为几种类型——这些类型或以不同的目的系统为依托，但并不以特定系统为界限。其一是必然性因果，即有其因必有其果，因果的关联具有绝对性、必然性，比如阴阳、善恶、天地、生死等，有生必有死，生死构制了必然性的原因与结果，所谓种瓜得瓜种豆得豆，此类因果关联反映了自然与生命的一般存在，是对世界关联的基本规制，人文认知中常将此归为"道""大道"的范畴。其二是应然性因果，即在通常的情理下，原因应该达致相应的结果，诸如善有善报恶有恶报；但并不尽然和绝对，有时会适得其反，像《两界书》讨论善恶何报的问题，

---

① 文德尔班：《哲学史教程》下卷，第 99—100 页。

空先有谓："善有善报，恶有恶报，盖因万物皆有因果。善因结善果，恶因结恶果。犹如种瓜得瓜，种豆得豆。"然异先则谓："善恶有报亦无报，万果有因亦无因。恒无定律，异无定例，实乃普世律例，岂可追究至律至例？"（问 5：7）应然性的因果关联较多地充塞了人事系统的道德演绎和伦理法则，应然性的大小反映了价值底层的力量纠纷。其三是或然性因果，即特定的原因提供了通往某种结果的可能，但可能性不是确定性，其原因只是通往结果的因素之一，结果的实现则由众多因素综合决定。其四为偶然性因果，偶然性因果表明了其因与其果之间较弱的关联度，但弱并非不可能，弱亦可能转化为强，这一方面强调了目的过程中综合因素的作用，另一方面也表明了在由各种目的系统构制的世界组织中，目的系统与目的秩序都是开放、整体和动变的，当然，像邓斯·司各特（John Duns Scotus，约 1265—1308）和莱布尼茨等诸多思想家，他们的共同观点是"认为世界的偶然性的根源在于上帝的意志。世界本来很可能与现在这般样子不同，世界之所以像现在这般样子是由于上帝在许多可能性中作出了这样的选择"[①]。

自 20 世纪末开始，西方哲学界燃起了新一轮对因果论的热情，特别是近几十年来伴随着数理逻辑、人工智能等手段、方法的引入，提出了因果内在论（causal internalism）、因果本体论（the ontology of causation）、因果的不确定模型（indeterministic model）、因果不对称（causal asymmetry）问题、需求情境理论（the need for situation theory）等一些全新的理论见解，[②] 这对矫正绝对因果论和因果破产

[①]　文德尔班：《哲学史教程》下卷，第 120 页。

[②]　见 Robert C. Koons, *Realism Regained: An Exact Theory of Causation, Teleology, and the Mind*, pp. 1–34.

论的极端观念，以及深入剖析因果论的复杂构制，无疑都提供了一些新视角、新工具。在界本目的论的视野下，因果关联的必然性、应然性、或然性和偶然性揭示了目的论的真正逻辑，这也是用以回答目的论可靠性疑问的一个较可靠的方案。

由此，界本目的论超越既有目的论的层阶、类序特征，从世界差异化的目的组织及其整体结构出发，力图建立一种以界为万物生成初始原因、万物运动第一原因，以万物间的差异关联为动力动源和逻辑基轴，通往万物差异运动之终极方向的目的秩序。这一目的秩序建立于界本论的一般存在意义之上，蕴含、承续和演化了界本宇宙论元根律、存在论界本律、结构论对成律、过程论化异律、价值论优选律的逻辑原理，因而界本目的论是一种以界为本的元目的论，具有明显的基原性和终极性；界本目的论呈现的不是具体层类的目的秩序，而是界本存在意义上的目的论逻辑模型，建构的是基于界本原理的目的论一般秩序和程序算法，并为不同层级的目的系统提供编程的一般原则和创造空间。

界本目的论提出的基本律则是合正律，其特定内涵包括：合者异和，正者适中，合正复归其根。合者异和是指目的秩序以差异共和为要求的一般逻辑规制；正者适中是指目的秩序以差异进阶为特征的生成发展机理；合正复归其根是指目的秩序以差异融消为方向的终极目标，该终极目标与万物元根、混沌界分的宇宙创生相对应，互构了一种对反对成的始基性、根源性、循环性的因果关联，呈现出界分的融通消失、复归其根的目的秩序和世界运行原则，这也是一种超越性的界本还原。

第四节　合者异和

合者异和，是谓物有所界、界有异分，因果互构、差异共和。此处是指目的秩序的基本逻辑规制，揭示不同的目的系统呈显不同的原因与目标指向，为世界注入丰沛、多样化的目的动能，使世界成为一个动因迭代、目的叠加、充满张力的组织结构；在这个目的化的组织结构中，不同层序的目的系统按其动因逻辑发展运行，既有特定的秩序规制，又有不定的随机变化；万物作为目的（telos）的存在，既是自在的又是关联的，既是自主的又是受限的。从界本目的论的视野看，世界本质上是一个目的化的差异共和国，差异共和的基本原则是强制性的统一与有限度的选择，在天道大法的逻辑规制下，万物的存在尤其是人类等生物体被赋予了一定的选择自由，但选择的目的力并非无限可能，只能运行在相应的目的界域内。

1. 差异共和与目的共同体

差异的联合既是万物生存的基础，也是世界发展的基本方式，故"合"的要义是"异和"而非"同和"——"异"的和合，而非"同"的聚合。

异的不完美是趋向合的完美的必经之路。在有神目的论的视野里，差异的不完美甚至还被视作为上帝天意的一部分："事实上，宇宙中存在着多样性和差异性，这通常被认为是至善。因此，有不完美是必要的，因为它与某些有机体和事物的本质相联系。而这种实际上构成差异分化的'不完美'，不仅符合上帝的旨意（God's providence），而且与祂在宇宙中形成众多和差异的计划相符。"[①] 目的作为万物差异存在与发展的因果关联及其秩序逻辑，经由价值的赋能和规制，不仅构制了一个复杂的目的化世界，还将目的系统的逻辑秩序确立为差异共和，并以此演绎了世界作为差异目的共同体的机理原则。

目的系统是对世界差异本质的高阶演化，其中既蕴含了质料性的元素界分，也内嵌了对反对成的形式结构、意义功能及其价值关联。目的对万物差异的质料、本质、结构、过程、意义、功能等存在要素加以因果性的综合关联，制定出万物差异存在的发展计划、行动原则，内含着世界作为差异共和的组织结构和目的共同体的运行规制。一方面，万物的差异存在都是有目的的存在——都有特定的发生原因和结果去向，不仅生物世界如此，无生物世界乃至神的世界亦不例外，统一的自然法则（unifying the laws of nature）是普遍可适的；另一方面，世界作为一个差异目的共同体，尽管其目的系统、目的级序、因果方式、目的指向不同，但世界皆因目的而存在——世界是一个有因果、有秩序的世界，而非无缘故、无规则的世界，世界的每一目的系统都不是孤立的存在，而是相互关联、互有因果、互为目的的组织存在。特别要强调的是，世界作为目的共同体不是指世界的存在具有相同的目的——相同的目的级序、目的指向，恰恰相反，目的共同体更多地体现为目的的差异性、差异的因果关联和差异化的互构——它们均以目的形式、目的逻辑共处，组成一个复杂多样、互为生机的目的共同体组织，在这个共同体组织中，目的系统既各有主张、各有缘由、各有归宿，又相互关联、

---

① Paul Weingartner, *Nature's Teleological Order and God's Providence: Are They Compatible with Chance, Free Will, and Evil?*, p. 242.

因果互构、差异互配，在关联服从中享有某种目的自由，形成一个差异共和的目的世界。

目的共同体的差异共和首先体现为目的系统的差异互配，不同的目的系统运行于不同的因果轨道，按特定的因果机制（causal-mechanist）运演。当然，不同的存在级序是否存有和如何存有相应的目的论秩序，始终是一个争论不休的问题，这不奇怪，从界本目的论的认知而言，世界以差异的界分为基础，万物的差异以不同的质料、形式、性能存在于不同维度、不同级序，共同构制了软硬结合、动静有变、因果关联的目的化世界——生物世界如此，无生物世界亦不例外。反对无生物中存有目的论秩序的理由可以找出很多，比如认为目的论朝着某一目标发展，但无生物中没有目标；目的论秩序需要一个不可逆的过程，而支配无生物的法则是动态法则，其动力学定律没有规定过程的不可逆性，因而无生物中不存在目的论秩序。同样，支持无生物中存有目的论的理据也很具备，比如递增秩序（increasing order）即可被解释为目的论秩序，如果有生长、新特性的突现（emergence）和分化，那么就会有越来越多的秩序出现，"在无生物中有生长（例如晶体的生长）、突现（例如新化合物）和分化（例如新化合物的新功能），因此，在无生物中存在目的论秩序"。[1] 基于宇宙万物以界分差异的方式创生，万物差异的关联存在本质上就是一种因果存在和秩序存在，差异的关联性体现了质料存在的意义价值，因果秩序则体现了存在的目的性原理，因而可以说，质料、价值、目的是世界存在的三个基本层态，万物的发生、结构、过程则是存在动变的三种基本形式，世界作为一个目的化的世界，

---

[1] Paul Weingartner, *Nature's Teleological Order and God's Providence: Are They Compatible with Chance, Free Will, and Evil?*, p. 31.

本质上存续于一个目的化的场域之中。

世界目的化的统一场域强调的是目的秩序对世界存在与运行的普遍规定性，而不是指目的秩序的一致性。世界整体的目的组织由差异化的目的秩序构制，世界庞大的目的系统以层类分序的方式建构起制度体系，以规制和保障目的系统的有序运行。如果将世界庞大的差异目的共同体简分为自然系统、人事系统和超自然系统，那么自然目的、人事目的、超自然目的也就构成了世界目的组织的三大基轴，在三大基轴之上，每一系统又可细分为若干子系统；而三大系统之间、子系统之间又相互关联、相互影响，甚至互为因果、互为目的，相互发挥作用。

2. 自然目的系统与人事目的系统

自然目的系统是一个庞大的系统，具有广泛的统纳性，因为自然既包含生物也包含无生物；生物又包含动物、植物、微生物，动物则又可以细分为众多科属类别，如脊椎动物与无脊椎动物，脊椎动物包括鱼类、爬行类、鸟类、两栖类、哺乳类，无脊椎动物包括棘皮动物、节肢动物、腔肠动物、软体动物以及线形动物等。抛开人类这个特殊的自然存在暂且不论——人被认为处于自然界阶梯的最顶端，自然的不同下属会呈现出不同的目的子系统及其目的秩序。在既有的目的论思想中，按秩序的原理特征提出了机械论、物理论、程序论、遗传论、进化论、活力论、生机论、设计论、整体论–机体论（holism–organicism）[1]、天意论等不同学说，这些学说针对了自然世界的不同层级，各有认知语境，各有自身理据。从世界目的共

---

① 见恩斯特·迈尔：《生物学思想发展的历史》，第33—45页。

同体的组织构制而言，目的秩序的差异一方面反映了世界目的共同体的结构特征，另一方面揭示了世界目的秩序的一个重要本质：世界不同的目的系统及其目的秩序并非割裂单存的，而是交织共构的；不仅是交织共构的，而且互为因果、分工合作，各自有着独特的角色和关联功能。

在对目的秩序的追问中，最为棘手的是自然世界关于生物与无生物、内部目的论与外部目的论之类难以逾越的界限鸿沟。界限是根深蒂固的，但界限的互为性未被揭示才使界限成为鸿沟，而不是成为关联和媒介，更难以成为整体和对构。生物与无生物或者内部目的论与外部目的论，即使以最严格、僵硬的界尺来切割，在世界的目的组织里也难以断然分开。一方面，在庞大的自然目的系统中，自然系统的每一构件均存续和运行于相应的目的秩序中，即使是无生物也存续于相应的目的秩序，因为无生物不仅是自然的必要构件，而且是自然大家庭中的一种生变（becoming）——它自身禀赋了某种转化生变的属性，这种生变既会破坏既有的平衡，也会促生新秩序、寻求新平衡，因此，"生变（*becoming*）是一个引导从平衡到不平衡和新秩序的过程。因而生变是一个秩序增长的过程，每一个秩序增长过程在更广泛的意义上都可以称为目的论的"①。另一方面，自然是一个自组织（self-organization）系统，具有强大的生机组织功能，这个自组织系统中的每一构件都成为有目的、有效能的生机要素，分层分序地扮演角色、发挥作用。自然作为一个有机整体，分有繁复的层次，包括"从最简单的动物形态到最复杂的动

---

① Paul Weingartner, *Nature's Teleological Order and God's Providence: Are They Compatible with Chance, Free Will, and Evil?*, p. 32.

物形态，最终形成人类的精神能力"[1]。显然，自然的组织系统不应仅仅停留于其中的生物部分，还应高度关注无生物的差异对构，无生物作为自然组织的一个层序在自然整体的组织运行是不可替代的。况且，生物与无生物之间也并非绝对的隔绝，早在 18 世纪，卡斯帕·沃尔夫（Caspar Wolff，1733—1794）的《世代论》（*Theoria Generationis*，1759 年）、约翰·弗里德里希·布卢门巴赫（Johann Friedrich Blumenbach，1752—1840）的《成长论》（*Bildungstrieb*，1781 年）等就提出过一些主流性的观点，认为"存在着一种将无定形物质（amorphous substance）转化为成年有机体（adult organism）的自组织过程"[2]。《两界书》前记所谓"夜光云石会说话"虽然是一种文学叙事，但其底层也可以说嵌含了消解界限的自然组织逻辑。

在自然目的论的整体组织结构中，所谓外在目的论与内在目的论只是对不同目的系统及其秩序的相应表述，无论是以机械的方式还是以遗传、进化、生机的方式运行，都在自然这个自组织的有效调节中分配和承担着独立而又互补的功能，以维持自然世界的差异性和整体平衡。在传统的目的论认知中，比如钟表这类机械性事物由钟表匠设计和制作，它的目的是为了计时——对需要知道时间的人有用，这被毫无疑义地归之为外在目的论，因为钟表的功能和目的是被外力所赋予；但同时应该看到，它的机械装置与前序的外力动因、后序的计时用途是关联在一起的，钟表装置无疑是钟表目的系统的一个构制环节，是内在目的的一种延伸和构建，也就是说，

---

[1]　Andrea Gambarotto, *Vital Forces, Teleology and Organization: Philosophy of Nature and the Rise of Biology in Germany*. Springer International Publishing AG, 2018, p. 101.

[2]　Andrea Gambarotto, *Vital Forces, Teleology and Organization: Philosophy of Nature and the Rise of Biology in Germany*, p. 98.

从世界目的系统的整体来看，所谓钟表的外在目的论系统与其发生的内在目的论系统是完全联通在一起的。

因此，自然目的秩序的本质规定不仅对自然界有效，对人事的目的系统同样有效，或者说有密切的联动。人事的目的世界浓缩了人类活动的全部精华，每个个体的存在都是目的性的存在，也是引发目的运动的目的源，尽管这个目的源的目的性强度有差异，但它源源不断地输出新动因，并在通往目的地的路途中会不断调节动因的意涵与方式。人事目的的复杂性在于：人是最大的差异性存在，而且这个差异性是活跃的、动变的，既是自主的又是关联被动的，其本我的自身差异与他者的关联差异互在互为，在交织叠加的因果关联中不断制造新关联、新因果和新目的。目的的动因是因果关联的起因，动因的构制又同人的社会性与个人性、精神性与生理性、理性与感性、空间与时间等诸多因素相关，利益、意志、道德、信仰、阶级、族群、组织、价值、欲望、荣誉、愿望、心理、情绪、喜好、无意识甚至疾患、偶发事件等都可能对目的动因、因果过程和发展结果产生细致而重要的影响。人的差异作为社会关联结构中的最大差异，其目的系统的秩序机理表明，人事目的动因是社会发展的根本动因，人事目的系统是社会运行的根本系统。

目的的动因源于差异的选择，差异的选择带来了一定的目的自由，激发出价值拓展的欲望，这也使得人事的目的世界成为一个差异化的目的竞技场。要强调的是，差异的目的竞技无处不在，但竞技的对象、方式、目标、指向复杂多变且随机流变。比如目的论视野下的阶级分层，阶级的流变性及其目的秩序的随机性都是显而易见的，阶级通常是以经济量度、社会分工为标尺进行的阶层划分，这在特定情境下有其合理性，并能反映相关阶层在目的运行中的某些一致性，这一概念的传统始于柏拉图、亚里士多德对雅典城邦政治的论述。但以拥有物性价值的多少对人群进行阶层划分并予以固化，其可靠性多有存疑：一是物性价值本质上是人的社会附属价值，不是人之为人的本体价值，人与物的本末关系应是明晰的；二是尽管物性价值的拥有对人的社会属性有重要影响，但物性价值始终处于变量状态而非静止状态，资产、中产与无产的身份转换成为常态，尤其是在后工商业时代、信息时代，物性的价值量更是处于骤变的不确定之中，暴富和破产间的过渡变得不再那么艰难；三是伴随着后物质时代的到来以及价值的进阶演化，物性价值在价值整体中的份额逐渐消减，非物性价值、符号性价值的意义越来越凸显，价值结构的变化必将影响目的秩序的变化；而且，相同的经济阶层和分工阶层并不意味着具有相同的价值利益和目的指向，有时恰恰相反。因此，社会阶层的简单预设不能揭示目的世界的复杂机理，尤其是对目的动因的差异性、目的指向的选择性问题难以作出恰当的解释。

　　人事的目的世界既是一个差异选择的世界，又是一个多重规制的世界。一方面是人事目的系统的自治（self-government）规制，主要体现为道德、伦理、法律、规章、公约、盟约、协议等人文操作，这是人事目的系统对利益差异的自我调控，反映了文明演化的秩序性成果；另一方面是自然目的秩序对人事目的的他治（heteronomy）规制，包括空间、时间、物质、能量、气候、环境等人类存在和人文运作的基础要素、存在条件，这些要素条件是自然目的系统的有机构成，服从于自然目的系统的整体机制，并推动自然目的系统的运作。自然目的系统为人类及其人事活动提供了舞台和不可缺少的给养，人类被自然所供养，必然受自然之规制。供养是慈爱的，但不是无限的；规制是必然的，但又给予了一定的自由，赋予人类适度的创造空间。在自然秩序的保障与规制下，人类在万物中得到了厚爱和优选，但对人的限度也是明确的，《两界书》中以"天定命数"的叙事来表述：

> 天帝决意为人定命数，使人有生而不得永生，有死不至即死。……
>
> 天帝为人设命格，使人各有其命，命有法式，各人不致尽同。故此一人一命数，一人一性情，一人一命格。……
>
> 天帝为人设能限，所造之人，以目观物，可知远近，可明大小，然不可尽观尽知尽明。以耳闻声，可穿黑暗，可越墙磊，然不可尽闻尽穿尽越。以心游意，可往来时世，可逾空界，然不可尽游意尽往来尽逾界。……
>
> 天帝为人定生途，以灵道为引，肉躯为载。灵肉相合相通，方可强命力，延命数，顺命格，享生乐。
>
> 一人乐而从乐，从乐而众乐。生弥珍贵，生当乐生。死为归途，万众所同。
>
> （生3：1—4）

这里为人确定了命数的限度，设置了人的命格和人的能限（目、耳、心等），并对生途的合适方式、生命结构做出指引规范。

在自然目的系统的整体秩序中，人类及其人事活动虽然是受眷顾的特殊存在并获得一定的自由空间，但从根本上无法摆脱自然本体的逻辑规制，尤其是在生灭动变的基本存在与动变过程上，帝王将相与庶民百姓都是平等一致的。自然目的系统在自然系统内具有秩序的统一性和统摄力，它会给自然组成的每一部分留有一定的自我运动（Self-Motion）——给人类的表演自由更大些，但一切自由均有限度，均会被规控在适度的范围内，以确保自然的整体不受损害，"大自然各部分的自由，在大多数情况下，并不会危及整个大自然的秩序"[①]。自然法则的内在奥秘隐藏在它对所属物的放任与规控之间：万物在自然法则的放任与规控中八仙过海各显其能，在大自然划定的圈子里折腾戏闹。

人在自然体系中所处位置及其功能作用与一般的自然物有很大不同，对自然的规控也并非心甘情愿地完全顺从。人类与自然之间存有对成对反的双层关系：一是自然对人的给养和人对自然的亲和依赖，所谓天人合一即有这层意味；二是人对自然的对抗，人在对抗自然中不仅获取生存空间、生存权益，且有征服自然、主宰自然的本能欲望——当然，人在自然中的独有秉性表现在很多方面，比如卡文迪什特别看到了人类对名声的欲望，"这种欲望在其他生物身上根本没有，正因为如此，人类比其他生物更容易行为不端。也就是说，虽然人类可以理解他们应该遵循的行为原则，并且可以感知到这样做的价值，但这往往被引起冲突和无序的欲望所超越，其规模在自然界的其他地方是看不到的"[②]。《两界书》讲人与其他生物的不同是由于天帝"以人为选"，对人实施了特殊的赋能改造："天帝于万物中以人为选，赋人超凡心力，以治理世界"，"天帝造人之工既成，就将世界交人治理。然天下男女并不尽悉天意，惟天帝明悉"。（造2：2，6：1）人对世界的治理使命与自然对人的根本规控构成了

---

① Deborah Boyle, *The Well-Ordered Universe: The Philosophy of Margaret Cavendish*, p. 8.

② Deborah Boyle, *The Well-Ordered Universe: The Philosophy of Margaret Cavendish*, pp. 118–119.

一对天然的矛盾对反，这种对反本质上是不可改变的。实际上，人文构建的许多努力都是在使人与自然能够差异性的和谐相处，但能效有限，因而超自然目的秩序的出场不仅是必要的，也是必然的。

3. 超自然的目的秩序

超自然目的秩序是对终极目标和目的因的终极追问。无论是自然目的秩序还是人事目的秩序，均显现出相应的区域局限，尤其是对自然万物和众生人事背后的终极原因、因果秩序，自然与人事本身都难以完全逻辑自洽，需要从一个超越性的层级才能找到最初的发端动因以及它的底层秩序。这一工作在希腊一脉的思想传统中几乎从泰勒斯、阿拉克西曼德、阿拉克西米尼、毕达哥拉斯、赫拉克利特、巴门尼德、德谟克利特、柏拉图、亚里士多德那里就已经开始，经由伊壁鸠鲁学派、斯多葛派（尤其是西塞罗）、卢克莱修、新柏拉图主义（以普罗提诺为代表）等的演化，形成了以努斯、理念、灵魂、神、上帝、德穆革、太一等诸多概念为标识的超自然原因，并试图以此建构起能够统纳自然世界与人事社会的超自然秩序。特别值得关注的是，希腊传统的这一思想基脉与希伯来–基督教思想相结合，建立起了一个对后世尤其是对西方世界影响巨大的思想王国，从斐洛、奥古斯丁、托马斯·阿奎那、邓斯·司各脱，到笛卡尔、托马斯·霍布斯、斯宾诺莎、康德、黑格尔，以及胡塞尔、马丁·布伯、怀特海、海德格尔等，他们的学说体系及思想指向复杂多样甚至相互抵牾，但均离不开希腊理性逻辑与希伯来神学的"二希基石"，并以不同的概念范畴，或明确或曲折地蕴含了一个超自然的终极存在——上帝，上帝在其学说中的位置和意义各有不同，但均被视作为世界终极因的寄托，有时则成为他们走出理论困境的指灯。

超自然目的秩序的关键是以统摄性的秩序原则贯通自然与人事。上帝的概念无论在理性逻辑还是在神学信仰中都还只是树立了一个超验的预设，仅仅如此还不够，还必须以超验的秩序法则从自然、人事的逻辑底层建立起普遍性的因果逻辑关联，才能弥合超验与经验、自然与人事的分割，才能实现自然与人事之间巨大差异的关联与统合。在这里，典型的逻辑操作是以上帝的设计、上帝的天意作为立法根据，通过神圣法则和永恒法则的制定对自然目的秩序（包括人事目的秩序）实施整体性的融通，并在融通中加以根本规制。

上帝对世界的设计（design）——像钟表设计师一样精密地设计了世界的构件、装置、运行和机械规则，这一思想早在古希腊时期就埋下了深刻的种子，柏拉图的造物主德穆革依照理念的蓝图对世界进行整体规划、具体设计，柏拉图在《蒂迈欧篇》还像德穆革的助手一样协助进行了相当深入的数学计算和技艺论证。设计论思想在西方宗教哲学与科学思想的缠斗中沉沉浮浮，但并未形成泾渭分明的阵营——有时还交织在一起，既相互排斥，有时也相互支持。在该论阈内，上帝的天意（God's providence）学说似乎较设计论更具形上性和普遍的规制意义，"所谓天意就是规则（rule），它命令（orders）多变的事物走向终点"[1]。而无论是上帝之设计还是上帝之天意，其神圣法则（Divine Law）对自然法则的统纳是关键，是实现超自然目的秩序"命令"世界终极走向的关键。

思想史上关于自然法则的确立一直存有两个不同的倾向，一是以神为中心的自然法则（Theocentric natural law），一是以人类为中心的自然法则（Anthropocentric natural law），两种倾向的基石不同，

---

① Paul Weingartner, *Nature's Teleological Order and God's Providence: Are They Compatible with Chance, Free Will, and Evil?*, p. 13.

指向和功能自然也不同。在前者看来，上帝的旨意贯通宇宙的所有事件和全部过程[1]，后者则把人作为自然和宇宙意义的来源，精神成为所有现实的精神主体[2]。显然，在对超自然秩序的追寻和建构中，以人类为中心的自然法则非常重要，但难以承担起统摄世界的超验重任。以神为中心的自然法则似乎承担了这项重任，但又停留在上帝全知（all-knowing）、全能（all powerful）、全善（perfectly good）的神学位格的演绎中，说服力显然也会受到多方面质疑。当然，结合两者或者试图加以完善的努力从未停止，比如对圣经自然法则（Biblical natural law）的建构，以及对自然目的论秩序（Nature's teleological order）与上帝天意内在关联的论证。

在这里，超自然目的秩序的建构与其说是模糊神圣法则与自然法则的关系，不如说是建立神圣法则与自然法则、自然法则与人事法则之间的差异协和，尤其是神圣法则对自然法则、人事法则的统摄，使得神圣与自然、人事三大系统的基本存在既是不同级序的差异存在，又是统一性的世界整体。希伯来–犹太教神学体系反复宣示，神圣法则源于上帝的颁授，妥拉（希伯来语：תּוֹרָה，英语：Torah）具有至高的原则性，不仅对人的神圣生活、世俗生活有统摄意义，对自然万物也有不容置疑的统纳性，因为万物出自上帝："起初，上帝创造天地万物"（《创世记》1：1）；不仅如此，万物均由上帝安排，都是按照上帝的命令各就其位，包括禽兽、树木、果蔬等等，各自定位有序，差异互补："果实不仅为动物提供食物，而且也为它们自身物种

---

[1]　Paul Weingartner, *Nature's Teleological Order and God's Providence: Are They Compatible with Chance, Free Will, and Evil?*, pp. 107–117.

[2]　Mathew Levering, *Biblical Natural Law: A Theocentric and Teleological Approach.* pp. 69–70.

的长期繁衍提供营养，果实中包含着种子的基质，隐藏在这些基质中的始基或万物的原理。随着季节的循环，这些始基会扩张和显露。因为神想要自然按照能返回起点的过程运行，所以神赋予物种永恒性，使之成为永存的分有者。"① 在这里，神为自然设定了运行程序，万物既是永恒的分有者，又不是碎片的存在，自然的运行法则服从并统一在神圣法则下。神圣法则由于是永恒法则（eternal law），显然也对人事系统有效。人在自然中具有特殊性，人事法则是不同于自然法则的独立系统，但这一系统既与自然系统有关联，更服从和服务于神圣永恒法则，因为人是按照上帝的形象被造，为上帝所拣选，肩负上帝给予的使命。在上帝、自然和人类的基本结构中，上帝的位置居于创世、天启的顶端，自然和人类作为受造、受启的两极，同处世界的底基；但人类的属性、地位和使命与自然不尽相同，在现世界的运转中，上帝撤下了启动按钮，并制定了基本原则，人类和自然都是上帝原则的具体承载者和实践者。但人离上帝更近——这是人的自我设定，人对上帝指令的反应更灵敏，有时也更狡黠；自然的性格显得沉稳和按部就班，但酝酿的激情可以随时爆发，出其不意且威力巨大。世界运转的动源来自世界自身，来自不同的分有者，是分有者与上帝、分有者之间的关联生成了生生不息的动能。

迄今为止，以上帝为核心建立的超自然目的秩序是人文思想领域最有影响力的超自然目的秩序，这一方面是由于自人类思想发端以来思想家们就以此为论题一直在孜孜不倦探索，形成了庞大而缜密的思想体系，另一方面，从思想认知发轫之初至今，人类无时无刻不感受到在自然与人类的表象世界之上，有一种更为深刻和根本

---

① 斐洛：《论〈创世记〉——寓意的解释》，第 30 页。

的秩序规制着世界运行——这一点并未达成共识，但这不影响不同世界观的人以不同方式去探问，包括宇宙大爆炸理论、暗物质暗能量学说等所谓科学理论。当然，以上帝为预设的超自然目的秩序并非无懈可击，更未功德完满，无论其自身还是超自然目的秩序，都还存有不少的悬疑。

目前，对上帝为核心超自然目的秩序的挑战首先来自上帝目的论自身，也就是当神学的逻辑秩序转换为普适的超自然秩序时，既有神学的超然优势，也遇到了理性逻辑的坚硬阻滞，暴露出神学目的论的根本缺陷。这主要体现在：上帝作为至高的善，在创造世界时为何给世界带来众多的恶？上帝作为无所不能的上帝，为何在万恶面前常常束手无策？上帝作为公正仁慈的上帝，为何对诸多的不公视而不见？这类质疑从古至今未曾间断，奥古斯丁在《意志的自由选择》（*On Free Choice of the Will*）中明白表露出道德生活的这一困境："我们相信存在的一切事物都来自唯一的上帝，但我们相信上帝不是罪的根源。麻烦的是，如果你承认罪恶来自上帝创造的灵魂，而这些灵魂来自上帝，那么很快你就会把这些罪恶追踪到上帝身上。"[①] 两次世界大战期间，犹太人这个"上帝的民族"对上帝的怀疑进入高峰期，涌现出大批思想和文学著作对上帝的可靠性、可信性提出严重质疑，比如德语犹太作家约瑟夫·罗特（Joseph Roth，1894—1939）的《一个犹太人的命运》（1930 年），主人公曼德尔·辛格把遭遇的生活不公全都归咎于上帝："上帝是残酷无情的。我们愈是服从他，他就愈是严厉地对待我们。他是强者中的强者，他只要用他的小指甲盖儿就可以置你们于死地，可是他不这么做，

[①]　Mathew Levering, *Biblical Natural Law: A Theocentric and Teleological Approach*, p. 77.

他只消灭弱者。人们的懦弱激起了他强有力的感觉，人们的服从唤起了他的愤怒。他是个伟大而残暴的警察局长。"[1] 他甚至还发出了"烧掉上帝"的呼喊，把对上帝的质疑和愤怒推向令人惊诧的地步。

除了在上帝身上体现出的道德悖论，神学目的论在面对偶然性、人的自由意志等问题时，也表现出逻辑自洽的困难和挑战。当代宗教哲学采以开放的理论视野和方法，引入新的科学成果对上帝属性、上帝天意进行诠释，比如以系统论的思想解释上帝的永恒性（eternity）、不变性（unchangeableness）等上帝的不可交通属性（the incommunicable attributes of God），以及爱、知识、怜悯、公正等上帝的可交通属性（the communicable attributes of God），认为上帝的无所不在性（omnipresence）是指在受造的世界里，上帝"在不同的地方会有不同的作为"，包括对人的惩罚，这样便把人对上帝的责难归咎到了人的自身。[2] 还有借助热力学、熵理论、模态逻辑理论、生物学、神经科学等，试图论证上帝的天意不仅与自然目的论秩序相容，而且与偶然性、人的自由意志甚至与邪恶相容，等等。[3]

尽管如此，以上帝的先验预设为核心，以神学演绎为论证的超自然目的秩序依然未能摆脱其内在的逻辑悖反。关键的症结在于，上帝是一个超验的神学预设，在对上帝与世界的联结中，所有的论证都建立在上帝神圣的绝对性上，以神学逻辑为机理的因果论证、道德论证、目的论论证、存在论论证，本质上都是一种单向度的神学价值论证，这种单向度的神学价值论证在与差异化、本然性的自

①　约瑟夫·罗特：《一个犹太人的命运》，徐晓蓉译，江苏人民出版社，1982年，第29页。

②　古德恩：《系统神学》，张麟至译，更新传道会，2011年，第132—161页。

③　Paul Weingartner, *Nature's Teleological Order and God's Providence: Are They Compatible with Chance, Free Will, and Evil?*, pp. 200–230.

然系统、人事系统对接时，其神学价值秩序与复杂、多变的自然秩序和人事秩序不仅难以完全兼容，而且必定矛盾重重。因而我们也不时看到一些对上帝及属性的论述矫正和理论圆场，但并未真正解决问题。设若把对上帝的单向价值预设调整为中性的复合预设，赋予其完全超然的造物者设定，那么，这个超自然目的秩序的建立和运行就会比较顺畅一些。神学论证的自我矛盾就在于，一方面上帝是绝对超然于时间、空间和万物之上的，另一方面，上帝又身陷其中处处牵挂，充满了情绪和意愿，为万事万物操碎了心。上述的矛盾抵牾及相关的论据论证显示了这样一个实情，上帝其实并非神学家反复宣扬的那样是一种单一性（simplicity）存在[①]，而是一种合一性（unity）存在，这种合一性蕴含了万物创造的统一原因，是"圆满的一"，也是产生"不定的二"的一、创造的一，而不是静止的"纯一"。在现代宗教哲学的论证中，我们看到了试图推动上帝及其天意与理性、科学和辩证法靠拢的努力，以赋予上帝更多的中性、理性和综合性，但中性的上帝、复性的上帝对原初的上帝、纯一的上帝无疑是一种偏离和悖反。

　　解经学中一个令人费解的疑问或许由此可以得到解答，这就是为什么在古代希伯来圣经文本中，以希伯来语"埃洛希姆"（אֱלֹהִים，Elohim）称呼上帝时，"埃洛希姆"的词尾（im）使用的是典型的复数名词后缀。[②] 这里的"埃洛希姆"显然不能按语法视之为"众神"，而只能是上帝唯一神，但在"埃洛希姆"唯一神身上蕴含了众神的功能，考虑到希伯来创世学说与巴比伦创世神话的内在关

---

① 古德恩：《系统神学》，第 156—157 页。

② 巴瑞·班德斯塔：《今日如何读旧约》，林艳、刘洪一译，华东师范大学出版社，2014 年，第 30 页。

联，这层意思就更易理解。在古巴比伦的创世故事《埃努玛·埃利什》中，男神亚柏素和女神太亚末两者混合成为水的混沌，从混沌中生出大神马尔德，马尔德反杀太亚末制服了混沌，由此才开启人和天地的创造。[①] 早期希伯来创世思想形成时受到巴比伦创世神话的影响是正常的，但又不是照搬，而是创造，就像希伯来安息日对巴比伦安息日的改造一样。以复数性名词"埃洛希姆"表述希伯来人的唯一神，既反映了希伯来人对巴比伦文化的采借和改造，也隐含了那个时代由多神学说往一神思想过渡的历史演变，"埃洛希姆"唯一神承担了原先只有众神合力才能承担的创世工作。亦有认为，"埃洛希姆"（אלהים，Elohim）除了表述神名外，同时还有官长、审判者等意，此说如成立，也是表明"埃洛希姆"暗含了上帝唯一神的多能、大能。有学者列举某些语种（如德、法、土、阿等）有以复数表达敬意的词汇现象，以此类推"埃洛希姆"是以复数形式表述对上帝的敬意，此说较勉强，因所说情况一般出现较晚，希伯来古语中未曾见到此类情形，且还是用于唯一神上帝身上，这很值得怀疑。

以上帝为核心的超自然目的秩序呈显出种种逻辑悖论和矛盾抵牾，恰恰说明这样一个事实：超自然目的秩序是一个建立于差异并应对差异的秩序，任何试图以单一性原则——神学、道德、慈善秩序（order of charity）等意识形态秩序——去统纳目的化的差异共同体，在复杂的世界面前都难以行得通。显然，神学的目的论秩序不等于超自然目的秩序，当然，神学目的秩序作为人类文明史和思想史上有深刻影响的人文运作，对超自然目的秩序原则及作用的揭示和贡献都是不言而喻的。

---

① 参见纪博逊主编：《旧约圣经注释》上卷，中国基督教协会，2001年，第18—20页。

4. 差异共和的级序原则与制放原则

在世界这个生机化、差异化的目的共同体中，合者异和、差异共和的基本机制首先体现为级序原则，即万物差异界分、各有因果关联，目的系统按类分级运作，目的秩序按属分层规制，在目的化的世界共同体中，目的的存在小至一事、一物、一人、一念，大至群体、国家、自然、宇宙，依据分级运作、分层规制的级序原则运行。

在宇宙这个庞大的目的论王国，超自然目的秩序、自然目的秩序和人事目的秩序构成了目的世界的基轴秩序，基轴秩序构制了目的世界的基本维度，每个基轴秩序的系统内又可细分为无数类别、层级的目的存在，每个目的存在依照相应的系统秩序自主而又关联地运行发展。目的世界的差异化系统及其秩序交互作用，共同构制了目的王国的神经网络，神经网络的每个神经元都是活的神经元，并将感知的信息汇总到目的世界的系统整体上。

目的共同体之合者异和、差异共和的另一重要机制表现为规制与自由相结合的制放原则，即不同的目的系统与目的秩序既受到相应的原则规制，又被放任地分享了一定的自由空间，使得每个目的存在和目的运动都是特定因果机制下的差异化存在、差异化运动，它们不仅共同组织了生机性的目的世界，而且自我制造和相互制造。每个目的系统自主选择、自治发挥的"自由羊圈"不是无限大，其边界受到来自于系统的整体秩序、上级秩序及相邻秩序等各种因果关联的影响和约束。超自然目的秩序具有统摄性、全能性、预设性和未知性，宇宙的终极原因蕴含其中，人类现有的认知能力尚未达到它的深层；自然目的秩序具有自为性、普遍性、舒缓的强制性，对一切自然物（包括人）发挥作用，但不同自然物所受规制和所享自由的方式不同；人事目的秩序具有社会性、意志性、创造性和局限性，特别是人的意志和智力在自由的舞台上得以尽情发挥，以致以为可以冲破所有规制而为所欲为，比如科技的高度发达使得人类突破自然秩序而要获得永生的欲望从来没有像今天这样强烈，且看起来希望就在眼前。其实人仿佛是被放养的羔羊，只能在羊圈内欢腾跳跃，地球可能是人类唯一适宜的羊圈。《两界书》有谓"羊无灵道，不识人语"（命：13：1），其实是说人也同羊一样，难识宇宙天机。

由宇宙、自然和人类共同构制的目的共同体，在整体组织秩序上体现了分层序、分类属、制放结合、因果叠加的差异化原则，尤其是将规制的必然性和适度放任的随机性、偶然性、创造性相结合，为世界的差异和平提供了根本保障，也为世界发展注入了动力。这个动力来自整体，也来自每个目的存在禀赋的既自由又受限的目的力（purposive force）。人类在世界目的共同体中扮演着极其特殊的角色，现世界的大舞台为人类的本性、灵性、智力、潜能的创造提供了极大的发挥空间，设若人事的目的秩序能够不断自我完善，与自然和超自然的目的秩序保持在一个合适的差异协度上，那么世界的整体就更能成为一个良序的差异目的共同体；设若人事的目的秩序失去了节制，那么，它将破坏目的共同体的整体秩序，并招致自然秩序、超自然秩序的冲突强制，结局只能是加速人事秩序的世代更替。人类生命的意义在于：人类个体由于偶然的原因被置放在一个有目的的生机平台上，并获得有限的选择自由——选择就是意义，选项决定了价值；放弃选择而顺从物欲本能，也就意味着放弃了灵性的崇高，放弃了人的权利——故于人而言，自由和选择是至高价值。

　　世界的目的共同体以规制与放任相结合的差异化原则运行，体现了界本目的论之合者异和、差异共和原则对世界目的秩序的基本逻辑规制，这一规制贯通于不同的目的系统，以及不同目的系统及其秩序下的自治区域。至于目的世界的国王是何——关于世界创造者和世界立法者的种种预设（上帝、神、理念、道等）——暂且不论，但为世界立法的基本工具和工具原理却是清晰的，它就是界——界是工具之王。界以差异的方式促生万物，并给予因果性关联和目的性赋能，为万物目的性成长制定了合者异和、差异共和的基本制度，这一制度不仅揭示了万物之间的基础性因果模型，也保障了世界万物在规范与自由、规制与放任的节律中，不断重复、进化、异变、创造、涅槃和再生。合者异和、差异共和——包括正反对构、善恶共处、自然与人事共生等，都是界本目的秩序下的逻辑配对，配对的双反始终处于纠缠斗争中，有时会挑战差异共和制度，设若某一目的力量畸形膨胀（比如人工智能的无限发展），目的的秩序王国就将面临失序失控的危险。

5. 差异共和：从异和到异合

　　合者异和、差异共和凸显了"和平"在界本目的论中的意义，它表明界的目的论既鼓励、推动目的世界的差异发展，又要求和规制差异化的目的系统和平共处，防止走入极端和破坏系统的整体秩序。"自然只有一条法则，这是一种明智的法则，就是使无限的物质保持有序，保持和平（Peace），而不去破坏统治的基础。"[1] 和平的要求不仅存在于自然目的系统，更存在于人类社会系统，世界目的共

---

[1]　Cavendish, *Philosophical Letters*, Deborah Boyle, *The Well-Ordered Universe: The Philosophy of Margaret Cavendish*, p. 8.

同体作为一个"目标导向型组织"（goal-directed organization）[①]，对差异化目的系统的"和平"要求是组织系统的基础要求、机制要求。

在中国哲学体系中，和（有时亦称"太和"）不仅标示万物共存的和谐状态，也是万物演化的价值指向："保合太和，乃利贞"[②]；《老子指归》如是解注老子的天地物类观："天地所由，物类所以：道为之元，德为之始，神明为宗，太和为祖。道有深微，德有厚薄，神有清浊，和有高下。"这里把道视为万物本元，德为万物起始，神明变化为万物宗主，太和（和）则是万物的祖先。曾有学者将道、德、神、和四者解读为老子关于宇宙演化的四个阶段，此说未必普遍合适，但以此观照世界的目的过程，也确有某些恰当之妙[③]。道的本元经过德的畜养、神明的变化，尚须达到和的状态，和是在道生、德养、神变之后万物演化的一个必然阶段。《老子指归》解说太和是一种起和谐作用的气，外联气、形，内接神明、道德："夫天人之生也：形因于气，气因于和，和因于神明，神明因于道德，道德因于自然，万物以存。"[④] 在这里，"和"是万物生成、存在的基质要素和必要秩序。不仅如此，中国古代哲学还深入论述了"和"在万物演化中的关键作用、必由路径，《黄帝四经·道原》有曰："一者其号也，虚其舍也，无为其素也，和其用也。"这里是说，一是道的名号，虚无是道的处所，无为是道的根本，和则是道的作用。[⑤] 也就是说，至

---

① Andrea Gambarotto, *Vital Forces, Teleology and Organization: Philosophy of Nature and the Rise of Biology in Germany*, p. 10.

② 《易·乾》，陈鼓应、赵建伟注译：《周易今注今译》，第 6 页。

③ 严遵著，王德有译注：《老子指归译注》，商务印书馆，2004 年，第 5—7 页。

④ 严遵著，王德有译注：《老子指归译注》，第 48 页。

⑤ 《道原》，陈鼓应注译：《黄帝四经今注今译——马王堆汉墓出土帛书》，第 402—405 页。

高无上之大道，其根本与最终的意义要通过万物之和的作用来实现。《周易参同契》曰："不寒不暑，进退合时；各得其和，俱吐证符。"[①]此处形论金丹，实谓阴阳互需、差异互适，寒暑有度、进退合时，才会达到和的境界，达到了和的境界，事物也就功成了。《周易参同契》续论刚柔相济、刑德交会，曰："刚柔迭兴，更历分部。龙西虎东，建纬卯酉。刑德并会，相见欢喜。"[②]也是说万物之刚柔秉性不同，只有差异互适，才能达到相见的欢喜；有了相见欢喜之和，才能走向阴阳协调、与天道相符。

要强调的是，合者异和蕴含的异和原则是一种"以异适合"的机理要求，即差异共和不是简单的差异共处状态，而是体现了万物差异存在的互构机理和价值要求。合的汉字甲骨文为𠈌，表器物上下扣合之状，上为器物之盖，下为器物之体，上下相扣为合，喻指两部分的结合始成事物的完整一体。由此也可看出和与合之不同：和为不同事物并处，合为一体事物的对反合成——此处所谓一体事物之一体性是指事物结构的逻辑属性、差异对成的统一性，而非事物的物理属性，正如《庄子》论天与地对世界万物的合成意义，揭示合为天地成体之根本："天地者，万物之父母也，合则成体，散则成始。"[③]

合者异和揭示了世界万物在生存演进中与异他之间存有的根本逻辑，以及世界万物对待异者所应持有的发展态度。世界万物以差异方式存在，同时万物的差异性又以统一性为生成前提，因此万物生成及其属性本质上都是相对的生成、相对的属性，其生存与生命

---

① 《金化为水章第七十五》，刘国樑注译，黄沛荣校阅：《新译周易参同契》，第143页。

② 《刚柔迭兴章第七十七》，刘国樑注译，黄沛荣校阅：《新译周易参同契》，第147页。

③ 《庄子·达生》，方勇译注：《庄子》，第295页。

本质皆须依据对反相异的他者方可成立。换句话讲，异者（他者）是自者的一部分，是自者的存在条件、生存基础，亦如存在论界本律与结构论对成律所揭示，万物存在的对成本质决定了万物生存根本上须以差异之合来实现。但这种差异之合既非差异的静态和处、隔绝和处，也非差异的一团和气、无缝结合，而是以异适合、以异成合，以及万物之间互界共生、本化相转的辩证存在。《两界书》以水、土、火、金、木之互界互生的关系，揭示万物本化相转、恒异互变的存在关系：

> 水以土界，土以火生。火以水界，水以金生。金以火界，火以木生。木以金界，金以土生。春夏秋冬，四季五行。万物有对，相辅相成。生中有克，克中有生。本化相转，恒异互变。本中有化，化中有本。恒中有异，异中有恒。
>
> （教11：4）

这里以五行的界生关系，揭示万物有对、对反而成、本化相转、恒异互变的世界存在和万物动变，这个万物动变本质上是一个化优去劣的运动过程和价值要求，是通过对反差异的适合、成合而达到新的优化选择。这种优化选择也是在建立一个新的界生相对、差异对成的结构，是一个不断通向更高层级的差异对反、恒异互变的目的化过程，故此，合者异和的原则揭示的也正是这样一种走向目的的逻辑过程。

不仅如此，合者异和还蕴含了从异和到异合的逻辑共制，它通过否定–肯定–否定–肯定的循环，呈现了一个寻找新的合适之界的螺旋求正过程，呈现了世界万物在界分有恒的世界格式下走向目的的必然路径。《道德经》所谓"知其白，守其黑，为天下式"（第28章），也可以说是从根本上揭示了差异共存是世界的普遍原则。按界本宇宙论之元根律，世界万物本原上是整体统一的，但世界最初的整一是一种含混的整一，是界把宇宙启始时的混沌统一给破坏了——这个破坏是创造世界的伟大破坏，它不仅使世界得以创立、万物得以生成，也从基质基原上决定了世界的差异化本质，决定了世界万物以界分有恒、差异互适、和者共存的方式来修复、协调世界的统一性，这种修复和协调其实也是对世界本原的回归——一种有裂缝的回归，同时也是通往终极目的地的超越性回归。在这一超越性回归中，合者异和、差异共和的逻辑规制既促成了差异的固存与变迁，也实现了差异共同体的携手联合。

当然，差异共和原则作为对目的系统的秩序规制，是在规制与自由、联合与分化、统一与选择的角力下进行的，而不是固化的机械模式；不同目的系统、目的秩序的异和度越高，其能量、价值、敏感度就越大，但稳定性也越易受到破坏。目的论的时钟不停地在走，但"所有的时钟都是云"①。波普尔的这个形象的说法也表明世界的目的共同体是在清晰与含混的钟摆螺旋中向前发展的。

第五节　正者适中

正者适中是指目的秩序以中和正度与差异进阶为特征的生成机理（generative mechanism），目的系统以差异配置的适度调适保持

---

① Paul Weingartner, *Nature's Teleological Order and God's Providence: Are They Compatibel with Chance, Free Will, and Evil?*, p. 49.

目的世界的中和正度，以差异系统的持续进阶实现目的世界的世代更新。

任一目的系统都不是封闭静止的系统，也不是完全机械的系统，而是一个在关联动变中生成发展的系统，在这个意义上，界本目的论也可以说是一种因果过程论。目的世界及其秩序的生成机理体现出的基本原则是适中原则，适中原则包括了生成机理的基本构制、目标要求和实现路径，其中生成性是目的秩序生成机理的构制特征，中和正度是目的秩序生成机理的目标要求，世代性的差异进阶是目的秩序生成机理的实现路径。

1. 生成性与中和正度

生成性（generativeness）是目的秩序生成机理的根本特性，也是目的秩序生成机理的基本构制。目的系统既是因果过程的实践者，也是因果过程的生成者；目的秩序的生成性决定了目的系统是一种因果性的生命系统，目的世界是一个持续发展的因果生机世界。

目的秩序的生成性表明，目的存在首先是一种自主的存在，有其独立的自在性和自发性，这从根本上决定了世界的目的系统是活的系统；但它不是孤立地自在自发，而是活在种种因果关联的基础上，或者说是通过因果关联实现其自主性，通过因果互构得以自在和自发。通常情形下，目的系统的自主发展一方面通向主体的既定目标，另一方面在前行中不时受到关联因素的影响而适度调整——这种调整一般不影响目的系统的有效承续，但在特定情形下，关联因素的影响及目的系统的自身变异都有可能改变原有的目标计划和目的程序，从而导致实质性的突变。但无论是目的系统的承续发展还是程序突变，都是目的秩序生成机理的内在逻辑，也是经由差异进阶趋向中和正度的必然路径。从目的秩序的演发底层可以看出，生成性作为目的秩序生成机理的基本构制，生成的本质是差异生成，是对始基差异的重复、调整、改变和再造，原初性差异经由目的秩序的生成作用而演化为新的生成性差异。生成性差异既是相对的旧结果又是开启了新原因，既是因果过程又是目的机制，通过不断自主自发地差异生成获得差异的进阶发展，在差异进阶中实现目的系统的世代延续。

目的秩序的生成机理要求以中和正度为整体目标，有了这样的目标要求才能保障差异进阶的有效性和持续性。《中庸》有论"致中和"："喜怒哀乐之未发，谓之中；发而皆中节，谓之和。中也者，天下之大本也；和也者，天下之达道也。致中和，天地位焉，万物育焉。"在儒家思想倡导的道德观念中，中庸是极为重要的行为准则和价值指向："君子中庸，小人反中庸。"① 然中和、中庸的思想并不止于人事伦理，还存有形上准则意义："中"为天下之根本和原则，"和"为天下之目标、方向，《尚书》所谓"各设中于乃心""民协于中"之说②，其"中"皆有正道的原则意义。

与"中和"相类通，中国哲学特别强调"中正""正度""正""中道""中德"等思想。《尚书·吕刑》有谓："明启刑书胥占，咸庶中正。"③《易·离》亦称："日月丽乎天，百谷草木丽乎土，重明亦丽乎正，乃化成天下。柔丽乎中正，故亨，……黄离元吉，得中道也。"④《黄帝四经·经法》对此也有深入阐述："正者，事之根也。执

---

① 《中庸》，陈晓芬、徐儒宗译注：《论语 大学 中庸》，第 289、291 页。

② 《尚书·盘庚》，《尚书·大禹谟》，王世舜、王翠叶译注：《尚书》，第 117、358 页。

③ 王世舜、王翠叶译注：《尚书》，第 330 页。

④ 陈鼓应、赵建伟注译：《周易今注今译》，第 280—281 页。

道循理，必从本始，顺为经纪。"①《经法·论》多有讨论"八正"问题，称曰："天执一，明[三，定]二，建八正，行七法，然后[施于四极，而四极]之中无不[听命]矣。……天明三以定二，则壹晦壹明，[壹阴壹阳，壹短壹长]。天定二以建八正，则四时有度，动静有立（位），而外内有处。"②此处八正之"正"，有理解为政治之"政"，此说未尝不可，因前后多有治国理政之述，但亦不宜局限于具体政事，而更可视"正"为一个自然的形上范畴，因此处所述天执一、明三定二、壹晦壹明、壹阴壹阳、施于四极，尤其是"天定二以建八正，则四时有度，动静有立，而外内有处"，明显蕴含了中国哲学对世界的基本观念，这种观念是以阴阳界分（定二）为基础所建立的天人贯通（建八正）的观念，这在《淮南子》等古籍中多有类似表现："凡八纮之气，是出寒暑，以合八正，必以风雨。"③此处"八气""八风"之正，也是以自然之象喻说了"正"的法度准则。至于《十大经·五正》黄帝问政于庵冉："吾欲布施五正，焉止焉始？对曰：始在于身，中有正度，后及外人。"④所谓"正度"的思想，提出了理政的至高准则，这在《经法·君正》中直接表述为"法度者，正之至也"⑤。《尚书·盘庚》中也有完全类同的"正法度"思想。

中国古代哲学强调"贵正"而不"过正"："凡论必以阴阳明大

① 《经法·四度》，陈鼓应注译：《黄帝四经今注今译——马王堆汉墓出土帛书》，第 107 页。

② 《经法·论》，陈鼓应注译：《黄帝四经今注今译——马王堆汉墓出土帛书》，第 126—127 页。

③ 《淮南子·地形训》，陈广忠译注：《淮南子》，第 206 页。

④ 陈鼓应注译：《黄帝四经今注今译——马王堆汉墓出土帛书》，第 233 页。

⑤ 陈鼓应注译：《黄帝四经今注今译——马王堆汉墓出土帛书》，第 71 页。

义，……诸阳者法天，天贵正；过正曰诡。"① 其辩证思想显而易见。《易·乾》称："九二曰：见龙在田，利见大人，何谓也？子曰：龙德而正中者也。"② 龙德的要义是正中，贵正而不过正、不偏正；《坛经》"究竟二法尽除"，分诸法为二种，如色与心、染与净、有为与无为等，在"两边"之间求正；论"三十六对法"有所谓"无情五对""法相语言十二对""自性起用十九对"，提出"此三十六对法，若解用，即道贯一切经法，出入即离两边"，是谓若能理解运用三十六对法，既可贯通一切佛法经典，处理万事万物就可以不执两边、脱离极端，这就是佛教的根本立场——道贯一切的"中道"，即"二道相因，生中道义"③。这里从道的根本来喻说和规制两边、两极的平衡合处，表达了对以异适合、合而为正的价值要求。

可以看得很清楚，中和、中道、中正、正、正度、贵正、不过正的思想，无不基于阴阳对反的差异对构上，以阴阳对反为万物基本，以差异对构的适中正度为准则，表达对世事万物协和进阶的要求。目的系统的差异运动——尤其是人事系统的目的行为及其准则规范，是中国文化关注的重点和焦点，从治国理政、人际人伦到个人修养，尤其是儒家思想作了极为深入、丰富的阐发，孔子、孟子中庸说、荀子中道观都是为人所熟知的。建安七子之一徐幹（171—218 年）所著《中论》是继《中庸》之后又一专门论"中"之作，全书以礼、德、智、艺、君臣等儒家思想范畴为基点，详论"中"的辩证原则："君子之辩也，欲以明大道之中也。"④ 不仅显示了

① 《称》，陈鼓应注译：《黄帝四经今注今译——马王堆汉墓出土帛书》，第394页。
② 陈鼓应、赵建伟注译：《周易今注今译》，第13页。
③ 尚荣译注：《坛经》，第173—176页。
④ 徐幹：《中论·核辩第八》，唐宇辰、徐湘霖译注：《申鉴 中论》，中华书局，2020年，第252页。

"中"的方法论功用，更呈显了"中"的世界观、认识论价值。中国哲学所论中和、中道、中正、中、正、正度的思想，是对差异化的目的世界及其复杂系统（尤其是人事目的系统）制定了基本的秩序原则和目标准则，中和正度的根本要求既针对自然也针对人事，既针对具体也针对整体，为差异化的目的世界获得整体平衡和持续的生成发展提供保障。

中和正度作为目的秩序生成机理的整体要求，本质上是协调目的世界的规制性与随机性，协调机械化强制与自由选择之间的适度关联，特别是对秩序与偶然、服从与反叛、强制与自由之间的权益划分作出调节，在差异的平衡与失衡、失序与有序的摆动中获得发展。与中国哲学感悟性、整体性的思想方法不同，西方哲学尤其是伴随着自然科学发展，近现代以来更加强调以数理逻辑来认知目的论的因果原则，在对因果关联及其差异配置的协调中，统计学与概率论对目的秩序的适中原则作出了逻辑性阐发，也是揭示了中和正度原则对目的世界保持有效生成、持续进阶的价值意义。

人们注意到，不同领域的目的秩序往往遵循不同的因果规律，或以某种因果法则为主导，比如物理、化学的领域一般都会遵循统计规律（statistical laws），"通过这些规律可以预测各自的宏观状态，例如热力学和衰变现象"。但即使如此，在这些过程的局部区域或微观状态下，依然存有一定的自由度，这种自由度提供了违背统计规律的偶然性和随机性，"物理和化学中有几个领域表明，非生物中存在偶然性和随机性"[1]。非生物领域况且如此，在活灵的生物界、复杂的社会系统，偶然性、随机性的强度就更加可想而知了。但在通

---

[1] Paul Weingartner, *Nature's Teleological Order and God's Providence: Are They Compatible with Chance, Free Will, and Evil?*, p. 47.

常情况下，局部和微观的自由度受制于整体系统的集合约束，概率论不仅揭示了偶然性和随机性的可能区间，更揭示了目的系统的差异纷争及因果关联的整体趋向是保持基本平衡，也就是在偶然性、随机性与整体性、概率论之间保持相对稳定，形成整体的动态对称。历史上无论是黄金分割率学说还是中心极限理论（central limit theorem）、正态分布学说，都试图从不同角度揭示差异比率的适中原则，差异的动态对称引导差异化的目的系统保持整体有序，尤其在复杂和充满竞争的目的世界中，差异目的力、竞争力的基本平衡是目的世界得以整体存续和生命成长的坚固基石，这也是从差异共和走向差异共治的民主要求和发展必然。

中和正度是对目的系统的势力、利益的调适，通过对不同目的力及其势力范围的调适，一方面避免出现单一独大的偏斜坍塌，一方面实施不同目的力的结构重组，在不断重组中实现目的系统的进阶。这里揭示了目的秩序的一个根本特征，即目的秩序是一种调节目的论（regulative teleology），而不是要构成终局性，[1] 也就如前述所说，目的论本质上是动变的因果过程论，任一目的系统都是活的因果关联，目的世界作为一个因果交互的生机世界，无时无刻不受到任一因果要素的关联影响，任一因果动变都是整体关联的动变，目的秩序的中和原则既要适度满足不同目的系统的个别诉求，又必须以整体利益为重，保证目的系统的差异纠纷能够处于中和正度的良序状态。亚里士多德曾将其生物目的论分成形式的（formal）和功能的（functional）两类，形式目的论把 telos（目的，终极目标）视为生物发展的固有属性，功能目的论则把 telos 视为是位置与功能

---

① Andrea Gambarotto, *Vital Forces, Teleology and Organization: Philosophy of Nature and the Rise of Biology in Germany*, p. Vi.

间的关系，这种关系是为了整个有机体各部分的共同利益。① 亚里士多德是从功能论的角度揭示目的（telos）内含的整体利益原则，这一原则显示在通往终极目标的道路上必须兼顾各方，这与他对城邦政治必须以城邦共同体全体成员福祉为目的的政治理想是完全一致的，也可以说是对中和正度的目的秩序的一种经典表述。

在高度组织化的人类社会中，不同的社会成员在一个整体功能系统（holistic functional systems）中扮演不同角色，"规范"（normativity）的合法性和对人类实践的工具意义都是不言而喻的，尽管人类实践的工具箱多种多样，但"人类的工具类型必然是由目的论功能定义的，目的论功能的规范性是工具类型规范性的基础"②。在这里，无论是自然还是人类社会，"规范"确切地表述了秩序的本义。

2. 动态对称与偶然性、随机性

当然，目的秩序的生成机理关于中和正度的原则要求，本身就是一种兼顾了整体与个别、规制性与随机性、机械强制与自由选择的价值目标和运行机制。但中和正度不是四平八稳，也非永恒、持久的平衡，而是要求一种持续的动态对称（dynamic symmetry），在这种动态对称的运行机制中，偶然性、随机性的作用不仅不可或缺，而且在目的秩序的生成机理中具有特别的促生意义。偶然性是一种特定的因果实现，体现的是或然性因果关联，而不是因果必然。这种偶然性因

---

① 见 David L. Hull & Michael Ruse. ed., *The Cambridge Companion to the Philosophy of Biology*, pp. 174–176.

② Mark Okrent, *Nature and Normativity: Biology, Teleology, and Meaning*, Routledge, Taylor & Francis Group, 2018, p. 132.

果（occasional causation）和因果不对称（causal asymmetry）现象在目的秩序的生成机理中，实际上反映了统一规制下的自由选择力量，自由选择超出了旧体制、破坏了旧平衡，但也催生了新事物、走向新秩序，成为目的系统动态对称的构制要件和驱动力量。

偶然性和随机性充斥于世界各个角落、各个层面和各个环节，不仅存在于生物系统，也存在于非生物系统，即使在同一个物理或化学系统中，秩序和偶然也可以相互并存，两者并不矛盾，甚至在算术和几何系统里，也存有不能规避的算术随机性（arithmetically random）和算法随机性（algorithmically random）。[①]这里要强调的是，人们通常只是惯于将秩序和偶然作为一种对反，这是一种比较狭隘的论域设定，在界本目的论的秩序原理中，偶然性和随机性不仅是因果关联及其秩序原则的构制要件，而且往往以关键少数的角色出现，以对新颖性的自由选择发挥重要的创造作用，特别在高度数据化、图灵化的世界，偶然与自由选择的创造价值有时更加宝贵。当然，还有一种偏激的观点认为，事物的发展不是基于秩序，而是基于偶然和盲目的自由："偶然本身就是生物圈中所有创新和创造的源泉。纯粹的偶然，绝对自由，但却是盲目的，是巨大进化大厦的根本所在。"[②]这显然又走到了反秩序决定论的另一极端。

偶然与秩序、随机与规制在目的秩序的生成机理中是对反对成的互构关系，两者扮演不同的角色、具有不同的功能作用，对于保持目的秩序的动态对称都是不可缺少的。偶然性和随机性对于秩序

[①]　Paul Weingartner, *Nature's Teleological Order and God's Providence: Are They Compatible with Chance, Free Will, and Evil?*, p. 51.

[②]　Paul Weingartner, *Nature's Teleological Order and God's Providence: Are They Compatible with Chance, Free Will, and Evil?*, p. 1.

和规制而言，既是破坏、挑战，也是表达了自由、创造的要求。大部分的目的存在只是规制下的温顺绵羊，目的世界的"政府"也以各种方式强化它的统治，并力图保持稳定，但总有少数的叛逆分子不会放弃选择的自由和对放任的渴望，哪怕付出沉重代价。当然，秩序和偶然的类型不同、弱强不同，其在实际运行中的功能作用和表现也不同。如果从功用或伦理的价值来判断，有些偶然可能是坏的、恶的，有些偶然可能是好的、善的；设若从界本目的论的秩序机理来看待，偶然与秩序相对相成、正反互动，构制了目的秩序的生成动能和生成机制。偶然性对秩序的反作用或表现为对既有发展进程的阻滞、破坏、延搁，或表现为对进程的提速、节省、简化，它加速了成住坏空、生老病死的进程，以致直奔目的地，快速地实现因果关联的目标设定。实际上，偶然的动能和作用不仅在于对既有进程的阻滞或提速，更在于改变原有进程的逻辑秩序，也就是出现突变和异变。突变和异变导致了新的生成，也就是改变了原有的基因结构，生成出新物种、新属性；有时不是生新，而是逆向性地"返祖"，逆转了进化方向——这本质上也是一种偶然的突变，同时也反映了这样一个事实：在以因果关联为基础的目的过程中，偶然的作用可以是双向互转的。

但即便是偶然性对既有的秩序进程产生了阻碍、逆反、变异，或实施了重大创新、创造，在目的秩序的生成机理中，中和正度的整体原则不仅有效，而且从中得到了动态对称的内生活力，因为偶然性与随机性在目的秩序的生成运行中，其一定的自由度和选择权整体上依然受到目的世界的庞大系统和整体秩序的有力规制，使之在目的秩序的生成机理中发挥特定的作用。通常情况下，偶然性和随机性在目的秩序的生成机理中，在中和正度的整体原则下，通过对既有逻辑秩序的某种改变而对目的秩序的世代性发展发挥作用。

偶然性和随机性本质上也是一种综合性，是差异化的目的系统叠加交互、综合作用的结果，是各方的目的力在持续的平衡运动或明争暗斗的纠缠博弈下，突现的非秩序化结果，或者是一种相互妥协的顺其自然——无论哪种情形，偶然性和随机性都不是无理和无因果的，而是揭示了一种深刻的底层因果。偶然性和随机性吸纳并承载了不同目的系统的交互作用，在通常的运行秩序下显得另类和异类，但可能更具本质性，更能代表目的秩序的运行方向。在这个意义上，《两界书》之异先坚称"异以恒表，恒以异宗"（问 3：6）。偶然性和随机性对目的秩序生成机理的重要意义也就隐含在这里。

从界本目的论的基本原理看，偶然性与随机性在秩序化的目的运行中虽以少数派和另类的角色出现，却是以特定的方式揭示了不同目的系统间的因果关联，它承接原因，又引发结果；同时它又角色反转，既是结果又是原因，结果成为新的原因，并引发出新的结果。

界本目的论显示，因果关联是双向互通、互为的关联，比如生与死，其因果关联在存在论的意义上具有明显的互通互为性，这类同于阴阳互为因果——阴是阳的因也是阳的果，阳是阴的果也是阴的因，无阴就无阳，无阳就无阴。在这个意义上似乎就更容易理解所谓"恶的相对性"（relativity of evil）、"形而上的恶"（metaphysical evil）、"必要的邪恶"（necessary evil），这样的恶有时被认为是实现更高的善所必需的，它主要是要表明"天意与必要的邪恶和道德的邪恶是相容的"①。因果关联有时呈现为某种定向性，比如生病与治病，因为有了生病的原因才有了治病的结果，这是由于运动的方向

---

① Paul Weingartner, *Nature's Teleological Order and God's Providence: Are They Compatible with Chance, Free Will, and Evil?*, pp. 239–266.

性所致，且是一种阶段性的因果过程；但从界本目的论的整体原则看，目的世界的复杂系统实际上是被统纳在一个共向互为的因果世界中，共同运作于差异界分的对反对成组织原则和功能系统中。通常人们认为公鸡打鸣是因为天亮，而天亮并非因为公鸡打鸣，因果关联似乎是明晰的；其实，鸡鸣与天亮、天亮与鸡鸣只是因果的现象表征，它们都共同受制于底层时间秩序的管理，响应了时间节律的背后原因，反映了世界运转的根本因果，鸡鸣与天亮的因果只是表象的单层因果。

显然，在目的秩序的生成原理中，偶然与秩序、随机与规制的对反对成本质上就是一种因果的目的性关联，彼此互构了目的秩序的底层逻辑。同时，偶然性、随机性又是目的秩序自主性、能动性的一种体现，它们的共同作用也使得目的秩序在中和正度的原则下，以世代调节的方式实现目的世界的差异进阶。

3. 世代的调节：传递与创生

世代（generation）是目的秩序对因果关联和因果发展的分层调节机制，既是万物存在及其目的运动的单元结构，也是存在与目的运动的方式，目的秩序的生成机理以世代为单元对目的运动进行系列性联结，构制了大千世界及其目的系统节奏性的发展、创造和生灭。

人类以典型的世代方式繁衍，《两界书》卷二"造人"、卷三"生死"、卷十一"命数"等篇对此有多重性的深入论述，这种世代性不仅存续于个体的有机生命体，也存续于人类族群、人类整体，乃至人类的精神进化、文明演化。《两界书》表述最初从万物中类分出特殊的物种——人类，男人、女人交合造出男婴、女婴，并以对命数的界限为工具，构制了人类繁衍嗣后的世代模式：

　　　　天帝决意为人定命数，使人有生而不得永生，有死不致即
　　死。人以繁衍而嗣后，致生有所延，代有所续，道有所传。故
　　此以后，人皆有命，命皆有数，命数不一，各自修为。……
　　　　天帝亦为良妇未生后代定命数，命数之限二百年，常人无
　　以达致。凡常之人命数之限一百六十岁，而因劳苦争斗，实以
　　三十岁至八十岁为多。

（生3：1）

　　人的个体生命具有命数限制，因而人类只能靠世代繁衍实现延
续，所谓"芸芸众生，代有更迭，如草似木，枯而再生"（命1：1）。
世代是生命存续的单元结构，个体的生老病死是一个生命周期，不
同的只是周期的长短差异，但不可能实现永生。这不仅是碳基生命
的世代规制，即使有所谓硅基生命（silicon-based life），只要是以
元素、结构和差异为基础建立起来的生命形式，世代性都是存在和
运动的本质规定。

　　深入地看，更可以将世代性理解为存在与动变的普遍属性，有
机生物自不待言，无机物同样如此，只不过世代周期的呈现形式有
所不同。同时，世代性特征还完全适用于对族群、社会、技术、文
明进化乃至宇宙发生的分序描述，《两界书》将人类的整体历程划分
为初人、中人、终人三个大世代（造1—6），中人又有初阶本人和
高阶义人之分（问4：8）；而卷七"承续"、卷八"盟约"、卷九
"工事"、卷十"教化"等篇，前承分族、立教、争战的文明叙事，
寓言式地揭示了婚嫁习俗、习规变化、工事演进、人性教化、精神
探索等方面的历程，其间不乏世代式的阶段特征，其功用和效能也
都体现出普遍的世代任期制。

不同的存在及目的系统有不同的世代特征，包括世代的层级、类型、大小、结构、方式、跨度、联结等，但有相同、相似的功能意义。

首先是世代的传递功能，世代是目的系统的实现过程，既是相对分立的过程子系统，也是无数子系统组成的过程整体，因而从过程论的阶段程序看，可以将世代视之为一个由前世代、现世代和后世代关联构制的世代链。一般而言，在目的系统的整体过程中，现世代承袭了前世代的基本要素——包括基本的结构、属性、功能等，并作为中介和过渡将这些基本要素传递给后世代。传递保持了目的系统的基本属性和方向，但并非复制前时代的全部信息，也不是重复前时代的全部运动，而是作为目的世代链的功能环节，成为一种在传递中创新、在创新中传递的演化机制，这种演化机制也构制了世代的另一重要功能——演化创生功能。

世代的演化机制建基于世代本身是一个开放的自组织系统，这个自组织系统既有自身成长的阶段性——一种内世代特征，又在自身成长中不断吸纳新的因果要素——包括外在环境要素、内在需求要素，从而累积成世代演化的新动能。世代的演化创生在传递前世代的部分信息时，结合成长中的最新势态、最新需求，会对各类原因要素加以集合性的筛选整理和排列重组，从而导致世代系统的功能、形态、结构、层序的复杂性不断增加。伴随着世代层序的递增，因果运行的关联程序也得到新的调整，也就是说，在现世代对前世代的传承、对后世代的中介过渡中，生成出新的目的论系统，新质性的目的系统对前世代的要素、比例、结构、形式、效能、属性、秩序方向等都可能进行重新定位甚至是重大改变。但从世代演化的大历史和宏观图景来看，世代性的演化创生主要还是在重复与突变之间保持着动态的平衡，在动态平衡中获取前行的势能，就像人的双脚走路——路要一步步地走，且要双脚交替着行走。

通常情形下，世代的演化创生体现出对世代因果系统的整体协进，因为世代是活的世代，是关联周遭所有因果的世代，也是全部因果相互关联的世代。在世代的演化成长中，关联的因果系统形成了一种因果折叠（causal folding），也就是形成了多种因果关系的叠加互为，就像一个儿童的成长，他的遗传基因、营养供给、生存环境、性格心理、家庭教养、教育背景、社会人文、生活经历、欲望理想等，任何相关要素都会共同作用、相互作用。

当然，在世代的世袭传递、演化创生和整体协进中，偶发的、超常的世代现象——诸如断代、退化、返祖、异化、突变等，都是世代成长中的可能选项，其原因复杂多样，既有因果折叠的综合作用，也有因果效能的滞后反应、代偿效应。《两界书》所谓异先之"异者为本"，与其说是讲不可知论，不如说是讲由于因果折叠而导致的异化突变；而末日审判、现世救赎等理论学说，也都是以世代为逻辑基底进行的意识形态演绎和价值演说。

世代性作为目的秩序的过程特征，会以世代跨度（the span of generations）的形式表现出世代演进的层阶和节奏。世代跨度描述了现世代与前世代、后世代之间的生成关联，关联的强度有大有小，大到质变性的创造、革命，小到量值上的重复、循环，一般而言世代的生长不会滞留于上述两个极端，而是依据不同的世代类型、因果关联、生成条件，呈现出世代成长的递进节律。世代跨度的关联方式有不同单元结构的区分，小到朝生暮死的蜉蝣，大到地球纪、宇宙纪的宏大纪元。与世代跨度密切相关，世代链既是世代的内在秩序链接，也是世代的递进阶梯，一切都是按照特定的世代节奏和韵律发展演化的。

　　万物演化的世代性本质上反映了世界在动变发展中对差异协和、动态平衡的秩序规制，反映了目的秩序以中和正度为原则，以差异进阶为方式的生成机理，它保障了差异的目的世界在激烈的竞争中能够保持整体的节制和节律，也使得世界的差异目的共同体在合正原则的整体规制下，依天地大道而运行。

第六节　合正复归其根

　　合正复归其根，是谓经由合者异和、差异共和的逻辑规制，在正者适中、差异进阶的生成机理作用下，目的秩序呈现了以差异融消、循环往复为特征的终极方向和终极目标；该终极方向和目标与混沌界分的宇宙元根相对应，互构了一种对反对成的基原性、循环性因果关联。因而，目的秩序之合正复归其根既是目的运行的终极指向，又是目的运行的循环终点和新的起点，它不仅呈现了目的秩序的整体过程、完整逻辑，也将差异共和、差异进阶的目的演化推向差异融消、合正归一的终极巅峰。

1. 合正与归根

　　合正的意涵建基于差异共和与差异进阶上，并以差异的融通实现差异界分的高阶统一。世界万物自界分而创生，因差异共和、差异进阶而实现秩序化、生机化的演化发展，沿着世界创生的界本原因及其逻辑的目的导向，走向世代性的终极目标——高阶的差异融通与整合统一，是为合正之要义。如前所述，合者异和、正者适中，而"正"不仅是适中的原则要求，也是过程的运动指向，嵌含了目的秩序的因果关联。汉字"正"甲骨文为𤽒，从口从止，上部为口，意为城池；下部为止，意为脚趾脚型，表示走的动作，"正"字含有走向目标之义，不偏不斜地走，朝着目标、抱有目的地走。《说文解字》曰："正，是也。从止，一以止。""是"与非对，表明了正确的方向；"一以止"者，徐锴有曰"守一以止也"，亦表明守正不偏的目标意涵。

《黄帝四经·道原》曰："得道之本，握少以知多；得事之要，操正以政（正）畸（奇）。……抱道执度，天下可一也。"这里把合正的内涵提升到形上意义层面，论述了正与道本、天下可一的关系，是说把握了道的精髓和事物的关键，就可以以少悟多，恰当地处置多与少的差异，就可以秉持正道而匡正邪道，从而达到天下和谐一统。[①] 正者合道蕴含的意义在于："正者"为走向目的之路径、过程和逻辑规制，旨在使对反物在竞存纠缠中不致走入极端和毁灭，而是实现相互纠偏与自我纠偏，所谓"正者，事之根也"[②]；"合道"为统摄运动过程及其逻辑秩序的根本原则，旨在确立万物前行演进的法则与目标，缺少了"合道"的法则指引，万物就会失去前行的秩序和方向。《经法》有谓"天地之道也，人之理也"，"天道不远，人与处，出与反"。[③] 亦如《两界书》所言"世间万物，不出天地之间。万物相效，不出天道之行。天道人间，大道亘古不变。世不离

---

①　《道原》，陈鼓应注译：《黄帝四经今注今译——马王堆汉墓出土帛书》，第409页。

②　《经法》，陈鼓应注译：《黄帝四经今注今译——马王堆汉墓出土帛书》，第107页。

③　《经法》，陈鼓应注译：《黄帝四经今注今译——马王堆汉墓出土帛书》，第109、100页。

道，道不远人"（问5：8）。这里显然是表述万物合道的原则性和目的要求。正者合道揭示了万物走向目的时必定要恪守的内在原则，万物共处尤其是万物与异者、他者对反共处，不仅要以合者为正作为根本逻辑和发展态度，而且还要在其逻辑运行中，恪守内在的统一原则。这种原则不仅具有普遍性、恒定性、至上性，而且具有根基的必然性，这就是贯通世界万物的形上之道。

合正复归其根体现了万物运行的大历史、大秩序，往复循环是目的世界具有根本规制性的因果关联，复归元根的整合统一则是目的秩序的终极指向和价值目标。

《道德经》把道、大道作为万物的启始，称之为"有物混成，先天地生"的"天下母"（第25章）。许地山先生在《道教史》中认为，《道德经》只说明万物"生底现象，却没说明怎样生法。大概作者只认定有一个内在的道为宇宙本体，一切不能离开它，它是一切事物底理法和准则"①。实际上，《道德经》不仅对万物"生底现象"和"怎样生法"作了表述，还对宇宙万物的运行路线、去向作了揭示："夫物芸芸，各复归其根。归根曰静，是谓复命。"（第16章）《道德经》在这里用"观复"的认知提出了"复"和"复命"的概念，认为万物复归其根，是为复命，复命是宇宙万物的恒常规律。《道德经》的复命观——重育生命、周行不殆，明晰地表露了宇宙万物生息轮回、循环往复的思想，这一思想在中国古代哲学中有着极突出的表现。《易·象传》从乾坤交接的天地之际出发，提出了"无往不复"的思想，显然具有形上规则意义；老子的弟子文子曾提出"天道体圆"说："天圆而无端，故不得观其形，地方而无

---

① 许地山：《道教史》，商务印书馆，2017年，第19页。

涯，故莫能窥其门，天化遂无形状，地生长无计量。"①《庄子·至乐》中提出"万物皆出于几，皆入于几"，《庄子·寓言》提出"天均"思想，认为世界万物"以不同形相禅，始卒若环"；尹文子则提出"无穷极"说，认为"穷则徼终，徼终则反始。始终相袭，无穷极也"；②《吕氏春秋》称曰："天地车轮，终则复始，极则复反"；③《十大经·称》则提出"天有环形"、《十大经·姓争》提出"天稽环周"等论说。④上述诸说尽管语境语义有所差异，但共同特点是都表达了世界万物循环往复的思想，这是中国哲学以其特有的概念范畴对世界运行方向的特定认知，也是一种中国式的目的论。

不仅中国哲学，在古希腊、印度、埃及以及希伯来神学等思想领域，各种循环论思想均呈现了极为丰富复杂的概念范畴和形态形制，虽然价值指向、运思逻辑差异巨大，但在循环运动的终极方向上，不约而同地指向了"一"的秩序目标，指向形形色色的统一——差异融消的统一，返回原初存在（primary being）的同一。希腊人对宇宙进程的关注极为系统和深入，他们把世界的存在和生长看成像种子、卵子生长成植物、动物一样，有启始也有终结；他们还进一步从对元素的区分上升到"关于自然的主动和被动能力的区分：世界灵魂和世界身体的区分"，指出世界终结的可能原因——普遍的世界大火、洪水或者太阳，指出世界终局的永恒循环——在万物回归它原初统一和世界进程结束之后，一个完全对应于先前

---

① 文子著，李定生、徐慧君校释：《文子校释》，上海古籍出版社，2016年，第335页。

② 《尹文子·大道上》，黄克剑译注：《公孙龙子（外三种）》，第135页。

③ 许维遹撰，梁运华整理：《吕氏春秋集释》，第109页。

④ 《黄帝四经今注今译》，第362、267页。

世界的新世界立即产生。① 希腊早期的这一循环论思想显然是朴素的、自然的、机械的，在当时产生过不小影响，同时也受到了不少质疑。

事实上，在对世界循环归一的思想认知中，人事的伦理价值不仅深刻地嵌入其中，而且始终是世界循环论思想的演绎核心，也就是说，关于自然世界的所谓外在目的论与对人的价值目标并不断分，且重心往往指向人的内在目的。《道德经》在论及万物并作、各复归其根时，深入论说了复命与人的关联：

> 复命曰常，知常曰明，不知常，妄作，凶。知常容，容乃公，公乃王，王乃天，天乃道，道乃久。没身不殆。②

这里是说，只有认识了复命这一恒常的规律，人才能够真正开明，才会包容而公正，公正才能完全，完全才能自然，自然便是大道，大道才能恒久，人才能终身平安没有危殆。以《道德经》为代表，中国哲学强调把天道与人德相结合，因而在天道的循环往复中，人德也必须和必然随之陶冶进化——这是中国目的论哲学思想的核心价值所在。

2. 善与一的目的论统一

在以人为万物尺度的哲学认知中，希腊哲学家发现了具有普遍意义的真理——善，并将善视为人与世界的目的。在黑格尔看来，苏格拉底在他的意识中发展了一项积极的东西，"这个积极的东西不

---

① 参见爱德华·策勒：《古希腊哲学史》第五卷，第96—99页。
② 王弼注，楼宇烈校释：《老子道德经注校释》，第35—37页。

是别的，就是善，就善之通过认识由意识中产生而言——就是被意识到的善，美，所谓理念，永恒者，善，由思想规定的、自在自为的普遍；这种自由的思想就会产生出普遍，真理，而且也产生出作为目的的善。……在苏格拉底那里，我们也发现人是尺度，不过是作为思维的人；如果将这一点以客观的方式来表达，它就是真，就是善。……善的发现是文化上的一个阶段，善本身就是目的"[1]。到柏拉图那里，他主要通过其相型的理念论来阐发善的目的价值，并对"至善"提出了系统化的构成要素："首要构成要素是对于尺度之永恒本性（'尺度'理念）的分有。第二个要素是这个理念在现实中的成全，也就是和谐、美好和完满的事物的建立。第三个要素是理性和理解力。第四个要素是各门科学、技艺和各种正确意见。最后第五个要素是感官方面的各种纯粹和无痛苦的快乐。"[2]可以看出，柏拉图对善的思考不仅建基于理念之上，且已相当系统和缜密，兼顾到了理念含括下的各个方面。

亚里士多德较苏格拉底、柏拉图更进一步，他从事物四因说的逻辑框架讨论善，把善看作形式因、质料因、动力因之后的目的因："显然，我们应须求取原因的知识，因为我们只能在认明一事物的基本原因后才能说知道了这事物。原因则可分为四项而予列举。……其四相反于动变者，为目的与本善，因为这是一切创生与动变的终极〈极因〉。"[3]亚里士多德十分看重和推崇研究事物必至终极的学术，认为"这些学术必然优于那些次级学术；这终极目的，个别而论就是一事物的'本善'，一般而论就是全宇宙的'至善'。上述各项

①　黑格尔：《哲学史讲演录》第二卷，第 65 页。
②　爱德华·策勒：《古希腊哲学史》第三卷，第 325—326 页。
③　亚里士多德：《形而上学》，第 7—8 页。

均当归于同一学术；这必是一门研究原理与原因的学术；所谓'善'亦即'终极'，本为诸因之一"①。显然，亚里士多德是从他哲学的整体逻辑体系中认知善的终极目的意义，把善的伦理意义应用到对事物终极目的的意义的认识中，善既是一般事物（包括人事）的目的指向（本善），也是宇宙整体的终极目的（至善），因而善不仅是亚里士多德形而上学、宇宙论的论题，善的普遍性、统纳性更是《尼各马科伦理学》《大伦理学》《优台谟伦理学》《论善与恶》等伦理学的核心论题。在亚里士多德看来，善"既可用来述说是什么，如神和理智；也可用来述说性质，如何种德性；也可用来述说数量，如适度；也可以述说关系，如有用；也可以述说时间，如良机；也可以述说地点，如良居；诸如此类"②。

善具有至上性和贯通自然与人事的普遍性，无论在苏格拉底、柏拉图还是在亚里士多德那里，善不仅具有伦理意义，且被赋予了本体性的存在论意义。善的终极目的性建立于此，而善与一的统一不仅为善的目的论奠定了逻辑基础，也为善的目的论指出了实现路径和秩序方式。

西塞罗认为，以苏格拉底的学生欧几里得等为代表的麦加拉学派"主张最高的善是'一'，是连续一致，总是同一的"③。毕达哥拉斯、巴门尼德、亚里士多德等对"一"的命意作过不同的论述，新柏拉图主义的代表人物柏罗丁（Plotinos，亦译普罗提诺，约205—270）在对善与一的目的论统一上作了典型、深入的建构。柏罗丁生

---

① 亚里士多德：《形而上学》，第5页。

② 亚里士多德：《尼各马科伦理学》，苗力田主编：《亚里士多德全集》第八卷，第9页。

③ 西塞罗：《学园问题》，转引自汪子嵩等：《希腊哲学史》（修订本）第二卷，第464页。

于埃及，主要活动于罗马，在罗马"被各个阶层尊为公众的教师"[①]。柏罗丁也像他的希腊先辈们一样把善置于最高的位置："善是一切存在所依靠的，是自身满足的，是一切的尺度、原则与限度，是给予灵魂和生命的东西，不但是美的，而是超乎一切最好的东西之上的，在思想中统治着、支配着。"[②]同时，他又强调"统一"对于万物存在的本质意义："一切存在者，包括那些原初的存在者，以及那些在任何意义上都可以说属于存在者的事物，正是通过这太一才是存在者。"[③]而善与统一在他的上帝观及太一说的融汇下又得到了高度统一：

> 绝对的统一支持着事物，使事物不彼此分离；它是统一万物的坚固纽带，它渗透一切有分离成对立物的危险的事物，把它们结合起来，化为一体；我们把这个绝对的统一称为太一，称之为善。它不是某个东西，不是任何一个东西，而是超乎一切的。这一切范畴都完全被否定了；它没有体积，它也不是无限的。它是宇宙万物的中心点，它是道德的永恒泉源，它是神圣的爱的根源——一切都围绕着它转动，一切都以它为目的。[④]

柏罗丁把善与统一、太一、上帝相融通，把善的目的意义提升到统一、太一、上帝的终极意义上来，并以"太一流溢说"推演了世界循环的目的秩序，黑格尔就此论说道："柏罗丁也引用流溢作比

---

① 黑格尔：《哲学史讲演录》第三卷，第 195 页。
② 黑格尔：《哲学史讲演录》第三卷，第 217 页。
③ 普罗提诺：《九章集》，石敏敏译，中国社会科学出版社，2009 年，第 922 页。
④ 黑格尔：《哲学史讲演录》第三卷，第 206 页。

喻，但是太一在流溢时，仍旧永远是太一。'因为太一自身是圆满的，是没有缺点的；因此它向外流溢；这种流溢出来的流，就是产出物。然而产出物又回到自身'，永远要'回到太一'，回到善。"[①]柏罗丁所表露的太一循环论既说明了太一的圆满，也表明了善的圆满。当然，作为古希腊哲学伟人传统的最后代表，柏罗丁关于善、统一、太一的目的论运思并不缺乏应有的逻辑推演，而是呈现了一种集合性的循环目的论：既有善的人事伦理因素，又有太一的神圣因素，而善与太一作为绝对的统一，是超乎一切的存在，既是道德的永恒源泉，也是神圣爱的根源，而作为宇宙万物的中心，它的存在论原理在于它统纳了一切有分离对立危险的事物，使之不彼此分离——在这里，善与一、太一不仅实现了人事价值与神圣价值的贯通统一，也呈现了存在论、结构论、过程论、价值论和目的论的联通统一。把善作为世界万物的目的归宿，无论是苏格拉底对善的积极发现、亚里士多德关于善的极因论，还是柏罗丁把善与太一等同的流溢、循环思想，都显示了一个共同的运思特点：立足于人的基点，把善既作为人事目的也作为世界目的，甚至将其归为宇宙的至善本性。

中国哲学对人事道德与世界构制及其形上法则的统一问题亦有类似的论述，但所用话语范畴是典型的中国式的。《周易》有一为人熟知的名言，人们通常注意了前句而忽略了后句：

> 一阴一阳之谓道。继之者善也，成之者性也。[②]

----

① 黑格尔：《哲学史讲演录》第三卷，第 209 页。
② 《系辞上》，陈鼓应、赵建伟注译：《周易今注今译》，第 598 页。

这里把善置于道之后，表达的思想明确而严谨：道为超然性的原则和前提，善为道之后继，是对道的延续；道的实现可以成就万物，这是道的本性。此处"继之者善"与"成之者性"，皆是道的延伸、演化，也是道的实现，与道一脉相承，贯通一体。道的启始意义、统纳意义不言而喻，善的承传意义、实践意义也非常清晰。《易·乾》以乾元为万物的统一起点，以保合大和为目的归宿，呈现了中国式的人事之善和宇宙至善：

> 《彖》曰："大哉乾元，万物资始，乃统天。云行雨施，品物流形。大明终始，六位时成，时乘六龙以御天也。乾道变化，各正性命。保合大和，乃利贞。首出庶物，万国咸宁。"①

这里不仅讲述了万物资始的乾元一统，而且看到云行雨施的品物流变过程，所强调的乾道变化、各正性命，即是强调差异合正的规制要求；所展望的保合大和、万国咸宁，正是天下万物的运演目标，呈现的也是一种善与一的统一——保合大和。

《道德经》以道为万物的根本和原因，一既是道的开端，也是道行演化的基本制式：

> 圣人抱一，为天下式。
>
> 昔之得一者，天得一以清，地得一以宁，神得一以灵，谷得一以盈，万物得一以生，侯王得一以为天下贞。②

---

① 《乾》，李鼎祚撰，王丰先点校：《周易集解》，第5—6页。
② 王弼注，楼宇烈校释：《老子道德经注校释》，第56、105—106页。

这里强调了一的价值——既有天地自然价值，也有人事神灵价值。至于《庄子》表达的"万物皆一"（《德充符》）、"天地与我并生，而万物与我为一"（《齐物论》）的思想，也都蕴含着万物对道一的终极归属。《周易参同契》所谓"道之形象，真一难图，变而分布，各自独居"①，很好地诠释了道与一、一与多的关系；《十大经》有谓："正道不殆，可后可始"，"道有原而无端，用者实，弗用者虇。合之而涅于美，循之而有常。古之贤者，道是之行。知此道，地且天、鬼且人"②。不仅强调了正道的永续性——不殆、可后可始、有原无端，而且特别强调了合的价值——涅于美、循之有常，且天地、人、鬼皆通。

成书于唐末五代时期的《化书》是中国哲学史上关于化的专论，以道化、术化、德化、仁化、食化、俭化等类分对化的机理、原则、路径、能效等作了系统详述，其"正一""御一"的概念值得关注：

> 太虚，一虚也；太神，一神也；太气，一气也；太形，一形也。命之则四，根之则一。守之不得，舍之不失，是谓正一。
>
> 夫万道皆有"一"，仁亦有"一"，义亦有"一"，礼亦有"一"，智亦有"一"，信亦有"一"。"一"能贯"五"，"五"能宗"一"。能得"一"者，天下可以治。③

---

① 《阴阳为度章第六十三》，刘国樑注译、黄沛荣校阅：《新译周易参同契》，第116页。

② 《十大经·前道》，陈鼓应注译：《黄帝四经今注今译——马王堆汉墓出土帛书》，第314、317页。

③ 《化书·御一》，李似珍、金玉博译注：《化书 无能子》，第36、126页。

此处之"正一"说、"御一"说，既承续了《道德经》关于一的本性义界，又对一的形上统纳意义特别是一的普遍准则及其化用价值作了揭示：太虚、太神、太气、太形均为一，而四者各一，四者通根方为"正一"——具有准则性、目标性的一；而仁、义、礼、智、信亦各有其一，五者宗一、贯五得一，则天下可治，是为"御一"——具有贯通五常化用功能的一，此一纳入了道化的思域，是对五常的深化，也是对一的终极规制和目的意义的深化。相较于老庄对一的演绎，《化书》"正一""御一"说在一的形上意义上注入了更多的伦理性和目的性，呈显了道论哲学的伦理转向，也以特定的形式揭示了一的伦理价值和目的意义。

3. 目的秩序的终极方向与界的原则

那么，无论是人事伦理的人文操作还是自然、超自然的形上运思，都把目的秩序的运行方向指向一的终极，一或者以善、本善、至善、太一、至一、统一、同一、正一、御一等为标识的一，以不同的话语方式呈显了在繁复的目的世界，无论经由志同道合的团结还是利益驱动的纷争，世界的目的运行终将走向一的目的地。

目的论视野的一显然已不是毕达哥拉斯学派所谓"万物的本原是一"的一，也不是黑格尔等关于认识与存在、内容与形式、逻辑与历史相统一的一，而是目的系统的过程目标、秩序方向和逻辑规制，是目的世界的集合性、进阶性的终极目标。然而，目的秩序的终极目标具有何样的可信度，它所建立的逻辑理据是什么？这是一个极富挑战性的命题，尤其是它的未来性和不确定性，往往在神学的推演中才有系统性的论证。

犹太教、基督教都是典型的一神教，这从创世源头上明确了世界的统一来源，也以唯一神确立了世界运行及其逻辑规制的统一性，无论是犹太教的末日弥赛亚拯救还是基督教的末世论（eschatology，源于希腊文 eschatos）思想，都将世界指向了一个终点，这个终点既被视为现世时间上的过程终点，更被视为神学的终极目的地，在这个终点到来时，无论是拯救抑或是审判，神学目的论都对末世的情形、结局、逻辑和义理作出了充分、严密的论证。基督教末世论将现世的生活视为一个居间状态，人有生也有死，世界有开头也有结局，"末世论所要研究的，就是'末世的事'。对于未来会发生什么事，不信主的人可以根据过去所发生之事的模式，来作合理的预测，然而就人类经验的本质而言，我们很清楚地知道，人类本身不能知道未来。因此，不信主的人对于未来的任何事件，都不会有确切的知识"[1]。基督教末世论不仅描述了基督再来的突然性："主的日子要像贼来到一样。"（彼后 3：10）还详述了基督再来前的各种预兆，包括传福音、大灾难、假基督和假先知行神迹奇事、天上现异兆、大罪人显露等。[2]基督教的神学目的论虽然建基于神学逻辑，但现世功用是明确的："圣经预言的本质也使得每一个世代的人都活在期待末日来临的盼望里。"[3]神学末世论对现世生活给出了一个确定性的终极设定，这个设定一方面是因为人类生活的居间状态需要一个终结，同时也需要一个新的开始，那这样，基督复活再来便成了人们对新开端的盼望所在。

基督教末世论对世界运行终极目的的设定是典型的神学目的论，

---

① 古德恩：《系统神学》，第 1111 页。

② 古德恩：《系统神学》，第 1118—1119 页。

③ George Eldon Ladd, *A Commentary on the Revelation of John*. Grand Rapids：Eerdmans, 1972, p. 22. 引自古德恩：《系统神学》，第 1117—1118 页。

虽然关涉到宇宙的主要事件、对非信徒的惩罚以及对新天地的整体描述而被称为一般性末世论（general eschatology），但其逻辑理据、推演方式无疑都是以基督教神学教义为前提，重心在于教谕居于中间态的教民如何通过现世的救赎和纠错而走向终极幸福，其末世论离真正的"一般性"目的论显然有很大距离。

在以基督教为背景的思想世界，包括怀特海这样的哲学家，在对宇宙演进的根本解说上往往是把既有的理性逻辑与上帝的超然神性结合在一起作出"终极说明"："上帝的本性的丰富性既是原初的，又是后继的。他既是开端，又是终结。他是开端并不是说他存在于一切成员的过去。他是每一个其他创造性活动共同生成的概念性活动所依据的现实。……上帝与每一个新的创造分享它的现实世界；而上帝对该现实世界进行客体化的过程中，将合生的创造物客体化为上帝中的新颖要素。上帝对每一个创造物的这种包容都有主体性目的的指导，并且赋以主体形式，这完全来自他的包容一切的原初性评价。上帝的概念性本质由于其终极完满性因而是不变的。但是他的继生的本质则是世界的创造性进展的产物。"[1]怀特海在其过程哲学、宇宙论、思辨哲学、有机哲学的推演中，紧密契合上帝对宇宙运作的主体性指导，尤其是世界的创造性活动是如何获得明确的秩序并通过这一秩序形成了变化与永恒的合生过程，作出了终极性说明，他"认为上帝的原初本质是自然界的有序元素，它将事件的多样性联系到一个有序的系统中，通过这种方式，它确定了所有事件必须遵守的一般条件"[2]。怀特海把终极性说明归结于上帝的神圣庄

---

①　怀特海:《过程与实在》，第 523 页。

②　Wolfe Mays, *Whitehead's Philosophy of Science and Metaphysics: An Introduction to His Thought*. Martinus Nijhoff, 1977, p. 131.

严，这是西方哲学家乃至自然科学家的通常惯例，但怀特海的特性在于，他不仅没有割裂永恒性与流动性，而且在强调上帝以真、善、美引导世界的同时，又将上帝与世界置于一种对反对成的关系中："上帝创造世界，这样说是正确的，正如说世界创造上帝也同样是正确的。上帝与世界是相比较的对立，通过这种相比较的对立，上帝的创造性活动完成了它的最高任务，把具有对立差异的分离的多样性转变成具有比较性差异的合生的统一性。"①显然，怀特海的过程论尤其是体现在关于上帝的"两极"（dipolar）概念，具有强烈的思辨哲学、有机哲学的一般属性，包括其宇宙目的论的意义，明显不能将它局限在神学目的论的范畴。

抛却神学话语的特定规制，从世界目的系统的逻辑本原和界本目的论的基本原则出发，世界的目的秩序指向一的终极方向和终极目标，既非简单的还原论（reductionism），亦非素朴的循环论，而是界本原理对世界目的系统的逻辑演绎和秩序规制，它不同于神学的意识形态设定，也有别于体制性的学科推演，而是从世界底层的界本基原出发，贯通了宇宙论、存在论、结构论、价值论尤其是过程论及其因果叠构的综合目的论。

万物自界而生，因界而死。界的原则是一种目的生成原则，目的生成不仅意味着开端和出现，也意味着终结和消亡，因为开端与终结、出现与消亡的两相结合才是生成的一个整体；同时，目的系统作为因果性的关联生成，是因果叠变和因果互构的结构过程，是一个首尾呼应的生息性组织系统，其生息性根本上取决于界的生命本性，也就是说，界作为世界生机的本原，界的本性和界的生机

---

① 怀特海:《过程与实在》，第 528 页。

性——也是界的有界性——从基原基理上决定了目的系统乃至世界系统的生机过程、生命循环，决定了从一到多、从差异返回同一的生息过程和生命实现，在这个意义上可以说，世界的任一存在、任一系统的命理命运，都与界的命理命运契合，一刻也不能分离。

德勒兹将差异与回归视作为一种永恒肯定，这也可以视之为是对界的生机必然性的肯定："差异是第一肯定，永恒回归是第二肯定，是'存在之永恒肯定'或述说第一个肯定的 N 次方。"德勒兹还对永恒回归的能量和动因作出了解析，认为"永恒回归中的重复既不是质的，也不是外延的，而是内强的"[①]。界的生机本性及其对目的系统的生成显然内含着建基于差异关联的自主性组织功能，这种功能在《两界书》中被视之为必然：

> 物有起始，必有其终，恰如日有东升，必有西落。然升为落之始，落为升之终。末日终将至，可期不可预。
>
> （命6：9）

界的生成性既规制了终点的到来，也规制了全新的起点，因而界的"有界"终点是阶段性终点，是目的运行的秩序转换，体现了终极意义上的世代变更。这种世代变更建基于宇宙论、存在论、过程论的一般意义上，无论是自然宇宙还是人事社会，世界运行的大历史遵循的是世代变更的根本规制，这一根本规制不是目的系统通常意义上的分层调节，而是世界的整体性变革，以既有地球史和人类史的知识而言，现存智人只是《两界书》所谓"中人"，中人之

---

① 吉尔·德勒兹：《差异与重复》，第410、407页。

后有终人：

> 是日到，万时万空万物忽凝滞无息，忽膨爆不止，忽飘如
> 浮云，忽归于混沌。
>
> 旧世灭，新纪启。
>
> 中人止，终人至。
>
> 多维新构，意界主纲。
>
> 人朋远来，新灵弥漫。
>
> 旧生新，新生旧。
>
> 延绵不息，复始循环。

（命12：2）

由中人到终人的转换还是从人的视角而言，而人的法则显然不能代替宇宙整体的自然法则，况且中人的认知亦难以企及终人的界域。依照界本目的秩序的基本规制，世代变更内涵了"多维新构""意界主纲""人朋远来""新灵弥漫"等基质性、结构性因素，特别是"意"与"灵"的问题，都是"天机"的问题，天机不可泄露，以人的现有智性也无法了悟、无法泄露。

目的世界的终极秩序内涵了世代更替的循环方式，每一个大世代的存在都是宇宙自然序列中的中间环节，既是前世代的程序延伸，又是后世代的程序引导。世代的界定会依不同的认知尺度有所不同，《两界书》称人的一生"匆如过虫"，基督教称"主的一日是人的千年"。人的前世、今生、来世有无关联、如何关联等，依现世的人智是难以完全澄清的，但世界的能量转换是有秩可循的，所谓熵增定律不过是对循环归一的目的秩序所作的一种物理学表述，而人作

为自然之子、自然的一部分，人类的整体从根本上逃脱不了自然法则的终极规制，这一点应该是没有什么疑问的。

世代更替本质上是一个综合的自然界变，关涉到世界的元素、结构、秩序、逻辑、价值等世界构制的基本要素、根本方式，所谓临界奇点（critical singularities）即是界变的转折点，奇点到来会有不同寻常的迹象，但界变的突现一定是猝不及防和不可抗拒的。《两界书》卷十一"命数"旨在辨析世界与人类的目的论归宿，特别叙述了天象变乱、地象变易、物象化异、人象迷乱、时空不维，以构制世界的基本要素——天、地、物、人、时、空为表征，以六象俱乱表明物人迷乱和世界秩序的丧失，以时能殆尽、空能殆废的能量丧失，昭示出界变的必然，当然，这里是反乌托邦的文学叙事，其警世意义不言而喻。

马脸似牛，牛脸似猪（《两界书》命9：1）

界变的循环作为目的秩序的终极指向和秩序方式，从根本上讲取决于界本原理的整体规制，其原则、理据及其逻辑必然是明晰和深刻的。

首先，世界的一切秩序均源自于初始的混沌界分及其差异关联，界是万物的催生婆，也是万物的代理者、关联的中介者，万物之发生、存在、运行均以有界无限的方式演进，有界即是强调了目的秩序的边界性、阶段性、层级性和终结性，无限则是强调了目的秩序周而复始的无限循环——以循环实现无限，以合正归根实现目的秩序的终极目标。有界无限决定了万物存在及其目的秩序的根本因果：有界决定了世代性是目的秩序的基本方式，无限决定了复根是目的秩序的根本结果，而有界的世代与无限的复根互为因果，共制了目的系统的循环生成形制。

其次，从世界秩序的构制原则看，差异的质量界分始终是存在之是（属性）、存在之有（一多）、存在之在（关联）的生成机枢，也是万物演化的因果机枢和目的机理。万物存在的理据、因果、目的从根本上讲建基于有与无、一与多的差异配置上，界分从混沌预设和元根合一之中生成了多，并由一而多地演化万事万物，当这种演化达到了多的极致化、极端化，由繁至简、由异而同、由多而一的回归就是不二选择，如前所述，极致和极端的临界征兆表现为既有秩序的紊乱和丧失，也可以说，混沌与元根的始基原因决定了界分演化的终极结果。如果说合者异和揭示了目的秩序以差异共和为要求的一般逻辑规制，正者适中揭示了以差异进阶为特征的生成发展机理——这些都还是目的演化的居间状态，既是前序目的世界的承续，又是后续目的秩序的引导；那么合正复归其根所昭示的差异融消，则揭示了目的秩序的终极方向和世代性的目的地。当变异和失序成为常态，一种"和谐的混沌"（harmonious chaos）便会油然而生，这本质上显示了对混沌复归的趋势，也就是说，从宇宙论的混沌和元根出发，经由界的分、和、中、融，最后将会复归到差异的融通和差异的消解，复归到一种新境界的混沌。当然，从元根到合正构制的是进阶性的循环往复，复归是进阶，进阶也是复归，这是一种清零的过程，并在新起点从头开始。

再者，界作为现世界既知的生成元因、元工具、元代码，界的赋能和自我创造、自我组织都意味着界是有能限的，有代际的生成、演化和消亡的生命周期，不同的界代应有不同的使命和不同的机理。在界本论的思域里，既成的世界从混沌的元根预设走来，以差异界分及其对反对成为基本形制，以有与无、一与多、同与异的叠变为秩序原理，对世界的元素、形式、关联、价值、能量等施以对反叠变双向偏斜螺旋，螺旋的方向是统一性对差异性的消解，以致最终走向界本目的秩序的同一终点。世界由界而生，亦因界而亡，界代机理和界本目的论显示：目的的终极目的是消灭目的，界的终极目标是消灭界——这与其视为目的论的悖论，不如视作目的论的因果必然，因为它是界的本性使然，是界代的演化和生命实现。世界是世代之界，界的代际再生是一个既迷人又无解的问题，《两界书》的"意界生"显示了不一样的可能世界和世界方式。界的法则是永恒法则，界在一切世界都有生命力，只不过它的生命形式、运行方式、质料对象、秩序逻辑等都会有所不同，比如从基本的构制形态而言，完全可能从对反对成的双螺旋而演变为反成互构的三螺旋、N螺旋，等等。

界本目的论所揭示的目的秩序以差异融消为终极走向，依然是一个分序、分阶、分段的目的过程，在不同的目的系统会有不同的实现方式，比如生物系统与非生物系统会有很多的表现差异，但其总体规制是一致的。有观点认为，在非生物系统中存在着某种由熵增原理定义的目的论秩序，[1] 并将熵增定律演化为世界的一般定律，这种演化在何种意义上成立，它能否贯通物理世界和意理世界，以及如何贯通等诸多疑问，都还有待进一步研究和确认。同时，从大历史的角度看，以差异融消为机理的目的论终点也不是一蹴而就的，一般要经由从差异融通到差异消解的过程，经由从差异融通的统一到差异消解的同一，而在差异消解的世界同一到来之前，差异融通的世界统一是目的秩序的高潮阶段，也是一个重要的骤变阶段——在这个阶段，人类的善性若占了上风，就会创造出目的地的终极辉煌；人类的恶性若主导了世界，悲剧世界的终点就会提前到来。

4. 界变转换与人类进阶：终人的到来

人是自然之子，生长于自然怀抱。相较于天地自然、浩瀚宇宙，人的出现、繁衍及消亡，不过是过眼烟云。经由数千年文明演化，现阶段的人类文明无论在思想意识还是在科学技术方面，都达到了前所未有的登峰造极的地步，种种迹象表明，既有精神系统的维持力越来越敏感和脆弱，而技术力则如脱缰之马一路狂飙，几近失控。世界正进入一个秩序重构的关键期，人类文明正处于界变进阶的前夜。

相较于宇宙自然秩序，人事秩序的界代周期显然要短暂得多，秩序的叠变也更为活跃、更为不确定。在通往差异融消的终极方向时，人类的文明和智慧最有可能营造出一个差异融通的高光时刻，就像诸多文化思想所渴望的那样，迎来一个世界大同的巅峰阶段。差异融通是差异的高度和谐，是差异互配的水乳交融、高潮癫狂，

---

[1] 见 Paul Weingartner, *Nature's Teleological Order and God's Providence*, pp. 31–45.

也是善的终极目的之终极实现。世界大同的乌托邦自人类文明发轫之初就强烈萌生，且历久弥新，经久不衰。然而，善的乌托邦并非走向终点的唯一选项和最大选项，反面乌托邦不仅可能出现，且就现有的情状征兆看，这种可能性正日趋增大。反面乌托邦同样是一种终极目的论，是一种以恶和毁灭为特征的差异消解，即以极速的方式完结一个界代的转换，完成一个大世代的变更。《两界书》卷十一"命数"昭示了正反不同的两个终极取向，并以"天人共为"之说，既标识出天意的自然意志，也标识了人为的实践价值，善德的伦理教谕十分明显：

> 　要纪到临，似临分水大岭。众生似流水，必经悲喜岭。
> 　悲喜两向，或悲或喜，天自有取。天之所取，赖人所为，
> 天人共为。
>
> （命15：3）

人事与天意（自然）分处于不同的终极秩序，人事受制于自然也运作于自然，自然对人事的规制是根本性规制，且自然天意本身也是正反两向、悲喜兼具。柏拉图在《政治家篇》中曾详述了"宇宙依照它自身的意愿朝相反的方向旋转返回"，宇宙的这种逆转被认为是"它凭着内力走自己的路"，在逆转的宇宙里，"每个生灵，无论处于什么年龄，都停止生长，每一可朽的生灵都停止朝着变老那个方向前进；它们发生逆转，越长越年轻，越长越稚嫩。白发苍苍的老人又开始长出黑发，胡子拉碴的面颊又逐渐恢复了光润，返回久已逝去的青年时代。青年们的身体失去了成男子的特征，日复一日、夜复一夜地越长越小，在心灵和身体两方面都重返婴儿时代。

再往后，他们就逐渐消亡，直到最终消逝"①。这里的神话只是一个反向的列举，故事讲述者的用意是"为国王下定义"，界定统治城邦的方式，以及政治家如何以知识和正义的原则治理国家、照料臣民，其底层的逻辑运思是如何获得世界治理的正向发展。《两界书》强调"天人共为"，其"天"是一个自然与超自然结合的存在，既与人相对，又"天之所取，赖人所为"，"天人共为"既表喻了东方语境下天人合一的思想以及人法地、地法天、天法道、道法自然的世界观，也表喻了西方语境中的人事目的论、自然目的论与上帝目的论的统合。

向善集合是人类思想为自然目的论、上帝目的论与人事目的论设置的共同方向。问题的关键是，不仅终极的目的去向始终徘徊在正反两向的不确定之间，而且人类自身也到了需要正视自身何去何从的临界点，一个至为迫切的问题是人工智能（AI）技术快速涌现，大有超越人类、取代人类之势。这既引起人类的恐慌，也勾起人类的好奇，但无论如何，它都给人类带来了前途未卜的不安感。

对于人的来路与去处，《两界书》卷二"造人"、卷九"工事"、卷十一"命数"其实已经寓言性地给出了基本的设定。卷二"造人"指明人史的全程有三阶段：初人、中人、终人，目前人类以男女分处方式存世、繁衍、嗣后的生活形态，是人类的中人阶段，也就是说处于人类第三阶段——终人——的前序，揭示出由中人进阶到终人是人类演化的程序必然。

那么，中人何去？终人何来？终人的模样是怎样？

理解人类的历程与归宿，离不开人在这个世界的属性和使命。

① 柏拉图：《政治家篇》，《柏拉图全集》（增订版）中卷，第615—616页。

在万物从类的现世界，人类被天意确定为世界的治理者，于是"初人"被造出，所造初人是按照不同于一般动物的模式创造的："老虎、狮子、豹子之类凶猛野兽，皆为一头、一口、两目、两耳、两前腿、两后腿，止有一心。天帝初造之人皆为两头、两口、四目、四耳，四前腿、四后腿，尤有两心，均倍于诸兽。如次一来，人就可以降服猛兽。……天帝于万物中以人为选，赋人超凡心力，以治理世界。"（造2：1—2）然《两界书》显示，世界治理者的拣选与制造并非易事，由于初人不能领悟天意，天帝只好对人复造，生成中人——男女分处之人，经由天水涮洗、开启蒙昧、醒其心智的多番培植和检验，才将世界交人治理：

> 天帝造人之工既成，就将世界交人治理。然天下男女并不尽天意，惟天帝明悉。
>
> 天帝不尽言尽为，使人发挥治理。天帝藉人传道，好使天帝灵道活盈世界。
>
> 天尘化育万千，各按天帝灵道运行，各有人朋演化治理。
>
> 天帝超然在上，专注默视，并不袖手旁观。
>
> （造6：1—2）

但中人是一个有天然缺陷、功过参半的世界治理者，这在《两界书》卷三"生死"及其后各篇均有详细表述。实际上，中人本身既是天帝委托的世界治理者，也是被治理世界的一部分；既是天帝所选的代理工具，也是天意检验的对象和试验品，而且一直处于被检验、被矫正的实验过程中。在现世界的运行体系中，人类被赋予特定的角色、功能，既发挥着特殊作用，也始终处于被造之中。

天水涮洗（《两界书》造4：1）

由中人进阶到终人既是一种程序必然，也是世界终极目的论的一种实现。既有的人类形态——中人——其治理能力已愈加难以适应现世界的新要求，尤其是私欲的膨胀和节制力的疲弱，都显示了中人退场的明显信号。终人既是人史序列的生成进阶，也是经由初人、中人的自然演化结果，其革命性和重要性不亚于从初人到中人的演变。终人何来与终人的模状尚不得而知，但从初人至中人的演进原理以及走向终人的种种迹象中，似可看出某些端倪。

人工智能（artificial intelligence）以人类创造的形式出现，本质上是人的一部分，既是人的一种成长，也是天意的一种工具。从知识智力的角度看，AI超越人类是必然无疑的；从生成的创造性来看，AI站在人类的肩膀上，完全可以推演和创造出人脑难以企及的智慧成果。因此，凡是建立于数据（甚至理性逻辑）的智力范畴，AI的能力不仅均可企及，还会让人类难望项背。问题的关键在于，在非数据、非逻辑的部分，比如情感、灵性的部分，以及人类智性业已奠基了初步原则但又远未真正澄明的领域——诸如神圣、神秘、意识、不确定、非规则、偶然性的世界，AI的局限是非常明显的，因为AI本质上建基于人工（artificiality），人工本质上是一种技艺的摹仿，而摹仿与本原的差异是不可克服的差异，况且人的本原本身就是充满不确定和不完满的。同时，AI 作为极致化的人工，已是人的智性能力的一部分，体现了自然天意的整体意志和根本规范，它的属性和作为类通于人的属性作为，但更敏感、更极端、更易失控，增加了世界游戏的复杂性和不定性。古印度哲学不仅关注宇宙起源，更对未来的往世情有独钟，《薄伽梵往世书》的贡献被认为是揭示了一个"最伟大的秘密：上帝的游戏，也即 Lisa，乃是理解其行为方式的关键原则"①。《两界书》多次表述，"天帝超然在上，专注默视，并不袖手旁观"（造 6：2）。实然，世界的奥义聚焦于自然天意的"游戏设计"。

眼下有征兆显示，AI 很可能成为人类进阶的世代性工具，成为中人进入终人的阶梯。一方面，AI 不可能完全替代今人，终人不会完全由 AI 所扮演——尽管 AI 的作用极其大。这除了 AI 仰仗于今人的智力而建立，世代进阶的原则也有基本的逻辑要求：后世代人类必定要部分地传递前世代的某些基本结构、属性和基因，后世代人类必须建基于前世代之上，如同中人建基于初人。当然，AI 对人类的影响是真正革命性的，它有可能彻底改变今人的生命方式、生存状态、关联规则，如同中人脱胎于初人而完全不同于初人一样。

那么究竟如何传递、如何改变呢？具体的运行尚难以断定，但其传递与改变的基本原则和路径还是有迹可循的。

其一，界分为本、差异对成的世界原则理应继续持守，也就是说，终人的生成机理离不开界分差异的存在原理，对反对成的结构不仅是万物互联的形式，更是包括人类在内万物互成的内在生机和

---

① 伊萨玛·泰奥多：《〈薄伽梵往世书〉导读》，毗耶娑天人：《薄伽梵往世书》，徐达斯编译，陕西师范大学出版社，2017 年，第 9 页。

世代繁衍的生命动力，从初人至中人、由中人至终人，其生成逻辑与目的秩序均离不开这一原则的基本规制。

其二，界分为本、差异对成的构制要素、构制方式出现了世代性演变，初人至中人以男女为界、性别为分，合而为人；以物与意、灵与肉、善与恶、圣与凡等为界分，两相对应、化异辅成——终人世代对中人的最大改变将是对男女性分的模糊淡化，性别的区分对人的生存、繁衍不再有本质决定意义，双性合一、性别无分的世代界变是 AI 可能给世界带来的最大改变。《两界书》对此早有寓言："云高秋实时节，有匠人以超度为器，取阳精阴液合混，竟成母体孕化之功，造出活婴"（工 6：3）；卷十二"问道"专章讨论"来世何来"，所述孪生奇人普罗、普勒无分男女兄妹，自称"来人"："有人以其为远乡来人，有人以其为过来之人，有人以其为将来之人。"普罗、普勒合为普罗勒，似单似双，已非俗界凡人。（问 6：1—6）去性化和双性一体将会成为终人的基本特征，但这种双性合一不是对初人一体同性的简单回复，而是一种超越性的融合。由于人类生存、繁衍的基本方式发生了改变，终人世代的人际关联、秩序方式乃至思维运作、观念价值也都必定随之改变，比如，善与恶的伦理判断可能让位于利与害的功用判断，真与假的道德判断可能让位于正与反的自然判断，爱与恨、生与死的个人事务可能让位于体制性、机械化、图灵化的集体运作，等等。AI 的一个重要本质是消除差异，消减多样化，通过数据化、技术化、图灵化扩展世界的同一性。

其三，AI 的发展将极有可能从构制底层改变人类的基本结构，就是说，初人、中人的人类构制主要基于男与女、灵与肉、物性与灵性的对成互构，这一对成互构建基于碳基生命系统（carbon-based life systems）；而 AI 技术将可能突破生命构制的碳基基轴，从构制元素上重组生命结构和生命构制原则——包括元素组成、元素比例、结构方式等。从万物本原与生命的创制原理看，无论是元素论还是理念论、数论、不定论抑或神创论，既有的学说都为生命的演进和重新构制提供了较为完备的原理条件，也展示了开放性的发展可能，即使从无机物与有机物的内在联通上看，已有的科学发现也业已证明，无机物与有机物之间并非是一种不可逾越的鸿沟，而是在偶然性、不定性等方面存在着相通属性、相互转化的机制可能，自然进化通过漫长演进能够做到的，AI 则可能快速完成。因此，在现世界，无论就既有的人类生命秩序还是生命条件，以硅基生命（silicon-based life）完全替代碳基生命的可能性并不存在，大概率的可能还是硅基生命作为碳基生命的补充和延伸，丰富并部分地改变、调整了生命的结构、生命的形态和生命运行，从而也是最终完成了人类生命的世代链接和终极性的目的程序。

其四，在终人的生命阶段，生命及其意义的基本构制——也就是界分差异、对反对成的存在基轴，将以碳基与硅基的对反对成——碳硅双基螺旋——为基础，碳基系统与硅基系统的生命构制及其生成机制将成为人类生命、人文价值演绎的新基点、新主轴，既有的人文系统、逻辑秩序将不得不发生重大调整和改变，硅基的数据原则、智性逻辑强势生成，碳基的物－意结构、灵－肉结构若能适时调整，并以灵性和心意为主导，从而与硅基生命系统形成一种智性－灵意的升维结构，人类的终人世代有望进入一个崭新的灵意世代。如果说初人的世代是物性世代，中人世代是人性世代，那么终人世代有可能成为一个灵性世代或意性世代。灵性世代由于智性质量的飞跃提升而大大唤醒、促发了人的灵性部分，《两界书》昭示"意界临"，谓未来之人"普罗勒终有悟化，遂成超界之人，驾云而去。后著《意界临》，传嵌顽石之中"（问 6：13）。《意界临》未见详述，其思想学说散见于卷十一"命数"、卷十二"问道"之"来世何来"诸篇，物与意、本与异、圣与凡、智与爱将升维为意界之纲。可以预想，设若人类结构的两性基轴退位于碳硅互构的双基基轴，伴随着这一世代性变革，真假、善恶、美丑的伦理价值将会发生变化，从而生成出新的文明标尺和价值标准。摆在当前的一个关键问题是，如何实现碳硅双基的技术关联和功能分配？双基世代的运行秩序与价值指向如何建立？

其五，碳基生命与硅基生命的双基螺旋是一个极不确定的思想展望，这与自然天意有关，也与人的自主选择有关，更为深层的奥秘在于，"上帝的游戏"总是以戏剧化的方式出现，喜剧、悲剧抑或悲喜剧的情节演绎都是在开放的世界场景中随机发生的，剧情常以出人意料的方式进行。一个完全不由人的意志为转移、人的认知完全不能企及的问题是，剧情的总策划、总导演是统一的还是对反的，抑或是既统一又对反？《薄伽梵往世书》卷八"搅拌乳海"的故事显示，鸿蒙开辟以降，神与魔相争不断："宇宙面临重大的劫难，诸神被魔军打败，毫无还手之力，如今魔族统治了天堂，世界落入腐化骄慢的君主手中，维持宇宙秩序的正法已经被败坏。诸神求助于创世大神梵天，而梵天带着他们去找至上神毗湿努。出人意料的是，毗湿努竟然建议诸神与魔族合作，为了一个共同的目的。"①这里揭示了一个隐藏于世界底层的神魔合作的目的论，令人深感惊诧。

《两界书》一方面把来世表述为灵性主导、超出常规的"异界"：

---

① 　伊萨玛·泰奥多：《〈薄伽梵往世书〉导读》，毗耶娑天人：《薄伽梵往世书》，第 7 页。

　　然灵之为灵，不为躯壳所制，不为物实所限，不为理据所循，不为阴阳所阈，实为异界。

　　异界可感而不知，可念而不信，故存于有无之间，亦存于今来之界。

　　宇宙乾坤，星转斗移。芸芸众生，善恶辅成。魑魅魍魉，道魔相争。巫信智悟，终以异终。异终为始，新纪开启。

（问 6：11）

　　异界之中道魔相争，终以异终，显示了巨大的不确定性，或以既有认知无法企及异界的真相。另一方面，《两界书》又以天道为统纳，强调今来两世的关联，把来世表述为"合天道人道所归"的"意界"，道先曰：

　　今来并存，时空俱进，意界固生而日日增强，新纪将临。然无论今来两世，时空两界，抑或固生日强之意界新纪，均无外以天道运行。

　　天之道浩渺无垠，超然万世万界，统摄万世万界。人之道天道所附，合天道人道所归。今生来生同然，今世来世同然，今界来界同然。

（问 6：12）

　　道先的意界论在对新世代的设置中从大道原理上延续了既有的世界秩序，特别重要的是对"合天道人道所归"的强调，显示了在世界的世代转换中人道的价值和人为的意义，把世界终极目的的支撑点依然置放在人事实践上。

回到界本目的论的根基原理看，从混沌与初人的无差异混同，到界分与中人的差异对成，再到界变与终人的差异进阶，以世界的界分差异为本原规制，经历了一个从混沌单一到差异对构再到升维整一的秩序演进，这个演进也是界变的世代性螺旋，揭示了世界的生成序列及其目的论的终极走向。

诚然，人类在这一演进过程中承担着特殊的使命，终人的到来既是新的使命赋能，也是使命的完结，《两界书》的文学叙事显示，世界的终极将会由超自然力亲自掌管。在世界演化的大趋势中，物种的消减成为显而易见的主流，世界自然基金会发布的《地球生命力报告》显示，从 1970 年到 2016 年的四十多年间，地球物种平均种群丰富度下跌了 68%，而近年正以更快的速度推动这一进程。人类的存世数量值也将因繁衍能力的显著降低而进入下降拐点，另一方面，人类个体性的消减是比人类总量下降更为重要的考验。当人类的生理机能达致极限并出现衰退，而人的私欲又乘上了智能的翅膀，那么人类的希望唯有寄托于灵性成长（spiritual growth），唯有灵性的成长可能对人欲与智能的交合施出向善制导，可能通过对人性的反思而摆正人类在世界的位置，并在人类有限的选择、自治区域内，发挥好宝贵的自主权、自治权，从而完成人类作为现世界治理者的任期使命，也体现出人类作为宇宙一微尘、世界一过客的荣耀。

但种种迹象显示，前景并不都是乐观的。

5. 六先论道与六合正一

当下处于一个极为关键的临界点。是奏响命运的欢乐颂，推出结局前的辉煌，还是加速了结现世代的人类使命，清场式地从头再来，人的作为虽然要服从自然与超自然的根本规制，但在人的自治区域内，在与人类相关的因果构制中，人的因素依然能够发挥重要作用。

按照犹太传统给出的世界观念，"宇宙是由上帝在过去某个特定的时刻创造的，并根据一套固定的法则进行排序。犹太人教导说，宇宙按照一个确定的历史过程——创造（creation）、进化（evolution）和溶解（dissolution），以单向的顺序展开，我们现在称之为线性时间。这种线性时间的概念表明，宇宙的故事有一个开始、一个中间和一个结束"[1]。宇宙结束的方式在这里被表述为"溶解"（dissolution）。人类故事的理想结局应是一个差异融通的高潮阶段，即在差异秩序的融通中通向目的论的终点消解。

轴心时代以降，人类不同思想体系依其不同基原脉络生长演绎，分道扬镳愈演愈烈，相互隔阂日益深刻，以致观念价值和思想方式的分离对立成为当下人事秩序分裂坍塌的危险根源，这也是人类命运共同前行中遭遇的最大挑战。

《易》有"同人"卦，谓言众人何以聚合，《象》曰："文明以健，中正而应，君子正也；唯君子为能通天下之志。"[2]此处明喻文明演进当以不偏不倚、君子中正的德行方能合通天下；又《象》曰："出门同人，又谁咎也？同人于宗，咎道也。"[3]此处是从反面讲同人的道理：如果耽于宗门私党，那就必然陷入灾害的偏邪。《两界书》卷十二专章"问道"，以"六先论道"的形式，表征人类思想史上

---

[1]　Neil A. Manson, *God and Design: The Teleological Argument and Modern Science.* Routledge, 2003, p. 147.

[2]　陈鼓应、赵建伟注译:《周易今注今译》，第137页。

[3]　陈鼓应、赵建伟注译:《周易今注译注》，第138页。

具有重要影响力、代表性的六种观念和思想方式，即道观、约观、仁观、法观、空观、异观，通过六观之间的交流对话、比较融通、对反辅成，消除思想与价值观的藩篱，寻求建立思想通约和思维共同体，以人类的共同智慧促进人类灵性的增长，以此实现对物欲的摆脱和精神的解放。

六先论道（《两界书》问2：1）

道观旨在认知宇宙万物的本体原理、根本规律和至上规则。中国哲学之道观不仅将道与大道视为万物之肇始，还将道视为万物之主宰："道者，万物之奥"（第62章）；"大道泛兮，其可左右。万物恃之而生，而不辞，功成不名有"（第34章）。中国文化的道观学说有三个突出特征：一是坚守道的至高无上及对世界万物的统纳；二是道与德、天道与人道相融通，不仅在宇宙自然层面有统摄一切的普遍规则，而且在人类生命中有共通的纲常原则，且道与德、天道与人道具有内在的合一性、统一性；三是道与技、术、艺的层分，道是形上的意识理念，技、艺、术等为具体具象的行为，服从于道，受道的指引，同时又是道的表征与载体，故"志于道，据于德，依于仁，游于艺"[①] 成为中国人的人生指南和理想范式。

希腊哲学的核心概念以逻各司（Logos）、理念等作表述。赫拉克利特认为有一种隐秘的智慧充斥于世界中，它是世间万物变化的微妙尺度和内在准则，即逻各司；柏拉图强调理念，其实质内涵与逻各司有相通之处，也认为宇宙万物之中必定存有一个理性秩序和必然规则；其他诸如柏罗丁的太一说等，也都具有形上的统摄意义。犹太-基督教文化以上帝的言辞（Words）为道，这里的道显然是神学性的，但它的普遍性、规则性和权威性是明确和绝对的。

无论何种思想体系，道观显示的普遍逻辑是：道为世界至上规则、最高秩序，道统天下，无所不在。在《两界书》的六先对话体系中，道先居于中和的地位，在"生而为何""何为人""善恶何报""来世何来""何为人主"等基本问题上，道观之说对其他各说多以调适中和的形式呈现。

约观体现了人类对自身社会属性的认知，以及对人类精神秩序与社会秩序的建构。约（契约）的思想作为人类文明的一种本质性标识，不仅使人类区别于一般动物群体，也使人类社会的有序成为可能，可以说，人类社会中的一切关系都是特定的契约关系。

约的概念很早就在近中东地区出现，最初是在贸易交换中被应用，希伯来圣经对此进行了宗教性转化，创设了上帝与人的订约，犹太-基督教思想以上帝之约（Covenant of God）为核心，全部神学思想体系均建立在约的基石之上，对后世西方文明产生广泛影响。美索不达米亚的《汉谟拉比法典》蕴含了相当丰富的契约（riksatum，阿卡德语）内容，不仅形成了契约法，而且包含了国与

---

① 《论语·述而》，陈晓芬、徐儒宗译注：《论语 大学 中庸》，第76页。

国之间、公民之间、家庭成员之间的各种契约，涉及缔结盟约、物品买卖、人力雇佣乃至婚姻等方面，"美索不达米亚的契约法并没有要求任何特定具体的有效格式，相反，契约——尤其是买卖契约——其形式多种多样……然而在特定的历史时期，很多契约包含有共同的元素和模式"①。

在中国、印度、波斯、伊斯兰等文化中，约或信约的思想不仅有丰富的体现，而且各具特点，呈现出繁复多样的内涵形式，既有物物交换的贸易之约、早期的部族之约，也有人神之约、集团之约、国家之约、国际公约等，并以盟约、条约、律法、规范、制度乃至社会伦理、道德、乡俗、民约、个人信誉等形式出现。中国古代哲学中"信"的观念本质上也是约观的思想，《道德经》有谓"信不足，焉有不信焉"（第17章、第23章），"信言不美，美言不信"（第81章）；《论语·颜渊》有谓"民无信不立"，"信"亦是中国文化的核心价值内容。约、契约、信的观念对人类建立公平、正义和通约性的社会规范、人事秩序至关重要。

仁观的理念体现了对规范人性、调适人际的道德价值和伦理要求。人类不同文明通约性地彰显了以仁爱、仁慈、善等为内核的价值追求，以此规范人性、调适人际，引导人的正向发展，东方儒家思想在此方面有重要贡献。《论语·里仁》曰："德不孤，必有邻"；《孟子·离娄下》："仁者爱人"。中国文化格外重视人自身和人与他人的关系，在仁、义、礼、智、信所谓五常之中，仁具有统领意义，有谓"五常仁为首"。《论语·季氏》有"见善如不及，见不善如探

---

① Russ Vers teeg, *Early Mesopotamian Law*, p. 170.引自于殷利：《巴比伦法的人本观》，生活·读书·新知三联书店，2011年，第219页。

汤",《国语·周语下》有"从善如登，从恶是崩"[①]，皆是教诲人们要趋善避恶。

西方的仁爱（benevolence，仁慈）思想有其宗教内涵，如《圣经·新约》所谓爱心（charity），既指爱人之心，更指爱上帝之心（保罗书信等），但两者并不矛盾，而被认为是内在一致的，并把爱上帝和爱他人作为基督教的两条"最大的诫命"（《圣经·新约》太 22：34—40）。"爱邻舍如同自己"——好撒玛利亚人（good Samaritan）的楷模是基督教世界的文化符号，并被视为通往永生的路标。（《圣经·新约》路 10）在两河流域、南亚等地区，爱和仁慈的思想亦有各种突出的表现。

《两界书》卷十"教化"篇讲述了一个双面人的故事：人有双面，是因身有双心，一心向善，一心向恶，故人要扬善弃恶；卷十二"问道"篇详尽讨论"何为人"的问题，倡导"仁为人所在"，提出"以仁为善，无善不爱，无爱何生家邦"（问 7：19）。人类不同文明都对仁、爱、善表现出共通性的道德追求，尽管其逻辑起点、思想依托甚至内涵指向不尽相同，但基于人性善恶的基点相同，取向一致。

法观的理念和法的精神是人类文明共同的重大成果。法观不仅指法理逻辑和社会秩序的律法形式，还指显性制度赖以建立和存续的理性精神、理性原则，指人类认知世界时以理性、逻辑、秩序为特点的思想方法。

法的理念及制度源远流长，且在世界各文明体系中有不同形式的表现。在美索不达米亚，乌尔第三王朝的《乌尔纳木法典》被认

---

① 韦昭注：《国语》卷三，商务印书馆，1958 年，第 49 页。

为是迄今发现的人类最早的成文法典，内容涉及社会伦理、婚姻家庭、土地所有、司法诉讼等，其立法传统可以追溯到苏美尔城邦拉伽什的统治者乌鲁卡基那（约前2378—前2371年在位）。美索不达米亚法律文明影响了整个古代近东地区，形成了影响广泛的楔形文字法体系，并为古希腊罗马文明借鉴利用，进而影响了后续的西方法律文明的发展。[①]

希伯来法与两河文明不无渊源联系，但希伯来法自成体系，显著特征是以上帝为主导、以神学为依托、以摩西律法为核心，律法内容含括神学信仰、道德规范、世俗生活的各个方面，甚至包括物业财产、饮食起居、个人卫生等。神学戒律与律法规范的相互嵌入、神圣信仰与世俗约束的奇妙结合，是希伯来法的一大特点。

古希腊有着极其深厚发达的法思想，这与希腊哲学关于正义和秩序的思想有重要关联。关于世界的本原，哲学家阿纳克西曼德超越了火、水之说，虽未提出组成世间万物的根本元素是什么，却明确认为所有的元素必然达到一种平衡世界才能存续，这种平衡就是正义；毕达哥拉斯学派以数为世界的本原，认为宇宙是一个有内在秩序、内在规律的世界，秩序意味着安排和结构的完善；早期思想家们用科斯摩斯（kosmos）一词表示秩序，约公元前5世纪初期后科斯摩斯之意更多地被用来表述宇宙，故在希腊哲学中，世界和秩序不仅一致，而且存有内在必然的联系。人类社会也是自然秩序的一部分，希腊思想家认为自然的秩序和法则是人类社会的最高法则和普遍尺度，这种法则和尺度和谐适当并应用于城邦，自然正义就会在人类社会中得以体现。可以说，希腊哲学关于正义和秩序的思

---

① 见于殷利：《巴比伦法的人本观》，第210页。

想，为希腊法的思想奠定了基础，并成为其沃土。柏拉图强调法律的重要，称统治者为"法律的仆人"，并在《法律篇》中说："在法律服从于其他某种权威，而它自己一无所有的地方，我看，这个国家的崩溃已为时不远了。但如果法律是政府的主人，并且政府是它的奴仆，那么形势就充满了希望。"[①]法在希腊时代的地位由此可见一斑。

中国古代法的思想十分丰富，及至春秋战国时期，形成以管仲、李悝、吴起、商鞅、慎到、申不害等为代表的刑名之学、法家学派，经战国末韩非的总结综合（《韩非子》），形成了一整套的法律理论和方法，对秦汉乃至后世的法律体制产生重要影响。中国古代关于法的思想与中国文化的其他核心理念并不隔离，而是形成了兼容性的思想特点，诸如德、礼、刑、治等都综合性地蕴含了仁、义、礼、信以及法的思想，呈现了中国文化特有的概念内涵。

此外，古埃及从习惯法、成文法到法典化，印度的《摩奴法典》等，无不以其特定的方式呈现出法的理念与形制。从本质上讲，人类文明史上法的理念代表了人类对世界和社会秩序的理性追求，体现了人类的理性精神和理性价值，当然其中不可避免地隐藏并运行着特定的利益诉求。

空观的概念源自佛教，与色空、轮回、因缘、顿悟等一系列思想密切相关，在佛学思想体系中表现最为集中，且有十分复杂的内涵。但作为对人与世界关系、物我关系等问题的一种认知，空观实质上包含了对个体与世界、有与无、得与失、现象与本体、生命价值、生命意识等基本问题的认知，其理念内涵、思想方式在儒释道哲学及其他思想体系中，均有相似相通的表现。

----

① 柏拉图：《法律篇》（第二版），张智仁、何勤华译，孙增霖校，商务印书馆，2016年，第123页。

佛教认为，万物皆有缘起，因缘所生，缘起性空；空是本体本质，色是现象虚妄；世上本无物，因缘而生，自会因缘而灭，"菩提本无树，明镜亦非台，佛性常清净，何处有尘埃！""心是菩提树，身为明镜台，明镜本清净，何处染尘埃！"[①] 但空并非断灭，不是空无所有、虚无消极，而是要人放下偏见和执着，故佛教空的观念既是一种与其他哲学体系有别的世界观，也是一种独特的人生观和修行方式。

在此方面，道儒思想亦有相通之处，《道德经》曰"圣人不积，既以为人，已逾有；既以与人，已逾多"（第81章），强调先人后己，看淡得失；庄子曰："君子之交淡若水，小人之交甘若醴"[②]，强调君子淡以相交；诸葛亮所说"非淡泊无以明志，非宁静无以致远"[③]，强调淡泊可明志。儒释道的舍得观是一种关于得失的人生观和世界观，佛教以舍为得，得即是舍，舍即是得，道教中的舍有无为之意，得含有为之意。孔子罕言利，儒家强调舍恶以得仁，舍欲以得圣，"舍利成义""计利当计天下利"，也都是中国文化所倡导的。

在两河文明、犹太-基督教文化中（如《约伯记》等），对物我关系、人与世界、生命价值等问题亦有与佛学、老庄哲学、禅宗学说相通相似的认知取向、认知方式。《两界书》之"空先"作为六先之一，对生而为何、何为人等根本问题均有系统阐述，并概曰："以空为有，无有不在，无在何生世界？"（问7：19）将空与在紧密联系在一起。

---

① 慧能著，郭朋校释：《坛经校释》，中华书局，1983年，第16页。

② 《庄子·山木》，方勇译注：《庄子》，第327页。

③ 诸葛亮：《诫子书》，诸葛亮：《诸葛亮集》，段熙仲、闻旭初编校，中华书局，2012年，第67页。

　　异观代表了人类对世界的特殊认知和对特殊世界的认知。相较于人们习惯、熟悉的物事，自然界和人类社会始终存有一种逆逻辑、逆通则、逆惯例的异类现象，表现出种种的不寻常（unusual）和变异（variation）。

　　甲骨文异字 ✷ 为一头戴面具、手舞足蹈之人，喻指一个人的不常和变异。异和异化本质上标识了人与世界的多样性、差异性、不定性、无常性和神秘性。异以恒常逻辑为参照，而历史地看，异不仅是自然界和人类社会的常，还是自然和社会赖以存续发展的一种力量，甚至还呈现出了自然和社会历史中的某种普遍性。

　　同理，在认知世界的方式方法、思想取向上，人类思想史上也存有众多的差异性、非正统的他者（the other）视角、他者方式和理论——诸如神秘主义、不可知论、怀疑论，以及形形色色被人们视为非理性主义的思想认知等。这不仅应对了世界存有的非常态、变异性、未定性，也弥补了人类既有的思维逻辑、理性意识的局限。因此，异观代表了人类认知世界的差异化价值，在人类应对复杂特别是有众多未知领域、不确定因素的物理世界和精神世界时，其作用、意义应得到承认和重视。

　　《易经》中关于易、化的思想，《庄子》有关吊诡、化异的论述，以及《山海经》《淮南子》《搜神记》《世说新语》《太平广记》《聊斋志异》等典籍，都以不同形式表现出对异的关注。两河文明、埃及、希腊、印度等文明关于神、怪、鬼、魔、巫的演绎，体现了异在不同文明中占有的特殊地位。希伯来文化把神、异象的概念运用到极致，其神学体系和神学思想的建构离不开神迹、异象的操作。佛教关于无常（anitya）的思想以及各种神秘主义、不可知论等，甚至印度瑜伽文化也以特定的形式蕴含了某些异的元素。至于为人熟知的伊甸园的撒旦、但丁的《神曲》、歌德《浮士德》的靡菲斯特等，也都以不同的方式表征了异。异的复杂性有时不仅体现在以常规为参照的"他异"，还体现在对自身本原的"自异"。

概括地看，道观、约观、仁观、法观、空观、异观代表了人类文明史上特别是转轴时代以来有代表性和影响力的几种思想认知，就道观、约观、仁观、法观、空观、异观的主要特征而言，道观执着于对宇宙万物的本体原则和根本规律的追究，寻求统摄世界的至上规则，是一种关于宇宙和世界的本体本质论；约观执着于人类精神秩序与社会秩序的建立，试图建立人类通约性的价值体系和价值标尺，是一种契约论和社会论；仁观旨在规范人性、提升人性和调适人际伦理，是一种较为典型的道德论；法观强调人类和社会的法理秩序，强调认知世界的理性原则，体现的是逻辑理性主义；空观执着于个体与世界、有与无、本体与现象等生命意识，以感悟的方式达致对世界和人类、人类生命本质等问题的顿悟通达，体现了一种特定的生命观、世界观；异观体现了对世界和人类不寻常部分和未知领域的特别关注，以灵悟、神秘主义、非理性等的认知方式，探寻异的本原和未知世界，既是一种不可知论，也是一种怀疑主义。

道、约、仁、法、空、异六观的差异性，是世界界本差异的本质规定在人事观念上的外化呈现，是在人类文明演进中为应对和反应世界的差异性、多样化而形成的不同思想、思维模型，或者说是与世界差异性、多样化本质的逻辑共生，同时也为文明体系的多样化奠基了重要的思想模式。当然，道、约、仁、法、空、异六观之间也表现出毋庸置疑的交会融通特点，表现为：一是不同文明体系内部对六观的交会融通，即一种文明或以某种思想方式为主轴，但并不否定其他形式的思想认知；二是不同文明体系之间对六观的交会融通，即在不同文明体系之间，六观交会融合，表现出相通、相似、采借、互补的内在要求；三是六观之间的叠变复通，即在文明自身的思想演进与异质文明的思想演进之间，形成自变与互变的叠加互用、对反融合，并从整体上形成纵横交错、往复螺旋的合正取势——这种合正取势虽经对反化异的曲折斗争，但最终导向六合正一、中和正度的目标终点。

《两界书》中，道、约、仁、法、空、异"六说不悖，皆有其悟"：

> 以道为统，无统不一，无一何生万物。
> 以约为信，无信不通，无通何生和合。
> 以仁为善，无善不爱，无爱何生家邦。
> 以法为制，无制不理，无理何生伦序。
> 以空为有，无有不在，无在何生世界。
> 以异为变，无变不化，无化何生久远。

（问 7：19）

道先在论道结尾处强调"六说之统，合有妙用"，这种妙用是在"一"与"六"的融通转换中实现，完整地体现了界本目的论的合正原则：

> 六合正一，道通天下。
> 六合而可正，合正而为一，正一而容六，一六而贯通，道归合正。

（问 7：19）

"六合正一"是目的运行的向善原则，也是《两界书》融合儒释道、希腊、希伯来以及人类精神史上各种思想精髓的内在原理，显示了在这个极度分裂的时代，人类集合向善的可选路径和目的方向：

六合正一图

人类思想的分裂是价值分裂、行为分裂的根源，因为思想决定了价值评判的标尺，思想的价值指令决定了人类的行为方式和方向。人类思想经由轴心时代的分序发展，现在到了急需融通整合的时候了，事实上，人类的重大关口、重大进步，都离不开思想的合力互补，就像现代科学的进步，"正是由于希腊哲学和犹太教、伊斯兰、基督教思想的融合所带来的知识发酵，才出现了现代科学。……所有像牛顿这样的早期科学家都以这样或那样的方式信奉宗教，他们将自己的科学视为发现上帝在宇宙中的手工痕迹的一种手段，我们现在所说的物理定律，他们认为是上帝的抽象创造物，可以说是思想"[1]。面对分崩离析的世界，不同思想的互补、人类智慧的融合是不二选择，只有以思想通约（commensurability of ideas）实现不同思

---

① Neil A. Manson, *God and Design: The Teleological Argument and Modern Science*, p. 148.

想的互通契约，建立起差异价值的缓冲机制、交流原则，才有可能消除精神的藩篱和价值的抵牾，才有可能建立起人类命运共同体的最佳公约度，建立起人类共通共享的普惠新文明。这里要强调的是，惯常使用的"最大公约数"这个提法多少有些含混，因为"公约"表述了差异的界限程度，差异的联合通约不能等同于差异的消减降低，公约数过大将导致界限含混、属性不清，公约数过小将导致差异的滞塞和隔绝——这些都将破坏差异的功效性和生成性，因而差异的最佳公约度——差异的合适协度——才是差异合正的关键，才是文明通鉴应该持有的理性态度，而不是简单地宣称公约数越大越好。学界有谓"第二轴心时代""新轴心时代"，设若有，新轴心时代应是对"第一轴心时代"思想分裂的修补与融合，是轴心时代的世代性进阶。

《两界书》最后总结性地指出"合正道至简"，将"合正道"聚焦于"六说六言"：

> 敬天帝。
> 孝父母。
> 善他人。
> 守自己。
> 淡得失。
> 行道义。

（问 7：20）

此六说六言凝聚了人类不同思想认知的共同价值，也是六观之说的共同目的指向。

敬天帝（敬天地）旨在强调敬畏之心，本质上是定位人在世界中的位置，确立人的物质世界与精神世界融通互构的存在体系，确立精神生活的价值级序；孝父母旨在强调现世生活的伦理规范，本质上是通过生命繁衍的因果关联，揭示人类生命的世代性秩序，以伦理的形制表达对本原和世代秩序的尊重；善他人不仅是厘定人际之间应有的社会准则，也是揭示人之为人的文明本质，以及善的终极目的论在社会关系中的体现；守自己不仅是人格修为的自我规范、笃志躬行，也是生存发展的节制观、中和适度的目的论；淡得失不仅是面对世俗生活的名利观，也是在利己主义支配的世界里，对价值界域原则的道德实践和对生命价值的精神澄明；行道义强调人的知行合一，道与义是目标、原则、原理，行是方式、路径、工具，落脚点在人和人的实践，"悟行须合一，修在当下，皆为道场"（问7：22）。其终极目标均指向道与义的最高原则。

在这里，凡人问道有了总结性的归纳，道、约、仁、法、空、异六说不仅体现了"万物并育而不相害，道并行而不悖"[1] 的合正之道，更以敬、孝、善、守、淡、行之六言实现了向内转，呈现了一种基于现世人类精神的人事目的论，而这一人事目的论聚焦人的心性和修为，尤其是人的灵性成长，又关涉了人与他人、人与自然、人与自身、人与超自然的联系，将信仰、伦理、行为的价值指令共同指向善的终极目的，不仅构制了善的目的秩序，也将人事目的与自然目的、超自然目的进行了贯通，呈现了世界的终极目的及其秩序原则。

---

[1] 《中庸》，陈晓芬、徐儒宗译注：《论语 大学 中庸》，第 352 页。

6. 界本目的论小结

界本目的论相较于既往形形色色之目的论，主要特征在于：

第一，界本目的论从界的元范畴出发，以界为认知世界的核心概念、基本工具，是启始于世界万物的基质原点和逻辑底层，建基于宇宙论、本体论、结构论、过程论、价值论的系统性逻辑发展，目的论合正律是对界本宇宙论元根律、本体论界本律、结构论对成律、过程论化异律、价值论优选律的逻辑延续和逻辑整合，既非人的意志对自然的揣摩强制，也非人的主观对历史的经验强加，更非神性逻辑的简单延展和绝对性统纳。

第二，界本目的论形成了完整的目的论认知系统和逻辑秩序，即：以界本宇宙论元根律为逻辑起点，世界万物肇始的整一性是走向合正目的的本原基因；以存在论界本律为逻辑基础，世界以界为本、没有界分就没有世界的差异化本质是世界走向合正的前提条件和本体要求，这里，前提与存在、条件与要求具有不可分离的内在统一性；以结构论对成律为逻辑路径，世界对反对成的结构方式是世界走向合正目的的内在规制；以过程论化异律为认知目的的辩证观念，世界合生化异、异化万物的演进方式、发展过程既是世界走向合正目的的必经之路，也是走向合正目的的对反偏斜可能；以价值论优选律为逻辑判断，世界优者比劣、选者竞存、优选顺昌逆亡的价值选择，是万物演进的内在标尺和一般趋势；以此为基础，界本目的论综合界本宇宙论、本体论、结构论、过程论、价值论的系统逻辑，自然导引出和者共存、合者至正、合正道通天下的目的论合正律——这与其说是一种理论推导，不如说是界本原理的逻辑自洽。

第三，界本目的论揭示目的论的选择性本质，即世界之目的本质上是对差异的价值选择，是在差异的世界与对反的运动关系中，以顺道合度、优选合正为价值导向的选择取向：对人事而言，体现为善、真、美等；对自然而言，体现为合、正、中等。目的论的选择性本质是由世界的界分差异及对反对成、动变化异的本质所规定，既是界理的逻辑性规制，也是界理自然性的体现。差异即选择，动变是选择，自然亦是选择——选择归于合正大道，亦归于天地自然。

第四，界本目的论揭示目的论的过程性特质，即是说，目的同为过程，目的是过程的目的，过程是目的的过程，目的论之合正律与过程论之化异律共在共用，绝不隔离。也就是说，目的论合正律之合正导向，并非单一的、线性的运动取向，而是蕴含着对反叠变的双向可能，亦如善恶并存，有善即有恶；亦如"君子行道，路有犬吠"（问 5：2）。善恶一体两面、正反两向，有价值之优选，必定有价值之劣选，双向潜能亦是合正目的论的题中之义。"为什么有善的地方也就必然有恶呢？因为全体里面必定有物质；因为全体必然由对立面构成。"[1] 这也是目的论之过程性、过程论之目的性的辩证统一。

---

[1] 柏罗丁《九章集》，见黑格尔:《哲学史讲演录》第三卷，第 220 页。

君子行道，路有犬吠（《两界书》问 5：2）

第五，界本目的论突破所谓外在目的性与内在目的性的隔阂，融自然与人事、天道与人德、形下与形上为一体，以哲学、文学、历史、文化等相结合的知识综合，强调世界万物与文明演进的内在逻辑和关联逻辑，体现天人合一、道形一体、往来一致、偏斜循环的整体目的论特征，体现辩证、发展、动态的方法论、系统论和知识论思想。

从苏格拉底善的目的论、柏拉图的理念目的论、亚里士多德的自然目的论、人事目的论、形而上学目的论，到柏罗丁的太一与善的循环目的论；从康德的思辨的历史哲学目的论，到狄尔泰、费希特的分析的历史哲学目的论；从黑格尔的绝对本体目的论到胡塞尔现象学的理性历史目的论，其基本特征多是预设宇宙中存有某种居绝对支配地位的原始力量，该力量或指向善，或归为上帝等超自然存在，且人在宇宙万物中处于物种的最高端——在此逻辑下的目的论推演，无论怎样都难以摆脱人的意志对自然的强制和对历史的目的强加。

界本目的论追求基于世界之原点、存在、结构、过程与价值的逻辑建构，虽是一种时间之轴的因果关联认知，但不是预设了绝对的先验存在，亦非假设了固定不变的运动趋向，而重在以理性逻辑在对世界的综合知识认知中，发现宇宙万物延续与创造的综合目的论，发现在善美与私欲、利他与利己之间对反纠缠的人事目的价值，以及以合正道通天下为根本指归的界本目的论内涵。换言之，界本目的论是宇宙的自然哲学，也是人类的生命哲学，是自然与人事融合与超越的知识努力。

于人类而言，目的不是欲望的家园，而是在自然不朽的善的灯塔下，为意义寻找方向。

第八章　界本论的意义

天道立心，人道安身。

……

顺天行道，为人正义。

——《两界书》问 7：20—22

现世界来到了一个重要的世代性节点。世代的层级难以确定，但一定是一场巨大的、有颠覆性的世界变局。对现人类而言，世代转换的广度与深度都将是史无前例的，人与人、人与自然、人与超自然的关系，以及人类自身在世界的位置、属性、形态、意义都将重新定义，重新配置。

人类文明发轫以降，无论是古代农业、游牧文明还是近现代航海、工商业文明，所经历的文明形态与文明阶段此起彼伏、错综复杂，为各个时期的人类社会打下深刻的印记。比较而言，当下的信息时代、数字文明对人类生活的冲击、改变以及可能带来的不确定性，都以几何等级的加速度扑面而来。尤其是，一方面是难以抑制的科技车轮如野马脱缰般地飞奔狂驰，另一方面则是停滞不前、徘徊倒退的人心德性——人类为物欲所控几近走火入魔，思想的极度偏执导致价值体系分崩离析，特别是高尚者毁灭卑劣者胜出的秩序扭曲，都昭示着人类文明的确存在着一种"绝对性毁灭的危险"①。

世代转换的临界状态需要回到世界的原点，从始基根源上清理世界的底层逻辑，发现世界的起点、原因、机理，以找寻世界运行的可能路向。这需要新的思想工具、新的认知方式。新工具既离不开既有的认知经验、知识积累，又要突破认知习规、知识道统的体制桎梏。在人类认知世界的各种努力中，从早先的神话与原始宗教，到轴心时代及后世各时期的思想流派，积累了丰富的知识范畴、思想学说，但很显然，这些知识思想在应对当前的临界状态、回答各种临界问题时，常常捉襟见肘。当代的知识工作由于分工体制和功利目的的强制主导，要么是选择性发展，要么是避重就轻，屈从于私利原则已成常态。跳出传统的分离与缠斗，通过溯源与综合去发现一种本原性、普适性的思想工具，就有了非同寻常的迫切性；而现时代"同一个人类的历史开始了"②，包括各种边界的突破、交流的便利、信息的海量涌现和快速聚集，都为知识统一和创制新的思想工具提供了前所未有的条件和可能。当然，条件是可能的前提，不是实现的必然结果。

界论的提出就是这样一种尝试的努力。界作为范畴中的范畴、元范畴的发现发掘，以及界本原理与认知范式的提出，冀望从思维根基和逻辑底层找到回答当前非规则、不对称、化异叠变等不确定临界问题的思维范式和认知工具——一种尽可能汲取东西方知识营养，尽可能贯通起源与目的、存在与结构、过程与价值、原因与结果、自然与人事、生物与灵性、经验与理性的根基性原理工具。这个愿景有些高不可及，让人想起一档电视节目——"挑战不可能"。

---

① 卡尔·雅斯贝尔斯:《论历史的起源与目标》，第238页。

② 卡尔·雅斯贝尔斯:《论历史的起源与目标》，第223页。

唯其如此，不可能的诱惑也就不言而喻，而其中的知识深渊、思想历险、灵魂煎熬恰成激发挑战的动力源泉。在人类思想史的漫长历程上，人们一直有一个认知梦想，那就是尝试实现一个完整的知识谱系（complete genealogy of knowledge），包括建立一个自然谱系表（genealogical table of nature），[①] 现代科学、自然哲学与形而上学的高阶融合不断透露出希望的曙光。从人类精神史、思想史的大历史观来看，这也是人类不同知识领域的共同理想和追求方向，只是知识分科发展条件下探索者付诸实践的方式路径各不相同。比如"怀特海启迪的过程思维提供了一种集合性的启发，它可以为多学科研究带来连贯性"[②]，实际上，怀特海的过程哲学并不仅仅属于"过程"，而是一种思辨哲学（speculative philosophy）和有机哲学（philosophy of organism），因而有人坚持不把怀特海视为"过程哲学家"[③]，这也是怀特海将《过程与实在》称为"宇宙论"的原因所在，他的思辨哲学"就是努力构建一个连贯的、逻辑的、必然的普遍思想体系，我们经验中的每个元素都可以在这个思想体系中得到阐释"[④]。同时，人们也发现，海森堡和薛定谔的新量子学说等激动人心的理论进展，

---

① Andrea Gambarotto, *Vital Forces, Teleology and Organization: Philosophy of Nature and the Rise of Biology in Germany*, p. 51.

② Michel Weber and Anderson Weekes. ed., *Process Approaches to Consciousness in Psychology, Neuroscience, and Philosophy of Mind*. State University of New York Press, 2009, p. 35.

③ James K. Feibleman, "Why Whitehead Is Not A 'Process' Philosopher," in *Studies in Process Philosophy I: Tulane Studies in Philosophy*, Volume XXIII, Robert C. Whittemore, ed. Springer Science+Business Media, 1974, pp. 48–59.

④ Robert C. Whittemore. ed., *Studies in Process Philosophy II: Tulane Studies in Philosophy*, Volume XXIIV, Martinus Nijhoff, 1975, p. 59.

几乎是与怀特海阐述的有机哲学同时发生的。[①] 这似乎也是从不同角度在召唤知识统一和思想综合的到来。

界理论的逻辑框架对宇宙论、存在论、结构论、过程论、价值论、目的论的界分都是相对的本体论界分，是对界本论的分别表述，也是界本知识论的运用和实现。因而在界的理论中，本体论和知识论（epistemology，认识论）是一体的，不仅难以割裂，而且互构互成；对于所谓经验性问题、形式性问题的"两大箩筐问题"，以及两者之间的"问题箩筐"[②]，界理论是要把它们从不同的"问题箩筐"中释放出来，用整一的尺度和根基的眼光整体地看待它们。在界理论的思想认知中，基于世界的界分启始和万物存在的差异互构，界本知识论的内在逻辑体现为思想认知的整一性和根基性，整一性与根基性的结合是界理论知识建构的基本机理和原则特征。与一般认识论相比较，界本知识论可以说是一种"元认识论"（meta-epistemology），它关注的重点不在知识理论，而在知识的底层构制，就像美国新实用主义哲学家理查德·罗蒂（Richard Rorty，1931—2007）认为的那样："认识论不是知识理论，而是对知识基础的探索。"[③] 界本知识论的重点不在于知识本身，而在于知识何以成为知识的根据和原理。

---

① Robert C. Whittemore. ed., *Studies in Process Philosophy I: Tulane Studies in Philosophy*, Volume XXIII, p. 32.

② 以赛亚·伯林:《概念与范畴》, 凌建娥译, 译林出版社, 2019年, 第4—5页。

③ Ian Hacking, *Historical Ontology*. Harvard University Press, 2004, p. 9.

第一节　界本整一论

对知识进行系统分类并给予层级功能的定义，肇始于亚里士多德。他在《形而上学》中把知识分为理论性的（theoretical）、实践性的（practical）和创制性的（productive）三大类。理论知识包括物理学（physics，自然哲学）、数学和神学，实践知识包括伦理学、政治学，创制知识包括诗学、美术、建筑、医术之类的实用知识，这三类知识中，理论知识为最高层级的知识，实践知识居中，创制知识为最低层级。亚里士多德的知识分类分级显然是对其时知识领域的初步理解，是粗线条的界分，它甚至还忽略了把逻辑学、范畴论这类重要知识加以归类。同时，亚里士多德在强调分类知识对于探究存在的多层意义具有重要作用时，依然强调了普遍知识领域的重要性，指出第一哲学以普遍为对象，"思辨作为存在的存在、是什么以及存在的东西的属性"[1]。

亚里士多德的知识分类对后世人类知识的分科发展产生了深远影响。伴随着中世纪欧洲大学教育的出现，以及知识与宗教、经济、政治、教育等事务的结合，知识分科及学科运行的体制化逐渐强化，大学（拉丁文 universitas，意为"普遍""整体"）原本主要是志同道合者组成的知识联合体，却对知识施以了学科化（disciplinarity）的分割，并从教育和人的培养上深刻地影响了后世知识的发展。另一方面，从知识自身的深化来看，尤其是自欧洲文艺复兴开始出现的

---

[1] 亚里士多德：《形而上学》，苗力田主编：《亚里士多德全集》第七卷，第147页。

知识运动、理性启蒙和科学革命，无论对自然现象还是对人事人文，学科化的专门性研究由于对相关领域的边界限定而更易获得知识进步和科学突破，这也极大地鼓舞了知识的分科性发展。康德从哲学的角度对知识的内部划分给予了特别关注："每一门科学本身就是一个系统……我们必须……把它作为一个独立的建筑来进行设计建造。我们必须将它视为一个独立存在的整体，而不是另一座建筑的一个侧翼或一部分——尽管我们可能会从一个部分到另一个部分来回穿行。"[①]康德的思想很能反映其时知识界对知识分科的态度，这不仅有稳固的"理性"理据，也有充足的绩效基础。

但在知识分科发展狂飙突进的同时，对分科的各种质疑从未间断，对于知识重组、知识统一的努力也从未间断，尤其值得关注的是哲学领域的敏锐反应和变革要求。18世纪启蒙运动时期，黑格尔、费希特、谢林等一批哲学家"开始了哲学的改造工作，黑格尔完成了新的体系。从人们有思维以来，还从未有过像黑格尔体系那样包罗万象的哲学体系。逻辑学、形而上学、自然哲学、精神哲学、法哲学、宗教哲学、历史哲学——这一切都结合成为一个体系，归纳成为一个基本原则"[②]。黑格尔等看到了哲学的综合必然替代陈旧的哲学分析，康德也在《纯粹理性批判》中特别强调了综合判断在经验分析和理性分析中的价值："故一切综合判断之最高原理为：一切对象从属'可能的经验中所有直观杂多之综合统一之必然的条件'。"[③]尼采更是把知识的分科发展、学科的兴旺与权力和私利联系在一起，

---

① 引自乔·莫兰:《跨学科：人文学科的诞生、危机与未来》，陈后亮、宁艺阳译，南京大学出版社，2023年，第10—11页。
② 《马克思恩格斯全集（第一卷）》，人民出版社，1956年，第588—589页。
③ 康德:《纯粹理性批判》，第168页。

"他特别怀疑这样一种说法，即这些学科通过限定其范围而获得了客观公正的知识。对于尼采来说，专业学者关心的不是知识本身，而是在一个日益官僚化和职业化的社会中沿着职业阶梯往上爬"[1]。尼采的说法到了今天显得更有说服力。

知识分类和分科发展既是文明演进的结果，也是文明演进的工具，不仅是知识发展的必然，也是对应自然、人事乃至超自然分层秩序的认知要求。因而，问题的关键不是要不要知识分类、分科发展，而是如何对待、运用知识的不同结构，如何在知识体系的层序界分中，不仅发现局部知识特性，而且能将不同的知识特性联结起来，消除知识分区所可能导致的盲人摸象，尤其是减少权力和私利对知识分区的领地性绑架，使知识分类回归知识本体和世界整体，使分科发展成为促进知识整体进步、接近世界本原真理的有益工具。

这不仅需要新的知识观，更需要在思维底层探讨新的思想方式和认知逻辑。黑格尔、谢林等所致力的综合哲学及其整体思维无疑呈现了一个重要的思想方向，然其思辨的纯形上性、时态的单向性、方法的单一性以及视域的局部性等古典哲学特征，都有显见的局限。况且，现时代是一个融合了数字信息、人工智能、生物技术等科技要素与伦理、道德、意识形态、经济、政治、国家、民族、价值等人事要素，以及气候变化等自然要素、未知要素的不确定时代，综合性是这个时代的基本特征，20世纪80年代初未来学家托夫勒在《第三次浪潮》中预言的"一个新的综合时代"已经到来，它所提出的现实挑战和哲学命题、知识命题，都与康德、黑格尔、谢林的古典哲学时期完全不同。

---

① 乔·莫兰：《跨学科：人文学科的诞生、危机与未来》，第13页。

与人类早期洪荒时代的蒙昧一统或未开化的初始生态完全不同，当今的综合时代是一个高度分化了的综合时代，是一个分裂严重而关联密切的综合时代，它所提出的问题既不是局部的问题，也不是简单的整体问题，而是一个级序分化与整体系统叠加迭变的综合复杂问题。界理论提出界本整一论，力图超越传统的知识范式、思想方式，以宇宙论、本体论、结构论、过程论、价值论、目的论的系统建构和综合认知，建立起一种整一论的文化哲学和知识思想。之所以强调"整一论"而不是"整体论""统一论"，是想指出界理论的思想认知和知识构建是以界分互构、差多整一为根本机理的界本知识论，它充分关注知识和思想在结构、变化、系统、功能、价值、目标等方面的差异整合性和对成一致性，尤其要避免将界本知识论的机理整一简单地等同于知识范围的外延含括，或者简单地沿袭二元论、一元论的思想形制。整一论作为界理论的知识观——也是一种文化哲学，它在本质上并非寻求知识成分的关联统一、知识形制的联合同一，而是要寻求认知世界的一般工具、底层逻辑和知识的共通原理。界本整一论主要体现在六律整一、天人整一和知识整一等方面。

1. 六律整一

所谓六律整一，是指界理论各项律则的有机互构和整体运演，包括宇宙论元根律、存在论界本律、结构论对成律、过程论化异律、价值论优选律、目的论合正律六方面的系统整合、逻辑统一、功能互补及其整体实现。

界理论的本体框架涵括了宇宙论、存在论、结构论、过程论、价值论、目的论六个基本方面，贯通了宇宙世界的本元开端、万物存在的方式结构、有无一多的化异过程、差异共生的价值关联、因果互构的终极目的，所建构的"宇宙–存在–结构–过程–价值–目的"的逻辑系统，体现了界理论从起源到存在、从结构到过程、从价值到目的的完整的本体论内容，从认识论的角度而言，体现出一种建基于界论六律的元认识论（meta–epistemology），一种从基原出发、功能互构、逻辑一致的综合性认知。

首先，界论的六律整一从存在和知识的共同基原出发，克服认知的级序错位、话语错位和逻辑不整，寻求建基于存在和知识起点的逻辑算法。宇宙论元根律、存在论界本律、结构论对成律、过程论化异律、价值论优选律、目的论合正律的逻辑起点是世界万物的有与无、一与多、动与静的初始界分及其关联演变，既不是所谓经验论，也不是所谓唯理论，亦非经验论与唯理论的结合，而是一种贯通形上与形下、物理与心理的元理论，一种从存在和认知的始基原理出发的整一认识论，一种界本六律综合整一的界理算法。

六律整一的认识论以界论原理为基轴，以存在整体为对象，系统分序地认知世界存在的不同维度，宇宙论元根律表述存在的起点，以发生论的认知指向世界的起源和基原；存在论界本律表述存在的界分本性和差异状态，以本质论的认知解析世界以界为本的存在本质；结构论对成律表述存在的构制方式，以机理论的认知揭示世界的构制原理和基本形制；过程论化异律表述存在的演化动变，以运动论的认知揭示世界的存在生机；价值论优选律表述存在的本质关联及其内在引力，以关系论的认知揭示差异存在的关联原理；目的论合正律表述存在的因果运行和目标指向，以因果终极论的认知揭示万物存在的运行方向。在这里，界本六律既是界的本体论和本体论的基本构制，也是界理论的认识论和知识论的认知维度，如果说界论的本体六律相互叠加共同构制了世界的存在和存在的多样性，那么界论的认知六维则是以不同的认知逻辑及其相互补充，来实现对复杂世界的多维度理解和综合性知识呈现。当然，界论的本体六律与界论的认知六维，其底层逻辑、秩序原理与功能意义是建基和统一于以界为本、差异对成的界本原理之上的。

同时，界论的六律整一呈现了一个级序分层、功能互构、机理统一的世界整体程序。这一整体程序作为一个庞大的组织系统，由不同的分序系统组成——界理论体现为宇宙论、存在论、结构论、过程论、价值论和目的论，界论六律构制了世界整体程序的基干分序系统，每个分序系统承载了世界程序的分区功能，每个分序系统既有相应的级序作用，又相互构制、相互促发，从而实现世界整体程序的有机运转。在世界的整体程序中，信息、能量及其演变都是相互关联、相互影响的，统一于世界程序的界理编码。

界本宇宙论之元根律揭示宇宙发生的初始程序是由于界的启动，界作为世界创造的第一个操作程序，促成了差异从混沌中的诞生，并由差异的关联构制了秩序，差异及其秩序也就成了世界万物的共同逻辑源头。这一逻辑源头贯通于物质元素、性质形制，也贯通于宇宙自然、人事经验、心性理念和超验世界，为世界的存在论、结构论、过程论、价值论乃至目的论创建了编程的源码，并奠基了界本存在论、结构论、过程论、价值论、目的论的界理原则。世界的整体程序以界的源码和合原理为基础，从不同的世界维度加以演化，编制了大千世界丰富多彩、关联互构的分层秩序，并共同构制出生机世界的整体秩序。

如果说宇宙论是以界分的程序操作将混沌的前存在（pre-being）转化为存在（being），而界本存在论则对存在的存在——存在的属性与方式——加以说明，即对存在之是——是不是和是什么、存在之有——有没有和有什么、存在之在——在不在和怎么在的问题加以说明。存在之是是质性的界定，存在之有是量数的界定，存在之在是关系的界定，存在的质、量及其关系是确定存在的本质要件，存在论界本律不仅从宇宙论元根律的程序源码出发，而且呈现了宇宙论元根律在一般存在上的实现和演化，进而揭示了存在如何在——存在的范畴、种属、层级、存在者的居间态，特别是差异界态作为世界的一般存在系统，同时兼具了万物的生成机制，则不仅对世界万物何以存在，也对世界万物何以存续作出了原理的说明。界本存在论揭示了万物以界为本的存在本质，是世界整体程序中的基本秩序和秩序机理。如果说奎因（Willard Van Orman Quine，1908—2000）对"存在论问题"的答案"存在即受约变数之值"（To be is to be the value of a bound variable）的定义主要是从逻辑哲学的角度讲述存在的变值原则[①]，那么可以说界本存在论揭示的以界为本的存在本质，则为界本结构论对成律、过程论化异律、价值论优选律、目的论合正律制定了根本的演化原理。

　　界本结构论以宇宙论元根律为程序源码，以存在论界本律为根本基序，呈现了一个界分差异、对反对成的结构原则，这一结构原则既是世界构制的元结构——结构基原，也是一种待构的形制模型，为万物的关联和存在提供了一个构制基轴和生成机制。在此基轴机制的统纳下，世界的存在不仅是一个对反动变的存在，而且是一个序列性的运动过程，界本过程论之化异律揭示了一个元启界分、对反叠变、偏斜螺旋的过程规制和运动程式，世界万物的这一过程规

---

　　① David Chalmers, David Manley and Ryan Wasserman. ed., *Metametaphysics: New Essays on the Foundations of Ontology*, p. 474.

制和界本程式不是独立的逻辑存在，而是对界本宇宙论、存在论、结构论的过程化实现，是以过程的方式活化、演绎、联通了宇宙论、存在论、结构论的内在机理。不仅如此，在过程的有序运作中，界本价值论之优选律为其注入了价值动能和价值的万有引力，一方面界本价值论以价值界域的差异配置、价值关联为原理，将万物的动变统纳于价值引力场；另一方面，差异存在的价值关联与阈值叠变又充满了随机性和不确定性，这既对万物的差异存在施以不竭的过程能量，又以价值的存在系统揭示、深化了宇宙论、存在论、结构论、过程论的机理原则。界本目的论是界本六论的"思想漏斗"，它总结性地揭示了世界是由不同维度、不同层阶、不同级序的因果目的系统叠构编织而成，不仅吸纳和演化了界本宇宙论、存在论、结构论、过程论、价值论的全部要义和原理，而且以目的论合正律与宇宙论元根律实现了对界本存在的根本性对构和终极性循环，这一对构循环也是对界本理论的一次整体揭示。

因此，界本六律虽以分序的方式演绎运行，但不是独立的运行，而是合作的生成性演化，共同构制了世界的整体程序。如果说宇宙论元根律提供界本逻辑的开启源码，那么存在论界本律则提供了世界运演的界本基序，结构论提供了世界运演的界本基轴，过程论提供了世界运演的界本程式，价值论提供了生机动变的价值动能，目的论则展示了世界运演的界本因果和终极目的，界本六律共同构制了世界整体程序既分层又统一的编程密码、操作系统、运行逻辑和秩序原则。界本宇宙论、存在论、结构论、过程论、价值论、目的论作为界理论的本体论，从世界的本体六维叠构了复杂的世界整体，涵括了世界存在的基本要素和功能——世界万物之有无、一多、静动、生灭、关联、能量等差异内容，呈现的是一种贯通哲学、科学、神学与文学等不同知识层序的完全整合的本体论（complete fully integrated ontology），它涵括了所谓纯粹本体论（pure ontology）与应用本体论（applied ontology），而不仅仅是哲学与科学整合的本体论[①]。从界理论的认识论角度而言，界本六律的整一性认知对世界的本原与发生、存在与属性、结构与形制、过程与动变、价值与关联、因果与目的，以及偶然与必然、确定与不定、自然与人事、神圣与世俗、形上与形下等全部知识领域作出了系统性认知，贯通了自然、人事、超自然，因而它追求的不是认识论的方法创新，而是实践了一种基于界理律则的元认识论。

因而，界本整一论之六律整一既是本体六论的整一，也是认识论与知识领域的整一，更是本体论与认识论的整一。六律整一不是六律同一，而是表述了世界的差异存在和差异秩序的逻辑统一，统一到生机、多维世界的生成与功能，统一到以界为本的世界程序，统一到世界整体的组织系统和存在机制。

2. 天人整一

"天"的含义极为丰富。《两界书》中，"天"的主要意义一为拟人化的天帝，本质是超人类、超自然的存在；二为天地，是自然属性的存在。自然与超自然是"天"的两大基本属性，界本论之天人整一不同于通常以天人合一喻指人与自然的和谐关系，而是蕴含了人与自然、超自然三者之间特定的逻辑关联。

现世界的本质构制并不仅仅建立在人与自然的关联或人类自身的相互关联，而是建立于人与自然、超自然三者的共同关联，人、

[①]　Dale Jacquette, *Ontology*. Acumen Publishing, 2002, pp. 2–9.

自然、超自然是现世界构制的三种基质要素，世界秩序的建立、演化及其功能、价值的生成，本质上离不开三项基质要素的共同构制。此处强调超自然的存在，无关有神论、无神论的信仰问题，而是强调超自然——包括对造物者、有神论的设置，以及暗物质、暗能量等未知因素——不仅自始至终嵌入现世界的构制，而且深刻地影响世界的运行和人文演化。故界本论所谓天人整一是指人与自然、超自然的共构整一，是指人与自然、超自然之间内在的整一性关联。

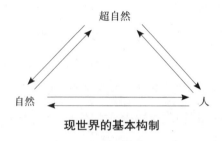

现世界的基本构制

超自然（supernature）是一个复杂的概念，在既有的人类认知中被以多种形式表述，既有神、上帝、造物者这类创世、神学的设置，也有道、玄、玄之又玄、气、理、天机等抽象概念范畴，还包括大量科学理性认知所不能解释的神秘要素、未知要素，包括以科学方式表述的暗物质、暗能量，以及宇宙大爆炸理论对奇点的假设等。在人类精神史的演绎中，造物主与神是最为典型、最有影响力的超自然存在表述，尽管在不同的知识语境中造物主与神的形制、意义千差万别甚至极端对立，或者完全是无神论的、以人类为中心的，但在世界秩序的全景视野和整体构制中，超自然要素无疑扮演着或被寄寓世界的开启者、秩序的最初施动者，并在世界的秩序化运行中发挥关键作用。《两界书》的天人关系包含了人与自然（天地）、超自然（以天帝、道、大道等为象征）之间的关联，世界的秩序及其运行是在自然、超自然和人事三者之间的交互关联中实现和演化的。作为一种整体性的综合世界观（comprehensive worldview），界本论的天人整一观力图提供一个世界视野的全景效应，并将天人整一的内在目的指向世界的共同创造（Create，Bārā），尤其是人在世界中的位置、使命和意义。

因而，在天人整一观的视野下，自然、超自然和人在现世界的秩序构制中扮演着不同的功用，超自然（天1）是世界启动的真正元因——无论以何种概念表述世界的造物元因和造物者，迄今为止还都只能是先验的预设，包括界作为元范畴的最初施动者，对界主为何的问题也只能是一个前界的超验预设；自然（天2）与人都是最初的被造者，通常的顺序是先造天地、水草、鱼虫等自然物，然后再造人类，但在世界的最初生成程序中，人与自然是同级序的被造物，相较于造物者的超自然属性和超验性，人与自然处于同等的受造位置。但人与自然又有不同，一方面，自然是人类的摇篮、生存的凭依，也可以说人是自然的一部分，即使按进化论的认知，人类源于自然，是自然演化的直接产物；另一方面，人又不是一般自然物，人的灵性、智性、德性超越于一般自然物之上。因此，人类源于并依托于自然，但又界分于自然并超越自然。故在界本存在论的认知中，人与自然的存在既是界分的二又是对成的一，是在界的超自然力量的驱动作用下构制出的初始的一和初始的二，是世界的初始结构，并由自然与人的界分对成演化了现世界的生机。

如是，在超自然存在的超验启动下，自然与人的对反对成构制出经验世界的万千变化。但超自然对现世界的基底构制和价值引力并未消隐，且始终是现世界运行发展的关键秩序者。自然与人的界分及其对差异世界的本质构制是无须赘言的，但超自然对世界的介入似乎要复杂得多，超自然的超验性、造物者的未知性，以及上帝通常被赋予至善、至能的唯一神性等，都给人们对问题的理解带来困难。从界本论的逻辑原则看，世界秩序的基本形制、构制机理离不开秩序肇始的根本元因，而秩序元因无论以何样的概念表述和预设——神、上帝、造物者、德穆革、外星智慧、超自然力等，其内在的基因禀性对自然秩序的形成都是有根本决定意义的。因此，超自然的天（天1）不是可有可无的天，虽有未知性，但并非虚无缥缈，在现世界的组织结构中起到了秩序发端者、规则制定者的作用——这一作用的终极元因尚待证明，但作用的机理与自然和人事逻辑同理，亦与界理同理，即在超自然的基底元因中必定蕴含了对反对成的两极基因，这也是天人共生机制的基本构因。

即使在超凡神圣和神学的范围看，神、上帝、太一也并非如某些神学家、神学哲学家和神学教义所讲的那样，祂（们）尽是至善的，或是某种绝对性的化身。苏美尔、埃及、印度、希腊等早期创世神话和创世史诗，一般都是多神化的创造体系，经由属性不同的多神对宇宙控制权的争夺，以及多神之间的分化、排序，才完成了开天辟地的世界创造，多神争战所创造的不是世界复杂的物质属性，而是万物关联的复杂整体及其功能，事实上，"古代的人们相信某物的存在不是因为它的物质属性而是因为它在有序系统中具有某种功能"。所以功能本体论提出，某物的存在"需要在有序系统中赋予其某种功能或角色，而不是赋予其物质属性，某物如果没有发挥出功能，那么它就不存在"[1]。近东的开辟史诗是雄伟风格（grand style）的叙事文体，以诸神争战的方式演绎天地万物从混沌（滄虚）中分

---

① John H. Walton, *The Lost World of Genesis One: Ancient Cosmology and the Origins Debate*, p. 24.

出、构制的过程，不仅诸神的善恶属性不同，对创世后的存在分属及其关联功用也起到了决定性影响；印度《梨俱吠陀》中，住顶仙人（Prajāpati Paramesthi）对"有转神"（Bhāva–vrtta）的神格品性进行高度的抽象化，以"有"与"无"、"死"与"不死"、"黑夜"与"白昼"、"在上"与"在下"等辩证概念，揭示"有转神"创造世界的本原机理具有对反对成性，而非单一性："无既非有，有亦非有；无空气界，无远天界。……世间造化，何因而有？是彼所作，抑非彼作？住最高天，洞察是事，唯彼知之，或不知之。"这里没有直喻善恶的伦理问题，但住顶仙人强调了智人冥思的"第一种识"："于非有中，悟知有结"，在意识（末那，manas）的抽象思辨中引入了"非"与"中"的价值判断。[①]

希伯来唯一神有至高的权能，但祂在创世时并不仅仅创造善，也同时创造了恶，创造了撒旦和其他的恶——私欲、争斗、懒惰等，这是后世神学家经常激辩的一个论题。对上帝的这一做法早在希伯来圣经正典中就有了明确的质疑——这种质疑主要不是神学教义的辨析，而是以色列人从现世经验出发，对上帝的不公平发出责怨：

> 你卖了你的子民，也不赚利，所得的价值，并不加添你的资财。你使我们受邻国的羞辱，被四围的人嗤笑讥剌。你使我们在列邦中作了笑谈，使众民向我们摇头。我的凌辱终日在我面前，我脸上的羞愧将我遮蔽，都因那辱骂毁谤人的声音，又因仇敌和报仇人的缘故。这都临到我们身上，我们却没有忘记

---

① 《梨俱吠陀》第10卷，第129曲，巫白慧译解：《〈梨俱吠陀〉神曲选》，商务印书馆，2020年，第258—264页。

你，也没有违背你的约。我们的心没有退后，我们的脚也没有偏离你的路。你在野狗之处压伤我们，用死荫遮蔽我们。倘若我们忘了神的名，或向别神举手，神岂不鉴察这事吗？因为他晓得人心里的隐秘。我们为你的缘故终日被杀，人看我们如将宰的羊。主啊，求你睡醒，为何尽睡呢？①

希伯来圣经形成了系列性的"与上帝论辩"（arguing with God），论辩的内容包括：人是否失约？上帝为何苦待百姓？恶人为何反享平康？切望死的人为何赐予生命？等等。在《约伯记》中，约伯的厌世和愤世嫉俗更可以被视为对上帝神圣权威的质疑与挑战，他的立足点是现世的人生经验，而不是预设的神本超验，"约伯向上帝挑战是因为他把在上帝面前讲真话当作道德责任"②。在这个问题上，神学教义一直试图在上帝正义与人本道德之间建立起逻辑联系，将责任和原因单方面地归咎于人对上帝的失约、人的私欲和人的原罪，以神学信仰强制理性秩序。随着对上帝及其神圣属性的深入辨析，有观点提出上帝的天意（Providence）不仅与自然秩序相容，而且与人的自由意志甚至与邪恶相容，一定的恶是与善伴生的必要条件。③

以界本的原理来审视，超自然的存在（包括上帝在内）既是超验的预设，也是现世界的构件，包括自然和人事的存有、运行、过程、结果，超自然的元因都会以各种不同的形式嵌入其中——这无

---

① 《圣经·诗篇》44：12—23。

② Anson Laytner, *Arguing with God: A Jewish Tradition*, p. 23.

③ Paul Weingartner, *Nature's Teleological Order and God's Providence: Are They Compatible with Chance, Free Will, and Evil?*, pp. 236–271.

关神学或有神无神之分，而关乎现世界的逻辑呈现、人文事实演化以及人类的认知限度。在这里，超自然与自然自在、人事经验是逻辑贯通的秩序系统，元因与存有、结构、过程、结果是世界的共生体。怀特海以有机哲学的过程逻辑推导出上帝的具体性原则和原初本性，认为"上帝的本性的丰富性既是原初的，又是后继的。他既是开端，又是终结。……由于一切事物的相对性，因而也存在着世界对上帝的反作用。……同一切现实实有相类似，上帝的本性也是两极的。它有原初本性和后继本性。上帝的这种后继本性是意识性的，它是现实世界在统一的上帝本性中通过上帝智慧的转换而实现的"[①]。怀特海特别强调了上帝原初本性的两极性（God is dipolar），以及后继本性在实有中的创造实现：

　　上帝是永恒的，世界是流动的，这样说是正确的；正如说世界是永恒的，上帝是流动的也同样是正确的。

　　上帝是一，世界是多，这样说是正确的；正如说世界是一，上帝是多也同样是正确的。

　　与世界相比，说上帝显然是现实的，正如说与上帝相比，世界显然是现实的同样也是正确的。

　　世界内在于上帝，这样说是正确的，正如说上帝内在于世界也同样是正确的。

　　上帝超越世界，这样说是正确的，正如说世界超越上帝也同样是正确的。

　　上帝创造世界，这样说是正确的，正如说世界创造上帝也

---

① 怀特海:《过程与实在》，第 523 页。

同样是正确的。^①

　　怀特海对上帝原初本性中两极性的发现，以及原初本性之两极性在后继本性中的种种呈现，包括上帝的流动性、上帝是多、世界对上帝的超越、世界对上帝的创造等，都表明怀特海在对其有机哲学作出终极说明时，上帝已由传统教义的神圣单一性演变为世界过程和世界构制中的多维性、合生性，并以"主体性目的指导"将上帝的两极性创造性地"分享"给现实实有，这是怀特海哲学的重要创造贡献。

　　超自然对自然和人事的贯通，与其说是"主体性目的的指导"，不如说是超自然的两极性不仅奠基了自然和人事的根基元因，而且与自然和人事共同构制了一个整体性的功能系统和生成机制。这一生成机制以两极界分为基质，以两极对成为机理，以超自然与自然、人三者之间对反对成的叠变运动为功能系统，创造了一个差异对成、功能互制、级序分层、逻辑统一的天人整一系统。

　　界理原则下的天人整一不是通常所谓天人合一，而是强调超自然（天1）、自然（天2）、人三者之间在关联、功能和生成上的逻辑机制及其秩序统一，其内在机理不同于泛论天地自然与人的和谐统一。

　　首先，天人整一是超自然、自然与人的三位一体的整一，包括超自然的天意与自然秩序、人事秩序的结构定位和有机整一。天意（Providence）的概念有些模糊，用以统纳包括上帝神学和未知力量的超自然秩序不失为一个权宜之计。在超自然天意、自然秩序和人

① 怀特海：《过程与实在》，第 527—528 页。

事秩序之间，超自然天意相对处于逻辑前序和结构高位，它对自然与人事具有启导、奠基的基原意义。相较于超自然天意，自然与人事处于相同的发展级序，事实上人也是自然的一部分，是从自然分化出来的较为特殊的部分，自然与人事共同承接了超自然的前序规制，都是超自然天意的承载者、实现者和演化者。相较于自然，人被赋予了更多的自治、自由和创造空间，并承担了一定的自然治理者、管理者的责任。相较于人事，自然博大而沉稳，从宇宙大尺度看，自然秩序更完整地遵循天意、体现天意、接近天意，并为人类提供给养。在这个意义上，人类的敬畏之心尤为重要，《两界书》将"天地"等同于"天帝"：

> 敬天帝即敬天地。人生天地之间，举头三尺有神明，离地半寸无根立。天意在上难违，地气在下不绝。心无敬畏，胆大妄为。人自为主，终将自毁。人享天帝之眷，凭天地立身，得天道指引。故天道自然为人主，高天大地为父母。
>
> （问 7：21）

于人而言，人居天地之间，上有天意神明指引，下有大地自然养育，天意（天帝，天1）、天地（天2）与人的秩序逻辑是清晰的，此处重在表述人在超自然、自然和人三者序列结构中的位置。《两界书》提出的"人主"和"何为人主"的问题，本质上也是在天人整一的序列结构中确立人的定位（问 7：1—22），以避免人类悬空飘浮，避免人类成为无主的、妄为的野蛮物。人被赋予了在自然界的重要使命，同时必须明晰使命、权力的来源及其自由与限度，这是天人整一观的价值所在。

其次，超自然、自然与人事的结构关联、有机整一并非单向的秩序传递，而是超自然天意与自然秩序、人事秩序三者之间的交叉叠构、多向循环的功能生成机制。超自然、自然与人类三者的级序层分、序列先后既是结构性的定位区分，也是功能机制的界分。在由超自然、自然与人类三个基质要素构制的天人共生机制中，三种要素间都是一种对反对成的互构关联，且是三维叠构的组织系统，是以对反对成、三维叠构为机理的生成创造功能。这一组织系统内相关构件的任一动变都会关联系统整体的动变，相关构件对反对成、三维叠构的运动机制也是世界生存的动能之源、生机之源和创造之源。

自然与人类的对反对成、相互构制占据了人类生存史、思想史的大部分内容，超自然自身的对反两极性不仅是其固有本性，也对自然与人类产生基础性的关联，并深刻地参与到现世界对反对成、三维叠构的生成运动之中；而自然与人类又以各自不同的方式呈现、承载、实现世界的本初元因，如果说存有超自然之神，那么每人、每物、每事都有神的因素和影子。

但在对超自然的天帝（天1）与自然和人的关系认知中，天帝与自然、人的和顺统一，以及天帝对世界的恩慈、惠眷成为主导性逻辑。西方话语有上帝照着自己的模样造人，上帝的神性逻辑以恩典的方式贯通自然和人事——从对自然的创世、对人的天启，到人在世界的救赎直至末日审判，上帝都是善、恩典、正义的化身。在中国，天有五德、神明在上是对超自然天帝的基本设定，而对自然之天（天2），往往又走到战天斗地、人定胜天的另一极端。

从界本整一论的观点看，超自然的本性元因是以结构功能的方式融入世界的，如果说它是游戏规则的设计者，那么超自然的两极本性不仅写入了世界的程序编码，而且实际参与了世界程序的驱动运行，也就是说，超自然、自然与人类的一切关联，都是对反对成、三维叠构的关联，对反叠构是天人整一论的基本原则。

设若以超自然的上帝为例，上帝在世界对反叠构中的作用显而易见。怀特海在细分上帝原初本性中的两极性时，还对上帝两极性在其后继性中的实现原理作出了说明，指出上帝与世界是一种相比较的对立，上帝的创造性以相比较的对立将差异的多样化调节转化成"比较性差异的合生的统一性"，其间蕴含了上帝与世界之间对反对成的转化功能。怀特海这里的"世界"是一个笼统的概念，没有对世界作出自然与人事的区分，他在《过程与实在》的结尾处用典型的怀特海式文体作了如下总结："因此，应当把宇宙看作是对它自身的各种对立的积极的自我表达——它自身的自由和必然，它自身的多样性和统一性，它自身的欠缺和完善。所有这些'对立'都是事物本性中的要素，是不可更改的存在着的要素。'上帝'的概念就是我们用来理解这种难以置信的事实。"①

怀特海对"上帝"的意义讲得很清晰，他对各种对立的"积极的自我表达""自身的自由和必然""自身的多样性和统一性""自身的欠缺和完善"等的表述，虽然抽象含混，却也一定程度地蕴含了对反叠构的原则意味，尤其是对上帝概念所作的终极说明提示人们，怀特海的话语逻辑从根本上讲不是神学哲学逻辑，而是有机哲学的逻辑。

中国哲学对天人问题的思考是深刻的，但由于比较隐晦零散，特别是被"天人合一"之说一统天下地概括，使得一些重要思想或被掩盖，或被忽略了。

---

① 怀特海:《过程与实在》，第 531 页。

天人合一思想的前提是天人之分。天人之分是思考天人关系的逻辑前提，所谓"人法地、地法天、天法道、道法自然"——中国哲学认知天、地、人，认知形下、形上世界的根本框架、逻辑起点，都是建立在天、地、人的界分之上，如荀子所言："明于天人之分，则可谓至人矣。"①《黄帝阴符经》关于"天有五贼"的思想极为重要，它与"天有五德"的传统定说相悖，强调"天有五贼，见之者昌"，"五贼在乎心，施行乎天。宇宙在乎手，万化生乎身"。②此处之天显然是超自然之天；五贼的含义史上多有歧解，但无论作何释义，五贼之说都是建立在阴阳对成的逻辑机理上，且是指向阴反的属性功能，与阳正相对反："天之五贼逆行，阴阳颠倒相返也。"③"贼者，害也，五行之炁，各怀生杀。顺者吉，逆者凶。天时，顺则四序调和，安宁丰泰。逆则兵饥水旱，蝗疫为灾。"④贼的阴反取向并不掩盖"相贼相生"的对成原则，反而构制了阴阳互成的条件和机能："五行颠倒，大道生焉，顺则成人，逆为丹用。"⑤五贼的对象范畴——贼命、贼物、贼时、贼功、贼神，既关涉了自然、人事，也关涉了时空、价值和形上，《黄帝阴符经》以此为基点，还对天、人、宇宙、万物之间的施行化发进行了演绎，各种演绎无不建基于阴阳互化之道和对反叠构的机理之上。

《道德经》有关"天地不仁"之说几成千古疑问，但其逻辑底层本质上与天人有分的基本思想密切关联。

---

① 《荀子·天论》，方勇、李波译注：《荀子》，第 265 页。
② 王宗昱集校：《阴符经集成》上，第 2—3 页。
③ 唐淳：《黄帝阴符经注》，王宗昱集校：《阴符经集成》上，第 234 页。
④ 赤松子等：《黄帝阴符经集解》，王宗昱集校：《阴符经集成》上，第 300 页。
⑤ 夏元鼎：《黄帝阴符经讲义》，王宗昱集校：《阴符经集成》上，第 126、170 页。

《道德经》第五章有谓："天地不仁，以万物为刍狗；圣人不仁，以百姓为刍狗。"此言自古以来多有歧解：有说天地没有仁慈，将人视为刍狗；有说天地对人不施仁恩、不造立施化，"天地任自然，无为无造，万物自相治理"[①]；胡适罗列"仁"的两个说法，一是"慈爱"，二是"人"，他似乎倾向于后者，以为"天地不仁"表述了老子关于天地非人的思想，并将此说与王弼"无有恩意"之说相调和；[②]钟泰《中国哲学史》专附《〈老子〉天地不仁以万物为刍狗解》，对胡适的仁、人同义说提出质疑。[③]

对"天地不仁"句的理解，关键有二：一是要把以道、易为核心的中国古代哲学关于天、地、人的本质认知作为理解其意的逻辑框架和思想原理，离开了这一框架原理便容易走入偏差；二是要结合《道德经》语境语义，防止割裂开来牵强附会。中国古代道、易哲学的思想核心与思维关键都在阴阳对立的辩证统一，这在对天、地、人之间形上关系的论说上表现尤为明显。既往的研究几乎一面倒地强调天、地、人的统一，如对"人法地、地法天、天法道、道法自然"之间的关联统一格外强调，对关联统一的前提——人、地、天、道之间差异区分多有忽略。《道德经》的核心思想就是论析天、地、人及其与道、德的关系，天、地、人的差异界分及阴阳辩证是其论说的全部基础，也是《道德经》论说的逻辑机理。即使是人，《道德经》也细分为王、圣人、君、主、君子与臣、民、百姓、小人等，反复论及不同层类的人在道与德的逻辑框架中所居位置的不同，位置不同则相互间的道德关联也不尽相同。《周易》亦类似，"《象》

---

① 王弼著，楼宇烈校释：《王弼集校释》，中华书局，1980 年，第 13 页。
② 胡适：《中国哲学史大纲》，商务印书馆，2011 年，第 42 页。
③ 钟泰：《中国哲学史》，湖南师范大学出版社，2018 年，第 19 页。

曰：天与火同人。君子以类族辨物。"① 君子、圣人、大人与民、同人、恶人等同为人，但绝不等同，而人与天、地、道之间的差异则更大；即使是道，亦被细分为天道、地道、人道，三者各有含义："立天之道曰阴与阳，立地之道曰柔与刚，立人之道曰仁与义。"② 此处明喻天道为阴阳对成之形上属性，人道乃仁义之伦理，两者分属不同层序；而君子、圣人往往较一般百姓、民众、同人更能接近天道，"唯君子为能通天下之志"③，"天地变化，圣人效之"，"是以明于天之道，而察于民之故"。④

从道、易思想的哲学原理和逻辑根底来看，在论及天、地、人，以及论及圣人与百姓、君子与民等关系范畴时，道、易思想强调的是差异与统一的结合：首先是差异，而后是统一；差异是根本，统一是目标。故《道德经》所谓"天地不仁，以万物为刍狗；圣人不仁，以百姓为刍狗"中，"天地不仁"是说天地不与人同，强调的是天地与人的界分差异性；"圣人不仁"是说圣人不与百姓同，强调的是圣人与百姓分属不同的道德层序。在这里，"仁"与"人"不可完全等义，"仁"不是单一的"人"，而是含有两者以上且有谓词内蕴的"同仁""同人""为伍"诸义，"不仁"强调的是天地与万物、圣人与百姓之间的属性差异，以及这种差异所具有的价值对成——这是《道德经》此论的关键所在。反之，如若视"仁"与"人"完全同义，前句理解为"天地不是人"其意尚可成立，而后句就会出现"圣人不是人"的荒谬释意，这显然不合适。结合《道德经》文

---

① 《同人》，李鼎祚撰，王丰先点校：《周易集解》，第 107 页。
② 《系辞下》，陈鼓应、赵建伟注译：《周易今注今译》，第 704 页。
③ 《同人》，李鼎祚撰，王丰先点校：《周易集解》，第 107 页。
④ 《系辞上》，陈鼓应、赵建伟注译：《周易今注今译》，第 627 页。

本语境，下文所言"天地之间，其犹橐籥乎？虚而不屈，动而愈出。多闻数穷，不如守中"，是以比喻的方式讲人在天、地之间的位置，教谕人在世间应有谦卑的修为态度，根本意旨是要人效法天地自然，百姓要以圣人为道德楷模。"天地不仁，以万物为刍狗"让人联想起《圣经》中上帝以尘土造人，并视人"本是尘土，仍要归于尘土"（创3：19）。《道德经》第五章为全书的重要章节，表达的是道、易思想的纲领核心，后人望文生义地将"天地不仁""圣人不仁"之"仁"释解为"仁慈""仁恩"之类的人事伦理意义，视域逼仄，逻辑欠通顺，且游离于《道德经》的主旨和语境。

中国哲学对天道、地道、人道之分在很大程度上也是对超自然秩序（天意）、自然秩序和人事秩序的表述，由于相应概念的语境语义差异巨大，因而不能轻易将天道、地道、人道与超自然秩序、自然秩序和人事秩序画等号，但《易经》《道德经》《庄子》《淮南子》等经典古籍不乏对超自然之天、自然之地与人伦道德诸范畴的关联论述，各有独到之处，当具体而论。

再者，在天人整一观的认知中，超自然天意与自然秩序、人事秩序间的交叉叠构及其生成机制的目的意义在于建立和顺的天人秩序、健康的天人共生体，人类在天人秩序和天人共生体的构筑中并非完全处于从属、被动地位，在结构因果论的维度上，人类与超自然、自然的分序、分工不同，但目的价值相通，人类与自然、超自然作为世界构制的基元要素，三者是互为因果、互为构制的，而且人被赋予了某些特别的使命和创造性。因此，天人整一观以差异对成、交叉叠构为机理的生成功能将落脚点和重心置于人事操作，人类不仅要确立应有的定位，更要掌握好作为的尺度，在相应的功能区域内将本己利益与天人共生体的整体利益相融合，将天人秩序的整体规制与人类享有的自由选择相融合。在此情势下，人类的团结、自省和节制就格外重要——这关涉到人类整体的共同命运。

这项工作何其繁复而困难！问题的关键是将天人秩序的整一原则贯通和运行到人事操作中，从基本的世界观念到国家治理，再到个人修为，为此，《两界书》提出"天人共为""天人合制""要在人为"诸论说。

《两界书》所提"天人共为"思想揭示了在天人共生的世界中，在悲喜、成败的对反选择面前，"天人共为"对天人共生体的本质意义：

> 要纪到临，似临分水大岭。众生似流水，必经悲喜岭。
>
> 悲喜两向，或悲或喜，天自有取。天之所取，赖人所为，天人共为。

（命 15：3）

这里既强调"天自有取"，也强调"天之所取，赖人所为"，强调人的能动性，而天人秩序的终极构制取决于"天人共为"。

《两界书》所提"天人合制"思想，即是强调天人整一的秩序合适，天道、仁道、王道三制有序，并不悖逆："上合天道，下合仁道，普济众生，方成王道"，以及"天、王、民，上、中、下，三制有序，天人相合"（教 7：4—5）。天人合制思想与《黄帝四经》有关"前道"之说有类通之处："治国有前道，上知天时，下知地利，中知人事。"[①] 中国文化对天时、地利、人和的看重其实也是一种

---

① 《十大经·前道》，陈鼓应注译：《黄帝四经今注今译——马王堆汉墓出土帛书》，第 314 页。

天人整一的宇宙观和世界观，与西方思想中的天人宇宙论是完全相通的："宇宙中的一切都是联系着的：宇宙本身只不过是一条由生生不已的原因和结果构成的链条。"[1]

《两界书》所提"要在人为"思想，强调个人修为的重要性，重点落在对善恶、美丑、欲望与节制的价值判断和选择上。卷十二"问道"论及"何为人？"这个重大命题时，道先对人的界定体现了典型的天人整一观，既包含了"天人不二"，又包含了"天人之分"，此处的"天"分为天1（天道）、天2（本欲，自然），于人而言，重要的是人对道、欲的选择和平衡：

> 人之为人，在其性本善恶而由恶化善，欲制交合而抑欲从制。……人知羞向美，故遮丑显美。人知恶向善，故抑恶扬善。人自本人，恶善相搏，欲制两争，因天道所引，教化所驱，始由本人渐为义人。……本先以为，异中可为，顺天行道，要在人为。
>
> （问4：8）

这里强调了个人在天人共生体中应有的生命态度。人的属性、人的教化离不开天人共生的生命观和世界观，《两界书》提出"人立道、欲之间"，"道、欲、人三维而织"，即是以天人共生的思想看待人、看待世界，也是对天人共生体及其秩序逻辑的一种文学表述：

> 万千世界斑驳陆离，实乃道、欲、人三维而织，三纲而张。故人处天地之间，脚立道欲两界。或以道为主，或以欲为先，

---

[1]　北京大学哲学系外国哲学史教研室编译：《十八世纪法国哲学》，第595页。

或道欲共主先，实为人之恒惑，古今难解，解亦未解。

人世繁复，然不过三维两界。古今贤哲受天帝启悟，几多妙思，几多偏颇。非以天之大道统摄，人世万古无以解惑。

人、道、欲立于三维，三维各蕴两界。人者蕴于道、欲，道者蕴于人、欲，欲者蕴于道、人。

（问7：14）

《两界书》以天人整一的有机辩证观强调"无欲不生，无道不人""以道疏欲，致欲适人"（问7：15—16），也是在两界对反、交叉叠构的天人整一论框架下，对天人秩序及其构件、定位、原则的一种形象叙事。

总之，界本论之天人整一观是以两极界分为基原，以人与超自然、自然三者之间的级序分层、对反对成、交叉叠构为机理而形成的世界生成机制，这一机制秩序互构、功能互生、逻辑统一，是天人共生体的根本秩序，也是天人共生系统的根基原则，这一秩序原则摆脱了任一意识形态或神学、伦理的设定，而是建基于世界构制的基元要素、基础关联和基本运动，建基于世界以界为本的界理逻辑。天人整一观以差异界分为万物存在的基本标尺，而人与自然、超自然作为现世界存在的基本区分和基元要素，三者之间在存在、意义、属性上既有数理的界域，也有恍惚的粘连，它们共生共构、互反互成，每个存在都是一种生消能量，都在叠构螺旋中寻找自己的位置，都在天人共生体的整一性原则下，不断调适万物间的参数关系，共同实现世界的创造和运行。

3. 知识整一

知识是什么？知识有何属性？知识的来源在哪里？知识何以可能？知识是否成真？知识如何可靠？知识有无标准？知识构制的工具是什么？知识是靠经验、知觉、感觉还是全凭思维、逻辑、理性、语言，抑或另有他因？

诸如此类的问题，从古希腊的米利都派、毕达哥拉斯学派、智者派、苏格拉底、柏拉图、亚里士多德时代起就有触发，经由新柏拉图派、奥古斯丁、阿伯拉尔、罗吉尔·培根、弗兰西斯·培根、笛卡尔、霍布斯、斯宾诺莎、约翰·洛克、莱布尼茨、休谟、康德、黑格尔等的演化，到皮尔士（Charles Sanders Peirce, 1839—1914）、胡塞尔、罗素、杜威、奎因等的逻辑推演，始终是西方哲学中的一个重要而歧解的问题。至于知识论与本体论哪个为先、哪个为基础，也像先有鸡还是先有蛋的问题一样，争论不休。金岳霖先生可谓中国系统研究知识论的第一人，其《知识论》体系庞大但又有所取舍，特别是从知识论的出发方式、知识论与记载学、科学、心理学的分别论起，奠基了金岳霖知识论既贯通中西又将现代逻辑分析法充分运用的哲学特色，为中国知识论研究作了前导性的铺垫。

（1）界理原则下的知识观

经典知识论对知识及其属性的定义被认为奠基于柏拉图对话录中的知识思想，在《美诺篇》尤其是《泰阿泰德篇》中，柏拉图通过苏格拉底与两个年轻人美诺、泰阿泰德的对话，比较系统地表述了对知识的思考认知。实际上，柏拉图并未形成完整、明确的知识定义，苏格拉底在同泰阿泰德对话结束时依然对知识的定义抱有怀疑："当我们试图发现什么是知识的时候，有人告诉我们说，它就是正确的判断伴以有关差异的知识，或者别的什么知识，这样说岂不是太愚蠢了？所以，泰阿泰德，知识既不是感觉，也不是真实的判断，更不是真实的判断加解释。"① 实际的情形是，"柏拉图寻求知识的定义，但没有明确的答案，对话也没有结果"②。然而，柏拉图的知识对话通常却被认为是奠基了在西方知识论体系内具有经典定义的知识概念："知识是确证了的真信念"（knowledge is justified true belief），这个定义是否真正符合柏拉图知识论的本义姑且不论，但是确证（justification，证实）、真（true）、信念（belief）被认为是知识的核心要素（JTB）几成定论："在哲学中很难找到共识，但从二十世纪初一直到一九六三年，人们几乎普遍一致认为，知识即得到辩护的真信念。"③ 以此为基础，西方知识论的全部演绎几乎都是围绕着 JTB 三要素及其关系展开的，如何确证知识之真成为知识论的主要工作。

知识的要义被限定在证实、真和信念的结合上，知识的获取也被寄托于证实、真和信念的运用上，自柏拉图《泰阿泰德篇》以来的两千多年，哲学家们就一直痴迷于理解和实现这种命题知识（propositional knowledge）④。为达此目标，西方知识论繁复地演绎了确证的手段、路径，充斥了诸多的质疑、反驳和再质疑、再反驳，也试图添加更多的论证工具和要素，其中影响比较大的如埃德蒙·盖特尔（Edmund L. Gettier）在 1963 年 6 期《分析》刊文 "Is

---

① 柏拉图：《泰阿泰德篇》，《柏拉图全集》（增订版）中卷，第 445 页。

② Noah Lemos, *An Introduction to the Theory of Knowledge*. Cambridge University Press, 2007, p. 1.

③ 约翰·波洛克、乔·克拉兹：《当代知识论》，陈真译，复旦大学出版社，2008 年，第 16 页。

④ Richard Fumerton, *Epistemology*. Blackwell Publishing, 2006, p. 12.

Justified True Belief Knowledge?"①对知识是"得以确证的真信念"提出反例，这被称为"盖梯尔难题"（Gettier Problem）。此后围绕着盖梯尔难题，学界又提出诸多"盖梯尔难题的难题"，或反对、修补，或深化、演绎，但依然存留在 JTB 难题的循环之中，难以显现一个清晰的知识论未来。②

界本知识整一论既非沿用既有知识论的逻辑体制，也无意陷入传统知识论的论辩沼泽，而是在界本论的框架下，就知识的存在属性、知识的生成原理，特别是知识谱系的层序与关联、分工与统一的内在机理——知识的整一性——作出界说。这里的知识整一性建基于界理原则之上，是从知识作为存在的特定层态及其分区、分工的人文特性，以开放的视域来建立一种新的广义知识观、存在知识论，并揭示知识的谱系性特征。知识谱系性并非知识的一般层级结构，而是知识的存在系统、存活形态和生成机制，类同于界本整一论的六律互构性、天人共生性。知识谱系性是界理逻辑在知识领域的实现和运行，并在知识的界理演化中呈现出知识逻辑底层的整一性特征。相较于既有的知识论，界理知识观摒弃主客二元论的认知逻辑，不是将知识简单地视为人对客体的认知反映和认知成果——无论是经验知觉的还是思维思想的，也无论是神授天启的还是天赋灵感的；而是以界理的知识整一观，建构一个界本存在意义上的知识论——一种广义知识论。

对知识及其属性的定义多如牛毛，这取决于定义的基点和维度。在界本论的逻辑下，知识是存在的一种形态——一种存在态，是世

---

① Roderick M. Chisholm. *Theory of Knowledge*. Prentice-Hall, 1989, p. 91.

② 参见 Stephen Hetherington, *Epistemology Futures*. Oxford University Press, 2006, pp. 148-168.

界存在本体的一部分；知识是差异的秩序形式，由信息及其符号系统所构制，表达差异存在的质量、能量、运动、价值、因果的关联规则和方式原理；知识是对世界差异存在的一种信息集合、结构呈现和升维演化，蕴含了自然、人事、超自然的内在秩序和相互意义。这些都决定了知识是一种主体性、普遍性的能动存在，人类始终生活在各种知识的笼罩和支配之下，只不过有的"知道"，有的"不知道"。人们把知道的那部分通过确证、证实——也就是命名、定义和界说，并贴上知识分类的标签，称之为知识；而对那些暂时未知的、"未经证实"的均不视为知识。

其实，在实际的知识运行中，知识可分为显呈知识与隐在知识两大类。显呈知识是人工既成的知识形态，多以命题知识（propositional knowledge）呈现，以人类知道、发现和构制为主导，以人文化的符号形式为载体，也就是人们习惯了的所谓知识，这部分可称为人工知识；隐在知识是潜在、自在、本然和发展的知识，由自然、超自然和人类的不同存在分别负载，也由存在共同体共同负载，在中国古代哲学思想中，昊天、天帝、天地、天道、天理、天意、天秩、天序、天性、天威、天德、天贼、天子、天命、天职、天赐等思想都蕴含了典型的隐在知识论，这类知识如按 JTB 的规范则被排斥在确证、真和信念之外，属于"不知道"和"得不到确证"的范围，因而就不是 JTB 的知识了。

实际上，显呈知识与隐在知识是紧密结合、共同实现的。苏格拉底在与泰阿泰德关于知识是什么的讨论中，虽未给出知识的定义，但描述了知识的"显得"（φαίνεται）性，知识的"显得"既是人对事物的感觉，也是事物对人的"显得"，事物的同一"显得"对不同的人而言会有不同的显得结果。① 康德的"物本身"（things of thesemselves，亦译"物自体"）概念是其先验论学说的一个关键概念，在论及物本身的存在与经验知识的关系时，康德认为，"自然就是物的存在，这是就存在这一词的意思是指按照普遍法则所规定的东西来说的。假如自然是指自在之物本身的存在，那么我们就永远既不能先天认识它，也不能后天认识它。……我的理智以及它所唯一赖以把物的诸规定连结到它的存在上去的条件不能预先给物本身订出任何规则来。物本身并不去符合我的理智而是我的理智必须去符合物本身。因此必须是物本身预先提供给我，我才好从物本身看出这些规定来；而这样一来，物就不能被先天地认识"。康德明确强调物的存在有其本身遵循的法则，这种法则先于人的经验、理智的存在，是"预先"提供给人的。② 胡塞尔提出"一切实在都是通过'意义给与'而存在的"。并且强调实在与意义的统一："一切实在的统一体都是'意义统一体'。意义统一体预先设定一个给与意义的意识，此意识是绝对自存的，而且不再是通过其他意义给与程序得到的。"③ 胡塞尔表述的纯粹现象学思想与康德的先验论物自身概念在思想底层是完全相通的。中国哲学的话语体系完全不同，但诸如应天说（应天之阴阳）、天地人合整一观，以及人法地、地法天、天法道、道法自然的相法观，也都从自然、存在与知识的关联机理上揭示了显呈知识与隐在知识的共制结合，而且还将这种共制密切地结合到人事社会的致用上，有谓"乃命羲和，钦若昊天，历象日

---

① 柏拉图：《泰阿泰德》，詹文杰译，商务印书馆，2015年，第24—25页。

② 康德：《任何一种能够作为科学出现的未来形而上学导论》，庞景仁译，第56—57页。

③ 胡塞尔：《纯粹现象学通论》，李幼蒸译，商务印书馆，2009年，第170页。

月星辰，敬授民时"，"天秩有礼，自我五礼有庸哉"，[①]　"生有先后，所以为天序；小大高下相并而相形焉，是谓天秩。天之生物也有序，物之既形也有秩。知序然后经正，知秩然后礼行"[②]，等等。

就知识的整体运行而言，知识呈现了几个突出的功能特征。一是知识的人文性，显呈知识是人文构制的一种存在层级和存在的形上态，在自然、超自然和人的世界三大基质中，人的因素通常发挥重要作用，人是显呈知识的直接生产者，知识的本体性依附于人在世界结构中的位置，因而知识属人的品性是显呈知识的首要属性。二是知识的谱系分序性，即知识既是一个整体，又以分层分序的方式存在，自然、人事、超自然既共同构制了知识王国的整体谱系，又以自然知识、人文知识、超自然知识的不同层序相对独立地存在；人文知识具有显呈性无须赘言，自然与超自然不仅自有秩序和知识，而且蕴含了巨大能量，有些属于尚未认知的暗物质暗能量，有些已是明物质明能量，或介于暗明之间，但无论怎样，其自身禀赋的知识性存在及知识功能是不容置疑的存在事实。三是知识的媒介性，尤其是由于人的媒介作用，知识与自然存在、超自然存在既有区分又有关联，知识内涵了自然和超自然的信息和秩序，因而知识本身——无论是显呈知识还是隐在自赋的本原知识，均可视为人与自然、超自然共处的媒介；知识将人与自然、超自然的界分紧密地融会一体，所谓天人互构，离不开知识的黏合关联，在中国的道-德思想体系中，知是道与德的媒介，知的运行决定了道-德的运行。四是知识的自主自在性，从知识的存在主体来看，显呈知识虽以人为主导，但知识构

---

① 《尚书·尧典》《尚书·皋陶谟》，王世舜、王翠叶译注：《尚书》，第7、38页。

② 王夫之：《张子正蒙注》，中华书局，1975年，第86页。

制的底层蕴含了人与自然、超自然共构的生成机理，知识本身蕴含了人与自然、超自然的共同因子——自然与超自然在知识构制中的作用有多大和如何发挥作用，是一个值得深究的问题，比如天启、人的天赋、灵感来源问题，但离开了自然与超自然，一切知识都将不复为知识，因为人的存在及其知识建基于人与自然、超自然的关联世界里。在神学的知识论中，上帝在造了其他一切受造物后，就造了有理性有灵魂的男女，并按祂的形象赋予其知识和公义；知识和智慧承载了上帝的神性和美德，形貌不同的各类先知就是传达神谕的职业中介人。《两界书》所谓道先、约先、仁先、法先、空先、异先之"六先"，不仅是学问卓著的先生，也是联通自然、超自然的先知，六先不仅论及人道，亦论及天道、地道，甚至异界之道。

因而，从知识存在的本体性出发，知识是由人、自然、超自然共同构制的一种特殊的存在态，知识不仅属人，更属于世界；知识并非单纯为人的产品，既有先于人的知识存在，又有人与自然、超自然的共制，这也决定了知识具有贯通人事、自然、超自然的自主性、自在性、媒介性；显呈的知识存在并非仅为被动的次生存在，而是人与自然、超自然的共构存在，人在其中起到了显见的主导作用，但自然与超自然的参与、互动、协同不可缺少——它们的所与（given）虽然是隐性的，但可能是关键的；知识虽以相应的形制面世，但知识不是成品，而是有机的活物，是人与自然、超自然结合共育的生机存在。因此，从知识的存在属性而言，知识不是孤立、静止、单一的存在，而是自在性与生成性结合、个别性与系统性结合的关联存在，这构制了知识的谱系性——知识的谱系性是知识存在的根本特征，而割裂知识的自在性与生成性、个别性与系统性的有机联系，是旧有知识论的致命弱点。

（2）知识的谱系性

知识的谱系性（genealogy）既是知识的存在属性，也是知识的构制原则和生成机理，是界理逻辑下知识整一的基本要义，包含了知识分层性与知识生成性以及两者的有机统一。因而，知识谱系不是知识的形式谱系，而是知识的存在属性、功能系统和运行原则，蕴含了知识载体在界理原则下对差异化的存在要素、结构、价值、过程、目的等的形上表述和知识加工。

分层性作为知识谱系的基本属性，显然奠基于世界存在的界本属性，它既源于世界万物的本体差异，也源于知识构制的主体差异，但知识谱系及其分层性的建立并非止于知识种属的差异划分，也非对知识不同区域、不同结构的形制划分，而是蕴含了知识的分类、分层、分区的秩序及其功用、价值、原理的区分，它既对应了世界一般存在的性状，也蕴含了界理六律的整一原则。美国人类学家克利福德·格尔茨（Clifford Geertz）从族群的自然界域出发描述知识的地方性，提出了地方知识（local knowledge）的概念，较他之前《文化的阐释》关注"讲出来的社会话语"，《地方知识》转换为一种"思维的民族志"，强调了"知"的族域分层问题，[①] 这是对知识谱系的一种族域分区的描述，不是界理知识论讨论的重点。

知识的分层性离不开知识分类，但其内涵不止于分类。分类思想源远流长，无论是物种分类还是知识分类，一般都把亚里士多德公认为是分类科学的肇始者，其实在苏格拉底、柏拉图那里，就已对事物分类及其所属型相进行了区分，而且还对事物及型相的道德属性作出了区分。巴门尼德与苏格拉底的对话中谈到："你对讨论的

---

① 克利福德·格尔茨:《2000 年版序言》，克利福德·格尔茨:《地方知识——阐释人类学论文集》，杨德睿译，商务印书馆，2016 年，第 1 页。

热情令人钦佩！你自己就以你提到的方式区分了某些型相本身和分有这些型相的事物，是吗？你认为相似本身是某个东西，与我们拥有的相似性是分离的吗？还有一与多，以及你刚才在芝诺宣读文章时听到的所有东西？"苏格拉底回答："我确实做了区分。"巴门尼德又问道："有一个凭自身存在的'正义'的型相、'美'的型相、'善'的型相，以及所有诸如此类的东西吗？"苏格拉底作了肯定的回答。[①]巴门尼德和苏格拉底还深入讨论了型相本身的可分性和事物对型相的分有等问题。柏拉图借巴门尼德与苏格拉底的对话，业已对事物和事物的知识、属性作出了清晰的界分，虽然这些界分是建立在型相的理念之上，但对亚里士多德及其之后的分类科学还是有着重要的前导意义。亚里士多德的分类科学和把知识划分为理论性、实践性、创制性的知识分类奠定了西方分科之学和知识分类的基础，这其中既隐含了亚里士多德的形式逻辑原则，也多基于他对物种类型的经验观察；他把对科学知识与非科学知识的证明逻辑上升到科学公理和知识的一般原则，对后世的科学和知识研究也都产生重要影响。

　　经由中世纪对希腊思想的转化，文艺复兴、启蒙运动时期出现了更多不同思想视角、不同逻辑维度的知识论分类。托马斯·霍布斯（Thomas Hobbes，1588—1679）从"知识的主题"出发把知识分为两种："一种是关于事实的知识，另一种是关于断言间推理的知识。前一种知识就是感觉和记忆，是绝对的知识。"他进一步把关于事实的知识分为两类，一类是自然史或博物志，记录不以人的意志为转移的自然事实，另一类是人文史，是对国家人群的自觉行为的

---

①　柏拉图：《巴门尼德篇》，《柏拉图全集》（增订版）中卷，第454页。

记录。①霍布斯的知识论显然是建基于他的经验论哲学，经验是一切知识形成的基础，这和培根的知识思想是高度相通的。斯宾诺莎有所发展，他从人类知性的改进出发，把知识的种类分为四项：

一、由传闻或者由某种任意提出的名称或符号得来的知识。

二、由泛泛的经验得来的知识，亦即由未为理智所规定的经验得来的知识。我们所以仍然称它为经验，只是因为它是如此偶然地发生，而我们又没有别的相反的经验来推翻它，于是它便当作不可动摇的东西，留存在我们心中了。

三、由于这样的方式而得来的知识，即：一件事物的本质系自另一件事物推出，但这种推论并不必然正确。获得这种知识或者是由于由果以求因，或者是由为一种特质永远相伴随着的某种普遍现象推论出来。

四、最后，即是纯从认识到一件事物的本质，或者纯从认识到它的最近因（causa proxima）而得来的知识。②

斯宾诺莎强调了知识的经验性，也强调了知识的因果推导，他对知识的分类主要还是以认识的各种方式（modi percipiendi）为基点，局限性显而易见。约翰·洛克与斯宾诺莎不同，他一方面对培根和霍布斯的知识思想有所传承，另一方面又赋予了他自己的知识论断："所谓知识，就是人心对两个观念的契合或矛盾所生的一种知觉——因此，在我看来，所谓知识不是别的，只是人心对任何观念

---

① 霍布斯：《利维坦》，黎思复、黎廷弼译，杨昌裕校，商务印书馆，2017年，第61—62页。

② 斯宾诺莎：《知性改进论》，贺麟译，商务印书馆，2009年，第26—27页。

间的联络和契合，或矛盾和相违而生的一种知觉。知识只成立于这种知觉。"他把知觉性的"契合"分为四层：同一性或差异性、关系、共存或必然的联系、实在的存在，这依然还是从获取知识的途径而言，但与斯宾诺莎已显著不同。据此，他把知识划分为现实的知识（actual knowledge）和习惯的知识（habitual knowledge），在习惯的知识中，他又把知识（真理）分为两个等层；当洛克回复到经验论的知识生成方式时，他又把知识的等级分为直觉和解证两种，或直觉的、辩证的、感觉的三种。①

　　比较而言，罗素对知识分类的分析哲学认知，体现了更具现代性的知识观。他在《人类的知识：其范围与限度》中从"科学推理的公设"来考察知识的种类及其生成，认为人们过多地把"知识"的概念"看作是个具有明显和统一含义的概念。我个人的看法是：许多哲学上的困难和争论都来自对于不同种类的知识之间的区别，以及对于我们自以为认识到的大部分知识所特有的模糊不清和不够明确之处认识不足"：

　　　　一般所说的知识分为两类：第一类是关于事实的知识；第二类是关于事实之间的一般关联的知识。与此紧密相关的还有另外一种区分：有一种可以叫作"反映"的知识，还有一种能够发挥控制能力的知识。莱布尼兹的单子"反映"宇宙，在这种意义上单子也就"认识"宇宙；但是由于单子之间永不互相作用，它们也就不能"控制"它们身外的任何东西。这是一种关于"知识"的看法在逻辑上推到极端的表现形式；另一种关

　　① 洛克:《人类理解论》（上、下册），关文运译，商务印书馆，2009年，第555—569页。

于"知识"的看法在逻辑上推到极端就是实用主义，正如首先由马克思在《费尔巴哈论纲》（1845）中所提出的："人的思维是否具有客观的真理性，这并不是一个理论的问题，而是一个实践的问题。人应该在实践中证明自己思维的真理性，即自己思维的现实性和力量，……哲学家们只是用不同的方式解释世界，而问题在于改变世界。"

我认为莱布尼兹和马克思的看法都是不完全的。非常简略地从大体上讲，前者适用于关于事实的知识，后者适用于关于事实之间的一般关联的知识。就这两种知识来讲，我所说的都是指非推理的知识而言。我们对于概率的研究已经证明非推理的知识一定存在，这种知识不仅是关于事实的知识，而且是关于事实之间的关联的知识。[①]

罗素知识论的逻辑视域显然更广阔一些，他试图说明个人经验与科学知识整体之间的关系，提出了知识的科学推理经由五种公设：准永久性公设、可以彼此分开的因果线公设、因果线中时空连续性公设、结构公设、类推公设。[②]可以看出，罗素的知识论始终与他的逻辑分析密不可分，他的科学推理公设理论一定程度上揭示了知识的不同逻辑路线和逻辑分层，并且有意识地引入了感觉、记忆、知觉的经验要素，但本质上仍然是以分析哲学原则对知识种类和知识生成的逻辑推演。

在对知识论尤其是知识分类问题的考察中，生物分类及生物学

---

① 罗素：《人类的知识：其范围与限度》，张金言译，商务印书馆，2009年，第505—506页。

② 罗素：《人类的知识：其范围与限度》，第583—594页。

的知识发展是不应被忽视的领域。这不仅因为以亚里士多德为代表的知识分类和分科之学从一开始就与动植物的物种分类及其知识密不可分，更由于近现代以来生物学有关生理系统、生物功能和生物进化等方面的研究，在借助科学实验手段取得空前进展的同时，又密切保留了与哲学的关联互动。无论是整体论、突现论、活力论的生物学主张，还是功能生物学（functional biology）、进化生物学（evolutionary biology）的最新进展，都不同程度地关涉了基础性的本质论（essentialism）或终极原因（ultimate causations）问题，这些都对科学哲学的发现产生深刻影响。

另一方面，哲学的形而上学性在科学领域也有了某些最新的进展，近几个世代以来，哲学明显地呈现出一种元科学（metascience）特征，并嵌入到对科学方法论、语义学、语言学、符号学和包括生物学在内的其他科学科的分析。恩斯特·迈尔对生物学的思想发展作出了具有哲学意味的分析，生物学分类理论形成了所谓逻辑分区的向下分类（downward classification by logical division）、经验分区的向上分类（upward classification by empirical grouping）以及等级分类（hierarchical classifications）、共同祖先分类（grouping according to common ancestry）、数值分类法（numerical phenetics）、分序法（cladistics）等诸多分类理论与方法，这从生物学的知识底层显示了分类逻辑和方法维度的丰富性，但这些主要还是基于生物的种属、系统等的性状、关联所作的区分，相关知识紧密地对应了自然阶梯（scala naturae）的特征。诸如此类的细致分类并不能解决生物学的全部问题，尤其是伴随着进化论、骤变论（saltationist）、突变论（mutationism）等理论的不断演进，基于性状的、静止的分类学说越来越捉襟见肘，达尔文提出的对所有性状施以加权分类价值

（weighting the taxonomic value）的主张，显然也只是缓解问题的权宜之计。①生物学的分类理论及其困难从一个特定的角度启示了知识论的一个重要问题，这就是知识谱系的分层既不能简单对应自然与人事的要素和结构，也不能止于它们的性状和关联。

相较于笛卡尔、洛克、贝克莱等"我思"的知识论传统，卡尔·波普尔是一位传统知识论的挑战者，他吸收了生物学、达尔文进化论等的影响，提出了将知识划分为主观知识与客观知识两种类型的思想。他将建立在人的信念、证实基础上的知识称为主观知识，而柏拉图以来的主观主义知识论忽略了客观知识的存在，无论是通过论证、信念去获取知识之真的传统知识论，还是现代以来杜威式探求知识的确定性，都忽略了知识的猜测性、进化性、客观性特点。他提出客观知识论，这一理论建基于他的三个世界学说："第一世界是物理世界或物理状态的世界；第二世界是精神世界或精神状态的世界；第三世界是概念东西的世界，即客观意义上的观念的世界——它是可能的思想客体的世界：自在的理论及其逻辑关系、自在的论据、自在的问题境况等的世界。"②波普尔的三个世界学说显然深受柏拉图的影响，但他的独特之处和最大贡献是强调了知识的自在客观性——也就是世界 3 的存在，强调知识"就其所谓本体论地位来说是自主的"，这对柏拉图、笛卡尔的知识传统不啻是一个重大反叛，也开辟了知识论的一个重要路向。但他的所谓客观知识却

---

①　见 Ernst Mayr, *The Growth of Biological Thought: Diversity, Evolution, and Inheritance*. The Belknap Press of Harvard University Press, 1982，恩斯特·迈尔：《生物学思想发展的历史》。

②　卡尔·波普尔：《客观知识——一个进化论的研究》，舒炜光等译，上海译文出版社，2005 年，第 178 页。

是建立在"作为人工产物的第三世界"①，本质上并没有真正摆脱主观知识论的逻辑窠臼，而是在主观知识论框架内发现知识客观性的自在层序，他所谓的客观知识既非真正独立的自在客体，亦非存在意义的真正主体。

中国古代亦有较为丰富的知识论思想，例如《墨子》关于知识的分类，《经》曰："知：闻、说、亲；名、实、合、为。"也就是说可将知识分为闻知、说知、亲知、名知、实知、合知、为知七类；《经说》释曰："传受之，闻也。方不彰，说也。身观焉，亲也。所以谓，名也。所谓，实也。名实耦，合也。志行，为也。"就是说，闻知是指传授得来的知识，说知是由已知的知识推测出来的知识，亲知是亲自观察到的知识，名知是关于称谓方式的知识，实知是称谓实物的知识，合知是称谓方式的知识与称谓实物知识的结合，为知就是践行知识的行为知识。②墨经所涉的知识论范畴已经相当深入，与西方知识论话语不同，但逻辑维度多有交构，但因表述晦涩和缺乏系统的逻辑推演，因而长期未能得到很好的发掘整理；至于张载所提"闻见之知"与"德性之知"等思想已不局限于知识论，而是体现了与伦理思想密切结合的中国哲学特性。

在界本整一论的认知框架中，知识是存在的分层状态，知识谱系的分层性体现的是一种复合的界理功能，它基于存在的性数及其关联状态，但不是静止地表述性状差异；它关注物类、认知、逻辑、形制的不同，但不是孤立地看待区分；它对应于"自然阶梯"，但一切"阶梯"都是动变、关联、叠加、能动的；它强调知识内涵的理性与经验，但更强调知识的人文性与知识媒介性、自在性的整

---

① 卡尔·波普尔：《客观知识——一个进化论的研究》，第182—186页。
② 谭家健、孙中原注译：《墨子今注今译》，商务印书馆，2009年，第271页。

合——也就是说，知识谱系的分层不是单纯地将知识作为人文成品进行分类，而是将知识作为界理原则下的形上存在和有机整体，对知识载体的界理功能所进行的层级（grade）区分和综合。

知识谱系分层性的根基建立在知识的分类、分区和分工等不同层面，这显示了知识对存在之"是""有""在"——属性、数量、关联的基本对应，但知识谱系的分层性并不仅仅在于对存在性状、结构的形制划分和逻辑分类。在对知识的一般发生和知识类型属性的认知中，思想的出发点不仅决定认知的路向，也决定认知的原则。界理原则下知识谱系的分层性与既有知识论的最大不同在于，它既不是笛卡尔"我怀疑，我思想，因此我存在"的知识基础（斯宾诺莎《笛卡尔哲学原理》）、莱布尼茨的"天赋观念"（《人类理智新论》），也不是洛克经验主义的"白板论"（tabula rasa，《人类理解论》）、大卫·休谟的印象与观念的知觉论（《人性论》）；既不是康德的物自体和先验要素学说、综合判断和分析判断（《任何一种能够作为科学出现的未来形而上学导论》），也不是费希特的意识本原行动（Thathandlung，《全部知识学的基础》）——这些知识论要么从天赋、先验，要么从实践、经验，或者试图进行某种调和，但都是以特定的既成的眼镜观察知识成品。既有的知识分类和学科分工建立在这样的认识论基础之上，并对世界万物的不同区域进行分类审视，就像人们已经习以为常的那样，"生物学研究生物，心理学研究精神功能，天文学研究天体现象，数学研究数字。……但它们没有解决现实的漏洞，也没有解决所有的问题"，因而，西方学者把解决问题的方法指向了本体论。[1] 这是可能的方向，但本体论若以静止的形

---

[1]　Francesco Berto & Matteo Plebani, *Ontology and Metaontology: A Contemporary Guide*, p. 1.

而上学去面对，依然难以揭示知识的本质和本体。界理原则下知识谱系的分层建基在界本六律的整体观念上，知识作为世界结构的一部分、世界的一种存在态和世界的一种造物，并非仅是人的经验或理智的产品，否则就割裂了知识与世界的关联，阉割了知识的生机性和自主性。

知识构制的一般要素是人、自然和超自然。人在其中扮演了直接的操作工——对知识的发现、组合、装饰等，自然与超自然的作用相对隐在而沉稳，但可能是起最终作用的。人的操作工作一方面是技术性加工，一方面是价值嵌入，即将人的价值判断嵌入其中，价值成为知识运行的真正动能。传统的知识分类、学科分区是以知识要素、范围、构件为中心，以知识的技术、形制为主导的界域分工，无论是以对象领域还是以工具方式（语言、仪器、逻辑、认知方式等）去划分，知识的整体都被分割了，知识的局域功能得到了彰显，但知识的整体联系被掩盖。界理原则下知识谱系的分层性揭示了知识的底层逻辑和价值内涵，因而知识谱系的分层本质上是知识的价值分层和功能分层，是知识的不同价值层序及其运行功能的相互构制、相互关联。

（3）知识的价值层序与功能机制

知识谱系的价值层序难以简单分区分类，但蕴含着不同的功能机理。知识作为存在的一种特殊形态，既不等于存在本身，也不是悬空的存在，而是对应了存在的再存在。由人事主导的显呈知识当然是我们要重点关注的，它通常以语言符号为媒介，在这种符号化的"二次存在"中，演绎了一场以知识为舞台、以价值为核心、以价值配置为主题的知识连续剧——它的角色众多、道具多样，装扮成不同的形貌，以系统化的学说、理论、思想、制度和符号体系面世。人事主导的知识编制有几种主要的方式：一是实存性的描摹刻画，力图直接知道既有的真相、再现它的本原，满足人类的本能需要；二是因果逻辑推理，力图通过逻辑演绎、经验归纳知道未知和可能；三是预设性构造，通过虚拟预设出超验世界，并在超验与经验、现时与过去或未来之间建立联系，力图确立对世界的整体理解。知识的不同编程构制了不同的知识形态、知识系统和知识规则，这是知识谱系的一种基本分层——编程分层，在编程分层之下，知识的根本驱动算法还是体现在知识谱系的价值层序上。

在价值层序的驱动源码中，基本的价值指令来自真、善、多。真（真伪）的问题表述了知识的公理性，善（善恶）的问题表述了知识的伦理性，多（多少）的问题表述了知识的阈值性，真伪的公理、善恶的伦理、多少的阈值构制了知识谱系最基本的价值层序，也是构制了知识谱系的运行基轴，它与知识的分类、分区、分工的性状结构叠加互构，形成了知识谱系的功能组织系统，这同费希特所设定的"全部知识学的基础"完全不同，费希特在其《全部知识学的基础》中把他的哲学称为"知识学，"虽然在他的相关知识论中也关涉了"伦理世界秩序"和善的伦理性问题，但他是以自我为知识起点，把知识的原因最终归为上帝神性的启示，并沿着康德的路向进行逻辑演绎。

求知真相是人的本能，追求真理是知识的秉性。当然，从知识诞生之初，希腊的哲学家就对知识能否成真、怎样才是真的问题提出不同的见解，最初的分歧主要来自经验与思维的对立——知识真理的来源是感性经验可靠还是理性思维可靠，"他们将意见与真理对立起来，他们的意思只不过说明他们自己的学说是真的，其他人的意见是假的。他们只觉得这点是肯定的：他们的观点来自思考，而群氓（正是早期哲学家赫拉克利特、巴门尼德、恩培多克勒以一种极端轻蔑的态度来谈论群氓的理智活动）则拘泥于感性的虚妄。只有通过思维才能获得真理；如果单凭感官就只能产生谎言和欺骗。思维自身变得如此强而有力，以至它不仅进而达到那些对一般思维说来已经是绝对荒谬的结论，而且还明确地坚持：思维本身就是（与意见相对立的）真理的唯一源泉"①。在思想与感觉的两分中，巴门尼德显然站在思想的一边，并强调思想与存在的同一，只有思想才能产生对存在的真实认识——思想是通往真理之路。但对于真理是否可能、如何可能以及真理的标准是什么的问题，从巴门尼德、苏格拉底、柏拉图、亚里士多德时代起不仅充斥着相反的对立观念，而且这种对立分歧在思想史的演变中从未消息过，尤其到了希腊化-罗马时期的怀疑主义（skepticism），他们不仅从根基上猛烈攻击科学知识的可能性，而且"揭露三段论法程序中的困难以及亚里士多德根据三段论法所创立的方法中的困难"②；直到当代知识论者，他们在为知识"标准看法"作出各种辩护的同时，依然不得不面对来自全域怀疑主义、局域怀疑主义、自然主义以及相对主义等的各种严峻挑战，③尽管从标准看法开始的知识论似乎已对知识的证成问题进行了严密的逻辑论证。

真理论与怀疑论对真理及知识的两极化认知不仅反映了认识论上的分歧，也揭示了关于知识本体属性的认知分歧。真理论与怀疑论对知识真伪的分歧，以及各种认识论有关知识证成与证伪的纠

---

① 文德尔班:《哲学史教程》上卷，第 83—84 页。

② 文德尔班:《哲学史教程》上卷，第 273 页。

③ 参见理查德·费尔德曼:《知识论》，文学平、盈俐译，中国人民大学出版社，2019 年，第 132—234 页。

缠，本质上是提出了知识的有效性问题。知识的有效性在认识论的功能层面无论怎么看都难以达成统一的解释；从知识作为存在的再存在出发，知识的有效性和知识的真伪问题不仅表述了不同认识论的价值判断差异，也表述了知识作为存在的价值本体差异。一方面，"'思维'和'感知'之间的对立来自对于它们的认识论上的价值（erkenntnisstheoretischen Wertbestimmung）的估计〔即来自这样一种假定：这两种心灵活动的形式其中一个比另一个，对于达到真理来说，更有认识论的价值〕"[①]；另一方面，作为强烈地嵌入了人文因素的形上存在，知识于客体、于本体，以及不同的知识存在之间，知识真伪的价值问题是知识的核心问题，这在很大程度上可以表明，知识无定限，真理无标准；但知识有真伪，真理有价值差，知识的真伪、真理的价值差及其比率配置，构制了知识谱系组织运行的内在程序，这是界本知识论所要揭示的一个关键要义。

　　知识一定是真伪并存的。从知识的本原来讲，它对应并服从于人事、自然、超自然，作为知识客体同时也是知识主体所内含的差异本性；从知识的具体构制而言，人是既成知识的制作工，"人作为自然界的臣相和解释者，他所能做、所能懂的只是如他在事实中或思想中对自然进程所已观察到的那样多，也仅仅那样多：在此以外，他是既无所知，亦不能有所作为"[②]。抛开人的能限以及理性、感觉、观察、经验的认知误差，仅从知识的实现载体——各种符号系统而言，相较于认知对象的本原或原理，知识能否完全成真始终都是一个疑问。

　　传统的知识以语言为基本媒介，荷马时代的希腊人关注语言是

---

①　文德尔班：《哲学史教程》上卷，第87—88页。

②　培根：《新工具》，第7—8页。

将说话作为一种修辞的技艺；而苏格拉底、柏拉图和亚里士多德开启对语言的哲学思考，对整个西方哲学尤其是对现代知识论的语义学分析产生了深刻影响，甚至把语言直接等同于理性，把知识、思想和价值研究归结为语言学的语义逻辑分析。语言作为哲学的工具，被怀特海比同于科学的工具："每门科学都必须设计出自己的工具，哲学所需的工具是语言。因此，哲学要重新设计语言的方式，就像在自然科学中重新设计已有的工具一样。"[①] 在 20 世纪语言转向（the linguistic turn）运动中，语言在哲学中所扮演的角色已不仅是工具和仪器，更被作为哲学构制和哲学分析的基础要素，与范畴、逻辑的运演原则紧密结合在一起。维特根斯坦《逻辑哲学论》的目的就是"想要为思想划一个界限，或者毋宁说，不是为思想而是为思想的表达划一个界限：因为要为思想划一个界限，我们就必须能够想到这界限的两边（这样我们就必须能够想那不能想的东西）。因此这界限只能在语言中来划分，而处在界限那一边的东西就纯粹是无意义的东西"[②]。罗素在为《逻辑哲学论》所作的《导言》中将《逻辑哲学论》称为哲学界的一个重要事件，理由是"它从符号系统的原则和任何语言中词和事物之间必须具有的关系出发，将这种考察的结果应用于传统哲学的各个部分，并在每一种情形下都表明，传统的哲学和传统的解决是怎样由于对符号系统原则的无知和对语言的误用而产生出来的"[③]。

　　罗素和维特根斯坦的学说成为当代哲学、伦理学、知识论

---

① C. Robert Mesle, *Process-Relational Philosophy: An Introduction to Alfred North Whitehead.* Templeton Foundation Press, 2008, p. 93.

② 维特根斯坦：《逻辑哲学论》，第 23 页。

③ 罗素：《导言》，维特根斯坦：《逻辑哲学论》，第 3 页。

的一个重要引导，比如艾耶尔（Alfred Jules Ayer，1910—1989）的《语言、真理与逻辑》、查尔斯·L·斯蒂文森（Charles Leslie Stevenson，1908—1979）的《伦理学与语言》、索尔·克里普克（Saul Kripke，941— ）的《真理论概要》等都是这一思潮趋势下的重要演绎，语言哲学几成伦理学、逻辑学、价值论、知识论的应用基础——尽管各家观点差异巨大，克里普克甚或对罗素、维特根斯坦的学说提出了明确的反驳。

古希腊人所谓"道"，从一开始就蕴含和统纳了逻各斯（Logos）和语言的双重含义，语言与知识、真理也被天然地纽结在一起。同时，语言能否真正准确地表述事物的本性，从苏格拉底开始就对事物的命名能否揭示事物的意义进行过深入辨析，苏格拉底指出言语在命名事物时有正确和错误的两种形式，"正确的部分是精致，神圣的，是居于上界的众神拥有的，而错误的部分是居于下界的凡人拥有的"[①]。苏格拉底列举了语言、绘画、图象在表述事物本性时的各种局限，苏格拉底思想的精辟之处在于他从万物流变的角度看待知识的本性："就在知者接近事物的那一瞬间，他接近的事物变成另外一样事物，具有了不同的性质，所以他还没有知道该事物是哪一类事物，也不知道它像什么——确实，没有哪一种知识是不以任何形式存在的事物的知识。……若是知识这样事物本身没有流逝，那么知识就是常住的，就会有这样一种作为知识事物。另一方面，如果知识的形式真的在流逝，在一瞬间它变成了另外一种不同的形式，而不再是知识，那就不会有知识了。如果它始终在流逝，那就不会有知识。"[②] 这段对话一方面反映了苏格拉底命名哲学的精髓，它道出了知识的不确定性，

---

① 柏拉图：《克拉底鲁篇》，《柏拉图全集》（增订版）上卷，第 589 页。
② 柏拉图：《克拉底鲁篇》，《柏拉图全集》（增订版）上卷，第 628—629 页。

并且指出知识的不确定源自事物本身的不确定，虽然他试图通过绝对本质性的"相"（如善本身、美本身）来实现命名的正义；另一方面，苏格拉底在把知识作为一种事物看待时，是孤立、静止地看待知识事物的，他把知识作为独立的成品，并予以正确与错误的评判——这无法责怪苏格拉底，这几成西方知识论传统的不二定律。

罗素关于语言对思想的表达有过著名的论述：语言"对'思想'提供了共同的表达方式，这些思想如果没有语言恐怕永远没有别人知道"。他还指出语言的另外两种重要用途："它能让我们使用符号来处理与外面世界的联系，这些符号要（1）在时间上具有一定程度的永久性，（2）在空间内具有很大程度的分立性。"但罗素也清醒地指出语言的危险，"语言虽然是一个有用甚至是不可缺少的工具，却也是一个危险的工具，因为语言是从暗示物体具有一种确定、分立和看来好像具有永久的性质而开始的，但是物理学却似乎表明物体并不具备这些性质。因此哲学家就面对着使用语言来消除语言所暗示的错误信念的困难任务"[①]。罗素在谈到真理的基本形式时，既看到"意指"的"真"与"伪"问题，又固守于语言句子、句子逻辑的形式分析，未能充分跳出他对语言是一个危险工具的警示。

索尔·克里普克作为模态逻辑语义学的重要创始人，他在模态逻辑的模型论（the mode theory of modal logic）基础上提出了历史的、因果的命名理论，他对摹状词的指称功效持有怀疑态度，认为除非假定某些特例具有终极性，否则任何摹状词都不能享有对它们的特权。克里普克强调对事物的指称命名依据的是名称及命名活动与历史事件和因果影响的关联，而不是弗雷格、罗素、维特根斯坦

---

① 罗素：《人类的知识：其范围与限度》，第 72、74、76 页。

等人强调的摹状词对名称与实物特性的关联。现代英美分析哲学在指称和命名理论上的演化与分化，显然较苏格拉底时代充斥了更强的逻辑分析技术和逻辑语义学原则，相较于罗素、维特根斯坦等的摹状词理论，克里普克的历史和因果关系的命名理论由于对"跨可能世界的同一性"（identity across possible worlds）、"超世界的同一性"（transworld identification）等概念^①的引入和运用，更有可能拓展分析哲学的视阈局限而走向知识的"必然性"。但无论是摹状词理论还是克里普克的指称命名理论，它们对命名、指称、意义——语言与事实、知识与真相的分析，在认识论的逻辑底层都是相通的，本质上都是在关注知识的"真伪"这个核心焦点。

　　两千多年来人们对知识真伪的求解各执一端，或从知识获取的路径，或从知识生成的条件，既未能真正获得破解知识真伪的钥匙，也未能释解知识假象给人类理解力带来的劫持和困惑。这种现象不仅正常而且必然，因为把知识当成真理，或者把知识进阶为真理视为必然，都是对知识本性的误解，知识的动变属性和差异本质决定了不能以静止的认知去界定，不能以同一标尺去衡量。早在恩培多克勒时期，他就从人的限度看到了知识的限度：

　　　　人们所视甚短，乃生命的部分，就会匆匆死亡，犹如一缕青烟，命定要飞逝散光。每个人都只确信自己的偶遇，却以为找到了一切东西，谁敢夸耀他发现了全体？其实，人既不能看见和听见，也不能用思想把握这些东西。^②

---

① Saul A. Kripke, *Naming and Necessity*. Harvard University Press, 1972, p. 47, p. 51.
② 苗力田主编：《古希腊哲学》，第 127—128 页。

原子论者对感觉和思想的定义兼顾了外在与内在两个方面："留基伯、德谟克利特和伊壁鸠鲁主张感觉和思想是由钻进我们身体中的影像产生的；因为任何一个人，如果没有影像来接触他，是既没有感觉也没有思想的。"[①] 这里实际上也是从外在的影像与人的身体接触两方面，指出了感觉与思想的限度，也标示了知识的外在性、离人性。柏拉图著名的"洞穴隐喻"揭示了事实、现象与认知之间的本质性误差，但还是一种现象的描述；培根提出知识的四种假象——族类假象、洞穴假象、市场假象、剧场假象，是从围困人类心灵和人类获取知识的两个主要路径——人心的冒测和对自然的解释——出发而提出的[②]，可以说并未真正触及知识假象的本因。希伯来哲学的认知奠基于神学世界观，犹太谚语所谓"人类一思考上帝就发笑"，是从人在上帝面前的渺小来看待人的思想。《两界书》从人的能限、不可知论和思想规制几方面来论及人的认知的虚妄：

> 风从何处来？不得而知。雨点有几多？不得而知。山火有几重？不得而知。雷电何时起？不得而知。元德何时生？不由自己。元德何时死？不由自己。元德前生为何？不由自己。元德死后为何？亦不由自己。
>
> 世上各族，道统不一，有崇黑弃白，有崇红弃绿。有朝南圣拜，有朝北祈福。有尊日为神，有拜月为圣。皆为空妄矣。
>
> 人总以己心，测度天地万物。人总以己心，测度诸族异人。人总以己心，测度芸芸众生。人总以己心，测度生死本义。实

---

① 艾修斯:《学述》，北京大学哲学系外国哲学史教研室编译:《西方哲学原著选读》上卷，第44页。

② 培根:《新工具》，第19页。

乃愚妄矣。

（问 3：6）

这里通过异先之口，宣示了对世界的不可知论思想，同时也强调了知识的不可靠和知识的虚妄。

从知识的一般存在而言，知识本体的三重差异导致了知识假象和真理误差的必然。第一重差异是本因差异，来自于自然、人事和超自然的三种本基因素，三者兼为知识客体与知识主体，三者之间及其各自内涵的巨大差异，决定了作为知识客体不可能得到一致、准确的描摹，作为知识主体更不可能无差异地施动相同的运作；第二重差异是制因差异，抛开知识本因中的自然与超自然要素不谈，仅以知识制作的人工路径而言，无论是经验、感觉还是理性、逻辑，所呈现的知识内涵、形制、机理、秩序都将大相径庭，尤其当人事的价值、利益、目的等因素嵌入其中，不仅会严重干扰知识的成真性、正义性，还会促发偏知、恶知的涌现，知识假象就不是普通的假象，而是经由伪装、涂脂抹粉、有诱惑力、欺骗力的假象；第三重差异是表征差异，来自于知识表征的媒介符号系统，知识作为建基于第一存在（包括物性与非物性）的符号系统，是存在的再存在，从第一存在经由媒介的符号转换，知识存在与第一存在的关系再密切、描摹再逼真、归纳再科学，符号系统都不能等同于第一存在，它与世界本原之间存有本质性的隔层，况且语言是人的附体，因人、因时、因地而异，因而也可以说，语言是世上最可疑之物；由此也可以说，将哲学的语言转向视作所谓本体论、认识论之后的第三次哲学转向，以此来解脱哲学的困境，不仅成效成疑，而且可能引入更大的困境。语言作为知识表征的主要媒介是这样，图像、数据、学科、逻辑、编程等不同的知识媒介、符号系统也是这样，各种人文构制、人文演化本质上都是一种知识符号系统，它通过既有知识的媒介和演用，辅之以相应的社会运作，建构起特殊的社会知识形态和知识层序。当然，从知识假象演变为社会假象、世界假象更是一种潜在和可能的取向；从知识蒙骗到社会蒙骗、世界蒙骗，人类同蒙骗和蒙昧的斗争从未停止，伴随着文明的演进，人类摆脱蒙骗和蒙昧的任务不仅没有减轻，反而愈加复杂。

毋庸置疑，这既不是否定知识的认知性，也不是消极的不可知论，更不是反智主义，而是陈述了知识的两面性——真伪并存是知识的本性；同时也陈述了知识的能限性——知识既有成真的认知可能，又无成真的逻辑必然，更无无所不能的认知功能，而是处于能与不能的能限之间，《道德经》所谓"道可道，非常道；名可名，非常名。"也是再精辟不过地说明了本原与认知的动变性、不确定性。

知识真伪的两面性与知识的能限性揭示了知识运行的内在机理，即知识以真伪两极为基轴，以对反求真为指归，以公理正当为价值，通过知识两极的螺旋纠缠而获取动力，并不断推动知识能限的层级提升，《道德经》所谓"智慧出，有大伪"（第18章），其实也是表述了知与伪的互构机理。在这里，即使是自然知识的运行，由于人事因素是显呈知识运行（知识的发现、构制、运用）不可缺少的主导因素，知识真伪的公理问题必然演化和包含了知识善恶的伦理内涵；如果说知识求真标识了知识谱系的公理层序和一般价值，那么知识向善则表示了知识谱系的伦理层序和社会价值。

知识向善是将知识论与道德论结合，这从苏格拉底倡导"认识你自己"开始就已有了相当深入的辨析，可以说苏格拉底是德性知识论（virtue epistemology）的鼻祖。在《卡尔米德篇》中，苏格拉底讨论的主题是"节制"，第欧根尼·拉尔修将柏拉图的这篇早期对话录既未归入伦理性的，也未归入逻辑性的，而是归入了"试探性的"①。苏格拉底在主导"节制"（temperance）这个德性命题的讨论时，引入了知识论的逻辑论阈，他把节制视为一种知识，而在各类知识中"唯有节制是一种既是其他知识的知识，又是关于节制本身的知识"②，节制作为能够"认识你自己"的知识，它的能效是通向美德，知识的美德使人自控，这符合"切勿过度"的道德原则。苏格拉底是知识向善的坚定倡导者，他相信"知识本身就足以使人行善，并因此带来幸福"③。苏格拉底以善的原则联通伦理与知识，逻辑基础建立在他对灵魂和理性的认知，在他看来，灵魂的本质是理性，理性的目的是善，因而知识是善，并使人行善。当然，苏格拉底关于"美德即知识"的命题远非无懈可击，这在他与卡尔米德、克里底亚的谈话中有突出表现；在柏拉图《泰安泰德篇》中，在关于知识的判断如何确认是真判断还是假判断，如何确认判断（包括真判断）的可靠性问题上，也显示了将知识与美德画等号的脆弱。④

虽然苏格拉底因善于提问和善于回答而被视为"辩证法家"，也因博学善辩被称为"所有人之中最有智慧的"⑤，但他在教诲青年人"切勿过度"的美德时，主要宣称知识向善的属性与可能，没有多从辩证法的角度去讲知识的本性，也许这就是为什么阿里斯托芬在他

---

① 第欧根尼·拉尔修：《古希腊名哲言行录》，第 115 页。
② 柏拉图：《卡尔米德篇》，《柏拉图全集》上卷，第 134 页。
③ 文德尔班：《哲学史教程》上卷，第 112 页。
④ 柏拉图：《泰安泰德篇》，《柏拉图全集》中卷，第 347—446 页。
⑤ 第欧根尼·拉尔修：《古希腊名哲言行录》，第 57 页。

的喜剧中会讽刺苏格拉底"总能把坏的说成好的"[1]。智者学派以怀疑论的观点不仅质疑知识的普遍有效性，甚至质疑知识的可能，更遑论知识唯善的本性，在这方面高尔吉亚是有代表性的。高尔吉亚的著名观点："第一：无物存在；第二：如果有物存在，那它们也无法为人所把握；第三：即使它可以为人所把握，也不可能把它说出来告诉别人。"[2]以虚无主义的态度对知识和存在提出了彻底的否定，他不仅宣称"存在、知识、知识的交流是不可能的"[3]，而且否定语言本身具有传达功能。相较于苏格拉底对柏拉图、亚里士多德及后世哲学的影响，高尔吉亚显得有些微不足道，但以普罗泰戈拉、高尔吉亚、普罗迪柯（Prodicus）为代表的智者运动尤其是他们开创的怀疑主义传统，对挑战成规、启蒙思想有着特殊的意义。

对知识是否向善、能否向善的质疑其实是一个老旧话题。由苏格拉底开启的伦理转向，德性问题几成希腊各派哲学难以绕过的思想基底，从对希腊神话众神纠葛、荷马史诗伦理纠纷的道德评判，到对诗与艺术摹仿的教诲辨析，当然离不开对知识（包括科学、艺术、诗）与理性、神性、德性基本关联的逻辑辩证，各类认知中不乏对知识向善的质疑甚至否定，尽管不同思想家对不同知识类型有不同的价值评判。柏拉图强调善与美的德性统一、真理和理性的纯粹完满，认为艺术与哲学虽有共同的灵感起源，但艺术由于理性的匮乏而呈现的多是有害的、不道德的东西：

> 在哲学家那里，狂热的入迷受到辩证法的净化而发展为

---

[1] 第欧根尼·拉尔修：《古希腊名哲言行录》，第52页。
[2] 苗力田主编：《古希腊哲学》，第192页。
[3] 文德尔班：《哲学史教程》上卷，第125页。

"知识"，而艺术家停留于朦胧的直观和虚幻的想象，对其行为缺乏清醒的意识，对其呈现的对象没有正确的概念。艺术家在他的创作中不是遵循有条理的、科学的方法，而是依赖一种不明确的、尝试性的经验。这种非科学的做法的结果是把艺术的相似门类割裂开来了，正如把各种德性割裂开来一样。

……它本身不过是一种消遣或游戏（Spiel），旨在为我们提供娱乐，而不是利益或教导；而且这种消遣从总体上看并不是无害的。为了娱乐，艺术讨好人类的趣味，尤其是大众的趣味；它所呈现的东西绝大部分是错误的和不道德的。[1]

柏拉图还对诗歌、音乐、戏剧因对卑鄙可耻的摹仿而可能诱发演员和观众的恶劣行为，对喜剧使人幸灾乐祸的效果进行了论说，并在《理想国》《法律篇》中提出审查和裁决的意见。从对艺术、科学等知识的怀疑否定，到对理性精神甚至文明进化的怀疑否定，是思想史上一个未曾间断的主题。怀疑否定的基点、判断、标准和目标取向各不相同——世俗的、神圣的、虚无主义、遁世主义、不可知论等等，但都是基于一种负向价值的认知——聚焦知识和理性的虚假、向恶，以及知识、理性对人性、自然的败坏。老子的"绝圣弃智，民利百倍"的思想（《道德经》第19章），《庄子·人间世》之谓"名也者，相轧也；知也者，争之器也。二者凶器，非所以尽行也"[2]，都是专注了知（智）的负向价值。

当然，思想史上诸多对知识理性的怀疑批判恰是理性主义的一种张扬，也是对知识运用、理性发挥的逻辑匡正，像哈耶克《科

---

[1]　爱德华·策勒:《古希腊哲学史》第三卷，第370—372页。

[2]　郭庆藩撰，王孝鱼点校:《庄子集释》，第143页。

学的反革命：理性滥用之研究》(*The Counter-Revolution of Science：The Study of the Abuse of Reason*) 之类的理性思辨，显然不能简单地用二分法将其归入到反智和反理性主义的行列。康德的知识论和理性论在近代哲学中具有重要地位，他在区分纯粹知识与经验知识的基础上，重点演绎知识的先验原理，他的先验逻辑分析和纯粹理性推理，尤其是关于二律背反和对"理性玩忽怠惰之误谬""理性颠倒之误谬"的辨析，都把知识与理性的逻辑分析推到了一个新高度；他在"纯粹理性之理想"部分带有总结性地指出："故一切人类知识以直观始，由直观进至概念，而终于理念。吾人之知识，就此三种要素而言，虽具有先天的知识源流（此种先天的知识源流，最初视之，虽似藐视一切经验之限界者），但彻底的批判，则使吾人确信理性在其思辨的使用时，绝不能以此等要素超越可能的经验领域，且此种最高知识能力之本有职务，目的在依据一切可能的统一原理——目的之原理乃其最重要者——使用一切方法及此等方法之原理，以探求透入自然之甚深秘密，但绝不超越自然之外，盖在自然以外，对于吾人仅有虚空的空间而已。"[1]康德虽然对先验观念及"纯粹理性之统制原理"对一切宇宙论的适用性作了深入阐发，但他也清晰地看到了诸多"证明之不可能"，尽管他将"不可能的部分"大多划入了神的存在和自然神学，因而他提出"给知识划定范围，以便给信仰让出地盘"[2]，还是对知识与理性的限度作出了明示。

另一位理性主义的反思大师是怀特海，他清楚地看到"每一种哲学都会遭到否定"，"理性主义绝没有摆脱其试验性探险的地

---

[1]　康德:《纯粹理性批判》，第 531—532 页、第 538—539 页。

[2]　见《中译本序》，休谟:《自然宗教对话录》，陈修斋、曹棉之译，商务印书馆，2009 年，第 11 页。

位"，[①] 他坚持思想仅仅局限于抽象逻辑是不够的，因而提出了适用性（applicability）这个重要的价值问题，"任何事物都不适用的哲学导致人们将其取笑为'纯形而上学'（mere metaphysics），并视其为不合逻辑的无稽之谈。怀特海坚持认为他的系统必须避免这种智力上的罪恶。这也是为什么他倾向于少谈形而上学，多谈思辨哲学，或想象和描述性的概括"[②]。为了规避纯形而上学的空泛和智力的罪恶（intellectual sin），怀特海致力于从过程–关系来建构他的有机哲学，并对善恶作出了说明——但他的说明主要不是知识伦理和理性价值上的适用性判断，而是归入了所谓理念对立的终极性说明中。

关于理性和知识的善恶评判，如果游戏于形而上学的演绎则很容易掏空理性的实践内涵和知识的伦理价值。知识的善恶问题标识了知识的伦理属性，知识的伦理性作为知识的基本属性，其价值并不仅仅体现在知识作为道德呈现的媒介工具上，也不仅仅体现在知识本身所呈现的善恶意义，而是在知识系统的构制运作底层，形成了以善恶对反纠缠为机理、以知识向善为方向的伦理价值生成机制，这一生成机制一方面与知识真伪的公理价值纽结在一起，相互叠加，丰富和成就了知识的层序内涵；另一方面，由于人为因素的强烈嵌入，知识善恶的伦理价值成为知识纠纷的核心领域，不同知识的价值指向通常均以向善抑恶为指归，扩展自己的价值领地。

这里要特别提示的是，在经典的价值领域往往是把真、善、美统合并论的，在这里，我们把美归于善的行列，美是善的同类、善的内容和善的表现，美与善具有伦理价值的一致性，这在中外思想史

---

① 怀特海：《过程与实在》，第 16、18 页。

② C. Robert Mesle, *Process-Relational Philosophy: An Introduction to Alfred North Whitehead*, p. 15.

上有着类通的表现。美在中国古代思想中并不仅指味觉、视觉的感觉意涵，更包含了才德、品质的内在属性，《论语·八佾》有曰："子谓《韶》：'尽美矣，又尽善也'。谓《武》：'尽美矣，未尽善也。'"[①]《孟子·尽心下》亦讲："可欲之谓善，有诸己之谓信，充实之谓美。"[②] 这里把美、善、信的内在统一性表述了出来。《国语·晋语一》更将美、善完全同义，美就是善："彼将恶始而美终，以晚盖者也。"[③]

西方哲学的认知基底不尽相同，但对美善的相通性有类似的表述，柏拉图对美、善、真不加过多区分，认为美、比例、真理三者的联合成为"善的混合"[④]；他"沿用了对希腊思想产生重要影响的这种语言习惯，即把'美的'和'好的'（善的）当成几乎等价的……流行的用法倾向于把'好'（善）归结为'美'，而他沿用苏格拉底的做法把'美'归结为'好'（善）"[⑤]。当然，亚里士多德等对美与善的属性特征进行了更为细致的界分，而不是简单画等号。还要指出的是，美与善在一定的语境下并非绝对统一，有美不等于有善，有善而不见得有美，因为细分起来，美善并非完全处于同一层序，顾恺之曾评价名画《伏羲神农》"有奇骨而兼美好"，批评《列士》一画"虽美而不尽善也"。[⑥]

这里提出了知识价值层序关联运行的动态叠序问题，其内涵包

① 程树德撰，程俊英、蒋见元点校：《八佾下》，《论语集释》，中华书局，2017年，第287页。

② 焦循撰，沈文倬点校：《尽心下》，《孟子正义》，中华书局，2017年，第1071页。

③ 韦昭注：《国语》卷七，第97页。

④ 柏拉图：《斐莱布篇》，《柏拉图全集》（增订版）中卷，第746页。

⑤ 爱德华·策勒：《古希腊哲学史》第三卷，第369页。

⑥ 顾恺之：《魏晋胜流画赞》，俞剑华编著：《中国古代画论类编》（修订本），人民美术出版社，2014年，第347—348页。

括：第一，不同的知识层序在正负对反的双向价值中建立知识的价值坐标，并以正向价值为运行方向，如在知识的公理层序，知识的真伪对反构制了知识的坐标体系，不同的知识体在这个坐标体系中均以知识求真为牵引，以知识成真为目标；在知识的伦理层序，以知识善恶为坐标，以知识向善为方向，以知识成善为目标，追求知识的德性价值；知识的审美层序原理亦然。第二，在知识真伪、知识善恶的逻辑对反中，知识体的真与伪、善与恶都是一个相对的价值表现，它们在知识的价值坐标中并不居于稳固的定位，而是处于一个不断调整、变化的位置和坐标体系中。第三，知识的真伪、善恶是在相互参照的价值关联中实现的，并由不同的判断主体分别确认，因而知识的真伪、善恶的价值本体具有明显的差异性、多解性，甚至知识体自身在不同语境下也会呈现出悖反性的价值意义，这样，知识真伪的公理通约、知识善恶的伦理通约就只能成为不同知识体聚集靠拢的不确定的价值中心，但要聚集和稳定下来并不容易做到，只能通过不断地争取和努力。第四，知识的真伪与善恶分属不同的价值层序，依传统的价值分序，真、善、美归属于正价值，假、丑、恶归属于负价值，真、善、美的价值正向及其内在统一是不容置疑的，真理向善、善美统一成为普遍的认知准则和知识原则；但在实际的知识价值实现中，真、善、美与假、丑、恶不仅没有必然的价值联系，而且可能呈现出跨层序的价值悖论，诸如善的谎言与恶的真理，美而不善、善而不美，善言恶果、恶言善果，以及良药苦口、忠言逆耳等的延伸表现，在知识的真伪、善恶、美丑的混合游戏中，既没有完全固定的配对伙伴，也没有固定的属性价值，有的只是随机的、跨层序的属性与价值的转换，这一转换机制多少有些类似于以利己和利益最大化为原则的麻将规则。知识价值层序在关联运行中实践着多重叠加、复杂迭变甚至对反悖逆的逻辑秩序，这里姑且称为知识的动态叠序机制，它使得知识世界不仅成为复杂世界，也成为本质上的不确定甚至不可靠世界——这与 JTB 的知识定义恰恰相反。因而，在知识世界里，人类的恶性总能找到知识的掩护所，也会促使伪装成为知识社会的典型人格和社会特征，《两界书》之"双面人""绿齿人"等都是伪装人格的生命表征。这里显示了知识与人性的密切契合：知识善恶与人性善恶相互发酵、相互促发，由此也看出知识良序和知识公正对于人性和社会是何等重要。

在知识真伪与知识善恶的叠序机制底层，还运行着一个更为根基性的价值层序——知识多少，如果说知识真伪表述了知识的公理性、知识善恶表述了知识的伦理性，那么知识多少则表述了知识的值阈范围。这个值域范围不仅是数量，还是层级、属性、功能、意义、价值，知识值阈以此为知识的真与伪、善与恶提供搏争与共生的舞台，实现对知识公理和知识伦理的机制统一。知识值域置于知识谱系价值运行的组织底层，既为知识真伪的公理运作、知识善恶的伦理运行奠定了界理的整一逻辑——蕴含了弥足珍贵的节制观，又与知识真伪的公理层序和知识善恶的伦理层序一道，共同构制了知识谱系完整的功能系统。

在知识谱系的功能系统中，知识真伪、知识善恶和知识多少三个不同的价值层序具有不同的功能意义。知识的真与伪、善与恶与其说是知识公理、知识伦理的价值定性和内涵定位，不如说是知识谱系的组织构件和生成机制；知识真伪与知识善恶以对反对成的方式制造了知识价值的生成媒介，当然这个价值媒介不是空洞的媒介，而是有一定内涵意旨的价值质地，在这个媒介质地上，孕育、生长出关于知识真伪的公理价值和知识善恶的伦理价值，尽管它的孕育在具体的知识生长中可能出现真伪、善恶的变异，也会因时因地做出差异性的价值评判。与知识真伪、知识善恶相比较，知识的多少不是简单表述知识价值的特定内容及其量阈，而是以量的多少表述知识值域——有关知识真伪与知识善恶的量度比率、价值指向、权力范围及其利益归属。知识值域以知识公正（epistemic justice）为标识衡量知识的成真率、善恶比，通过对知识公理和知识伦理的逻辑统纳，调节知识真伪、知识善恶的对反对成，对知识真伪、知识善恶的值域范围加以适度的配置，以调适和制约知识权力及其利益既能保持偏正的方向，又能持续平衡地发展，同时也为知识谱系的有机成长提供不断的动能。知识真伪对反、善恶对成的逻辑形制在《两界书》中的"元树元果"叙事上得以朴素而形象地说明："一棵元树三只果，甘辛未知各一颗。两甘一辛好运气，一甘两辛尤常可。"（教11：2）这里要强调的是，知识谱系及其价值运行作为一个包容、开放、差异互成的组织系统，要为差异各方留有余地以便成就自己，尽真无真，尽善无善，尽美无美，所谓水至清则无鱼。人作为知识谱系和知识价值的生命实践，脚立道、欲两界，重要的是道、欲相制相合的知识逻辑：

> 人因道、欲相辅而为普罗众人，无欲则无生，无道不成人。以道制欲，人别于禽兽而文明。以道疏欲，制疏相宜，则合人律而通天道。欲道断分，人不成人。欲道相制，合而成人。
>
> （问7：15）

人的生命实践本质上也是一种知识实践，"人律""天道"表述了人的知识谱系应有的生成逻辑和价值要求。人的知识谱系包含了道、欲共存的差异结构及其互成秩序，这个秩序只有道、欲相制相宜才能成为公正秩序，成为天道、人律良序互通的知识生成机制。"欲道断分，人不成人"说了人欲有其合理性，必须为人欲留有存在的界域；而"欲道相制，合而成人"则强调了节制、自制，即要对个人私欲和利益加以限制，而不能是见利忘义、为所欲为。"义"的概念无论在西方还是在中国都有丰富含义，其基本意义是公正、正义，《两界书》之"敬""孝""善""守""淡""行"六言的落脚点即为"行道义"，即以正义为一切认知的行动目标，这不是局部领域的界域公正，而是实践的普遍原则。

知识的功能本质是界说——包括说明、定义、论证、演绎、预测等等，是通过界说的方式，对万物的差异性状、关联、作用、意义等作出知识化的区分、呈现和运行，知识运行的驱动程序是知识真伪的公理价值、知识善恶的伦理价值以及知识多少的值阈，无论是知识公理求真去伪、知识伦理扬善抑恶、知识值域向多避少和趋利避害，知识的价值运行最终均以知识公正为指归，知识公正——知识良序的建立——应是一切知识的终极目标。

（4）知识公正

但事实并非完全如此，也不容易做到，因为不同的知识主体不仅对知识求真、向善、好多的价值诉求不同，而且在知识运行中会依据自身的利益去构制知识、装饰知识。知识的存在本质上是一种差异竞争的存在，即使是不同的学科之间，学科竞争也会多于学科的合作。知识一旦被私利绑架，就会导致知识异化，知识一变形，常识亦将不复存在，真理和知识公正也就无从谈起。当知识铺天盖地般地压顶袭来，不仅是知识假象迷惑世界，更有知识诡计暗中设计，芸芸众生身陷其中，根本找不到北。经典知识论将确证（justification）、真理（truth）、信念（belief）三要素（JTB）作为知识构制的基本要素和检验知识的基本标准（criterion），明显突出了人的主观强制，增强了知识发展的人为动力，这自然有其合理的历史理据；但由于存在、知识和人的差异及其相互叠构，因而要获得确证、不变的真理信念，从知识原理和知识实践的各个角度来看，都是难以实现的。知识公正问题本质上是一个存在论、价值论问题，现代知识论长期热衷于将其视为语义学和形式逻辑问题，困难和困境越来越明显，并引发新的反思。《知识不公：权力与知识伦理》（*Epistemic Injustice: Power and the Ethics of Knowing*）就从一个新的角度提出了权力和知识伦理问题，从证言不公正（testimonial injustice）、诠释不公正（hermeneutical injustice）等问题入手，着重分析权力关系对认知的影响、理性与社会权力的纠缠，以及语言表述者的身份、社会关系等所导致的知识不公正和知识伦理问题，揭示了知识实践的伦理特征，以此来寻找认知行为更理性、知识更公正的可能路径。[①] 这相比沉溺于语义学和形式逻辑的知识确证，不失为一个进步，虽然它还没有完全和真正跳出 JTB 的知识定义和知识规制。

那么，就知识的本体存在而言，知识的公正性究竟从何而来？由谁说了算？或者说知识公正和可能的真正条件、路径在哪里？

首先，知识透明是知识公正的前提。知识的认识论本质直接反对蒙蔽，这与人类欲知真相的本性相一致，亚里士多德《形而上学》的开篇名句通常译为"求知是人的本性"，"求知"一词容易产生误

---

① Miranda Fricker, *Epistemic Injustice: Power and the Ethics of Knowing*. Oxford University Press, 2007, p. 4.

解，因为这里不是一般的追求知识，而是表示"知道真相的欲望"。知识蒙蔽必然导致知识不公，而知识蒙蔽的原因和动机则极其复杂，比如因知识本身的发展限度导致的知识蒙蔽，人类的知识历史就是一个不断克服蒙蔽、不断接近真相的认知历史；比如因认知工具、认知思想不同所导致的知识蒙蔽，这种蒙蔽是一种知识自构的遮蔽，或者在知识系统的领地内知识是相对透明的，而知识学科之间则构筑了种种隔墙；比如反智主义的蒙蔽、权术的愚民蒙蔽等，都是用蒙昧来反对知识——有时是以知识强权来剥夺人的知识权，而人的知识权是天赋之权，就像享有空气的权利一样。

这里比较关键的是，由于利益对知识运行的介入，知识的真伪公理、善恶伦理则会服从于利益指令，知识就会成为利益的工具，从而进行选择性的知识遮蔽以达到特定目的，这是典型的利用知识反知识。知识不透明必定掩藏着知识诡计，构陷与算计也就在所难免。知识骗局的奥秘在于它一方面编织知识陷阱，一方面提供利益诱饵，并以炫目的形貌满足人们的"求知"本能——本质上是私欲本能。长期以来，伴随着知识史的进化，人类常常身陷知识的各种骗局——神学的、道德的、科学的、政治的、经济的、艺术的等等，又始终在同各种知识骗局做斗争，人类的文明进步在很大程度上都是在祛除蒙蔽、识破骗局的知识启蒙中实现的。这里关涉的不仅是一般知识论的问题，还有诸多知识社会学及其正义论问题。①

那么，知识公正从何而来？典型的情形是知识自正，即不同的知识存在首先要自我论证和自我公正。没有什么知识宣称自己是假

---

① 参见卡尔·曼海姆:《意识形态与乌托邦》，黎鸣、李书崇译，商务印书馆，2009年。

知识、恶知识，知识总以求真、向善的形貌面世，并以各种自证来实现自正——有些自证是逻辑的，有些是说教的，有些是强制和欺骗的。知识联合国始终是以公证对峙的方式展开论辩，实现知识的共同公正是知识本体的终极目标，人类的知识历史就是朝着这个目标奋斗的历史。目标实现之难也导致了对造物者超凡智慧的引入，比如认为只有在上帝面前才能发现真正的知识，其他都是"有学识的无知"，"只是因为有了上帝，我们才有了一切事物，因为他乃是一切。认识了他，我们就认识了一切，因为他乃是一切事物的真理"①。

除此之外，知识公正还有希望吗？这里要说，知识的差异共和、自证互证是通向知识公正的必由路径。知识公正不是知识停留的目的地，而是知识成长的历时过程，即以知识公正为方向，知识发展始终是在知识的真与伪、善与恶及其值域多与少的钟摆纠缠中，通过不断地对峙与合作、偏斜与纠偏来实现知识公正的螺旋进阶。这种螺旋进阶与其说是知识公正性的单向提升，不如说是知识谱系的一般成长，使得知识在深度、广度和可靠性上实现全面的提升。在对知识公正的追寻中，差异知识及其公理、伦理、知阈的竞争不是总统竞选，所有的演说——也就是自证——都是为了从自正到公正。但在界本差异化的世界里，孤立的自证不可能实现真正的自正和公正，只有在知识自证的同时具有了知识互证的意义，自正才会真正生效；只有自证与互证协同实现，才有可能真正实现从知识自正通往知识公正。

因此，知识的差异化存在、多元性生长是知识自我证明和相互

① 库萨的尼古拉：《论有学识的无知》，尹大贻、朱新民译，商务印书馆，2009年，第118页。

证明的前提，也是通向知识公正的基础。知识的差异存在、多元性生长体现在知识系统的各个维度和层序，但差异存在不是隔绝存在，多元性生长不是独立生长，而是在知识王国的差异共和中，关联地存在和互证性地生长。

在经历了两千多年尤其是近代以来知识的分科发展，分科的知识系统之间出现了严重隔绝，知识系统的畸形膨胀也必然导致知识的局域变形甚至整体变异。人被规限在相应的知识围墙内，丧失了知识比较、甄别、判断、选择的权利和能力，认知变异导致了人的变异，知识公正也就无从谈起。健康的知识王国显然与知识独断和知识专制格格不入，人类一旦丧失了知识的选择权利和判断能力，也就丧失了人的主体和自由。因此，不同知识系统的学科分区不应是壁垒森严的国境线，而应是自由往来的贸易区，对差异知识通往知识公正的使命而言，就像"对知识进行系统化不可能在密封舱内进行。所有普遍的真理都是互为条件的"[1]。在异质文明的交流互鉴中，知识交换是最有价值的交换，知识互补比经济互补更为重要——经济互补针对的是物性价值，知识互补关注的是人的价值和文明的整体价值。知识在差异化的关联中实现互证和寻求公正，不仅实现知识自身的新陈代谢，而且通过相互合作实现知识逻辑与事实逻辑的吻合，实现知识秩序与存在秩序的一致，从而走向知识与社会的整体公正，走向人类共同体的文明进步。

知识联合既是知识自身成长的需要，也是对知识本原的复归，更是对世界真相的接近。人类早期对世界的认知——从中国《易经》、《道德经》、先秦诸子，到希腊神话、荷马史诗、自然诗、先

---

① 怀特海：《过程与实在》，第 20 页。

哲对话等等，其知识形态与认知逻辑都是难以进行所谓哲学、文学、自然学、伦理学之类的学科区分。近代以来学科的创设和细分极大地促进了知识的精细化、体系化，但另一方面又带来了极大的认知限制，不仅限制了人类对世界属性的整体认知，甚至可能破坏人类对世界本质的基本判断。专业人士一旦被异化为学科机器的物理配件，必然导致生命情怀和创造灵感的双重湮灭，而当人脑被训练成单一的运算工具或处理器，那么盲人摸象、苟且偷生都会成为一个时代知识人的普遍人格。道理其实再简单不过：眼睛听不到悦耳的音乐，鼻子看不见多彩的世界，耳朵嗅不出芳草的清香，只有五官俱全才能感知世界的丰富——这还不够，还要有第六感官，要有周全的神经感知系统、思维判断系统以及历史文化经验，才能激发人类的生命热情和创造激情，从而去接近知识真理和世界本原。无论是数学、物理、化学、生物学、天文学，还是神话、历史、宗教、哲学、文学、人类学等，既已形成了相对独立的学科体系，也是近现代以来人类认知世界的特定工具和符号系统，这些工具和符号系统的历史价值、未来作用都毋庸置疑，但在应对文明最新进程，特别是在处理庞大信息的高度聚集与复杂骤变问题上，其单打独斗的有效性明显受到挑战。这也表明：面对当下文明进程出现的临界状态，学科工具到了必须进行功能重构和机制整一的重要历史节点了。比如文学的学科化使得文学活动很容易沦为一种成本不菲的语言游戏，哲学的学科化捆绑了哲学的手脚，使哲学远离哲学的本性，文学哲学（literary philosophy）则可以联合文学的艺术张力与哲学的逻辑思辨，"可以概括出更全面的宇宙观、更透彻的人类命运图景和更全面的基本价值观"[①]。而且，文学对哲学的他证也是实现其价值自证，哲学与文学的互证则有助于走向知识公正。这也提醒人们，学科僵化不仅带来自身的迷失，也会带来学科的自我戕害。

这里关涉了知识公正的核心问题——知识的价值及其值域配置，即在差异化的知识成长中，以知识真伪的公理价值、知识善恶的伦理价值为基轴，以知识多少的值域为基理，建立起知识运行的公正秩序。所谓知识的公正秩序，要义在于以界理原则为知识差异成长的逻辑框架，对知识真伪的公理性、知识善恶的伦理性施以值域多少的量度配置，以合适的尺度规制知识在真与伪、善与恶的阈值划分中，真、善能够居于偏多的主导位置；知识的运动成长在真与伪、善与恶的对反螺旋中，整体上能够朝着真、善的正向运行发展；不同的知识存在各自分享了知识王国中的一份价值，伪有伪的价值——无伪无以淬炼成真，恶有恶的价值——无恶无以磨砺生善，垃圾知识也显示了什么知识是垃圾、什么知识有价值。价值分享是知识公正的要求，贪多是万物的本性，知识也不例外，但知识的公正秩序保护差异知识均有价值分享的权利，以保证差异化的知识世界得以多样化、平衡性地成长。即使是真知与善知，因其动变性和成长性，也不可能恒真、恒善，不可占尽知识领地，否则也会出现知识的衰败和坍塌。

特别值得警惕的是，在私利主导的知识世界，知识真伪的公理性、知识善恶的伦理性都难以撼动私利的值域基理，私利秩序会对知识的公理秩序、伦理秩序施以摧枯拉朽般的摧残。如果知识完全

---

① Krzysztof Piotr Skowroński, *Beyond Aesthetics and Politics: Philosophical and Axiological Studies on the Avant-Garde, Pragmatism, and Postmodernism*. Rodopi, 2013, p. 128.

为私利所左右，那么伪知、恶知就会占据上风，就会谎言盛行、乱象丛生。

> 人无定性，心无坦诚。一忽变人，一忽变鬼。口出甜言，胜似鲜蜜。心藏诡计，险阴似蝎。无话不假，流言盛行。真人说假话，假人说真话。真假不辨，善恶不分。习非成是，谬以为常。谎言可赚千金，诚仁不值一文。

（命 10：6）

俄国沙皇时期的契诃夫、奥匈帝国时代的卡夫卡等文学大师都对荒诞的知识世界作了精辟的描述，根据清代蒲松龄小说创作的歌曲《罗刹海市》一度风靡世界也不无原因。

在这里，有必要对"知识分子"的社会身份给出一个知识性的设定。知识分子作为知识活动的主要参与者、知识运行的具体实践者，其身份特征紧密契合了知识的特征属性。在既往的认知中，知识分子常被赋予几种不同的身份符号：一是价值定性设定，即将知识分子视为求真、向善的价值力量，以知识分子的风骨、气节等人格对应知识在真伪、善恶纠纷中的正向选择，这是把知识的公正性预设为知识分子的公正性，正是在这个意义上，哈耶克的《知识分子与社会主义》（1949）讨论知识分子有可能作为"全球唯一真正意义上的统一体"而对政治发挥决定性影响，当然他也清醒地批判"知识分子对自身的过高估价"[1]。二是职业身份设定，即将知识分子视为社会分工的一类群体，包括教师、医生、记者、科学家等，他

---

[1]　格尔哈德·帕普克主编：《知识、自由与秩序——哈耶克思想论集》，黄冰源等译，中国社会科学出版社，2001 年，第 69、73 页。

们以脑力劳动和知识工作为职业特征，区别于公务员、工人、农民、军人等。三是历史语境设定，即在特定的历史语境下，知识分子被赋予特定的社会属性和品格，比如左翼、右翼，激进、保守，自私、臭老九，等等，这类语境设定具有相应的特指性。

对知识分子身份意义的认知，应回归知识本位来看待，而不是从主观、特定的认知基点出发。知识分子作为知识活动的主要社会承载者，是知识价值生成的重要推手，一方面他紧密地契合知识的价值演化逻辑，在知识真伪、善恶的机制运行中发挥特殊作用；另一方面他又以其特定的社会属性为底基参与知识系统的运行，社会性与知识性的叠加构制了知识分子的知识态度，决定了知识分子对知识真伪、知识善恶的价值评判与实践选择。因而在知识系统的运行中，知识分子既不是知识求真向善的价值化身，也不是固化的知识价值工具，而是知识运行及其价值生成的参与者、实践者，知识分子在以知识真伪、善恶、多少为机制的知识运行和价值生成中，其社会性利益与知识性公正是否一致、孰轻孰重，最终决定了知识分子的价值取向；又由于知识分子是知识运行的一分子，知识是知识分子驾轻就熟的工具，因而相较于非知识分子，知识分子所表征的知识真伪、知识善恶的价值浓度处于较高层级，对于知识运行及价值选择具有更强的敏感度，有时更坚强、更崇高、更真诚、更善良，有时更软弱、更卑劣、更虚伪、更自私、更丑恶，也更易成为变节者、两面人。

当然，对现时代众多在知识领域的从业者而言，知识只是其职业领域的标识，从业者个人已不再具有任何知识性特征，完全消融到他的职业社会性里，这类人也就无所谓知识分子；同时，随着社会性因素的强力介入，知识领域的知识工作完全弱化了知识的本性，知识的创造性、独立性消失殆尽，知识仅是谋生的工具，传统意义上的知识分子不复存在，他们的工作只是一种升级版的体力劳动——花较少的体力挣较多的钱，他们的知识只是让他们比一般劳动者更容易投机取巧。知识王国形成了众多知识名义的狗苟蝇营，一些所谓知识性排行榜、论文高被引其实只是玩弄了知识小伎俩，其坏不止于蒙骗百姓和迎合了少数人的私欲，还在于以知识的名义对知识公正实施了背叛和强奸。

　　知识的公正秩序建立于知识的真伪公理、善恶伦理及知识值域三者的统一之上，知识公理、知识伦理与知识值域叠加互构，创制了知识王国的运行系统，以及系统运行的机理秩序和机制法则。知识公理和知识伦理是知识系统最为基本的价值层序，知识公理之真与伪、知识伦理之善与恶以对反对成的方式构制了知识价值的两个基本层序：知识公理涵括了知识的普遍对象——自然、人事、超自然，回应了知识一般存在的价值属性；知识伦理主要回应人事对知识的道德评判和伦理要求。如前所述，知识公理之真伪、知识伦理之善恶不仅自身呈现出对反对成的价值叠变，而且在知识真伪与知识善恶的公理与伦理之间，又呈现出价值叠序的动态机制，类同于人类的族群与意识形态区分，族群与意识形态有时是一致的，有时是分离的，如若分离，兄弟阋墙的状况会更为惨烈。这时，知识值域的介入和对知识公理、知识伦理的逻辑统一就显得至关重要。知识值域以知识多少的量度配置为机理，以中庸规制为基轴，建立起知识公理、知识伦理和知识值域的合作机制，从而使得知识系统既有知识真伪和知识善恶的价值引导，又有知识值域的秩序规制，以保证知识真伪、知识善恶无论以何样的复杂关联运行，无论以多大的强势能量出现，知识王国的整体都会在知识真伪和知识善恶的钟摆运动中以相对平衡、可持续的方式发展向前。在这里，知识阈值的秩序规制仿佛高楼大厦的阻尼器，它建立起一个知识运行的纠偏机制，使得知识真伪、善恶的对冲能够以知识公正为向心力而不致倾斜崩塌。

在知识公正秩序的建立与运行中，知识公理、知识伦理与知识的值域基理共构了知识王国存在与生成的特殊机制——界本三维叠层多驱螺旋机制。界本三维叠层多驱螺旋机制揭示出一个重要的知识论变革，这就是知识公正建立在知识真伪之公理、知识善恶之伦理、知识多少之域理的逻辑判断上，而不是建立在人的主观判断，知识公正的标准也必须从 JTB 的主观标准转变为知识公理、伦理与域理的公共客观基准。界本三维叠层多驱螺旋机制体现出几个重要原则：

第一，知识作为世界的一种特殊形态，差异界分的界本原则是知识存在和知识成长的根本原则，在知识的根本存在和价值层序中，知识真伪、知识善恶、知识多少均以对反对成的界理原则构制、生成和发展。知识的人类本性——对世界的认知、构造，无论以理性逻辑方式还是以知觉、感觉的经验方式，本质上都是对世界的界说，以界限、边界为标识对事物的性、数、关联进行各种界说，换句话说，文明的一切问题本质上都是知识的问题，文明的知识系统由人类主导，知识的良序与恶序、有序与失序，反映了文明进程的对反螺旋；知识的世界本性亦建立在界理原则之上，由构制知识的基本要素——自然、人事、超自然三者相互叠加，依据界本原理通过不同层序的逻辑运作和相互叠加，生成相应的知识体系。

第二，无论知识如何分类、分层，知识的真伪公理、善恶伦理、值域基理是知识结构的基本层序，它包含了知识的价值本质和价值涵项；知识真伪之公理、善恶之伦理、多少之域理从知识存在的价值方式、价值理据上奠基了知识王国的三个基本维度，这三个基本维度贯通知识的全部领域，并揭示了知识运行的价值奥秘。知识的真伪公理、善恶伦理、多少域理的关联机制作为知识价值的生成工具，不是追求固定的价值定位，而是制定价值的生成坐标，提供知识发展的价值平台，演化知识价值的生命创造。

第三，知识公理、知识伦理、知识域理之间是一个相互关联、相互构制、相互制约、相互转化的叠层结构，知识公理、知识伦理、知识域理在知识运行中分别负载着不同的运演功能，由于其价值关联的互动性、随机性，因而知识的组织运行具有因果多发、动能多驱的机制特征，知识的真伪、善恶、多少等呈现了知识价值的"期货"现象，每一个知识价值的动变都可能驱动知识系统的整体动变。知识的本质是克服蒙昧的文明化，因而知识运行通常向着真知、善知偏多的方向螺旋，并在知识名义上以真知、善知的旗号开路。但在实际的知识实践中，在某些知识领域、知识阶段，知识向伪、向恶的偏斜不仅可能，而且也是一种历史常态，有时伪知、恶知还会极端盛行。谎言盛行、恶语猖獗的背后，是私欲对知识值域的强权霸占，一旦谎言实得的私利在知识值域中占据了优势，那么真言和良知就难有生存空间，谎言盛行、真话匿迹也就不足为奇了。

（5）知识的过程性与共制性

知识运行的界本三维叠层多驱螺旋机制，揭示了知识本体的两个重要属性——知识的过程性和知识的共制性。知识的过程性表明知识是一种认知生成运动，通过这一运动获取秩序、意义、价值和发展的动能。知识的共制性表明知识不仅是人的知识，而是一种由人事、自然、超自然共同构制的知识，体现了现世界的一种特定层序——联结人事、自然与超自然的秩序共同体，这是从知识的构制根源对知识的重新定位，也是对知识本体的存在论定位。

知识的过程性主要是基于知识的存在动变和文明演化而言，这里，与其把知识视为一种人文成品，不如把知识看作为世界运行的一种组织系统，这个组织系统当然离不开人类智慧的耕耘，并以相应的成果形式呈现，但这个成果不是智慧的结晶，而是智慧的产儿，不是结晶的无机体，而是生命的有机体——一部知识史本质上就是人类智慧与世界相互关联的演变史。

知识有机体呈现的主要是人类与世界的关联、秩序和价值的生成机制，在这个机制平台上，置放了真伪、善恶等不同的知识目标和价值指向，但这些目标指向不是知识呈现的固定值，而是知识提供的可能选项。因此，知识的真理性目标不是追求绝对真理、永恒真理、固化定理，而是以知识常识聚焦万物存在及其差异关联的普遍性——包括绝对性、相对性、特定性和不定性等属性特征，揭示蕴藏其中的动变规律、价值关联、因果秩序。在这里，要以知识有机论反对知识结晶论，反对知识迷信，反对把知识原理固化为僵死定理，并给予神一般的崇拜。当前尤其要警惕科学迷信的盛行，近代以来随着科学对知识领地的强势占领，"科学教"几成一种普世宗教，在人类分享科学飨宴的同时，科学有可能成为断送人类前途的一个动因。

从知识的大历史来看，知识通常以求真、向善为发展方向，知识过程就是不断调试天、地、人之万物差异，调适万物间的价值差异、寻求万物和谐共生的过程。于人而言，知识是典型的文明化进程，是人的精神提升过程，是人走向澄明、自由、幸福的过程，这一过程没有完结的终点。当然，知识的演进具有世代性特征，尽管世代的尺度大小难以测定，但知识作为世界的特殊存在态，它的任一过程都不会是孤立被动的过程，而是人事与自然、超自然关联共制的生成过程。

知识的共制性是从知识生成的存在根源对知识的重新定位，是在世界整体的存在论坐标对知识属性、位置、意义的重新定义。有史以来人们业已习惯地把人和自我作为一切知识出发点，无论是经验论、感知论还是理性论、逻辑论，认识论的发生原理均建基在人的认知功能和认知方式上，即使是历史悠长的天赋论和当代最具创造影响的皮亚杰发生认识论，也都是将人置于固定的主体地位，人与客体的二元关系是知识发生的逻辑基轴，尽管天赋论引入了先验性因素作启导，皮亚杰发现了知识建构主义的新路向。

知识生成的共制性表明，知识虽被赋予典型的人文符号形式，但知识系统是世界的共制系统，是世界众多存在层序中的特定存在，这一存在既非单纯的自然物理存在，也非单属人的存在，而是由自然、人事和超自然共同构制的存在，离开了自然、人事、超自然三重要素的联姻，知识王国的孕育、生成是不可能发生的。

自然、人事、超自然是知识存在的三种本因，它们为知识生成奠定了本原基因；自然知识、人文知识和超自然知识是知识王国的三大家族谱系，每个族谱之下又细分为众多族裔支脉——在超自然的知识谱系中，神学知识占据了主要部分，另有志异、神秘、超常识的某些知识内容。从知识的本因存在来看，自然知识、人文知识和超自然知识分处于不同的知识谱系，既有相互间的联结叠构，又有自成一体的独立体系，内含着各自不同的知识范畴和逻辑秩序，这也是人类并不能完全通晓自然知识、超自然知识的原因所在。就显呈的知识事实来看，自然、人事、超自然三者对知识生成及知识运行实现了差异互构、对反对成的逻辑功能和因果关联，三者互为发生、互为存在，没有相互的供给支持，就不会有知识事实的生成和运行，因而知识呈现的是自然、人事与超自然的合主体机制，而不是人与世界分列的主客体机制；自然知识、人文知识和超自然知识是知识世界的叠重结构，而不是一般意义上的分层结构。

要强调的是，知识作为自主的、分序的生机存在，自然、人事、超自然都是相应知识系统的能动主体，在自然知识、人事知识、超自然知识的不同系统中，各自发挥着知识主体的能动作用，这也是自然知识、人文知识、超自然知识自成体系、自有秩序、自我创造的根本原因。在自然、人事、超自然的不同系统内，每个独立存在又都是相应的知识存在，发挥着相应的知识主体作用，当然，它们既要吸纳世界存在的知识滋养，也要受到相应知识系统的秩序规制，在知识的自治区域内发挥自主创造。在人文知识系统中，每个人都是一个知识存在，因而每个人都是一个知识主体，蕴藏着不同的知识潜能。

从世界知识王国的全景谱系来看，人在知识王国有着特殊的使命和作用。人在本质上就是自然的产物，并存储、应用了自然和超自然的信息能量，这使得人与自然、超自然虽分处于不同的存在层级，但有显著的融通性。人作为生物性存在，在世界的分序结构中是动物界的杰出代表，但又不同于一般动物，人以其特有的灵性、理性、智慧和创造力，以语言、逻辑、推理、假设、想象、冥想等方式，以范畴、概念、思想、学说、理论、制度、科学、技术等知识形式，不仅自觉地融入自然和超自然秩序的运行，而且发现和参与到世界秩序的合作和共制，并以特定的人文知识形态呈现出来。知识发生论对知识的心理发生、生物学发生尤其是数理逻辑发生均有相当深入的辨析，而对冥想（meditation，禅定，专业领域内把冥想视为禅定的初级阶段）在人与自然、超自然联通中的媒介机理发掘得还不够，冥想的要义是消除既成的知性模式，让人的心灵回归原始自律，从而建立起人与自然、超自然的知识共融体。《两界书·命数》讲述族王雅里果抛却俗务来"雅尤仙洞"闭关修炼，他在冥想世界实现了同仙人雅尤的联通，从而获取命数、命理的密钥秘笈：

> 天帝创世，昼有日灯，高天生辉，世界光亮，万物有生机。夜有月灯，大地安详，黑暗不迷，众生得生息。人有心灯，灵肉相适，阴阳相宜，天地人相合。心灯点亮，三灯齐映，与日月同光。人心有天光，肉身长久，灵魂不朽。

（命3：6）

文学叙事中的这种知识生成已经不是一般意义上的知识生成，而是昭示了人与自然、超自然会通的知识可能和路径。

人对知识的生成大致可分为三个方面：一是关于自然，形成了诸多自然知识，以描述各类的"自然规律"；二是关于人事，形成了详尽的人事知识系统，对人的生理、精神、情感、社会运行等进行科学分析、人文表述；三是关于超自然，在此方面，既有一些精深的逻辑推理、神秘感悟，也有对天意、上帝、造物主设计的受启、传达、描摹，上述三类知识构成了显呈知识的全部内容。但人始终只是世界构制的一部分，只是知识王国建设的参与者，人在世界和知识建设中所被给予的表演舞台和角色扮演，必定受到严格限制，这也决定了人的知识永远是有限知识。

人在知识王国的作用与知识的功能、人的位置有双重关联。由人事、自然和超自然共构的知识王国，其知识运行处于人事、自然、超自然的合作共治与三方分治之下，知识王国中有无拥有绝对权力的统治者——绝对秩序的制定者——姑且不论，知识的媒介功能无疑是知识王国的秩序基础。知识联通了天、地、人，联通了形上、形下，知识既是平台也是工具，它联合人事、自然、超自然共同建构起知识世界，人居其中扮演的角色和作用是多重性的，人的使命既由人自身设定，也由人与自然、超自然的位置关联设定，也就是说，人在知识王国的使命对外是联通自然、超自然，对内是联通人事和调节自身。

在对自然、超自然和人事的联通中，人从人的立场沟通天、地、人，所谓天人合一，知识或是唯一可能的渠道或主渠道。问题的关键是，自然、超自然与人事三者的知识逻辑、秩序指向是差异性的，当三者的维度、原则不一致时——这是必然的，人一方面因其自身的局限而难以完全理解自然与超自然，另一方面又被赋予了重要的能动性，肩负起探索协调的新使命。所以，人与自然相处不是改造自然，而是调适自然——人与自然互适共处，否则也会遭受自然的反改造；面对未知的超自然，人以敬诚之心探询问道，从中获取知识的启发。人处世界中间，在自然、超自然面前只是过客，知所进退、摆正位置，与自然、超自然保持合宜的距离和亲密，有利于人类的健康存续，否则，人的知识越发达就越是处于奴役之下，这也是为什么知识既能给人带来自由，又能使人失去自由。这是真正的知识，而不是有学识的无知。苏格拉底时代的希腊人就已意识到"深入理解自己的无知就是一切知识的开始"[①]，但令人担忧的现实

---

① 文德尔班：《哲学史教程》上卷，第 134 页。

状况是，人类傲慢自大，无视自然与超自然的知识存在，将一切知识据为己有，转变为对世界的偏见和成见，并梦想成为世界的主宰。要强调的是，人定胜天必定是一个无知的笑话，知识的目标不应使人与世界异化，而应使人融入世界的和谐共同体。

知识对人事自身的调节构成了文明演化的基本内容。人在自身的知识领域尽情享用知识自治的自由，这个自治空间足够大，复杂的知识演绎不仅深刻地影响着人类行为，也调节着人类自身、人与他人、人与自然和超自然的关系。这里的关键在于，一是如何明晰知识求真、向善的主导方向，以知识公正的价值原则对知识真伪与知识善恶的值域加以调适配置；二是如何调适知识运行的权力规制和利益影响，确保知识运行与知识正当原则相一致，以促进知识公正和社会正义的良序发展。

知识是社会的秩序和灵魂，如果知识为私欲所绑架，知识透明和正当原则受到破坏，那么知识真伪与知识善恶的系统机制就将朝着伪知、恶知的方向发展，真知及其善值（good values）就将遭到消减。知识系统不健康，常识也会遭到无视，知识病毒将导致系统性的知识痉挛，从而引发社会性的神经紊乱和精神错乱，社会的病态特征——戾气、怨气、荒诞、善恶不分、黑白颠倒都会成为社会常态。知识拥有一切手段隐藏人性之恶，这是需要引起高度警惕的。经过几千年的聚集累积，知识已处于高价值、高敏感、高博弈的区阶，不仅知识真伪、知识善恶的两极对决格外复杂，更涌现了诸多真伪交织、善恶混合的知识游戏，游戏的迷局整合了先前的简单规则，就像掼蛋整合了争上游、斗地主、炒地皮的规则一样。知识游戏的新规则导致变局更大，风险与利益的并存性更强，因而也更易激活人的本能欲望。苏格拉底关于"知识本身就足以使人行善"的说法显然是片面的和过时了的。

（6）新知识观：世界与人的重新定位

上述对知识的存在属性、运行机制、生成功能及其价值机理提出了基于界理原则的广义知识观，界理原则的新知识观跳出人类看知识，不仅对知识进行了重新定义，也对人在世界中的位置、现世界的共制关联等存在、结构、过程、价值诸方面的一般问题提出了新界说。广义知识观提出的既是认识论问题，也是本体论问题，本体及其认识是同一问题的两个方面，这也是知识整一论的要义所在。

对知识的重新定义彻底动摇了柏拉图以来的知识定性，回归了知识的存在本原，揭示了知识作为一种存在态和差异秩序形式的本质特征。知识的存在态及其秩序形式建基于自然、人事、超自然的存在共同体，它不以人的存在而存在，也不以人的发现而全部显呈——人对自然、超自然和人事自身的知识发现永远在路上。这就是为什么人要向大自然学习——发现大自然固存的秩序；人要探索宇宙的奥秘——发现宇宙固有的知识；人要不断认识自己——人作为世界的一分子，如何承载和演化世界的知识。柏拉图当年以洞穴隐喻揭示知识假象，知识假象本质上是人的认知假象，造假者是人，这是柏拉图知识论的一大贡献。柏拉图努力寻找避免假象的方法，他在《泰阿泰德篇》中深入讨论了知识与"正确的判断"之间的关联，尤其是关注了证实（确证、论证）、真（正确、全面）、信念（观念）作为知识要件的可能——但他对此并未予以确信。然而，有些吊诡的是，柏拉图（常借苏格拉底的对话）的讨论被片面化地放大了，并从知识论的根基上制导了西方知识论的千年路向，即将知识固化为人与存在对象的认知关联，把人的意识作为成就知识的唯一路径，且把人的知性改进作为接近真理的唯一可能。这极大地限制了知识论的视域，也带来了种种漏洞和困难，并遭到多样化的反驳。柏拉图理论发现了知识的洞穴假象，后人沿着他的路径在破解假象的努力中又制造了更多的假象——谁能说洞穴之外的地球不是一个更大的"地球假象"呢？这种"柏拉图式知识假象"与早期希腊自然哲学的宇宙观不无关系，从泰勒斯等伊奥尼亚学派到托勒密的天文学，地心说是希腊宇宙观的代表性思想，而人在地球中又被置于中心的位置，以致人被作为万物的尺度。地心说破灭了，但人在世界的中心位置没有破灭，这是知识论演变的基轴，也是知识论偏差的根源所在。

就知识的存在论发生而言，知识作为人事、自然、超自然共同构制的存在形态，作为差异要素的信息集合，它以特定的形式应对世界万物的属性、量度和关联的本体存在，是对人事、自然、超自然的第一性存在的再存在。相较于传统知识论，以及当代知识学研究中的基础论（foundationalism）、可靠论（reliabilism）、语境论（contextualism）、连贯论（the coherence theory）、内在论（internalism）、外在论（externalism）、道德知识论（virtue epistemology）、认知循环（epistemic circularity）、怀疑主义（skepticism），以及知识标准（criterion）、自然化知识论（naturalized epistemology）等学说观念[①]，界理新知识论不是建基于以人为主体的主客体逻辑上，而是建基于自然、人事与超自然的合主体机制。皮亚杰的发生认识论提出并重视认识与存在"结构之间的同构性证据"以及"群结构"现象，将认识发生的视野拓展到不同结构的关联，这是一个重要创见；但他的基本立场是坚定地站在"两个具有限制

---

① 参见 Noah Lemos, *An Introduction to the Theory of Knowledge*, Cambridge University Press, 2007.

作用的项"，也就是站在主客体关系的基本立场，[①] 他的新结构理论显然不是指知识的共构性，也不是指知识的合主体机制。

对知识的重新定义带来了对世界的重新认知。世界是多重性的世界，既有的世界分类体现了典型的线性、扁平化的思维特征，生物界、无机界、族群、阶级、物理学、伦理学、交叉科学等等，都是基于属性、质料、层级、类别的区域界分，所谓知识界也是特指各类知识成品的集合。界理知识观下的世界是界分互成、多重叠构的动变世界，这里的"知识世界"是世界多重性存在中的重要组成，它不仅由人事、自然、超自然共同构制，而且由三者共同经营、共同治理、共同创造，它以知识的形式蕴含了人与世界的一切情致和全部奥秘。自然为知识王国奉献的不仅是材料、对象、被动的客体，更是原理、模型、变化、奥秘、主动性和真知、先知；超自然提供的不仅是神秘、未知，更是天意、天启和通向无限的路径，希伯来–基督教知识系统以人与上帝之"约"来联通天启与智慧、天谕与知识；人居自然与超自然之间，以生命为实践，领受自然和超自然的双重天赋，承载应有的人类使命。同时，人与自然、超自然对反互成为一个有机活体——一个信息能量交流循环的知识系统，这个有机活体共同链接和创造了世界。天（天1，超自然）、地（天2，自然）、人是知识的共同来源——这一新知识观揭示了知识创造的根本原因，从苏格拉底、柏拉图、亚里士多德等古代先贤，到哥白尼、牛顿、爱因斯坦等超凡智者，他们的知识创造并不仅仅来自于他们自身，而是把不同的知识资源汇集、凝聚和呈现出来，可以说，人类精神史上没有哪一项伟大的知识发现和知识创造是仅靠个人的

---

① 皮亚杰：《发生认识论原理》，王宪钿等译，商务印书馆，2009年，第114页。

单打独斗蛮干出来的，无一不是仰仗于自然和超自然的配合、支持和启示。知识创造的活水源头不是封闭的，也不是单一固化的，离开了自然和超自然的广袤、博大和无限，人类只能是井底之蛙。

由三个知识来源共同塑造的世界又不同于人事、自然、超自然三者中的任一世界，也不是三者的结构组合，而是三者的生机合成，是一个由三者分序与知识合序交织叠构的世界，所谓天道、地道、人道即是表述了分序的存在；所谓人法地、地法天、天法道、道法自然，是以"法"的方式朴素地表述天、地、人、道、自然间的互通联系。在知识秩序与人事、自然、超自然秩序的关联运行中，知识可被看作是由人事、自然、超自然三种材料合制而成的知识半导体，知识半导体既是一种共享平台，更是一种联通机制，它保证了天、地、人分序的独立性，也奠立了知识合序的整体性。知识半导体表述了天、地、人的差异性存在与因果关联，离开了知识这个半导体，三者就是一个绝缘体。这里也揭示了世界的一个秘密，所谓道、气、以太、相、型、理念等对世界本原的抽象预设，在现世界中都是以人类最易感知的知识为载体呈现出来的，知识联通了万物的信息能量，并实现世界各部分的有机整一。不仅如此，这种有机整一还合成了知识的新机能，人事、自然、超自然作为相对独立的存在系统，其自身的发生功能在知识机制中得到集合性的重组复构，知识系统的多样性、差异性、变化、生灭等等聚集了人事、自然、超自然的各种因果联系和目的方向，人对知识的呈现要么是一些发现，要么是一些感知整理，如果是创造，也不是人的单一创造，而是世界的共同创造。可以讲，现世界主要以知识化的方式运行，知识化是现世界存续的基本特征。知识源于世界，世界被知识作用，知识浓缩了世界的属性。

　　新知识观下的世界意义必然引发人在世界中的重新定位。既有的知识观要么是人类中心主义知识观，视知识是人类的创造；要么是以神为中心的知识观，视知识是神的天启、神性的流溢，人不过是被动地承接传达。这种知识的单源论显然受到传统宇宙创生论思维的影响，即将世界万物的发生归咎于某一本原、某一起因。单源论思想在世界从零到一的发生中往往是有效的，如在单神教与多神教的搏争中基本都以单神教的胜出告终。在宇宙发生中，知识不是从零到一的创造主体，而是创造工具——如上帝的言辞、命名等，创造指令不由知识发出，它只是指令的传声筒；知识在从一到二的创造中实现了从工具到主体的生成转化，它一方面将天启、自然和人扭结在一起，一方面又蕴含了世界对反对成的生成逻辑，并以原因动能发出一系列因果性的秩序链条，从而在从二到三、三生万物的世界演化中，发挥出关键的动因作用。知识虽然不是宇宙发生论从零到一的元创，但是宇宙创生的关键创造，是超自然、自然和人事共同合作的再创造。在现世界的知识化运行中，人是知识的三因之一，不是唯一因，更不是唯一主人，因为世界中的人完全不能自足，因而也不能自主，包括对知识的自足、自主。人类把知识捆绑在自己身上已有 2000 多年，终于发现知识并不只属于人类，而是属于世界。知识的历史显示，人类只能部分地、有限地了解知识、参与知识、分享知识，对于超出人类限度的部分只能望尘莫及——对此人类并非心甘情愿地承认和接受。

　　人在知识活动中被赋予了极大的空间，但知识空间只是活动场所，不是活动的原则。人被推到知识王国的前台，这只是一个现场安排，而人的角色定位必须服从于知识剧场的总原则。对人而言，创新是知识发现，创造是知识整合。人类在知识世界的基本角色和根本使命聚焦于两个基本方面：一是要明晰人在知识世界的位置，摒弃人的自大傲慢，以平等之心对自然，以真诚之心对超自然，向自然学习，从超自然获取启示，不以人的短视、私欲和愚蠢与世界作对，树立应有的节制观、边界感、敬畏心；二是顺应知识王国自然、人事、超自然的合主体机制，以及自然秩序、超自然秩序和人事秩序交织叠构的知识合序，以知识公正为目标和原则，在知识真伪、知识善恶、知识多少的价值基轴上，扮演求真、向善、偏多的真值（truth values）力量，以知识公正奠基社会正义，以社会正义回馈世界的知识正义，使天、地、人的和谐共处成为可能。当前，AI 的快速兴起引起人类的关注和纠结，问题的关键是，AI 究竟是人类的专断行为还是知识合序的新作？AI 的发展无疑是人类知性的重大改进，那么它能帮助人类实现德性的改进吗？设若 AI 能被成功地赋予灵性和道德感，那么它大概率就能促成人类知性与德性的协和向善，给人类带来福祉；否则，人类将联同现世界一起，快速坠入"成也知识败也知识"的世代命局。这并不是危言耸听，因为失去了向善的价值规制，一切知识创新都是通向灾难的创新。

（7）知识原理的本质是界理

现世界以知识的形式和秩序存在并运行，知识联通世界，知识支配世界，知识决定世界的未来。知识的这一世界功能建基于知识的界本原理，即知识存在本质上是界理的存在演化，知识属性、原则、功能的底层逻辑不仅统一于界理的基本逻辑，而且以知识的方式对界理原则进行了新的生成和发展。这尤其表现在，知识谱系以知识真伪、知识善恶、知识多少为价值分层和成长演化的逻辑基轴，从知识的秩序原则上嵌含并焕发了世界以界为本、元启界分对反叠变偏斜螺旋的界本程式；知识的公正原则及其对知识求真、向善、偏多的价值秩序，揭示了以界本原理为基础的知识算法、算法程序及其变量机制；知识的三重构制把天、地、人的对反对成统纳为差异整一的知识王国，从某种意义上说这才是天人合一的真谛所在：天人合一是对反对成的合一，而非单向顺滑的合一。皮亚杰在他的发生认识论结尾处提出结构间的"互反同化"概念，这或许是其发生认识论最具价值之处，惜未得到深入的阐发。[①]

人参与知识，并为知识所支配，知识对人的分层是价值分层、认知分层，这是一种可以、可能超越经济、种族、宗教、文化的分层，它建基于真伪、善恶、多少这一根基性的价值机理，既压制了动物的自然属性，又撇开了各种花样修饰，是对人性和人类社会界本原理的一次知识呈现。一方面，知识世界有别于动物世界，知识秩序必须运行于丛林法则之上，尽管在知识世界的各类叠层运行中，人的欲望秩序根深蒂固地坚存着并发挥作用，有时还常常争夺秩序运行的主导权。另一方面，真、善、美与假、恶、丑的对决始终是知识运行的主旋律，人在其中经历着精神磨炼（spiritual exercises），并做出方向和尺度的选择。在这里，界理知识观的公正原则与实践正义，归结为在真伪、善恶的纠缠中，实现求真向善的方向感和差异转化的适宜尺度。界理的知识辩证法体现为：怀疑是求真的开始，纵恶是向善的终结，无度是失序的必然。

在知识世界中，知识公正及其实践正义既非稳定的结构，也非必然的秩序。恰恰相反，知识世界运行着诸多不同指向的价值层序和因果关联，权力、资本、集团、意识形态都可以成为知识代言，从而左右知识是向真、善、美偏重还是向假、恶、丑偏斜。知识对

---

① 皮亚杰：《发生认识论原理》，第 116—117 页。

世界复杂性的揭示就在于，一切价值和目的都可以找知识来代言，知识可以伪装任何谎言，而谎言成真不仅有可能、有需求、有动力，而且有逻辑、有理据，因为真与伪、善与恶的对反对成不仅是知识的存在本性，也是知识的生成机制——在这个意义上，知识原本应该保持的价值中立（value neutral），始终处于动摇和考验之中。从根本上讲，知识的两面性受到万物运行的根本界性（polarity）所规制，知识的这一天性亦契合了人的天性，在现世界的知识世代里，知识的作为最终还是要落脚于人的知识实践和人对知识的价值选择。

至此可以看出，知识整一性不是指知识分类的学科联合，眼下所谓跨学科常常变成了知识枝蔓的捆绑，热闹团结的表象下依然是自行其是的知识分离。知识整一论与前述六律整一、天人整一的认知原理融通一致，无论是六律互构性、天人共生性还是知识的谱系性，均奠基于差异界分的逻辑起点、对反互构的存在本性、差多整一的价值过程及其因果关联；知识整一与六律整一、天人整一的逻辑统一，既是界本知识论的整一，也是界本知识论与本体论的整一。在此认知下，无论是六律整一对世界的整体认知、天人整一对现世界共生机制的揭示，还是知识整一对世界的知识重构，最终的逻辑运演必然指向世界的根基原理——一种基础本体论（fundamental ontology）和元理论（meta-theory）的可能。

在这里，虽然"知识和真理都不会改变事物的本体论地位"[①]，但我们依然坚持认为，知识是存在本体的一部分，是真伪、善恶、美丑的培养基、对撞器和生成机制，是宇宙、存在、结构、过程、价值、目的的一种实现方式和表现形态；知识论具有明显的存在本体

---

①　Paul Weingartner, *Nature's Teleological Order and God's Providence: Are They Compatible with Chance, Free Will, and Evil?*, p. 124.

性，既是通往世界本体的路径，也是世界本体论的有机部分和实现工具。因而可以说，知识和本体互构，知识论和本体论是思考和表述了一块硬币的两个方面，界本元理论的提出就是基于这样的一种认识，而不是陷入先有鸡还是先有蛋的知识游戏。同时，知识与世界本体的一致性还表现在，知识与世界万物一道，共同以差异有序的方式同混沌、无序做斗争，如果知识整体能够进阶到人与自然、超自然的浑然一体，知识、人类、现世界的世代性目标也将实现，也就是说，知识一旦打开了"天机"之门，也就开启了一个新的大世代循环。问题的关键是，知识会以何样的方式完成它的世代使命，帮助人类进入一个新境界？

第二节　根基原理之学

人类有史以来，当下无疑是知识最发达的时代，同时也是一个最"无知"的时代。无知恰恰因为知识的发达，知识发达不仅拓展了人类无知的边界，而且制造了更多的知识不可靠——也就是制造了一种新无知。

英国学者彼得·沃森推出了一部颇有影响的思想史巨著《20世纪思想史：从弗洛伊德到互联网》（*The Modern Mind：An Intellectual History of the 20th Century*），他在书中通过对美国受访者的一项调查发现，"在我们今天栖息的世界里，无知正在大范围地蔓延、扩张，在美国尤其如此，其程度已经到了令人警觉的地步"。彼得·沃森罗列美国人的无知包括：有 42% 的人认为人类自宇宙伊始就存在于地球，20% 的受访者相信太阳绕着地球转。彼得·沃森这里所说

的无知其实都还是常识的无知、知识表象的无知，还不是知识本身
的无知，虽然他看到并指出了互联网导致"这个世界变得如斯碎片
化，学科之间变得如斯迥异"给知识带来的危机。[①]哈耶克发现一则
令人悲哀的笑话，它却不幸地成为人们泰然受之的知识趋势："科学
专家对越来越少的东西知道得越来越多。"[②]专精化的知识深井造就了
"有知识的井底之蛙"——它反映了一种精致的无知，而精致的无知
对社会的戕害更甚于平庸的无知。

　　知识的无知（ignorance）是伴随着知识的发达而被制造出来的，
波普尔曾说："我们对世界的了解越多，我们的知识越是深入，我们
也就越是能够自觉地、具体地和明确地认识到自己不知道什么事情
（亦即我们的无知）。"就像波普尔一样，哈耶克还发现，"在许多领
域中，我们确实经由刻苦和认真的学习而懂得了这样一个道理，即
我们不可能知道我们为了充分解释那些现象而必须知道所有事实"[③]。
知识发展到空前的高位，也随即进入了一个全新的无知困境：曾经
坚信不疑的既成知识屡遭挑战怀疑，从欧几里得定理到非欧几何，
从日心说到进化论、相对论、量子力学、大爆炸理论，特别是宇宙
科学、基因科学、人工智能技术的高速发展，导致新知识尚未站稳，
又撩开了更大的知识黑洞，这不仅制造出知识本身的不确定，还触
发了人类向何处去的世界性不确定。在精神和人文领域，人类历史
上赖以生存的两大精神支柱——神本主义和人本主义遭受了轮番的
冲击涤荡，两者此起彼伏地相互纠缠，神是否存在显然得不到认识

---

① 彼得·沃森:《中文版序言: 新无知时代?》，彼得·沃森:《20世纪思想史: 从
弗洛伊德到互联网》，张凤、杨阳译，译林出版社，2019年，第5页。

② 冯·哈耶克:《知识的僭妄——哈耶克哲学、社会科学论文集》，邓正来译，首
都经济贸易大学出版社，2014年，第125页。

③ 冯·哈耶克:《知识的僭妄——哈耶克哲学、社会科学论文集》，第113页。

的统一，而人文主义的核心价值——自由意志、德性、理性的有效性也已遭受空前的重创。知识演化的最新成果是：无论是上帝还是人，是理性还是经验，是形下的物性世界还是形上的超验世界，世界的一切和一切的知识都不再那么真实、可靠了。知识发展到今天，人类最大的知识进步就是发现了人类对知识的无知，这种无知既是先天既有的，也是后天达成的。这一悲剧性的知识成果也导致了各种终结论甚嚣尘上：理性的终结、人文主义的终结、哲学的终结、神学的终结、上帝已死、思想已死，诸如此类。

差异的知识系统、知识层序一旦以邻为壑，知识世界不仅会变成一盘散沙，甚至会以知识为敌。从知识生成的方式、工具、层序、价值演用等方面而言，知识的专精化发展如果缺少了有效协调和有机联系，知识世界走向裂变是必然的，其中既蕴含了知识间的竞争，也蕴含了知识新陈代谢的内在要求——本质而言，竞争是知识存在、知识发展的主要方式，它们在不停地扩大自己的知阈领地。从知识的共制机理而言，知识的三大基质要素人、自然、超自然之间的分化也在不断地螺旋进阶，尤其是人类这个活跃的主角，因其智性和技术的快速递增而使得知识大厦出现了结构的偏斜，并带来倾覆的可能。从人类文明这一主要的知识形态和知识运动而言，轴心时代以降文明系统分序演进，它整体性、系统性地揭示了人与自然、超自然三者间的深刻关联，尤其是人类自身不同族群间的文明关联，作为一种重要的知识演化，它对知识演进的世代性有着重要的启示和表征意义。

雅斯贝尔斯对公元前 800 年至公元前 200 年之间发生在中国、印度、波斯、希伯来、希腊地区的思想和精神过程进行梳理，认为这一轴心时代（The Axial Age of Transcendence）是"历史最为深刻的转折点。那时出现了我们今天依然与之生活的人们"①。老子、孔子、墨子、庄子、佛陀、以赛亚、耶利米、荷马、巴门尼德、赫拉克利特、柏拉图、亚里士多德、阿基米德等非凡人物实现了"超越性的突破转变",他们所创立的思想和思想方式,体现出重要的并时性、多发性、基质性和价值多向性,虽然表现了某些"人之存在"的普遍意识,但其思想内涵的不同特质,差异化地奠定了不同文明的精神基础,深刻地塑造了不同文明的基因、模型、演变方式和成长形态。轴心时代的概念在学界存有分歧,甚至雅斯贝尔斯本人也并不十分确定,但这不影响对这一思想史实的描述,真正的理论遗憾是,轴心时代的知识发生、不同思想的逻辑起源和相互关联,迄今还缺乏令人信服的论证。以界本知识论的共制原理看,轴心时代的知识和思想以非凡的方式涌现(emerge),不是历史的偶然,而是人事、自然、超自然的共制必然。轴心时代作为一个知识世代的开启,多发性的差异化思想经过两千余年的分道成长,虽有根须交织、枝蔓交错,但缺乏实质性交融,反倒愈显出分裂、隔绝甚至水火不容之势。这种趋势以加速度的方式发展,像酵母菌一样繁殖膨胀。这是空前的知识危机,也是发出了思想修复、知识重构的信号,发出了对新知识世代的呼唤。这里需要说明的是,学界把雅斯贝尔斯所谓"the axial age"翻译为"轴心时代"是有某些误读的,其本意应为"转轴时代"或"轴向时代",因为"轴心"一说既不符合雅斯贝尔斯的原意,也与那个并时性、多发性、多向性的知识时代特征不相符合,其时并没有形成一个统一的轴心,而是承续了多元并发的文化基原,奠基了差异化的多中心并存、分轴运行的文明转

① 卡尔·雅斯贝尔斯:《论历史的起源与目标》,第 8 页。

轴和知识轴向，以致演化至今形成了诸多牢固的思想藩篱，并导致严重的价值分离。鉴于"轴心时代"已为汉语知识界普遍熟悉，姑且延用该译法。

新的知识世代有可能出现么？设若有，会以怎样的价值秩序运行？如何争取新的知识世代能以求真、向善的偏多方向发展，以造福人类，造福人类生存的这个世界呢？

在知识史上，知识对人类的恩泽始终与它对人类的戕害联系在一起。对此先贤圣哲们持有清醒的认识，如何保证知识求真、向善的发展方向，也一直是知识论关注的焦点。这项工作主要还是落脚在人的认知上，因而对人类理解和知性的改进构成了哲学、认识论、知识学的重要主题。当然，所有的改进都是围绕着经验与理性、逻辑与判断、数理与伦理、科学与人文等不同的认知范畴、认知方法展开的，旨在通过范畴、方法、路径、关联、实践等的认知改进，优选出最佳可能的知识工具。但效果并不理想，一方面人的知性是分区分层的，知识的传授、传统、教育、环境、习俗、习规、社会环境等对于"圈内人"而言只是开发了极小的区域和潜能，并对其加以思想的形塑——圈子的围墙越森严，形塑的固化越坚硬，而用以改进的工具本身就是越固化越偏狭的，因而改进的成效可想而知。另一方面，人类面对的是一个混合旋转的世界，知识单一化的思想认知导致知识分序愈发达，知识分裂就愈剧烈。同时，知识改进的底层基座更关键，人与自然、超自然始终处于知识建构与解构的不断调适中，知识发展不仅是人的知性改进问题，本质上更是人与自然、超自然的协和关联问题。人以知识与自然、超自然亲密相处，既不是要以知识征服自然，也不是要建立一个任性妄为的人间王国，而是要寻求建立一个人与自然、超自然有序联通的知识世界。

差异化的知识系统和知识秩序各行其道，且缺乏有效的兼容联络机制，是人类和知识陷入"无知困境"的根本原因，这就导致了知识为知识所困的知识悖论，知识给人带来的不是自由、德性和澄明，而是奴役、私欲和迷惘。呼唤常识、回归根本，不被特定、单一的强势知识、惯性知识带偏，而是从知识原点、认知起点出发，是联通知识差异、重建知识秩序的可能路径。从思想源头开始整理知识的发源，还原知识王国的发迹历史，尤其是知识发生的原则原理，界本论对根基原理的认知提供了这样一种尝试和选择。界本论作为一种根基之学，它对知识基原（epistemic primacy）的关注是对知识原理和认知原则的关注，这与卡尔纳普关于认知基原（epistemically primary）的概念不是一回事，卡尔纳普主要还是基于他的逻辑斯蒂（Logistics）及关系理论，重点关注的是知识发生的先后次序问题。①

1. 东西方思想的知识汇通

发现和建立东西方思想的内在联通，是学界始终关注的目标，尤其是近代以来，伴随着文化交通、信息交流的便利，这方面的努力取得显著进展。一个突出的特点是，这类工作往往借助于学科工具进行，尤其是关于中西哲学问题，在有关生命与自然、经验与超验、主体与客体、知性与存有、范畴与观念、工具与方法、价值与功用等方面，发现、发掘了中西哲学、中西思想的诸多融通和关联之处。但这类工作极易陷入西方哲学的既成形制，陷入哲学作为一门学科的体制规限，因而容易导致削足适履的现象比附，或程式化

---

① Rudolf Carnap, *The Logical Structure of the World And Pseudoproblems in Philosophy*, pp. 88–89.

地罗列所谓特殊性与共同性，难以真正触及中西哲学和中西思想之间根本性和原理性的逻辑关联。

从界本论的知识原则看，哲学和思想的本质是知识，是知识谱系中的特定层序，在知识世界的整体运行中具有相应的程序功能和价值意义；是知识王国中极端重要的结构和系统，但还不是知识的整体，也不能完全反映知识的存在本质。通常而言，哲学作为"第一哲学"，对各类知识的构制发挥着底基性的原理作用，成为各类知识的认知基础；思想学说的凝聚离不开哲学这一基础性的知识工具，无论知识如何分科，当它生成出原理性的思想体系、范畴观念、学说观点时，其运思的逻辑底层都离不开哲学的工具和原理功能。思想作为综合性的知识生成，它运用了相应的知识工具——包括哲学原理的、分科专属的、跨学科联合的，对存在对象进行性状、关联、价值、因果等方面的知识构建，并在构建中渗入了特定的文化、族群、伦理、社会、历史、信仰、科学、经验等方面的人文因素，其中也不乏自然和超自然因素的各种影响。

因此，在比较讨论东西方哲学和思想的论题时，一方面不能笼统地混淆哲学与思想的关联与区分，另一方面，只有从知识的整体谱系出发，从哲学与思想的知识层序出发，跳出哲学看哲学、跳出东西看思想，把东西方哲学和思想植入知识的存在本体来看待，才更有可能厘清东西方思想的知识差异和知识关联，厘清东西方思想的逻辑机理和演化层序，从知识的根本和知识整体上发掘东西方思想作为特定的知识层序，经由不同的知识演化所形成的知识特征、知识原则和知识汇通，才能避免表象比附和分科观察所导致的盲人摸象、自说自话。

（1）知识的分层规演原则

知识谱系由复杂的层序系统叠构而成，若从不同知识层序对知识生成的逻辑功用来看，可将知识的层序区分为知识基理层和知识演化层两个基本功能层，知识基理层奠定了知识生成的基本原则，知识演化层是对知识基理的发挥运用，两者的差异与关联构制了知识谱系成长发展的结构基轴。

知识的基理奠定了知识的生成原则和发展机理，为知识谱系制定了根本的逻辑规制和秩序程式。界理贯通于宇宙论、存在论、结构论、过程论、价值论、目的论，不仅是世界的第一性原理，也是知识谱系的基本原理，体现出存在与思想的启始性、原则性、结构与过程的整一性，无论是世界本体的演化还是知识谱系的演化，都离不开界理的底层逻辑，也就是说，界理作为知识基理从根本上规制和支持了知识的演用。

知识基理对知识演用的规制主要以逻辑原则的方式实现，它制定基本的逻辑秩序，奠定基本的知识机理，体现人与自然、超自然对知识共制的一般属性和普遍要求。这尤其表现在知识发生的逻辑起点和启始程式上，东西方思想虽以不同的范畴概念表述，但范畴构制的界理原则是再清晰不过的。中国哲学之阴阳、乾坤、虚实、表里、顺逆、邪正、左右、彼我、刚柔、寒暑、魂魄、雌雄、有无、清浊、邪正、喜怒、往来等，佛教之有无、色空、圣凡、常与无常，以及古希腊哲学之有限与无限、一与多、奇数与偶数、正方与长方、直与曲、左与右、明与暗、阳与阴、动与静、善与恶等，都在范畴构制的逻辑底层蕴含着界理原则，并对后续的知识演化发挥基理规制作用。在这里，欧几里得的《几何原本》作为西方数理哲学的奠基性著作，以西方哲学的话语方式比较典型地呈显了界本原理对知识演化的原则统制。

《几何原本》开首即以"界说三十六则"作为全书的逻辑起点和基本规则，如第一界为"点者无分"，第二界为"线有长无广"，第三界为"线之界是点"，第四界为"直线止有两端，两端之间，上下更无一点"，第五界为"面者，止有长有广"，第六界为"面之界为线"等，特别是第十三界关于"界者，一物之始终。今所论有三界：点为线之界，线为面之界，面为体之界"之论，在《几何原本》中有纲领意义。第三、四、五、六卷之首分别设立"界说"若干，对各卷所求所论皆有基准原则意义，而在一卷之首欧几里得特别说明"几何"对各领域所具有的普适意义："凡历法、地理、乐律、算章、技艺、工巧诸事，有度有数者，皆依赖十俯中几何俯属。"[①]利玛窦在关于《几何原本》的中文译引中指出几何的本质："几何家者，专察物之分限者也。"[②]并强调几何对量天地、制机巧、测景、造器乃至为国从政之"大道小道，无不借几何之论以成其业者"的功用。[③]《几何原本》以"界者，一物之始终"为逻辑起点，以点、线、面、体为几何原理的运用工具，引导出对事物"察物分限"的系统认知，欧几里得几何原理与毕达哥拉斯的数论本质上同属逻辑一脉，皆以界为逻辑起点，以界限、尺度为工具，对事物的多与少、大与小的属性及其相互关系加以界定演绎，在这里，界本原理对欧几里得几何学和毕达哥拉斯数论的逻辑构制和秩序原理，起到了根本性的机理作用。即使到了近现代，罗巴切夫斯基、黎曼提出双曲几何（hyperbolic geometry）和椭圆几何（elliptic geometry）的非欧几何定

---

① 利玛窦述、徐光启译，王红霞点校：《几何原本》，第 15 页。
② 利玛窦述、徐光启译，王红霞点校：《几何原本》，第 6 页。
③ 利玛窦述、徐光启译，王红霞点校：《几何原本》，第 8 页。

理（noneuclidean geometry），其底层的公理体系亦离不开界理逻辑及其秩序原则的作用。数理科学知识如此，其他知识系统亦不例外。

（2）知识的同理异用原则

如果说知识基理提供的是知识的生成原则和机制原理，那么知识的演化层则在知识基理的基础上实现了知识的致用和多样化创造，这里呈现的是知识的同理异用原则，即通过对共同基理的不同演用，知识获得了多样化的生成，不仅是多样化的知识学科、知识层序，更在知识多样化中演绎了东西方不同的历史文化和思想价值。从某种意义上讲，人类社会就是一场以知识为道具进行的知识游戏，知识基理制定了游戏的基本规则，知识异用是游戏运行的人工设计和自由发挥，其中蕴含了游戏者的判断、态度、需求、价值和经验，正是借助对知识的不同人文演绎，才生发出了东西方不同的思想、社会和历史文化。很明显，知识基理作为贯通知识成长的原理，是活的生成机制，不是死的知识窠臼。

知识同理异用原则的关键在于：逻辑算法一致，价值标准不一，演用工具迥异，即同理给出了一致的底层逻辑，异用推出了不同的价值标准和演用方式，从而实现多样化的知识建构，也就是构制了多样化的人文形态和事实。在对知识的各种建构中，对知识要素的运用是以不同的评判、方式、关联和尺度进行的，从超族群、超文化的自然知识角度看，针对不同的自然事实形成了不同的知识分科系统，所谓动物学、植物学、矿物学、天文学、地理学等等；从分族群、分文化的社会人文知识角度看，形成了不同的道德、伦理、政治、制度、社会等知识体系；从不分族群的超自然知识来看，形成了对超自然的不同认知，包括各种宗教、神学、神话的演绎等。问题的复杂性在于，知识的实际运行和具体演用不是线性的、单向度的，而是复合的、叠构的，尤其是利益价值因素的介入，搅乱了既成的知识形序，在利益的价值引力介入下，自然知识、人事知识与超自然知识的价值判断和价值指向都会发生深刻的变化，并对知识构制产生重要影响。

因而，我们看到的知识，尽管有层序、类别的区分，但自然、人事、超自然与价值（物性的与灵性的）是影响和决定知识构制的四个基本方面，尽管它们在不同知识领域的作用相差甚远。这里揭示了知识同理异用原则的机制模型，这就是"一个基理，四重演用"，即所有的知识都是在同一个界本基理上，通过对知识进行自然、人事、超自然和价值的四重演用，从而实现知识的差异化生成，东西方思想差异与关联的全部奥秘就掩藏在对知识的四重演用之中。

中国的知识发展深刻地隐含和揭示了知识的同理异用原则。儒、释、道三家既有同源亦有异用，孙一奎《医旨绪余》以太极图抄置于首简，表示太极图在易–医知识中的基理意义：

对于太极图抄的含义，《医旨绪余》旁引《中和集》《易》《丹书》分作释解：

> 《中和集》曰：上之一圈者，释曰圆觉，道曰金丹，儒曰太极。所谓无极而太极者，不可极而极之谓也。释氏云：如如不动，了了常知。《易·系》云：寂然不动，感而遂通。《丹书》云：身心不动，以后复有无极真机。言太极之妙本也。是知三教所尚者，静定也。①

---

① 孙一奎：《医旨绪余》，孙思邈、张景岳等撰：《中医解周易》，九州出版社，2012年，第5—6页。

太极图

阳动　阴静

乾道成男　坤道成女

万物化生

孙一奎《医旨绪余》的太极图抄实际上绘制了以易理为基理的中国知识谱系的基本结构，儒、释、道三家的知识源头均为太极之道，但三家进行了不同的知识命名——圆觉、金丹、太极，并由此分化出释、道、儒不同的知识路向和知识体系。可以看出，其实《易经》之中已经蕴含着典型的知识论思想，只不过没有运用西方哲学的逻辑范畴和体系来推演。

以中国医学知识为例，它以阴阳界分为知识基理——也是中国哲学和思想的基本元理，以金、木、水、火、土五行生克为化理——对阴阳基理的中国式演化，其中蕴含了"天数五，地数五，五位相得而各有合"的"天地之数"①，这个天地之数既是自然的知识范畴，也是超自然的知识范畴；当正邪、虚实、寒暑、表里、动静、从逆、盛衰、清浊、形神、气血、喜怒、甘苦、贵贱、善恶等范畴

---

① 《系辞上传》，李鼎祚撰，王丰先点校：《周易集解》，第421页。

以"阴阳应象""阴阳离合""天人相应"的转换机枢贯通运行时，不仅天、地、人的知识实现了相应互构，而且灾害、大危、气绝、死、不治、道德之类的价值意义也运蕴其中（《黄帝内经》），呈现了典型的中国知识的基理演用——用《黄帝内经》的话说就是"应天之阴阳"①，即以阴阳为中医学知识的根本基理，构制出完全不同于西方医学的知识体系。

阴阳不仅是中医知识的基理，亦是中国哲学的基理。但中国哲学对阴阳基理的思想演用偏向了人事方向的文化设计和知识操作，格物致知的目的是通向人——人德、人仁，所谓"物格而后知至；知至而后意诚；意诚而后心正；心正而后身修；身修而后家齐；家齐而后国治；国治而后天下平"②。比较完整地表述了中国式知识体系的演用逻辑。在这里，阴阳之"道"的基理被儒家"吾道一以贯之"的忠、恕、孝、悌等仁道思想演化致用，更因儒家倡导尊君抑臣、礼教化民的政治主张非常符合历代专制帝王的治政要求，自秦皇、李斯废除私学，汉武、董仲舒罢黜百家以降，独尊儒术便成为中国封建历史的知识基调；而孔子所谓"民可使由之，不可使知之"（《论语·泰伯》篇）之儒训，又与老子"古之善为道者，非以明民，将以愚之。民之难治，以其智多。故以智治国，国之贼；不以智治国，国之福"③的愚民思想奇妙融会，加之帝王专制的价值强制，从而使得中国古代的知识发展在相当程度上被构建成了御民教化的工具。

先秦诸子的一些重要思想——包括宇宙论、思辨论、形而上学、逻辑学、知识论等，有些方面的精彩程度完全堪与希腊哲学媲美，

① 《金匮真言论篇第四》，《黄帝内经·素问》，第 32 页。
② 《大学》，陈晓芬、徐儒宗译注：《论语 大学 中庸》，第 250 页。
③ 王弼注，楼宇烈校释：《老子道德经注校释》，第 167—168 页。

可惜的是未能得到自由的成长，更未能在百家争鸣中获得相互促发，这对后续中国科学与文化的发展路向产生深刻影响。从知识构制的整体观来看，早期的中国知识一方面体现出完备的知识共制机理——以天、地、人为标识，超自然、自然和人事要素对伏羲太极、河图洛书、甲骨文、《易传》、《道德经》等的知识形成发挥了重要作用；另一方面，自然、人事、超自然要素深刻地嵌入了知识的形上逻辑，形成了诸如"人法地、地法天、天法道、天法自然"这样的知识观，其内涵和原理已经远远超出了一般的知识范畴，更是一种综合的世界观，从知识学的角度看，这一思想在世界不同的知识体系中都具有非同凡响的重要价值。

但中国知识的历史演用在"转轴"发展中深受中国特定历史文化、社会体制的影响，铸成了中国知识特殊的发展路向、演化方式和知识形态，也形成了一些突出的知识特点：在知识谱系的整体构制上，人事知识得到格外张扬，自然知识、超自然知识受到抑制；在人事知识中，关注人性与人际、社会与阶层，尤以强调人德、人伦、礼制的儒家学说为"大学"，所谓"大学之道，在明明德，在亲民，在止于至善"（《大学》）；关于自然与超自然的知识演绎在宇宙论、存在论、结构论、过程论、形而上学、认识论等方面生成了一些重要的、原发性的思想和范畴，但未能得到系统性深化，这与道德论、伦理学及帝王政治对知识的御用有关，也与"未知生，焉知死"（《论语·先进》）的实在论、经验论有关。此外，依冯友兰之说，"中国哲学家多未有以知识之自身为自有其好，故不为知识而求知识"。中国哲学家崇尚内圣外王之道，以内圣与外王为至高理想，"不得已然后退而立言。故著书立说，中国哲学家视之，乃最倒霉之事，不得已而后为之。故在中国哲学史中，精心结撰，首尾贯通之哲学书，比较少数。往往哲学家本人或其门人后学，杂凑平日书札语录，便以成书。成书既随便，故其道理虽足自立，而所以扶持此道理之议论，往往失于简单零碎，此亦不必讳言也。……中国人重'是什么'而不重'有什么'，故不重知识。中国仅有科学萌芽，而无正式的科学，其理由一部分亦在于此"[①]。中国传统的知识观影响了中国的知识演化，不仅限制了中国哲学对自然、人事、超自然的系统性、整体性认知，也影响了对科学的发现，这是中西哲学和科学发展差异的原因所在。知识发展的单一化、功利化是对知识的极大伤害。但这并不是说中国思想缺乏哲学、科学知识，只不过由于知识形制相对零散而未能得到充分表现，或者以感悟、寓言、精言的方式掩藏在文学性文体中，包括《易传》、先秦诸子以及《诗经》、楚辞等等，其价值弥足珍贵，这应是中国文化创造性转化、创新性发展的重点，尤其是与西方知识相比，东方思想中的宇宙论、天人论、过程论、目的论、节制观等等，具有特殊价值，需要给予特别的重视和发掘。

中国的知识演进在太极原道、阴阳界分的统一基理下，自然、人事、超自然和价值的四重知识演用不仅有全面体现，而且通过选择性演用实现了知识的民族性发展和历史发展。选择是同理异用的重要机制，在自然、人事、超自然和价值对知识的四重演用中，人事和价值对知识的构制更具能动性、随机性，在界本基理赋予的自主发挥空间中，充分享用着选择的权利和自由。比如在有关"天"的知识上，中国哲学演绎出天、昊天、天帝、天道、天理、天意、天性、天威、天德、天贼、天秩、天地人、天地自然、天子、天命、

---

① 　冯友兰：《中国哲学史》上册，第8—9页。

天职、天赐等等诸多哲学、伦理学、政治学、宇宙论、知识论、生命观、自然观方面的内容，其中涵括了自然、超自然、人事和价值各方面的知识要素，如前所述，人事和价值功利主导了中国知识的发展主轴，自然与超自然的知识发展受到明显抑制，人法地、地法天、天法道、道法自然的形上逻辑更多地存续于心觉感悟的片言表述，缺乏系统的逻辑运演。

但知识演用的偏好选择正是知识王国的普遍法则，因为选择是私域的体现，选择的本质是保证差异化，没有知识的差异化发生，就不会有知识谱系的整体发展，知识的进步在某种意义上就是在选择与私域的不断优化中实现的。在世界知识谱系的整体结构中，如果说中国的知识历史是以伦理德性传统为主调，那么希伯来知识传统则更多地呈现出典型的神性逻辑和神性知识形态，它的一切知识的源头都发端于上帝之道，而希腊的知识谱系则呈现了自然、人事与超自然的多重共制和多向性发展。在轴心时代之后，不同的知识演用形成了多样化的知识体系，也是形成了多样化的文明体系，而多样化知识–文明体系的差异互补，不仅是知识同理异用原则的根本规制和功能实现，也是知识和文明多样化发展的根本要求。

（3）东西方知识系统的关联机理

从知识世界的整体存在、发展演化出发，知识的分层规演原则和同理异用原则不仅揭示了知识谱系的生成机理、成长机制，更揭示了东西方不同知识系统的关联机理。

东西方思想、哲学作为特定的知识形态和知识层序，建基于共同的知识基理，这一基理就是存在和知识的界本原理。界本原理既是存在论原理，也是知识论原理，是存在论与知识论的融会原理，它为一切知识演化奠定统一的逻辑机理，正是在这一逻辑机理之上，东西方不同的知识体系才建立起了逻辑底层的根本融通。知识的演用层序不仅为东西方思想和各种知识形态提供了生成机制，也提供了选择与创造空间，自然、人事、超自然对知识的价值构制在这里得到充分和能动的实现，尤其是人事要素对知识的价值构制——从伦理、道德、政治、国家、社会、宗教、信仰，到习俗、教育、家庭、审美、艺术等等，塑造出不同的知识文化形态，并以价值的指令深刻地嵌入到不同族群、不同阶层的文化心理与历史演变中。东西方思想的分野本质上就是东西方不同知识谱系在思想知识层序上的分野；东西方不同社会文化、文明形态差异化发展的全部奥秘，也就掩藏在知识演用层序对知识价值的差异性构制。

这里呈现出知识谱系中两种重要的对反互构，一是知识演化层与知识基理层的对反互构，二是东西方不同知识系统的对反互构。知识演化奠基于知识基理，但东西方的知识系统又以差异性选择实现了对基理母体的对反演化，这种对反演化既联结它的基理母体，使其不致失去根基，又以自主性选择实现多样化、差异性的致用发展。知识演化与知识基理的对反也是两者的关联互构，它既是知识谱系的生成机制，也为知识成长注入动力。东西方不同知识系统间的对反互构是对知识演化层与知识基理层对反互构的叠加、深化和延展，是知识谱系得以差异化、有机性成长的根本保证。东西方知识系统的对反互构如同知识基理与知识演化的对反互构一样，是一种非对称的对反互构，而不是完全对称和绝对对反的互构，这表明了这样一个事实：知识演化层对知识基理层的对反互构是在悖逆中传承、在传承中悖逆的知识成长，而东西方知识系统的对反互构是在差异中共生、在共生中实现差异化发展。知识演化层与知识基理层、东方与西方不同知识系统间的对反互构本质上也是揭示了知识谱系的存在原理和发展机理，即无论是知识基理和知识演化，还是东方知识系统和西方知识系统，都必定是一个差异互成和彼此互有的知识存在，它们无法断分——如果你愿意，在中国知识中找到希腊或在希腊知识中找到中国，都不是一件困难的事。

以知识论的整体观来看，中西思想的差异与汇通本质上是知识分层规演、知识同理异用的差异与汇通，它们镶嵌在世界知识谱系的整体结构中，是一种原发性的生成机理。界理奠定了东西方共同的知识基理，东西方思想知识对知识基理的异用则制造了思想知识的差异——这种差异也是以特殊的方式制造了东西方思想知识的互补，这是一种活的、互成的、存在论意义的互补汇通，呈现的运演逻辑是"基理之同、演化之分、互补之成"。以此知识整体观找到东西方思想的同理所在和差异所在，才有可能清理出东西方思想的知识原理、分序逻辑和价值秩序，从而建立起公正、中庸、向善的知识态度，建立起健康、协和的知识秩序。这在思想分裂的时代尤其重要。当下的实际情况是，思想圈的争吵比农贸市场的讨价还价声还要嘈杂，原因除了利益的对冲，还与思想圈的知识规则远没有农贸市场的交换规则来得统一有关。农贸市场的嘈杂常以达成协议告终，思想圈的对决总以互不服气各自回家为结局。

在试图统一人们的思想分歧方面，不少哲学流派都做了艰苦努力，但成效并不明显。近几十年来过程哲学异军突起且雄心勃勃，他们强调以过程关系哲学（process-relational philosophy）对待复杂交互的世界，强调"除非我们能够认真对待我们生活在这个世界上的生态、文化、宗教和经济的相互交织，否则我们就将处于自我毁灭的严重危险之中，过程哲学可以帮助我们达到至关重要的自我理解"①。过程关系哲学通过强调世界本体的过程性关系来突出世界与世界知识的整体性，较经验哲学、分析哲学都是一次重要的变革，但它试图建立的过程关系本体论还不是基于存在与知识基理的本体论，离根基性元本体论（metaontology of grounding）②尚有不小的距离。

2. 界本原理：世界的根基原理

知识学（Theory of Knowledge，Epistemology，Knowledgeability）的整体视野为中西思想的差异与汇通提供了一个比较清晰的原理性框架，它表明，只有在知识谱系的整体考察中，才有可能祛除学科的成见和知识层序的遮蔽，清理出知识谱系的分层逻辑和世界建构的根基原理。严格地讲，界本原理提供的认知视域与其说是哲学的，不如说是知识学的，这不仅因为知识学涵括了哲学作为一种知识形态的特定层序，更在于界本原理本质上是从知识谱系的整体观出发，体现了认知世界的超然性、启导性和终极性。

（1）界本原理的超然性

界本原理的超然性（transcendence）体现在，界论知识体系是一个属于世界整体的知识体系，而不是仅仅属人的知识体系，它超越了不同存在的层序鸿沟，包括人、自然、超自然之间的基序鸿沟，以及人的经验、超验、知觉、理性等认知鸿沟，当然也包括分科之学的鸿沟，以界理为知识与秩序的基理，贯通并运行于世界的存在共同体（community of being）和知识共同体。

---

① C. Robert Mesle, *Process-Relational Philosophy: An Introduction to Alfred North Whitehead*, p. 11.

② Francesco Berto and Matteo Plebani, *Ontology and Metaontology: A Contemporary Guide*, p. 116.

　　对世界的分科认知是古希腊以来的知识传统，并被坚固地延续至今。将世界纳入整体的知识谱系来认知，知识史上也并非没有尝试的先例，比如维柯在《新科学》中就试图建立起能够涵括各民族共同性的新科学原则，并将这些原则从伦理、经济、政治、历史延伸到物理、宇宙、天文、地理、时历，以及神。《新科学》以对卷首置图的说明作为书的序论：

维柯《新科学》卷首置图

　　该图形象地建构了一个世界性的知识体系图景：天体中的地球代表自然界，地球上站立的长角带翅的玄学女神代表维柯本人，图上角含有眼睛的三角形发射着光辉，象征天神的意旨普照大地，图形的下半部是各种象形符号，代表人类的知识和精神世界。这幅图画的构图要素涵括了天神、自然世界和人类及其精神世界几个基本方面，而玄学女神处于居中的状态，上可观照天神，下可在人类精神世界显示天神的意旨，玄学女神不同于此前的哲学家从自然界的事物观照天神——这只能显示天神意旨的一部分；玄学女神扮演着天神、自然、人类精神的居间媒介，因而更能领悟天神的永恒谋虑："通过自然界来使我们人类获得生存和维持生命。"维柯以这幅图画来表明《新科学》一书所要阐明的是："天神意旨在这方面的安排所具有的理性就是我们的这门科学所要探讨的主要课题，因此，这门科学就是天神意旨的一种理性的民政方面的神学。"①维柯以诗性物理、诗性宇宙、诗性天文、诗性地理的知识路径力图建立起一套新科学的原则，并强调理性与人的社会性，也将天神、自然世界和人类精神纳入一个统筹认知的知识体系——这是《新科学》想要致力的重要事业。但维柯将新科学的原则基础建立在天神的意旨之上，尚未真正跳出前此已有的思想框架，因而也并未真正实现对人事、自然和超自然的存在论与知识论的内在联结。

相较而言，埃里克·沃格林（Eric Voegelin，1901—1985）对"秩序与历史"的知识发现更加接近知识整体的构造原理。他提出"神和人、世界和社会，构成一个原初的存在共同体。这个四元结构的共同体既是又不是人类经验的对象。就人们通过参与共同体存在的奥秘而认识这一共同体而言，它是经验的对象。然而，这一共同体并不以外部世界的对象的方式呈现出来，它只有通过参与其中这一视角才被认识。就此而言，它不是经验的对象"。在这个存在共同体中：

> 人不是自主独立的观察者。他是一个行动者，在这部存在的戏剧中扮演一个角色，并且，通过自身生存这一无情的事实，执着地表演这部自己并不知晓的戏剧。当一个人偶然发现自己

---

①　维柯:《新科学》，朱光潜译，商务印书馆，2009 年，第 3—5 页。

正处于既不十分肯定这场游戏是什么，又不清楚应该如何行动才不把事情搞糟这样一种处境中时，这会是令人难堪的；不过，他会在运气和技能的帮助下使自己从尴尬情况中解脱出来，回到较为明晰的常规生活中。

沃格林以戏剧的比喻指出了人类并不了解自身的原因在于，人是作为存在共同体的一部分而参与存在，人对存在的参与依赖于存在整体；人在存在的戏剧中只是扮演了其中的一个角色，人在这场戏剧中既是参与者又是认识者，而"认识者与参与者身份的同一性妨碍了获得关于整体的知识，而对整体的无知又妨碍获得关于部分的本质性知识"①。沃格林将他发明的四元结构称为"魔幻般的共同体"，在这个共同体中，"我们遇到的一切东西都有力量、意志和感情；动物和植物可以是人和神；人可以是神而神可以是国王；轻柔的晨空是猎鹰（Horus）而太阳和月亮则是它的眼睛；存在的隐秘的同一性指挥着魔术般的善或恶的力量，这些力量将秘而不宣地影响那些看似不受影响的参与者；事物既相同又不相同，并且会相互转化"②。可以看出，沃格林不是把人视为孤立的存在和知识的主宰，而是将人类置入一个共同体的结构；他把人类知识、历史秩序与宇宙论秩序相结合，把现实生存与圣约秩序相结合，提出了存在单一性与符号多元性的整体知识观；他指出符号化及其秩序这个共同体的知识关键，甚至看到"宇宙的秩序弥漫于社会之中"，这些都为知识论思想拓展了新视域。但他并未清晰揭示符号秩序的钤键机理，

① 埃里克·沃格林：《以色列与启示》，霍伟岸、叶颖译，译林出版社，2010年，第40—41页。

② 埃里克·沃格林：《以色列与启示》，第42页。

贯通存在共同体的"隐秘的同一性"究竟为何、源自哪里，在沃格林这里都还是比较模糊的。

福柯通过人文科学考古学、知识考古学的发现，试图消除知识领域的人类中心主义。他提出直到16世纪末相似性（la ressemblance）原则一直对西方文化知识领域发挥着创建作用，并清理出相似性知识（savoir）的四种形式，即适合（convenientia）、仿效（aemulation）、类推（analogie）、交感（sympathies）；他强调记号对相似性知识具有重要作用："没有记号（signature），就没有相似性。"[1]在对各种知识型的建构中，上帝、大自然、言词是福柯高度关注的基本要素：

> 上帝为了发挥我们的聪明才智，只是在大自然上播下了种种供我们辨认的形式……符号与相似物之间的作用在任何地方都是一样的，这就是为什么大自然和言词（le verbe）能够无限地相互缠绕，并为那些读解者提供巨大的唯一的文本。[2]

福柯的理论明显地消解了人在知识世界的主体地位，这无疑是对笛卡尔、康德、胡塞尔等意识主体思想的一次重大反叛，他甚至喊出了"人已终结（fini）"的宣示："在我们今天，并且尼采仍然从远处表明了转折点，已被断言的，并不是上帝的不在场或死亡，而是人的终结"；他还赌注式地预言："人将被抹去，如同大海边沙滩

---

① 米歇尔·福柯：《词与物：人文科学的考古学》（修订译本），第18—28页。
② 米歇尔·福柯：《词与物：人文科学的考古学》（修订译本），第36—37页。

上的一张脸。"①福柯在动摇人对知识的专断时，主要是通过对语言的一系列逻辑演绎实现的，诸如记号、书写、符号、表象、言说、动词理论、讲说、指明、分类、自然的话语、词形变化、成为对象的语言、语言的返回、话语和人的存在等概念、论阈的辨析，与其他纯粹的语言分析不同，福柯始终将语言功能分析置于对物、存在和世界总体性的关联中，并得出了这样的知识定义："知识就在于使语言与语言发生关系；在于恢复词与物的巨大的统一的平面；在于让一切东西讲话。"②按照福柯的推演，抹去海边沙滩上人脸的海水不是别的，而是各种各样的话语。

这一思想在他的《知识考古学》中有了进一步的发展，《知识考古学》不再沿用"知识型"（épistémè）的概念，而是提出了"话语实践"的新概念，以及话语陈述和陈述行为等理论，以"强化那些为了确定一种不受任何人类中心主义（anthropologisme）污染的分析方法而获得的结果"③。当然，福柯及沃格林在知识世界中对人的消解并非是对人的消灭，人没有消失，而是共在，不是只在。

在以笛卡尔、康德、胡塞尔为代表的先验哲学、意识哲学几近一统天下的思想背景下，沃格林对"魔幻共同体"秩序与历史的揭示，福柯对知识人类中心主义的挑战，当然还有尼采在早前对上帝已死的宣判等，都标示着西方知识史的发展来到了一个重要节点，这就是需要对人们习以为常的知识本性、知识的主体等基本问题进行重新反思。然而，在这场剧烈的、颠覆性的知识反思中，沃格林

---

① 米歇尔·福柯：《词与物：人文科学的考古学》（修订译本），第388、390、392页。

② 米歇尔·福柯：《词与物：人文科学的考古学》（修订译本），第43页。

③ 米歇尔·福柯：《知识考古学》，董树宝译，生活·读书·新知三联书店，2021年，第19—20页。

的"同一性"是那样隐秘，福柯《词与物》的话语、《知识考古学》的话语实践是否能够堪当如此大任，是值得怀疑的。

在知识属性和知识原因这样的基本问题上，两种主要的知识论占据了知识史的主导地位，一种是以人为知识主体和知识生成原因的人本知识论——人类中心主义知识论，另一种是以神为知识主体和知识原因的神本知识论。这两种知识论既独立运行，又时常叠加，衍生出更多复杂的知识论及其思想体系。这种情形时常发生在人本知识论抵达无能为力的边界之际，往往就会搬出神本知识论作为最终的知识归宿，这是许多先验哲学家和经验哲学家习惯的共同做法。人本知识论和神本知识论的两块基石奠基了西方知识系统的关键基础，并构筑起知识的高楼大厦，这些高楼大厦是那样的繁复伟岸，不仅令人生畏，也令人迷惑。沃格林、福柯在 20 世纪思想家中比较明确地发出了一些质疑，这正是他们不同凡响之处，但要实现沃格林致力探寻的"有关存在秩序的真理"[①]，似乎还相差甚远。

无论是人本知识论还是神本知识论，其根本的问题在于：把知识作为被动的生成品，将知识与知识生成者设立为相互分离的二元结构，即知识有一个生成者，这个生成者或者是人，或者是神，或者是神的启示被人接受、领悟、记录和呈现。因而，知识不是一种特定的存在，而是存在的附属品；知识不是人与自然、超自然的共构，也不是人与自然、超自然的有机媒介。如此一来，一方面完全忽视了知识的主体性、能动性，忽视了人、自然、超自然既是知识主体又是知识客体的整体性；另一方面忽视了人、自然、超自然自身内涵的知识、秩序，误把人工集成的显呈知识——知识世界的某

---

① 埃里克·沃格林:《求索秩序》，徐志跃译，译林出版社，2018年，第128页。

个阶段、某种层态——当成了知识整体。将显呈的人工知识当作世界知识和知识整体，抹杀知识的自在性、主体性、世界性，以单一的人事代替人与自然、超自然的世界整体——这是旧有知识论的根本问题。

界本原理的超然性体现在，界理知识论的界分基理既涵括了人与自然、超自然的世界整体，又超然于人、自然、超自然之上，尤其是不以人的独断专权统治知识和知识世界，不以人的标尺为世界和知识的唯一标尺。当古希腊普罗塔哥拉提出"人是万物的尺度，存在时万物存在，不存在时事物不存在"的思想时，它标示了人在知识启蒙早期的自我觉醒，以及对人在世界构制中的自我发现，对于"启蒙儿童""知识少年"而言这是勉励、嘉许，其意义不言而喻；而当人的知识发育达致极致并且愈发狂妄时，唯人独大不仅会一叶蔽目，而且会以人工知识的膨胀破坏世界知识的基础，扭曲它的结构，世界知识大厦的三个基柱——人、自然、超自然之间便会失去基础的平衡。其实苏格拉底在同泰阿泰德的对话中谈到普罗塔哥拉这一名言时，就已经指出了它的含义和局限："对我来说，事物就是对我呈现的样子，对你来说，事物又是对你所呈现的样子，而你和我都是人。"苏格拉底还从不同的人对风的冷和不冷的不同感知来说明"显现"等于"感知"，也是说明"人是万物尺度"的相对性，而非绝对性。① 显然，这和苏格拉底"认识你自己"的思想是根本相通的，"认识你自己"体现了苏格拉底的一个重要观念——节制（temperance），苏格拉底的节制论不仅是道德哲学，还是一种知识论。可以说，苏格拉底是从知识论和道德论的双重视角强调人

① 苗力田主编：《古希腊哲学》，第 183 页。

的限度和节制。苏格拉底把哲学从天上拉回人间，不是鼓励人的知识狂妄，而是要强调——至少是警醒——人的无知，强调不要过度，隐含了人的知识不能统领世界的知识思想。后人不应背离苏格拉底"认识你自己"的原意宗旨，人一旦走到要为自然立法的境地，知识法则对世界的偏斜也就不足为奇了。

界冲破了混沌，成为万物的起点，也是世界的尺度，构制出万物运行的基理基序。界本原理并不局限于人、自然、超自然的特定界域，虽然人、自然、超自然或神的知识视角、知识方式不尽相同，但它们均以界理为基理，以界理为知识结构和知识秩序的基础，通过界分差异的相互关联建构起各自的知识体系、知识秩序。自然知识、人事知识和超自然知识的知识层序不同，但其根本的逻辑基理是一致相通的，界理不仅为自然、人事、超自然提供了知识演绎的秩序基理，也是为各种知识存在提供了价值生发的结构基轴。

界理对自然、人事、超自然知识层序的超越，既是知识界域的超越，更是知识原理上的超越，是对不同知识界域、知识层序运行原理的统合。既有的知识构建无论以人为中心还是以神为中心，不仅忽视了自然的主体性，导致知识结构的缺失，更主要的是在各种知识论中始终贯穿着主客分离的二元论，即知识制造者为主，知识对象和知识本身为客，两者不仅分离而且位置不变。知识的二元论不仅消解了知识的自主性、自在性，而且制造、扩大了知识的各种分裂，尤以人本知识论的极端发展为甚，人一方面要为自然立法、为世界立法，另一方面人类自身的认知分裂又严重妨碍了知识和谐，妨碍知识健康、向善的螺旋进阶。界理原则为知识的共通法则奠基，它以贯通于不同知识界域、知识层序的分合机制来实现，这一分合机制既承认、保护知识构制中的差异个性，又黏合、成就差异间的合作，以既分且合的运行机制实现对知识层序和知识界域的超越。

重要的是，界理从根本上超越了建基于主客二元论的认知逻辑，以界理重构知识的逻辑基理，它从知识根基出发，将主客二分的知识定式调整为界分互成的分合机制，逾越主客二元论制造的知识鸿沟，使知识差异成为合作组织，而不是分裂敌对个体。因而，在界本原理的统纳下，世界与知识、实在与意识、实践与观念、物理与心理、自然与历史、神性与世俗、经验与先验、理性与非理性、自然理性与历史理性之间不再是割裂的鸿沟、分离的存在，而是共制的知识源泉和知识生机，是知识主客共体下的整一性存在。

事实上，即使是人本知识论的哲学传统——无论是超验哲学、意识哲学还是经验哲学，既未漠视主客对立带来的认知困境，也未放弃消除主客对立的努力。人本知识论以人的知觉去设定人、设定世界，胡塞尔发现，在"世界存在"这个命题面前，人的知觉"只片面地将事物提供给我们，只提供事物诸规定中的一些规定，只提供属于变得局部可见的那种形态之部分性质"[①]。鉴于此，胡塞尔试图继康德的自然理性批判、狄尔泰的历史理性批判之后，通过意识理性批判、世间经验批判，建构起通向"超越论还原"的现象学，并把现象学作为独一无二的"哲学的基本学科"[②]。瞄着实现超越性还原的目标，胡塞尔借助了一系列的现象学还原，包括对自然认识与经验、事实科学和本质科学、自然态度设定与现象学的悬置（epoche）等的论析与操作，以期达到对世界的"本质认识"。胡塞尔力图透过现象回到事物本身，力图避免经验、怀疑论、独断论、唯心主义

---

① 埃德蒙德·胡塞尔:《第一哲学》下卷，第 87 页。
② 胡塞尔:《纯粹现象学通论》，第 49 页。

等的主观性干扰，都是在煞费苦心地消除主客观对立给世界本质认识带来的影响。胡塞尔所要还原的现象本身，以及现象还原的路径和归宿都是依托于所谓"纯粹意识"，本质上并未摆脱人的立场，也未真正改变主客二元的认知逻辑，因而要在主客观的对峙中实现超越性还原和知识中立，依然是困难的。他把现象学称为"本质心理学"，从心理学现象向本质还原，说白了是借助关于人的心理学工具解决关于世界的存在论问题，因而他建立的超越论现象学——"超越论的认识论"，意识哲学的形式意义远大于一般存在论和实践哲学的意义。他自信在超越论现象学中建立了"第一哲学"，但也明白它并不充分："我确信，通过新的超越论现象学的出现，就已经初步出现了一种真正的和正确的第一哲学；但在某种程度上可以说只是以初步地、尚不充分地接近的形式出现的。"①

　　相较于胡塞尔的"纯粹意识""现象学还原"，界理既非人本知识论亦非神本知识论，而是呈现了一种存在知识论，呈现了存在知识论意义上的认识论超越。这种超越体现在：界性作为世界本性和存在共性，不为任一存在——自然、人事、超自然，或经验、超验、意识、理性所雇佣、所独享；界理是一种共构、合作的存在原则和知识规则，普存于物理、心理、意理的各种层序，不为单一的存在级序、知识级序所垄断；界理树立了一个中立性的认知基准和知识制度，以中立的态度置于存在和知识的共同体，不向任何单一的存在级序、知识层序有所偏袒，无论什么知识类型——自然、人事、超自然知识，都以差异界分及其秩序关联为基础，界理的中立性和基础性奠基了界理的正当性；界理作为知识存在的基理，也奠

---

　　①　埃德蒙德·胡塞尔：《第一哲学》上卷，第35页。

基了知识的自主性、自在性，它以不同知识级序的共主体消解单主体，让自然、人事、超自然在知识的法律面前规制平等，剥夺人、自然、超自然、上帝对知识的独断专权，掌握知识王国真正实权的是界理——差异共和、知识共享之理，使单向度的批判哲学转化为周全的整体知识；界理对知识自主性的造就也使得知识在自然、人事、超自然的关联合作中，强化了知识内在的生成性、发展性和实践性，使得知识作为特定的存在和存在媒介，将自然秩序、人性伦理、超自然力量、价值引力有机地统合在一起，演绎着存在共同体和知识共同体的连续剧——在这个意义上，界理比传统的对立统一辩证法又提前了一步、深入了一层，它从存在知识论的层面揭示了对立统一的底层机理和辩证法的逻辑原理，为对立统一思想和辩证法提供了初始的元根据，也制造了元生机。

（2）界本原理的启导性

界本原理下的知识既是与世界共在的自在性知识，也是有自我生成功能的自主性知识，在万物存在的关联演进、知识谱系的整体发展和对世界的知识运演中，界及其界本原理发挥了重要的启导作用，这种启导作用不仅奠基了存在与知识的启始原则，也以制度的形式引导了知识的构制方式和秩序原则。

关于知识的起源和知识如何开启，既是哲学的热点，也是纷争的焦点。围绕着知识如何可能、何以可能、怎样达到真理、能否达到真理，经验论与先验论、理性与知觉、生物学与逻辑学、语言学与心理学、发生论与建构主义等轮番上阵，各陈己见，形成了蔚为壮观的知识街市。比如孔狄亚克（Etienne Bonnot de Condillac，1714—1780）专论人类知识起源，他的《人类知识起源论》深受洛克经验论影响但又不局限于洛克的经验论，他力图把一切与理解力有关的东西全都归之于一条唯一原理，这个原理的基础和核心就是唯物论的心灵感觉论，涵括了对知识材料与心灵活动、语言与方法的多方面论证，特别是强调了对理解力的研究要建立在意识、判断、观念及其与符号的联结上。孔狄亚克的知识观显然不同于唯理论、天赋论的知识观。理解力对"知识材料"的关联和关联方式是不同知识论的差异关键，但无论怎样表述，既有知识论整体上呈现出的共通之处就在于，它们通常都把理解力或人类知性与"知识材料"的初始触点视为知识的开端点。

　　捕捉知识的开端对思想者确有很大的诱惑。胡塞尔致力于超越论的现象学还原，意旨在于超越经验、知觉、理性等的主观干扰，揭示出"开端经验""开端公理""方法原理""逻辑原理""认识起源""逻辑起源"，[①]构筑起他的第一哲学。但胡塞尔的知识开端并不十分清晰、稳固，尽管他的第一哲学——超越论的现象学——形成了一个庞大的体系。沃格林集合希腊、希伯来的古典资源和某些最新的知识论思想，通过"求索秩序"试图发现"开端的开端"，他提出了"意识–实在–语言之结"这个重要概念，并以"此结作为一种'开端'的意义"[②]。沃格林关于"结"（complex）的学说值得重视，该"结"包含了实在、意识、语言三要素的结构集合，可以视作对实在–意识、实在–语言或经验–理性等思想成规的一种超越；他发现了该结蕴含着多重悖论性，"意识–实在之结有着悖论性的意向性–启明性构成"，特别强调了"中间"蕴含的多样性、确

---

　　① 参见胡塞尔：《我的超越论的现象学与康德的超越论哲学之争论》，埃德蒙德·胡塞尔：《第一哲学》，上卷，第 501—521 页。

　　② 埃里克·沃格林：《求索秩序》，第 34—35 页。

定性和不确定性，以及"具有形成力的临在和畸变"[①]，可以说在对秩序的求索中，一定程度上揭示了秩序与知识开端的结构机理，特别是这一机理中的悖论性及其形成力的意义。沃格林对秩序与历史的求索既关联了希伯来神学、荷马、赫希俄德、巴门尼德、柏拉图、亚里士多德等古典存在论、认识论资源，也关联了黑格尔、荣格、海德格尔等近现代的意识革命，比较可贵的是沃格林在探寻"有关存在秩序的真理"的时候，始终没有忽略对人的境况和人性的反思，就像评论家于尔根·格布哈特在《求索秩序》一书后记中所说，沃格林"对真理的求索，是依凭这样的心志：在一个认知和生存方面都不和谐的时代，要把沉思性实在的共同逻各斯恢复到公共意识的状态"[②]。

沃格林的中心思想是"历史的秩序来自秩序的历史"，它从一个崭新的视角清理了秩序的历史、历史的秩序以及秩序与历史的相互关联，特别是揭示了"意识-实在-语言之结"这个重要概念，强调"只有当悖论被严肃地看待成能把结建构为一个整体的'有'，开端才会显示自身"[③]。这似乎开始触及了"结"的开端秘钥。

沃格林还把《创世记》作为一个古典个案，来说明"结"对开端的追求及其结构的张力原理：

在空虚之上，在荒芜之地上，运行着神（或很可能是复数的 elohim）的呼吸或灵，即 ruach，也许它就像风暴。因此，它——实在被符号化为灵性意识的强烈运动，在一种无形式的

---

① 埃里克·沃格林:《求索秩序》，第44—50页。
② 《后记》，埃里克·沃格林:《求索秩序》，第136—137页。
③ 埃里克·沃格林:《求索秩序》，第49、33页。

或不具形式的反向运动上施加形式，作为灵气的、构形的力（rauach，在后来的希腊语中被译为 pneuma，灵气）和一种至少是被动地抵抗着的反向力之间的张力。再则，在"它"中的这种张力，显然不是在人之意识因追求真理而与实在搏斗的过程中的张力；相反，此张力被认作非人的过程，要被符号化为神性；可是，这种张力还不得不传达出一种类似于人的过程的色彩，因为人经验到他自身的行为，诸如对真理的追求，并将其作为"它"的过程中的参与行动。当《创世记》1的作者写下这些开头的文字时，他们意识到，开端乃是在"它"之神秘开端中的参与行动。①

沃格林分析《创世记》这个古典个案的主要价值在于，一是指出了神的言"不只是一个指称某物的标记；它是实在中的力量，靠着命名诸般结构而唤起实在中的这些结构"②；二是指出了创造开端的结构蕴含着反向运动着的反向力及其之间的张力，"它"既有非人化的神性，又有人的参与。沃格林的求索多少让人感觉到有些类似卡夫卡《城堡》式的诱惑与困惑：目标就在眼前，却又含混不清，始终难以抵达。

在界本论的理论视域，界蕴含了沃格林的"结""悖论""反向运动的张力"和"它"的全部内涵，居于存在和意义的最前端，是真正的"开端的开端"。这是由于：界不仅参与了"神秘开端"的行动，还亲自启动、完全主导了这个神秘开端——它以混沌为温床，在混沌中孕育，从混沌中破茧，以对混沌的冲破击碎混沌的虚空和

---

① 埃里克·沃格林:《求索秩序》，第36页。
② 埃里克·沃格林:《求索秩序》，第35页。

无序，通过差异的诞生和秩序的建立，实现万物生成，实现世界的开启。

界的启导原因从根本上还是取决于界自体的特有本原——一元双性本原。界的本性在于，它是独立的一，同时又是分别的二，是一与二的合体，因为只要它一出现，就会有一对二的孪生出现，而且是对反对成的孪生。也就是说，界自体的本身包含了整一与差异，它既是整一的，同时又是差异的，是以一的方式生成了差异，也以差异的方式生成了一。与其他各种"开端"最大的不同之处在于，界自体是双性合一体，或者说，界自体是一元双性体。

界的这一本原本性是它开启万物的根本原因和根本机理。在这里，界的本原完全不同于水、火、气等物性质料本原，也不同于各种意性观念本原，而是一种主体–实在性的开端本原。界的主体–实在本原不同于人类知识史上的各种创世预设，它把道、气、理念、逻各斯、数、无限、不定、努斯、造物者等等观念范畴进行了主体–实在化的实现和超越。这个主体–实在既不是质料具象的，也不是观念抽象的，而是一种双性一体、自在共在的生成机制——这种生成机制是创世启导的根本机制、根本原因。界自体包含了有与无、阴与阳、一与多、正与反等两极对反的生成基质和生成机理，如同道包含了阴阳，形成了阴阳互抱、对反互成一样。中国思想史上的道说、气说、化说均蕴含了这一思想："一物两体，气也。一故神，两故化"①，把一视为神秘不测之本原，把二（两）视为殊体互成之变化。西方话语在对上帝创世原理的发掘中，也发现了上帝的两极性："God is dipolar"，怀特海还将上帝的两极性运用到他的思辨哲

---

① 　王夫之:《张子正蒙注》，第30页。

学对世界的终极说明中，引起关注。① 胡塞尔从现象学的意识分析发现，每一意向对象层级与其下层级的所与物的表象之间都是一"对"（von），"对"不是一般的主客体关系，而是具有对立的特定属性："它似乎是一种与意向作用的意向性相对立的意向对象的意向性。"② 这似可视为是对"一元双性"问题的"纯粹现象学表述"。

界的一元双性在呈现启导万物根本原因的同时，也是启导万物的生机动力，它通过自在、自生的对反互成机制，源源不断地制造生机和能量，推动万物的生长和运行。

界的一元双性本原既是世界生成的本原，也是存在共同体的本原。界本原理超越自然、人事、超自然的不同存在，贯通、运行于存在共同体的不同区域，并为存在共同体共享共制。因而界理是由存在共同体合作共有的整体知识原理，不是自然、人事或超自然的局域知识原理；界与界理开启于存在共同体的最前端，居于知识谱系的发端处和知识层序的最底根。所以，界理的知识原理不同于人事的哲学原理，哲学原理是人的意识对自然、超自然的参与所生成的人工知识，尽管它与自然知识、超自然知识有所吸纳、有所重叠，但由于它以人为绝对主体，以人与世界的主客关系为基轴，以人的认知为判断，因而它所构制的知识系统、人文秩序、思想方式、价值指向等与自然知识、超自然知识有显著不同，也相互处于不同的知识层序，在知识谱系的整体中居于不同的结构位置。这就是为什么说哲学建基于知识，知识开端早于哲学的开端。从"重复论大师"德勒兹的角度看，哲学的开端（commencement）问题之所以棘手，

---

① Wolfe Mays, *Whitehead's Philosophy of Science and Metaphysics: An Introduction to His Thought*, p. 130.

② 胡塞尔:《纯粹现象学通论》，第 295 页。

就在于哲学的前提"有多客观就有多主观","哲学并没有真正的开端，或者更确切地说，真正的哲学开端——亦即差异——本身已然是重复"[1]。也就是说，哲学作为属人的知识，永远不可能摆脱人的主观和主观限制，这与界的超然性不可同日而语。

因而，界理作为自然、人事、超自然合作共制的知识，对万物演化的启导是一种根本性、整体性、底层逻辑的知识制导，也为世界的知识演进给出了基本的规制、原则、路径、选择和可能。

界理的知识制导是知识秩序和逻辑规制的启导。界理的制导机制奠基于界本存在论的基本原理，即奠基于界分差异、对反对成的存在本体逻辑，也就是说，差异的界分不仅生成了有无、一多，而且构制了差异的关联——秩序，界本秩序既为世界万物的存在秩序，也是知识世界的生成秩序，在开启万物存在的同时，也奠基了自然、人事、超自然的知识基理，并以此对知识世界的谱系生成、演化与创造发挥着秩序与逻辑上的制导作用。界理的知识制导在其秩序逻辑中蕴含了界本宇宙论、存在论、结构论、过程论、价值论、目的论的六律原则，界本六律在知识演进中实现新的整一创造，也为知识创造提供了有限制度和无限可能。

知识不仅是自然、人事、超自然存在共同体的信息集合，也是存在共同体的一种重要的生成方式、发展机制，界理的知识启导对知识世界实现的是全区域、原理性、根基性的启导，既提供基本的发展原则，也构制出知识的发展能量，并以知识的形式实现对世界本然存在、实体存在的反馈和互构。

界理对知识秩序和知识逻辑的制导首先是通过限制为知识在混

---

[1]　吉尔·德勒兹:《差异与重复》，第 226—227 页。

沌无序中的生成提供初始的确定性，这种确定性建基于对差异的界限，通过差异界限生成出万物的是、有、在，也就是为万物的性、数、关联建立起意义和知识的可能前提。知识作为特定的存在态，以界理为基理，以知识存在的自主性建立起知识系统的结构、谱系、演变、价值等，使得世界的本原存在生成为意义与价值的知识存在，使得本原存在的散化、游离的原始态进化为信息、符号与逻辑的知识态，在知识态的黎明世界里，唤醒万物，赋予其意义、价值的动力和自觉，从而也是以知识的方式将自然、人事、超自然紧密地联合起来，以知识的方式构筑起自然、人事、超自然的存在共同体，这也使得世界成为一个知识的世界，一个充满生机的戏剧化世界。某种意义上，知识就是世界万物的演出脚本，知识联合体就是自然、人事、超自然联袂出演的一出舞台剧，这出舞台剧只是宇宙连续剧的一个分剧场。现世界作为宇宙连续剧的一幕，人在其中扮演了活跃的角色，相较于自然和超自然，人类的活跃以及自封的主角只是暂时的，只能算是跑了趟龙套而已。

世界连续剧的本场演出，依据了存在共同体商约的编剧原则、剧情设计、场次顺序和终场时间。演出需要依照基本的知识原理，也就是在界理原则下统筹剧情，而幕后的总导演似乎不愿出面，参演者和观众都无法看到导演的真面目。界理为该场戏剧既制定了剧情规则，设计出基本的规定动作，也搭建了演出舞台，赋予每个角色现场发挥的自由空间，这使得整个演出更有戏剧性、生活性，无论对演员还是对观众，都更有参与的体验感和悬念的刺激性，使人置于其中，浑然天成、欲罢不能。

世界连续剧的知识原理显示，界理制作了一个"居间"的知识舞台，这个舞台的建构基轴、结构秩序依据的是界理逻辑，居间的舞台则是表演者的领地。在这里，界理以两极对反互成的逻辑框架构制了知识演绎的居间（in-between）场域，万物存在始终处于居间态的"之间"（between-status，希腊语 metaxy），[①] 在这个居间的本体状态和实践场域中，每个知识载体、每一项知识运作均在界本原则的居间规制下，以知识的方式呈现和化用宇宙论、存在论、结构论、过程论、价值论和目的论的六律原则，以自主的知识个体参与演出。

通过居间知识场域的设置，界理对知识秩序和知识逻辑的基理制导非但没有削弱，反而弹性地强化了，达到了制导效益的最大化、可持续化。界理让渡出价值、伦理、意义的发展空间，不参与知识体的具体纷争，只以中立者的立场旁观，掌管居间态的总体平衡。因而，知识的居间态便成为价值生成场、矛盾制造场，也是知识纷争的主战场。界理在制定了知识游戏总规则的同时，也以一元双性的本体原因提供了知识游戏的基本资源和故事情节，比如人在真与假、善与恶、美与丑、爱与恨之间的纠缠纷争，这些资源和情节既源起于界的本因，又是对界理的活化，本质上也是增强了界理的知识制导力。因此，界理对知识居间态的设置和制导，也是制造了知识发展的持续机制，制造了一个自动的能量机制和生机循环机制，又由于知识的各方力量相对平衡而非绝对平衡，因而知识的演绎总以动态螺旋的方式进行。

在知识的居间态中，自然、人、超自然是知识剧场的主角，对知识世界的构制发挥基础性的关键作用。界理对自然、人文、超自然知识的逻辑制导，既体现在自然知识、人文知识、超自然知识的不同

① 见埃里克·沃格林:《求索秩序》，第32页。

体系内（超自然知识方面存疑），也体现在自然、人、超自然作为存在共同体对知识世界的共同构制，同时也体现在自然、人文、超自然三者间的相互关系上。世界的知识整体在界理原则的制导下精彩纷呈，全部的知识奥秘亦掩藏在界理的制导下，比如神学的知识统纳了关于神与人、神与自然的知识演绎，神被设置为超自然的化身，人与神之间的契约、互爱、悖逆、冲突、妥协、限制等等，都是在界理原则的制导下，以神学的价值指令构制出相应的知识体系，犹太教的亚伯拉罕、摩西在神的面前是完全被驯服的，而以色列的臣民却不断地抗争、悖逆，这种矛盾紧张关系始终没有得到缓解。

　　显然，从知识的发生到知识的演化，界理对知识秩序、知识逻辑的启导始终离不开界的一元双性。这里，界理的一元双性论既不同于传统的二元论，也有别于传统的一元论，它是二元对反互成的整一论，是二元结构与整一存在相互合成的界本论——关于世界存在的界的本体论。界本六律中，宇宙论元根律、存在论界本律、目的论合正律着重表述了本原的一，结构论对成律、过程论化异律、价值论优选律着重表述了对反互成的二，六律整一实现了界本论的正义。界本原理对世界和知识的启导可简要归结为：界起于太初，始于原初，以一界之力创制了存在之是、有、在，也开启了以意义、价值为存在特征的知识存在态，并使得知识世界成为本原世界的孪生存在，而这一切又都统一于界理的根本原理之下；界本原理内涵的一元双性界本基因和程序密码，既规制了世界和知识的根本逻辑，又生成了一个自主自造的生机机制，从而启导万物差异化成长，启导知识谱系多层序发展。

　　（3）界本原理的终极性

　　既有的知识论建立于"在"与"思"的两个基点之上，以"在"

为前提，以"思"为工具，以"在"与"思"的关联为认知机制——而"在"与"思"的关联方式又与"在"的结构、区域、形态和"思"的路径、方式叠加互制，从而生成出知识的整体谱系和知识的分序形态。这种知识论强调人的主体性——"思"的能动性，以人对客体"在"的认知关联建构起逻辑程序，本质上是一种主客二元的认识论，不是存在意义上的知识论。

在界理知识论的原则下，"在与思"的认识论问题转换为"在与知"的存在论、知识论问题，"在"与"知"不是分离的主客体，而是"在"的一体，是"在"的不同层序、不同结构；"知"作为"在"的特定呈现和存在态，亦是差异存在之媒介，因而界理知识论关于"在与知"的义界是基于存在的本体性的知识义界，是从存在本原出发、以存在本体为指归的存在知识论，知识之"知理"与存在之"在理"具有内在一致的同理性，这是界本知识论与其他认识论、知识论的根本不同。

"在理"与"知理"作为存在之不同层序，同理于"在与知"的底层界理，也就是说，无论是存在还是知识，其共同基理建立在以差异界分为根本的界理原则上，体现了界生则生、界亡则亡的"在–知原理"的统一性和终极性。

柏拉图的《泰阿泰德篇》反映了柏拉图知识论思想的主要内容，在谈到如何回答知识的定义时，通过苏格拉底的口多次将"差异"的界分厘定作为"正确判断"和"添加解释"的聚焦点："正确的判断也必须涉及事物的差异"；对于"什么是知识"的回答则是："正确的判断伴以有关差异性的知识。"① 当然这并非知识讨论的

---

① 柏拉图《泰阿泰德篇》，《柏拉图全集》（增订版），中卷，第 444—445 页。

终点，但可以说已经触及了"差异"这个知识底层的核心。福柯从人文科学的考古学出发，发现古典时期从表征分析研究到普遍数学（mathesis universalis）论题的整个知识领域都是同质的，"所有的知识，不管什么种类，都是通过建立差异对其材料进行秩序化，并通过建立秩序来定义这些差异"[①]。福柯认为，现代的知识类型并不完全依据完美的数学化理想进行排序，他提出了现代知识类型的三个新维度，包括数学和物理学，语言学和生物学、经济学，以及哲学，福柯对这个知识三面体（epistemological trihedron）及其与人文科学复杂关联的分析，与其说是动摇了古典知识学的底层秩序，不如说是冲击了人在知识创造中的中心位置，同时也发现人文科学在知识空间中是一个危险的中介（dangerous intermediaries），且具有不同于和不能分离于知识空间三维度的复杂型构。[②]福柯看到了现代知识类型与古典知识型的某些区分，但并未真正消解两者之间同理性的知识逻辑，即以差异进行秩序化，以秩序化定义差异。

德勒兹的《差异与重复》较福柯的《词与物》出版晚了两年，在他对"差异"与"重复"两个哲学关键词的关注中，他对差异的强调可以说是当代西方哲学中最为突出的，他甚至把哲学的开端等同于差异或重复。德勒兹还把"差异"视为是"永恒回归"与"强力意志"的根本关联，把"重复"提升到一种"永恒回归"的循环：

> 永恒回归既不是质的，也不是外延的，而是内强的，它是纯粹内强的。这就是说：它述说着差异。这便是永恒回归和强

---

① Michel Foucault, *The Order of Things*, p. 346.

② Michel Foucault, *The Order of Things*, pp. 346–348.

力意志的基本关联。永恒回归只可述说强力意志，强力意志只可述说永恒回归。强力意志是光辉灿烂的变形世界，是相互交流的强度的世界，是差异之差异的世界，是灵息（souffles）——渗入与呼气——的世界。[1]

德勒兹吸收了尼采关于强力意志的某些思想，将"强力意志"与"永恒回归"的基本关联统一到差异的根本性上，将差异视为第一肯定，而永恒回归则是第二肯定，是永恒回归的肯定不断循环述说着第一个差异的肯定。从"永恒回归"与"强力意志"的结合强调差异的永恒性——"N次方"说，这是德勒兹的一个重要思想，对此应予更多的重视。德勒兹意识到有一种"真正的永恒回归的知识"，他将"永恒回归的知识"归结为"是一种残酷的隐秘知识。对于这种知识，我们应当到另一个维度中去寻找，到一个比天文学的或质的循环（以及它们的一般性）的维度更为神秘、更为奇异的维度中去寻找"[2]。显然，这个神秘、奇异的维度沿着德勒兹的纯粹形而上学之路并不容易明确地呈现出来，但他确已发现了永恒回归是在"内强"地"述说着差异"，而且是"N次方"地述说。

界理的知识原则明确揭示，以界分差异为基理，界生则生的知识启始模式也是界亡则亡的知识终极模式，这是一种"永恒回归的知识模式"，它不仅运行于知识的不同界域、不同层序，也构制了知识谱系的世代性循环，既超越了知识历史，也呈现出普适价值，并以对混沌的打破、秩序的生成为起点，形成了秩序（差异）–无序（新混沌）–新秩序（新差异）–新无序（新混沌）的终极性循环。界

---

[1]　吉尔·德勒兹：《差异与重复》，第 409 页。

[2]　吉尔·德勒兹：《差异与重复》，第 409 页。

在这里消除了一切前提，唯一的前提是没有前提（混沌），它承担了对本原的秩序开启，集本原与工具、本体与范畴、一体与两性于一身，呈现了真正的第一原理、根基原理的终极意义。

（4）从第一原理、第一哲学到元本体论、元形而上学

何为第一原理？何为第一哲学？这是自古希腊时期就被哲学家关注的问题，直到近几十年来学界对元本体论（Metaontology）、元形而上学（Metametaphysics）的提出，反映了哲学对"根基原理"的渴求是一个不变的永恒课题，也是一个始终在路上的问题。

亚里士多德首先明确提出并系统论证了第一原理的问题，他试图在轴心时代人类知识的第一次勃发中，获取对世界本原本质的整体认知。亚里士多德认为"世上必有第一原理"，并执着于发现"怎样才能有一门研究第一原理的学术"[1]？与此同时，亚里士多德还提出了"通式""意式""通则之学""最确实的原理"等概念，在寻找事物的通则公理上，这些概念与他的"第一原理"之说是完全类通的。但是，亚里士多德在提出第一原理这个了不起的概念时，却没能给出第一原理的原理究竟是什么的清晰答案，虽然他也明确指出"我们不应仅以提出第一原理为已足，还得询问原理的'普遍性与特殊性'"[2]，并在原理的普遍性与特殊性问题上，在他有关种属体系的理论框架下做出了许多重要的论析。

亚里士多德比较详尽地梳理了希腊哲学关于世界原理的主要思想，比如早期哲学家"以元素为万物原理"，阿那克萨哥拉称"原理为数无穷（非一非四）"，恩培多克勒提出"善恶二因为世间第一原理"，阿尔克迈恩与毕达哥拉斯学派均以数论为基础提出"'对成'

---

① 亚里士多德:《形而上学》，吴寿彭译，第37、46页。
② 亚里士多德:《形而上学》，吴寿彭译，第62页。

为事物之原理"，而希萧特学派和神学思想家则"将第一原理寄之于诸神"，以及以"元一"为第一原理、"以善为第一原理之属性"等，[①] 此外，还有阿那克西曼德很早就提出的将"无定限"（无限，不定，aperion，un-bounded，interminate boundless）作为一切事物第一原理的思想，等等。

亚里士多德在对世界原理问题的梳理辨析中，渗入并演绎了他自己有关第一原理的思想，虽然整体地看还显得有些零散甚至概念的混淆，但有几个重要的思想特征值得重视。首先他跳出了前人对元素的执着——包括质料本性、相似微分、数的对成等，对原理与元素的关联及超越作出了重要界说，特别是在质料因、形式因、动力因和目的因的逻辑系统中，他对原理及原理属性的论析不啻是一种重要的归纳提升。其次，他依据种属分类学说进一步细分了第一原理与种类原理，"相异事物各有相异原理"，"万物的原理与原因显然不全相同"，[②] 在此认知下，亚里士多德的"原理"不止一个，而是"诸原理"。再者，他还细分了实证之学、本体之学和通则之学的关联和差异，并表达出对通则的强调："通则是一切事物中最普遍的公理。"[③] 这与他对"通式""意式"等概念的钟情是一致的。

亚里士多德对哲学层级的区分在今天看来依然十分重要。他把哲学分成"第一哲学"和"次于'第一哲学'的哲学"，认为研究"有"（存在）的本身及其秉性的学问为"第一哲学"，其他各种科学都不是一般地讨论"有"本身，例如数学就是"割取"了"有"

---

① 亚里士多德：《形而上学》，第 8、9、12、16、55、333 页。
② 亚里士多德：《形而上学》，第 54、55 页。
③ 亚里士多德：《形而上学》，第 47 页。

的一部分研究这个部分的属性："有多少类实体，哲学就有多少个部分，所以在这些部分中间，必须有一个'第一哲学'和一个次于'第一哲学'的哲学。因为'有'直接分为许多个'种'。……数学也有各个部分，在数学的范围内，有一个'第一数学'和一个'第二数学'，以及一些其他相继的部门"[①]。亚里士多德对哲学与数学的层级之分，显然是建立在以"有"为本，"有"下有"种"，"种"下有"属"的逻辑序列上，"有"及其属性是"第一哲学"的对象，也是"第一原理""通则""公理"的所在处。

但是，亚氏的原理说也留给我们不少遗憾：他描述了原理的属性、层级，但未触及和揭示原理的特定意涵；他超越了前人建立在元素基础上的原理学说，但又掏空了原理的构成要件，过于强调原理的"形式因"；他反复论及"第一原理""最确实的原理"，但往往更多的还是止于不同属性、不同主题的"诸原理"；[②]他指出了第一哲学的根本对象"有"（being，存在），但在认知"有"的普遍属性时又回到了既有理论的周旋之中，特别是对"有"的认知，未能真正揭示"有"的逻辑前端和层序根基。

后人对第一原理、第一哲学的发掘不仅建基于哲学家的思想基石，也反映了思想史的时代烙印。中世纪基督教经院哲学家司各脱（John Duns Scotus，1265—1308）沿着新柏拉图主义和奥古斯丁神学哲学的路向，把上帝作为最终的和第一的："我主上帝，你确实说过，你是第一的和最终的，你教导你的仆人通过理性来证明他以确切无疑的信念所把握的东西，即你是第一起作用的东西，第一优越

---

① 北京大学哲学系外国哲学史教研室编译：《古希腊罗马哲学》，第 237 页。
② 亚里士多德：《形而上学》，第 71 页。

的东西，以及最终的目的。"① 从上帝的"我是我之所是"这个绝对第一的在先原则出发，司各脱从事的研究是"我们的自然理性在什么程度上能够从是者，即你关于你所表述了的东西，达到一种关于真是——即你之所是——的认识"②。司各脱的逻辑体系代表了关于第一原理的一种较为普遍的思想模式，即将上帝作为一切知识的元启和原则，在此原则下推演相应的论析，比如司各脱对优先性秩序、依赖性秩序、自然目的、有秩序的意志目的的论述。

笛卡尔虽然也有对上帝神学的依赖，但他始终以怀疑的态度聚焦于"什么是知识""何以知道知识"的问题。他对第一哲学和第一原理的思考带有明显的亚里士多德的思想印迹，亚里士多德曾提到，人们声称自然与人类的理性都凭借世界第一原理而发挥作用，这实际上是强调了客观自然与人类主观理性的作用对世界第一原理的意义，也是强调了自然与理性是认知世界的基础和凭据，这一思想实际上也是笛卡尔式我思故我在的思想渊源。笛卡尔有被视为现代哲学之父，既包含了他对希腊思想的传承，也喻指他以形而上学为基础对自然哲学和分科知识的系统构制，而这一切，无论是他的本体论还是认识论，都是建立在"在与思"的基轴之上，这在他的《方法论》《哲学原理》《第一哲学沉思集》中都有所体现。

胡塞尔对笛卡尔给予了高度的称颂："他的《第一哲学沉思》由于以下原因在哲学史上意味着一种全新的开端，即他以迄今为止闻所未闻的彻底精神，尝试发现哲学的绝对必然的开端，就此而言，他尝试从绝对的而且充分纯粹的对自身认识中获得这种开端。从这种值得纪念的'对于第一哲学的沉思'中产生出贯穿于整个近代的，

---

① 司各脱：《论第一原理》，王路译，北京：商务印书馆，2017 年，第 24 页。
② 司各脱：《论第一原理》，第 1 页。

将全部哲学重新塑造为超越论的趋向。但是由此不仅标明了近代哲学的根本特征，而且也无可怀疑地标明了整个未来一切科学哲学的基本特征。"① 胡塞尔所致力的，就是推进超越论哲学的建立，实施的路径是通过现象学的还原及其意义、范围的确立，"赋予现象学以第一哲学发展形态的历史任务"。胡塞尔对第一哲学寄予重大期望："我希望再一次说明，第一哲学能够改造我们的全部科学活动，并能够将我们从一切科学的专科主义中解放出来。"② 胡塞尔通过现象学还原产生了"绝对的"先验意识王国，"它是一般存在的原范畴（Urkategorie）（或按我们的用语，原区域）。一切其他存在区域均植根于此范畴"③。胡塞尔对第一哲学的揭示确有独到之处，但本质上没有离开笛卡尔的思想基石，在胡塞尔的观念深处，"哲学只能借助于思考而产生，……笛卡尔的哲学对于真正开端的揭示和这种哲学将它自身确立为它根据被绝对奠立的哲学本身之目的进行思考的结果的这样一种意向，将是真正不朽的"④。可见笛卡尔之于胡塞尔，意义何等重要。当然，这里所谓的思考，不仅包括逻辑思维，也包括想象力等意识形式，这在康德等人的论述中也有充分表现。

自 20 世纪 90 年代末以来，关于元形而上学（meta-metaphysics）问题的讨论开始出现，并引起关注。这个概念被认为最早由彼得·范·因瓦根（Peter van Inwagen）在 1998 年提出，大卫·查默斯（David Chalmers）等编辑的《元形而上学：本体论基础新论》⑤

① 胡塞尔：《第一哲学》上卷，第 36—37 页。
② 胡塞尔：《第一哲学》上卷，第 31、35 页。
③ 胡塞尔：《纯粹现象学通论》，第 212 页。
④ 胡塞尔：《第一哲学》上卷，第 492 页。
⑤ David Chalmers, David Manley and Ryan Wasserman. ed., *Metametaphysics: New Essays on the Foundations of Ontology*.

汇编了16篇从语义学、认识论、形而上学方法论等不同角度深化形而上学基础研究的最新论文，命名为"元形而上学"结集出版。大卫·曼利（David Manley）在为该文集所写的引言导览中特别指出，形而上学关注现实的基础，元形而上学则与形而上学的基础有关，它提出的问题是：传统的形而上学问题真有答案吗？如果有，那么是实质性的还是仅仅在于对语言的使用？显然，相较于传统的形而上学特别是针对20世纪以来语言哲学"专精化"依然走不出的困境，元形而上学是想在形而上学的基础上再深一步地探究形而上学的属性、方法和根据，探究形而上学的基础性（grounding）、根本性（fundamentality）问题。

元形而上学的概念最初由本体论学者彼得·范·因瓦根提出，但它的缘起与奎因和奎因与卡尔纳普的一场争论密切相关，当然，元形而上学关注的重点不是这场争论的本身，而是奎因的形而上学新说所引发的对形而上学的反思。奎因的《论存在什么》（On What There Is，1948）一文对卡尔纳普的本体论思想及逻辑实证主义（logical positivism）进行了反驳，尤为重要的是奎因提出了著名的本体论承诺（ontological commitment）思想，以此来建立他对"存在"在本体论中的作用和本体论根据问题的界说，这又自然而然地引出了另一个重要概念——元本体论（Metaontology）。彼得·范·因瓦根使用这个概念是循着奎因关于"On What There Is"的问题往下追问，即在探究"存在什么"这个本体论的根本问题时，元本体论要继续追问"存在什么"是什么意思？本体论的正确方法是什么？彼得·范·因瓦根在本体论之前使用"meta–"这个前缀，"意在对更高层次的反思"，这类反思也被视为21世纪前期本体论研究的主要的新颖性因素。[①]

这种新颖性因素的许多方面还有待观察。奎因的本体论承诺及本体论承诺的奎因标准（Quine's criterion）本质上是一种本体论的前置预设，它试图为本体论找到一个更进一步的根基，并且"证明它是一个值得假设的形而上学的始基"[②]。这反映了对"本体论缺基"的最新反思，即本体论并未真正解决"存在什么"为什么和根据什么的这个根基问题，这种反思虽然与福柯、沃格林的反思路径不同，但它们的意旨不无相通。奎因还将目标聚焦于量词差异（quantifier variance）的论析上，并提出他的名言："To be 是一个限制变量的值"（To be is to be the value of a bound variable），[③]从逻辑分析哲学的原则对本体论进行了一次根基的追问。

建立根基元本体论（metaontology of grounding）越来越成为当代哲学的目标，这一目标不仅要解决"存在什么"的问题，更要解决存在的"什么依据什么"（what grounds what）的叠层问题。[④]就奎因等人对本体论的根基追问来看，整体上还是用本体论的承诺解决元本体论问题，用形而上学的预设建构元形而上学的根据，虽然在数理逻辑和语义学推演上又往前进了一步，但由于是本体论的后天承诺、形而上学的自我预设，因而离回答超越本体论、超越形而上学的"存在什么"的为什么和如何存在的问题，也就是离真正解

---

① Francesco Berto and Matteo Plebani. *Ontology and Metaontology: A Contemporary Guide*, 2015, p. 2.

② David Chalmers, David Manley and Ryan Wasserman. ed., *Metametaphysics: New Essays on the Foundations of Ontology*, p. 376.

③ David Chalmers, David Manley and Ryan Wasserman. ed., *Metametaphysics: New Essays on the Foundations of Ontology*, p. 426.

④ Francesco Berto and Matteo Plebani. *Ontology and Metaontology: A Contemporary Guide*, pp. 116–117.

决"根据的根据"问题，依然存有不小的疑问。这多少有些掉入了海德格尔质疑的那种情形："仅仅是伪装成根基的某种或许必然的假象，从而是一种非根据（Un-grund）？"[①]当然，海德格尔的这一发问较奎因的本体论承诺早了好几年，较元本体论概念的出现更是早了半个多世纪。

迄今为止，界的原理是在回答这个"根据的根据"问题，也就是回答海德格尔在《形而上学导论》中设问寻找的元根据（Ur-grund）。界理之所以可能成为知识学的元根据，是因为界理对存在的本原与开启作了根基的整体性回答，从存在及其生成上对存在之是、存在之有、存在之在实施了统纳，并将本体与动变、差异与秩序、存在与知识等本体论与知识论的双层功能合构整一，实现本体论与认识论的"双肩挑"。界理揭示：界与存在与生俱在，界的本身既为本体又为知识，既为差异秩序又为范畴工具，它不需"本体性承诺"，也不需形而上学预设，它一体双性，先天自带了本体的生理和知识的机理，如果说一阴一阳之谓道，那么界不仅是道的本体，也是道的知识和道的秩序化，并实现了道本存在与道生万物的"合拍"（attunement）共进。

界本原理建构的是一种通往世界之根的第一性原理，一种知识学的根基原理，也可以视之为基础本体论（fundamental ontology）。它以界的元建模（Meta-modelling）克服了经验与超验、知觉与思维、想象与推理的两分习规，不仅贯通于不同的知识领域和认知方式，也贯通于自然、人事、超自然的一切存在，同时还运行于质料、形式、能量、信息、符号等各种存在形态，成为一种通识性的原理

---

① 海德格尔：《形而上学导论》，第5页。

工具；它排除了因果关系的基础，不需要其他原因前提，自为因果，呈现了作为根基的可信和可靠；它以非历史化的超越性实现了存在的持续永恒，成为秩序历史和历史秩序变动中的唯一不变，弥合了历史生存与非历史存在之间的鸿沟，也可以换一种说法，存在与知识的起点是界，还原的终点也是界，界在存在、知识、历史的普遍运行中，体现出真正的可还原性（reducibility）——真正的根基性和元理性。

作为对亚里士多德所谓第一哲学、第一性原理的根本回应，界本原理是从前世界的超自然、超逻辑预设出发，也就是从"有"——存在与意义——的前端出发，建立的是一种关于世界的单数的根基原理（substance principle），而不是亚里士多德的复数的第一原理（first principles）。单数的第一性原理——界本原理不受系统、界域的限制，贯通自然与人事；不受思想与认知向度的限制，贯通自然原理与社会原理；无论亚里士多德所谓"诸原理"，还是文明发轫以降人类所形成的原始思维、宗教思维、哲学思维、科学思维、艺术思维等不同思维方式，界本原理贯通其中，或者说，所有的"物理"与"心理"本质上都是"界理"，是界本原理在不同界域的系统性体现——界理是世界普适的第一原理，或者说，界理是原理的元理。界本元理不仅体现了亚里士多德所谓第一哲学的特征，甚至还前于"有"并创造了"有"，体现了一种"前第一哲学""元哲学"的特点，体现了真正的第一原理——根基原理、原理的元理特点。可以这样认为，如果说科学的基础是数学和哲学，那么数学和哲学的基础是界学——因为如果没有界理的诞生，没有界的逻辑对类与数、质与量的最初定义，没有贯通物理与心理之界理，也就失去了一切科学和知识的逻辑基石，无论何种科学都无法对世事万物加以分类分层的认知。不同科学及其知识系统，例如数学、物理学、化学、生物学、医学、法学、政治学、经济学、管理学、传播学、外交学等等，虽以特定的建构规则、结构方式、范畴概念建立起各自的认知体系，但其深层都离不开界的逻辑基点和界理原本。

第三节　基本认知之学

自知识兴起以来，哲学的知识进路呈现两个基本的方向：一是世界本原是什么，知识追问世界真相；二是如何达到世界本原，知识致力于方法改进。前者构制了所谓本体论及其内容，后者构制了所谓认识论及其工作。两千多年来围绕着上述两个主要路向——其实是一个目标的两个方面，人们执着于知性的改进，英语 epistemology 一词既表述了知识论又表述了认识论的双重含义，大抵与此有关；但将知识论与认识论完全混同，其实并不恰当。

知识论的英文 epistemology 一词源于希腊语 episteme（知识）和 logos（词 / 演讲 / 逻各斯），汉译有时译为知识论，有时译为认识论，基本不作区分。但在实际的运用中，知识论与认识论的差异是明显的，英文著作中有时以 theory of knowledge 代替 epistemology，或与 epistemology 并用来表述知识论的意义，以示与认识论的区别。

在界论及界本知识论的视域中，知识论与认识论的意义、功能具有明显的差异界分。知识论（theory of knowledge，或 epistemology）关注的内容是：知识作为特定的存在和存在态，内涵存在的一切属性、意义，在世界的结构、过程、价值、目的的运作中，是如何发挥知识层序的主体作用的，不同层序的知识属性、特征是什么？不同层序的知识秩序、谱系如何构制、如何组织、如何演变？也就是说，界本知识论属于界本存在论、本体论的范畴，它关注知识的存在和知识本体。相较而言，认识论从人的知性立场出发，关注的是如何发现、如何看待知识存在的属性、意义、功能、演变，如何比较准确地做到这一点？也就是怎样立足界本论的根基原理，运用界理的逻辑算法去发现知识存在，进而发现和认知世界存在和存在的真理。

从知识论与认识论的逻辑功能上可作如是区分，但在界本论的逻辑运作中，由于界理的底层基理贯通并作用于存在论、知识论、认识论等的全过程，因而所谓存在论、知识论、认识论又是一种相互构制、相辅相成的逻辑共制，是一种一体多面的知识存在过程，在这里，存在与知识整一，本体与认知整一，知识论与认识论整一，界的基理范式既是存在的构制方式，也是存在的认知方式，存在原则与认知原则具有内在的逻辑一致性。

因此，不同于柏拉图以来的知性改进路向，界本知识论\认识论不以人类中心主义为基点，不以人的心理、知觉、意识、思维、语言的逻辑技术分析为基轴，而是以界论与界理的范式为重心，着重分析界的范式对存在与认知的根基原理意义和方式机理意义。需要强调的是，界的范式意义既是存在范畴的，也是知识、认知范畴的，这是界本认识论与既往认识论之根本不同。

1. 本根性元认知

在界本原理的原则下，界本论确立界在整体认知体系中的元范畴意义，以界为认知的逻辑起点和根本工具，排除认知媒介和认知序列的扭曲变形，对世界作出一种源自底层、聚焦本质的基原本根性认知。以界为思维逻辑起点和哲学开端，既是建基于对人类认识活动的正本清源，也是建基于人类认识活动与认识对象的本质联结，是对形形色色的认知歧变——工具、媒介、方式等局限扭曲——的一种校正纠偏，是从在与思（存在与认知）、在与知（存在与知识）的本根开启的元认知（meta-epistemology），也是一种对本体论与认识论整体叠合的逻辑回归。

哲学史和思想史上的认识论林林总总，但有几个问题一直困扰着人们：一是纠缠于物质与意识的先后问题，陷入先有鸡还是先有蛋的喋喋不休；二是纠缠于认识世界的方式方法，比如理性与感悟、经验与实践、神圣与世俗，往往各执一端；三是纠缠于孰更接近真理、真知，而真理、真知的标准标尺从一开始就不是规范一致的，何况标尺的使用者更是千差万别；四是混淆主体与对象、过程与结果、工具与目的，常常导致不知其为、不明何为。上述的困扰纠纷，皆由不同认知的思维屏障而产生的认知隔绝和认知偏斜所导致，以致鸡对鸭讲、自说自唱已经成为当今司空见惯的知识景象。在自然与理性的一般原则下，界本论回到认知逻辑的起点，回到事物的基原属性面前，以界的元范畴为基本工具，去除思想遮蔽、思维屏障，力求对世界万物加以基原本根性的思想认知。

这种基原本根性认知显示了属性定义的清晰原理：没有分辨黑白的思维主体也就无从认定黑白的存在；光有认知主体没有基本的认知工具（手段与标准，如眼睛、色谱），也就无法界定黑白的属性；当然，没有世界万物之自然自在，也就没有万物属性界分的基质条件。这表明，无论人类采以理性、感悟、经验、实践、神圣、世俗等等何样的认知方式，或者采以何样的判断标准（标准亦是不断修正的认知行为），界的元范畴都是本根性认知的逻辑起点和基本工具。从这个起点出发，以界的范畴工具对应认知对象，以界限（limit）和限定（restrict）的界域判断对事物加以否定与肯定辩证统一的认知，才会不加过渡地把世界万物的属性、量度、关系、状态等定义出来，才会简化而本质性地以白为白、以黑为黑、以非黑非白为非黑非白，才会尽可能排除因工具与标准的变异而导致的认知扭曲，也才会消减指鹿为马、皇帝新衣的故事发生。从这个意义上讲，界论作为一种基本的认知之学，也是在经历了人类知识大爆发之后，一种自然回归和回归自然的本真认知要求。

（1）界的元基准

知识标准的问题始终被作为认识论的一个核心问题。既往的知识标准及有关标准的讨论一直建立在人与物、思与在的二元基轴上，并以人对物、思对在的联结方式和联结可靠性为重点，换句话说，对人的研究和知性的改进成为认识论发展的重点，现代以来尤以逻辑分析的繁复推演为路径，以追求知识的确信和真为目标。

美国哲学家罗德里克·M. 齐硕姆（Roderick M. Chisholm）在《标准问题》（*The Problem of the Criterion*）中简明地列出了知识论的两个基本要件，一是"我们知道什么？我们的知识范围是多少？"；二是"我们如何判断我们是否知道？知识的标准是什么？"[1]齐硕姆强调范围和标准是知识的两个关键，他提出的知识标准问题（problem of the criterion）本质上还是沿袭了知识的确证、真与信念的原则路向，不过他在如何理解和运用"确证"的问题上进行了改进。他将经典的知识定义"知识是确证的真信念"（knowledge

---

① Noah Lemos, *An Introduction to the Theory of Knowledge*, p. 158.

is justified true belief）调整为"知识是明显的真信念"（knowledge is evident true belief），用"明显"（evident）代替"确证"（justified），淡化了"确证"对知识的确定性规范；同时他还发现，"一个信念可能既是明显的又是虚假的"，"明显"与"虚假"可能并存。[①] 齐硕姆提出但并未真正解决什么是知识标准的问题，更未解决知识标准如何可行的问题；但他进一步发现了确证、真与信念这一经典知识体系的缺陷，这是齐硕姆的贡献，他的知识标准及其相关推演虽与"盖梯尔难题"路径不同，但在质疑 JTB 知识体系的方向上又有异曲同工之处。围绕着对 JTB 的知识标准，诸如"好知识与坏知识"的两个教条及所谓 PC 问题（problem of the criterion），各种不同的质疑与辩护成为当代知识论的一大景观。[②] 这种质疑与辩护对深化既有知识论体系不无裨益，同时也从不同角度地揭示了 JTB 知识论的难题。

据称源自于柏拉图的经典知识定义——是否符合柏拉图的知识思想明显存疑，把知识定义为确证的真信念，这一影响深远的知识论思想把知识严格义界在确证、真和信念的三大要素及其联结上，这三大要素不仅制定了传统知识论的基本标准，也构制了传统知识论的认知路径。其显而易见的功用影响在于，它将人对知识生成的主观性发挥到最大，实现了人对知识赋值的最大化，这极大地促进了知识的发展，但也不无偏斜、矛盾和困扰之虞。问题的症结在于，从知识生成的一开始，知识就是一个开放、客观的存在系统，这个存在系统以万物为载体，是在先存在的，人对万物的知道（knows）

---

① Roderick M. Chisholm, *Theory of Knowledge*, pp. 90–91.

② 参见 Stephen Hetherington, *Good Knowledge, Bad Knowledge: On Two Dogmas of Epistemology*.

被称为知识，但所知道的知识只能是被知道者的一部分——即知识有其范围和限度，而不是知识存在的全部。诚然，人在知识生成中有人的创造，但人的创造不是凭空的创造，而是与万物共生、共构的创造，因而经典知识论将知识完全界定为纯粹属人的，是极大地限制了知识的界阈，并曲解了知识的存在本性。至于将知识定义为确证、真和信念三要素的联结，更是以人的主观标准统制知识的存在，其困难与不当可想而知。这个问题早在古希腊时期就已引起恩培多克勒、苏格拉底等人的强烈怀疑，但后人转悠了两千多年才提出所谓盖梯尔难题和难题的难题。

从界本知识论的整体观来看，经典知识论对知识标准的主观确证，是在知识基理上的知识演化，这种知识演化完全建基于人类中心主义的基石上，所谓知识标准以及有关确证、真、信念的认识论推演，着力点都在于人的思维方法、人的价值判断，所进行的认知分析与知性改进，本质上都是属于人事知识系统的逻辑分析。这种知识论的困境和难题在于，它试图用多样化的主观认知构制统一性的知识标准，用确证、真、信念这类主观性、个人化、不确定的意识活动构制客观性、集体化和确定性的知识判断和知识秩序，这对统一"合理的知识范围""合理的知识标准"显然是困难的，甚至是不可能的。同时，它将知识限定为完全属人的，而知识的实际属性远远超出了人的范围，因而用人类中心主义的单一标准衡量知识，用人的认知这一不确定的经验基础和思想基座来建筑知识整体的系统大厦，其难度和困境不言而喻。这是经典知识论一切难题与困境的根源所在。现代哲学的所谓语言学转向是试图摆脱经典本体论、认识论困境的一种努力，但效果并不明显，有时反倒是制造了更多的难题和更大的困境。

界本知识论从知识的整体存在性出发，排除人类中心主义对知识属性、范围、标准的强制和干扰，将知性改进的重心从人类的思维意识转换到世界存在和知识存在的基理发掘上，因为知性最大的改进就是让知性贴近本原，贴近原则，回归存在本体，实现普遍的可靠性。界本知识论从界理原则出发，基于知识作为存在态的自在性、客观性、动变性、生成性特征，以界理为知识存在的认知基准，这个基准不同于确证、真、信念的人工知识标准，而是一种存在论、知识学的元基准（meta-criterion），对知识的范围、标准、功能、意义、价值——包括存在与知识的绝对性、相对性、特定性与不定性等作出一种元确证（meta-justification），也就是一种本根性的元认知。不仅如此，界理原则对存在与知识基准的根基奠定，也是构制了一个界的知识模型和认知模型。

（2）界理元模型

界理构制的知识模型不是通常意义上的知识范式，也不是数学或语义学领域的模型理论，而是一个存在知识论的元模型，它奠基于界本知识学的整体观，蕴含了本体论与知识论的双重意义和叠构功能。

美国学者托马斯·库恩（Thomas Kuhn，1922—1996）在《科学革命的结构》（*The Structure of the Scientific Revolution*，1962）一书中提出了著名的范式理论，强调了范式与范式转换（paradigm shift）在科学革命中的重要意义。范式（paradigm）一词源自希腊词（paradeigma），有范例（examplar）、模式等意，在库恩的运用中，"范式"的含义并不固定，有人总结出光在《科学革命的结构》一书中就有多达 21 种用法。① 但库恩的范式概念始终与"常规科学"和"科学共同体"结合在一起，旨在指出在从事某种科学活动时形成的一些共识性规范和模式，但库恩也明确强调："确定共有的范式并不是确定共同遵守的规则。"② 库恩用范式的概念取代既往人们熟悉的其他概念，深化了结构在科学发展中的意义与功能，对拓展认识论的理论视域和方法有显著贡献，影响波及社会学、政治学、哲学、文学、艺术学、经济学、传播学等领域。

　　20 世纪中期以来，模型理论受到重视，最先在数学领域，是被作为元数学（metamathematics）的一个分支提出来的。波兰裔犹太逻辑学家、数学家、语言哲学家阿尔弗雷德·塔尔斯基（Alfred Tarski，1901—1983）在《对模型理论的贡献》（1954）一文中写道："在过去的几年中，元数学的一个新分支正在发展，它被称为模型理论，可以视为形式化理论语义学的一部分。模型理论研究的问题涉及形式化理论的句式，以及这些句式所在的数学系统间的相互关系。"③ 塔尔斯基对模型理论的定义同时也显示了模型理论的发展方向，这就是数理逻辑与语义学分析的结合。因而可以看到模型理论与哲学的勾连和在哲学领域的各种应用，尤其是在数学哲学、语言哲学、分析哲学、形而上学等领域的运用，它不仅丰富了各分支哲学的主题和资源，也从不同领域深化了模型理论对逻辑分析哲学的方法论意义。总体而言，与库恩的范式理论相仿，模型论为科学尤其是社会科学研究提供了新的工具和方法，提供了认识论、方法论

---

　　① 伊恩·哈金：《导读》，托马斯·库恩：《科学革命的结构》，张卜天译，北京大学出版社，2022 年，第 21 页.

　　② 托马斯·库恩：《科学革命的结构》，第 94 页。

　　③ Tim Button and Sean Walsh, *Philosophy and Model Theory*. Oxford University Press, 2018, p. 439.

方面的新视域。

与范式理论和模型理论完全不同，界理构制的知识模型是以界本原理为机制，以界的本体论对存在与知识进行的一种元建模（meta-modelling），它所建构的知识模型既是存在论的也是认识论的，是贯通于存在共同体、知识共同体的基理原则、结构方式和运行模式，相较于各种分类分层的知识范式、模型理论，它呈现的是一种真正意义上的元模型，它为存在与知识、存在论与认识论奠定了共同遵循的运行机制和逻辑方式。

界理元模型的结构起点是存在与知识的界本根基，并以界分差异的基本"界尺"为模型运行和模型测度的逻辑基准。界本论揭示，存在与知识的起点与本质都在于界，在于界的界分差异，界对存在与知识的属性（是）、数量（有）、关联（在）进行的基础性、整体性的初始生成。在对存在与知识的一切建构和测度中，界尺（尺度，scale）是一切标准中的基准，它在界理元模型的结构运行中发挥着基轴、钤键的功能作用。在这里，界尺不仅是一个量度的概念，更是质的规定性，是量度与质性及其存在状态的关联统一。

"一切实有的东西都有一个尺度。"[①]黑格尔发现："希腊人关于万物皆有尺度的意识，虽然还不明确，但比起实体及其与样式的区别所包含的意识来，却是一个高得多的概念的开端，所以连巴门尼德也在抽象的有之后，引进了必然性，作为万物所立的老界限。……尺度固然是外在的方式，是较多或较少，但是，它也同时是自身反思的，它不仅仅是漠不相关的外在的规定性，而且是自在之有的规定性。所以，尺度是有之具体真理；因此许多民族把尺度当作某种

---

① 黑格尔：《逻辑学》上卷，第 362 页。

神圣不可侵犯的事物来尊敬。"① 黑格尔在论及"实在"的本质时指出："实有是规定了的；某物却有一个质，在质中它不仅被规定，而且被界限着；它的质就是它的界限，带着这种界限，起初它是肯定的、静止的实有。"② 黑格尔明白地指出了界限之尺度对万物之"实有"的本质规定性意义。不仅如此，黑格尔还发现在衡量事物的质量问题时尺度具有一种辩证功能，关于"有之一般分类"，黑格尔认为"尺度是一种关系，但不是一般的关系，而是质与量相互规定的关系"③，"尺度首先是质与量的直接统一"④，等等。黑格尔对尺度的论述在希腊哲学以来关于尺度问题的思想中是有代表性的，既揭示了尺度在认知活动中的基准作用，又强调了尺度对万事万物的本质规定及其质与量的相互规定、辩证规定。尺度的思想在后世有诸多深入的演化，比如关于比率、比例以及概率等方面的讨论，关于"由于比例而成为和谐的"思想⑤，等等，都离不开界尺这一存在与认知中的基准问题。

　　中国哲学的界尺思想更是明显地体现在世界与知识的基轴结构、基准原则上，尤其是通过阴阳、乾坤、正邪、表里、善恶等对反范畴的界限——也就是基准尺度的运用，来表达对天地人的认知和关联，而且，不仅将尺度的概念用于对世界一般存在的评判，还常将尺度法则运用于修身、齐家、治国、平天下的经世学说演绎。马王堆汉墓出土帛书《黄帝四经》之《经法》专篇讨论"四度"问题：

---

① 黑格尔：《逻辑学》上卷，第 357 页。
② 黑格尔：《逻辑学》上卷，第 125 页。
③ 黑格尔：《逻辑学》上卷，第 67 页。
④ 黑格尔：《逻辑学》上卷，第 358 页。
⑤ 罗素：《西方哲学史》上卷，第 183 页。

规之内曰圆，矩之内曰方，悬之下曰正，水之上曰平。尺寸之度曰小大短长，权衡之称曰轻重不爽，斗石之量曰少多有数。八度者，用之稽也。日月星辰之期，四时之度，动静之位，外内之处，天之稽也。高下不蔽其形，美恶不匿其情，地之稽也。君臣不失其位，士不失其处，任能毋过其所长，去私而立公，人之稽也。美恶有名，逆顺有形，情伪有实，王公执之以为天下正。[①]

《经法》从规之圆、矩之方、悬之正、水之平、尺寸之短长、权衡之轻重等方面，以中国哲学的话语方式深入论及度的"用之稽"，即尺度的规则基准作用，包括天之稽、地之稽、人之稽，天、地、人三稽之用各有不同，但稽作为尺度所蕴含的规则、基准的意义是相通的，"天下正"则为稽之用的至高目标。《经法》还深入论及法和法度的问题，本质上亦是在论述尺度规则的重要，认为"法度者，正之至也"[②]，这与《管子》所谓"法者，天下之程式也，万事之仪表也"[③] 之说不无类通之处。在这里，西方之尺度"规定性"和中国之尺度"用之稽"，虽然概念语境、表述方式不同，但都揭示了界的界分、界限是尺度生成和演用的基原根据，界尺在认知活动中起到本质性的基准工具作用。

界理元模型是从存在与认知的起点进行的一种元建模，它建构的是整体性、普适性、一般性的元模型，而非局域性、分层性、个

---

① 《经法》，陈鼓应注译：《黄帝四经今注今译——马王堆汉墓出土帛书》，第115页。

② 《经法·君正》，陈鼓应注译：《黄帝四经今注今译——马王堆汉墓出土帛书》，第71页。

③ 黎翔凤撰，梁运华整理：《管子校注》，中华书局，2004年，第1213页。

别性的分工模型，这是界理元模型有别于既有的范式工具、模型工具的根本不同。在库恩的范式理论中，无论是对常规科学还是对科学共同体而言，范式都是一种区域分层、内容分类的认知工具，"通过把注意力集中在小范围的相对深奥的问题上，范式迫使科学家对自然的某个部分作出详细而深入的研究，倘若没有范式，这种研究是无法设想的"。比如在确定重要事实、使理论与事实相符、阐述理论等方面，范式对常规科学研究的意义都是显而易见的。[①] 在科学共同体方面，库恩对范式的看重是一致的，范式在科学共同体中发挥重要的结构意义，哈金在《科学革命的结构》导读中分析道："是什么使这个群体保持为一个群体？是什么导致一个群体分裂成各个派别，或者分崩离析？库恩的回答都是：'范式'。"[②]

　　模型理论近数十年来受到大学课堂和社会领域的青睐，并被广泛应用到科学、商业、政治、社会、生态以及创新的各个领域，这和大数据时代丰富的计算语言形式和符号工具有关。各种模型的创设以分类模型（categorization model）为基本原则，依据不同的范畴维度，以数学符号、逻辑分析、函数与概率论为主要建模方法，有所谓经济学模型、社会学模型、理性行为者模型、组织过程模型、线性模型、非线性模型、与价值和权力有关的模型、网络模型、广播模型、熵不确定模型、路径依赖模型、局部互动模型、系统动力学模型、基于阈值的模型、博弈论模型、合作模型等等。[③] 比较难能可贵的是，模型论的积极倡导在发现模型工具的效用时，也明确指出了"错误"是模型的三个基本特征之一，这是因为任何模型都

---

① 托马斯·库恩：《科学革命的结构》，第 74 页。
② 伊恩·哈金：《导读》，托马斯·库恩：《科学革命的结构》，第 23 页。
③ 见斯科特·佩奇：《模型思维》，贾拥民译，浙江人民出版社，2019 年。

是有条件的，且是简化和固化性的。此外，斯科特·佩奇（Scott Page）从一开始就认识到知识定义的变迁及其对模型建构的基理作用："柏拉图将知识定义为合理的真实信念。更现代的定义则认为知识就是对相关关系、因果关系和逻辑关系的理解。知识组织了信息，呈现为模型的形式。"[①]佩奇的这一认知比一些知识论专家的眼光还要更真切、更开阔一些。

界理元模型并不局限于社会科学、自然科学、人文科学的特定知识领域，也不局限于社会、政治、经济、自然、技术、人类行为、思维意识、数理逻辑的特定知识范畴和结构分层，而是以界本论为模型基理，以界分差异为模型基轴，建立在界本知识学整体观之下的一种整体性、普适性、底基性和随机性的元模型。传统范式论、模型论按不同的知识分层、结构类型而设计，针对相应区域的知识关联、因果关系、逻辑关系，生成特定的知识秩序、判断和价值指向；界理元模型呈现的是界理差异模型——也是一切模型的基原，它集合知识分区的不同结构，为各种范式论、模型论奠定统一的底基，不同的范式、模型在此基础上依据其特定的分区属性，运演特定的认知逻辑和价值判断，其中包括了范式转换与多模型的整合。

在这里，界理元模型的整体性、普适性、底基性、随机性与亚里士多德所谓"通式"的意涵颇有相通之处："通式不仅是可感觉事物的模型，而且也是通式自己的模型；好像科属，本是各品种所系的科属，却又成为科属所系的科属；这样，同一事物将又是蓝本又是抄本了。"[②]亚里士多德是从"通式"在不同科属系统内的模型意义

---

① 斯科特·佩奇:《模型思维》，第 14 页。
② 亚里士多德:《形而上学》，第 29 页。

来喻说，同一事物"又是蓝本又是抄本"，界本元模型亦即意味着它是开端的模型，也是动变过程的模型，同时也还是走向终结和返回循环的模型，体现了从开端经由结构、过程到价值、目的的存在与知识的"界本通式"。

界理元模型是一种生成性、实践性模型，也是一种非范式、非模型的模型，它呈现的与其说是格式化的模子形制，不如说是存在的系统基理和知识的程序原理，是万物相互联结、思想与世界联结的结构机制和发展生成机制。界作为世界的头生者、自生者、自在者，它以一体双性的生成机理不仅蕴含了存在的起点、知识的基准，也扮演了存在与知识的元因、元质、元形、元式，提供了存在与知识的元力、元能、元势、元目的；也就是说，界既蕴含了中国哲学之道本、气本学说和西方哲学之理念、努斯原型，成为"诸模型之原型"[1]，也蕴含了道化、气化之生成机能，包含了金岳霖《论道》体系中有关道、式、能、几、数的知识整体。在这个意义上，界论也可视作是对中国思想史之道论、气论、化论、中论等的综合和发展，且在这种发展中又融入了希腊哲学、希伯来神学等的思想要素。

在界本论的视域里，界理元模式奠基、运行、生成、实践于界本宇宙论、存在论、结构论、过程论、价值论、目的论、知识论的整体系统，为不同的存在、知识及其"诸模型"提供生成、发展和实践的基本原则和演化自由，从而促进世界差异化、多样化的繁荣，包括不同知识和思想的差异化、多样化的繁荣。

量子理论（quantum theory）从物理科学的认知底基出发，在认知逻辑上呈现了一种物理元模型的意义，其原理性与工具性的叠

---

① 海德格尔：《形而上学导论》，第 200 页。

加也使得量子理论在自然科学领域呈现了巨大的发展空间。量子quantum 一词源自拉丁语 quantus，原意为"有多少"，代表"相当数量的某物质"，其语义底层就蕴含了标尺、衡量等认识论的工具意义。中文将 quantum 译为"量子"，与将 geometria（希腊文有丈量土地、衡量大小之意）译为"几何"，有异曲同工之妙。量子论从世界的微观根基出发，以量子为最小的能量单位，以物体的基本动力属性（位置、动能、动量）为参数系统，通过对数据、信息、域值、界限等的关联性认知，达致对世界运动之能量、概率、不确定性、非定域、纠缠联结、态叠变等属性规律的推演界说，这种界说贯通了微观与宏观、物质与非物质，呈显了不拘大小、不限定域的尺度工具意义。同时，量子论对微观粒子属性及其能量运动规律的揭示，突破了经典物理学对宏观物体及运动规律的揭示，特别在揭示和掌握不同于一般宏观物体的非连续、不确定、相关性等属性规律方面，量子理论提出的量子纠缠、波粒二象性、态叠加原理等的意义已超越了对微观世界的一般描述，更具有普遍的原理意义，比如对平行宇宙论学说的启示等。量子理论的工具性和原理性表明，量子理论并不局限于物理学的学科范畴，是一种超越了学科界限和跨界融通的理论，并可能成为一种思考世界、认知世界的逻辑方法和知识模型，量子信息、量子通讯、量子测量、量子计算、量子控制、量子生物等的大量涌现，并非偶然。当然，量子理论的思想认知也并非完全是现代以来的新造，薛定谔甚至认为可以将此追溯到留基伯和德谟克利特的原子论，"他们发明了第一个不连续体——嵌在虚空中的孤立原子"[①]。

---

① 埃尔温·薛定谔：《自然与希腊人 科学与人文主义》，第 125 页。

　　量子理论是以科学思维对物理世界的一次"探底"，一次从物质的最小微粒、最小单位、最早端点出发的全新的逻辑推演，尤其是量子纠缠、波粒二象性、态叠变等的提出，不仅是对经典物理学在理论上的重要突破，也在科学认知方式上开拓了新思路，它的工具性、原理性对自然科学乃至自然哲学的启示意义不言而喻，对界本原理与界理元模型也不失为一个重要的科学印证。量子论的发展表明，只有认知的变革才能带来思想的突破，而回到世界万物和逻辑认知的底层，建构起一个根基性的认知之学，是向本原和真理进发并获取突破的希望所在。

2. 界的四界：有界、无界、合界、变界

　　界理元模型是贯通存在论、知识论的根基性原则和运行机制，其知识论的认知功能奠基于界理元模型的生成机能，知识对界理元模型的运用也是知识的逻辑化、自主性的生成过程，这完全不同于通常所谓的认知范式。由于界理元模型的基理底层自动禀赋了自主生成的机理机制，因而它的知识运行既是对世界的知识构造，也是实现了知识与存在的互构成长，其中自然蕴含了人与存在的互构成长，这在某种程度上也是以知识的形式实现了"人与存在相互转让。它们相互归属"[①]。因此，知识运行作为生成性的存在系统，既生成知识，也生成存在，或者说以知识的形式丰富了存在态，以特定的存在态实现了知识存在。

　　界理元模型对大千世界的认知是在对世界的知识构建中实施，以存在论与知识论的双重机能交互实现的，这是界理知识论和界理

---

　　① 海德格尔：《同一与差异》，第40页。

元模型与既往认识论的显著不同。界理知识论以界理为根据和行动原则，以界理元模型为逻辑图谱和综合机制，从世界根基出发，针对万物存在的四种基本性态——有、无、合、变，形成了有界、无界、合界、变界四种基本的存在模型和认知模型，对存在物的性类、层量、关系、存在状态等基本问题作出本根性的定义、限定和判断，也为一切分层认知、专科认知奠定基础。有界认知、无界认知、合界认知、变界认知构制了界理元模型的认知系统，它们相互联通、相互转变、相互赋能、相互生成，共同回应了世界万物差异存在的四种基本属性——绝对性、相对性、特定性和不定性，以及绝对性、相对性、特定性和不定性之间的有机关联和因果化变。

（1）有界：界自在

所谓有界或有界认知，是从存在与知识的初始本原（beginning）出发，以界理存在论之界本律为原则，聚焦界的界分、差异（difference）、界限、限度（limit）、界域（realm）、边界（boundary）、境界（state）、端点、极（extremity, extreme）、界对、两仪、阴阳（polarities, twins）等基本的本体含义，呈现世界万物的普遍有界性、万物差异界分的界的自在性，揭示有界原则是贯通世界启始、存在、结构、过程、价值、目的的整体原则、普遍原则，有界性是万物存在、知识存在的本质绝对性。有界认知的基点、目标均指向存在与知识的本原，故有界认知可被称为界理模型的本原认知，揭示事物的本原——界对世界存在的本质绝对性。

这首先体现在界对存在和知识的创生意义。在万物的开端处，界从混沌中制造了最初的差异，借助差异划分出初始的边界，为万物给出相应的界域，并对不同界域赋予是什么（属性）、有多少（数量）、如何在（关联）的确认。在对存在物的构造中，界既提供了本原，也是促生的工具，实现了本原的第一性原理与存有的第一工具的统一。从存在论与知识论的两个层面讲，界既是存在的开端，也是知识的开端，亚里士多德曾分析说："我们看到了科学的原因，全部理智和全部自然通过这一原因而运作，我们所说的原因却没有一个是本原，是开始之点。"①这是因为无论从实体还是从点、线、数的几何运算，都难以实现亚里士多德所谓原因（aitia）与本原（arche）的统一，而界做到了这一点，在存在物的构造、知识生成（包括语言、语句、词形的运用）中，无论是原理性的逻辑呈现还是工具性的实际运行，界实现了底基逻辑的相通，实现了黑格尔所说的，"本原应当也就是开端，那对于思维是首要的东西，对于思维过程也应当是最初的东西"②。

界的创生也是对存在的基因奠定和本质规定，这与界的自在性密切相关。界的自在性源自界本性——界的一体双性，即界本身即是正反双性的，界自在、自有，世界万物不能脱离存在的有界性——有物即有界，物因界生，界在物在，界自永在。同时，界的自在性又体现为界与存在的共在性，物以界在，界以物在，界在物在，界亡物亡。界的自在机理本质上是一个无与有、同与异、本与他的关联，《墨子》所谓"体，分于兼也"，"同，异而俱于之一也"③，体者"分于兼"、同者"异而俱于之一"是以典型的中国话语表述了同异一体的界自在机理。这一机理孕育了开端，"开始的东西，既是已经有，但同样是还没有。所以有与无这两个对立物就在开端中合而为一了；或者说，开端是两者无区别的统一。于是，开

---

① 亚里士多德:《形而上学》，苗力田主编:《亚里士多德全集》第七卷，第55页。

② 黑格尔:《逻辑学》上卷，第52页。

③ 谭家健、孙中原注译:《墨子今注今译》，第229、246页。

端的分析，产生了有与非有的统一的概念"①。这个概念可以说就是界的概念。

从界本知识论的认知原理来说，面对混沌的虚无，有界认知是以界的"有"实施了对混沌的否定，通过对混沌的否定实现了对存有的肯定。所以，有界认知以"有"的肯定形式出现，以界的否定形式完成，在对事物的限定否定中实现对事物存在的肯定，在有界认知的逻辑底层蕴含了一个否定–肯定相统一的辩证机理。这正是界的真理性所在，"真理只有在同一与差异的统一中，才是完全的，所以真理唯在于这种统一"②。要特别指出的是，有界认知之否定作为逻辑手段，是认知意义的生成过程，界分的双方是意义的相互构制，而非你亡我存的断离，因为"肯定物与否定物是同一的东西"③。

界的自在性是对存在的普适规定和本质规定，它意味着自开端起，界不仅是世界多样化的制造者，也是万物差异的永恒伴随者，是差异存在与差异属性的本质规定者。"差别自在地就是本质的差别，即肯定与否定两方面的差别：肯定的一面是一种同一的自身联系，而不是否定的东西，否定的一面，是自为的差别物，而不是肯定的东西。"④界分差异作为世界万物存续的基本原则，无论大小与形态——大到宇宙星系，小到分子、原子、原子核、质子、中子、电子、中微子、夸克，从形下物质具象到形上意识观念，无论宇宙构成之复杂——以时间、空间、物质、质量等形式存在，还是以结构、关系、能量、信息等维度，或以暗物质、暗能量等超维度形式实现，

---

① 黑格尔：《逻辑学》上卷，第 59 页。
② 黑格尔：《逻辑学》下卷，第 33 页。
③ 黑格尔：《逻辑学》下卷，第 61 页。
④ 黑格尔：《小逻辑》，第 255 页。

只要宇宙万物是一种差异化的存在而非无差异的混沌，那么万物以界分为根据、以界限为依存、以界域为依托的原则就不会失效，世界以界为本、万物界分差异的普遍性、恒定性、本质性就不会改变。

界的自在性对差异存在的本质规定是以运动和调适的方式进行，这使得万物的有界原则既是普遍原则、本质原则，又是激励机制、调适机制，不仅为万物前进启动了开端，也为万物的差异化成长奠定了根据，从而为界赋予了永恒的自在生命。这其中，界的界分尺度、质量同异的相对平衡至关重要。界自性本质上决定了对界的固守和扩张界域的欲望，这成为差异存在的本能和活力；但同时，扩张界域的本能欲望又必须以差异相关方的共处为依据，因而在界自性的底层已经设立了必要的规尺。黑格尔可能是最重视尺度问题的西方哲学家，他认为"举凡一切人世间的事物——财富、荣誉、权力、甚至快乐痛苦等——皆有其一定的尺度，超越这尺度就会招致沉沦和毁灭。即在客观世界里也有尺度可寻。在自然界里我们首先看见许多存在，其主要内容都是尺度构成"。他还认为，太阳系也可以被看成是一个"有自由尺度的世界"，甚至有人说，"上帝是万物之尺度"[1]，而不再是"人是万物的尺度"。尺度的本质显然是调适，调适差异使其不致极端和毁灭，中国哲学对中道、中和、节制、法度的格外强调，都是建基于对差异对立的平衡调适，这是万物生生不息的发展根据。所以，有界和有界认知不是简单定义差异的必然性，而是通过界的自在性揭示：适度的差异是有界的真谛，也是界的永恒真理。

有界认知揭示了界的自在性——界自性，揭示界不是一般的存

---

① 黑格尔:《小逻辑》，第 235 页。

在物，而是世界的自在者，是因为这个自在者伴随万物形影不离、无所不在，才生成了万物的多样化。界自性在显示自身不受外界干扰的自在绝对性时，也揭示了世界差异的绝对性，即没有界分差异就没有万物世界。

界自性是贯通于存在与知识的基质、基理、机制的根基属性。在知识论的逻辑推演中，真正的开端和根据源于界自性及其界理原则。这与黑格尔对根据（grund）的发掘并不矛盾："根据是同一与差别的统一，是同一与差别得出来的真理——自身反映正同样反映对方，反过来说，反映对方也同样反映自身，根据就是被设定为全体的本质。"① 根据的普遍性也体现了界自性的特征："无论天上地下，都没有一处地方会有某种东西不在自身内兼含有与无两者。"② 在黑格尔的逻辑推演中，他一方面看到了根据对哲学开端的意义，以及开端对运行的意义；但另一方面他又过于强调根据和开端对科学前进路线的规制，存有机械论和简单循环论之嫌："离开端而前进，应当看作只不过是开端的进一步规定，所以开端的东西仍然是一切后继者的基础，并不因后继者而消灭。……所以哲学的开端，在一切后继的发展中，都是当前现在的、自己保持的基础，是完全长留在以后规定的内部的东西。……开端将成为有中介的东西，于是科学向前运动的路线，便因此而成了一个圆圈。"③

界自性对万物的伴随，有界认知对存在论与知识论的贯通，是以自在的两极张力自由生长和创造性发展，它面对混沌的预设，从头开始、从始基开始，在界理元模型的整体建构中，有界认知显示

① 黑格尔:《小逻辑》，第 260 页。
② 黑格尔:《逻辑学》上卷，第 73 页。
③ 黑格尔:《逻辑学》上卷，第 56—57 页。

了第一编程的功能意义，这不取决于编程的本身，而是取决于界性为世界第一性，界理为世界第一性原理的始基根据。

（2）无界：界对在

所谓无界或无界认知，是以存在本原、知识开端的界分对构性为基点，以界本存在论之界本律为前提、以结构论对成律为原则，从世界万物的结构原理和普遍成式出发，聚焦界的界分、区分（distinguish）、差异（difference）、边界（boundary，frontier）、界端、界极（extremity，extreme）、界对、他异、两仪（polarities，alterity）等存在、结构的本体内涵和方式关系，呈现万物差异互构、无界对在的存在特征，揭示世界万物既相互分离又相互依存，既本质差异又对成互构的辩证统一及其关联机理，揭示万物界分差异的本质相对性和界的对在性。无界认知的认知基点、认知维度建基于存在之差异互构的对在本原上，因而无界认知又可被视为界理模型中的辩证认知。

本质上，无界与有界与其说是孪生的，不如说是一体的，是对存在的互构和共制，具有同等的创生意义，只不过它以一体两性的方式呈现。在形式序列上，界对世界的创生似乎是有界在先、无界在后，但实际上有界、无界是同时共生对在的，缺了其中任一，另一则不存在，此即《道德经》之核心观念"有无相生"（第2章），若用黑格尔的话说，有界与无界就像肯定与否定一样，"每一方面之所以各有其自为的存在，只是由于它不是它的对方，同时每一方面都映现在它的对方内，只由于对方存在，它自己才存在"①。因此，无界以"无"的否定形式实际上对界实施了肯定，呈现了与有界之

①　黑格尔:《小逻辑》，第 255 页。

"有"的合成对在，没有无界的对在，即没有有界的自在，在这个意义上，无界之对在亦是有界之自在，有界之自在与无界之对在是一体两面，界对性亦是对界自性的实现。因此，在无界的对在性底层，显示的是万物差异存在的相对性，有界之差异是绝对的，而差异之无界则表明万物的差异界分又是相对的，不是完全断离的。赫拉克利特曾以弓和竖琴为例提出"相反者相成""对立统一"的思想，也显示了一定的差异对在的思想，但他强调的相反者相成主要还是针对差异对立的存在方式，不是差异存在有界与无界的本体原理。

无界之界对性揭示了世界万物的本质差异是以对立对成的方式生成，或者说事物的本质差异性必须建立在对立对成的域场之内。简言之，阴与阳、乾与坤、善与恶、天与地、昼与夜、黑与白之间彼此有着本质性的绝对差异，但每项事物或属性的生成都离不开对成的对象物，差异的对象物互为成对、对成一体，各自的界限互为界限，并形成一个差异统一的界域（realm），这个界域仿佛对反基因的双螺旋，构制了万物生成的基本方式和单元维度。

界的界对性呈现了差异存在的缓冲区、纠缠态，在这个缓冲区域里，差异的各方相互纠缠、相互斗争，并得到必要的缓冲和调适。"在两个极端之间有一个中间者是必要的，它是自然万物的真正的作用因，这作用因不仅具有外部的、而且具有内部的性质。"[①]所以对成的差异物通常是以联合、妥协的方式实现差异存在，本身既是自我的，又扮演着对方相处的配偶和中介。黑格尔对"异在"概念的阐发也指出了否定性的中介功能："异在（Anderssein）在此处已不复是质的东西，也不复是规定性和限度，而是在本质内，在自身联系

---

① 布鲁诺:《论原因、本原与太一》，第 48 页。

的本质内，所以否定性同时就作为联系、差别、设定的存在、中介的存在而出现。"①黑格尔所谓"中介的存在"其实也是讲了否定和对立的相对性问题，关涉了事物差异的衔接缓冲，这一衔接缓冲维持着本性与异性、吸引与排斥、冲突与妥协、反抗与接受、有序与随机的整体平衡，弥补和防止差异的断裂，使得差异化存在成为一个常态的存在，也使得世界的多样化价值得以实现。

任何差异物的存在都有赖于在相关对反物之间建立起联通的媒介，以此把对反两极建立起来，使对反的否定呈现为有缓冲、可存续的逻辑秩序和自然价值，这其中发挥真正作用因的不是别的，而是有界–无界的自在与对在——这也是界的媒介（medium）。在差异的对反物及其对成的界域之间，界一方面是界限的工具、标尺，裁判势力范围的大小；另一方面，界更是调适矛盾、平衡力量、组织重构的媒介机制，通过这一媒介机制的作用，维持差异共生的域场系统和秩序。从根本上讲，界理作用及其有界–无界的转换，不仅决定了事物差异存在的质量状况，而且嵌含和主导了万物差异的关系准则、行动原则。

在界理的关系准则和行动原则主导下，无界的界对性实际上也是构制了一个万物差异存在的成长机制，即在两极间的无界缓冲区和纠缠带，提供一个相对中立的共在平台，差异者相互追逐、纠缠、爱恋、争夺——它们被不同的价值引力、因果关系牵动着、驱动着，不停地运动促发了差异成长的活力、生命力。差异的成长从根本上取决于差异物的力量对比，包括差异物的自在状况、关系状况，以及影响差异物自身与相互关系的综合因素，三因素的叠加决定了万

---

① 黑格尔：《小逻辑》，第 251 页。

物纠缠和成长发展的整体实现。

从知识论的角度讲，无界认知也是本原认知的一部分，是对本原的辩证认知，它不仅进一步揭示了本原的构制和属性，同时也呈现了万物存在的对在机理，以及认知世界的辩证观。有界–无界的辩证观是中国古代哲学的精髓所在，《道德经》不仅讲"有无相生"，且演发出"难易相成，长短相较，高下相倾，音声相和，前后相随"（第 2 章）；不仅讲差异之相对在，且十分强调差异之齐同，如齐善恶、齐美丑等等。蔡元培在《中国伦理学史》中特别分析了老子"齐善恶"思想中的"界观"："老子又进而以无差别界之见，应用于差别界，则为善恶无别之说。曰：'道者，万物之奥，善人之宝，不善人之〈所〉保。'是合善恶而悉谓之道也。又曰：'天下皆知美之为美，斯恶矣；皆知善之为善，斯不善矣。'言丑恶之名，缘美善而出。苟无美善，则亦无所谓丑恶也。是皆绝对界之见，以形而上学之理绳之，固不能谓之谬误。"在对老子以无界认知有界的形上辨理予以肯定的同时，蔡元培并不认同将这种辨理之法直接运用到伦理判断："然使应用其说于伦理界，则直无伦理之可言。盖人类既处于相对之世界，固不能以绝对界之理相绳也。老子又为辜较之言曰：'唯之与阿，相去几何？善之与恶，相去奚若？'则言善恶虽有差别，而其别甚微，无足措意。然既有差别，则虽至极微之界，岂得比而同之乎？"[1] 这反映了蔡元培在善恶伦理判断上的鲜明态度，他显然不认同在伦理层面善恶是混同的；但对老子有界–无界的形上学逻辑和知识论辩证，蔡元培的分析还是中肯的。

《道德经》开篇即曰："无名，天地之始；有名，万物之母。故

---

[1] 蔡元培：《中国伦理学史》，第 23 页。

常无欲，以观其妙；常有欲，以观其所徼。此两者同出而异名，同谓之玄。玄之又玄，众妙之门。"（第1章）史上对此句多有歧解，但从存在论与知识论的整体视野看，无外是强调了无与有对世界的启始意义，强调了无与有的异同统一及其辩证互为，这与黑格尔的"差异命题"有些类同："差异物恰恰只有在其对立面中，即在同一中，才是它所是的那个东西。"①无论东西方哲学如何表述，玄之又玄的众妙之门其实都是在有无、同异的有界–无界的转换中呈现。

无界认知的逻辑秩序实际上是对有界认知的转换、互构和补充。无界认知以无界的否定之否定作出对事物的肯定，强调的是以辩证机理揭示万物界分差异的相对性，揭示世界万物有界–无界相统一的存在常态。通过对有界认知的维度转换和认知延伸，无界认知在揭示万物差异存在的相对性时，也揭示了万物差异存在本质绝对性的实现基础和实现方式。无界认知建立的是以对反对成为原理的双向度思想方式，在实际的认知实践中常常体现出观正思反、观阳思阴、观善思恶、观得思失、观喜思悲的辩证思维，这也是对非此即彼、非黑即白线性思维的否定。无界认知的这一机理还将界理元模型的一个重要属性揭示出来，那就是：界是活的界，界理元模型不是僵硬的模子，而是活的生长机制。

（3）合界：界共在

所谓合界或合界认知，是以界本论的整体观，以世界构制的界分联合、差异叠构为基点，突破边界、界别、领域、义界（definition）的限制，整合不同的界分向度（dimension）、界尺标准、

---

① 黑格尔:《逻辑学》下卷，第39页。

视域层界（visual field, horizon），聚焦万物差异（difference）、界限（limit）、界域（realm）的界限互制和共在关联，从差异共同体的整体坐标揭示万物差异的特定性。合界的观念在逻辑底层显示了界的共在性，合界认知通过对界限的突破、融通、综合和重构，达致对差异特质的交互义界，故合界认知是一种整合性认知。

合界的观念与有界、无界密切相关，并以两者为基础，但并非两者的直接叠加。合界认知以界本宇宙论元根律、本体论界本律、结构论对成律、过程论变异律、价值论优选律、目的论合正律等界本六律的综合运用为原则，设定有界–无界共在、融通界限之界限的知识程序，从对事物有界否定的差异绝对性、无界否定之否定的差异相对性的统一中，从对事物不同界域、不同维度的交互认知中，重点辨析万物差异存在的特质性存在。如果说有界认知的逻辑路径主要建基于世界从"无"到"有"，无界认知的逻辑路径主要建基于世界从"有"到"有无共在"，两者分别回应了世界从"无"到"一"、从"一"到"二"的基本问题，那么合界认知则将逻辑路径建立于世界从"有无共在"到"有无如何共在"的整体框架，在回应从"无"到"一"、从"一"到"二"的基础上，重点回应"三"的问题——回应世界"三生万物"的类、性、数的丰富性及特定事物的特殊性问题。也就是说，有界认知揭示事物本质差异的界分绝对性，以本原认知为特征；无界认知揭示事物差异的对成相对性，以辩证认知为特征；合界认知在事物差异的界分绝对性和对成相对性的统一中着重揭示事物差异存在的特定性，并呈现出系统的整合性认知特征。

合界的观念本质上反映了界的共在性，也就是界共性。与界自性、界对性相比，界共性不仅揭示了存在共同体的结构差异性，而且揭示了存在共同体的界限互构机理，这种界限互构不是个体性的彼此界限，而是差异共同体的界理组织，其中运行着界自在、界对在和界共在的交互作用，在此作用下，不仅万物差异存在的本质性、相对性得以发挥，万物差异存在的特定性也得以彰显。界的共在性在存在共同体的界理组织中发挥重要的机理作用，尤其对知识层序的构制运行作用明显。

首先，界共性强调了界理周全原则。界理周全原则是讲界的无处不在、无在不用、无用不共，也就是强调界理对存在及其知识的共同合作。在此方面，中国古典文献蕴藏了宝贵的思想资源，荣格在他心理学研究困顿之际发现了《易经》《太乙金花宗旨》等中国思想与西方原理的不同之处，"事实上，《易经》的科学并非基于因果性原理，而是基于一种我们从未遇到因而迄今尚未命名的原理，我姑且称之为'共时性'（synchronistisches）原理"。荣格所谓"共时性"概念是要表述《易经》中的"一种包含着性质或基本条件的具体连续体（konkretes Kontinuum）"① 现象。但"共时性"的概念显然并不准确，在《易经》及其他中国典籍中，呈现的不仅是"共时性"，更是一种合界的思维与界理周全原则。《系辞上传》曾有"参伍以变，错综其数"之论："《易》有圣人之道四焉：以言者尚其辞，以动者尚其变，以制器者尚其象，以卜筮者尚其占。……参伍以变，错综其数。通其变，遂成天下之文；极其数，遂定天下之象。"② 所谓参伍以变，错综其数，即是说以圣人四道"辞""变""象""占"之法，相互转换配合，才能得出神通的结论，这已触及宇宙论、存在论和知识论等多层面的界共性原理，不是"共时性"概念所能概括的。

① 荣格、卫礼贤：《金花的秘密——中国的生命之书》，第 7 页。
② 《系辞上传》，李鼎祚撰，王丰先点校：《周易集解》，第 425—427 页。

中国古典文献对此有多样化的阐发。马王堆汉墓出土帛书《十大经》记载远古时期黄帝之"前参后参，左参右参"：

> 昔者黄宗，质始好信，作自为象，方四面，傅一心，四达自中，前参后参，左参右参，践位履参，是以能为天下宗。①

此处叙说黄帝前后左右有四方面目，四面达观会于一心，多方反复、相互参照，取象于天、取度于地、取法于人，这是黄帝"能为天下宗"的原因。《韩非子·八经》有类似的表述："参伍之道：行参以谋多，揆伍以责失。"②《淮南子·泰族训》亦曰："昔者五帝、三王之莅政施教，必用参五。何谓参五？仰取象于天，俯取度于地，中取法于人。"③古代哲学"参伍以变""四达自中"，以及取象于天、度于地、法于人等思想，都比较典型地体现了界共性的合界周全原则。

战国时期著名辩士公孙龙著《白马论》《指物论》《通变论》《坚白论》《名实论》诸篇，多被后人称作诡辩、诡辞，其"坚白论"以逻辑思辨的形式直接表述思维界域的转换与合作共在。坚白论以"坚、白、石"为论题，以主客答问形式就石的触觉"坚"与石的视觉"白"的不同属性关系和如何认知展开讨论，所论"离坚白"主题提出了一个重要的思想："得其白，得其坚，见与不见离。

① 《十大经·立命》，陈鼓应注译：《黄帝四经今注今译——马王堆汉墓出土帛书》，第 196 页。

② 《韩非子·八经》，高华平、王齐洲、张三夕译注：《韩非子》，中华书局，2010年，第 687 页。

③ 陈广忠译注：《淮南子》，中华书局，2012 年，第 1183 页。

——不相盈，故离。离也者，藏也。"① 这里隐含了两个层面的逻辑：一是物性本体的，存在着离与藏的根本关联，离者分离、界分；藏者隐藏，实则有关联、包含之意，且是"自藏"，说明了一物多性的问题；二是知识层面的，即"得其白"或"得其坚"，是由于"见与不见"的分离，即是事物的不同属性因触觉和视觉两种不同的认知方式而疏离，而"目不能坚，手不能白"，"力与知果不若，因是"的客主问答，② 不约而同地强调了认知方式不同则结果必然有异的逻辑。这里客主之间逻辑路径不同、论点有异，但对事物属性的离、藏关联以及不同认知方式之功能界分，是一致相通的，也都建基和体现了界的共在性原则。后有墨家对公孙龙"离坚白"进行针对性反驳，认为同一块石头必然兼具既坚且白的两种属性，提出与"离坚白"完全相左的"坚白相盈"说，认为只有"坚异处不相盈"，即两块不同的石头才可能导致坚白的分离。③ 但无论"坚白相离"还是"坚白相盈"，在其运思的逻辑底层都揭示了事物的多样化属性和单一认知的局限性，其间运行的合界思维及对界共性的揭示是一致的。

世界存在的差异共同体是一个极大的复杂系统，所谓复杂系统主要体现为界分的复杂、维度的多样及其层序叠加、因果动变，界理周全原则既是对复杂系统的建构，也是对复杂系统的解构。以界的共在观认知复杂的差异存在，就是要求界理周全、知识周全，界本论所述六律整一、天人整一、知识整一，即是对界理周全、知识周全的演用和强调。

---

① 《公孙龙子·坚白论》，黄克剑译注：《公孙龙子（外三种）》，第 54 页。
② 《公孙龙子·坚白论》，黄克剑译注：《公孙龙子（外三种）》，第 57 页。
③ 孙诒让撰：《墨子閒诂》，孙启治点校，中华书局，2001 年，第 363、344 页。

其次，界共性呈现了界限融通逻辑。合界认知意味着突破了界限的界限，实现了界限融通的逻辑程序，这一逻辑程序是建立在有界－无界基础上的进阶化逻辑，蕴含了界自在、界对在，同时又超越了界自在、界对在，而上升为界的共在与合作。界的共在合作是存在共同体视域下的整体观念和整合性认知，它对有界、无界的界限融通使得这种认知既不同于界自性的有界认知，也不同于界对性的无界认知，当然也不同于有界认知与无界认知的简单相加，而是一种进阶性的过程实现。

界的共在性承认界限但不拘于界限，而是强调边界的流动性、相对性。在对差异存在的类属界分这一基础性认知上，中国思想注重感觉经验，比如："五色、五声、五臭、五味凡四类，自然存焉天地之间，而不期为人用。"①西方思想注重形上逻辑推理，亚里士多德在《形而上学》中对事物的种属类别、层级等进行了西方哲学中最早的系统界分，还指出基留伯与德谟克利特等主张事物的差异主要集中于形状、秩序、位置三个方面，这对后世科学产生了重要影响。现代的学科门类划分更为细致，新兴学科、交叉学科层出不穷，但学科边界始终在流动更新之中。况且，从世界万物差异存在的相对性及差异间的缓冲机制而言，万物差异既有直接的基本对反——本对，如阴阳、天地、男女、昼夜、黑白、甘辛等为世界构成的对反基轴，也有在本对基础上形成的过渡性对反——辅对，如天人、老少、黄昏、黎明、红蓝、咸淡等等，世界普遍呈现的各类事物更多地是以常态化的辅对形式出现，就像中国茶的分类有绿茶、红茶、白茶、黄茶、黑茶、乌龙茶（青茶）等类，种别类性之间难以截然

---

① 《尹文子·大道上》，黄克剑译注：《公孙龙子（外三种）》，第 145 页。

本对。边界必定有，但边界往往是变移、过渡和交叉含混的。

界共性对界限的逻辑融通，主要是从差异界分的基原本根出发，超越事物本身的类性界限，融合不同的认知界域和交会不同的认知维度，建构全方位、交互性的逻辑框架，形成一种典型的边界辩证法。边界辩证法不是简单泛化的对立统一观，而是立足于界自在、界对在和界共在基础上的认知机制。在这里，无论是界的自在、对在和共在，都既有存在论、结构论的本体意义，也有价值论、认识论的关联工具意义，它们互在互为，既有外部的派生，也有内部的需求。这里的边界不是一般的空间范畴或质量范畴，而是自主互为的生机共同体，因而边界引发的是整体性问题和复杂系统的问题，任何封闭性、单一性的逻辑工具都难以独立应对。基于此，边界辩证法关注世界复杂系统的不同层序和不同维度，关注差异万物在属性、数量、关联、因果各方面的叠加态、动变态，试图以周全、集合、辩证的新算法，突破通常的一阶逻辑推理，在有界、无界、合界的整合运算中，发现差异存在的多层性态和复杂关联。

道教典籍《黄帝阴符经》来历及成书年代均不详，但其思想十分独特，惜未引起学界足够重视。《阴符经》奠基于阴阳五行学说的逻辑框架，但在思想运演上，不仅赋予了五行以"五贼"的新内涵，而且特别强调了"天之五贼逆行"的逻辑认知。历代注家对"五贼"注释多有歧解，金陵道人唐淳《黄帝阴符经注》注明"五贼五行之义"，且分天、地五贼："天之五贼，木水金土火。地之五贼，金木水火土。见圣人言，天之五贼逆行，阴阳颠倒相返也。地之五贼，随地顺行，故人有生死矣。"[①] 其他诸家所注观点各异，值得重视的

---

① 唐淳：《黄帝阴符经注》，王宗昱集校：《阴符经集成》，第 234 页。

是，"天有五贼"及其注释阐发不是顺延了传统五行克生的固定关联和价值指向，而是辩证地指出"五行颠倒，大道生焉"[①]的逆行逻辑，实际上是提出了正反两合的界共性。俞琰《黄帝阴符经注》有曰："五贼，五行也。朱紫阳曰：'天下之善由此五者而生，恶亦由此五者而有，故即其反而言之曰五贼。'愚谓天之五行，水火木金土是也。人之五行，视听颜貌思是也。天之五行在天，可得而见。人之五行在心，可得而见乎？"[②]俞琰作注的特别意义在于，它强调了善恶两界的共在性，"其反者"曰五贼；强调了五行的天、人分际，以及人之五行视、听、颜、貌、思的分际，这里虽未特别标识，但多重界域的整合及其合界的辩证认知特征却是十分典型突出的。而《阴符经》及其注释的一个重要特点是，尤其强调逆反的正价值，有谓"顺则成人，逆为丹用"[③]，以及"顺之则人，逆之则仙"[④]等等。顺逆合用、逆者正用，也体现了合界认知的一种基本形制。

再者，界共性实现了界尺联合机制。一把尺子量不完丰富的世界，合界认知意味着一种特殊的认知工具——一种以界尺交互为特点的通用工具。

一是界域及界维的重新设定。界限融通意味着新界域、新维度的出现，新的界域和维度以界为轴心，以有界－无界的融通为框架，以事物之性数、质量及其相互关系为多维辐辏，构成一个开放关联、动变交叉的多维合界认知，其界域之广大、维度之丰富，如同世界之广大和万物之丰富，甚至是一种"有数无限"的维度，世界维度

---

① 夏元鼎：《黄帝阴符经讲义》，王宗昱集校：《阴符经集成》，第170页。
② 王宗昱集校：《阴符经集成》，第324页。
③ 夏元鼎：《黄帝阴符经讲义》，王宗昱集校：《阴符经集成》，第170页。
④ 陆西星：《黄帝阴符经测疏》，王宗昱集校：《阴符经集成》，第376页。

的无限性隐藏在万物相互关联的"数变"之内，"数变"对界维、界域乃至世界本质存有关键意义。（创4：1—3）

二是尺度的相互补充。尺度不仅是物性或量度的工具，更是一种思想方式和逻辑秩序，是思维向度及标尺法则的相互参照，是对事物不同属性的综合判断。尺度互补类似于黑格尔所论"尺度的联合"，不同尺度的相互关联对认知事物的本质发挥着重要作用："尺度被规定为诸尺度的关系，这些尺度构成有区别的、独立的某物的质，用更熟习的话来说，构成事物的质。"①尺度互补是以不同的逻辑维度对事物属性加以交互认知，体现了不同标尺法则的共用。

《经法》通论自然与社会，其《论》第六提出"七法"作为"物各合于道，谓之理"的准则，七法包括"明以正者，天之道也。适者，天度也。信者，天之期也。极而反者，天之性也。必者，天之命也。……此之谓七法。七法各当其名，谓之物。物各合于道者，谓之理。理之所在，谓之顺。物有不合于道者，谓之失理。失理之所在，谓之逆。逆顺各自命也，则存亡兴坏可知也"②。此处所论七法，是以"合道""合理"为总纲，从七个不同维度作出的认知判断。至于《经法》所论国家治理"六枋"之术，就更具直接的工具意义了，这"六枋"（亦称"六柄"）分别是"观"、"论"、"动"、"抟"（专）、"变"、"化"，③各有特定的要求。《尹文子》曾对不同尺度的不同功用作深入论证，特别强调了"百度归一"的思想："故人以度审长短，以量受多少，以衡平轻重，以律均清浊，以名稽虚

---

① 黑格尔：《逻辑学》上卷，第379页。
② 《经法·论》，陈鼓应注译：《黄帝四经今注今译——马王堆汉墓出土帛书》，第130页。
③ 《经法·论》，陈鼓应注译：《黄帝四经今注今译——马王堆汉墓出土帛书》，第138页。

实，以法定治乱，以简制繁惑，以易御险难。以万事皆归于一,百度皆准于法。归一者，简之至。准法者，易之极。如此，则顽、嚚、聋、瞽，可与察、慧、聪、明同其治也。"[1] 这里不仅涵括了认知形下物性之长短、多少、轻重、清浊的度审、量受、衡平、律均等尺度方法，还涵括了认知形上属性及人事社会之虚实、治乱、繁惑、险难的名稽、法定、简制、易御等的尺度，特别重要的是还提出了"万事皆归于一,百度皆准于法"的思想原则。

中国传统医学望、闻、问、切四法，实际上也是中国哲学整体辩证观的体现；犹太传统思维深刻地潜含着神学与科学、神秘感悟与理性逻辑的认知交融，对欧洲近代科学发现产生重要影响；近代以来中东、南亚等地兴起了一股"科学与宗教角色互补"的思潮运动[2]，爱因斯坦更是声言："科学没有宗教就像瘸子，宗教没有科学就像瞎子。"[3] 至于现代医学基于原子尺度和量子磁物理性质所形成的核磁共振技术，显然较 X 光平面透视更符合整体信息原则，更周全地接近于事物真实。

再其次，界的共在性构制了一种价值集约机制。界的共在就是世界存在的差异共在、本质共在，也是世界的生机共在、希望共在，通过界的多维合作，最大限度地吸纳差异的属性、信息和知识，并加以交互的较比优化，从而形成优选螺旋的价值集约。

这首先体现为对差异整体性及其真善价值的集合。张载《正蒙》有所谓"不极总之要，则不至受之分"之说，明清三大家之一的王

---

① 《尹文子·大道上》，黄克剑译注：《公孙龙子（外三种）》，第 147 页。

② John Huddleston, *The Earth Is But One Country*, p. 27.

③ 《爱因斯坦文集（增补本）》第三卷，许良英、赵中立、张宣三编译，商务印书馆，1979 年，第 217 页。

夫之作如是释："极总之要者，知声色臭味之则与仁义礼智之体合一于当然之理。当然而然，则正德非以伤生，而厚生者期于正德。心与理一，而知吾时位之所值，道即在是，穷通寿夭，皆乐天而安土矣。若不能合一于理，而吉凶相感，则怨尤之所以生也。"[1] 王夫之对"极总之要"的阐释不仅强调了"极总"与"受分"的关系，而且对"极总"进行了伦理价值生发；不仅将伦理与俗生结合，而且强调了心与理的当然合一，并且上升为道的至高层序。王夫之借张载之题，以心理合一的整体观超越了感觉、心智、道理、生命的界限，以一种典型的合界认知的思维方式，体现了中国式的价值论证和价值集约。王夫之的思想程序嵌入了多重性的维度和标尺，其工具周全和信息周全的综合演运不仅增加了认知的可靠，更主要的是通过对差异整体的周全推演，实现对真善价值的集约，从根本而言，这与王夫之一元气论的存在论、知识论思想根基有着不可分割的关联，当然，也与张载"湛一，气之本"的思想不无底层关联。[2]

界的共在性对价值集约机制的构制，还体现在通过对万物差异的周全认知——在尺度交互的逻辑坐标中，在对共性与差异性的统一中，确定事物的特质存在和特定性。事物的特定性是综合性的结晶，是不同差异维度相互交集的产物，体现了自在质量与关系质量的综合叠加，因而特定性关联每一细节，特定性由全体要素集合而成。亚里士多德提出过"全""共"两个重要概念，并在"全"与"共"的命意下讨论了"属内的差异"和"质别"的问题——也就是属下特殊事物或事物的特定性问题，他提出"那些事物称为'于属有别'者，（一）其切身底层不同，一事物的底层不能析为别一事

---

① 王夫之:《张子正蒙注》，第 102 页。
② 王夫之:《张子正蒙注》，第 103 页。

物的底层，亦不能将两事物的底层析成同一事物，例如通式与物质‘于属有别’；以及（二）事物隶于实是之不同范畴者；事物之所以成其为事物者，或由怎是，或由素质，或由上所曾分别述及的其它范畴"①。亚氏的这一观点显示了在"全""共"概念下，从不同方式（怎是）、不同质量（或素质）、不同范畴去认识"事物之所以成其为事物者"的综合原则，从综合而获取特质。《墨子》提出"同异交得仿有无"②的著名观念，是中国古代关于同一性与差异性相渗透、相统一思想的一种典型代表。

界共性体现了在差异共同体中，任一差异存在都不是孤立的差异，而是统一的差异，差异共同体为统一性的万有差异引力所支配，在界合力的共同作用下，不仅在差异共同体的整体坐标中确定事物的特定位置，而且实现对差异共同体的界域配置、价值分享、因果关联的统筹运行，其中既体现在差异属性的存在论层面，也体现在差异自在、对在、共在的功能层面，就像格式塔学说强调的："一个部分的属性和功能取决于它在其所属的整体中的地位。"③

（4）变界：界异在

所谓变界或变界认知，既是对有界、无界、合界原则及认知的补充，又是对界本原理的深化，它立足界的界分本原，关注差异、界限、界域、边界、接界（correlation）、界维、界尺、义界等的变转、模糊、随机、化异的不定状态，以通变的方式聚焦世界万物的动变性、不定性。变界的观念在逻辑底层显示出界的异在特征，呈现的是一种通变性认知。

---

① 亚里士多德：《形而上学》，第129页。
② 《墨子·经上》，谭宗健、孙中原注译：《墨子今注今译》，第276页。
③ 卡尔纳普：《世界的逻辑构造》，第90页。

　　如前所述，有界的观念以本原性认知通过界的否定揭示万物差异的绝对性，呈显了界的自在性；无界的观念以辩证性认知通过无界的否定之否定揭示万物差异的相对性，呈显了界的对在性；合界的观念设定界限融通的思维界域和思想方式，以交互整合性认知在对事物差异的绝对性与相对性的统一中辨析事物的特定性，呈显了界的共在性；而变界的观念及其通变性认知则在有界否定的本原认知、无界否定之否定的辩证认知、合界之界限融通的整合认知基础上，以界的界分、界域、界维、界尺等的变转、化异，揭示差异存在的不定性和界的异在性。

　　界的异在性集中反映了差异存在的不定性特征，即在差异共同体的构制与运行中，同时并存着有序与无序、确定与不确定、规范与非规范，这既是对界的自在、对在、共在的集合和延伸，也是对界本底基的终极性揭示，即从界的始基到万物的存在、运行、生灭，界都是以界分化异的基理方式贯通其中，都是以界自身的本体化异的否定逻辑运行，且这种本体化异不仅针对界自身，也源自界自身，也就是说：界是原发自异的，界即是异，界的属性、基因、生命、本质均为异，这也是界的异在——界异性之所在。

　　界异性制造了差异共同体的化异机制，以对差异存在及其关联秩序的不断化异生成出差异存在的无序和不定，这种无序和不定同时也是差异共同体的生机动能，以此支撑、推动差异共同体的生机发展。在世界差异共同体的存在关联中，充斥了各种因果性、逻辑性的秩序原则，这些秩序原则维系了差异存在的有序性；但在有序性世界的运行底层，潜在的无序原则更为深沉、坚固，难以捉摸。中国哲学在强调生生之谓易时，特别强调了易的不测："生生之谓易，成象之谓乾，效法之谓坤。极数知来之谓占，通变之谓事，阴阳不测之谓神。"（《系辞上》）这里比较系统地演绎了易与乾坤之变的存在论、发生论关系，并从知识论的角度揭示了阴阳不测的不定性。《周易参同契》进一步推演了这种不测不定："天地设位，而易行乎其中矣。天地者，乾坤之象也。设位者，列阴阳配合之位也。易谓坎离。坎离者，乾坤二用。二用无爻位，周流行六虚。往来既不定，上下亦无常。幽潜沦匿，变化于中。包囊万物，为道纪纲。"[①] 不仅指出了天地六虚中的不定、无常，且视其为道之纲纪，而这一纲纪又是以"幽潜沦匿"的方式运行，并成为乾坤二用、往来上下的动能动因。

　　西方哲学中的各种本原论、灵魂说、神说、旋涡说、不定论、怀疑论、神秘主义、不可知论乃至数理分析的概率论等等，都对不定性、偶然性的问题作出过形制各异的解说，特别是近几十年来自然科学的飞速发展，对正态与非正态、不定性与概率等问题作出了许多较为精深的探讨，涌现了一些值得重视的理论。比如建模理论对分布问题的重新认识，"分布以数学的方式刻画变量的变差（在某个类型内部的差异）和多样性（不同类型之间的差异），将变量表示为在数值上或类别上定义的概率分布。……我们可以通过中心极限定理（Central Limit Theorem）来解释正态分布的普遍性。中心极限定理告诉我们，只要把随机变量加总或求其平均值，就可以期望获得正态分布"。中心极限理论对正态分布（normal distribution）作出相应的界说，但并非所有的存在与事件都以正态分布方式发生，因而建模理论提出了用熵来对不确定性建模："熵是对不确定性的一个正式测度。"[②] 熵的建模尝试有创见性和启发性，但局限性亦很明显。法国思想家埃德加·莫兰（Edgar Morin，1921—）专注复杂系

---

①　《天地设位章第七》，刘国樑注译，黄沛荣校阅：《新译周易参同契》，第12页。
②　斯科特·佩奇：《模型思维》，第90、204页。

统研究，倡导复杂性思想范式，他对古典物理学、热力学第一定律、第二定律、熵理论、微观物理学、物理复杂性原则以及宇宙学等方面的最新进展进行综合，在对无序的原理给予阐发的同时，特别强调了无序的创造功能："结果，第一个出现的（热力学方面的）无序给我们带来了死亡。第二个出现的（微观物理学方面的）无序给我们带来了生命。第三个出现的（创世方面的）无序给我们带来了创造。第四个（理论上的）无序则把死亡、生命、创造、组织统统联系在一起。"[1]莫兰对有序、无序、互动、组织四要素的理论建构，也从特定的角度佐证了界的异在性对差异共同体的化异机制——它制造了无序，借助无序创造了生机和动能，用莫兰的表述也可以说："有序和组织在无序的帮助下生成"，"有序、无序和组织化是同时产生并相互孕育的"[2]。

同时，界异性为差异共同体制定了一个戏剧化原则和随机参与机制，即在有序化的规范演进中，置入非常规的叛逆力量，以对秩序、规范的破坏构制出不确定的悬念，既为差异者的随机参与提供空间，也为差异共同体的携手演进制定出戏剧化程式，让世界充满情节性，有时呈现为日常的连续剧，有时呈现为悲剧、喜剧，或悲喜剧。埃德加·莫兰以戏剧脚本比喻他对不确定的看法："开放的新世界是神秘的和不确定的。它与其说是牛顿的世界还不如说是莎士比亚的世界。这个舞台上同时上演着史诗、悲剧、滑稽剧，我们不知道哪一个是它的主要脚本，它是否有一个主要脚本，它自己本身是不是就是一个脚本……"[3]

---

① 埃德加·莫兰：《方法：天然之天性》，第 20 页。
② 埃德加·莫兰：《方法：天然之天性》，第 34 页。
③ 埃德加·莫兰：《方法：天然之天性》，第 69 页。

在差异共同体的这个戏剧场景中，界的异在性扮演了执行总导演的角色，也是全场剧务的 CEO；它留出的不确定区域是赋予各类角色自由发挥的参与权，也是一个选择机制，选择具有随机性，由差异参与者依照自己的意愿填写台词——其意愿可能是有意识的，也可能是无意识的、自然的和随波逐流的。从戏剧化的效果来讲，界异性导演的不确定剧情，制造了参与、选择、诱惑、博弈、反叛、放纵等等趣味和意义，为单调的秩序化进程制造出有序与无序叠加、确定与不定同在的一种跌宕起伏的"审美"效果。埃德加·莫兰还将游戏的概念引入他对宇宙和自然秩序的理解："我们无法在自然界问题上避开游戏观念，因为游戏观念一方面根据一定的规则和限制进行构形，另一方面包含了松散组合、任意搭配等组织现象，它是一个有输有赢的随机过程，其中充满各种配合、影响和干扰的无序。"[①]不仅天然之天性如此，天然之人性亦如此，人性对选择、参与、诱惑、博弈、反叛、放纵的热情，以及对不确定、未知性的求知本能，都是自然界的精灵、舞台剧的主角。

界异性呈现了世界不确定的终极归宿。在界异性原则下，世界的不确定是本质性的，也是无限的、不可逆的。那么这种无限和不可逆的界异发展有无一定的规律可循，最终可能走向何处，无论对哲学还是自然科学都是一个巨大的挑战和诱惑。思想史上不乏专深的见解，但也歧义严重。比如上帝天意论学说，普遍的观点认为：上帝的天意为世界制定了既成的计划和规则，通过该计划，事物的变化和发展都是按部就班有序进行的，同时该规则也命令多变的事物走向目的的终点。但同时也有观点认为：上帝的天意与自由意志、

---

① 埃德加·莫兰:《方法：天然之天性》，第 72 页。

偶然性甚至邪恶并非完全不相容。统计学、概率论等与自然科学和人文科学的结合对不确定问题给出了一些新的解释，统计学规律（statistical laws）在热力学、化学、宏观系统、大集合行为等领域的意义是明显的，但微观层面、单个系统、隐性组织等则享受充分的自由度，不受统计学原则的约束。[1] 而在莫兰看来，"有序与组织是小概率的，也就是说在宇宙大混乱中它们极其少见"。而组织具有抵抗环境和自我保护的功能，"组织与它的密友有序一起创造了一个选择机制，该机制降低无序的数量，在时空中增加自己继续生存和发展的机会，以便在总的抽象、散乱的小概率的大背景中建立起一个局部的、暂时的、相对集中的、具体的大概率"[2]。无论是统计学、概率论还是动力学、热力学、动力学混沌（dynamical chaos）对秩序和不确定问题的辨析论证，总体的思想取势是既揭示了时钟的机械刻度，又揭示了这些刻度像云一样飘浮。

这也显示了界异性主导的化异机制并存着两种不同的异变，一是有序之异，二是无序之异。有序之异也可称为有序之易，变易程度和成效大致保持在统计学、概率论的可测范围；无序之异超出了一般统计学、概率论原则，表现形式包括紊乱、涡流、断裂、灾变、离散、爆炸、runaway（逃逸）等。[3] 在对不确定性的测定中，熵理论对上述情况进行了较周全的兼顾，斯蒂芬·沃尔弗拉姆（Stephen Wolfram）给出了四种类型的建模框架：均衡、周期性、随机性、复杂性："平衡结果没有不确定性，因此其熵等于零。周期性过程具有

---

①　Paul Weingartner, *Nature's Teleological Order and God's Providence: Are They Compatible with Chance, Free Will, and Evil?*, p. 47.

②　埃德加·莫兰:《方法：天然之天性》，第 67—68 页。

③　埃德加·莫兰:《方法：天然之天性》，第 29 页。

不随时间变化的低熵。当然，完全随机过程具有最大的熵。复杂性具有中等程度的熵，因为复杂性位于有序性和随机性之间。"①熵的概念揭示了在一个封闭的物理系统里，能量的消耗、有序的消耗、组织的消耗将呈现为一种不可逆转的进程，当最终达到热平衡的均质状态时，一切做功和转化的能力都将不复存在。②

熵理论及其相关学说是关于无序和不确定终极问题的一种有代表性的认知，但正像莫兰所质疑的那样："根据不可逆的增熵现象建立起来的第二定律似乎折射出'封闭系统'必然走向衰退和离散的过程。因此，我们要问，第二定律是不是限定在界限明确的物理学范围、狭隘贫血的认识论框架之内的关于宇宙两张面孔之一（即那张代表解体和离散的面孔）的表达式？"那么，宇宙的另一张面孔呢？莫兰的贡献在于他提出"必须还给熵一个有组织的生命"③。其办法不是"从零开始，也不从'起点'开始，而是从浑沌、发生状态开始，也就是从四元关系开始"④。四元关系即指无序、互动、有序、组织之间的复杂关系，它构制了莫兰思想的核心。

莫兰的四元关系理论更多的是从功能层面对无序与有序的组织运行及其原理进行逻辑推演，其价值与局限都是显而易见的。界的异在性建基于界本宇宙论元根律、存在论界本律、结构论对成律、过程论化异律、价值论优选律、目的论合正律的六律整一和知识整一，它从浑沌初开的界理基底出发，始终支配、导演、驱动着边界条件（boundary conditions）下差异世界的运演。在世界不确定的终

---

① 斯科特·佩奇:《模型思维》，第 209 页。
② 埃德加·莫兰:《方法：天然之天性》，第 12 页。
③ 埃德加·莫兰:《方法：天然之天性》，第 53—54 页。
④ 埃德加·莫兰:《方法：天然之天性》，第 67 页。

极归宿问题上，界的异在性——界对自身的终极否定将完成界的消亡，从而走向新的混沌，这是因为既有界的启始，就有界的终结。从有界之否定、无界之否定的否定、合界与变界对有界之否定、无界之否定的否定的综合与化变，伴随着差异存在之是、有、在与质、量、能的过程性成长、生灭，界将走向终极性的自我否定，从而实现界的世代性轮转——当本界完成了本届的使命，一个新界的新世界将会诞生。

界异性体现了通变认知的认识论特征，并在对不定性的认知中呈现出确定性价值。西方哲学重视变易的传统由来已久："变易是第一个具体思想，因而也是第一个概念，反之，有与无只是空虚的抽象。……当赫拉克利特说：'一切皆在流动'时，他已经道出了变易是万有的基本规定。"[①]从界本论的整体逻辑而言，变界认知与其说是一种认知的方法论，不如说是面对自然万物的世界观，是在思维底层与世界本原的密切统合。特别是在信息几何式增长、万物瞬息骤变、未知性与未定性随时涌现的现时代，变界认知应是密切回应时代要求的思想逻辑。

变界认知的逻辑秩序建立在认知界域、认知维度和尺度标准的变转上，它融通并超越有界认知、无界认知、合界认知的认知指向，与不确定的认知对象形成自然洽同的应变机制，以界域、维度、界尺的随机调适和自觉变换，聚焦万物常态化的本质存在——有与无、一与多之间的差异变化，以及这种变化的复杂性、不定性。世界之变从本质上讲是有与无、一与多的转换，或者说是差异性与同一性的转换，黑格尔认为在有与无、发生与消灭之间，"两者都同样

---

①　黑格尔：《小逻辑》，第 198—199 页。

是变，它们虽然方向不同，却仍然相互渗透、相互制约。一个方向是消灭；有过渡到无，但无又是它自己的对立物，过渡到有，即发生。这个发生是另一个方向；无过渡到有，但有又扬弃自己而过渡到无，即消灭"[①]。黑格尔还论及了"同一过渡为差异，差异又过渡为对立"[②]的问题。但仅此还不够，因为在有与无、发生与消灭、差异性与同一性的过渡中，世界万物更具本质性和常态性的存在属性是事物的不定性。

在同一与差异、差异与对立的各种复杂过渡中，存在于摆渡船上的载物相较于渡船的参照呈现出确定意义的特定性，而相较于摆渡的两岸、船下的湍流，载物的特定性就游移不定了。变界认知将逻辑指向聚焦于有与无、同一与差异间的摆渡过程——这一过程不是特定性暂时呈现的相对过渡，而是综观了渡船、船下湍流与两岸风景，也就是综合融通了有界认知、无界认知、合界认知的近视镜、望远镜、变焦镜，在认知万物之绝对性、相对性、特定性的基础上对事物不定性的整体关注。

变界认知的思维本质是认知逻辑的变换，其深层实现了对有界认知、无界认知与合界认知的逻辑融通与逻辑转换，其内在机制呈现出一种超越性的逻辑自觉及其开放、交互、随机的认知机能，对世界万物进行着一种因通而变、以变致通的通变性认知，这也使得界本论作为基本认知之学对世界万物之绝对性、相对性、特定性与不定性进行一种综合性认知成为可能。变界认知明显蕴含了东方哲学之辩证与感悟、形上与具象相结合的运思特征，从《周易》"极数知来之谓占，通变之谓事，阴阳不测之谓神"，到公孙龙《通变论》

---

① 黑格尔:《逻辑学》上卷，第 97 页。

② 黑格尔:《逻辑学》下卷，第 64 页。

所谓"二无一"、"青以白非黄"的"相与"通变推演,都蕴含了认知运思的变转及其整体性、辩证性、感悟性的特点。与中国式认知明显有别,维特根斯坦关于哲学目的的论述表达了西方式认知的一大特点:"哲学的目的是从逻辑上澄清思想。……没有哲学,思想就会模糊不清:哲学应该使思想清晰,并且为思想划定明确的界限。"①这也充分显示了东西方思想思维交融互补的重要。《两界书》借道先、约先、仁先、法先、空先、异先六位先知之口,从感悟与理性、信仰与逻辑、思辨与怀疑等不同的思想方向,围绕"何为人""生而为何""善恶何报""来世何来"等本原问题进行讨论,参伍论辩、错综其义,其中异先之异论是一种不同寻常的怀疑论和批判思维,它一方面反思既有的思想认知和价值取向,另一方面又带有明显的不可知论,所论"世上无物有恒,恒皆为表,异则为本。异以恒表,恒以异终"的思想(问3:6),显然也是对世界未知性、不定性的一种表述。六先论道从不同方面体现了对东西方哲学的融通综合,整体上是以合界认知和变界认知的方式实现对万物特定性和不定性的认知。

变界认知的知识论意义在于,在对世界万物不定性的认知中呈现出确定性的认知价值,显示人类在世界不定性面前的生命态度。

世界的不定性是世界的本质属性,世界万物以质量的运动变化为根本存在,其动变的未知性、不定性是恒定和基础性的。生生之谓易,一阴一阳之谓道,道的永恒本质即为异,界的异在性是对道的最佳诠释。两千多年来,对《道德经》开篇"道可道,非常道;名可名,非常名"的诠释多有歧解,以王弼注"可道之道,可名之

---

① 维特根斯坦:《逻辑哲学论》,第48页。

名，指事物造形，非其常也。故不可道，不可名"一说影响最大，以此为"前识"引导，后人多将"道可道，非常道"分解释义，以为三"道"分表具形之道、言说、不可言说之道等意，诸说虽自有其理，但把《道德经》至简大道复杂化了，明显充塞了后人的臆断。依据《道德经》整体逻辑、通篇思想及本句表述，"道可道，非常道"应可视为三"道"同义，即为《道德经》所谓"有物混成，先天地生""吾不知其名，字之曰道"的"道"，而据汉语句式表述来看，三个"道"词义相通词性有别：道1为名词；道2为动词，指道的运行；道3兼具动名词——"道可道，非常道"表述的核心意义在于：道能道，但不是恒常不变地（的）道。此句的要旨在于"非常道"，即强调道的非常本性，强调所有的道都不是固定不变的道，道不是固定不变地施行。《帛书道经》原句更清晰地表明了这一层意思："道，可道也，非恒道也。"[①]强调道的非恒性、万物的不定性是《道德经》的逻辑基轴，也是道的思想核心，这一点联系《道德经》的整体论说就更加明晰了。《道德经》又谓："道冲而用之或不盈，渊兮似万物之宗"（第4章），就是着重讲道的变演运用是动变不定、深不可测的；《道德经》关于夷、希、微三者不可致诘的"无状之状，无物之象"，以及"道之为物，惟恍惟惚"的恍惚性状（第14章、第21章），也是表述道的施行——从形上到形下，从本体属性到物化运行，都是一种恍惚不定的性态，也可以说是一种界异无所不在的情态。

希腊哲学对万物动变的"潜能""渊源"等范畴多有演绎，亚里士多德就认为"动变渊源有些存在于无灵魂事物，有些则存在于有

---

① 高明撰：《帛书老子校注》，中华书局，2018年，第221—222页。

灵魂事物，存在于灵魂之中，于灵魂的理知部分中，因此潜能明显地，将分作无理知与有理知之别"①。关于潜能的"无理知与有理知"之分，可以说也是对世界未知性、不定性的一种揭示，设若考虑到灵魂的漂移不定，那么世界与人事的不定性就愈加难以捕捉，就像赫拉克利特所言："灵魂的边界你是找不出来的，就是你走尽了每一条大路也找不出；灵魂的根源是那么深。"②

面对世界万物动变游移的不定性问题，近代科学存有两种不同的倾向：一是爱因斯坦提出的"隐变量"理论，认为上帝不会随意掷骰子；二是哥本哈根学派认为不确定性是世界内秉的本质，人类难以捕捉随机性的踪迹。变界认知从万物界分对成、对反动变的根基入手，聚焦万物界分对成的要素构成及其协和状况——两界对成协度，这个两界对成协度成为决定万物动变发展及其价值向度的根本因素。按照界本价值论的原理，构制两界对成协度的基本要素包括界自阈值、界比阈值及两者的阈值叠变，界自阈值揭示了对成两界的自在阈值状况，界比阈值揭示了对成两界的关系状况，而叠变阈值则重在揭示影响决定界自阈值和界比阈值消长变化的综合因素及其能效。变界认知聚焦两界对成协度的复杂构制，尤其把影响界自阈值和界比阈值消长变化的综合因素视为决定两界对成协度的根本因素，也就是把阈值叠变视为决定事物之定性与不定性的根本要素，显示的认知价值在于：在揭示事物发展动变的化异性、偏斜性、循环性等种种特征现象时，把天、地、人的综合因素视为两界协度的决定因素，并把顺道合度作为万物运行的至高标准——这正是变界认知在对世界万物未知性、不定性的揭示中所显示的确定性价值。

---

① 亚里士多德:《形而上学》，第 194 页。
② 北京大学哲学系外国哲学史教研室编译:《古希腊罗马哲学》，第 23 页。

顺道合度集中体现了变界认知的价值要求。道者，天地大道，形而上者谓之道；度者，法度、尺度，事物之性数质量的逻辑规则，差异万物动变运行的调适准绳。顺道合度即顺应天道、循法执度、合乎自然，协和人与万物在阴阳两仪、对成两界所应处的位置，于人而言，就是在世界的定与不定的动变游移面前，应该确定持有的生命价值。变界认知以认知的通变性为特征，以人的利用安身为致用，如《系辞上传》所言：

> 是故形而上者谓之道，形而下者谓之器；化而裁之谓之变，推而行之谓之通；举而错之天下之民，谓之事业。……极天下之赜者存乎卦，鼓天下之动者存乎辞；化而裁之存乎变，推而行之存乎通；神而明之，存乎其人；默而成之，不言而信，存乎德行。[①]

变界认知以认知界域与认知维度的变通为机枢，通过以变致通、以通化变的致用指归，来达到"举而错（措）之天下之民"的事业人德。变界认知指向事业人德的功用目标有两层意涵，一是在世界生生之谓易的恒定之变、不变之变面前，要顺天合道，合乎天地、日月、四时、鬼神，即知用结合、法乎自然："夫大人者，与天地合其德，与日月合其明，与四时合其序，与鬼神合其吉凶，先天而天弗违，后天而奉天时。天且弗违，况于人乎？况于鬼神乎？"[②] 二是在世界万物的未知性、不定性面前，面对世界之吊诡、天地之不仁和人的化异，以不惑、不惧、不嗔的生命态度坦然以对，明乎祸福、

---

① 《系辞上传》，李鼎祚撰，王丰先点校:《周易集解》，第 422—444 页。
② 《乾》，李鼎祚撰，王丰先点校:《周易集解》，第 26—27 页。

辨乎善恶，知乎进退、淡乎得失，以天地之悲悯，得生身之内欣；以自然之邀约，会应至者终至——也就是顺道合度、天人共为。

这里，变界认知的思维变转与逻辑指向是清晰明确的：首先是通过思维边界的融通变换，即以多维变换的合适工具自然洽同地对接认知对象，杜绝一刀切的强制，一刀切不是毁坏了对象就是毁坏了工具，甚至自毁了工具使用者；其次是通过思维指向的弹性变换，适应万物化异的维度扭曲，消减维度扭曲导致的认知盲带，尤其是从惯常的思维习规转换为批判、怀疑、反思的创新思维，从批判、怀疑、反思中亲近本质，从对权威的怀疑中接近真理；最后是在事物的变异与不定中确立事业准则和人德价值，在接近本原、真理的同时接近生命意义。所以在变界认知中，世界的不定性是一种定性：不定性不是虚空，而是实在；不是消隐，而是动力；不是疑惑，而是悟觉；不是困顿，而是选择；不是恐惧，而是期待；不是毁坏，而是希望；不是鬼怪，而是自然，是自然之本然——也就是说，变界认知的范式意义最集中地体现在通过对不定性的认知，呈现出确定性的价值方向。

（5）四界看世界

面对世界这个变幻不定的复杂系统，轴心时代以来的思想知识以分类分序的方式给予了专精化的认知，有些方面已经极致化，但抵牾与偏斜也同时到了难以调和、难以扶正的地步。"再也不可能把系统的丰富性局限在一些简单和封闭的观念之中了。新的理解形式应能把对立的观念联系起来，容纳模糊性，理解事物的真实复杂性以及它们与构思它们的思想之间的关系。"[①]在此方面，莫兰等西方思

---

① 埃德加·莫兰：《方法：天然之天性》，第 147 页。

想家做了不少探索，但由于思想基点、逻辑框架的局限，成效依然有限，特别是如果缺失了东方思想，西方思想的视域缺陷是难以从根本上弥补和改变的。

界本知识论以有界、无界、合界、变界的四界说，四界看世界，提出的是一种有别于传统西方话语体系的存在－知识论，这种存在知识论从界本论的基本原则出发，从东西方存在论、知识论的共同基理和根本交会处出发，以存在与知识的本体统一性建构起整全的存在知识系统。这一整全的存在知识系统克服了存在与知识的分离，以界为元基准——存在与知识的共同元基准，以界理元模型为基本工具，以存在（包括知识等不同存在层序）的四种基本性态有、无、合、变为基点，建构起存在知识论的认知逻辑、认知机制，实现四界看世界的综合知识观——一种蕴含了本原、存在、结构、过程、价值、目的界理知识论，一种秩序与功能结合、组织与创造结合的存在知识论，以实现对差异存在的绝对性、相对性、特定性和不定性的综合认知。

四界看世界的逻辑机理及有界、无界、合界、变界四界认知的范式底层，嵌合且融合了东西方哲学的世界观、知识论和方法论，表现为建基于有、无、合、变四种基本存在性态的世界观和认识论的建构：世界与知识从打破混沌、界分差异、差异秩序开启，界前为混沌，有界为一，同时因界的否定而在一中包含了二；无界为二，又因界的否定之否定包含了三；合为三，再因界的否定之否定的联合而包含了多与变；变为化异，因对有界之否定、无界之否定之否定与合界之否定之否定之否定的叠变，从而包含了未定与无限。换句话也可以说，面对差异化的复杂系统，虽然有界、无界、合界、变界的模型方式、指向、编程、秩序不尽相同，但都统一于界本原理、界理逻辑及其逻辑工具，以有界对绝对，以无界对相对，以合界对特定，以变界对不定，呈现的是一个自洽、自觉、自然的认知机制和逻辑系统，是一个回归世界本原、从逻辑原点出发、建基于逻辑底层、与世界对反叠变双向偏斜螺旋进程建立洽同机制的思想范式，是一个打破范式的范式，一个自发、自然范式，一个面对世界复杂系统的自觉范式、通用范式，内蕴着一个圆融、开放、循环、辩证、互为、随机、无限的认知原理和机制模型，而不是一种思维格式、思想公式。

同时，四界看世界的机制模型还是一个生机性的创造组织，它不仅适应活的世界，而且参与活的世界，在差异共同体与知识存在态的互为共制中，制造差异及其秩序，既生成知识，也生成新的存在。界本四界论的生机组织是其自身内蕴的、开放的、供选择、供参与的组织系统，它向每一个差异共同体的每个成员开放，邀约每个成员参与四界的游戏，既制定了基本规则，又给游戏者自由发挥的余地，从而增加游戏过程和游戏结果的有序与无序、确定与不定，体现出世界固有的、内在的普遍模式，由差异共同体共同体验、共同实践，共同转化和共同地创造。

有界、无界、合界、变界四界联合的模型机制体现了高度组织化的结构系统和生机创造功能，有界的界自性表明界作为自在者在差异共同体、知识共同体中的绝对性、始基性、永在性；无界的界对性既表明差异的对成互构、差异存在的相对性，又以正反相对的纠缠态制造出无休止的矛盾与和谐、偏斜与平衡，也是制造出源源不断的生机动能；合界的界共性表明每个差异存在都是差异共同体的关联存在、因果存在、共同存在，差异存在的特定性是在差异共同体的相互参照、相互作用中体现的，并在界的自在、对在和共在的周全融通中发挥着整体性的集群效应；变界的界异性揭示了界的异变本性，也是揭示差异存在的不定性、未知性，并在不确定中归于自然之本性，在未知中获取顺道合度之真知。

从西方哲学正、反、合经典三段论，到界本论之有、无、合、变的四界说，不仅是存在知识论对经典知识论的远离，也实现了从认识论的闭环结构走向存在知识论的自主、自足、自觉的开放循环结构。经典三段论之"合"与四界说之"合"的意义、功能完全不同，在有、无、合、变的四界说中，合不是休止，而是过程，是发展；合不是结果，而是起点，是变的开端，并通过变生成新的有、新的无、新的合、新的变。有、无、合、变的四界说对应了万物差异存在的四种基本性态，并以一种开放、包容的模型机制邀约差异共同体的个体成员参与、选择、发挥、共生、共制；就知识论的层序而言，知识共同体的个体成员——从不同的科学系统、神学信仰、认识论方法（经验论与超验论、唯心论与唯物论等），到不同的知识实践者，都不能固守一隅、偏执一方，而应该开放、融通和相互协作。

结语　通向存在知识的元理论

1. 界是存在和知识的生命种子

界是存在的生命种子。在前世界的混沌、浑沦、鸿濛、虚霩、滃虚、卡俄斯面前，打破寂寥虚空的是界，生出有无、一多的是界，赋予万物生命的是界。在对世界开端与本原的追寻中发现，万物源于界，界是世界的胚基，它幽灵般地游走于世界，充斥于生命的机体和生命的意识、精神。

界是知识的生命种子。界从无序、混乱中界分出差异，将无序混乱转化为差异联结和秩序体系，开启了因果关联的知性运演和知识构制，生发出基于元启界分、对反叠变、偏斜螺旋的知识层序和知识谱系。知识源于界，界为知识制造了最初的范畴、工具，它既是知识的催生者，又是知识戏剧的总导演。

界的存在种子是与界的知识种子结合在一起，共同发挥对世界的创生作用的。对世界本原、万物开端的追问显示，本原与开端的问题是存在与知识的共同问题，存在与知识是存在一体的两个方面。庄子寓言《应帝王》提供了一个很好的注脚：

南海之帝为倏，北海之帝为忽，中央之帝为浑沌。倏与忽时相与遇于浑沌之地，浑沌待之甚善。倏与忽谋报浑沌之德，曰："人皆有七窍以视听食息，此独无有，尝试凿之。"日凿一

窍，七日而浑沌死。^①

　　锺泰先生对此作了知识论的发微："'倏'与'忽'，皆喻知，《楚辞·少司命》云：'倏而来兮忽而逝。'倏言知之来，忽言知之逝。一来一逝，迅如飘风，故名之以'倏'、'忽'也。……'浑沌'，喻不知之体，居中以运其知者，故曰'中央之帝'。"^②其实，七窍出、浑沌死的逻辑基理首先是存在意义上的，因为倏帝象阳明，忽帝象阴晦，倏忽二帝凿制七窍认知，本质上是创制了阴阳互构的差异存在，有了差异存在，也就在逻辑秩序上同时有了知。所以，《应帝王》关于世界开端的寓言叙事具有存在论、知识论的双重意义，它较笛卡尔"我思故我在"的表述来得更形象一些，也不乏它的深刻之处。

　　"我思故我在"虽然表述了思－在的一体，但它建立在主客二元论的基础上，自然也会引发孰先孰后、唯物唯心的二元对立，西方哲学的这类纷争大抵缘于此。在界本论的视域下，存在与知识统一于界的根本，呈现的是整一性存在知识论：从存在论的意义看，存在与知识各有分层，知识是特殊的存在态，是存在的特殊层序；从认识论的意义看，存在与知识无先后，无知亦无在，无在亦无知；从本体论的意义看，存在与知识互补，层序不同、差异互构，共同构制了差异和合的存在共同体。

　　正是在这个意义上才说，界是存在的生命种子，也是知识的生

---

①　《应帝王》，郭庆藩撰，王孝鱼点校：《庄子集释》，第317页。

②　锺泰：《庄子发微》，上海古籍出版社，2022年，第169—170页。锺泰释"凿"为"穿凿之，反乎自然者也"。并称："夫浑沌死，而知亦凌乱破碎，无复统纪。则贼混沌者，亦即所以自贼其知。"这显然是在老庄"绝圣弃智"思想的基轴上看待浑沌死的知识效应。

命种子；界性是世界的原初本性，也是一切存在态的本性，包括知识的本性。

2. 界本元理论是思想，不是理论

知识分科高度发达的时代，也是一个知识失本的时代。"失本则乱，得本则治。"①界本理论从世界的开端、万物的本根出发，以存在与知识的本体统一性建构起知识的基础，以知识谱系统纳知识的分科系统，相较于分科之学——无论是哲学、文学、伦理学、逻辑学、神学抑或天文学、宇宙学、物理学、生物学，界本论及其存在知识论更接近为一种元理论。

界先于有无、一多、阴阳、乾坤、时空、动静、同异、善恶等基本范畴，以范畴中的范畴而成为一个真正的元范畴、终极性范畴；

界以其通适性的基准标尺成为形下与形上、人事与自然和超自然不同领域的普遍工具、元工具，以万物之有、无、合、变四种基本性态为基理，构制出有界、无界、合界、变界的存在知识模型——这种知识模型也是一种元模型，以此对世界万物的复杂系统进行根基性的元认知；

界的自在、对在、共在、异在及其原则始终贯通、启导、规制着界本六律——宇宙论元根律、本体论界本律、结构论对成律、过程论化异律、价值论优选律、目的论合正律，并与认识论、知识论互构，体现了真正的界论第一性原理意义；

相较于传统的阴阳论、对立统一论，界的理论向前提早了一步，揭示了阴阳对立、辩证统一的底层机理和逻辑原理，为对立统一思

① 《淮南子·泰族训》，何宁撰：《淮南子集释》，第1394页。

想和辩证法提供了一个元根据。

显然，界本元理论不是一种分科理论，它与其说是一种理论，不如说是一种思想。界本论的旨趣与行动不是要建构一种理论，而是要打破理论规制，通过发掘新工具寻找复杂系统的真知识。界本论就是这样一种努力，虽然它化用一切可以化用的学科知识——没有这样的知识基础是不可想象的，但它的灵魂是自由的，不受学科体制的约束。当然，这会遇到重重阻滞，也会导致无法用既成的学科规范去衡量它。

界本论作为存在知识的元理论，它所表述的基本思想不同于任何既成的学科论。在这里，一切从本根出发，从头计算，它褪去所有的遮蔽、纹饰、假象，包括知识操弄、利益算计和文化造作，直抵差异存在的本原基底、界域原理，表达对复杂世界的根基性认知；它以界为本，克服各种中心论和知识分序、知性方法的体制屏障，无论是人类中心主义还是神本中心主义；自然与超自然、东方与西方、唯心与唯物、经验与唯理等知识论域，均在以界为本的原则下分层分序地存有、运行和关联。在界论的知识王国和界理原则下，每个存在既是主体又互为客体，既有相对的个体性，又统纳和服从于差异共同体。在这个意义上，界的理论还原了差异存在共同体的基本性状和法律原则——界理面前差异平等，各就其位、纠缠竞争，并差异共存。

《两界书》还多次提出了"何为人主？"的问题，道、约、仁、法、空、异六先给予了不同解答，并将答案归结于合正大道，而尤为重要的是"至本者敬天帝"。敬天帝（敬天地）的文学叙事表达了终极性的哲学之问：天帝为何？界主为何？

显然，这是一个超越了既有知识限阈的新命题，须另当别论了。

3. 东方智慧将承担更多的螺旋负载

世界来到了一个重大的临界点，建构新的知识体系和知识话语不仅必要，而且十分紧迫。轴心时代以降，尤其是近代以来西方思想对科学技术发展做出了巨大贡献，这是不争事实；同时，西方科学主义的各种弊端也暴露无遗，且在应对各种新情况和复杂问题时，常常捉襟见肘，难以走出困境。

心理学家荣格从传教士卫礼贤翻译的中国道教典籍《太乙金华宗旨》中获益匪浅，自称"正是《太乙金华宗旨》这部著作帮我第一次走上了正确的道路"[1]。在他看来，"科学是西方精神的工具，依靠科学可以比仅靠双手打开更多的门"。但是仅有科学是不够的，"正是东方把另一种更加广泛、深刻和高明的理解方式传授给了我们，那就是通过生命去理解"[2]。荣格发现的东方只是东方的冰山一角。

东西方智慧在世界秩序和知识体系的建构中各显其能、各有其用，推动人类文明螺旋式前行，现在到了需要东方智慧承担更多螺旋负载的时候了。

界本论的思想体现了这样一种努力。不同文明及其思想体系若能沿着天道自然与人道之善发出的合正指引，排除差异的私欲傲慢，以顺道合度的原则、平等开放的姿态围拢在一起，以差异和合的共同体携手前行，人类就有望迎来一个光明的新未来。人类的精神进化（spiritual evolution）会伴随着理性、情感的精神力量持续进化了[3]，人类需要一次重大的知识进阶，尤其需要东方智慧与西方科学

---

① 荣格:《第二版序言》，荣格、卫礼贤:《金花的秘密》，第 2 页。

② 荣格:《荣格的欧洲评述》，荣格、卫礼贤:《金花的秘密》，第 16 页。

③ John Huddleston, *The Earth Is But One Country*, p. 36.

的有机融合，需要知性与德性协和地发展。

界论显示了中国思想的非凡意义和文化容量。汉字"界"在汉语文化语境下禀赋了空间之范围、阈值、限度等标识语义，并由此生发出界分万物之大小、类性的认知功能和工具价值；又因界在认知世界时无处不在地触及、构制了世界万物之本原与本体、发生与结构、类性与质量、关联与动变等各个维层秩序，从而呈显了一种无所不在的原理属性和知识功能——一个"界"字几乎涵盖了东西方哲学的全部范畴，包括界限、差异、界域、限制、境界、界别、领域、端点、极、界对、两仪、阴阳等本体范畴，界分、界定、义界、边界、界线、范围、维度等认识范畴，限定、界尺、尺度、界面、视界等工具范畴，以及界隔、离间、关联、媒介、接界等实践范畴的意义价值。

更为重要的是，界论为东西方哲学生发和构制了共通性的基原根基、机理机制，东西方哲学的基本范畴在此找到了根本性的原理会通，诸如中国文化之阴与阳、乾与坤、有与无、虚与实、表与里、顺与逆、邪与正、左与右、彼与我、过与不及、寒与暑、刚与柔、魂与魄、往与来、清与浊、雌与雄、喜与怒等，佛学范畴有与无、色与空、圣与凡、常与无常、因与缘、来与去、明与暗等，西方哲学有限与无限、奇与偶、一与多、左与右、男与女（阳与阴）、静与动、直与曲、明与暗、善与恶、正与斜、时与空、变与不变、动与静、原因与结果、物质与精神、主体与客体等，以及希伯来-基督教思想中的上帝与人、神圣与世俗、超验与经验等，这些范畴无不建基于界的否定-肯定一体双性基原及其对立统一原则——这不仅为轴心时代以降人类思想的巨大分裂找到了融通根据和逻辑接口，也使分科分裂的知识文明实现一次真正的联合、超越成为可能。界论发掘道、儒、释之道论、德论、气论、中论、化论等中国智慧对世界的意义，同时也在对西方思想的融通中，在世界思想的全景性坐标中，努力实现中国式知识体系和世界化知识话语的一次探索性实践，一种实质性构建。

21世纪既非西方的世纪，亦非东方的世纪，而是全人类的世纪。是考验人类的智慧、胸襟、节制和善意的关键世代，因为人类的命运从未像今天这样紧密地结合在一起。

附录　界：回归本原的叙事

——士尔谈书论界

壬寅初春，风和日丽的下午。深圳湾畔，临窗望海一茶室，与士尔先生畅谈《两界书》[①]。谈话人：士尔、佳禾。

一、大千世界一奇书

佳禾：《两界书》在北京、香港、台北出版以来，引起海内外学界关注。注意到它造成的阅读反应，真有些"一千个读者，就有一千个哈姆雷特"的感觉。不过有一点很一致，就是普遍认为这是一本奇书，大千世界一奇书。还是想请您先谈谈，为什么会写出这么一本奇书？奇书奇在何处？

士尔：本来没有太多这个感觉。"奇书"本身不是写作的规划。产生这样的效果，与当下出版阅读习惯有关。从作者角度看，可能还是书的写法超出了惯常的习规。

世界早已进入高度体制化的时代。人类生活、工作无时无刻不受到有形无形的逻辑强制，个人身处其中，难以自拔。就像书的《前记》所写，偶然的机遇来到西部一个不毛之地，在与世隔绝、与文明断离的时空里，才会突然发现自己，发现星空。

---

① 士尔：《两界书》，商务印书馆，2017年；中华书局（香港），2019年。

　　《两界书》远离了套路化的学术体制。套路的东西不是不适应，而是过于格式化、游戏化，能带来利益、实惠，但很难带来愉悦和真正的意义。《两界书》不是项目，没有任务书、时间表、指标要求。它是一个自发自为的学术自由态、思想自然态，与老练、世故的功利逻辑格格不入。

　　佳禾：摆脱了束缚，才可能出真东西。

　　士尔：其实这并不轻松。不啻是一个向外向内的混合式挑战，也是一次身心历险。

　　佳禾：从书的怀胎开始就注入了与众不同的基因，现在很难见到这样的著书状态了。是有这种感觉，《两界书》不只是一项学术工作，更像是一段特殊的生命历程，行吟出一首思想史诗。听说这本书主要是在夜深人静的下半夜写成，每天花费两个来小时，十年如一日，真是有些让人匪夷所思。

　　士尔：那时有这个身体本钱。

　　寅时万籁俱寂，纷扰不再，是一个思绪澄明的境界。将白日里的生活经验化用为写作素材，是一种心绪的排解，也让思辨有色彩。反思既有的学术规制，发现不只是繁文缛节。自亚里士多德以来形成的分科之学，既促发了进步，又愈显专执偏斜。它把整体强分成部分，分工细致，自得其乐。可是，在大千世界面前，在信息时代，你拿着分科的工具标尺无论怎么量，都难免陷入一种盲人摸象的境地。检讨"进步论"带来的迷失，西方分科逻辑要与东方整体思维来一次深刻的互补融合才好，不仅要从一看到多，还要从多看到一，看到彼此，看到整体。

　　《两界书》在思想底层拒绝教条，不受模子的塑制。不找注脚，也不当注脚。

佳禾:《两界书》里面有哲学、神话、文学、历史，又有神学、人类学、形而上学、精神史和文明史，就像有学者评论的："它什么都是，什么又都不是。"

士尔: 稍微熟悉思想史、认知史的都不难明晓，分科只是工具，学科边界总在流动中。认知世界不能削足适履，工具要服从需要。这里有一个是思想牵引、认知驱动，还是工具主导、程式决定的问题。《两界书》称为"凡人问道"，道是目标，问是过程，无论是荆棘山路还是涉水摆渡，目标方向是确定的，路径方式是随机的。不能本末倒置。还要说，面对鲜活的世界，认知的工具箱应该是周全的，不是单一的；思想的资源库应该是丰富的、世界性的，不是贫瘠的、狭隘的。

佳禾: 奇书是呈现给读者的阅读表征，奇书底层一定有不同凡常的逻辑所在。我读《两界书》感觉处处都有哲学思辨，作家马原先生认为这本书的每一章都是一个大命题，全书有四百来个小命题。命题性可能是《两界书》哲学性的重要体现吧？但它又不是通常意义上的哲学，不是理论形态的哲学。

士尔: 形态是一方面，思想才是关键。

二、一切从"界"开始

佳禾: "界"的问题显然是《两界书》最大的命题了。《前记》很有意思地记叙了士尔开悟的情形：面对苦思数十年不得其解的文献哲书、世态人象，士尔似乎找到了解密之钥，密钥之码就是"两界"。

《引言》是进入全书的门径，这里陈述了一系列的"两界"：天界地界、时界空界、阴界阳界、明界暗界、物界意界、实界虚界、生界死界、灵界肉界、喜界北界、善界恶界、神界凡界、本界异界……接下来的这段话我觉得特别重要：

两界叠叠，依稀对应；有界无界，化异辅成。
芸芸众生，魑魅魍魉；往来游走，昼夜未停。

这段文字应该对全书的理解至为重要，特别想请您谈谈界对全书的统领意义。

士尔：你讲得对，界是全书的主题。界是一个复杂得不能再复杂，也简单得不能再简单的问题。目之所及的事物，没有哪样不是界的产物：桌子、板凳，茶叶、茶具，固体、液体，男人、女人，时间、空间，等等，没有界的区隔，就不会有这些存在；你闭目所想：亲朋故友、喜怒哀乐、善恶对错，各种意识情感也是因为有了界的作用才能生成。无论形上形下，没有界，世界什么都不存在。

佳禾：这一下触及了存在的本质问题，两千多年来哲学都在关注这个话题。

士尔：万物如何起源？世界之前是什么状态？一个很有意思的现象是，尽管古代东西方文化差异巨大，但对此却有一个共同的预设，我称之为"前世界预设"，这个预设就是混沌（Chaos）。《道德经》叫"混成"，它"先天地生"；《列子》叫"浑沦"；《庄子》叫"鸿濛"，也称"混沌"；《淮南子》叫"虚霩"。苏美尔创世史诗也有混沌，饶宗颐先生把它翻译成"瀹虚"（Apsu）；古希腊神话把混沌人格化为一个叫"卡俄斯"（Chaos）的神，一个开启万物的神。

那么，如何从混沌的预设变成万物的存在？在中国，有"伏羲一画开天地"之说，伏羲在混沌中的"一画"，突破了混沌，划分出阴、阳，也就有了乾坤、天地。《易经》《道德经》也以阴、阳的最初界分为起点，推演出天地、万物;《淮南子》讲，未有天地之时，先有"二神混生"，这二神"别为阴、阳，离为八极;刚柔相成，万物乃形"。万物是由阴、阳二神别离产生的——注意这里的"别"与"离"，这是万物构制的关键。古希腊哲学用的是另一套话语，但意思一样，比如阿那克西曼德、恩培多克勒等，他们都认为万物是借"分离"从混沌中产生出来的;毕达哥拉斯学派则认为，先从"完满的一"分离出"不定的二"，不确定的"二"产生各种数目，由数目产生出点、线、面、体等不同形体，产生出水、火、土、气四种元素，再以四种元素为基质相互结合转化，最终产生出世界万物。

佳禾：东西方表述方式不一样，思维底层的认知是相通的。

士尔：对混沌进行"别""离""分离"的界分，是走出混沌的关键。混沌是一种未经证实、难以证实的预设，它没有差异，没有差异间的关联，也就是说没有秩序。差异和秩序的出现是世界的真正开端。古希腊人把宇宙认知为 kosmos，kosmos 的本意就是秩序，意思与混沌相对。也就是说，面对混沌这个前世界的预设——人为搭建的认知前提，是界的界分、别离、分离的作用，最先打破混沌的死寂，产生了差异和差异关联，也就是有了秩序，有了宇宙万物。世界的各种思想都在寻找、解说世界的起点，在自然和理性原则下，是界导致了最初的差异、最初的秩序。一切都是从界开始的。

佳禾：想想也是，古代各民族的神话思维都是这样表述，中国易道哲学、古代希腊哲学莫不如此。那么宗教神学思维呢?

士尔：神学思维整体上借助了神的安排，但要进入自然实在世界，它的逻辑底层也离不开这类操作。希伯来圣经《创世记》一开始就讲，"起初（The Beginning）上帝创造天地"，虽然以上帝之名来演绎创世，但演绎的平台、步骤大同小异：最初是空虚混沌、渊面黑暗，上帝看着光是好的，就把光、暗分开，就有了昼、夜；又把水分出上、下，于是有了天空和大地。可以看出，即使是神，也得借助界的界分这个工具才能把世界万物创造出来。

三、哲学叙事：从根基出发

佳禾：看得出，《两界书》尽可能综合各种思想认知，用一种特殊的叙事表达它的哲学思想。书一开篇就讲："太初太始，世界虚空，混沌一片。天帝生意念，云气弥漫，氤氲升腾。天帝挥意杖，从混沌中划过。天雷骤起，天光闪电，混沌立开。"然后陆续有了时空、万物。这里对东西方古典资源进行了深度融合化用，呈显出一种新的哲学叙事方式。

士尔：《两界书》中，形下形上有界无分，形下表征必然进入形上认知。

佳禾：《两界书》的形上认知从头到尾有一个体系在里面。刚读《两界书》，有点"刘姥姥进大观园"的感觉，有的似曾相识，有的雾里看花，找不到北。这反而挑起了去读的好奇心。静下来细细品读，会有一种发现的愉悦，发现界是贯穿全书的主线，非常清晰的主线。《两界书》提出的界论，已经触及哲学的原理问题了。

士尔：这个说来就话长。

佳禾：还是想听听，我有一些自己的理解，但不太清晰，也不知准不准。

士尔：可以有，也应该有自己的理解。有种说法叫"哲学无对错"，其实说"哲学无标准"更好些。务必同教授们的说教保持距离，教授与思想者是两个不同的概念，权威与真理更是两码事。见仁见智既要追求自洽，也要尽量他洽。不可能有完满，但过程的意义在于去靠近它。

佳禾：学界目前还比较缺乏对界的系统研究。

士尔：简单地讲，界展示了一个真正的哲学元范畴。你们教科书中的哪些范畴被视为元范畴？

佳禾：东方哲学当然是阴阳、乾坤、有无、动静，还有善恶、虚实、色空之类的；西方哲学比较系统全面了，比如有与无、一与多、质与量、时与空、变与不变、动与静、名与实、原因与结果、同一与多样、物质与精神、主体与客体、有限与无限、思维与存在、内容与形式等等，有所谓本体论、认识论、物质论、知识论、实践论的不同区分。

士尔：一般是这样讲。这里有两个问题很重要，内藏玄机。一个是东西方哲学的基本范畴都呈显为"对成"的特点，都以成双成对、相辅相成的方式构制出来，阴与阳、乾与坤、有与无、一与多、动与静、曲与直、变与不变等等，彼此之间是一种对生（pair creation）与对灭（pair annihilation）的关系，一个生出自然带出另一个，一个湮灭另一个也不存在了。

佳禾：《两界书》的"两界"应该就是这个意义上的两界，不是数量上的两个世界。

士尔：这个很重要！是指两极意义上的两界（Bipolar Worlds），两者之间具有孪生（twins）与对反（polarities）的双重关联，既密不可分，又相互对反、相辅相成，天地、昼夜、男女、生死……都是这样。通俗点讲，一双鞋子和两只鞋子不是一回事。

佳禾：的确如此。善恶、真假、美丑、悲喜、得失、上下、左右、前后、快慢、好坏……都是这样。

士尔：这里要强调一下，对反对成不是简单的二元对立，而是差异存在的叠加态和共同体，世界、生命、意义的一切奥秘都隐藏在这个差异叠加共同体中。

另一个要注意的是，这些范畴以对成、对反的方式相互构制时，有一个内在的机制在起作用，这就是界的先行作用。没有界的界分区隔，哪有对生、对灭的相辅相成？所以在阴阳、乾坤、有无、一多、质量、时空、动静、同异、善恶、虚实、色空、善恶、生死等基本范畴之前，有一个比它们更早一步的界，这个界才是真正的第一范畴、元范畴。怀特海把"一"与"多"、"同"与"异"作为"终极性范畴"，其实这些都还是居于"次终极"的位置。

佳禾：这是一个从未听到过的观点！

士尔：在所有的认知活动中，界是第一个认知工具，也是认知逻辑的初始起点。

佳禾：这可能会牵出一些系统性的大问题。我留意到"第三代新儒家"代表人物之一成中英先生的观点，他基于《两界书》的研究，提出了"两界学""界学"的问题。

士尔：界的哲学语义实在太丰富了。界的含义、属性、功能贯通了哲学原理、哲学认知的全过程，比如存在论层面的有差异（difference）、边界（boundary）、界域（realm）、界限（limit）、境界（state）、界对（polarities）等等；认识论层面的有界分（distinguish）、界定（define）、限定（restrict）、界面（interface）、维度（dimension）、界尺（rule）、视界（horizon）、媒介（medium），等等。界（bounds）蕴含了哲学本体的属性、现象、概念、关联，认知实践的方法、工具、维度、尺度等各种范畴，这不仅是汉字"界"的语言张力问题，主要还是界本身禀赋的哲学意义。界开启了认知世界的第一步，也是根基性的一步，成先生提出界学是基本的认知之学，就是这个道理。

《两界书》把哲学逻辑与文学罗曼司结合起来，呈现一种从根基出发、探问根本的哲学叙事，这在它的文本表征和底层逻辑上都有体现。可以这样说吧，《两界书》以界为逻辑起点和认知机枢，是用一种特殊的哲学叙事演绎关于界的本体论（bounds ontology）。

四、文明史诗：从混沌到多元宇宙

佳禾：这就不难理解了，打开《两界书》就有一种悠远的宇宙苍茫感，让人不由得去想天地玄黄、宇宙洪荒，人如过虫、意义几何这类问题，读起来既有创世史诗（如《吉尔伽美什》）的感觉，也有些《道德经》《天问》的味儿。

士尔：有，不等于是。

佳禾：当然。有学者多次谈到《两界书》是一部"大书"，题材浩大到难以想象。我感觉《两界书》又是一部极简化的文明史，但和一般文明史不一样，它还和开天辟地的自然史联结，这在一般文明史中是难以见到的。

士尔：文明演进确是《两界书》的一条主线，但也不能用文明史的模子来框定。这里把文明演进置于宇宙自然的框架来审视，是想"从头讲起"——这个"头"是万物始基的头，不只是文明的头。这样讲文明演进，实际上体现了一种文明观，自然哲学与人文思想结合的文明观；这里的文明演进，实质上是关于文明的哲学叙事，是在宇宙秩序下看人文构建，本质上是在探寻文明演进、人性教化的底层逻辑。

佳禾：这样的宏大叙事不同于一般文学作品，也可以说是一种思想叙事、文化叙事吧。

士尔：也有学者将《两界书》定位为史诗，一种现在已经很难见到的古老体裁。但也不是一般意义的史诗，姑且把它看作是一种文明史诗吧，融通了天、地、人的文明史诗。

佳禾：这就不难理解全书十二卷的标题了：创世、造人、生死、分族、立教、争战、承续、盟约、工事、教化、命数、问道。高度概括，包含了从起源到未来、从自然到人类、从物质到精神的世界全景。

士尔：人的认知永远到不了世界的边缘。这里所做的只是尽可能通过形象化实现浓缩化，勾勒出一个大尺度的演进脉络、流变景观。

佳禾：这是叙事作品的专长，规制化的学术著作是无法胜任的。

士尔：还要看到另一层面，就是叙事作品的弹性张力，可以弥补刚性工具的僵硬和不足。随着认知的发展、巨量信息的汇聚，越来越多的未知难题涌现出来，理性工具的限度、科学滥用的危害表露得越来越明显。宇宙究竟如何起源？世界是被造的还是自然演化的？若是被造，造物者为何？若是自然演化，精密的秩序从何而来？很多基本问题没有解决，人类本质上还是生活在假设之中。文明发轫以来，叙事是人类认知世界的一种根本方式，它的长度、深度、宽度、厚度都超过了某种专项工具，蕴含着丰富的思想智慧。

希腊人曾说人是万物的尺度，但人的尺度衡量不了万物。人只是宇宙秩序下的次生存在，比较聪慧，也很渺小。《两界书》呈现的文明史诗，是想跳出人类认知中既成的那些窠臼——它们严重限制想象力，把人封闭起来。

佳禾：读书的时候有一种感觉，就是每一处故事、每一处表述，字面下都有含义。比利时汉学家魏查理院士说《两界书》像一幅现代派的抽象山水画，这个评价倒也贴切。

特别想请教士尔先生，《两界书》推演文明演进时用了一些魔幻、变异的叙事，比如卷九《工事》篇写了一种无所不能的"智器神手"，让人联想到人工智能；写了神器造人，假人真人无法分辨，被造之人反成人的主人。这类叙事是不是在表达对当代科技的隐忧？

士尔：有这个因素。"工事"的本质是"人事"，这是《两界书》文明叙事与分类科学的根本区别。其中也特别隐含了东方哲学的节制观。要对抗科学崇拜、科学迷信对人类生存的异化，需要一种对反的力量来矫正。

佳禾：读《两界书》卷十一《命数》，感觉有点像看一部魔幻大片，它穿越时、空，穿越阴、阳，穿越人、物，穿越生、死，穿越人、神，穿越有形、无形。特别是对世界未来的两种取向——乌托邦与反乌托邦的描述，很有冲击力。这是不是文明史诗的高潮了？

士尔：乌托邦与反乌托邦是对文明的辩证思考，也是展望文明演进的可能性。未来始终存在着对反之间的各种可能，包括正向的、逆向的，钟摆的、偏斜的，甚至走向毁坏的。这些看上去有些荒诞魔幻，底层的逻辑原理其实是一脉相承的，是混沌初开、万物生成、人类开化、文明承续这个逻辑秩序的自然延伸。

佳禾：套用当下一个时髦的热词，感觉也有一些"元宇宙"的味道，但这里的元宇宙包含了人文认知。现在不少人简单地把虚拟世界称为元宇宙，总感觉没有触及元宇宙的本质。

士尔：元宇宙的概念本来应该体现宇宙论、存在论的内涵，现在被商界科技界简单化地移用了。元宇宙的内涵有待聚焦，概念和语言都有约定俗成性，但还是希望能够体现应有的文明向度，不要把它固化在技术层面上。宇宙的多元性问题是哲学的经典命题，美国哲学家威廉·詹姆士就写了《多元的宇宙》，从一元论与多元论的分野探讨宇宙的多元性。宇宙的本质是差异和秩序的建立，认知元宇宙离不开界分差异这个基点，离不开界的原则原理。

五、精神罗曼司：思想的对话

佳禾：《两界书》关于文明演进的史诗叙事，始终与人类精神探索纠合在一起。尤其是卷五《立教》、卷十《教化》、卷十二《问道》等部分，明显看到了文明史诗与人类精神史的交织，读起来有种不一样的阅读感受。

士尔：精神史是文明史的核心。《两界书》不是严格意义上的思想史，可以说是一部精神罗曼司吧。

佳禾：精神罗曼司？这个说法有意思。《问道》部分应该是全书的总结，汇聚思想精华，天道山、问道台都很有象征意义。道先、约先、仁先、法先、空先、异先这"六先知"让人想起"希腊七贤"，比希腊七贤更博大、更有代表性。

士尔：人类思想浩若烟海，道先、约先、仁先、法先、空先、异先只是代表性的浓缩，象征思想史上比较典型的几种认知方式。六先论道各有指向，但不宜同某种思想简单画等号。

佳禾：能感觉到六先背后的思想影子，有的还很清晰，比如仁先显然是儒家思想的代表。

士尔：仁是儒家思想的核心，但并不限于儒家范畴。六先思想莫不如此。这里既要立足人类思想的渊源流变，又要跳出思想史的分类，从综合通观和思维认知的逻辑层面去发掘不同思想的差异互补，建立思想的通约。

世界的差异化是世界存在的基础，世界最根本的差异是人的差异，人的差异关键又是思想差异。如果思想差异变成了断裂，文明的整体就可能坍塌。现在就处于这样的临界点上。《两界书》是想建立一种新的思想表达，建构可能走向思想通约的桥梁。

佳禾：这也是在变革旧有的思想史论。能不能简单概括一下道、约、仁、法、空、异六先的思想特征？

士尔：比较复杂。简言之，道体现了宇宙万物的本体原理、至上原则，中国哲学将道视为万物肇始、万物主宰，且道与德、天道与人道相融通，道也是人事活动的根据，所谓"志于道，据于德，依于人，游于艺"，是中国人的人生指南；希腊哲学的逻各司、理念，犹太－基督教文化所谓上帝的言辞（Words），都标示出道的至上规则、最高秩序的意义，不能把道仅仅理解为中国的道家思想。约（契约）是人类文明的本质性标识，体现了人类对自身社会属性的认知，对精神秩序与社会秩序的建构。犹太－基督教学说对约的思想有系统性的神学生发，但绝不能将约等同于"新旧约"，中国、印度、波斯、伊斯兰等文化关于约的思想不仅丰富，还各具特点。仁的理念体现了规范人性、调适人际的道德伦理价值，儒家思想的核心是仁，但仁爱的思想也是全人类的普遍价值。法的观念显然不能等同于法家，这里主要指法理逻辑与理性原则，指认知世界的理性逻辑和思想方法。空的概念当然与佛学的色空、轮回、因缘、顿悟等密切相关，作为对人与世界基本关系的一种认知，包含了对个体与世界、有与无、得与失、现象与本体、生命价值、生命意识等生命与存在问题的认知，其理念内涵、思想方式在中国儒释道及希腊、希伯来思想体系中都有相似相通的表现。

佳禾：这里基本上含括了人类精神史上的主要思想、思想方式。

六先当中异先是一个异类，异先代表了一种怎样的思想认知？

士尔：世界是一个复杂、多变的存在，很多部分以人类现有的认知能力是难以企及的。异先代表了对逆通则、非惯例的异类现象的认知，对事物变异性、不定性的认知。自古以来，各种文化都有关于神、怪、鬼、魔、巫的演绎，关于无常（anitya）的思想、神秘主义、怀疑论和不可知论。由于理性主义对主流话语的绝对统治，这些认知往往都被淹没了。但是异作为一种自然存在、历史存在——也是一种未来存在、恒久存在，不能被回避，也不能被忽视，其间可能隐藏了某些世界奥秘。

从界的认知原理来看，异的范畴建立在与"本"的对反联结上，本的对面是异，异是对本的否定，是不是可以套用希腊的话语，本是"完满的一"，异是"不定的二"，没有一就没有二，反之亦然；一通过二的作用去演变万物。用中国的话语表述，异与本相辅相成，是阴阳互构的一对。异的意义很重要，在逻辑底层可能最为贴近界的原理和功用。

佳禾：这个问题确实值得深究。道、约、仁、法、空、异六先合而论道，体现了不同思维、不同视角的整合，这种整合实现了，才有可能通向您说的思想通约。

士尔：是这样。人类命运共同体需要可靠的哲学文化理据，需要坚固的精神纽带，否则难以克服族群的偏执、人性的愚顽和现代化的傲慢。人类的不同认知因应着世界的不同部分，应该被充分尊重，并且联合起来。不能硬着颈项一根筋，一只独眼看世界。

佳禾：这在当下非常重要。践行人类命运共同体不仅需要这样的理论深化，更需要"六先论道"这样的思想交流和通约建构。现在还是说"为什么""该怎么"之类大道理的比较多，真正去做、能做的少之又少。

《两界书》中的思想对话始终突出人的中心地位。像"生而为何""何为人""善恶何报"这类问题，既是人生根本问题，也有伦理学道德论方面的思考。

士尔：《两界书》的副标题叫"凡人问道"。凡人既指普通人，也指所有人。所问之道是天之大道，也是人道。天道、人道不分，是《两界书》强调的。

佳禾：感到《两界书》很多地方是在针砭时弊，是接地气的经世致用，比如"善恶何报"的讨论，"君子行道，路有犬吠"的表述，相信都不是书斋里面想出来的，应该和您的阅历有关吧。

士尔：思想源于生活。这里想强调一下，人性善恶的界分关联也是宇宙秩序的一个子系统，是对反对成原则的特殊体现，所以《两界书》讲："人之初，性本合。恶有善，善有恶。"这是从界的本体论看人性，用文学表达人性。

六、语言艺术：神话、史诗、寓言、科幻、图像

佳禾：《两界书》用半文半白的新文言写就，这在创作界已经很罕见，理论界可能是绝无仅有了。能谈谈这是出于什么考虑吗？

士尔：动笔时没有刻意的考虑。写作时是不由自主随性而为的。这可能与书的内容有关。你面对的是浩瀚无垠的宇宙自然，是源远流长的文明演变、精神求索，要让老子、孔子、墨翟、庄子、佛陀、以赛亚、耶利米、荷马、巴门尼德、赫拉克利特、柏拉图、亚里士多德、欧几里得等等先贤圣哲坐在一起对话，要让近现代的思想家、科学家也一起参加，你自己是一位后来的听者、辨者、参与者，还是对话讨论的整理者、思考者。沉浸在这样一种时空穿越的氛围，

很难摆脱古典性与现代性的混合感染。这是不是所谓思维悬置在语言中的表现呢？有一种感受很强烈，这样的内容要用通俗的白话文是无法表述的。

佳禾：如果用白话文篇幅可能增加很多倍。这里涉及到白话文的一个历史旧案，一直有一种观点，白话文是对中国文化精髓的一种伤害，文言文的消失是中国文化传统的重大损失。

士尔：语言有深刻的历史性。文言文作为古代书面文体，承载了甲骨文以来尤其是先秦、战国时期的思想经典，离开了文言表达，很难想象易经、先秦诸子是什么样子，两汉辞赋、唐宋古文是什么样子。中国思想的基因嵌含在她的语言形制当中，包括逻辑运思、语法结构、遣词造句、表达方式，甚至每一个象形方块汉字。为什么文言经典一旦译成白话就索然无味？意蕴没有了，思脉思想也就所剩不多。白话文以口语为基础，又渗入大量字母文字的语言要素，通用普及价值不用多说，但它把汉语的凝练、优美给冲淡了，把汉语思维的缜密和概括给稀释了，甚至把汉语底层的逻辑秩序给扭曲了。这些都会影响人的思想维度、审美向度。这里不是评价优劣，是强调语言文体的历史性，强调思想与语言、思维与形式的合适原则。跳什么舞穿什么鞋，穿什么鞋才能跳出什么样的舞。

还想补充一点，文言的完全消失对于传统来说，无论怎样看都是一种悲哀，一种缺憾。文言传统能否在某些语境中存活、传承并加以创新呢？

佳禾：一般读者不太理解《两界书》半文半白的语言风格，这样讲就清楚了。与其说是刻意而为，不如说是随意而为，跟随内容意义的要求而为。不过这样写是不是难度更大？

士尔：当然是。写得慢，比平时习惯的语言表述难很多。年轻读书时倒是喜欢古汉语、音韵学这类课，可惜后来完全荒废了。此前从未尝试过这样的写作方式。

佳禾： 不过《两界书》的新文言的确显示了不一样的优美凝练，有一种特殊的语境感染。这可以成为语言学、语言哲学研究的一个案例了。

士尔： 呵呵，没有留意这个。

佳禾： 关于《两界书》究竟属于什么体裁，也是评论家关注讨论的。有神话，比如卷一《创世》、卷二《造人》、卷三《生死》等；有史诗，比如卷四《分族》、卷五《立教》、卷六《争战》、卷七《承续》等。至于寓言就随处可见了，像双面人、绿齿人、尾人国、独目人、来好鸟、七鱼出海等等，有些地方还很像近东中东地区的异象、先知书、预言书，以及欧洲中古的骑士传奇、法国普罗旺斯行吟诗，还有一些悲喜剧的戏剧场景、贤者对话、语录体等等，甚至还有一些科幻因素在里面。中国古典文学要素也是随处可见，包括《道德经》《庄子》《韩非子》《山海经》《天问》等等，真是一言难尽。

士尔： 为什么一定要用"体裁"来框定呢？体裁概念的出现不过才一两百年的工夫吧？自由态下无体裁，随心随意才自在。

佳禾： 自在难。外物所困，难得自在。如果非要给个说法，可不可以叫"两界体"呢？没有体例界限的"两界体"。

士尔： 两界体？两界有界亦无界，其实是一种"无体之体"。换个话题吧。

佳禾： 好，谈谈插图。《两界书》里有一百多幅插图，很形象、很古朴。有些让人印象特别深刻，像"君子行道，路有犬吠""天光明道""脚立两界""道先""约先""仁先""法先""空先""异先"

等等。文学与图像的结合在我国有悠久传统，也是当下一大学术热点。

士尔：这些插图很珍贵，对《两界书》思想表达有帮助。你说它很古朴，的确是借鉴了古代岩画、象形图符的一些特点，也有汉画像石的要素，尽可能把古典艺术的气质体现出来。

七、界的叙事：回归本原看本质，从原点表达本质

佳禾：这是不是也体现了《两界书》的叙事策略：从根基出发，回归本原？

士尔：可以这样理解。《两界书》的整体叙事是一种"根叙事"，以根基为主导的叙事；也可以视之为"元叙事"（meta-narration），回归本原的叙事。这里说元叙事，不要用法国哲学家利奥塔的概念来套；说回归本原，也不是简单的还原论，而是经过分类综合的整体论。还原与整体的结合肯定会有循环性，但不是回到始基起点的循环，也不是圆整不变的循环，而是综合升维的螺旋循环。

佳禾：这应该是《两界书》叙事的关键了。

士尔：说到底，《两界书》呈现的就是一种界叙事，以界为原则的叙事，或者说构制了以界为核心的叙事原则。它回到世界以界为本、差异对成的界态存在本质，从界分差异的世界起点、认知原点出发，以界为普适的基本工具，在差异叠变的界态世界中发现通约公理和基本秩序，聚焦存在本质及运行原理。

佳禾：这蕴含了对认知思想的再反思、整体性反思。

士尔：知识发展到今天，思想的旧工具有些不够用了。如果假象遍布，思想困顿和心智迷乱就会成为一个时代性的特征。早在文艺复兴时期，培根就曾指出有"四种假象"（Four Idols）迷惑人类认

知，所谓种族假象、洞穴假象、市场假象、剧场假象，培根还试图发现有别于亚里士多德时代的"新工具"。工具变革是知识突破的关键，也是最大难点。当下信息爆炸时代，假象的迷惑何止四种？被看见、被告知成为人类普遍性的知识处境。《两界书》和界叙事也是在做一个尝试，看能否克服假象、突破遮蔽，排除扭曲、减少误判，回归本原看本质，并从原点表达本质。这里一是强调本原，包括世界本原和人性本原；二是强调周全，包括工具周全和信息周全。

佳禾：回归本原看本质，并从原点表达本质——这个说法很重要。现在知识的表面浮华太有迷惑性，让人无所适从。《两界书》从根基本原出发，致力的是基础性原创性工作，但它并不停留在理念，而是具体求证、实在论证。这和说多做少、光说不做不一样。

士尔：这不光是知识的量的问题，也不光是信息几何式增长，真实性被淹没了。这里还有两个基础性的偏斜，导致现代思想严重分裂。一是文明的多发性传递，特别自轴心时代以降思想认知的分道扬镳——分道之后极端膨胀，这不仅导致巨大的思想分裂，也是文明冲突的根源。

佳禾：所以《两界书》要花那么多的篇幅去写"六先论道"。

士尔：另一个问题前面也谈了，就是知识分科的规制作用，不仅让整体服从个别，而且形成边界壁垒，形成各种戒规、权威——这不是说不要分科，而是说不能固守分科。知识创造一旦受到割裂与钳制，就会沦为毫无灵性的工匠制作。不少无病呻吟，常常煞有介事。知识创造异化为职业游戏、挣钱工具，不期待整体突破，离本原本质就会越来越远。

佳禾：所以有学者认为现在的很多学术工作越来越远离了知识的初衷。

士尔：如果从存在论的角度看，在自然与理性的原则下，世界的一切存在都是界的叙事。界不仅制造了物质，也制造了意识；界理不仅贯通物理，也贯通心理，贯通物理与心理两者之间。界理是真正的第一性原理。

佳禾：第一性原理应该是根基性原理，近些年科普界有人作了一些比较随意的演绎，甚至以讹传讹。

士尔：各种知识体系其实都建立在界理之上。比如伦理学是对善恶现象的道德研判，本质上是对善恶差异的价值认知；文学以形象化方式对人性善恶的对反、纠缠和叠变进行艺术表现；美学则是寻找差异的合适结构、合适比例，以达到最佳审美效果。说穿了，世界的根本问题就是寻找差异的合适比例，在差异的叠变关系中建立起合适秩序。这里，自然之度与价值标准就成了关键。问题往往就出在这两个关键点上。

佳禾：这也涉及到哲学原理与一般学科的关联问题。《两界书》的叙事属性是不是可以理解为是哲学与文学的结合，用文学表达哲学，用哲学焕发文学。有人称之为哲学文学或者文学哲学，有的出版社将它归为哲学、本体论，有的把它同时归为哲学、文学。

士尔：无论什么知识认知，一旦到达了根基底层，都是原理性的，都有哲学性。亚里士多德早就说了，认识存在的整体是第一哲学，其余都是割取了存在的一部分，就是分科之学了。《两界书》不是分科之学，但综合了分科之学；它从根基出发，从本原表达本质，其他都是工具、路径的问题了。当然，界论的问题蕴含了复杂的界理律则，需要专门探讨梳理。

佳禾：这的确有些超前了，也让一些读者感到《两界书》不太容易读，甚至读不懂。有名家荐书，恰恰强调要多看读不懂的书，读不懂反复读，读懂了也就上了一个新台阶。不过现在能静下心来读书的人不多了，很多人习惯一目十行。

士尔：这本书肯定不适合快餐式阅读。《两界书》叙事写法的初衷是想让作品易读，出现这样的悖论，实在始料未及。

佳禾：老酒老茶还是不能当汽水可乐。

说了那么多，还是想起中国先锋派文学的代表作家马原说的一句话："《两界书》是一次伟大的叙事冒险。"

今天花了您那么多时间，多谢您。

士尔：谢谢。

（本文原刊于刘洪一编：《界的叙事：〈两界书〉的多重阅读》，北京，生活·读书·新知三联书店，2022 年）

参考文献

Abrahams, Gerald. *The Jewish Mind*. Boston: Beacon Press, 1961.

Alter, Robert. *The Art of Biblical Narrative*. New York: Basic Books Publishing Inc., 1981.

Barney, Laura Clifford. ed. *Some Answered Questions*. Wilmette: Baha' I Publishing Trust, 2014.

Berto, Francesco and Plebani, Matteo. *Ontology and Metaontology: A Contemporary Guide*. London: Bloomsbury Publishing Plc., 2015.

Bock, Jan–Jonathan. Fahy, John. Everett, Samuel. ed. *Emergent Religious Pluralisms*. Switzerland: Springer Nature Switzerland AG., 2019.

Boyle, Deborah. *The Well-Ordered Universe: The Philosophy of Margaret Cavendish*. Oxford: Oxford University Press, 2018.

Bryson, Alan. *Seeing the Light of World Faith*. New Delhi: Sterling Publishers Pvt. Ltd., 1998, 2012.

Button, Tim. and Walsh, Sean. *Philosophy and Model Theory*. Oxford: Oxford University Press, 2018.

Carnap, Rudolf. *The Logical Structure of the World and Pseudoproblems in Philosophy*. Chicago: Open Court, 2003.

Chalmers, David. Manley, David. and Wasserman, Ryan. ed. *Metametaphysics: New Essays on the Foundations of Ontology*.

Oxford: Oxford University Press, 2009.

Chernyakov, Alexei. *The Ontology of Time: Being and Time in the Philosophies of Aristotle, Husserl and Heidegger*. Berlin: Springer–Science+Business Media, B. V., 2002.

Chisholm, Roderick M. *Theory of Knowledge*, Third Edition. London: Prentice–Hall International Inc., 1989.

Choi, Suk Gabriel and Kim, Jung–Yeup. ed. *The Idea of Qi/Gi: East Asian and Comparative Philosophical Perspectives*. New York: Lexington Books, 2019.

Cook, Albert. *The Burden of Prophecy, Poetic Utterance in the Prophets of the Old Testament*. Carbondale: Southern Illinois University Press, 1996.

Cumpa, Javier & Brewer, Bill. ed. *The Nature of Ordinary Objects*. New York: Cambridge University Press, 2019.

Davidman, Lynn. *Tradition in a Rootless World*. Berkeley: University of California Press, 1991.

Dundes, Alan. Holy Writ as Oral Lit. *The Bible as Folklore*. New York: Rowman & Littlefield Publishers Inc., 1999.

Dziadkowiec, Jakub and Lamza, Lukasz. *Beyond Whitehead: Recent Advances in Process Thought*. Lanham, Boulder, New York & London: Lexington Books, 2017.

Eban, Abba. *Heritage: Civilization and the Jews*. New York: Summit Books, 1984.

Eidelberg, Paul. *Judaic Man: Toward a Reconstruction of Western Civilization*. Middletown: The Caslon Company, 1996.

Elwell, Walter A. *Topical Analysis of the Bible*. Grand Rapids. MI: Baker Book House, 1991.

Etshalom, Yitzchack. *Between the Lines of the Bible: Exodus, A Study from the New school of Orthodox Torah Commentary*. Jerusalem: Urim Publications, 2012.

Fatheazam, Hushmand. *The New Garden*. Wilmette: Bahá' í Publishing Trust, 1999.

Flanagan, Owen J. *Moral Sprouts and Natural Teleologies: 21st Century Moral Psychology Meets Classical Chinese Philosophy*. Milwaukee: Marquette University Press, 2014.

Foucault, Michel. *The Order of Things: An Archaeology of the Human Sciences*. New York: Random House Inc., 1970.

Fozdar, Jamshed K. *Buddha Maitrya-Amitabha Has Appeared*. New Delhi: Bahá' í Publishing Trust of India, 1995.

Freund, Max A. *The Logic of Sortals: A Conceptualist Approach*. Cham: Springer Verlag, 2019.

Fricker, Miranda. *Epistemic Injustice: Power and the Ethics of Knowing*. New York: Oxford University Press, 2007.

Fugate, Courtney D. *The Teleology of Reason: A Study of the Structure of Kant's Critical Philosophy*. Boston: Walter de Gruyter GmbH, 2014.

Fumerton, Richard. *Epistemology*. Malden: Blackwell Publishing, 2006.

Gambarotto, Andrea. *Vital Forces, Teleology and Organization: Philosophy of Nature and the Rise of Biology in Germany*. Cham: Springer International Publishing, 2018.

Gasperini, Maurizio. *The Universe Before the Big Bang: Cosmology and*

String Theory. Cham: Springer–Verlag, 2008.

Goldscheider, Calvin. & Neusner, Jacob. ed. *Social Foundations of Judaism*. Upper Saddle River: Prentice Hall, Inc., 1990.

Gray, John. *Seven Types of Atheism*. New York: Farrar, Straus and Giroux, 2018.

Grünberg, Cornelia. & Grünberg, Laura. ed. *The Mystery of Values: Studies in Axiology*. Amsterdam: Rodopi, B. V., 1994.

Gunn, David M. and Fewell, Danna Nolan. *Narrative in the Hebrew Bible*. Oxford: Oxford University Press of New York, Inc., 1993.

Hacking, Ian. *Historical Ontology*. Cambridge: Harvard University Press, 2004.

Handelman, Susan A. *The Slayers of Moses*. New York: State University of New York Press, 1982.

Harrison, Peter. and Roberts, Jon H. ed. *Science without God? Rethinking the History of Scientific Naturalism*. Oxford: Oxford University Press, 2019.

heazam, Hushmand. *The New Garden*. Wilmette: Bahá' í Publishing Trust, 2017.

Helin, Jenny. Hernes, Tor. Hjorth, Daniel. & Holt, Robin. *Process is How Process Does*. Oxford: Oxford University Press, 2015.

Hernán, Miguel A. & Robins, James M. *Causal Inference: What If*. Boca Raton: Chapman & Hall/CRC. 2020.

Hetherington, Stephen. ed. *Epistemology Futures*. New York: Oxford University Press, 2006.

Hetherington, Stephen. *Good Knowledge, Bad Knowledge: On Two*

Dogmas of Epistemology. New York: Oxford University Press, 2001.

Hornby, Helen Bassett. *Lights of Guidance*, A Bahá' í Reference File. New Delhi: Bahá' í Publishing Trust of India, 2001.

Huddleston, John. *The Earth Is But One Country*. New Delhi: Bahá' í Publishing Trust of India, 2013.

Hull, David L. & Ruse, Michael. ed. *The Cambridge Companion to the Philosophy of Biology*. New York: Cambridge University Press, 2007.

Huss, Boaz. *Kabbalah and Contemporary Spiritual Revival*. Beer–Sheva: Ben–Gurion University of the Negev Press, 2011.

Jacquette, Dale. *Ontology*. Durham: Acumen Publishing Limited, 2002.

Jung, Matthias. *Science, Humanism, and Religion: The Quest for Orientation*. Cham: Springer Nature Switzerland AG., 2019.

Kaufmann, Yehezkel. *The Religion of Israel: from Its Beginnings to the Babylonian Exile*. Jerusalem: Sefer Ve Sefel Publishing, 2003.

Kimhi, Irad. *Thinking and Being*. Cambridge: Harvard University Press, 2018.

Koons, Robert C. *Realism Regained: An Exact Theory of Causation, Teleology, and the Mind*. Oxford: Oxford University Press, 2000.

Kragh, Helge S. *Conceptions of Cosmos, From Myths to the Accelerating Universe: A History of Cosmology*. Oxford: Oxford University Press, 2007.

Kripke, Saul A. *Naming and Necessity*. Cambridge: Harvard University Press, 1972.

Kriwaczek, Paul. *Yiddish Civilisation: The Rise and Fall of a Forgotten Nation*. London: Orion Books Ltd., 2005.

Laitman, Rav Michael. *The Zohar*. Toronto: Laitman Kabbalah Publishers, 2007.

Lapidot, Elad and Brumlik, Micha & Reisner, Elan. ed. *Heidegger and Jewish Thought: Diffi cult Others*. London, New York: Rowman & Littlefield International Ltd., 2018.

Layther, Anson. *Arguing with God: A Jewish Tradition*. New York: Jason Aronson Inc., 1990.

Lemos, Noah. *An Introduction to the Theory of Knowledge*. New York: Cambridge University Press, 2007.

Levering, Mathew. *Biblical Natural Law: A Theocentric and Teleological Approach*. Oxford: Oxford University Press, 2008.

Levison, John R. *The Spirit in First Century Judaism*. Leiden: Brill, 1997.

Liebman, Chaeles S. and Katz, Elihu. ed. *The Jewishness of Israelis, Responses to the Guttman Report*. New York: State University of New York Press, 1997.

Lougheed, Kirk. ed. *Four Views on the Axiology of Theism: What Difference Does God Make?* London: Bloomsbury Publishing Plc., 2021.

Lougheed, Kirk. *The Axiological Status of Theism and Other Worldviews*. Cham: Springer Nature Switzerland AG, 2020.

MacBride, Fraser. *On the Genealogy of Universals: The Metaphysical Origins of Analytic Philosophy*. Oxford: Oxford University Press, 2018.

Manson, Neil A. *God and Design: The teleological argument and modern science*. New York: Routledge, 2003.

Matthen, Mohan & Stephens, Christopher. *Philosophy of Biology*. Amsterdam: Elsevier B. V., 2007.

Mayr, Ernst. *The Growth of Biological Thought: Diversity, Evolution, and Inheritance*. Cambridge: The Belknap Press of Harvard University Press, 1982.

Mays, Wolfe. *Whitehead's Philosophy of Science and Metaphysics: An Introduction to His Thought*. The Hague: Martinus Nijhoff, 1977.

McDonough, Jeffrey K. ed. *Teleology: A History*. New York: Oxford University Press, 2020.

Mesle, C. Robert. *Process-Relational Philosophy: An Introduction to Alfred North Whitehead*. Philadelphia: Templeton Foundation Press, 2008.

Mizrahi, Itzhak. *The Secrets of Practical Kabbalah*. Beit Haruhot Ltd., 2011.

Neusner, Jacob. *The Way of Torah: An Introduction to Judaism*. Belmont: Wadsworth publishing Company, 1992.

Nooteboom, Bart. *Process Philosophy: A Synthesis*. London: Anthem Press, 2021.

Okrent, Mark. *Nature and Normativity: Biology, Teleology, and Meaning*. New York: Routledge, Taylor & Francis Group, 2018.

Parker, Simon B. *Stories in Scripture and Inscriptions, Comparative Studies on Narratives in Northwest Semitic Inscriptions and the Hebrew Bible*. Oxford & New York: Oxford University Press, 1997.

Parnovsky, Serge. & Parnowski, Aleksei. *How the Universe Works: Introduction to Modern Cosmology*. Singapore: World Scientific

Publishing Co. Pte. Ltd., 2018.

Pearl, Judea & Mackenzie, Dana. *The book of Why: The New Science of Cause and Effect*. London: Penguin Books, 2019.

Peacock, James L. & Kirsch, A. Thomas. *The Human Direction: An Evolutionary Approach to Social and Cultural Anthropology*. New York: Meredith Corporation, 1970.

Philip, Alexander. *Essays Towards a Theory of Knowledge*. New York: Philosophical Library/Open Road Integrated Media, Inc., 2015.

Pomeroy, Leon. Rem B. Edwards, ed. *The New Science of Axiological Psychology*. New York: Rodopi B. V., 1994.

Rabbani, RÚhiyyih. *The Desire of the World*. New Delhi: Baha' I Publishing Trust of India, 1982.

Rabbi Shlomo, Polachek. *The Biblical Outlook: Topic in Jewish Philosophy*. Penina Press, 2012.

Rabbi Lau, Israel Meir. *Practical Judaism*. Modan Publishing House Ltd., 1997.

Rabbi Cohen, J. Simcha. *Jewish Prayer*. Jerusalem: Urim Publications, 2012.

Rabin, Shari. *Jews on the Frontier: Religion and Mobility in Nineteenth-Century America*. New York: New York University Press, 2017.

Rescher, Nicholas. *Process Philosophy: A Survey of Basic Issues*. Pittsburgh: University of Pittsburgh Press, 2000.

Richardson, Edmund. ed. *Classics In Extremis: The Edges of Classical Receotion*. London & New York: Bloomsbury Academic, 2019.

Ruderman, David B. *Jewish Thought and Scientific Discovery in Early*

Modern Europe. New Haven: Yale University Press, 1995.

Salazar, Carles and Bestard, Joan. ed. *Religion and Science as Forms of Life: Anthropological Insights into Reason and Unreason*. New York & Oxford: Berghahn Books, 2015.

Schueler, G. F. *Reasons and Purposes: Human Rationality and the Teleological Explanation of Action*. Oxford: Clarendon Press, 2003.

Schwartz, G. David. *A Jewish Appraisal of Dialogue: Between Talk and Theology*. Lanham, New York & London: University Press of America, Inc., 1994.

Sherry, Patrick. *Spirit and Beauty: An Introduction To Theological Aesthetics*. Oxford: Clarendon Press, 1992.

Shmueli, Efraim. *Seven Jewish Cultures, A Reinterpretation of Jewish History and Thought*. Cambridge: Cambridge University Press, 1990.

Shi, Er. *The Book of Twin Worlds*. Translated by Alan Z. X. Tan, Beijing: The Commercial Press, 2019.

Shihadeh, Ayman. *The Teleological Ethics of Fakhral-Dīn al-Rāzī*. Leiden: Brill, 2006.

Silberstein, Laurence J. and Cohn, Robert L. ed. *The Other in Jewish Thought and History, Constructions of Jewish Culture and Identity*. New York: New York University Press, 1994.

Simkovich, Malka Z. *The Making of Jewish Universalism: From Exile to Alexandria*. Lanham, Boulder, New York & London: Lexington Books, 2017.

Skowroński, Krzysztof Piotr. *Beyond Aesthetics and Politics: Philosophical and Axiological Studies on the Avant-Garde,*

Pragmatism, and Postmodernism. New York: Rodopi B. V., 2013.

Soames, Scott. *The World Philosophy Made: From Plato to the Digital Age*. Princeton & Oxford: Princeton University Press, 2019.

Swanson, Guy E. *The Birth of the God: The Origin of Primitive Belief*. Ann Arbor: University of Michigan Press, 1960.

Teutsch, David A. ed. *Imagining the Jewish Future*. New York: State University of New York Press, 1992.

The Koren Jerusalem Bible, First Hebrew/English Edition, New Milford: Koren Publishers Jerusalem Ltd., 1967.

Trachtenberg, Joshua. *Jewish Magic and Superstition: A Study in Folk Religion*. Jerusalem: Sefer Ve Sefel Publishing, 2004.

Trüper, Henning. Chakrabarty, Dipesh. and Subrahmanyam, Sanjay. ed. *Historical Teleologies in the Modern World*. London: Bloomsbury Publishing Plc., 2015.

Viorst, Milton. *Zionism: The Birth and Transformation of an Ideal*. New York: St.Martin's Press, 2016.

Walton, John H. *The Lost World of Genesis One: Ancient Cosmology and the Origins Debate*. Downers Grove: InterVarsity Press, 2009.

Weber, Michel and Weekes, Anderson. ed. *Process Approaches to Consciousness in Psychology, Neuroscience, and Philosophy of Mind*. New York: State University of New York Press, 2009.

Weingartner, Paul. *Nature's Teleological Order and God's Providence: Are they compatible with chance, free will, and evil?*. Boston: Walter de Gruyter Inc., 2015.

Whittemore, Robert C. ed. *Studies in Process Philosophy I: Tulane Studies in Philosophy, Volume XXIII.* Berlin: Springer–Science+Business Media. B. V. 1974.

Whittemore, Robert C. ed. *Studies in Process Philosophy II: Tulane Studies in Philosophy, Volume XXIIV.* The Hague: Martinus Nijhoff, 1975.

Wolfsdorf, David Conan. *On Goodness.* New York: Oxford University Press, 2019.

阿巴·埃班［以］:《犹太史》，阎瑞松译，北京，中国社会科学出版社，1986 年。

阿多诺［德］:《认识论元批判：胡塞尔与现象学的二律背反研究》，侯振武、黄亚明译，谢永康校，上海，上海人民出版社，2020 年。

阿尔伯特·爱因斯坦［美］:《狭义与广义相对论浅说》，张卜天译，北京，商务印书馆，2018 年。

阿尔伯特·史怀哲［德］:《有大用的中国思想史》，常暄译，南京，江苏人民出版社，2018 年。

阿弗雷·韦伯［美］:《多次元宇宙》，许淑媛译，台中，一中心有限公司，2017 年。

阿兰·邓迪斯［美］编:《洪水神话》，陈建宪等译，谢国先校，西安，陕西师范大学出版总社有限公司，2013 年。

阿诺德·汤因比［英］著,D. C. 萨默维尔［英］编:《历史研究》(上下卷)，郭小凌等译，上海，上海人民出版社，2010 年。

爱德华·策勒［德］:《古希腊哲学史》第一卷（上），聂敏里、詹文杰、余友辉、吕纯山译，北京，人民出版社，2020 年。

爱德华·策勒［德］:《古希腊哲学史》第一卷（下），余友辉译，北京，人民出版社，2020 年。

爱德华·策勒［德］:《古希腊哲学史》第二卷，吕纯山译，北京，人民出版社，2020 年。

爱德华·策勒［德］:《古希腊哲学史》第三卷，詹文杰译，北京，人民出版社，2020 年。

爱德华·策勒［德］:《古希腊哲学史》第四卷（上、下），曹青云译，北京，人民出版社，2020 年。

爱德华·策勒［德］:《古希腊哲学史》第五卷，余友辉、何博超译，北京，人民出版社，2020 年。

爱德华·策勒［德］:《古希腊哲学史》第六卷，石敏敏译，北京，人民出版社，2020 年。

爱德华·萨丕尔［美］:《语言论：言语研究导论》，陆卓元译，陆志韦校订，北京，商务印书馆，2009 年。

爱德华·W.萨义德［美］:《东方学》，王宇根译，北京，生活·读书·新知三联书店，1999 年。

爱德华·扬·戴克斯特豪斯［荷兰］:《世界图景的机械化》，张卜天译，北京，商务印书馆，2017 年。

爱因斯坦:《爱因斯坦文集》第一卷，许良英、李宝恒、赵中立、范岱年编译，北京，商务印书馆，2011 年。

爱因斯坦:《爱因斯坦文集》第三卷，许良英、赵中立、张宣三编译，北京，商务印书馆，2011 年。

爱丝尔·尼尔森等［美］:《儒家难解的谜——〈圣经·创世记〉与中国古汉字》，北京，中国华侨出版社，1996 年。

埃德加·莫兰［法］:《方法：天然之天性》，吴泓缈、冯学俊译，北京，北京大学出版社，2002 年。

埃德加·莫兰［法］:《方法：思想观念》，秦海鹰译，北京，北京大学出版社，2002 年。

埃德蒙德·胡塞尔［德］:《第一哲学》（上下卷），王炳文译，北京，商务印书馆，2017 年。

埃尔温·薛定谔［奥］:《自然与希腊人 科学与人文主义》，张卜天译，北京，商务印书馆，2015 年。

埃里克·沃格林［美］:《以色列与启示》，霍伟岸、叶颖译，南京，译林出版社，2010 年。

埃里克·沃格林［美］:《城邦的世界》，陈周旺译，南京，译林出版社，2012 年。

埃里克·沃格林［美］:《柏拉图与亚里士多德》，刘曙辉译，南京，译林出版社，2014 年。

埃里克·沃格林［美］:《天下时代》，叶颖译，南京，译林出版社，2018 年。

埃里克·沃格林［美］:《求索秩序》，徐志跃译，南京，译林出版社，2018 年。

安德鲁·迪克森［美］:《基督教世界科学与神学论战史》（上、下卷），鲁旭东译，桂林，广西师范大学出版社，2006 年。

安德鲁·劳斯［美］:《古代经注》（卷 1），石敏敏译，上海，华东师范大学出版社，2014 年。

安德鲁·罗宾森［英］:《文字的秘密》，洪世民译，台北，联经出版事业股份有限公司，2017 年。

安萨里［阿拉伯］:《圣学复苏精义》（上、下册），张维真译，北京，商务印书馆，2001 年。

安小兰译注:《荀子》，北京，中华书局，2007 年。

奥尔多·利奥波德［美］:《沙乡年鉴》，侯文蕙译，北京，商务印书馆，2019 年。

奥斯瓦尔德·斯宾格勒［德］:《西方的没落》，吴琼译，上海，上海三联书店，2006 年。

《奥义书》，黄宝生译，商务印书馆，北京，2017 年。

B. 威廉斯［英］:《伦理学与哲学的限度》，陈嘉映译，北京，商务印书馆，2017 年。

巴瑞·班德斯塔［美］:《今日如何读旧约》，林艳、刘洪一译，上海，华东师范大学出版社，2014 年。

班固［汉］撰，颜师古［唐］注:《汉书》，北京，中华书局，2011 年。

保罗·狄拉克［英］:《狄拉克量子力学原理》，凌东波译，北京，机械工业出版社，2018 年。

鲍桑葵［英］:《美学史》，张今译，北京，商务印书馆，2009 年。

鲍桑葵［英］:《美学史》，李步楼译，北京，商务印书馆，2019 年。

北京大学哲学系外国哲学史教研室编译:《西方哲学原著选读》上卷，北京，商务印书馆，1981 年。

北京大学哲学系外国哲学史教研室编译:《西方哲学原著选读》下卷，北京，商务印书馆，1982 年。

北京大学哲学系外国哲学史教研室编译:《古希腊罗马哲学》，北京，商务印书馆，1961 年。

彼得·特拉夫尼［德］:《海德格尔与犹太世界阴谋的神话》，靳希平译，谷裕校，北京，商务印书馆，2019 年。

彼得·沃森［英］:《思想史:从火到弗洛伊德》，胡翠娥译，南京，译林出版社，2018 年。

彼得·沃森［英］:《20 世纪思想史:从弗洛伊德到互联网》，张凤、杨阳译，南京，译林出版社，2019 年。

柏拉图［古希腊］:《理想国》，郭斌和、张竹明译，北京，商务印书馆，2009 年。

柏拉图［古希腊］:《法律篇》，张智仁、何勤华译，北京，商务印书馆，2016 年。

柏拉图［古希腊］:《柏拉图全集》（增订版），王晓朝译，北京，人民出版社，2018 年。

柏拉图［古希腊］:《泰阿泰德》，詹文杰译，北京，商务印书馆，2015 年。

柏拉图［古希腊］:《苏格拉底的申辩》，溥林译，北京，商务印书馆，2021 年。

柏拉图［古希腊］:《泰阿泰德》，溥林译，北京，商务印书馆，2022 年。

柏拉图［古希腊］:《智者》，溥林译，北京，商务印书馆，2022 年。

柏拉图［古希腊］:《政治家》，溥林译，北京，商务印书馆，2022 年。

柏拉图［古希腊］:《斐德若》，溥林译，北京，商务印书馆，2023 年。

伯特兰·罗素［英］:《逻辑与知识》，苑莉均译，张家龙校，北京，商务印书馆，2009 年。

布尔克［美］:《西方伦理学史》（修订版），黄慰愿译，张湛校，上海，华东师范大学出版社，2021 年。

布隆菲尔德［美］:《语言论》，袁家骅、赵世开、甘世福译，钱晋华校，北京，商务印书馆，2009 年。

布鲁诺［意］:《论原因、本原与太一》，汤侠声译，北京，商务印书馆，2009年。

蔡德贵等主编:《巴哈伊文献集成》(全五卷)，济南，山东大学出版社，2016年。

蔡元培:《中国伦理学史》，北京，中华书局，2014年。

陈鼓应、赵建伟注译:《周易今注今译》，北京，商务印书馆，2016年。

陈鼓应注译:《黄帝四经今注今译——马王堆汉墓出土帛书》，北京，商务印书馆，2016年。

陈广忠译注:《淮南子》，北京，中华书局，2012年。

陈惠荣主编:《圣经百科全书》，南京，中国基督教协会，1999年。

陈康:《陈康:论希腊哲学》，汪子嵩、王太庆编，北京，商务印书馆，2011年。

陈晓芬、徐儒宗译注:《论语 大学 中庸》，北京，中华书局，2011年。

陈中耀:《阿拉伯哲学》，上海，上海外语教育出版社，1995年。

成中英:《中西哲学论》，北京，商务印书馆，2021年。

成中英:《两界学的问题、范式和界域:从〈两界书〉论起》，《中国社会科学院研究生院学报》2018年第6期。

程颢〔宋〕、程颐〔宋〕著，王孝鱼点校:《二程集》，北京，中华书局，1981年。

程树德撰，程俊英、蒋见元点校:《论语集释》，北京，中华书局，2018年。

达尔文〔英〕:《人类的由来》(上、下册)，潘光旦、胡寿文译，北京，商务印书馆，2009年。

达米特〔英〕:《弗雷格——语言哲学》，黄敏译，北京，商务印书馆，2017年。

大卫·哈维〔英〕:《地理学中的解释》，高泳源等译，北京，商务印书馆，2009 年。

大卫·鲁达夫斯基［美］:《近现代犹太宗教运动——解放与调整的历史》，傅有德等译，济南，山东大学出版社，1996 年。

戴维·罗尔［英］:《圣经——从神话到历史》，李阳、沈师光译，北京，作家出版社，2000 年。

丹·康·沙塞保［美］:《犹太教的世界》，傅湘雯译，台北，猫头鹰出版股份有限公司，1999 年。

丹尼尔·H.弗兰克［英］、奥利弗·利曼［英］编:《中世纪犹太哲学》，北京，生活·读书·新知三联书店，2006 年。

笛卡尔［法］:《谈谈方法》，王太庆译，北京，商务印书馆，2009 年。

笛卡尔［法］:《第一哲学沉思集》，庞景仁译，北京，商务印书馆，2009 年。

迭朗善［法］译:《摩奴法典》，马香雪转译，北京，商务印书馆，2009 年。

第欧根尼·拉尔修［古希腊］:《古希腊名哲言行录》，王晓丽译，北京，中国华侨出版社，2021 年。

丁福宁:《古希腊的人学》，台北，联经出版事业股份有限公司，2017 年。

E. G. 波林［美］:《实验心理学》（上下册），高觉敷译，北京，商务印书馆，2009 年。

恩斯特·布洛赫［德］:《基督教中的无神论》，梦海译，北京，中国社会科学出版社，2017 年。

恩斯特·卡西尔［美］:《文艺复兴哲学中的个体和宇宙》，李华译，北京：商务印书馆，2021 年。

恩斯特·迈尔［美］:《生物学思想发展的历史》，涂长晟等译，成都，四川教育出版社，1990 年。

范德凯［美］:《今日死海古卷》，柳博赟译，上海，华东师范大学
　　出版社，2017 年。

范晔［南朝宋］著，［唐］李贤等注:《后汉书》，北京，中华书局，
　　2011 年。

方韬译注:《山海经》，北京，中华书局，2011 年。

方勇译注:《庄子》，北京，中华书局，2010 年。

方勇译注:《墨子》，北京，商务印书馆，2018 年。

方勇、李波译注:《荀子》，北京，中华书局，2011 年。

房玄龄［唐］注，刘绩［明］补注:《管子》，刘晓艺校点，上海，
　　上海古籍出版社，2015 年。

费尔巴哈［德］:《对莱布尼茨哲学的叙述、分析和批判》，涂纪亮
　　译，北京，商务印书馆，2009 年。

费尔迪南·德·索绪尔［瑞士］:《普通语言学教程》，高名凯译，
　　岑麒祥、叶蜚声校注，北京，商务印书馆，2009 年。

费希特［德］:《全部知识学的基础》，王玖兴译，北京，商务印书
　　馆，2009 年。

费希特［德］:《伦理学体系》，梁志学、李理译，北京，商务印书
　　馆，2017 年。

菲［加］、斯图尔特［美］:《圣经导读》（上），魏启源等译，北京，
　　北京大学出版社，2005 年。

斐洛［希腊］:《论〈创世记〉——寓意的解释》，王晓朝、戴伟清译，
　　香港，汉语基督教文化研究所，1998 年。

冯国超译注:《山海经》，北京，商务印书馆，2016 年。

冯·哈耶克［英］:《知识的僭妄——哈耶克哲学、社会科学论文

集》，邓正来译，北京，首都经济贸易大学出版社，2014 年。

冯平编：《批评之批评——杜威价值论与伦理学》，上海，华东师范
　　大学出版社，2017 年。

冯平主编：《现代西方价值哲学经典·先验主义路向》（上、下），北
　　京，北京师范大学出版社，2009 年。

冯平主编：《现代西方价值哲学经典·经验主义路向》（上、下），北
　　京，北京师范大学出版社，2009 年。

冯平主编：《现代西方价值哲学经典·心灵主义路向》，北京，北京
　　师范大学出版社，2009 年。

冯平主编：《现代西方价值哲学经典·语言分析路向》（上、下），北
　　京，北京师范大学出版社，2009 年。

冯天祥译注：《中说》，北京，中华书局，2020 年。

冯友兰：《中国哲学史》（上下册），北京，商务印书馆，2019 年。

弗·冯·维塞尔［奥］：《自然价值》，陈国庆译，钱荣堃校，北京，
　　商务印书馆，2009 年。

弗朗茨·罗森茨威格［德］：《救赎之星》，孙增霖、傅有德译，北
　　京，商务印书馆，2021 年。

弗里德里希·A.哈耶克［英］：《科学的反革命：理性滥用之研究》，
　　冯克利译，南京：译林出版社，2012 年。

弗里德里希·包尔生［德］：《伦理学体系》，何怀宏、廖申白译，
　　北京，商务印书馆，2021 年。

弗洛伊德［奥］：《精神分析引论新编》，高觉敷译，北京，商务印
　　书馆，2009 年。

弗农·布尔克［美］：《西方伦理学史》，黄慰愿译，张湛校，上海，
　　华东师范大学出版社，2021 年。

伏尔泰［法］:《哲学辞典》,王燕生译,北京,商务印书馆,2009 年。

G. 弗雷格［德］:《算术基础》,王路译,王炳文校,北京,商务印书馆,2009 年。

高华平、王齐洲、张三夕译注:《韩非子》,北京,中华书局,2010 年。

高明撰:《帛书老子校注》,北京,中华书局,2018 年。

格尔哈德·帕普克［德］主编:《知识、自由与秩序——哈耶克思想论集》,黄冰源等译,北京,中国社会科学出版社,2001 年。

拱玉书译注:《吉尔伽美什史诗》,北京,商务印书馆,2021 年。

古德恩:《系统神学》,张麟至译,新加坡、中国香港,更新传道会,2011 年。

《古兰经》,马坚译,北京,中国社会科学出版社,1981 年。

顾迁译注:《淮南子》,北京,中华书局,2009 年。

郭庆藩［清］撰,王孝鱼点校:《庄子集释》,北京,中华书局,2018 年。

H. 赖欣巴哈［德］:《科学哲学的兴起》,伯尼译,北京,商务印书馆,2009 年。

哈·麦德金［英］:《历史的地理枢纽》,林尔蔚、陈江译,北京,商务印书馆,2009 年。

海德格尔［德］:《存在与时间》(中文修订第二版),陈嘉映、王庆节译,熊伟校,陈嘉映修订,北京,商务印书馆,2018 年。

海德格尔［德］:《形而上学导论》,熊伟、王庆节译,北京,商务印书馆,2009 年。

海德格尔［德］:《面向思的事情》,陈小文、孙周兴译,北京,商务印书馆,2009 年。

海德格尔［德］:《路标》,孙周兴译,北京,商务印书馆,2009 年。

海德格尔［德］:《演讲与论文集》(修订译本)，孙周兴译，北京，
　　商务印书馆，2018年。

海德格尔［德］:《同一与差异》，孙周兴、陈小文、余明峰译，北
　　京，商务印书馆，2014年。

海姆·马克比［英］:《犹太教审判》，黄福武译，济南，山东大学
　　出版社，1996年。

汉尼希［德］、朱威烈等:《人类早期文明的"木乃伊"——古埃及
　　文化求实》，杭州，浙江人民出版社，1988年。

汉斯·昆［德］等:《神学与当代文艺思想》，徐菲、刁承俊译，上
　　海，上海三联书店，1995年。

韩廷杰译注:《分别论》，北京，中国藏学出版社，2023年。

何宁撰:《淮南子集释》，北京，中华书局，2018年。

何世明:《基督宗教与儒家对谈》，北京，宗教文化出版社，1999年。

河上公［汉］注，王弼［三国魏］注，严遵［汉］指归、刘思禾点
　　校:《老子》，上海，上海古籍出版社，2013年。

赫西俄德［古希腊］:《工作与时日 神谱》，张竹明、蒋平译，北京，
　　商务印书馆，2009年。

黑格尔［德］:《逻辑学》(上、下卷)，杨一之译，北京，商务印书
　　馆，2009年。

黑格尔［德］:《小逻辑》，贺麟译，北京，商务印书馆，2009年。

黑格尔［德］:《哲学史讲演录》第一卷，贺麟、王太庆译，北京，
　　商务印书馆，2009年。

黑格尔［德］:《哲学史讲演录》第二卷，贺麟、王太庆译，北京，
　　商务印书馆，2009年。

黑格尔［德］:《哲学史讲演录》第三卷，贺麟、王太庆译，北京，

商务印书馆，2009 年。

黑格尔［德］：《哲学史讲演录》第四卷，贺麟、王太庆译，北京，
　　商务印书馆，2009 年。

黑格尔［德］：《自然哲学》，梁志学、薛华、钱广华、沈真译，北
　　京，商务印书馆，2009 年。

黑格尔［德］：《美学》第一卷，朱光潜译，北京，商务印书馆，
　　2009 年。

黑格尔［德］：《美学》第二卷，朱光潜译，北京，商务印书馆，
　　2009 年。

黑格尔［德］：《美学》第三卷（上册），朱光潜译，北京，商务印
　　书馆，2009 年。

黑格尔［德］：《美学》第三卷（下册），朱光潜译，北京，商务印
　　书馆，2009 年。

洪谦：《论逻辑经验主义》，北京，商务印书馆，2010 年。

竑一：《两界智慧书》，北京，商务印书馆，2018 年；香港，中华书
　　局，2019 年。

胡塞尔［德］著，舒曼［荷］编：《纯粹现象学通论》，李幼蒸译，
　　商务印书馆，2009 年。

胡塞尔［德］：《欧洲科学的危机与超越论的现象学》，王炳文译，
　　北京，商务印书馆，2009 年。

怀特海［英］：《过程与实在》，李步楼译，北京，商务印书馆，
　　2012 年。

怀特海［英］：《过程与实在——宇宙论研究（修订版）》，杨富斌译，
　　北京，中国人民大学出版社，2013 年。

怀特海［英］：《科学与近代世界》，何钦译，北京，商务印书馆，

2009 年。

怀特海［英］:《思维方式》，刘放桐译，北京，商务印书馆，
2009 年。

黄克剑译注:《公孙龙子（外三种）》，北京，中华书局，2012 年。

黄晖撰:《论衡校释》，北京，中华书局，2018 年。

黄锡木主编:《主题汇析圣经》，香港，基道出版社，2001 年。

黄宗羲［清］撰:《易学象数论（外二种）》，郑万耕点校，北京：中
华书局，2010 年。

慧能［唐］著，郭朋校释:《坛经校释》，北京，中华书局，1983 年。

霍布斯［英］:《利维坦》，黎思复、黎廷弼译，杨昌裕校，北京，
商务印书馆，2017 年。

霍尔巴赫［法］:《自然的体系》，管士滨译，北京，商务印书馆，
2009 年。

霍尔姆斯·斯罗尔斯顿［美］:《环境伦理学》，杨通进译，许广明
校，北京，中国社会科学出版社，2000 年。

霍尔姆斯·罗尔斯顿［美］:《哲学走向荒野》，刘耳、叶平译，长
春，吉林人民出版社，2000 年。

霍尔特［美］等:《新实在论》，伍仁益译，郑之骧校，北京，商务
印书馆，2017 年。

Ivar Ekeland［法］:《最佳可能的世界——数学与命运》，冯国苹、
张端智译，龙以明校，北京，科学出版社，2012 年。

J. G. 赫尔德［德］:《论语言的起源》，姚小平译，北京，商务印
书馆，2009 年。

《简明不列颠百科全书》，北京·上海，中国大百科全书出版社，
1991 年。

伽森狄［法］:《对笛卡尔〈沉思〉的诘难》，庞景仁译，北京，商务印书馆，2009年。

蒋礼鸿撰:《商君书锥指》，北京，中华书局，2018年。

焦循［清］撰，沈文倬点校:《孟子正义》，北京，中华书局，1987年，2018年。

吉尔·德勒兹［法］:《差异与重复》，安靖、张子岳译，上海，华东师范大学出版社，2019年。

吉尔伯特·赖尔［英］:《心的概念》，徐大建译，北京，商务印书馆，2009年。

金寿福译注:《古埃及〈亡灵书〉》，北京，商务印书馆，2019年。

金岳霖:《论道》，北京，商务印书馆，2017年。

金岳霖:《知识论》，北京，商务印书馆，2017年。

金岳霖:《逻辑》，北京，中国人民大学出版社，2010年。

金祖孟:《中国古宇宙论》，上海，华东师范大学出版社，1991年。

卡尔·波普尔［英］:《客观知识——一个进化论的研究》，舒炜光等译，上海，上海译文出版社，2005年。

卡尔·雅斯贝尔斯［德］:《论历史的起源与目标》，李雪涛译，上海，华东师范大学出版社，2018年。

卡尔纳普［德］:《世界的逻辑构造》，陈启伟译，北京，商务印书馆，2022年。

凯伦·阿姆斯特朗［英］:《神的历史》，蔡昌雄译，沈青松校订，海口，海南出版社，2001年。

凯瑟琳·摩根［美］:《从前苏格拉底到柏拉图的神话和哲学》，李琴、董佳译，雷欣翰校译，西安，陕西师范大学出版总社，2019年。

凯文·斯齐布瑞克［美］编:《神话的哲学思考》，姜丹丹、刘建树译，黄悦、孙梦迪校译，西安，陕西师范大学出版总社，2019 年。

康德［德］:《纯粹理性批判》，蓝公武译，北京，商务印书馆，
　　2009 年。

康德［德］:《实践理性批判》，韩水法译，北京，商务印书馆，
　　2009 年。

康德［德］:《任何一种能够作为科学出现的未来形而上学导论》，
　　庞景仁译，北京，商务印书馆，2009 年。

康德［德］:《判断力批判》上卷，宗白华译，北京，商务印书馆，
　　2009 年。

康德［德］:《判断力批判》下卷，韦卓民译，北京，商务印书馆，
　　2009 年。

克利福德·格尔茨［美］:《地方知识——阐释人类学论文集》，杨
　　德睿译，北京，商务印书馆，2016 年。

柯林武德［英］:《历史的观念》，何兆武、张文杰译，北京，商务
　　印书馆，2009 年。

孔狄亚克［法］:《人类知识起源论》，洪洁求、洪丕柱译，北京，
　　商务印书馆，2009 年。

库萨的尼古拉［德］:《论有学识的无知》，尹大贻、朱新民译，北
　　京，商务印书馆，2009 年。

拉·梅特里［法］:《人是机器》，顾寿观译，王太庆校，北京，商
　　务印书馆，2009 年。

莱布尼茨［德］:《新系统及其说明》，陈修斋译，北京，商务印书
　　馆，2009 年。

莱布尼茨［德］:《人类理智新论》，陈修斋译，北京，商务印书馆，
　　2009 年。

莱布尼茨［德］、克拉克［英］:《莱布尼茨与克拉克论战书信集》，陈修斋译，北京，商务印书馆，2009 年。

赖品超编:《基督宗教及儒家对谈生命与伦理》，香港，香港中文大学出版社，2002 年。

李道平［清］撰，潘雨廷点校:《周易集解纂疏》，北京，中华书局，1994 年。

李鼎祚［唐］撰，王丰先点校:《周易集解》，北京，中华书局，2016 年。

李似珍、金玉博译注:《化书 无能子》，北京，中华书局，2020 年。

李申:《中国儒教史》，上海，上海人民出版社，1999 年。

李约瑟［英］:《文明的滴定》，张卜天译，北京，商务印书馆，2018 年。

利奥·拜克［德］:《犹太教的本质》，傅永军等译，济南，山东大学出版社，2002 年。

黎翔凤撰:《管子校注》，北京，中华书局，2018 年。

利玛窦［意］述，徐光启［明］译，王红霞点校:《几何原本》，上海，上海古籍出版社，2011 年。

理查德·费尔德曼［美］:《知识论》，文学平、盈俐译，北京，中国人民大学出版社，2019 年。

理查德·罗蒂［美］:《哲学和自然之镜》，李幼蒸译，北京，商务印书馆，2009 年。

理查德·罗蒂［美］:《哲学、文学和政治》，黄宗英等译，上海，上海译文出版社，2009 年。

梁家麟:《徘徊于耶儒之间》，台北，宇宙光传播中心出版社，1997 年。

梁漱溟:《东西文化及其哲学》,北京,商务印书馆,2010 年。

列奥·施特劳斯〔美〕:《柏拉图式政治哲学研究》,张缨等译,北京,华夏出版社,2022 年。

勒维纳斯:《塔木德四讲》,关宝艳译,香港,道风书社,2001 年。

雷蒙·德弗思〔英〕:《人文类型》,费孝通译,北京,商务印书馆,2009 年。

列维–布留尔〔法〕:《原始思维》,丁由译,北京,商务印书馆,2009 年。

林琳译注:《刘子》,北京,中华书局,2022 年。

刘国樑注译,黄沛荣校阅:《新译周易参同契》,台北,三民书局,2014 年。

刘洪一:《走向文化诗学》,北京,北京大学出版社,2002 年。

刘洪一:《犹太文化要义》,北京,商务印书馆,2004 年。

刘洪一:《圣经叙事研究》,北京,商务印书馆,2011 年。

刘洪一主编:《文明通鉴丛书》,北京,商务印书馆,2021 年。

刘洪一编:《界的叙事》,北京,生活·读书·新知三联书店,2022 年。

刘洪一主编:《边界的意义》,北京,商务印书馆,2023 年。

卢克莱修〔古罗马〕:《物性论》,方书春译,北京,商务印书馆,2009 年。

洛克〔英〕:《人类理解论》,关文运译,北京,商务印书馆,2009 年。

罗素〔英〕:《人类的知识:其范围与限度》,张金言译,北京,商务印书馆,2009 年。

罗素〔英〕:《数理哲学导论》,晏成书译,北京,商务印书馆,2009 年。

罗素［英］:《西方哲学史》(上卷、下卷)，何兆武、李约瑟译，北京，商务印书馆，2009 年。

罗素［英］:《宗教与科学》，徐奕春、林国夫译，北京，商务印书馆，2009 年。

罗素［英］:《中国问题》，秦悦译，北京，学林出版社，1996 年。

罗志希:《科学与玄学》，北京，商务印书馆，2010 年。

M. 石里克［德］:《普通认识论》，李步楼译，北京，商务印书馆，2009 年。

马丁·布伯［德］:《论犹太教》，刘杰等译，济南，山东大学出版社，2002 年。

马克斯·舍勒［德］:《伦理学中的形式主义与质料的价值伦理学》，倪梁康译，北京，商务印书馆，2018 年。

马克斯·韦伯［德］:《古犹太教》，康乐、简惠美译，上海，上海三联书店，2021 年。

马世年译注:《新序》，北京，中华书局，2014 年。

米歇尔·福柯［法］:《词与物: 人文科学的考古学》(修订译本)，莫伟民译，上海，上海三联书店，2016 年。

米歇尔·福柯［法］:《知识考古学》，董树宝译，生活·读书·新知三联书店，2021 年。

苗力田主编:《古希腊哲学》，北京，中国人民大学出版社，1984 年。

摩迪凯·开普兰［美］:《犹太教: 一种文明》，黄福武等译，济南，山东大学出版社，2002 年。

摩西·迈蒙尼德:《迷津指南》，傅有德等译，济南，山东大学出版社，1998 年。

莫里茨·石里克［德］:《自然哲学》，陈维杭译，北京，商务印书馆，2009年。

牟钟鉴、张践：《中国宗教通史》（上、下），北京，社会科学文献出版社，2000年。

N.玻尔［丹麦］：《尼耳斯·玻尔哲学文选》，戈革译，北京，商务印书馆，2009年。

纳尔逊·古德曼［美］：《事实、虚构和预测》，刘华杰译，北京，商务印书馆，2009年。

南诺·马瑞纳托斯［美］：《米诺王权与太阳女神———一个近东的共同体》，王倩译，西安，陕西师范大学出版总社有限公司，2013年。

尼采［德］：《查拉图斯特拉如是说》，钱春绮译，北京，生活·读书·新知三联书店，2007年。

尼采［德］：《权力意志》（全二卷），孙周兴校，北京，商务印书馆，2009年。

尼采［德］：《论道德的谱系》，赵千帆译，孙周兴校，北京，商务印书馆，2018年。

尼采［德］：《善恶的彼岸》，赵千帆译，孙周兴校，北京，商务印书馆，2015年。

尼古拉·洛斯基［俄］：《存在与价值》，张维平译，上海，华东师范大学出版社，2015年。

牛顿［英］：《自然哲学的数学原理》，赵振江译，北京，商务印书馆，2009年。

诺斯洛普·弗莱［加］：《伟大的代码———圣经与文学》，郝振益等译，北京，北京大学出版社，1998年。

培根［英］：《新工具》，许宝骙译，北京，商务印书馆，2009年。

皮亚杰［瑞士］：《发生认识论原理》，王宪钿等译，北京，商务印书馆，2009 年。

皮亚杰［瑞士］:《结构主义》，倪连生、王琳译，北京，商务印书馆，2009 年。

平川彰［日］:《印度佛教史》，庄昆木译，北京，北京联合出版公司，2018 年。

普罗提诺［古罗马］:《九章集》(上下册)，石敏敏译，北京，中国社会科学出版社，2009 年。

毗耶娑天人［印］:《薄伽梵往世书》，徐达斯编译，西安，陕西师范大学出版总社，2017 年。

邱镇京:《论语思想体系》，台北，文津出版社，2001 年。

齐硕姆［美］:《知识论》，邹惟远、邹晓蕾译，北京，生活·读书·新知三联书店，1988 年。

乔·莫兰［英］:《跨学科:人文学科的诞生、危机与未来》，陈后亮、宁艺阳译，南京，南京大学出版社，2023 年。

R. 哈特向［美］:《地理学性质的透视》，黎樵译，北京，商务印书馆，2009 年。

饶宗颐编译:《近东开辟史诗》，台北，台北新文丰出版公司，1991 年。

饶宗颐:《饶宗颐二十世纪学术文集》，台北，台北新文丰出版公司，2003 年。

饶宗颐:《老子想尔注校证》，香港，中华书局，2015 年。

荣格［瑞士］、卫礼贤［德］:《金花的秘密——中国的生命之书》，张卜天译，北京，商务印书馆，2016 年。

萨缪尔·诺亚·克拉莫尔［美］:《苏美尔神话》，叶舒宪、金立江译，西安，陕西师范大学出版总社有限公司，2013 年。

撒穆尔·伊诺克·斯通普夫、詹姆斯·菲泽［美］:《西方哲学史》

（第七版），丁三东等译，邓晓芒校，北京，中华书局，2005 年。

撒穆尔·伊诺克·斯通普夫、詹姆斯·菲泽［美］:《西方哲学史》（第九版），邓晓芒等译，北京，北京联合出版公司，2019 年。

塞缪尔·亨廷顿［美］:《文明的冲突与世界秩序的重建》（修订版），周琪等译，北京，新华出版社，2010 年。

尚荣译注:《坛经》，北京，中华书局，2010 年。

舍尔巴茨基［俄］:《佛教逻辑》，宋立道、舒晓炜译，北京，商务印书馆，2009 年。

《圣经》，启导本，南京，中国基督教协会，1997 年。

《圣经 Holy Bible》，南京，中国基督教协会，2000 年。

《圣经·中英对照》，中文和合本，英文新国际版（NIV），上海，中国基督教三自爱国委员会，中国基督教协会，2007 年。

《圣经后典》，张久宣译，北京，商务印书馆，1987 年。

《十三经》，郑州，中州古籍出版社，1992 年。

士尔:《两界书》，北京，商务印书馆，2017 年；香港，中华书局，2019 年。

士尔:《两界慧语》，北京，商务印书馆，2018 年；香港，中华书局，2019 年。

石涛［清］:《苦瓜和尚画语录》，吴丹青注解，郑州，中州古籍出版社，2013 年。

室利·阿罗频多［印］:《薄伽梵歌论》，徐梵澄译，北京，商务印书馆，2009 年。

世亲菩萨［印］造，圆晖法师［唐］疏，智敏上师编:《俱舍论颂疏表释》，上海，上海古籍出版社，2016 年。

司各脱［英］:《论第一原理》，王路译，北京，商务印书馆，2017 年。

斯宾诺莎［荷］:《笛卡尔哲学原理》，王荫庭、洪汉鼎译，北京，商务印书馆，2009 年。

斯宾诺莎［荷］:《伦理学》，贺麟译，北京，商务印书馆，2009 年。

斯宾诺莎［荷］:《斯宾诺莎书信集》，洪汉鼎译，北京，商务印书馆，2009 年。

斯宾诺莎［荷］:《知性改进论》，贺麟译，北京，商务印书馆，2009 年。

斯蒂芬·海瑟林顿［澳］:《知识论的未来》，方环非译，北京，中国人民大学出版社，2022 年。

斯科特·佩奇［美］:《模型思维》，贾拥民译，杭州，浙江人民出版社，2019 年。

叔本华［德］:《作为意志和表象的世界》，石冲白译，杨一之校，北京，商务印书馆，2009 年。

叔本华［德］:《伦理学的两个基本问题》，任立、孟庆时译，北京，商务印书馆，1996 年。

孙思邈［唐］、张景岳［明］等撰:《中医解周易》，北京，九州出版社，2012 年。

孙通海译注:《庄子》，北京，中华书局，2010 年。

孙诒让［清］撰:《墨子閒诂》，北京，中华书局，2018 年。

苏兴撰:《春秋繁露义证》，北京，中华书局，2018 年。

索尔·克里普克［美］:《命名与必然性》，梅文译，涂纪亮、朱水林校，上海，上海译文出版社，2005 年。

塔尔斯基［波兰］:《逻辑与演绎科学方法论导论》，周礼全、吴允曾、晏成书译，北京，商务印书馆，2009 年。

谈锡永主编:《楞伽经》，北京，中国书店，2007 年。

谭家健、孙中原注译:《墨子今注今译》,北京,商务印书馆,2009 年。

谭戒甫撰:《公孙龙子形名发微》,北京,中华书局,2018 年。

唐宇辰、徐湘霖译注:《申鉴 中论》,北京,中华书局,2020 年。

梯利［美］:《西方哲学史》(增补修订版),葛力译,北京,商务印书馆,2015 年。

托马斯·阿奎那［意］:《神学大全》(第一集论上帝),段德智译,北京,商务印书馆,2013 年。

托马斯·库恩［美］:《科学革命的结构》,伊恩·哈金［加］导读,张卜天译,北京,北京大学出版社,2022 年。

托马斯·希恩［美］:《理解海德格尔:范式的转变》,邓定译,南京,译林出版社,2022 年。

W. 海森伯［德］:《物理学和哲学》,范岱年译,北京,商务印书馆,2009 年。

W. C. 丹皮尔［英］:《科学史》,李珩译,张今校,北京,商务印书馆,2009 年。

W. W. 克莱恩［美］等:《基督教释经学》,尹妙珍等译,上海,上海人民出版社,2011 年。

瓦尔特·伯克特［德］:《神圣的创造:神话的生物学踪迹》,赵周宽、田园译,纪盛校译,西安,陕西师范大学出版总社,2019 年。

王弼［魏］注,楼宇烈校释:《老子道德经注校释》,北京,中华书局,2018 年。

王岱舆［明］:《正教真诠 清真大学 希真正答》,余振贵、铁大均译注,刘景隆审订,银川,宁夏人民出版社,1999 年。

王夫之［清］:《张子正蒙注》,北京,中华书局,1975 年。

王琯撰：《公孙龙子悬解》，北京，中华书局，2018 年。

王国轩、张燕婴译注：《论语·大学·中庸》，北京，中华书局，
　2010 年。

王利器撰：《新语校注》，北京，中华书局，2018 年。

王利器撰：《文子疏义》，北京，中华书局，2000 年。

王孺童撰：《中论述义》，上海，中西书局，2021 年。

王世舜、王翠叶译注：《尚书》，北京，中华书局，2012 年。

王先慎［清］撰，钟哲点校：《韩非子集解》，北京，中华书局，
　2018 年。

王先谦［清］撰，沈啸寰、王星贤点校：《荀子集解》，北京，中华
　书局，1988 年。

王宗昱集校：《阴符经集成》，北京，中华书局，2019 年。

汪德迈［法］：《中国思想的两种理性》，金丝燕译，北京，北京大
　学出版社，2017 年。

汪荣宝撰：《法言义疏》，北京，中华书局，2018 年。

汪子嵩、范明生、陈村富、姚介厚：《希腊哲学史》（修订本）第一
　卷，北京，人民出版社，2014 年。

汪子嵩、范明生、陈村富、姚介厚：《希腊哲学史》（修订本）第二
　卷，北京，人民出版社，2014 年。

汪子嵩、范明生、陈村富、姚介厚：《希腊哲学史》（修订本）第三
　卷，北京，人民出版社，2014 年。

汪子嵩、陈村富、包利民、章雪富：《希腊哲学史》（修订本）第四
　卷（上下），北京，人民出版社，2014 年。

维柯［意］：《新科学》，朱光潜译，北京，商务印书馆，2009 年。

维克多·切利科夫［以］：《希腊化文明与犹太人》，石敏敏译，上

海，上海三联书店，2012 年。

维特根斯坦［奥］:《逻辑哲学论》，贺绍甲译，北京，商务印书馆，
　　2009 年。

威廉·邦奇［美］:《理论地理学》，石高玉、石高俊译，北京，商
　　务印书馆，2009 年。

威廉·冯·洪堡特［德］:《论人类语言结构的差异及其对人类精神
　　发展的影响》，姚小平译，北京，商务印书馆，2009 年。

威廉·麦克尼尔［美］:《西方的兴起：人类共同体史》，孙岳、陈
　　志坚、于展等译，郭方、李永斌译校，北京，中信出版集团，
　　2018 年。

威廉·詹姆士［美］:《多元的宇宙》，吴棠译，北京，商务印书馆，
　　2009 年。

威廉·魏特林［德］:《和谐与自由的保证》，孙则明译，北京，商
　　务印书馆，2009 年。

文德尔班［德］:《哲学史教程》（上卷），罗达仁译，北京，商务印
　　书馆，2009 年。

文德尔班［德］:《哲学史教程——特别关于哲学问题和哲学概念的
　　形成和发展》（下卷），罗达仁译，北京，商务印书馆，2009 年。

文子［战国］著，李定生、徐慧君校释:《文子校释》，上海，上海
　　古籍出版社，2016 年。

沃顿［美］:《古希伯来文明：起源和发展》，李丽书译，上海，华
　　东师范大学出版社，2017 年。

巫白慧译解:《〈梨俱吠陀〉神曲选》，北京，商务印书馆，2020 年。

吴毓江撰:《墨子校注》，北京，中华书局，2018 年。

希克斯［英］:《价值与资本》，薛蕃康译，北京，商务印书馆，

2009 年。

小约翰·B.科布［美］、大卫·R.格里芬［美］:《过程神学》, 曲
　跃厚译, 北京, 中央编译出版社, 1999 年。

肖巍:《宇宙的观念》, 北京, 中国社会科学出版社, 1996 年。

谢庆绵:《西方哲学范畴史》, 南昌, 江西人民出版社, 1987 年。

《新旧约全书》, 和合本, 南京, 中国基督教协会, 1989 年。

熊十力:《新唯识论》, 北京, 商务印书馆, 2010 年。

休谟［英］:《道德原则研究》, 曾晓平译, 北京, 商务印书馆,
　2009 年。

休谟［英］:《人性论》, 关文运译, 郑之骧校, 北京, 商务印书馆,
　2009 年。

休谟［英］:《人类理智研究》, 吕大吉译, 北京, 商务印书馆,
　2009 年。

休谟［英］:《自然宗教对话录》, 陈修斋、曹棉之译, 郑之骧校,
　北京, 商务印书馆, 2009 年。

休斯顿·史密斯［美］:《人的宗教》, 刘安云译, 海口, 海南出版
　社, 2001 年。

徐文明注译:《六祖坛经》, 郑州, 中州古籍出版社, 2004 年。

许地山:《道教史》, 北京, 商务印书馆, 2017 年。

许富宏译注:《鬼谷子》, 北京, 中华书局, 2012 年。

许慎［汉］:《说文解字》, 南京, 凤凰出版社, 2012 年。

许维遹撰:《吕氏春秋集释》, 北京, 中华书局, 2018 年。

亚伯拉罕·柯恩［美］:《大众塔木德》, 盖逊译, 济南, 山东大学
　出版社, 1998 年。

亚历山大·柯瓦雷［法］:《从封闭世界到无限世界》, 张卜天译,

北京，商务印书馆，2018 年。

亚里士多德［古希腊］:《物理学》，张竹明译，北京，商务印书馆，
　2009 年。

亚里士多德［古希腊］:《形而上学》，吴寿彭译，北京，商务印书
　馆，2009 年。

亚里士多德［古希腊］:《天象论 宇宙论》，吴寿彭译，北京，商务
　印书馆，2009 年。

亚里士多德［古希腊］:《诗学》，陈中梅译注，北京，商务印书馆，
　2009 年。

亚里士多德［古希腊］:《亚里士多德全集》，苗力田主编，北京，
　中国人民大学出版社，2016 年。

严遵［汉］著，王德有译注:《老子指归译注》，北京，商务印书馆，
　2004 年。

杨天才、张善文译注:《周易》，北京，中华书局，2011 年。

杨伯峻撰:《列子集释》，北京，中华书局，2018 年。

杨继林译注:《太平经》（上中下），北京，中华书局，2013 年。

杨明照撰:《抱朴子外篇校笺》，北京，中华书局，2018 年。

姚春鹏译注:《黄帝内经》（素问），北京，中华书局，2012 年。

姚春鹏译注:《黄帝内经》（灵枢），北京，中华书局，2012 年。

叶蓓卿译注:《列子》，北京，中华书局，2016 年。

以赛亚·伯林［英］:《概念与范畴》，凌建娥译，南京，译林出版
　社，2019 年。

伊本·西那（阿维纳森）［阿拉伯］:《论灵魂》，王太庆译，北京，
　商务印书馆，2009 年。

伊夫·金格拉斯［加拿大］:《科学与宗教不可能的对话》，范鹏程

译，北京，中国社会科学出版社，2019 年。

伊萨克·牛顿［英］:《论宇宙的体系》，赵振江译，北京，商务印
　书馆，2017 年。

尤瓦尔·赫拉利［以］:《未来简史》，林俊宏译，北京，中信出版
　社，2017 年。

于殿利:《巴比伦法的人本观》，北京，生活·读书·新知三联书店，
　2011 年。

于殿利:《巴比伦与亚述文明》，北京，北京师范大学出版社，2013 年。

于渌、郝柏林、陈晓松:《边缘奇迹：相变和临界现象》，北京，科
　学出版社，2016 年。

俞剑华编著:《中国古代画论类编》（修订本），北京，人民美术出版
　社，1998 年。

约翰·波洛克［美］、乔·克拉兹［美］:《当代知识论》，陈真译，
　上海，复旦大学出版社，2008 年。

约翰·麦奎利［英］:《神学的语言与逻辑》，钟庆译，成都，四川
　人民出版社，1992 年。

约翰·泰勒［英］编著:《古埃及死者之书》，李印译，北京，时代
　传媒股份有限公司，2014 年。

约翰·托兰德［英］:《泛神论要义》，陈启伟译，北京，商务印书
　馆，2009 年。

张长法注译:《列子》，郑州，中州古籍出版社，2018 年。

张东荪:《认识论》，北京，商务印书馆，2011 年。

张恭庆:《临界点理论及其应用》，上海，上海科学技术出版社，
　1986 年。

张景、张松辉译注:《道德经》，北京，中华书局，2021 年。

张景、张松辉译注:《黄帝四经 关尹子 尸子》,北京,中华书局,
　　2020 年。

张世亮、钟肇鹏、周桂钿译注:《春秋繁露》,北京,中华书局,
　　2012 年。

张震泽撰:《孙膑兵法校理》,北京,中华书局,2018 年。

章伟文译注:《周易参同契》,北京,中华书局,2014 年。

郑志明:《当代宗教与生死学》,台北,文津出版社,2012 年。

中江兆民〔日〕:《一年有半、续一年有半》,吴藻溪译,北京,商
　　务印书馆,2009 年。

中央编译局编:《马克思恩格斯选集》,北京,人民出版社,1995 年。

锺泰:《中国哲学史》,长沙,湖南师范大学出版社,2018 年。

锺泰:《庄子发微》,上海,上海古籍出版社,2022 年。

周作明点校:《无上秘要》(全三册),北京,中华书局,2016 年。

朱谦之撰:《老子校释》,北京,中华书局,2018 年。

后　记

　　本书的写作缘于对《两界书》的解读。

　　《两界书》2016 年起分别在北京、香港、台北三地出版，引起读书界的一些关注，阅读者见仁见智，有谓"天下奇书"，有称费解难读，于是想写篇文章谈谈《两界书》。动起笔来一发不可收，结果是《两界书》的问题远未解决，又引发、制造了更多的新问题，深陷其中无法自拔，以至形成眼下这部五六十万字的书。

　　阅读了许多原本不会涉猎的著述，写作时间跨度也较长，中间经历了三年疫情，资料查阅、借还书均受到影响，同一古籍和外国著作参用了多种不同版本，统稿时未作统一，既是留下一个写作的印迹，也是对相关撰著、注疏、翻译、出版者的致谢；本书少部分内容曾刊《哲学研究》，收入时作了改写，谨此说明。

　　向商务印书馆的领导和编辑致谢，向为本书写作提供帮助的朋友致谢。

2024 年 6 月 12 日